Atlas depose

TECHNOLOGIE PROFESSIONNELLE

DES

ARTS ET METIERS

LE

FONDEUR EN MÉTAUX

PAR

A. GUETTIER, INGENIEUR CIVIL

4ᵉ VOLUME DE LA COLLECTION

TEXTE

et Atlas

3165

PARIS

E. BERNARD & Cⁱᵉ, IMPRIMEURS-ÉDITEURS

LIBRAIRIE | IMPRIMERIE

53 ter, QUAI DES GRANDS-AUGUSTINS | 71, RUE LA CONDAMINE 71

1890

AVANT-PROPOS

Chacun des livres de cette série est précédé d'un avant-propos court ou long. Celui-ci sera court.

A travers mes œuvres diverses, j'ai fait assez d'écrits en manière de préface ou d'avertissement pour que je puisse me dispenser ici d'un préambule bien long.

Cela m'est d'autant plus facile que mes derniers livres sur la fonderie sont précédés d'un précis relatant tout ce qui pourrait être dit à ce sujet.

Plusieurs de mes amis et de mes contemporains, ai-je rappelé à ce sujet, ont bien voulu me gratifier d'une *dénomination* spéciale et m'appeler familièrement le *Père de la Fonderie*. J'attribue ce surnom à mes travaux techniques commencés dès 1849 et qui se sont répétés dans ce siècle, sans trouver jusqu'à présent beaucoup d'imitateurs ayant fourni de longs commentaires sur une industrie universellement répandue et souvent trop peu connue de nos jours.

Les rares auteurs qui ont traité cette importante question ne l'ont souvent qu'à peine effleurée et j'en ai tant parlé après tout, que j'ai donné à ma dernière édition des détails peut-être trop complets et trop longuement resassés.

Que dire maintenant sinon revenir sur certains détails qu'on retrouvera peut-être dans ce volume où ils sont utiles et indispensables, en priant les personnes qui voudraient aborder un pareil sujet de ne pas oublier que le présent livre est l'œuvre d'un auteur qui ne voudrait se répéter qu'autant que cela lui semble nécessaire. Aussi dois-je me borner à demander beaucoup d'indulgence à mes lecteurs anciens et nouveaux.

Que ces lecteurs se rappellent ce que j'ai voulu faire dans cette voie technologique ; et les améliorations que j'ai voulu chercher, s'il leur plaît de me suivre et de me continuer quand mes travaux se transformeront avec les années et sous les efforts du progrès du temps.

Qu'ils se souviennent de mon nom, de mes recherches sur la fonderie et de mon œuvre sur l'industrie. Qu'en un mot, ils me gardent la part, si peu importante qu'elle soit, des progrès actuels que j'ai tentés en vue du développement des arts et métiers.

Qu'ils ne voient dans mon livre, que celui d'un fondeur n'ayant eu d'autre but que celui de laisser une trace à son pays et de garder une place utile parmi les multiples travaux qui viendront grossir le bagage de notre siècle.

Que mon nom soit celui d'un travailleur parmi ceux qui dans leur carrière industrielle ont fait de tous temps ce qui a été en leur pouvoir pour se rendre utile. C'est là que je mets toute mon ambition.

Les livres dont je me suis occupé supposent que les maîtres et les chefs d'atelier, les professeurs pratiques, au besoin, sont en mesure d'enseigner la tenue des outils et leur conduite de telle sorte qu'on puisse s'en servir dans les écoles du premier degré tout au moins.

Aussi bien nos volumes ne sont-ils faits qu'en vue d'aider les apprentis, les ouvriers, les chefs d'atelier et les patrons eux-mêmes.

La manière de former pratiquement ces industriels est oiseuse à un certain point, si j'en crois quelques livres spéciaux qu'on intitule : *Méthodes d'enseignement manuel.* Il est évident que dans tout atelier bien mené, fut-il des plus restreints, il est toujours un chef, ouvrier ou patron qui peut montrer et se servir de l'outillage et qui devant travailler la matière, métal ou bois, connaît les notions premières, sur l'outil qu'il emploie.

Un ingénieur, un artiste industriel même, à quelque école qu'il appartienne, doit savoir pratiquer les notions élémentaires du métier qui l'intéresse. Sous ce rapport, on peut dire que toute méthode d'enseignement manuel est particulièrement nécessaire pour instruire les amateurs. Mais il n'est pas en ce monde que des amateurs qui composent le peuple.

L'enfant qui veut devenir ouvrier ne profitera-t-il pas des leçons données par l'exemple de ses chefs, dans toute usine constituée sérieusement.

Puissent les anciens élèves des écoles d'arts et métiers qui ont inspiré ces pages, profiter de mes réflexions.

Les candidats aux écoles doivent aux examens d'entrée montrer leur habileté à se servir des outils aussi bien que leur aptitude au travail. Cela ne s'enseigne pas seulement par des images, mais par la transmission du savoir faire d'un chef éclairé. Car, il ne suffit pas d'être guidé manuellement dans la mécanique par exemple.

Mais il est des connaissances techniques qui sont nécessaires, plus que l'exécution manuelle à celui qui se destine aux arts de la forge, de la fonderie, de la chaudronnerie, etc., aussi bien qu'aux arts de la mécanique proprement dite, suivant qu'ils se rattachent plus ou moins aux autres professions.

Le chemin est ample à parcourir. Aussi ne peut-il être spécial qu'à chaque industrie, entre celles que nous citons.

Je ne dirai rien de plus que ce que j'aurais pu dire peut-être si mon âge et ma santé l'eussent permis.

———————

TECHNOLOGIE PROFESSIONNELLE

DES

ARTS ET METIERS

LE

FONDEUR EN MÉTAUX

PAR

A. GUETTIER, INGENIEUR CIVIL

4° VOLUME DE LA COLLECTION

TEXTE

et Atlas

PARIS

E. BERNARD & Cⁱᵉ, IMPRIMEURS-ÉDITEURS

LIBRAIRIE | IMPRIMERIE

53 ter, QUAI DES GRANDS-AUGUSTINS | 71, RUE LA CONDAMINE. 71

1890

LE

FONDEUR EN MÉTAUX

Paris -- Imp. E. Bernard & Cie, 71, rue La Condamine.

AVANT-PROPOS

Chacun des livres de cette série est précédé d'un avant-propos court ou long. Celui-ci sera court.

A travers mes œuvres diverses, j'ai fait assez d'écrits en manière de préface ou d'avertissement pour que je puisse me dispenser ici d'un préambule bien long.

Cela m'est d'autant plus facile que mes derniers livres sur la fonderie sont précédés d'un précis relatant tout ce qui pourrait être dit à ce sujet.

Plusieurs de mes amis et de mes contemporains, ai-je rappelé à ce sujet, ont bien voulu me gratifier d'une *dénomination* spéciale et m'appeler familièrement le *Père de la Fonderie*. J'attribue ce surnom à mes travaux techniques commencés dès 1849 et qui se sont répétés dans ce siècle, sans trouver jusqu'à présent beaucoup d'imitateurs ayant fourni de longs commentaires sur une industrie universellement répandue et souvent trop peu connue de nos jours.

Les rares auteurs qui ont traité cette importante question ne l'ont souvent qu'à peine effleurée et j'en ai tant parlé après tout, que j'ai donné à ma dernière édition des détails peut-être trop complets et trop longuement resassés.

Que dire maintenant sinon revenir sur certains détails qu'on retrouvera peut-être dans ce volume où ils sont utiles et indispensables, en priant les personnes qui voudraient aborder un pareil sujet de ne pas oublier que le présent livre est l'œuvre d'un auteur qui ne voudrait se répéter qu'autant que cela lui semble nécessaire. Aussi dois-je me borner à demander beaucoup d'indulgence à mes lecteurs anciens et nouveaux.

Que ces lecteurs se rappellent ce que j'ai voulu faire dans cette voie technologique ; et les améliorations que j'ai voulu chercher, s'il leur plaît de me suivre et de me continuer quand mes travaux se transformeront avec les années et sous les efforts du progrès du temps.

Qu'ils se souviennent de mon nom, de mes recherches sur la fonderie et de mon œuvre sur l'industrie. Qu'en un mot, ils me gardent la part, si peu importante qu'elle soit, des progrès actuels que j'ai tentés en vue du développement des arts et métiers.

Qu'ils ne voient dans mon livre, que celui d'un fondeur n'ayant eu d'autre but que celui de laisser une trace à son pays et de garder une place utile parmi les multiples travaux qui viendront grossir le bagage de notre siècle.

Que mon nom soit celui d'un travailleur parmi ceux qui dans leur carrière industrielle ont fait de tous temps ce qui a été en leur pouvoir pour se rendre utile. C'est là que je mets toute mon ambition.

Les livres dont je me suis occupé supposent que les maîtres et les chefs d'atelier, les professeurs pratiques, au besoin, sont en mesure d'enseigner la tenue des outils et leur conduite de telle sorte qu'on puisse s'en servir dans les écoles du premier degré tout au moins.

Aussi bien nos volumes ne sont-ils faits qu'en vue d'aider les apprentis, les ouvriers, les chefs d'atelier et les patrons eux-mêmes.

La manière de former pratiquement ces industriels est oiseuse à un certain point, si j'en crois quelques livres spéciaux qu'on intitule : *Méthodes d'enseignement manuel.* Il est évident que dans tout atelier bien mené, fut-il des plus restreints, il est toujours un chef, ouvrier ou patron qui peut montrer et se servir de l'outillage et qui devant travailler la matière, métal ou bois, connaît les notions premières, sur l'outil qu'il emploie.

Un ingénieur, un artiste industriel même, à quelque école qu'il appartienne, doit savoir pratiquer les notions élémentaires du métier qui l'intéresse. Sous ce rapport, on peut dire que toute méthode d'enseignement manuel est particulièrement nécessaire pour instruire les amateurs. Mais il n'est pas en ce monde que des amateurs qui composent le peuple.

L'enfant qui veut devenir ouvrier ne profitera-t-il pas des leçons données par l'exemple de ses chefs, dans toute usine constituée sérieusement.

Puissent les anciens élèves des écoles d'arts et métiers qui ont inspiré ces pages, profiter de mes réflexions.

Les candidats aux écoles doivent aux examens d'entrée montrer leur habileté à se servir des outils aussi bien que leur aptitude au travail. Cela ne s'enseigne pas seulement par des images, mais par la transmission du savoir faire d'un chef éclairé. Car, il ne suffit pas d'être guidé manuellement dans la mécanique par exemple.

Mais il est des connaissances techniques qui sont nécessaires, plus que l'exécution manuelle à celui qui se destine aux arts de la forge, de la fonderie, de la chaudronnerie, etc., aussi bien qu'aux arts de la mécanique proprement dite, suivant qu'ils se rattachent plus ou moins aux autres professions.

Le chemin est ample à parcourir. Aussi ne peut-il être spécial qu'à chaque industrie, entre celles que nous citons.

Je ne dirai rien de plus que ce que j'aurais pu dire peut-être si mon âge et ma santé l'eussent permis.

sont du ressort d'une action chimique proprement dite. On ne saurait obtenir du calorique d'une façon industrielle et dans les conditions exigées pour la réduction du minerai et sa transformation en métal, sans faire appel aux combustibles.

A cet égard, les industries créatrices de la fonte, du fer et de l'acier ne sauraient être décrites sans une étude préalable, théorique et pratique, des principes de la combustion.

C'est cette étude que nous allons résumer, avant d'aborder la question des combustibles intéressant la fonderie.

Principes de la combustion. — Deux éléments sont utilisés dans les combustibles : le carbone et l'hydrogène.

Tout combustible est formé de matière végétale, sinon de produits de cette matière, plus ou moins décomposés. C'est, au fond, une sorte de combinaison organique dont le carbone, l'hydrogène et l'oxygène constituent la base et que complètent des matières terreuses empruntées aux substances végétales.

L'hydrogène, en tant que combustible, n'existe qu'en raison de sa combinaison avec le carbone ; ce qui n'empêche pas que le carbone, fût-il privé d'hydrogène, n'est pas moins la base dominante de tout combustible.

Tout au plus, l'hydrogène est à considérer comme une source de calorique. Encore faut-il qu'il existe en proportion plus que suffisante pour que sa combinaison avec l'oxygène ne puisse former de l'eau. Car tout combustible dont la composition comporte du carbone et de l'eau ne saurait avoir d'autre source calorifique que le carbone.

Le bois brûle avec flamme, et son charbon, quand les conditions de la combustion sont normales, fournit du carbone et de l'eau. Le charbon de bois brûlant à l'air libre et presque sans flamme, engendre de l'acide carbonique. Toutefois, si le charbon brûlé en masse, dans un foyer, peut dégager une flamme plus ou moins intense, suivant que la combustion développe la production de l'acide carbonique, celui-ci se transforme en oxyde de carbone, avec l'aide de l'air atmosphérique.

On sait que l'unité de chaleur, ou, en d'autres termes, l'expression scientifique qualifiée « *calorie* » représente la quantité de calorique nécessaire pour élever un gramme d'eau de 0^{oc} à 1^{oc}. De là, les recherches des savants pour déterminer, sur des bases comparatives, le pouvoir calorifique des corps.

En admettant qu'un gramme d'oxyde de carbone converti en acide carbonique exige 2400 calories, environ, la quantité d'oxyde de carbone contenant un gramme de carbone dégagera 5600 calories. On se trouve, sur cette base, en présence de ce fait particulier que le carbone en passant seulement à l'état d'oxyde développe une quantité de chaleur, plus que moitié moindre de celle qu'il emploie pour passer à l'état d'acide carbonique. Ce résultat est en contradiction, pour le carbone, du moins, avec la loi qui veut que la chaleur développée par la combustion soit proportionnelle à la quantité d'oxygène brûlée

Sans entrer dans l'examen des expériences tentées par les Rumfort, les Silbermann, les Berthier, les Regnault et tant d'autres pour déterminer le pouvoir calorifique des matières et des gaz combustibles, nous nous bornerons à noter dans leur ordre de pureté relative le pouvoir calorifique et la chaleur spécifique des éléments riches en carbone :

Pouvoir calorifique

Diamant	7,770.10	⎫
Graphite	7,796.60	⎬ d'après Favre et
Charbon de bois en cornues .	8,047.30	⎬ Silbermann.
— en fours . .	8,080.00	⎭
— en meules .	7,273 »	d'après Lavoisier.
— — .	7,167 »	— Dulong.
— — .	7,912 »	— Desprets.

Classement des combustibles. — Les combustibles usités dans les arts industriels, les besoins domestiques et les applications de toutes sortes pourraient donner lieu à un classement très complexe, si nous avions à nous en préoccuper.

On y comprend :

Le bois, la tourbe, les lignites, la houille, l'anthracite, avec leurs dérivés : charbons, cokes, gaz, essences et produits divers provenant de la distillation, sans compter les huiles et les essences minérales, les pétroles, les matières grasses, les gaz combustibles, oxyde de carbone et hydrogène, les hydrocarbures, etc., en un mot tout ce qui est source de calorique, naturelle et artificielle.

Nous comptons n'envisager ici que le bois et son charbon, la houille et son coke et, au plus, ajouter un mot, en passant, sur la tourbe et l'anthracite.

En effet, la métallurgie du fer et la fonderie ne sortent guère de l'emploi de ces combustibles qu'elle utilise, soit en nature, soit à l'état carbonisé, soit à l'état gazeux, suivant les besoins et suivant les voies diverses où elles se trouvent engagées. Si ces industries emploient d'autres combustibles, nous n'avons à les considérer que comme matières d'un usage commun.

D'un autre côté, nous aurons à parler, au cours de cet ouvrage, des progrès introduits dans les fours et autres appareils destinés à traiter la fonte, le fer ou l'acier. Ces appareils ont amené, sur une très grande échelle, l'application, de plus en plus intéressante, des gaz issus du travail économique du combustible qui est pris et repris par divers foyers jusqu'à ce qu'il ait donné sa dernière expression.

Bois et charbon de bois. — Le bois a été, avant l'application de la houille et surtout avant l'emploi du coke, le combustible recherché par excellence, dans la métallurgie du fer. Sans le bois, jadis, pas de bon fer et pas de bonne fonte. La houille est venue, imprimant un premier élan aux anciens appareils de fusion et de chauffage; puis le coke, ouvrant une voie nouvelle aux industries du fer, s'est montré à son tour, se substituant au charbon de bois qu'il a remplacé aujourd'hui, à peu près partout, au grand profit de la production économique et des débouchés du métal, sinon au point de vue de l'extension de ses qualités.

Quoi qu'il en soit, les rares usines qui marchent au bois sont encore celles qui fournissent les meilleures fontes et les meilleurs fers. C'est pourquoi nous voulons réserver la plus large place possible au bois et surtout au charbon de bois qui soutient encore, dans l'état actuel de la fonderie, les bonnes et anciennes usines fabriquant la fonte moulée commerciale, poterie, tuyaux, ornement, etc., telle que ne la donnerait pas la fonte au coke, ni même la coulée en deuxième fusion.

L'emploi du bois et celui de la tourbe à l'état brut sont rares, si toutefois on s'en sert encore dans les opérations, même les plus simples, de la production de la fonte, du fer et de l'acier.

Leurs charbons et surtout le charbon de bois sont employés, à un degré moindre que jadis, mais demeureront longtemps, tant qu'on voudra fabriquer des fers et des aciers très purs et d'une qualité exceptionnelle. Nous n'entrerons pas dans la description des méthodes de carbonisation qui sont demeurées ce qu'elles étaient, il y a longtemps.

On carbonise le bois en tas, sous forme de meules à base circulaire ou à base rectangulaire. On le carbonise aussi dans des fours clos chauffés par des foyers disposés d'une façon particulière, suivant qu'on veut recueillir en plus ou moins grande quantité les produits industriels de la distillation.

Quoi qu'il arrive, qu'on cuise à l'air et à feu libre, ou dans des fours ayant des foyers plus ou moins perfectionnés, il faut de l'habileté et de l'expérience si l'on veut obtenir du charbon bien cuit, aussi dense que le permet l'essence du bois employé, et en tirer le meilleur parti comme rendement en volume et en poids.

Le déchet s'accroît en raison de la façon plus ou moins habile dont l'œuvre de la carbonisation est conduite. Tel bois qui peut rendre, en charbon, 28 ou 30 pour cent comme poids ou comme volume, pourra subir un déchet considérable et ne donner que 15 ou 20 pour cent, si le feu est poussé trop vivement, si la meule est mal disposée, mal garantie contre le vent et la pluie, etc. Dans la carbonisation en meules de 40 à 60 stères de bois, il faut compter sur une durée de cuisson entre six et huit fois vingt-quatre heures. Nous ne parlerons pas de l'empilage du bois, ni de la disposition des meules que les figures 1res de la planche I, expliquent suffisamment.

Le poids du charbon est variable selon l'âge, la grosseur et la qualité du bois. Le charbon végétal est, comme on sait, très avide d'eau. L'humidité qu'il absorbe agit particulièrement sur sa densité.

Les poids ci-dessous résultent de pesages opérés sur des charbons de bonne qualité et ayant passé plusieurs mois de séjour en halle :

Charbon de chêne . . . . 20 à 21 kil.
— de hêtre. . . . . 25 à 28 —

Charbon de charme. . . . . 22 à 24 kil.
— de pin et de sapin . . . . 18 à 22 —
— de bois blancs, suivant les essences. 14 à 18 —

Il faut compter que le poids moyen du charbon cuit en forêt, toutes espèces : chêne, hêtre, charme, peuplier, bouleau, etc., peut se tenir en moyenne entre 23 et 24 kilos l'hectolitre.

Les hauts-fourneaux en moulages de la région Meurthe-et-Moselle, Ardennes, Meuse et Haute-Marne, produisant 100 à 120 tonnes par mois, peuvent approvisionner pour une consommation annuelle (environ dix mois de roulement) sept à huit mille mètres cubes de charbon, représentant environ vingt à vingt-cinq mille stères de bois assortis, dits de charbonnette.

Les bois destinés à la carbonisation sont sciés à la longueur moyenne de $0^m,60$ et empilés par cordes de deux stères.

En résumé, dans les contrées dont nous parlons, les opérations de la carbonisation en meules et en forêts peuvent être classées dans l'ordre suivant :

1° Achat des coupes de bois par hectare, suivant l'estimation des employés chargés des bois ;

2° Coupe des bois et triage de ceux dits de *charbonnette*, travaux qui, s'ils sont mal faits, influent sur les résultats de l'estimation ;

3° Empilement des cordes, d'après lequel sont payés les ouvriers coupeurs et empileurs ;

4° Dressage en fourneau, payé aussi par la réception de l'empilement ;

5° Carbonisation payée au mètre cube, suivant la production du bois en charbon ;

6° Transport des charbons au mètre cube ;

7° Réception à l'usine, suivant laquelle sont payés les charbonniers et les voituriers.

Les frais de carbonisation en forêt, par stère de bois, sont en moyenne de :

Abatage. . . . . 0.35 à 0.50
Débusquage ou roulage . . . . 0.40 à 0.60
Dressage en fourneaux . . . . 0.20 à 0.25
Fauldes et gazonnage . . . . 0.06 à 0.12
Cuisson . . . . 0.15 à 0.20

Les différentes essences de bois dur, exploitées en France, sont : le chêne, le hêtre, le charme, l'orme. On emploie cependant les bois blancs tels que le peuplier, le sapin, le pin, le mélèze, le tilleul, l'aune et le bouleau ; mais les charbons de ces bois sont tendres et de mauvaise qualité. Au haut-fourneau, ils ne portent qu'une faible quantité de minerai. De tous les bois tendres, le pin est celui qui donne les charbons les moins poreux. Le chêne fournit les charbons les plus durs et les plus pesants ; mais on lui préfère le hêtre et le charme, dans les usines où l'on brûle des minerais en grains, notamment lorsque les charbons proviennent de quartiers, ou bien encore des débris obtenus par l'équarrissage des arbres. Ces charbons feuilletés par couches (comme le bois de chêne lui-même, lorsqu'il demeure longtemps exposé à l'air), retiennent des parcelles de minerai, surtout quand la marche du haut-fourneau est défectueuse..... la machine soufflante manque de puissance.

Le rendement des bois en charbon dépend de la nature et de la qualité des bois. Lorsque ceux-ci ne sont pas coupés en temps inopportun, c'est-à-dire au moment de l'expansion de la sève, lorsqu'ils ne sont pas carbonisés trop verts ou *piqués* à la suite d'un long séjour dans la coupe, lorsqu'on ne les emploie pas malades ou à demi pourris, le produit en charbon doit être passable, sinon parfait.

Les chiffres suivants indiquent des termes de comparaison entre les produits de différents bois, plutôt que des points maximum ou minimum du rendement de chacun d'eux.

Essence de bois.	Charbon.	Cendres.	Matières perdues.
Chêne.	0.230	0.025	0.745
Hêtre.	0.210	0.080	0.710
Charme.	0 185	0.082	0.733
Orme.	0.195	0.080	0.725
Bouleau.	0.168	0.105	0.737
Aune (peu exploité).	0.170	0.108	0.722
Peuplier —	0.150	»	»
Sapin —	0.182	0.162	0.756

D'après Berthier, les bois non résineux, carbonisés dans les mêmes circonstances, rendent, à poids égal, la même quantité de charbon.

Les analyses de Sauvage donnent pour la composition du charbon de bois 0,79 de carbone, 0,14 de matières volatiles et 0,07 de cendres. D'après les dernières expériences de Dulong, la puissance calorifique du carbone pur est 7,170, mais on peut admettre, suivant Sauvage, que la puissance calorifique du charbon de bois, fabriqué dans les forêts, est les 0,85 environ du carbone pur, elle serait donc 7,170 × 0,85 = 6,095. Selon Péclet, le pouvoir calorifique du charbon ordinaire varie de 6600 à 7000 unités.

Le tableau qui suit donne les puissances calorifiques et les quantités de chaleur rayonnées par les combustibles en supposant la puissance calorifique égale à l'unité.

DESIGNATION des combustibles	POUVOIRS rayonnants.	PUISSANCES calorifiques	DÉSIGNATION des combustibles	POUVOIRS rayonnants	PUISSANCES calorifiques
Bois desséché à 100°.	0.28	3600	Tourbe à 0,20 d'eau.	0.25	3600
Bois ordinaire à 0,20 d'eau.	0.25	2800	Charbon de tourbe.	0.50	5800
			Houille moyenne.	Plus que le charbon de bois.	7500
Charbon de bois.	0.50	7000	Coke à 0,15 de cendres.		600
Tourbe desséchée à 60°	0.25	4800			

Torréfaction et carbonisation du bois en vases clos. — La nécessité d'obtenir les charbons économiquement a engagé divers maîtres de forges à expérimenter la carbonisation en vases clos. Dans presque toutes les expériences, on a trouvé, comme on devait s'y attendre, des variations sensibles, soit pour le produit en volume, soit pour le produit en poids. On a obtenu souvent l'un, quand on n'avait pas l'autre, mais rarement on a réussi à la fois sur les deux points.

On avait pensé d'abord que la carbonisation en fours clos était appelée à procurer une grande économie dans la production du charbon. On a fait pour y arriver de très grandes dépenses et les appareils construits ont été pour la plupart abandonnés. Il a fallu considérer ces procédés plutôt comme un travail chimique, consistant à extraire des produits accessoires, acides et huiles, que pour fabriquer industriellement du charbon de bois.

Charbon de tourbe. — La tourbe, qui n'a encore en France qu'un assez petit nombre d'exploitations, n'a pu être acclimatée dans le travail des hauts-fourneaux. Employée plutôt pour le grillage des minerais que pour leur réduction, ses applications n'ont pas beaucoup d'intérêt ici.

Par la carbonisation à l'air, en meules, nous avons obtenu à Marquise, avec des tourbes du Pas-de-Calais et de la Somme, un rendement de 20 pour cent en poids. Dans les fours Appolt ou analogues, un rendement de 35 à 45 pour cent. Ce rendement dépendait de la qualité de la tourbe, de sa densité et de sa richesse en matières combustibles.

Les tourbes de bonne qualité dans lesquelles l'élément végétal domine et qui contiennent peu de terre peuvent donner jusque 600 parties sur 1000 de charbon ; d'autres, au contraire, ne fournissent que 200 ou 250 parties, tout au plus. La moyenne, en considérant les tourbes susceptibles d'être carbonisées, peut se tenir entre 40 et 45 pour cent de charbon produit.

La tourbe des Ardennes carbonisée en grand dans les fours en maçonnerie donne, suivant des essais faits par les ingénieurs des mines, un produit de 44 pour cent, qui se compose de 0,43 de carbone, 0,32 de matières volatiles et 0,25 de cendres ; des tourbes terreuses des marais de Foug, dans la Meuse, aux environs de Toul, nous ont donné un rendement de 40 pour cent en poids et seulement de 16 pour cent en volume.

Le charbon de tourbe est généralement friable et léger. Il brûle très vite quand il est sec et difficilement quand il a pris de l'humidité. Un charbon obtenu par une bonne tourbe rendant 40 pour cent de coke avec 15 pour cent de cendres, donne lui-même à l'emploi 38 à 40 pour cent de cendres.

De la houille et du coke. — La production générale de la houille, qui était d'un million de tonnes environ, aux premières années du siècle, s'est accrue avec le développement de la machine à vapeur, les chemins de fer et l'extension de la métallurgie.

Aujourd'hui la production dépasse vingt millions de tonnes et le chiffre de la consommation, avec les importations, excède considérablement le total des quantités produites.

Les principaux bassins houillers de la France sont ceux de la Loire, de l'Aveyron, du Dauphiné et du Centre. Il faut y ajouter les exploitations du Nord et du Pas-de-Calais, qui ont pris, depuis vingt-cinq à trente ans, des proportions considérables. Encore aujourd'hui, un grand nombre d'industries françaises s'approvisionnent à l'aide de houilles étrangères, anglaises ou belges. Cependant, à de rares exceptions près, les hauts-fourneaux et les grands établissements métallurgiques tendent à se rapprocher des centres houillers et à vivre de leurs ressources.

Les minéralogistes divisent la houille en houille brune, houille noire et houille éclatante ou anthracite. Ces trois divisions se partagent en un grand nombre d'espèces qu'on désigne suivant leur forme, leur couleur ou leur texture.

La houille noire est celle qu'on emploie le plus dans l'industrie ; on la classe en trois variétés distinctes, la houille sèche, la houille maigre et la houille grasse. On ne carbonise ordinairement que la houille maigre et la houille grasse. La houille sèche donnerait un charbon sans consistance et complètement friable. Pour lui faire subir la carbonisation, on est obligé de la combiner avec une des deux autres espèces, en des proportions diverses. Le produit de la carbonisation de la houille a pris le nom de *coke*, d'un mot anglais qui veut dire « charbon cuit ».

Les houilles grasses sont celles qui sont susceptibles de fournir le plus de charbon. Il en est qui donnent jusqu'à 80 pour cent de coke boursouflé, tandis que les houilles maigres, ou les houilles sèches mélangées, ne produisent le plus souvent que 50 à 60 pour cent.

Le poids de la houille est variable suivant les localités et selon la nature des gisements. Celui du coke, soumis à un déchet plus ou moins élevé, qui est la conséquence de sa fabrication, n'est pas toujours en rapport avec le poids de la houille qui a servi à le produire. On peut en juger par les chiffres qui suivent :

Houille du bassin de Brassac	l'hectolitre	85 à 88 kil.
— du bassin de la Loire	—	82 à 85 —
— du Nord et de la Belgique.	—	80 à 82 —
— de Blanzy	—	85 à 87 —
— du Creusot	—	79 à 80 —
— maigre de Châlonne (Maine-et-Loire). .	—	76 à 78 —
— de Decazeville	—	77 à 78 —
Coke de Rive-de-Gier, lavé	l'hectolitre	40 à 42 kil.
Le même, cuit en petits fours	—	34 à 36 —
— des usines à gaz.	—	30 à 35 —
— des houilles du bassin de Mons	—	34 à 35 —
— des houilles du Pas-de-Calais	—	35 à 40 —

La carbonisation de la houille a lieu, en tas et en meules, comme celle du bois, sinon dans des fours construits exprès.

Pour carboniser la houille en grand, on la disposait anciennement par meules coniques. On a préféré depuis, afin de pouvoir en carboniser une plus grande quantité à la fois, le dressage en tas allongés à bases rectangulaires. Cependant, encore aujourd'hui, on carbonise par meules les houilles dites en gailleteries. Selon le volume de la meule et la nature de la houille, la cuisson peut durer vingt-quatre à trente-six heures.

La carbonisation en tas, de la houille en gros morceaux, est sensiblement la même que celle des meules. On établit les fauldes à l'abri de toute humidité, et quand le terrain n'est pas convenable, on établit un fond de terre grasse battue, en pisé, ou même en briques maçonnées, sur champ, et légèrement inclinées, pour laisser de l'écoulement à l'eau.

Les fragments de houille sont dressés par rangées, posées les unes sur les autres, et maintenues au moyen de deux lignes de pieux. Une cheminée d'appel est placée à l'opposé du point d'allumage d'où la flamme circule par un canal traversant toute la longueur du tas.

La carbonisation en tas permettant d'opérer sur de plus grandes masses de houille que celle en meules, peut donner des produits plus compacts et de meilleure qualité. Les houilles grasses, carbonisées en meules, produisent en poids 45 à 50 p. 0/0 de coke, et seulement 40 à 45 lorsqu'elles sont traitées en tas.

La houille menue est carbonisée, de préférence, en tas allongés, en fourneaux découverts ou en fours clos. Le charbon est mouillé et tassé préalablement pour que les vides d'aérage, devant servir à diriger la combustion, ne se bouchent pas par l'affaissement.

Le combustible est disposé en fourneaux, dont la base est rectangulaire et dont la section verticale est celle d'un trapèze. On place dans la longueur du tas, un rouleau horizontal dont le diamètre peut avoir $0^m,08$ à $0^m,10$, contre lequel d'autres rouleaux viennent s'appuyer transversalement en s'inclinant, et qui, retirés alors que le tas est achevé, laissent des espaces vides destinés à servir de courants d'air et d'évents.

La houille menue carbonisée, soit en meules, soit en tas, peut rendre 45 à 50 p. 0/0 de coke. La moyenne de carbonisation d'une année, aux usines de *Terre-Noire*, a donné 43 pour cent, tous déchets déduits.

La fabrication du coke, dans les fours découverts, a lieu entre quatre murs, ce qui facilite l'entassement de la houille ; on a soin, comme pour les meules et les tas, de disposer des canaux servant à l'échappement des gaz et à l'entretien de la combustion.

Dans les usines de la Loire, la fabrication entreprise à la journée coûte à peu près :

Pour la construction des tas.	1 fr. 65
Pour la carbonisation	1 00
Pour défaire les tas.	0 85
Pour l'enlèvement du coke	0 40
Pour l'entretien des outils et ustensiles.	0 20
Total par tonne.	4 fr. 10

En comptant sur une fabrication de 14 à 15 tonnes par vingt-quatre heures.

Quand le travail est fait à la tâche, les frais ci-dessus peuvent descendre :

Pour main-d'œuvre de toute nature et enlèvement du coke	2 fr. 60
Entretien des outils et ustensiles	0 15
Total par tonne.	2 fr. 75

En France, on emploie encore des fours elliptiques, dits *fours anglais*, qui ont deux portes pour faciliter le chargement et le déchargement de la houille, et des fours circulaires, dits *fours français*, qui n'ont qu'une porte, et où l'enfournement a lieu par la partie supérieure de la voûte. Dans ces fours, l'air est introduit par une galerie qui débouche à l'extrémité et sur les deux côtés des parois verticales, tandis que, dans les fours anglais, il n'arrive que par des ouvreaux ménagés dans chacune des portes.

La voûte des fours est établie en briques réfractaires. Le reste est construit en maçonnerie de moellons, jusqu'au niveau de la sole, laquelle se compose de briques posées de champ sur une épaisseur de sable de $0^m,05$ d'épaisseur environ, qui recouvre la maçonnerie inférieure.

La façon d'un four anglais peut coûter de 80 à 120 fr., et le prix de revient total s'élève à 6 ou 700 francs ; celle d'un four français est payée 60 à 70 fr. ; et le prix total peut s'élever à 4 ou 500 francs.

Les dimensions moyennes sont :

Pour les fours elliptiques : 5 mètres longueur, $2^m,75$ largeur, $1^m,25$ hauteur de la voûte, $0^m,40$ diamètre de la cheminée.

Pour les fours circulaires : $2^m,40$ diamètre intérieur, 1 mètre hauteur de la voûte, $0^m,30$ diamètre de la cheminée.

Les charges par vingt-quatre heures sont d'environ 2,500 à 2,800 kilogrammes pour les fours anglais, et de 900 à 1,200 pour les fours français ; elles augmentent de moitié par quarante-huit heures.

La houille est enfournée à la pelle et avec des rables qui l'étendent sur la sole. Le défournement se pratique au moyen de crochets ou de râtelets comme figures 8 à 13, pl. 2.

Depuis quelques années, la question de fabrication du coke a été beaucoup travaillée, notamment en France et en Belgique, plus encore qu'en Angleterre.

Nous nous contenterons d'une revue rapide. En France, on a essayé des fours à coupole *Dubochet;* les fours à cornues de la *Compagnie Parisienne du Gaz;* les fours dits de boulangers, rangés par lignes et adossés avec une ou deux ouvertures de chargement et deux orifices de déchargement; les fours rectangulaires du Creuzot, à deux larges ouvertures extrêmes, de même section que celle des appareils, permettant un défournement mécanique à peu près instantané; les fours rectangulaires à parois et sole chauffées, dits *de Forbach;* ceux de *Brunfaut,* appliqués en Belgique et ceux de *Smits,* dans lesquels, à la forme du four de boulanger, on a substitué la forme prismatique, avec des fours jumeaux placés dos à dos, la flamme de l'un chauffant l'autre. L'enfournement a lieu dans ces fours par une trémie placée sous la voûte.

Les derniers fours Smits, construits à Couillet, donnent avec la houille broyée environ 75 pour cent de coke, ceux de Brunfaut ne produisant que 67 pour cent.

Puis, sont venus, toujours dans le même ordre d'idées, les fours *Dulait* ; les fours *Fromont*, les fours *Gendebien* et autres qui, nés successivement en Belgique et introduits dans le Nord de la France, ont vécu plus ou moins longtemps, si toutefois ils existent encore.

Les fours *Smet* ont été construits en Belgique avec les perfectionnements *Gilbert* et *Cheneux*. A sole et à parois chauffées, ces fours, de construction coûteuse et d'entretien difficile, dépensaient pour tous frais de main-d'œuvre, une somme plus que minime 0,15 à 0,25 par tonne de coke produit. Nous en parlons parce que ces appareils ont été appliqués aux exploitations du Creuzot et d'Anzin.

Une comparaison entre les fours Dulait, les fours Smet, les fours Cockerill, système Smet, avec des perfectionnements, et les fours elliptiques, peut servir à fixer les idées sur ces différentes dispositions :

	Durée de la cuisson.	Charge en charbon.	RENDEMENT DU CHARBON en			
			Coke.	Petit coke.	Fraisil.	Matières fixes.
Fours Dulait	37 heures.	3.300 kil.	71.34	1.26	3.88	76.48
— Smet perfectionnés	38 —	2.800 —	72.11	1.38	3.96	77.45
— Cockerill	48 —	2.600 —	67.16	2.17	3.24	72.57
— elliptiques. . . .	48 —	4.100 —	63.19	2.19	3.70	69.08

La carbonisation de la houille a fait, depuis, de nouveaux progrès par l'application des fours à gaine verticale, *Appolt*. Dans ce système, dont les *Annales des mines* ont donné, vers 1857-1859, une description fort ample, l'inventeur se serait attaché à réaliser les conditions suivantes :

Diviser la masse de la houille en proportions plus faibles qu'elle existe dans les autres fours ;

Créer une grande surface de chauffe au moyen de cloisons verticales doubles, laissant entre elles des espaces vides où les gaz dégagés puissent être brûlés et circuler à l'aise dans toutes les parties de ces espaces ;

Laisser sortir les gaz à la base des compartiments et les y faire brûler de telle sorte, qu'en s'élevant, ils viennent échauffer uniformément toutes les parties intérieures du four ;

Eviter, par l'amoindrissement des surfaces extérieures des appareils, et la disposition des portes de déchargement et de chargement, le plus possible de la déperdition du calorique développé.

Les fours Appolt, perfectionnés après les premiers essais, ont été installés à Marquise. On en a construit depuis, au Creuzot, en Belgique et aux usines de Wendel à Hayange.

La charge d'un compartiment est de 1,250 kilogrammes de houille. La carbonisation dure vingt-quatre heures dans chaque compartiment, le déchargement ayant lieu successivement. La main-d'œuvre revient à environ 1 fr. 20 par tonne de coke, savoir :

Préparation et apprêtement des appareils et du charbon. .   0.45
Chargement et déchargement des fours, extinction du coke
   dans les wagons, etc. 0.35
Chargement en wagon par brouettes et plan incliné . . .   0.40
                                        1.20

Les fours Siémens, appliqués à divers usages métallurgiques et industriels, ont fait depuis un chemin rapide, sous la double désignation de fours à gaz et à chaleur régénérée. Le but, cherché par l'inventeur, consiste à reprendre la chaleur perdue, par entraînement avec les produits de la combustion, pour l'utiliser à nouveau dans le foyer où elle a pris naissance. En un mot, la base du système est celle-ci : Employer le combustible et brûler, jusqu'à la limite la plus extrême, les gaz qu'il peut fournir par la combustion (1).

Ceci dit, il nous reste peu de chose à noter au sujet de la carbonisation de la houille. Ce que l'on doit vouloir dans l'installation des fours à coke, se résume en peu de mots : Qualité à chercher au point de vue de l'emploi au haut-fourneau et au cubilot, ni trop dure, ni trop friable, pouvant s'accommoder à la réduction et à la fusion du métal en même temps que résister à la pression du vent ; quantité à produire en vue d'une consommation déterminée, tous frais d'établissement étant proportionnés suivant l'importance des combustibles à employer.

On s'occupe beaucoup aujourd'hui de l'épuration des charbons, les hauts-fourneaux et les fonderies employant, pour la plupart, du coke lavé. Le lavage des charbons, depuis longtemps pratiqué en Angleterre, a pris en France droit de cité. On construit maintenant des laveurs, des trieurs, des épurateurs de toutes sortes ; les uns sous forme d'appareils simples et élémentaires, comme les caisses avec tables à eau courante, les caisses à piston, employées déjà à Saint-Étienne en 1837, et enfin, les appareils Bérard qui, participant des différents systèmes, ont subi des transformations nombreuses.

L'appareil *Meynier* est plus simple. Décrit dans les *Annales des Mines* dès 1859, il comprend :

La pompe avec sa machine locomobile ;

Une caisse en tôle où se rendent l'eau et la houille ;

Une autre caisse en tôle dans laquelle la houille est soumise à des secousses continues ;

(1) Les appareils Siémens ont fait du chemin. On les applique, avec des perfectionnements divers, dans un certain nombre de travaux de la fonderie : réduction des minerais, fusion du métal, chauffage des étuves, séchage des moules, etc. Nous aurons occasion d'en parler.

Des caisses en bois où le lavage s'exécute par entraînement des matières ;

Le déversoir.

Le prix de cet appareil revient à 12,000 francs environ. Deux laveurs peuvent produire par jour environ 100 tonnes de houille lavée, avec une dépense de 0 fr. 24 par tonne, comprenant tous frais de main-d'œuvre, entretien des appareils et frais généraux.

On peut citer encore l'appareil Évrard, d'une grande puissance, mais d'un prix élevé, à la portée seulement des exploitations les plus importantes. Cet appareil peut laver jusqu'à 4 ou 500 tonnes par jour, à un prix de revient ne dépassant pas 0 fr. 20 à 0 fr. 25 par tonne lavée pour toute main-d'œuvre, depuis l'introduction de la houille dans la trémie, jusqu'à sa sortie et son chargement en wagonnets.

Nous ne parlerons pas des systèmes de défournement employés pour les fours à soles horizontales, quelle que soit leur disposition. Le Creuzot et d'autres établissements ont créé des types de défournement mécanique qui se sont généralisés.

La rentrée du coke en halle demande les mêmes soins que celle des charbons de bois, si l'on veut éviter les déchets. Les magasins à coke peuvent être de simples hangars, séparés par des cloisons en maçonnerie en vue de diminuer les chances d'incendie.

Comme le charbon de bois, le coke est d'un meilleur usage au fourneau, quand il a pu reposer en halle. Cependant, s'il y reste trop longtemps, il perd de sa qualité et devient plus friable. Autant que possible, il convient de l'employer après un mois ou deux, au plus, de séjour en magasin.

Les déchets que subissent les cokes après la carbonisation sont d'autant plus importants que le combustible est moins compact et, par conséquent, plus friable ; ils dépendent aussi des difficultés de la main-d'œuvre, pour la rentrée en halle, et du cassage qui leur est nécessaire, lorsque les fragments sont trop gros pour être employés tels, aux hauts-fourneaux. Ces déchets varient entre 12 et 15 pour cent, ceux du charbon de bois pouvant aller de 12 à 20 pour cent.

De l'anthracite. — L'attention s'est portée sur la fabrication de la fonte par le moyen de l'anthracite, qu'on avait essayé déjà dans les travaux métallurgiques. C'est surtout en Angleterre et en Amérique qu'on s'est occupé de l'application de ce combustible. On a trouvé que la production du fer cru quand on emploie l'anthracite seul, était possible avec l'air chaud et qu'on pouvait obtenir ainsi de bonnes fontes. Cependant, jusqu'à présent, l'anthracite est demeuré à l'état d'exception comme emploi au haut-fourneau.

L'anthracite de Lamure, dans l'Isère, contient :

Carbone	91,90
Matières volatiles	6,00
Cendres	7,20

Un anthracite du pays de Galles donne à l'analyse ;

Carbone 87.54
Soufre 0.79
Matières volatiles 5.50
Cendres 6.48

C'est à peu près la teneur des anthracites de l'Angleterre et des États-Unis.

MINERAIS DE FER

La question des minerais appartient à la fonderie : d'abord, parce que le fondeur doit connaître comment est obtenu le métal qu'il emploie ; puis, parce que dans l'état de production de la fonte, comme dans celui de sa transformation en moulage, les résultats se ressemblent, en dehors des procédés de fusion.

La fonte moulée, en effet, est fabriquée aussi bien par la première fusion du fer que par sa refonte. La seule différence concluante est dans ce fait :

La fonte liquide du haut-fourneau est versée dans les moules alors que le même produit solide et brut est fondu à nouveau dans les cubilots ou autres appareils analogues pour être coulé de deuxième fusion.

En dehors de ces considérations, le travail de fabrication des fontes moulées demeure sensiblement identique dans les deux cas. Les combustibles et le métal sont communs, toutes conditions égales, les procédés de fusion différant suivant la matière à traiter, la nature et l'importance des fourneaux.

De son côté, le moulage agissant par les mêmes moyens, avec le même métal et avec des matériaux de pareille sorte, vient qui réunit les deux industries de la première et de la deuxième fusion en un faisceau étroit qui constitue la *fonderie*.

C'est pourquoi le minerai de fer ne saurait être séparé d'un traité, si peu important qu'il soit, qui intéresse l'art assez complexe du *fondeur en métaux*.

Dans un autre ouvrage de plus d'importance, nous avons traité la question des minerais d'une façon assez large, peut-être même trop étendue pour la spécialité que comportait notre sujet.

Aujourd'hui nous nous bornerons à exposer, de la façon la plus sommaire, les quelques données que nous ne pouvons éviter.

Nous donnerons, tout d'abord, la classification la plus simple dans laquelle on peut ranger les diverses espèces de minerais qui concourent, en l'état moderne, à la production du fer. Ce classement, qu'on pourrait développer

(1) Voir la *Fonderie en France* (édition 1882).

dans l'ordre chimique et analytique pour ce qui concerne les détails, peut se résumer en un petit nombre de catégories distinctes : le fer oxydulé, le fer oxydé rouge, le fer carbonaté, le fer hydraté.

Fer oxydulé. — L'oxyde magnétique est à peine exploité en France. On l'utilise pour les forges catalanes dans une partie de la région du sud-ouest des Pyrénées. — Le silico-aluminate magnétique et l'oxyde magnétique, qui pourraient être placés dans ce classement et qu'on trouve : le premier dans les Côtes-du-Nord, le second dans l'Aveyron et le Var, sont peu ou ne sont pas exploités.

Fer oxydé rouge (Hématite). — Ce minerai est désigné communément sous le nom de fer oligiste. Il tient de la nature du minerai de l'île d'Elbe et montre un gisement dans les Vosges, autour des usines de Framont. — Il est exploité très abondamment dans l'Ardèche, à Privas et à la Voulte. Les dépôts existant fournissent annuellement une quantité de trois à quatre cent mille tonnes de minerai exploité par diverses usines de la localité et environs.

Fer carbonaté, dit fer spathique. — Ce minerai, qui se distingue du fer carbonaté lithoïde, est représenté par les groupes de l'Isère, les filons d'Allevard et ceux de Vizille. On le retrouve sur quelques points détachés de la Savoie et dans les Pyrénées, vers la chaîne du Canigou où il se rencontre avec l'hématite brune.

Le fer carbonaté lithoïde a ses gîtes les plus abondants dans les bassins d'Aubin et d'Alais.

Les minerais carbonatés, très recherchés par les forges françaises, étaient employés en mélanges par quelques usines anglaises, vers 1866 à 1870. Ils entraient dans les combinaisons sur les bases suivantes :

Fer carbonaté-lithoïde et blackband	42
Minerai du Cleveland	28
Hématite rouge du Lancashire et du Cumberland . .	15
Hématites brunes. — Diverses variétés	13
Fer spathique	2

Fer oxydé hydraté. — Ces minerais, dont les gisements importants constituent la part principale de la France dans la production de ses usines à fer, sont connus sous les noms de protoxyde de fer, de limonite, de fer hydroxydé. Ils présentent des variétés de peroxydes qu'on distingue suivant leur aspect, leur composition et la nature du fer qu'elles produisent.

L'hématite brune, qu'on trouve parmi ces divers minerais dans des filons ou des amas transversaux, est très recherchée quand elle comporte du manganèse, et quand sa composition ne montre pas de corps nuisibles à la qualité du fer. — Elle est beaucoup employée aujourd'hui dans les grandes fabrications du métal système Bessemer, Martin et autres.

L'oxyde hydraté est réparti à divers étages de la série des terrains. Le terrain du trias, à l'exception de couches de limonite cloisonnée qu'on exploite à Bessèges et à Bordezac, dans le Gard, ne renferme de couches exploitables d'oxyde hydraté que dans les départements du Gard et de l'Ardèche.

Ce sont surtout les terrains jurassiques et crétacés qui renferment les minerais hydroxydés à divers étages où on les exploite en raison de leur bas prix de revient. Les couches situées à la base du lias aux environs de Semur, de même que celles de Mazenay et de Change qui sont exploitées par les usines du Creuzot, en dehors de ses approvisionnements de minerais étrangers, présentent des parties allant de $0^m,80$ à 2 mètres d'épaisseur. Les extractions s'élèvent actuellement à plus de deux cent mille tonnes.

Le minerai oolithique placé au niveau de la partie supérieure du lias, se trouve en gisements importants dans la partie Nord-Est de la France.

Exploité depuis longtemps par les usines d'Hayange, ce minerai, devenu d'une grande importance dans la production actuelle du fer, approvisionne les usines de la Meurthe et de la Moselle, aux environs de Longwy, sans compter les groupes d'Ars-sur-Moselle, d'Hayange, d'Ottange, de Pompey et de Frouard. Le rendement variable se tient entre 30 et 40 pour cent, et le prix de revient dépasse rarement la moyenne de 3 fr. par tonne. Les concessions accordées sur cette couche, dépassent une production de 800,000 à un million de tonnes. Cette production s'étendra encore, étant appelée à prendre part à l'alimentation d'une grande partie des hauts-fourneaux de la Meuse, de la Haute-Marne, des Ardennes et d'autres usines du nord de la France.

L'accroissement rapide que présente le centre d'extraction du minerai oolithique s'explique par le mouvement qui s'est opéré dans la Moselle et dans la Meurthe seulement de 1861 à 1867.

La production, qui s'élevait, en 1861, dans la Meurthe à 53,861 tonnes représentant une valeur de 215,000 francs environ, a monté en 1866-1867 à 262,600 tonnes montrant une valeur de 933,000 francs.

Dans la Moselle, où le mouvement s'est produit non moins important, la production est passée à 641,444 tonnes représentant en 1867 3,170,909 fr., au lieu de 300,000 tonnes valant 806,000 francs qu'elle atteignait en 1861.

Toutefois, il faut remarquer que ces chiffres comprennent, en dehors des départements de la Meurthe et de la Moselle, une consommation en 1886, de 140,000 tonnes environ, à la charge des départements du Nord, de la Meuse et des Ardennes, sans compter 50,000 tonnes expédiées en Belgique et 28,000 tonnes en Prusse et en Bavière. — La Moselle produisait en outre, sans compter ses extractions considérables de minerai oolithique, près de 40,000 tonnes de minerai tertiaire revenant entre 9 et 13 francs la tonne. La production totale de ce département atteignait donc une moyenne de près de 800,000 tonnes.

Depuis la guerre de 1870, ces chiffres se sont singulièrement transformés à la suite du passage entre les mains des Allemands d'une partie des groupes métallurgiques de la Lorraine et de l'Alsace.

Au reste, le grand-duché de Luxembourg, où se prolonge cette même couche de minerais, prend aujourd'hui une part active au mouvement d'exportation qui a continué de se produire.

La couche du lias supérieur est, en outre, exploitée dans les Vosges, dans la Haute-Saône, dans l'Ain, et, aussi, jusque dans l'Isère et dans l'Aveyron.

Les chiffres d'extraction ont baissé, bon nombre d'usines ayant pris le parti d'importer, en quantités considérables, des minerais d'une richesse plus grande, devant relever la moyenne de rendement des minerais locaux.

Les variétés de minerai de fer peroxydé ou hydroxydé à la base du terrain crétacé, alimentant les usines de la Haute-Marne, de la Marne, de la Meuse et de l'Aube, ou au delà, dans les Ardennes, le Doubs ou le Jura, ont une énorme importance dans ce groupe métallurgique très puissant.

Le minerai en grains, dit fer pisolithique, est exploité largement, ainsi que divers minerais d'autre forme, dans les départements du Cher, de l'Indre, de la Côte-d'Or, de la Haute-Saône, du Doubs et autres centres. — Ce minerai, dont l'origine se rapporte au terrain tertiaire, de même que les *rognons* de la Dordogne, qui s'y rattachent également, est exploité par bassin, sinon par poche, où on le recueille souvent mêlé à l'argile. Il est d'une bonne qualité, mais d'un prix élevé, vu les conditions actuelles de l'industrie du fer.

C'est aussi au terrain tertiaire qu'appartiennent les gisements en exploitation dans la Charente, la Dordogne et autres départements. On a trouvé récemment un minerai de cette nature dans l'Hérault, où il remplit des crevasses du terrain calcaire sous-jacent. On le rencontre parfois mélangé de quartz, comme les minerais d'Aumetz dans la Moselle.

Telles sont les bases générales de la constitution des minerais de fer en France, telles qu'elles résultent d'un rapport fait après l'Exposition de 1867, et qui est fondé sur des événements qui sont loin d'avoir amélioré la situation du pays.

Le centre le plus important de l'exploitation du minerai de fer tertiaire, ou minerai de fer fort, est représenté par le département du Cher, dont la production se tient entre deux cent quatre-vingts et trois cent mille tonnes, au prix moyen de 10 fr. 25 par tonne. La production qui s'élevait, en 1864, à 390,718 tonnes, s'abaissait, en 1867, à 264,474 tonnes, par suite de l'emploi dans les usines du Creuzot et dans certaines usines du Centre des minerais de l'Algérie et de l'île d'Elbe.

Pendant l'année 1864, la production de la France en minerais de fer triés ou débourbés, pour être rendus propres à la fonte, a été de 3,126,740 tonnes d'une valeur de 16,921,000 francs, représentant un prix moyen de 5 fr. 41 par tonne. — Les frais de main-d'œuvre d'extraction sont représentés par 14,800 ouvriers, ayant touché un salaire de 8,978,000 francs.

Depuis, sous l'influence de circonstances diverses, ces conditions se sont transformées.

Pour atteindre les bas prix et la qualité voulue pour les fers et les aciers traités par les méthodes nouvelles, il faudrait à portée des houillères rencontrer des minerais d'une teneur élevée et d'une composition appropriée en vue des fabrications en cours. Le fer spathique, l'hématite brune manganésifère, le fer oxydulé se font rares et sont loin des localités où s'exploite la houille métallurgique. — Aussi une partie de nos grandes usines sont-elles obligées d'aller chercher au loin des minerais dépourvus de phosphore en même temps que riches en manganèse.

Examen des minerais. — L'étude des minerais par essais au feu, dit à la voie sèche, ou par analyse, est très importante, si l'on veut être fixé sur le rendement et sur le mode de traitement du métal.

Les essais au feu sont opérés dans des creusets brasqués où le minerai pulvérisé, et préalablement calciné, est disposé avec un flux approprié. Quant aux analyses, si l'établissement employant les minerais ne possède pas un laboratoire et ne dispose pas d'une personne au courant de ces opérations, on fait bien de les confier, soit au laboratoire de l'École nationale des mines, soit au cabinet d'un chimiste s'occupant de métallurgie.

En dehors de cela, on peut toujours, à l'aspect de l'échantillon et connaissant son origine, se rendre compte approximativement de la nature et de la qualité d'un minerai.

On reconnaît facilement, par exemple, si l'échantillon à essayer doit contenir de la chaux, de la silice ou de l'alumine.

Les minerais portant de l'alumine sont habituellement doux et glissants sous les doigts : ils provoquent sur la langue la sensation d'adhérence que donnerait un morceau d'argile.

Les minerais qui renferment de la silice font, au toucher, l'effet du sable ou du verre broyé glissant entre les doigts. Ces minerais et les précédents ne sont sensibles à l'action des acides qu'autant qu'ils contiennent quelques parties calcaires.

La présence de la chaux est démontrée, au contraire, par l'effervescence que produit le minerai pulvérisé lorsqu'il est atteint par quelques gouttes d'acide sulfurique ou d'acide nitrique.

La nature de la terre en contact avec le minerai étant déterminée, on s'applique à rechercher le fondant qui convient et à déterminer approximativement la dose nécessaire pour opérer la fusion.

Les minerais calcaires portant avec eux tout ou partie de leur fondant n'en demandent par conséquent qu'une addition relativement faible. Les minerais alumineux en exigent une dose plus forte, et cette dose doit être augmentée encore pour les minerais siliceux.

C'est par le tâtonnement que s'obtient le plus souvent la détermination exacte des proportions à donner au fondant, surtout quand il s'agit de passer le minerai au haut-fourneau.

Exploitation des minerais. — Les conditions de l'exploitation des mi-

nerais de fer varient beaucoup suivant la nature ou l'abondance des gisements et la disposition des terrains où ils se rencontrent.

L'extraction des minerais en roches, disposés par masses ou en filons, est
plus coûteuse que celle des minerais en grains ou en poussière. Toutefois,
les premiers sont relativement d'une exploitation aussi économique, lorsqu'ils n'exigent d'autre préparation qu'un triage, pouvant être rendu facile,
des pierres et des parties pyriteuses, schisteuses ou autres, qui s'y trouvent
associées.

Les frais d'exploitation sont d'autant plus élevés que la préparation des
minerais doit être l'objet d'opérations plus détaillées et plus complexes.

Certains minerais peuvent être employés tels qu'ils sont enlevés du terrain
qui les porte, ou seulement après un simple tamisage à la claie.

D'autres, ceux qui sont imprégnés de pyrites et contiennent du carbonate
de magnésie, exigent tout au moins la macération ou l'exposition à l'air,
sinon le grillage.

Étant connues la nature du terrain et l'existence du minerai, il convient,
avant d'entamer l'exploitation, de constater l'état des dépôts et les conditions économiques qu'ils peuvent offrir. Cela se fait au moyen de sondages
d'abord, puis à l'aide de coupures et de puits qu'on pratique sur différents
points de la contrée métallifère.

Les recherches à la sonde présentent une ressource certaine pour reconnaître les terrains comportant des minerais de fer.

On introduit la sonde dans le sol à des distances assez rapprochées et à des
profondeurs variables selon la nature des couches atteintes par l'outil, la résistance qu'on éprouve à enfoncer la sonde, ou encore suivant la nature des
fragments qu'on amène à la surface. Par là, on a bientôt, sinon étudié, d'une
façon absolue, la richesse d'un terrain, du moins déterminé la valeur et l'importance moyennes d'une exploitation.

Procédés d'extraction du minerai. — Nous ne nous étendrons pas sur
les procédés d'extraction des minerais de fer. Certains minerais sont exploités
à la surface du sol par les moyens les plus simples : à la pioche, à la pelle et
au tombereau, sinon par des wagonnets, au besoin par des wagons. — On en
viendra à organiser des exploitations pour extraire le minerai à ciel ouvert,
avec l'aide de dragues sèches ou excavateurs, ainsi que font aujourd'hui les
entrepreneurs de ballastage et de terrassement.

Dans certaines contrées, les minerais sont extraits des marais et ramassés
au râble ou pêchés en les tirant hors de l'eau, comme on fait du sable de
rivière.

Ce sont là les procédés les plus simples. Ailleurs, on enlève le minerai des
bassins ou des poches qui le recèlent à l'aide de simples treuils à bras, ou
mus par manège, sinon par la vapeur. Une fois au niveau du sol, on le charge
pour le conduire au bocard ou au lavoir.

Les exploitations souterraines sont conduites par voie de foncement et de galeries où l'on opère un boisage économique, tout en se préoccupant de le maintenir par des travaux de soutènement en état de prémunir les ouvriers contre les accidents.

Nettoyage des minerais. — Suivant l'état des minerais, quand ils sont en grains et pourvus seulement d'une gangue légère et sablonneuse, on a recours à l'exposition à l'air, à la macération ou au lavage qui se fait dans des cuves établies en planches ou en plaques de fonte à versant incliné.

Si les minerais sont en gros morceaux agglomérés dans l'argile ou empreints de terres grasses et tenaces, on ajoute aux appareils de lavage des cuves à patouillet ou des cylindres *barboteurs*. — Si les fragments sont d'une certaine grosseur et de formes irrégulières, on complète le *patouillet* par un bocard composé d'un ensemble de pilons qui se soulèvent alternativement et sans interruption, brisant et écrasant, dans la mesure voulue, les masses trop fortes et trop inégales.

Après l'une ou l'autre de ces opérations, suivant que la matière est propre et en état de passer au fourneau, les minerais retirés sont étendus sur le sol pour être *ressuyés* d'abord, puis mis en tas sur le parc où l'on devra les prendre pour les conduire au gueulard. Les eaux sales rejetées du lavoir sont réunies dans des bassins d'épuration où on les laisse reposer jusqu'à ce qu'elles aient abandonné le sable ou limon dont elles ont pu rester chargées.

Ces diverses opérations, que nous résumerons rapidement, sont étendues plus ou moins, suivant l'importance de l'œuvre à accomplir. — En tout cas, à moins d'exploitation sur une très grande échelle, autorisant une dépense spéciale, elles ont lieu de la façon la plus économique, le plus souvent sans autre moteur que celui donné par un cours d'eau qui mène le bocard et le patouillet, et qui fournit en même temps l'eau nécessaire pour le lavage.

Les minerais sulfureux, ou chargés de matières qui échappent au lavage, sont soumis à la calcination et épurés dans les fours de grillage, quand la macération ou l'exposition à l'air ne sont pas suffisantes.

Lavage. — Un simple lavage suffit pour débarrasser les minerais en grains ou en poussière qui ne contiennent que peu de terres ou qui ont des gangues peu adhérentes.

Aujourd'hui que les usines peuvent disposer de machines à vapeur locomobiles, très portatives et d'une installation peu encombrante, le lavage des minerais sur place a été adopté de toutes parts.

Dans les contrées élevées, où l'eau est rare ou même absente, des fossés ou des étangs formés, le plus souvent, à l'aide des excavations qu'a laissées l'exploitation, réunissent les eaux pluviales. Des pompes simples, et d'un entretien facile, sont installées sur ces réservoirs d'où elles versent, dans les lavoirs, l'eau qui va s'écouler pour s'amasser plus loin et servir à un nouveau lavage après avoir déposé son limon.

Classement et tamisage. — Les tamis, les claies, les grilles placées en travers des patouillets peuvent permettre ce classement dans une certaine mesure. Mais les appareils tournants, dits *trommels*, ou *classificateurs mécaniques*, paraissent devoir être aujourd'hui recherchés de préférencee dans les exploitations bien comprises. Fondés sur le principe des blutoirs de meunerie, les trommels sont formés d'un cylindre, ou d'un tronc de cône incliné, dont l'enveloppe est pourvue d'une garniture en grillage ou en tôle perforée. Ils reçoivent à l'intérieur les matières à classer pour les tamiser à l'extérieur, suivant le numéro du grillage ou la grosseur des trous percés dans l'enveloppe.

Bocardage. — On bocarde généralement les minerais caverneux ou en rognons évidés, qui retiennent des parties de gangue que le lavage n'enlèverait pas. Le plus souvent, ces minerais ont été soumis à un débourbage préparatoire, les bocards fonctionnant avec patouillets. Le nombre des pilons est en rapport avec la nature du minerai et en raison du travail qu'il exige pour être suffisamment écrasé. La durée de l'opération est réglée de manière à entretenir les patouillets.

Les bocards sont, sauf exceptions rares, d'une construction simple et quelque peu primitive. Cependant, on s'est aperçu qu'en les établissant avec une certaine exactitude, au point de vue de la construction, ils devaient résister davantage, exiger moins de dépenses d'entretien et de réparations, et surtout fournir une plus grande et meilleure production, dans un temps donné.

Dans les hauts-fourneaux de dimensions ordinaires, marchant en moulages, de la Meuse ou de la Haute-Marne, où la production atteint aujourd'hui 12 à 1,500 tonnes par année, il faut préparer, par le bocardage et le lavage, 3 à 4,000 mètres cubes de minerais. Et, comme les minerais fraîchement bocardés ne sont pas d'un emploi à rechercher, on doit pouvoir compter, par haut-fourneau roulant toute l'année, sur un approvisionnement toujours en parc de 8 à 10,000 mètres au moins, si l'on veut brûler des minerais reposés, ayant amélioré, sinon complété leur nettoyage par l'exposition à l'air. Le travail du bocardage et du lavage se fait aux pièces. On donne aux ouvriers, dans les usines dont nous parlons, 1 franc à 1 fr. 25 par mètre cube de mine bocardée et lavée.

Toutes les opérations de transport des minerais à pied d'œuvre sont devenues aujourd'hui économiques par l'emploi des voies de fer portatives, soit qu'on transporte à la brouette, et qu'on se serve de rails en fonte ou en fer établis sur longrines volantes, soit qu'on emploie des wagonnets sur des chemins à petite voie installés au moyen de rails légers à patins, du poids de 8 à 12 kilog. par mètre, ou même de fers plats de 0,05 à 0,06 sur 0,010 ou 0,012, simplement entaillés et calés dans des traverses en bois.

Grillage. — Le grillage des minerais a pour but de séparer les minerais de fer du soufre, de l'arsenic et autres matières volatilisables, de chasser l'acide carbonique et d'enlever l'eau de mélange ou d'hydratation, dont ils sont imprégnés. On grille par préférence les minerais carbonatés ou hydratés, qu'ils soient compacts ou sulfureux, pour en faciliter la réduction et en augmenter le rendement.

Le grillage pour les mines en roche et les minerais durs économise les frais de cassage; et, désagrégeant les morceaux très gros, les rend plus propres à entrer dans la composition des lits de fusion en même temps que plus accessibles aux gaz réducteurs.

Si le prix du combustible et la dépense de main-d'œuvre ne s'y opposaient, on ferait bien de soumettre au grillage la plupart des minerais (ceux en grains ou en poussière exceptés), afin de les diviser et d'en extraire l'eau qu'ils contiennent toujours en forte proportion.

Pour éviter le grillage, il s'agit d'avoir recours, pour les minerais qui n'exigent pas absolument cette opération, à la macération produite par une exposition plus ou moins prolongée à l'air, laquelle peut suffire à des minerais en petits fragments ou déjà en partie désagrégés.

Les opérations de calcination des minerais ont lieu, d'habitude, en appliquant les procédés qui suivent :

1º Le *grillage* en tas, à l'air libre ou entre des murs. Il suffit pour les matières en morceaux, ne demandant qu'une décomposition partielle. Les foyers de grillage à découvert sont simplement composés de murailles formant enceinte et ayant une élévation variable de 2 à 4 mètres. L'aire de ces foyers est pavée; on y dépose une couche de menu bois ou de braise, puis une couche de minerai, et l'on alterne ainsi les charges jusqu'à la hauteur des murs. On met le feu par le bas du fourneau, après avoir eu soin de ménager sur les quatre faces des orifices pour activer la combustion. Le minerai grillé est retiré par des ouvertures placées à la base, lesquelles servent, plus ou moins fermées pendant le travail, à activer ou à modérer le feu.

Le grillage, sans autre mesure préalable que le pavage ou le dallage du sol, se fait à l'instar de ce qui se pratique pour la cuisson des fours à briques en plein air; il dépense plus de combustible et donne aux fragments qui avoisinent les parois extérieures du tas un grillage moins uniforme et plus incomplet. On retire en effet, après la cuisson, un grand nombre de morceaux ou *crapauds*, qui, insuffisamment atteints par le feu, ne sont grillés que d'une manière imparfaite ;

2º Le *grillage* au four à cuve, applicable à des minerais en masses d'un certain volume. L'oxydation, dans ces appareils, est rarement complète, mais la calcination peut y être obtenue d'une manière uniforme. A l'intérieur de ces fours, le minerai est disposé comme dans les foyers à murs, par couches alternées de minerai et de combustible.

3º Le *grillage* à four à réverbère est employé pour des matières relativement menues. Il donne un grillage aussi parfait qu'on veut l'obtenir.

Préparation mécanique des minerais. — Les grandes exploitations emploient, quand il est besoin, des appareils concasseurs, trieurs, débourbeurs, laveurs, diviseurs et classeurs, dont les dispositions nouvelles ont fait de grands progrès depuis quelques années.

Nous n'avons pas à en parler ici, ces appareils se rapportant beaucoup plus à l'exploitation de tous minerais autres que les minerais de fer. Pour ceux-là, répétons-le, les procédés les plus simples sont les meilleurs. On peut les rendre d'un effet mécanique en leur appliquant des moteurs qui, enlevant une partie du travail de manœuvre par l'homme, donnent un rendement beaucoup plus grand et plus économique. La machine locomobile a rendu, sous ce rapport, d'importants services aux exploitations de minerais destinés aux usines à fer. Elle a servi à amener une grande économie dans les prix de revient des industries du fer et de la fonte où la matière première, métal et combustible, joue un grand rôle. Dans l'exploitation des minerais correspondant à des métaux d'un prix beaucoup plus élevé, les résultats sont plus accusés encore, car la matière doit être plus nettoyée et mieux préparée pour éviter les déperditions et les déchets. Sous ce rapport, on a créé des installations véritablement remarquables.

Conclusion. — Pour demeurer dans la question qui touche la préparation des minerais de fer, nous terminerons en résumant les éléments de perfectionnements qui seraient à chercher dans cette voie :

Emploi des gaz comme moyen de réduction préparatoire ;

Emploi du bois en nature, à éviter ou à perfectionner, dans les appareils de grillage, pour empêcher les chutes, par l'affaissement des charges, quand le bois se carbonise.

Faire porter au minerai, si possible, son réductif en broyant minerai et charbon et en mélangeant l'un et l'autre avec un lait de chaux ou de l'argile calcaire pour constituer des briquettes. On tirerait ainsi parti des menus combustibles de toutes sortes.

Une partie de peroxyde pur consomme 0,1173 de carbone, pour se réduire, en supposant que tout le carbone soit transformé en acide carbonique.

Les minerais ordinaires renfermant 0,50 pour cent d'oxyde de fer et produisant 35 pour cent de fonte, brûlent en moyenne 0,0586 de charbon pour se réduire. D'où il suit que pour obtenir une partie de fonte, la quantité de charbon consacrée à la réduction est de 0,17 au moins. Cette quantité serait doublée si le carbone et l'oxygène ne formaient en se combinant que de l'oxyde de carbone.

Donc la consommation pour produire *un* de fonte étant entre 1 et 1,50, ce qui est nécessaire pour obtenir la réduction doit se trouver entre 1/6e et 1/10e du total.

On pourrait mêler au minerai, pour le réduire, de la sciure de bois, de la tourbe, du charbon de bois à l'état de fraisil, de la houille menue ou de la poussière de coke ; puis, après avoir grillé fortement le minerai pour le concasser, le pulvériser et le mélanger plus facilement, faire des briquettes comprimées solidement par appareil mécanique.

Par là, tout au moins, pour les usines à moulage, on pourrait arriver, en diminuant plutôt qu'en augmentant le volume des appareils de fusion, à les rendre plus faciles à conduire pour obtenir des produits réguliers, sauf à les multiplier en vue de développer le chiffre de production (1).

Telles sont les bases que nous préconisons, d'accord avec les indications de Berthier qui a traité, avec autorité, cette question vers 1840, s'étant rendu compte des facilités de réduction que donneraient de tels mélanges.

FONDANTS

La question des fondants est des plus intéressantes, dans la fabrication du fer. Hors de l'emploi raisonné des fondants, il est difficile d'obtenir la réduction satisfaisante du minerai.

Les oxydes terreux qui se trouvent en général à l'état d'union avec l'oxyde de fer sont la silice, la chaux, l'alumine et la magnésie. L'emploi de ces fondants varie avec la nature de la gangue qui accompagne le minerai ; car, non seulement il doit préparer la réduction, mais, aussi, il doit favoriser la formation du laitier qui lui-même est appelé à protéger le métal jusqu'au moment de la coulée.

Le rôle des fondants est donc d'apporter au minerai les éléments qui lui manquent pour établir le laitier.

Les terres accompagnant le minerai deviennent plus ou moins facilement fusibles dès que leur mélange est plus ou moins accentué dans la charge.

Dans ce mélange, en dehors des parties composantes apportées par le minerai et sa gangue, il ne faut pas oublier que le combustible, quel qu'il soit, amène des cendres comportant à doses variables de la silice, de la magnésie, de l'alumine et de la chaux, même du soufre, sinon quelquefois des oxydes métalliques. Il s'agit donc de déterminer les proportions et les sortes de terres qui doivent entrer dans la composition du fondant, en vue d'obtenir le laitier qui convient et qui doit être un silicate dont la fusibilité dépend tantôt d'un excès de silice, tantôt d'un excès de base. En d'autres termes, il faut, suivant la composition des charges de minerai et de combustible, développer, plus ou moins, dans le fondant, l'élément calcaire ou l'élément marneux. La théorie de l'application des fondants est importante et demande une étude particulière à laquelle nous ne pouvons donner place.

Les pierres calcaires employées comme fondants dans les hauts-fourneaux et même dans les fours de deuxième fusion, les cubilots entre autres, se tiennent en général dans les limites du tableau qui suit :

(1) C'est le contraire qui se fait aujourd'hui dans les appareils à produire la fonte à fer et à acier. Les hauts-fourneaux atteignent des proportions énormes et l'on prétend qu'en cet état, leur allure est plus facile à diriger et leur production plus régulière.

	Chaux	Acide car-bonique	Oxyde de fer.	Silice.	Al-bumine.	Eau.	Total.
Pierre calcaire blanche...	54.88	43.12	1.00	»	»	1.00	100.00
— — brune	49.20	34.80	9.00	3.00	1.00	3.00	100.00
— — grise.....	50.40	39.60	5.00	1.00	1.00	3.00	100.00
— — jaune.....	37.80	29.70	24.00	1.00	3.00	4.00	100.00
— — écailleuse.	53.20	41.80	»	»	1.00	3.00	100.00

L'examen des laitiers peut être un bon indice pour connaître si le fondant a été employé en proportions et en quantités utiles.

Pour qu'un laitier soit bon, il ne doit entraîner et retenir que peu d'éléments ferreux et ne pas être trop fluide et trop clair ; il ne faut donc pas qu'il soit visqueux, épais, noir et trop dur, car il obstruerait le fourneau, dont il altérerait infailliblement la marche, en dénaturant et diminuant le produit.

L'expérience a démontré que la fluidité des laitiers s'obtient en constituant les fondants de telle sorte que le poids de l'oxygène de la silice totale employée, relativement à celui des bases de la gangue, soit établi dans le rapport 2 à 1.

En d'autres termes, il convient de former un laitier composé particulièrement de bisilicates dans les fourneaux où l'on brûle le charbon de bois.

Si l'on emploie du coke, la dose d'oxygène doit être la même d'un côté comme de l'autre ; il ne se forme plus alors que des silicates, moins fusibles que les bisilicates : mais, comme la température développée par le coke est plus élevée que celle due au charbon de bois, les laitiers peuvent atteindre encore le degré de fluidité des bisilicates.

MATÉRIAUX RÉFRACTAIRES EMPLOYÉS
DANS LA CONSTRUCTION DES FOURNEAUX

Les ouvrages, creusets et avant-creusets de la plupart des hauts-fourneaux, à l'exception des petits appareils au charbon de bois, pour lesquels on emploie le sable et la brique, à peu près exclusivement, sont montés en pierres réfractaires, tirées du sol de la France, en même temps que de la Belgique et de l'Angleterre.

Les hauts-fourneaux de la Bretagne, du Maine et de la Normandie, emploient des pierres de grès, extraites à la roche de *Soucelles*, près d'Angers.

Les carriers du pays vendent ces pierres, mises en bateaux, à Soucelles, par blocs de 1^m,30 à 1^m,60 de longueur, 0^m,70 à 0^m,80 de largeur, et 0^m,50 à 0^m,60 d'épaisseur, au prix de 21 à 25 francs par bloc, suivant les dimensions.

Les petites pierres de remplissage et d'étalages, de 0^m,45 à 0^m,50 sur 0^m,22 à 0^m,25 d'épaisseur, valent 3 à 5 francs pièce, dégrossies et mises à peu près au carré.

Les hauts-fourneaux de *Vaublanc* (Côtes-du-Nord), de *Moisdon*, de *Pouancé*, dans l'Anjou ; divers fourneaux de Bretagne, *Trédion*, *Lanvaux*, etc.; d'autres, de la Sarthe, *Antoigné*, *Cordé*, etc.; et aussi un certain nombre d'usines du Périgord, entre autres les hauts-fourneaux de *Ruelle*, ont employé ces pierres.

Un montage de fourneau, de la sole au tiers des étalages, en pierres de *Glocester* et en briques, pour compléter les étalages, rentrait à Marquise dans les conditions qui suivent :

64 pierres de diverses grandeurs, ébauchées, sur tracé, cubant entre elles environ 1,940 pieds cubes anglais, à 1 sh. le pied cube . . . . 2,450 fr. 00

200 briques fortes de 20 à 22 pouces anglais de queue, 0,10 épaisseur . . . . 360 »

Façon supplémentaire et gabarits pour taille de pierres . . . 105 »

Voiture pour amener les pierres de la carrière au canal, transport à *Glocester*, embarquement pour *Boulogne-sur-Mer*, etc. 1,750 »

Plus, commission 5 p. 0/0 . . . . 4,665 fr. 00

· Ces pierres, qui sont des grès houillers gris, à grain fin, sont assez réfractaires, mais susceptibles d'éclater au feu.

Dans ces conditions, les pierres du creuset revenaient à Boulogne sur la base de 180 à 200 francs le mètre cube, en raison de leurs grandes dimensions, celles de l'ouvrage, et à la naissance des étalages, entre 110 et 120 francs le mètre cube, tous frais payés.

Les hauts-fourneaux de Montluçon et de Commentry, de même que les usines du Cher, de la Nièvre et de l'Allier, emploient des pierres du *Montlot-aux-Moines*, ou prises à la *Grave*, près du village de *Vallon*, sur les bords du Cher. On fait les creusets en pierres de petit appareil, parce que les gros blocs ne sont pas toujours d'un grain régulier et qu'on est obligé, à l'exploitation, d'en éliminer de fortes parties.

Un creuset pour fourneau en fonte à moulage dure vingt mois ou deux ans au plus, sans être trop endommagé. Après ce temps, si l'on met le fourneau en fonte d'affinage, il peut durer, à la rigueur, encore deux ou trois ans.

Les pierres de la Grave sont rendues au bord du canal du Berry, qui passe à un kilomètre de la carrière. Un creuset tout taillé vaut, mis en bateau, 1,200 à 1,300 francs. Son poids complet, avec l'ouvrage, pour un haut-fourneau de 12 à 14 mètres, est de 23 à 24,000 kilogrammes.

Le transport par les canaux jusqu'à Paris se tient entre 25 et 30 francs la tonne ; jusqu'à Nantes, entre 17 et 20 francs.

Un creuset complet de pierres du Creuzot, de grandes dimensions, pour fourneau au coke, tel que ceux de Marquise, coûte, pris sur place :

26 pierres formant environ 27 mètres cubes et pesant 72,625 kilogrammes, à 60 fr. le mètre	1.620 fr.	00
A quoi les usines de Marquise devaient ajouter :		
Transport de 72,625 kilogrammes, par canal, jusqu'à Paris, à raison de 25 fr. par tonne	1.815	60
Transport de Paris à Boulogne-sur-Mer, 10 fr. par tonne. . .	726	25
Transport de Boulogne à l'usine et faux frais divers, à 5 fr. par tonne	363	10
	4.524 fr.	95

Ce qui est sensiblement le même prix que les mêmes assortiments pris à Dundley et rendus à Boulogne, ainsi qu'il est dit plus haut.

Les pierres de *Hüy* coûtaient à peu près l'équivalent, rendues à l'usine. On avait dû y renoncer, ces pierres, agglomérées sous forme de poudingues, par des rognons de quartz mêlés dans le schiste micacé, se divisant et éclatant fortement, même au séchage. On ne les employait plus que pour former les tables de soles ; elles étaient, en cet état, d'un excellent usage.

Les pierres du Creuzot, qui sont des grès du trias, servent au montage des creusets dans les usines de la Compagnie de Commentry, à l'usine de Givors, et tout naturellement à l'établissement du Creuzot. Nous les avons employées utilement à Marquise.

Les usines de la Moselle, du Cher, de la Haute-Saône, du Doubs et de l'Yonne, où l'on trouve les hauts-fourneaux de *Châtillon* et de *Sainte-Colombe*, dépendant de la Société de Commentry, emploient des pierres du banc inférieur de la grande oolithe. Les fourneaux des Landes se servent des grès du terrain triasique provenant des environs d'Orthez. Les usines des Pyrénées, de granits et de calcaire de transition cristallisés. En somme, que les usines prennent leurs creusets en France, en Belgique ou en Angleterre, on recherche partout les grès houillers, les grès triasiques, les granits, les quartzites et les calcaires du terrain jurassique.

Suivant une analyse du chimiste Mène, les grès du Creuzot et ceux de Marsillon contiendraient 91,20 de silice, les pierres de Hüy, 89,00.

Ces indications ne sont pas suffisantes, même comme valeur pratique. C'est à l'user, et par expérience, qu'il faut juger les matériaux réfractaires, qui sont des produits du sol.

Pour les pierres, il y a lieu à les admettre telles que la nature nous les donne, et après en avoir étudié les qualités et les imperfections. Pour les briques, qui résultent de combinaisons relevant de l'industrie, il est plus facile, l'expérience aidant, d'arriver à la meilleure composition, suivant l'emploi auquel elles sont soumises.

A l'usine n° 1 de Marquise, en 1851, une cuve du fourneau n° 1, sauf les quinze dernières assises supérieures composées de briques de Saint-Omer, comprenaient 1,961 briques d'andenne pesant ensemble :

30,000.425 kilogrammes à 25 fr. les mille kilogrammes	760 fr. 60
Plus, fret et frais de transport de Charleroi à Bruxelles . . .	269 32
De Bruxelles à Guines et de Guines à Marquise, transport et déchargement	537 00
Soit, environ, 52 fr. par mille kilogrammes.	1,566 fr. 92

En Belgique, les prix des briques réfractaires sont variables.

Les plus recherchées pour usines à gaz et fonderies valent entre 40 et 60 francs la tonne. Les briques de Saint-Ghislain sont vendues sur la base de 65 à 70 francs la tonne, les droits d'entrée en France non compris, ni le transport. Quatre cents briques des dimensions usuelles, soit : 22 centimètres, 11 centimètres et 5 centimètres, fournissent environ une tonne. La briqueterie de Saint-Ghislain entreprenait toutes pièces réfractaires sur commande et tracés, gabarits à la charge de l'acheteur, au prix de 60 francs par tonne, pris à l'usine. Nous ne pensons pas que ces conditions aient été beaucoup modifiées.

Les argiles ou terres d'*Andenne*, province de Namur, donnent des briques de diverses sortes, les unes de première qualité et de prix assez élevé ; les autres, moins réfractaires, utilisées pour le montage et la réparation des cuves et des chemises de hauts-fourneaux. L'argile de *Tahier*, dans la même contrée, appelée *terre forte*, donne, comme solidité et résistance, les meilleures briques. Elle contient jusqu'à 56 pour cent de silice, alors que la terre d'Andenne n'en contient que 53 pour cent, d'après les analyses de l'École des mines de Paris.

Le sable blanc quartzeux, fin, qui avoisine les exploitations d'argile, est employé profitablement dans la fabrication des briques.

En France, on trouve de bonnes terres réfractaires, aux environs de Montereau, à Gisors, à Uzès, à Provins, etc.

Quelques usines produisent des briques de qualité recherchée, entre autres, celles de Muller et Cᵉ, à Ivry ; de Dalifol, à Paris ; de Barthe, à Vierzon, etc.

Les meilleures briques anglaises sont celles de Stourbridge ; on trouve encore des établissements renommés par la bonne qualité de leurs produits, dans le Devonshire, dans le comté de Shrop et dans le pays de Galles. Les terres du Devonshire contiennent 49 pour cent de silice et 39 pour cent d'alumine. Celles de Stourbrige, 46 à 52 pour cent, celles du comté de Shrop, 70 pour cent.

En France, les argiles réfractaires recherchées sont celles de :

Forges (Seine-Inférieure), accusant : silice	65 parties,	alumine	24 parties.
Salavas (Haute-Loire),	—	—	65	—	—	25	—
Dreux (Eure-et-Loir).	—	—	52	—	—	40	—
Montereau (Yonne),	—	—	64	—	—	24	—
Mont-Cenis (Saône-et-Loire),	—	—	55	—	—	45	—

Les compositions de pâtes pour briques admettent, en général, à des proportions variables :

Des débris de briques ou de produits réfractaires broyés ;

Du quartz calciné et broyé ;

De l'argile réfractaire ;

Du sable siliceux, ou des cailloux réduits en poudre et même du coke épuré.

Enfin, des terres spéciales, qu'on fait venir à grands frais, quelquefois, pour donner aux mélanges la plus grande résistance possible.

Les sables s'allient surtout avec les argiles très alumineuses, qui résistent bien à l'action des fondants. Les débris broyés à employer comme ciment, peuvent être introduits dans les mélanges, en proportions d'autant plus grandes qu'ils sont plus réfractaires. Si les pâtes sont destinées à des briques, non susceptibles d'être exposées à une température intense, on peut admettre, dans une certaine proportion, des débris de briques ordinaires quelconques, quand ces briques ont été faites avec des terres alumineuses et des sables.

Les fourneaux de la Haute-Marne et de la Meuse prennent en partie leurs briques réfractaires dans le pays et notamment à Épernay ; quelques usines font confectionner sur place les briques nécessaires à la construction des ouvrages. Les compositions recherchées admettent les mélanges que nous avons cités pages 26 et 27 qui emploient des produits locaux assez estimés.

Les briques résultant de ces compositions sont destinées à la construction des cuves, à celle des galeries pour les gaz, et à tous autres usages, où la destruction par le feu n'est pas immédiatement à redouter.

L'argile de Villers-en-Trodes est très réfractaire ; celle du Vert-Bois l'est moins que la précédente. Le sable de Gironcourt est à grain très fin, qui, lié avec une argile réfractaire, donne un bon résultat pour des briques d'un usage ordinaire.

Le haut-fourneau de Dammarie, dans la Meuse, employait, dans le temps, des briques réfractaires, dont la formule était :

8 parties de cailloux blancs, *étonnés* et réduits en poudre ;

1 partie de terre de Villers-en-Trodes ;

5 parties de ciment cuit et pulvérisé, provenant de vieilles briques.

Les briques, provenant de ce mélange, bien broyé et malaxé, avec aussi peu d'eau que possible, étaient séchées d'abord à l'air, puis, mises au four où elles subissaient un feu doux, les desséchant complètement, sans les amener au rouge.

A Marquise, nous faisions établir pour la fabrique Fiolet, de Saint-Omer, des briques réfractaires pour usage courant, composées de :

6/1 terre à pipes, argile blanche, alumineuse calcaire ;

8/10 anciennes briques pulvérisées ;

1/10 sable blanc, fin, quartzeux.

Ces briques étaient employées dans les cubilots, aux foyers des étuves et des chaudières et dans les parties des hauts-fourneaux, par exemple, celles avoisinant le gueulard où elles ne pouvaient risquer d'être détruites par un excès de température.

Les briques anglaises dont nous avons eu l'emploi dans les hauts-fourneaux, indiquaient aux analyses la composition suivante :

	Silice	Alumine	Peroxyde de fer	Alcalis et perte
Briques de Stourbridge . . .	63 à 67	27 à 35	5 à 7	0,65 à 2,30
Briques de Newcastle . . .	60 à 64	27 à 28	6,50 à 7	2,50 à 6,00
Briques de Glenboig	62,50	34,00	2,70	0,80
Briques Lowood	95,40	3,10	»	*chaux* 1,68

Ces dernières, fabriquées avec le *ganister*, à Workington, sont employées dans les hauts-fourneaux du pays de Galles, dans les forges de la Belgique et du Nord de la France, et sont appliquées, en particulier, à la construction des fours à gaz Siemens, Ponsard, Thomas et Gilchrist.

On emploie encore, pour ces fours, des briques à base calcaire, accumulées avec le goudron, le brai ou la créosote, et encore avec la chaux crue additionnée de 10 à 30 pour cent de graphite, de plombagine ou de coke et 10 pour cent de terre argileuse, en vue de lier le mélange ; nous ne savons si ces produits employés dans la construction des fours à puddler et autres appliqués à la fabrication de l'acier valent mieux que les briques réfractaires anglaises ou belges. Mais il est certain que la consommation française leur est préférable. Alors que nous étions chargé de la direction des usines de Tusey et de l'abbaye d'Évaux dans la Meuse, nous avons expérimenté diverses compositions de briques réfractaires établies sur les bases suivantes :

Nᵒˢ 1. — 2/3 cailloux de la Moselle, 1/3 terre de Villy-en-Trodes (Haute-Marne).
    2. — 1/3 cailloux, 2/3 terre du Vert-Bois (Haute-Marne).
    2 *bis*.2/3 vieilles briques, 1/3 terre du Vert-Bois.
    3. — 2/3 terre du Vert-Bois, etc., 1/3 sable de Gironcourt (Vosges).
    4. — 2/3 sable jaune réfractaire, 1/3 sable blanc de Gironcourt.

Les vieilles briques et les cailloux de la Moselle sont broyés en poussière très fine, sous les pilons d'un bocard ou au moyen de meules.

Les deux premiers numéros sont affectés au montage des ouvrages et des parties des fours qui sont soumises à une forte température. Les deux autres sont destinés à la construction des cuves et autres endroits des fours qui ne reçoivent pas autant l'atteinte directe du feu. Les compositions ci-dessus sont données pour indiquer, par analogie, les proportions à conserver.

L'étude des sables et des terres réfractaires est importante. On reconnaît qu'un sable contient des parties calcaires par l'effervescence qu'il produit, lorsqu'on verse dessus quelques gouttes d'acide nitrique ou d'acide sulfurique. On peut vérifier en même temps, d'une manière à la fois certaine et pratique, la terre et le sable dont, au premier abord, on ne reconnaît pas entièrement les propriétés, en introduisant, pendant un temps déterminé, au milieu d'un foyer pénétré d'une chaleur intense, soit par la tuyère d'un haut-fourneau ou d'un cubilot, un échantillon suffisamment aggloméré pour qu'il ait de la consistance.

Au point de vue des applications plus ou-moins récentes intéressant les produits réfractaires, nous citerons, pour en finir avec ce sujet, l'emploi de l'amiante mélangée avec des terres réfractaires et de la plombagine pour la fabrication des creusets. Voir les figures, pl. 2, pour le lavage, le bocardage, et le grillage.

SABLES ET TERRES A MOULER.

Les sables destinés au moulage doivent comporter certaines quantités déterminées de silice et d'alumine :

D'alumine pour avoir la consistance, la *tenue*, le *corps* nécessaires ; de silice pour demeurer réfractaires à la haute température du métal en fusion.

Tous les sables de moulage doivent être choisis aussi infusibles que possible. La base dominante est donc la silice. Toutefois, un excès de silice tend à rendre les sables rudes et à leur enlever du liant et de la ténacité.

Tout sable ou toute terre sont réfractaires, qui contiennent une dose sensible de silice unie à l'alumine.

Les sables réfractaires, dans les meilleures conditions voulues pour le moulage, se tiennent dans des proportions établies selon les chiffres suivants :

Silice. . . . . 85 à 95 parties.
Alumine. 15   5 —

Les terres réfractaires reconnues de la meilleure qualité comprennent :

Silice. . . . . 70 à 80 parties
Alumine. 30   20 —

A ces éléments principaux, le silice et l'alumine, viennent se joindre accessoirement, mais à de faibles degrés :

La magnésie ;
La chaux ;
La potasse ;
Divers oxydes métalliques, notamment des oxydes de fer.

La magnésie, qu'on rencontre à la dose de 1 à 3 pour cent, rend les sables onctueux, savonneux et ne leur est pas nuisible.

La chaux, dans les proportions de 0,50 à 2 pour cent, rend les sables secs et augmente leur fusibilité. La potasse, qui se montre plus rare et en plus faibles doses, n'exerce pas d'influence sensible sur la qualité des sables.

Les oxydes métalliques qui colorent les sables ou les terres en jaune, en vert, en rouge, tendent à développer leur fusibilité quand la proportion de ces oxydes dépasse 1 ou 2 pour cent.

Le sable de Fontenay-aux-Roses, recherché par les fondeurs de Paris, et surtout par les fondeurs en cuivre, donne la composition qui suit :

```
Silice . . . . . . . . . . . . . .   92.00 parties.
Alumine . . . . . . . . . . . . .     5.50    —
Oxyde de fer. . . . . . . . . . .     2.50    —
Chaux . . . . . . . . . . . . . .    traces
```

Ce sable serait assez réfractaire s'il n'était pas d'une finesse trop grande pour être employé utilement au moulage des grosses pièces.

Un grand nombre de sables à moulage jaunes ou ocreux, employés dans les fonderies françaises, sont constitués sur les bases suivantes :

```
Silice. . . . . . . . . . . .   91.00 à 93.00 parties.
Alumine. . . . . . . . . .      6.00    6.50   —
Oxyde de fer . . . . . . . .    2.50    0.50   —
Chaux . . . . . . . . . . .     0.50    0.00   —
```

La plupart des sables fins servant à mouler les ornements délicats montrent :

```
Silice. . . . . . . . . . . . .   78 à 80 parties.
Alumine . . . . . . . . . . .     15   12    —
Oxyde de fer . . . . . . . . .     3    2    —
Magnésie, potasse, etc. . . . .    4    5    —
```

Une terre argileuse réfractaire des environs de Marquise a indiqué :

```
Silice . . . . . . . . . . . . .   69.50 parties.
Alumine . . . . . . . . . . . .    18.00   —
Chaux . . . . . . . . . . . . .     2.00   —
Magnésie . . . . . . . . . . .      3.25   —
Sesquioxyde de fer . . . . . . .    1.05   —
Eau et perte. . . . . . . . . .     6.20   —
```

Deux sables à moulage, l'un ocreux extrait aux abords des mines de fer, l'autre jaune extrait dans le calcaire, ont donné :

Silice	82.00 à 80.00 parties.
Alumine	8.20 — 7.60 —
Chaux.	2.80 — 5.70 —
Magnésie	0.25 — 0.80 —
Oxyde de fer	2.75 — 1.20 —
Eau, perte	4.00 — 4.70 —

Ces sables, calcinés préalablement, sont rendus assez réfractaires. Toutefois ils ne sont employés de toutes pièces que pour certaines fabrications : le premier, pour des moulages en sable d'étuve à *pièces battues*, le second pour des moulages légers en sable vert. Plus généralement, on les mélange.

Les bases suivant lesquelles on cherche à constituer les sables artificiels sont celles-ci :

Silice sableuse ou sable quartzeux. . . .	92 à 91 parties.
Alumine ou argile sans calcaire	4 à 5 —
Ocre rouge	4 à 1 —

Quand nous parlerons du moulage, nous reviendrons sur ces proportions qui sont variables suivant la nature et les dimensions des pièces à couler.

La base chimique des sables n'est pas uniquement l'élément à consulter quand il s'agit de choisir ou de comparer des sables de fonderie.

On reconnaît pratiquement si un sable est plus ou moins calcaire et, généralement, plus ou moins fusible, par l'effervescence qu'il produit sous les acides. Les sables absolument réfractaires reçoivent le contact des acides sans bouillonnement.

Hors de là, c'est en tâtant le sable, en le frottant et en le comprimant dans les mains, en examinant son grain, au besoin en faisant quelques essais de coulée, qu'on reconnaît s'il est propre au moulage.

L'essai à la coulée d'un sable ou d'un mélange de sables se fait en versant, autant de fois qu'il est nécessaire pour obtenir des observations concluantes, de la fonte ou du cuivre dans un moule de pièce plate et mince. Si la matière bouillonne et s'agite à la surface des jets, si elle est rejetée hors des moules, ces premiers indices suffisent pour que la qualité du sable ou les proportions du mélange soient mises en suspicion. On achève de contrôler ces observations préalables par l'examen des pièces coulées, dont la surface doit être nette, sans soufflures, ni dartres, ni défauts de parties mal venues, que les fondeurs appellent *floues*. A mesure qu'on est fixé, on répète les essais sur des pièces plus fortes et de plus d'importance que celles qui ont servi tout d'abord au tâtonnement qui vient d'être cité.

L'espèce, la forme et les dimensions des pièces peuvent servir à régler la qualité des sables à moulage.

Pour les pièces en fonte de fer, les sables devant résister à un moulage généralement plus important et à un métal d'une température plus élevée qu'il en est pour les pièces en cuivre, doivent être plus gras, moins fusibles et à plus gros grain.

FONDEUR.   3

Les sables employés au moulage en sable d'étuve doivent être plus résistants et d'un grain plus fort que les sables destinés au moulage en sable vert. Ils peuvent être moins bien mélangés, moins triturés ou moins bien travaillés ; mais il importe qu'une fois durcis par le séchage, ces sables puissent tamiser les gaz et les laisser s'échapper sans désordre sur les surfaces en contact avec le métal, ou, en d'autres termes, sans les divers accidents, dartres, soufflures, piqûres, etc., que des parois trop denses ou insuffisamment poreuses ne manqueraient pas d'amener.

Dans le moulage dit en sable vert ou sable non séché, les sables peuvent être, comme, du reste, lorsqu'il s'agit des moules étuvés, d'autant plus *forts* que ces pièces sont plus grandes, plus épaisses et plus lourdes.

Les petites pièces, les pièces minces, les ornements exigent du sable plutôt faible que gras. Le sable gras est plus solide, mais il rend moins bien les surfaces coulées et il les produit plus molles et plus *floues*.

Le sable des pièces à couler sur couche ou à imprimer dans le sol de la fonderie doit être grenu, quoique assez maigre, pour former des fonds perméables à travers lesquels les gaz puissent s'échapper. Un excès d'argile ferait *rebuter* la matière ; un grain inconsistant amènerait des dartres.

Le sable des pièces massives, surtout celui des grosses pièces à couler debout, arbres, cylindres, chabottes, etc., doit être à gros grains siliceux, retenus néanmoins par une quantité suffisante d'argile pour que la liaison sous le fouloir s'accomplisse solidement, pour que le moule résiste à l'étuve sans gerçures ni éboulements, pour qu'il supporte la coulée sans accidents.

Dans tous les cas, que le sable soit à gros grains ou à grains fins, qu'il soit *fort* ou *faible*, il doit toujours avoir du grain.

Il faut que, serré fortement entre les doigts, il se comprime assez bien pour former une motte solide ; il doit, frotté sous la main, laisser sentir le grain, quel qu'il soit. En un mot, les sables à moulage sont bons ou passables avec du grain. Les sables mous, glaiseux ou terreux ne valent rien.

Les terres, par exemple, employées par les industries céramiques, terres à briques, terres à poterie, kaolins, etc., ne peuvent être utilisées par les fondeurs autrement qu'en les combinant à doses plus ou moins restreintes avec des sables, avec des grès, avec des argiles siliceuses à grains prononcés. Les sables calcaires sont également à éviter, du moins sans correctifs ou sans avoir subi une calcination préalable.

Les meilleurs sables sont, en principe, ceux qu'on peut employer de toutes pièces, sans mélange d'autres sables ou de terres accessoires devant les corriger ou les transformer. Tels sont les sables verts de la Haute-Marne et de la Meuse, les sables rougeâtres de l'Anjou et de la Bretagne, certains sables rouges des environs de Paris, les sables jaunes de la Meuse et des Vosges, divers sables ocreux ou ferrugineux avoisinant les exploitations de minerais, etc.

Les terres à employer pour la fabrication des noyaux ou pour la confection des moules en terre ne doivent être ni trop glaiseuses, ni trop terreuses, parce qu'elles se fendraient ou ne se tiendraient pas au séchage, parce qu'elles refuseraient la fonte ou amèneraient des dartres à la coulée. Elles doivent, comme les sables, présenter du grain, être amplement pourvues de silice et privées le plus possible de chaux. Il faut qu'elles ne deviennent ni trop dures, ni trop faibles après le séchage, et néanmoins qu'elles restent assez tendres pour que les pièces à noyau puissent être vidées facilement. La grosseur du grain, la *force*, le *gras*, le liant sont d'autant plus à rechercher que les pièces à couler sont plus fortes et plus épaisses et qu'elles sont en fonte de fer plutôt qu'en cuivre.

En thèse générale, plus le métal à couler possède un point de fusion élevé, plus le sable ou la terre doivent être réfractaires, à grains forts et résistants, plus ils doivent présenter de liant. Avec les métaux facilement fusibles, les sables comme les terres peuvent devenir plus maigres, plus fins, plus doux au toucher, moins réfractaires et supportant plus facilement la chaux et les autres éléments accessoires que montrent les résultats d'analyse qui ont été notés plus haut. Il ne faudrait pas penser, toutefois, que tous les sables fins sont également bons pour les petites pièces et pour les métaux moins fusibles que la fonte de fer.

Pour la fonte du cuivre, par exemple, et de ses alliages, il faut des sables ayant des qualités plastiques parfaitement prononcées, possédant une grande uniformité de grain, par suite ayant du corps sans être trop gras, ayant de la souplesse sans être trop onctueux ou savonneux.

Le choix bien compris des sables et des terres, soit que ces matières s'emploient de toutes pièces, soit qu'on les obtienne à l'aide de mélanges, est la base principale d'une belle et bonne fabrication en fonderie. Toute usine où les sables sont négligés comme choix, comme mélange ou comme préparation, ne produit pas de beaux moulages, quelle que soit l'habileté des ouvriers.

Si l'on veut se montrer facile sur la qualité du sable, sur les soins à prendre pour sa préparation, il est évident que, quoi qu'il arrive, on obtiendra des pièces moulées plus ou moins passables ; mais ces pièces auront vingt chances pour une de se produire avec des dartres, avec des refus de fonte, avec des soufflures, avec des floues, des cendrures, des reprises, des piqûres, etc., tous accidents dépendant au premier chef de la qualité des sables.

Rigoureusement, pourvu qu'un sable devant passer par l'étuvage soit assez argileux pour se comprimer solidement, assez siliceux pour ne pas gercer ou éclater au séchage, pourvu enfin qu'il soit suffisamment réfractaire pour ne pas se mettre en vitrification sous le métal liquide, ce qui est à craindre notamment dans les fortes pièces, on peut se servir des sables, des terres ou d'un mélange quelconque de ces éléments qu'il est rare de ne pas rencontrer dans toutes les localités.

Un sable ou une composition de sable de médiocre qualité recevra rigoureusement la fonte et donnera quand même des pièces acceptables, si l'on a soin d'éviter l'excès d'humidité, de *tirer de l'air* dans les moules et de faire subir à ces moules un séchage convenable.

Certaines terres ou certains sables excessivement glaiseux et qu'on n'a pu corriger par une addition suffisante de silice ont besoin, non pas seulement d'être étuvés, pour supporter la fonte, mais d'être recuits, torréfiés, calcinés jusqu'au rouge.

Les sables siliceux, au contraire, pourvu qu'ils se tiennent et ne soient pas entraînés par la fonte, ont à peine besoin d'être séchés, et peuvent supporter la matière liquide, sans qu'ils aient à recevoir des vides ou des trous d'aérage, dits trous d'air, comme il en faut dans les sables gras, pour aider l'évacuation des gaz dégagés à la coulée.

Rarement, quoi qu'il arrive, on emploie pour le moulage les sables neufs sans mélange. Tous les fondeurs ont intérêt, sauf empêchement, à introduire dans les sables neufs le plus possible de vieux sables. Les sables ayant déjà servi sont plus divisés et plus grenus. Pourvu qu'ils n'aient pas été brûlés ou vitrifiés, ils apportent aux sables neufs des qualités qui leur manquent souvent, ou, dans tous les cas, un concours qui n'est pas de nature à altérer ces qualités.

Les proportions généralement adoptées pour l'introduction du vieux sable dans le sable neuf varient entre 20 et 30 pour cent de sable neuf sur 80 à 70 pour cent de sable vieux, lorsqu'il s'agit de moulages non étuvés, et de 30 à 40 pour cent dans les moulages étuvés. Ces proportions, d'ailleurs, subordonnées à la *force* du sable neuf, n'ont pas de règles précises. Quand les sables passent par une préparation mécanique complète, on peut faire absorber au sable neuf, à l'aide de cette préparation bien comprise, comme broyage, frottage, tamisage, etc., des doses beaucoup plus fortes de vieux sable, que le sable neuf n'en pourrait supporter, s'il n'avait subi qu'une manutention ordinaire. En dehors des qualités spéciales apportées aux sables comme corps, comme régularité, et comme exactitude de mélange par un travail plus énergique que le travail à la main, on comprend l'utilité de demander à la fabrication mécanique une économie certaine en même temps qu'une perfection plus grande.

Le poussier de houille et le poussier de charbon de bois sont mélangés aux sables : le premier pour servir à faire décaper les pièces coulées et pour aider le dégagement des gaz ; le second pour affaiblir certains sables, pour les rendre plus *meubles* et pour favoriser le décapage dans les petites pièces où la houille pulvérisée serait susceptible d'altérer et de *marbrer* les surfaces, comme de blanchir et de durcir les angles dans les pièces en fonte de fer.

Les sables destinés au moulage à vert sont surtout ceux qui demandent une addition de poussier de houille. Ce poussier, qui brûle pendant que le moule reçoit la matière, facilite la combustion de l'oxygène et des autres gaz se rencontrant à l'intérieur du moule et vient aider à l'expulsion de ces divers produits.

Dans les grandes pièces moulées en sable d'étuve, le poussier de houille sert à la fois à faciliter le dégagement des gaz et à rendre le sable plus friable et plus facile à détacher de la pièce coulée après son refroidissement. Il est quelquefois avantageux, pour les pièces de larges surfaces sujettes à la dartre, de mélanger avec le sable d'étuve 10 à 15 pour cent de crottin de cheval, de bourre hachée et même de tannée, surtout quand le sable est gras et glaiseux. Nous avons employé ainsi le tan pour remplacer le crottin, qui peut devenir rare et cher dans les grandes fonderies où la consommation des sables est importante.

De ce que je viens de dire il résulte que, rarement sinon jamais, les sables ne s'emploient seuls, c'est-à-dire tels qu'ils sont sortis de la carrière et après avoir subi même un travail de frottage et de tamisage, à moins qu'il ne s'agisse de sables devant servir au remplissage des châssis ou encore de sables appliqués au moulage de pièces brutes n'exigeant ni façon, ni soins, ni belle exécution.

Il y a donc lieu, dans les fonderies, de mélanger les sables neufs :

1° Entre eux, en appelant les sables maigres à diviser les sables trop gras, les sables *forts* à donner du corps aux sables *faibles*, les sables réfractaires, grès, sables quartzeux ou autres analogues, à corriger ou à écarter la fusibilité des sables ou des terres calcaires, les sables à grain à apporter du grain à ceux qui n'en ont pas.

2° Avec de vieux sables ayant déjà servi au moulage, devant diviser, affaiblir les mélanges, les rendre plus grenus, plus durs ou plus souples suivant les cas, devant en outre apporter une économie très importante en ce sens que l'emploi des vieux sables a pour but d'utiliser des résidus sans valeur, tout en remplaçant utilement des sables nouveaux qui sont toujours coûteux.

3° Avec du poussier de charbon de bois, du poussier de houille, ou encore du poussier de coke, suivant qu'il s'agit de grosses ou de petites pièces et des objets à couler en fonte ou en cuivre, qu'ils soient moulés en sable vert ou en sable d'étuve. Le poussier de charbon divisant, adoucissant les sables et les rendant plus réfractaires les dispose pour tamiser plus aisément les gaz issus de la coulée.

4° Avec du crottin de cheval, du tan, de la bourre ou du fumier haché, etc., employés en vue de rendre les moules moins susceptibles de se fendre ou de gercer au séchage, d'éclater ou de taconner à la coulée, ces matières se prêtant, comme le font les poussiers de charbon et de coke, à une expulsion plus facile des gaz.

Les conditions de mélanges sont par-dessus tout subordonnées, quant aux limites de dosage pour chacun des divers éléments, à la forme et aux dimensions des pièces à couler, au mode de moulage adopté, à l'espèce de métal à employer.

Ainsi, pour ne citer que quelques applications usuelles relatives aux pièces en fonte de fer, les tuyaux à couler debout en moules étuvés exigent des sables ayant une grande consistance, à gros grains réfractaires, se comprimant facilement, séchant et durcissant de même, n'ayant besoin ni de poussier, ni de crottin, n'employant qu'une faible quantité de vieux sables, surtout quand les épaisseurs à fouler sont faibles, ainsi que cela a lieu dans les châssis ronds épousant la forme des pièces.

Les tuyaux à couler inclinés ou à plat, en sable vert, demandent des sables comportant du poussier et du vieux sable, aussi maigre que possible, pourvu qu'il se tienne et ne pousse pas à la dartre. Encore suffit-il, à cet égard, d'employer du sable plus fort aux environs de la coulée et aux endroits où tombe la fonte.

Les sables à tuyaux n'ont pas besoin d'être beaucoup travaillés.

Les projectiles veulent du sable à grain fin et de peu de consistance. Du sable trop fort donne des pièces rugueuses; trop faible, pourtant, il amènerait des bavures trop fortes ou des coutures trop sensibles. Le sable maigre, du moment qu'il résiste, est celui qui dépouille le mieux et fournit les plus belles surfaces en pareil cas.

Il en est de même pour les pièces d'ornement plat à couler en sable vert. Toutefois, ici, le sable doit être plus fin, plus doux, plus liant; il n'a généralement pas besoin d'être aussi réfractaire, et, dès qu'il ne grippe pas, dès qu'il ne se vitrifie pas, dès qu'il dépouille bien en donnant des surfaces unies, plus ce sable présente de qualités plastiques, plus il est avantageux.

Les ornements et les figures à mouler en pièces de rapport et à couler en sable d'étuve veulent du sable fin, gras, souple, se moulant parfaitement et restant en motte sous l'étreinte de la main. Ce sable peut recevoir du poussier de houille ou de charbon de bois, en doses d'autant plus grandes qu'on opère le moulage de pièces plus fortes. C'est le sable qui a besoin du travail le plus complet. Il faut qu'il soit torréfié, écrasé, broyé fin, tamisé, puis mouillé et passé énergiquement au frottoir, entre des cylindres à faible écartement où il doit être amené en mottes fines et minces, ayant une grande consistance.

Les pièces plates et minces coulées à découvert, les plaques de cheminée par exemple, exigent du sable à grain, de peu de consistance, mélangé de houille, donnant des lits perméables, tamisant facilement les gaz. Les sables de rivière ou le sable de mer, arrosés de glaise détrempée dans l'eau, mélangés, puis passés au tamis n° 8 ou au n° 10, sont convenables dans certains cas.

Les pièces en sable vert veulent du sable doux, coulant, et, pour ainsi dire, moelleux au toucher; ce sable doit être d'autant plus fort et à grains plus gros, d'autant plus chargé de poussier de houille, que les pièces sont de dimensions plus grandes. Les mélanges pour moulage en sable vert doivent être bien faits; les sables doivent être calcinés s'ils sont *grumeux* ou s'ils contiennent des parties calcaires en quantités assez grandes; ils doivent être broyés et mélangés à sec, puis travaillés au frottoir avec aussi peu d'eau que possible, de manière à prendre tout le *corps* voulu, sans excès de glaise ou sans humidité trop grande.

Les pièces en sable d'étuve n'exigent pas des sables aussi travaillés. Ces sables doivent être plus âpres, plus liants, plus résistants que les sables verts ; ils peuvent obtenir ces qualités étant broyés, tamisés et mélangés *à frais*, quand surtout il s'agit de fortes pièces. Toutefois, pour les pièces de machines, les sables travaillés, d'abord *à sec*, sont plus souples et plus doux ; ils garnissent mieux et donnent des surfaces plus unies aux pièces coulées.

De ces quelques explications qu'il est inutile de pousser plus loin, on comprend aisément que plus une pièce est mince et faible, plus elle demande du sable fin, souple et doux ; plus elle est grosse et forte, plus elle veut du sable à gros grains, résistant, réfractaire ; — qu'en général, plus une pièce est de grandes dimensions, plus elle est simple, moins elle a besoin de sable soigneusement travaillé ; plus une pièce est délicate, plus elle est mince, plus elle est chargée de détails exigeant des surfaces nettes, propres et sans défauts, plus il est nécessaire que le sable soit bien choisi, bien mélangé, bien frotté, bien tamisé. Au reste, je n'ai pas besoin de dire que, dans une même pièce à mouler, suivant les détails de cette pièce, suivant le soin nécessité par telles ou telles parties, on peut employer et l'on emploie plusieurs sortes de sables.

Terres. — Les terres à moulage, en particulier, doivent être, nous le répétons, assez grasses pour qu'elles se lient facilement ; elles doivent, comme les sables, présenter un caractère réfractaire leur permettant de ne pas *fuser* sous le contact du métal liquide ; elles doivent montrer, surtout pour les terres de premières couches, assez de grain pour assurer la libre expansion des gaz ; mais il convient qu'elles ne contiennent pas une trop grande quantité d'argile qui rendrait les parois des moules sujettes à se fendre au séchage, tout en restant trop compactes et par suite disposées à *refuser* la matière.

Des terres trop grasses, durcissant outre mesure au séchage, exigent un étuvage dispendieux, quelquefois même un recuit qu'il est facile d'éviter quand la composition des terres est convenable. En général, plus les terres sont argileuses, plus leur dessiccation présente de difficultés, plus leur retrait est grand et plus elles sont disposées à se crevasser pendant le séchage.

Les terres qui conviennent le mieux pour les premières couches des moules ou des noyaux sont les terres rouges ou ocreuses demi-grasses, appelées communément *herbues* ; elles sont préférables aux terres grises qui sont calcaires, et qui présentent rarement assez de consistance.

A défaut de terres propres au moulage, lesquelles sont, en ce qui concerne notamment les terres de premières couches, faciles, sinon à trouver, du moins à constituer par des mélanges à l'aide des éléments qu'on trouve à la portée de toutes les fonderies, on se sert des sables de moulage, dits sables gras, qu'on combine en proportions déterminées avec de vieux sables.

Plus la terre est grasse et sujette à se fendiller au séchage, plus la proportion de vieux sable ou de sable maigre doit être augmentée. Quelles que soient, du reste, les bases admises pour les éléments des terres à moulage, on y joint dans de certaines proportions, variables entre 5, 10 et même 20 pour cent en volume, une dose de crottin de cheval, de bourre hachée, de tan ou de toute autre matière susceptible de brûler aisément et de rendre la terre plus divisible et plus meuble après la coulée, plus liante, plus visqueuse, plus disposée à empêcher les moules de se crevasser, plus apte à faciliter l'échappement des gaz. Le crottin de cheval est préférable à toute autre matière. Néanmoins, pour des fabrications très importantes qui rendaient le crottin trop rare ou trop cher, je répéterai que j'ai employé avec succès du tan ou du fumier haché très fin.

La préparation des terres, qui, pour les couches des moules ou des noyaux, dites premières couches, n'exige qu'une trituration plus ou moins soignée, une fois que les pierres et les grumeaux ont été triés et rejetés, demande, pour les dernières couches devant former les parois des moules et des noyaux en contact avec le métal, un mélange plus complet et plus fin qu'il faut passer au tamis avant de le mouiller et de le broyer.

Quelquefois, le crottin de cheval ne peut être amené assez fin pour empêcher qu'il salisse la surface de certains moulages que l'on veut obtenir d'une netteté parfaite. Les fragments de crottin se rencontrant à la surface des moules sont brûlés par la fonte, qui montre un aspect d'autant plus rugueux que ces fragments sont plus nombreux. On fait bien, pour les couches de terre fine devant terminer les moules délicats, de délayer le crottin dans un peu d'eau, ou mieux de le remplacer par de la bouse de vache également délayée et passée au tamis fin. Le jus ainsi obtenu empêche par sa viscosité la formation des crevasses, rend la terre moins compacte, moins dure après le séchage, et permet, autant qu'il convient, le passage des gaz dégagés pendant la coulée.

D'après ce qui vient d'être dit, on comprend qu'en dehors du choix des sables, de l'opportunité des mélanges, de tous les soins en général qu'exige l'emploi de matériaux qui sont l'un des éléments essentiels de la fabrication des fonderies, le préparation de ces matériaux, toujours très sérieuse, est susceptible de prendre une grande importance.

Avant 1858, époque vers laquelle j'ai fait établir à Marquise un atelier de sablerie mécanique, dont je parlerai tout à l'heure, la dépense en main-d'œuvre pour la fabrication des sables, calculée sur un chiffre de moulages atteignant 900,000 à 1,000,000 de kilogrammes par mois, se tenait, en moyenne, aux environs de 1 fr. 60 pour mille kilogrammes de produits en recette. Les sables étaient alors préparés à l'aide de quelques appareils conduits à la main et d'un petit nombre de machines, moulins broyeurs, pétrisseurs, etc., marchant au moteur.

La création d'un atelier de sablerie pourvu de machines et de séchoirs comme on verra à la planche XXVII, fit descendre, pour le même chiffre de moulages, la main-d'œuvre de préparation du sable à un franc et au-dessous par mille kilogrammes. Et, en dehors de cette économie de plus du tiers de la main-d'œuvre, les sables devinrent, étant plus travaillés, meilleurs comme mélange, comme grain, comme corps ; ils offrirent, en outre, une économie importante de matière, le travail mécanique permettant d'introduire dans les mélanges des doses plus fortes de vieux sables faibles ou de sables d'un bas prix de revient.

Ces résultats furent dus, plus encore qu'à la perfection des machines employées, à l'ensemble des appareils concourant à masser le travail sur un même point, à l'unité du service concentré sous une surveillance et une direction uniques, au rendement plus grand, plus régulier et plus certain de machines mues par la vapeur, remplaçant le travail à bras.

Dans toutes les fonderies, même dans les fonderies d'une production secondaire, un atelier de préparation des sables convenablement agencé est toujours un élément de succès au point de vue de l'économie, de la célérité et de la perfection du moulage.

La construction que j'ai installée était commandée par la disposition du terrain qu'il fallut choisir à proximité des magasins de sable et des ateliers de moulage. Un local de plain-pied, laissant à la suite les uns des autres les ateliers de séchage, de préparation des sables secs et d'achèvement des sables frais, eût occasionné moins de dépenses et rendu le service et la surveillance plus faciles. Toutefois, dans la disposition adoptée, nous avons trouvé quelques avantages dans l'emmagasinement, le déchargement et le séchage des matières, que n'eussent peut-être pas donnés des ateliers placés sur un même niveau.

Les figures de la planche XXVII indiquent, en effet, comment les sables, le charbon de bois et la houille peuvent être déchargés sans frais et descendus auprès des broyeurs et des tamiseurs, qui sont installés à l'atelier inférieur.

De plus, les sables qui ont été amenés sur le séchoir a, de l'étage supérieur, descendent, une fois séchés, par une trémie qui les conduit au sécheur ou torréfacteur b, quand ils ont besoin d'une dessiccation très complète, ou au pied du broyeur à noix c, quand ils peuvent être simplement écrasés sans séchage.

Les sables à grain dur, à grosses mottes, passent par un des broyeurs à meules d, d, d. Les sables plus fins, ayant seulement besoin d'être divisés avant le tamisage, sont écrasés par le moulin c. Deux des broyeurs d sont destinés à l'écrasement de la houille et du charbon de bois. Ces broyeurs sont munis de râteaux diviseurs et de râteaux ramasseurs, qui, s'abaissant une fois que les matières sont broyées, les déversent par une ouverture placée au fond des auges circulaires, d'où elles tombent dans un conduit inférieur, où l'ouvrier les prend pour les faire passer aussitôt par les tamiseurs e, e, e.

Les matières séchées, broyées et tamisées sont recueillies dans des boîtes à poignées et portées sur les plateaux du monte-charge h, qui les conduit au niveau de l'atelier supérieur.

Là, les sables sont mélangés, mouillés et remués, soit à la pelle, soit à l'aide de cylindres secoueurs, puis ils passent aux machines à frotter *f, f, f, f, f,* et de là, s'il y a lieu, aux tamiseurs à sable fin *n, n.* (Voir pl. 28 et 29.)

Les sables dont la préparation est terminée, qu'ils aient été composés, *à frais,* de toutes pièces, ou qu'ils proviennent du mélange de matières sèches, sable, poussier, crottin, etc., sont emmagasinés dans des compartiments *g, g, g,* etc.

La partie de la construction contenant la machine et sa chaudière comporte un réservoir *h,* qui distribue l'eau dans la sablerie sur tous les points où elle est nécessaire pour le mouillage des sables.

Le plancher entre les deux ateliers, destinés à la préparation des sables, est formé de voûtes en briques établies sur poutrelles en fonte, que supportent des colonnes également en fonte.

L'étage supérieur, sous le comble, a été disposé pour servir de magasin de modèles. Il est desservi par un escalier extérieur abordant sur une baie de larges dimensions, par laquelle on fait arriver, à l'aide d'un palan, les grands modèles qui ne pourraient être montés à bras.

Toute la construction, établie dans des conditions de solidité exceptionnelle, a coûté environ 18,500 francs, décomposés comme suit :

Main-d'œuvre de maçons, charpentiers, peintres, etc., pour terrassements, déblais, construction en maçonnerie et charpente, peinture et vitrerie, etc	6,500 fr. »
Matériaux divers, moellons, briques, pierre de taille, bois de charpente, pannes pour couverture, vitrerie, peinture, mastic, etc..	6,000 »
Fonte pour châssis de croisée, colonnes, poutres, rosaces d'ancrage, tuyaux, armatures et pièces de foyer pour les séchoirs, etc. Fer pour tirants, pièces d'assemblage, etc. .	4,800 »
Tôle et zinc pour nochères, tuyaux de descente d'eau, etc. .	900 »
Fournitures diverses, serrurerie, etc. Environ.	300 »
Ensemble	18,500 fr. »

A cette dépense, sont à ajouter les frais occasionnés par la fourniture de la machine à vapeur de la force de dix chevaux ; ceux des machines diverses et appareils pour la préparation des sables ; ceux du monte-charge et du réservoir à eau ; — le tout portant la totalité des dépenses à un chiffre de 40,000 francs environ. Dans les usines que nous citons, la fabrication des moulages atteignant à un moment donné quinze cent mille et deux millions de kilogrammes par mois, devait être amortie rapidement, vu la production considérable de sable préparé. — Nous ne décrivons pas les appareils de cet atelier de préparation, ayant à y revenir quand nous parlerons, à la troisième partie de ce livre, de l'outillage général des fonderies.

Noirs. — Le broyage de la houille et du charbon de bois a perdu de l'importance depuis qu'un certain nombre d'ateliers spéciaux se sont mis à livrer aux fonderies des noirs tout préparés. Les fabricants de noirs ont soin de vanter la qualité et la pureté de leurs produits.

Cependant, un grand nombre cherchent le bon marché en achetant des charbons fins ou des criblures sur le carreau des houillères, et des poussières ou des fonds de bateaux pour le charbon de bois.— D'autres livrent des noirs mouillés dont le poids, augmenté de l'eau qu'ils contiennent, élève, sans profit pour l'acheteur, la valeur de la marchandise. — D'autres encore mélangent des schistes ardoisiers et de l'argile grise à leurs charbons, ce que pourraient faire les fondeurs eux-mêmes, sans inconvénient et par mesure d'économie possible en certains cas.

Par ces raisons, il est intéressant, nous devons le répéter, de conserver dans les fonderies les appareils existants, et d'en introduire dans les établissements qui n'en ont pas. Il convient de se mettre à l'abri de tout aléa, en se précautionnant contre les fabricants qui livrent mal ou ne livrent pas.

Toutes les houilles ne sont pas également propices à l'emploi spécial qu'en font les fonderies, sous forme de *noirs*. Il faut rechercher les houilles grasses les plus pures, les acheter en gailleteries, plutôt qu'en fins ou en tout-venant, qui peuvent ne pas être sans mélange, et éviter celles qui contiennent des fragments de pyrites ou des schistes sulfureux. — Ces houilles bien choisies donnent un poussier qui, dans le sable vert, notamment, ne laisse pas de taches jaunes ou blanches, et donne aux surfaces des pièces moulées une belle et régulière couleur d'un gris bleuâtre.

Les charbons généralement recherchés pour la fabrication du gaz d'éclairage sont d'un bon emploi, en ce sens que, pour cette industrie, comme pour la fonderie, on doit choisir les plus purs.

Pour les poussiers de charbon de bois, dits noirs végétaux, on se sert généralement de charbons tendres, de bois blancs, de bois de tremble, de bouleau ou d'aune, lesquels donnent une poussière plus douce, plus fine, plus adhérente et moins facile à se décrépiter et à s'enflammer.

Certaines fabriques fournissent des noirs composés, dits noirs d'étuve, dans lesquels on fait entrer les accessoires divers que les mouleurs eux-mêmes ajoutent au noir végétal pour en former les diverses *couches* dont ils font usage. Il vaut mieux faire opérer sur place les mélanges de ces couches, ainsi que nous l'avons dit, et suivant la nécessité du moulage et l'importance des pièces à couler.

Les noirs de houille en bonne qualité valent entre 70 et 80 francs la tonne, net ; — les noirs de charbon de bois, entre 180 et 200 francs. — Nous ne nous expliquons pas ce que les fabricants entendent par deuxième qualité, par qualité supérieure, surfine, etc.

Pour tous les fondeurs, il n'y a qu'une qualité, c'est la bonne, sans mélange.

On peut vouloir des noirs plus ou moins finement broyés et tamisés. Dans ces conditions, les qualités s'expliquent. Autrement, s'il s'agit de mélanges ou de combinaisons avec des charbons de qualité plus ou moins inférieure, il vaut mieux, si cela leur convient, que les fonderies s'arrangent chez elles, à leurs besoins. — On se sert souvent de noirs bruts employés secs ou en couches à divers usages. — Les établissements qui font broyer et tamiser eux-mêmes la houille ou le charbon utilisent pour ces usages les résidus de la fabrication après tamisage. — C'est encore une économie.

Les fabricants de noirs livrent leurs produits en sacs devant contenir 100 kilogrammes nets ; ils font payer les sacs 1 fr. 50 et 2 francs, suivant la qualité de la toile, et ils les reprennent quand on les leur rend en bon état. De là une certaine déperdition pour les acheteurs, laquelle doit donner à réfléchir, si elle est jointe aux pertes de route par les sacs ouverts ou éventrés, au poids augmenté par le mouillage, aux mélanges divers, aux qualités inférieures des matières premières, etc.

Les noirs végétaux pour fonderies de cuivre demandent un meilleur choix et plus de finesse, s'il est possible, que les noirs des fonderies de fer. Les noirs surfins pour couches se vendent jusqu'à 250 francs les mille kilogrammes. D'un autre côté, les noirs grossiers, sans mélange, pour ajouter au sable neuf, ne valent que 120 francs environ la tonne. La poudre d'ardoise préparée, surfine, vaut environ 20 francs les cent kilogrammes. Cette poudre, dont nous avons, dès 1844, indiqué l'usage, est employée avantageusement, soit comme poussier, soit pour remplacer la cendrée, le sable rouge, etc., dont on se sert pour empêcher l'adhérence entre les diverses parties des moules. Depuis longtemps, la fonderie de cuivre, à Paris, a substitué, sur la demande des ouvriers mouleurs, la fécule au noir végétal qu'ont conservé les mouleurs en fer, lesquels ne s'en trouvent pas plus mal pour cela. Certaines fonderies emploient le talc, la plombagine ou l'anthracite pour *relever* les pièces battues et les parties des moules ayant besoin d'être garnies, quand les sables plus ou moins poreux pourraient ne pas donner à la coulée des surfaces assez nettes.

Avec le sable de Fontenay-aux-Roses, un des meilleurs sables plastiques pour la fonderie de bronze et pour le moulage des pièces en fonte fine, il est à peine nécessaire de *relever*. C'est encore un mélange de noir provenant de charbon de bois et de poussier d'ardoise qui donne les meilleurs résultats, tout au moins pour la fonte.

Le sable de Fontenay, qu'on envoie dans toutes les parties du monde, même en Angleterre et Amérique, et qui sert pour les bronziers et les orfèvres, vaut par tonneau de 360 à 400 kilogrammes 10 francs, et par mètre cube mis brut en wagon 12 francs. Les extracteurs et marchands de ce sable sont en grand nombre à Fontenay, et la plupart se chargent d'expédier *en province et à l'étranger*.

Les noirs *végétaux* se gorgent aisément d'eau pendant le broyage et demandent, en tout cas, à être séchés avec soin. Dix hectolitres de charbon de bois pesant ensemble 265 kilogrammes, broyés fins, donnent 6 hectolitres de noir qui rendent 295 kilogrammes, ayant, ainsi, reçu jusqu'à 30 litres d'eau, environ, pour aider le broyage et empêcher la poussière. Au séchage dans l'étuve, ce poids redescend à 260 kilogrammes.

Le noir *minéral*, qui n'a pas besoin d'être mouillé pour le broyage, donne pour 10 hectolitres pesant brut 850 kilogrammes, 790 kilogrammes de poussier après tamisage, soit environ 7 % de déchet.

Mélanges de sables. — Il est difficile d'indiquer des mélanges de sable si l'on considère la fabrication très variable des fonderies et la qualité des sables de provenance locale, lesquels sont également de nature très diverse.

Toutefois, en admettant des sables de couleur rouge ou jaune ou des sables verts, dits sables gras, contenant en moyenne :

Silice.	80 à 90 parties.
Alumine	10 à 6 —
Oxyde de fer	2 à 1 —
Argile calcaire	8 à 3 —

Et en classant, comme suit, ces divers sables pour en fixer les principales propriétés :

N° 1. — Sable vert, gras, à gros grain, assez réfractaire, employé comme terre argileuse pour renforcer les mélanges de sable.

N° 2. — Sable vert, même provenance, moins gras, à gros grains siliceux, employé pour les noyaux.

N° 3. — Sable vert, fin, ayant peu de corps et rendu, par un mélange d'argile plastique, apte à bien prendre les empreintes.

N° 4. — Sable jaune-rouge, réfractaire, à gros grain, servant pour les moulages bruts. Ce même sable pouvant être employé au montage des cubilots et aux travaux de réparation des fourneaux.

N° 5. — Sable maigre, de couleur jaune, fin, doux au toucher, employé pour améliorer les mélanges spéciaux dans le moulage des pièces délicates.

N° 6. — Sable rouge brique, extrait dans les couches supérieures de minerai hydroxydé, ocreux. Ce sable, demandant beaucoup de travail comme calcination, broyage et tamisage, contenant de l'argile calcaire et de l'oxyde de fer, ne saurait être employé seul. Introduit dans les mélanges pour les grosses pièces, il sert à les améliorer sensiblement.

Nous pouvons donner diverses proportions bonnes à consulter pour aider à déterminer les proportions de vieux sable, de crottin, de houille, etc., susceptibles d'être introduites dans les mélanges.

A. — Sable pour grosses pièces moulées à vert :

Vieux	8.00	parties ou encore :	Vieux	9.00	parties.
N° 1.	2.50	—	N° 1.	4.00	—
N° 3.	1.00	—	N° 2.	1.50	—
N° 6.	1.50	—	N° 6.	2.50	—
Noir de houille.	1.50	—	Noir de houille .	2.25	—

Passé frais au tamis n° 6.

B. — Sable à grosses pièces pour moules étuvés :

Vieux	3.00	parties ou encore :	Vieux	3.00	parties.
N° 1.	5.00	—	—	5.80	—
N° 2.	1.50	—	—	1.40	—
N° 6.	0.75	—	—	0.60	—

Passé au tamis n° 2.

À ce sable, on ajoutait une faible proportion de crottin passé fin et quelquefois une proportion également faible de noir minéral suivant les pièces.

C. — Sable dit à crottin pour noyaux séchés et pour quelques pièces spéciales :

Vieux	3.00 parties.
No 1	6.00 —
No 2	3.00 —
No 6	1.25 —
Crottin	2.00 —
Terre glaise	0.25 à 0.30

Passé au tamis no 2.

D. — Sable à pièces battues :

Vieux	7 parties ou encore :	Vieux	6.00 parties.
No 1	1 —	—	No 1	0.75 —
No 3	5 —	—	No 3	4.00 —
No 6	2 —	—	No 6	1 50 —

Passé au tamis no 8.

On ajoute un peu de noir minéral pour ces grosses pièces.

E. — Sable pour pièces moyennes moulées à vert :

Vieux	8.50 parties ou encore :	Vieux	7.00 parties.
No 3	7.00 —	—	No 3	3.50 —
No 5,	2.50 —	—	No 5	2.00 —
Noir de houille.	2.00 —	—	Noir de houille.	2.00 —

Passé au tamis no 8 pour le premier mélange destiné aux plus faibles pièces et au no 6 pour le deuxième mélange.

F. — Sable pour coussinets de chemins de fer ou pièces analogues :

Vieux	4 parties ou encore :	Vieux	4 parties.
No 2,	4 —	—	No 4.	2 —
No 4.	2 —	—	No 5.	2 —
No 5.	2 —	—	No 2.	2 —
Noir de houille.	1		Noir de houille.	1 à 2 —

Passé au tamis no 3.

G. — Sable pour tuyaux de descente :

Chapes		Noyaux à vert	
Vieux	5 parties.	Vieux	3.00 parties.
No 3.	5 —	No 1	2.00 —
No 5.	2 —	No 2	6.00 —
		Terre glaise.	0.25 —

Le sable à chapes passé au tamis no 2 .— Le sable à noyaux passé au tamis no 4.

H. — Sable pour tuyaux de conduite :

Vieux	6 parties.	Vieux.	5.00 à 6.00 parties.
No 3.	4 —	No 4	3.00 —
No 5.	2 —	No 6	2.00 —
Noir de houille.	1 —	Quelquefois glaise	0.15 —

I. — Sables pour ornements coulés à vert :

Vieux.	.	.	.	4.00 parties	ou :	Vieux.	.	.	.	4 parties.
N° 4	.	.	.	4.00	—	N° 3	.	.	.	5 —
N° 5	.	.	.	2.00	—	N° 5	.	.	.	2 —
Noir minéral .				0.75	—	Noir minéral .				1 —

Passé au tamis n° 2.

Tous ces sables, après avoir été séchés, pulvérisés et tamisés, sont composés en tas, par couches, mouillés, retournés à la pelle ou au mélangeur, puis piétinés ou frottés, enfin passés frais au tamis ou à la claie.

Les gros sables à noyaux avec mélange de crottin de cheval, de bourre ou de tan, ceux des tuyaux coulés debout, peuvent être composés de toutes pièces, frais, passés une première fois à la claie, après avoir été remués à la pelle, puis mélangés de nouveau et *piétinés* ou légèrement frottés ; enfin, tamisés au moment de l'emploi.

Il ne s'agit ici que des sables destinés à recouvrir les modèles, ou autrement ceux qui sont appelés à composer les surfaces devant recevoir la fonte. Les sables à châssis sont de vieux sables qu'on entretient et qu'on nourrit de temps à autre, avec des sables neufs gras, et au besoin avec une bouillie d'argile. Ceux-là n'éprouvent pas d'autre manutention que celle d'un travail à la pelle, avec tamisage à la claie.

Le prix de revient des sables, en mélanges, dont nous venons de parler s'élève :

Pour les grosses pièces, entre 6 fr. 50 et 7 fr. 50 par mètre cube, tous frais compris. Par fabrication importante de pièces moulées, il revient entre 5 francs et 5 fr. 50 par tonne en recette, suivant la disposition des mouleurs et l'importance du moulage.

Dans les mêmes conditions, le mètre cube de sable pour moyennes pièces revient à environ 6 francs ou 7 fr. 50 en moyenne, et coûte, par mille kilogrammes de moulages produits, 5 francs à 5 fr. 50.

Pour les petites pièces, le mètre cube se tient entre 7 fr. 50 et 8 francs, et le coût par tonne de moulages entre 6 fr. 50 et 7 francs.

Pour les colonnes, regards, barreaux de grilles, poids à peser et autres pièces courantes, le prix de revient par tonne est entre 3 francs et 3 fr. 50 ; celui des tuyaux coulés debout, entre 1 fr. 50 et 2 francs ; celui des gros raccords étuvés, compris leurs noyaux en terre, entre 4 et 5 francs.

Le prix de base des sables, comprenant la main-d'œuvre d'extraction et de chargement à la carrière, le transport, le déchargement et l'emmagasinage à l'usine, étant entre 0 fr. 85 et 1 franc par mètre cube, suivant les distances, on voit ce qui reste pour la main-d'œuvre de séchage, pour le travail aux machines, la manutention, le moteur, et tous frais divers concernant la fabrication.

A Paris, où la fonderie emploie pour les petites pièces, et surtout pour le cuivre, des sables de Fontenay, et pour la fonte, en toutes pièces ordinaires, des sables de Versailles ou de Montrouge, coupés avec des vieux sables, du noir de houille, etc., suivant les besoins, les sables reviennent assez cher. Les sables des environs de Paris, sans parler des excellents sables de Fontenay, sont généralement d'un bon emploi pour les moulages en sable vert ou en sable d'étuve. Sous ce rapport, les fonderies parisiennes se trouvent parfaitement pourvues.

Les sables de fonderies doivent être, autant que possible, mis à couvert sous des hangars après leur extraction aux carrières. Il faut, dans tous les cas, les rentrer à l'usine par des temps secs, et les emmagasiner de telle sorte qu'ils soient à l'abri de la pluie.

L'exposition à l'air ne les améliore pas, sans compter les dépenses et les embarras du séchage, alors qu'on emploie des sables mouillés.

Les terres à noyaux sont composées de vieux sables auxquels on ajoute, dans les proportions nécessaires, des sables neufs gras, ou, à défaut, de l'argile, du crottin, de la bourre, du tan, ou autres matières susceptibles de brûler et d'aider au dégagement des gaz en rendant la terre poreuse. Rappelons que la trituration doit être faite à fond, surtout pour la terre des dernières couches des noyaux et des moules.

Les premières couches doivent être aussi résistantes que possible. On peut y introduire en quantité des sables gras ou de l'argile, pourvu que le mélange ne se fendille pas de façon à se détacher au séchage. Les dernières couches, celles qui reçoivent le métal, doivent être assez tenaces pour demeurer solides, sans se crevasser, assez perméables pour laisser passer les gaz, et cependant assez fermes, assez dures et assez consistantes pour ne pas se désagréger, éclater et amener des dartres au moment de la coulée.

Ces dernières couches doivent comporter des terres plus fines, plus résistantes et pourvues de crottin plus frais, passé au tamis. On les mouille quelquefois avec de l'urine des écuries, étendue d'eau. Le tan et la bourre doivent être vieux, en quelque sorte un peu pourris, au moment de l'emploi. Nous ne conseillons pas d'employer ces matières, tamisées ou non, pour la confection des couches extérieures ou intérieures des noyaux ou des moules, appelés à recevoir la fonte.

Le travail mécanique bien compris, pour les terres comme pour les sables, tend à améliorer sensiblement, en dehors de l'économie produite, la qualité de ces matières très importantes dans les opérations du moulage.

FONTES A MOULAGES.

Dans la fonderie de première fusion, la matière première qui fournit le métal est le minerai.

Dans la fonderie de deuxième fusion, la matière première est le métal lui-même.

C'est pour cela que nous devons grouper, dès la première partie de ce livre, les données diverses concernant la fonte, au point de vue de ses qualités et de ses propriétés, en tant que matière formant la base élémentaire de toutes fabrications de la fonderie de fer, d'acier, de fonte malléable, etc.

Fontes produites dans les hauts-fourneaux. — On distingue dans la fonte de première fusion les principales variétés suivantes :

1º La fonte très noire, destinée à la deuxième fusion. Cette fonte se montre à gros grains, tendre et très douce. Elle est lente à se figer, au moment de la coulée ; elle est un peu pâteuse ; elle jette des étincelles bleuâtres et une légère fumée ; enfin, elle est presque toujours couverte de graphite ;

2º La fonte noire, appelée plutôt fonte grise, avec laquelle on coule la vaisselle, les ornements et les objets délicats. Cette fonte présente, lorsqu'elle est cassée, une texture granulaire, plus mate que celle de la fonte très noire ; elle doit être tenace, facile à tourner et à polir. Elle reproduit, en coulant, quelques-uns des symptômes de la fonte précédente.

3º La fonte blanche, qui n'est adoptée, dans le moulage, que pour les pièces devant rester telles qu'elles sont sorties du moule, comme les poids d'horloge, les contrepoids, certains barreaux de grille, etc. Cette fonte, généralement cassante, résiste à la lime et au burin ; sa cassure est brillante, et sa texture cristalline ; elle coule mal et fige très vite.

4º La fonte truitée, qui, comme la fonte blanche, n'est appliquée qu'à la fabrication de certaines pièces massives et brutes. Cette variété de fonte, qui peut être classée entre la fonte grise et la fonte blanche, se rapproche cependant beaucoup plus de cette dernière. Elle est un peu moins dure et moins cassante ; l'acier trempé l'attaque difficilement. Sa cassure est brillante comme celle de la fonte blanche, mais elle est parsemée de points noirs plus ou moins accusés.

De ces quatre variétés de fonte, la première est produite, exceptionnellement, dans les hauts-fourneaux en moulages, pendant les premiers jours qui suivent la mise en feu, et lorsque, par suite de causes particulières, la température devient accidentellement très élevée dans l'ouvrage.

La fonte blanche et la fonte truitée ne sont pas non plus des produits ordinaires pour le moulage ; elles ne proviennent que d'un dérangement dans l'allure du fourneau. Quand on n'a pas de commandes qui permettent d'utiliser ces fontes en objets coulés, elles sont destinées à la fabrication du fer, et vendues comme telles aux maîtres de forges.

La fonte grise, qui est le produit cherché pour la fabrication des pièces moulées, varie quelquefois dans sa nature.

Si elle jette, en coulant, de nombreuses étincelles, si elle est d'une couleur jaune pâle, si elle est ridée à sa surface, c'est ordinairement l'indice qu'elle est *claire*, et qu'elle sera dure à la lime. Cette fonte, qui ne convient pas pour les pièces d'ajustage, remplit mal les moules des pièces de vaisselle ; il arrive assez souvent que ces derniers objets, dont la surface est alors brillante et argentine, cassent à leur sortie du moule, et même dans le moule.

FONDEUR.   4

Lorsque la fonte, au contraire, sans être cependant très noire, est épaisse et d'un rouge foncé ; lorsqu'elle est pâteuse et couverte de graphite à sa surface, on dit qu'elle est *limailleuse*. Cette fonte a aussi ses inconvénients : elle se refroidit promptement, et ne reproduit pas entièrement les pièces dont elle engorge les jets, ou bien elle les remplit d'une grande quantité de limaille, qui diminue leur solidité, et les rend d'un aspect malpropre.

Les sableurs essayent, dans le premier cas, de jeter du plomb dans les poches, pour rendre la fonte plus coulante ; cette précaution, à peu près inutile, ne tend qu'à précipiter une plus forte dose de graphite. Il y a des ouvriers qui se préoccupent d'agiter vivement la fonte dans leur poche, et de couler avec promptitude. Cette précaution, ayant pour but d'amener le graphite à la surface, et de rendre la fonte plus coulante, peut quelquefois ne pas être inutile.

Le second cas s'évite, en arrêtant l'entrée de la limaille dans les moules, au moyen du *crémoir*.

Quand les deux espèces de fonte dont nous venons de parler sont d'une température peu élevée, on dit qu'elles sont *louches* ou *bourrues*. Elles ne conviennent pas du tout pour couler la poterie, et bien peu pour les autres objets.

De ce qui précède, il ressort que la fonte intermédiaire entre la fonte *claire* et la fonte *limailleuse*, est celle qui offre le plus d'avantages au fabricant.

Qualités des fontes pour la deuxième fusion. — En général, la fonte qui sort des hauts-fourneaux indique par elle-même quelle sera la nature du produit devant résulter d'une refonte. Si cette fonte, en principe, dure, sèche et cassante, contient du soufre ou du phosphore, elle ne pourra que difficilement acquérir, à la deuxième fusion, les qualités qui lui manquent.

C'est par cette raison qu'une grande partie des hauts-fourneaux en moulages sont obligés, pour utiliser leurs saumons et leurs bocages, de les mélanger avec des fontes de qualités différentes, sinon supérieures, que ces fontes proviennent de fabrication française ou d'usines étrangères.

Ces mélanges sont d'autant plus indispensables, qu'il s'agit d'obtenir à la deuxième fusion des pièces de mécanique et de construction demandant une certaine résistance, ou des objets à surfaces refroidies, dites coulées en coquille, ou des fontes destinées à résister au feu, et encore des fontes réservées à la fabrication des canons et des projectiles. Peu d'usines travaillant en première fusion pourraient parvenir à satisfaire ces différents besoins, si elles devaient n'employer que leurs propres produits.

La fonte noire, obtenue par l'emploi de minerais fusibles dans les ouvrages élevés et étroits, peut être refondue sans augmentation de dureté. Il n'en est pas toujours de même de la fonte provenant de minerais réfractaires, qui contient moins de carbone, conserve plus de silice, et dont la mise en fusion, plus difficile et moins complète, peut être une cause d'altération de la qualité, si l'on emploie surtout des combustibles dont la pureté laisse à désirer.

La fonte phosphoreuse demeure assez longtemps liquide après sa fusion, quand même elle est un peu blanche. Sous ce rapport, elle convient pour la coulée des pièces minces et délicates. La fonte très réfractaire reste épaisse et se refroidit d'autant plus promptement qu'elle est moins riche en carbone.

Il serait inutile de rappeler que les fontes, même grises, provenant d'un dérangement des hauts-fourneaux, ne sont pas à rechercher pour la deuxième fusion. Au moins, ne doit-on les employer qu'à défaut de toutes les autres et pour couler de grosses pièces, dans lesquelles la pureté et la ténacité du métal ne sont pas absolument en cause. Autrement, il convient de les mélanger en diverses proportions, suivant les besoins, avec des fontes d'une nature variée.

Quand une fonte a subi un certain nombre de fusions, elle devient impropre à être utilisée seule, et il faut absolument la faire passer par des mélanges devant en relever la qualité. Au cas contraire, elle n'est plus bonne qu'à servir pour la fabrication d'objets bruts, ou mieux encore qu'à être envoyée dans les forges pour entrer dans les éléments de la fabrication du fer.

Composition de la fonte de fer. — La fonte de fer est considérée comme une combinaison du fer avec certaines proportions de carbone. Cet état se modifie suivant la nature des minerais et le mode de traitement qui leur est appliqué, la fonte empruntant à ceux-ci des quantités variables de différents corps, tels que la manganèse, le phosphore, le soufre, la silice, l'alumine, la magnésie, la chaux et la potasse, etc.

La présence du potassium est surtout remarquée dans les fontes traitées au charbon de bois. On ne peut la reconnaître, pas plus que celle des autres corps que nous venons de nommer, qu'à la suite de l'analyse chimique ; car ces corps ne changent rien à la structure de la fonte, si l'on considère seulement son aspect superficiel ou sa cassure.

Toutefois, la présence de certains corps est facile à constater, par la simple observation, tel le soufre, qui laisse des traces visibles aux surfaces de coulée, et dont l'odeur se dégage, d'une façon très appréciable, lorsque la fonte liquide est puisée. Tel encore, le silicium qui, lorsque la fonte est coulée dans les grosses pièces, se montre en amas cristallisés jusque sur les surfaces à la partie supérieure des moules. Nous avons souvent remarqué que des fontes provenant de minerais siliceux recélaient des dépôts d'une certaiee épaisseur, dans les cavités de gros bâtis de cisailles, cages de laminoirs, ou autres pièces analogues.

La fonte de fer, quels que soient les numéros de classement qu'on lui attribue dans le commerce, présente quatre variétés distinctes susceptibles d'être subdivisées :

La fonte noire, fortement carburée, à grains larges et mats ;

La fonte grise, à grains plus amples et plus brillants ;

La fonte truitée, tirant d'une façon plus ou moins prononcée vers la fonte grise ou vers la fonte blanche;

La fonte blanche cristallisée, soit en facettes, soit en aiguilles, suivant l'état de production des fourneaux et la nature des minerais.

Ces espèces, dont l'état est emprunté à la combinaison plus ou moins active du carbone, ont toutes, dans l'industrie, des applications utiles.

On a été amené à penser que le carbone existait en plus grande quantité dans les fontes grises que dans les fontes blanches. Cette opinion, qui a longtemps prévalu, s'est modifiée. On admet volontiers aujourd'hui une proportion à peu près égale de carbone dans chacune des deux espèces de fonte. Seulement, dans la fonte blanche, il se présenterait répandu à un état de ténuité extrême formant une masse complètement homogène et une combinaison très intime; tandis que, dans la fonte grise, le contraire aurait lieu.

On peut remarquer, en effet, que certaines fontes obtenues à la suite d'une mise en feu, avec de très faibles charges de minerais, donnent une cassure plate et mate, qui les fait prendre pour des fontes blanches, alors que, passant par plusieurs fusions successives, elles s'en vont acquérant un grain plus large et plus brillant, comme celui des fontes très grises d'aspect, qu'on est convenu d'appeler fontes surcarburées. Dans ces fontes, le carbone est apprécié suivant la nature du grain et la présence du graphite, alors que, dans les fontes blanches, qui se ressemblent presque toutes, on ne peut tirer aucune induction pratique. Il suffit du reste, pour se convaincre de la présence du carbone dans les deux cas, d'examiner les fontes très riches, comme les fontes de Suède ou analogues, lesquelles, coulées en lingotières métalliques, sont parfaitement blanchies à l'extérieur sur de fortes épaisseurs, alors que le centre de la gueuse demeure gris et à gros grains.

En tout cas, la théorie avancée de la substitution du carbone au manganèse, et réciproquement, dans la fonte blanche, ne paraît pas encore suffisamment affirmée.

Des analyses opérées en Amérique, vers 1856, en vue de rechercher la meilleure composition de fontes au bois, pour la fabrication des bouches à feu, ont donné les chiffres suivants, indiquant à cet égard des résultats assez différents :

	NOUVELLE-ÉCOSSE			AMÉRIQUE			SILÉSIE	FRANCE
	grise	truitée	blanche	grise	truitée	blanche	blanche cristalline	grise
Densité . . .	7.120	7.540	7.690	7.159	7.540	7.675	7.531	7.009
Carbone combiné	»	1.72	2.96	0.04	1.14	2.79	4.94	»
Graphite . . .	3.11	1.38	»	3.07	1.50	»	»	3.40
Silicium . . .	1.11	0.26	0.21	1.80	0.79	0.32	0.75	0.80
Soufre . . .	0.01	0.03	0.02	traces	0.01	0.06	traces	0.03
Phosphore . .	0.13	1.30	1.53	0.22	0.20	0.17	0.12	0.45
Manganèse . .	0.25	traces	»	traces	traces	traces	5.38	»
Cuivre . . .	»	»	»	traces	traces	traces	0.24	»
Fer . . .	95.29	95.55	95.25	94.87	96.35	96.55	93.45	95.18

Présence du carbone. — La combinaison du carbone avec le fer n'est pas tellement complète qu'elle ne puisse subir de graves altérations, suivant l'état de la fonte. On sait que l'opération capitale de la fabrication du fer malléable consiste à décarburer la fonte, c'est-à-dire à lui enlever le carbone qu'elle contient. On peut donc admettre la présence de ce corps dans la fonte blanche, si l'on examine ce qui se passe dans la transformation de la fonte grise en fonte blanche, et réciproquement.

Alors que, la fonte étant mise en fusion, le carbone est répandu uniformément dans le bain, un refroidissement brusque et rapide suffit pour transformer cette fonte grise en fonte blanche, bien que pourtant le carbone n'ait pas disparu. Il faut donc admettre qu'il est demeuré dans la masse, la combinaison n'ayant pas cessé d'être intime. Si, au contraire, la congélation a été très lente, le carbone se sépare peu à peu par l'effet de sa propre cristallisation et de celle des composés naissants, de telle sorte qu'il se forme une masse hétérogène, laquelle n'est autre que la fonte grise ou truitée.

Si donc la fonte grise ne contient pas plus de carbone que la fonte blanche, par laquelle elle a été produite, on peut admettre que la première renferme une notable partie de son carbone à l'état de mélange, sous forme de graphite, et que le fer qui la compose n'est plus combiné d'une manière intime qu'avec une très petite quantité de carbone, souvent inférieure à celle qu'on rencontre dans la fonte blanche.

D'après la combinaison réciproque de ces deux sortes de fontes si opposées, on peut s'expliquer, dit Karsten, les propriétés relatives de la fonte grise et de la fonte blanche. Ainsi, la texture grenue de celle-là, son faible degré de dureté, le temps prolongé qu'elle exige pour acquérir les couleurs du recuit et la chaleur lumineuse, les modifications qu'elle éprouve au contact de l'air dans les températures élevées, le degré de chaleur utile pour la mettre en fusion, sa liquidité, et enfin, le défaut d'être exposée par sa porosité à se rouiller beaucoup plus vite que la fonte blanche.

Expansion de la fonte — La fonte étant chauffée se dilate, et si l'on développe l'action du feu, elle entre en fusion. Elle possède à ce moment une propriété d'expansion telle que, liquide, elle peut s'étendre partout où elle trouve des issues. C'est pourquoi les contours des objets coulés les plus délicats sont atteints et formés avec une perfection d'autant plus grande que le métal coulé est plus chaud et plus limpide.

La propriété d'augmentation du volume de la fonte coulée est plus considérable dans la fonte grise que dans la fonte blanche. Si l'on représente par $0^m,980$ le pouvoir d'expansion de la fonte grise très douce, on peut admettre, d'après les expériences que nous avons faites, que celui de la fonte truitée grise peut être $0^m,880$; celui de la fonte spéciale employée pour la fonte malléable, $0^m,800$ environ, et celui de la fonte blanche coulante, $0^m,600$ à $0^m,650$.

La fonte blanche ordinaire, fluide, coule et s'étend encore à peu près dans les moules. Mais la fonte blanche pâteuse, comme la fonte d'affinage, dont la solidification est rapide, pour ne pas dire instantanée, roule épaisse et à demi figée, quand on la coule, ne laissant aux pièces moulées que des formes molles et des surfaces défectueuses.

Retrait de la fonte. — De l'expansion de la fonte, il ne faut pas nier cependant que la contraction existe, lorsque le métal versé en pleine fusion dans un moule opère son entier et complet refroidissement.

La contraction, que les fondeurs appellent le retrait de la fonte, est d'autant plus prononcée que la fonte est plus blanche. Ce phénomène est en raison inverse de l'expansion. Plus, en effet, le métal est lent et difficile à se répandre dans les moules, plus il est lourd et pâteux, plus son refroidissement et sa solidification se produisent promptement, plus le retrait est grand. Il peut varier de dix à vingt millimètres par mètre, suivant que la fonte est grise et bien coulante, ou qu'elle est blanche ou pâteuse. Des dispositions particulières dans la forme des pièces à couler peuvent modifier la loi du retrait. Nous les indiquerons en parlant du moulage et des modèles.

Il est admis que des variations sensibles dans les effets du retrait peuvent être dues à la disposition des pièces autant qu'à la qualité du métal. C'est pourquoi il est difficile d'établir des règles absolument précises. Toutefois, des expériences nombreuses que nous avons entreprises sur les fontes à employer pour le moulage, nous avons pu déduire, en ce qui touche le retrait, quelques données que nous résumerons succinctement.

En recherchant quelle quantité de fonte d'Écosse il fallait employer pour amener au gris des fontes blanches provenant d'une allure surchargée et considérées comme à peu près inutilisables pour le moulage, nous avons voulu nous rendre compte du retrait que pouvaient donner les divers mélanges essayés.

Des barreaux de $0^m,04$ de côté et de la longueur d'un mètre exactement, étaient coulés avec chacun des mélanges. Il va sans dire que toutes précautions étaient rigoureusement prises pour que les inégalités du moulage ne vinssent pas altérer les résultats, et que les moules de barreaux coulés en sable séché étaient soigneusement vérifiés et calibrés avant la coulée.

La fonte blanche, refondue seule, accusait un retrait de				0.019
Un mélange de 5/6 de la même fonte et de 1/6 fonte Calder n° 1, donnait				0.015
— 4/5	—	de 1/5	—	0.015
— 3/4	—	de 1/4	—	0.013
— 2/3	—	de 1/3	—	0.011
— 1/2	—	de 1/2	—	0.011
— 1/3	—	de 2/3 .	—	0.010

Le retrait se produisait donc dans des proportions décroissantes bien caractérisées à mesure que la fonte blanche était améliorée par la présence plus ou moins prononcée de la fonte d'Ecosse.

Entre la fonte blanche refondue seule et la même fonte blanche refondue avec 200 parties sur 300 de fonte Calder n° 1, c'est-à-dire dans les conditions nécessaires pour obtenir une fonte grise de bonne qualité dite *fonte mécanique*, il s'est produit, comme on voit, une différence atteignant près de cent pour cent entre les chiffres du retrait.

L'influence de la fonte blanche dominant la question du retrait jusqu'au dernier mélange — 1/3 fonte blanche, 2/3 Calder — semble, à ce moment, s'être entièrement effacée, le retrait venant rentrer dans les limites des bonnes fontes grises, lesquelles se tiennent habituellement entre 8 et 10 millimètres par mètre.

La fonte Calder n° 1 employée dans les mélanges avait donné d'ailleurs, étant fondue seule, un retrait de 10 millimètres par mètre, chiffre que le dernier mélange où elle est entrée dans la proportion de 0,66 s'est exactement approprié. On est donc fondé à dire que le retrait est d'autant plus grand que la fonte est moins grise et que son importance est sensiblement proportionnelle à la quantité de fonte blanche de mauvaise nature, admise dans les mélanges.

La pratique vient d'ailleurs confirmer ces résultats ; nous avons vu souvent, dans des pièces simples coulées en fonte grise, douce, à grains fins, le retrait ne pas dépasser 8 millimètres par mètre. Et, d'un autre côté, dans des pièces de grande longueur coulées en fonte blanche, lamelleuse, par exemple, dans des colonnes massives de 6 à 8 mètres pour bâtiment, le retrait se tenir au-dessous de 18 à 20 millimètres par mètre.

On fabriquait dernièrement encore, dans une fonderie spéciale de Paris, des colonnes coulées avec des déchets de fonte, de ferraille et même du fer-blanc, rendus juste assez liquides pour remplir des moules inclinés. Et dans ces pièces qui se brisaient comme du verre et que n'auraient pas dû réellement accepter les architectes, il a été constaté des retraits atteignant jusqu'à 30 millimètres par mètre.

Tassement. — En dehors du retrait, le fer cru subit, lorsqu'il se refroidit, un tassement moléculaire d'autant plus accentué que les pièces sont plus massives. Ce tassement, moins sensible que celui qui se produit dans le cuivre, l'étain, le plomb, le zinc, et autres métaux plus fusibles, peut être sinon évité, du moins rendu inapparent, si l'on a soin de garnir les objets à couler de jets et d'évents suffisants pour nourrir les endroits susceptibles de dépression, lorsque la matière se retire et s'affaisse au moment du refroidissement.

Le tassement de la fonte blanche, lorsqu'elle est chaude, est moins grand que celui de la fonte grise. Ce fait provient de ce que la fonte blanche est susceptible d'atteindre, à la fusion, un degré de chaleur relative susceptible de s'abaisser rapidement. C'est alors que sous le coup de cet abaissement de température devenant plus sensible dans les parties les plus minces des objets moulés, l'affaissement s'opère vers le centre de ces objets, dans les endroits les plus épais et les plus massifs. Cette tendance s'explique aisément, si l'on considère le tassement bien connu du cuivre, de l'étain, du zinc, etc., métaux qui acquièrent une grande liquidité à la fusion, mais dont le refroidissement a lieu avec beaucoup de promptitude. Si l'on représente par l'unité, le tassement de l'étain, métal le plus *tassant*, toutes proportions gardées, on peut admettre pour le tassement de la fonte blanche le chiffre 0,700 et pour celui de la fonte grise, le chiffre de 0,500 environ, soit la moitié de celui que nous attribuons à l'étain.

Dilatation de la fonte. — La dilatation de la fonte est de $\frac{1}{162000}$ de sa longueur par un degré de chaleur, d'après le major Roy. — Rinmann a trouvé que la fonte se dilate de $\frac{5}{500}$ en passant du rouge brun au blanc, et de $\frac{12}{500}$ en passant de la température ordinaire à la chaleur blanche. A ce sujet, nous relaterons une expérience faite sur des poutres en fonte de fer, destinées à un pont tournant ; ces poutres avaient une longueur de 12 mètres environ, sur $0^m,80$ de largeur et $0^m,05$ d'épaisseur, et elles étaient déposées sur des chantiers où elles recevaient toute l'action du soleil. Vers midi, moment où la température était de 20°C, elles s'étaient allongées de $0^m,012$ depuis neuf heures du matin, alors que la température était seulement de 14°C. Ce résultat, qui donnerait un accroissement de $0^m,001$ de longueur totale pour une élévation de température de 60°C, nous semble intéressant, étant recueilli sur des pièces de grandes dimensions.

Durcissement en coquilles. — A la suite de ce qui précède, voici un exemple d'une anomalie de la fonte de fer, reconnue à la suite d'une série d'expériences sur la coulée en coquilles.

Nous opérions sur des barreaux dont le modèle avait $0^m,192$ de longueur, $0^m,028$ de largeur et $0^m,055$ d'épaisseur.

Après la coulée de trois barreaux versés, les deux premiers dans des moules en fonte, le dernier dans un moule en sable, les dimensions de ces pièces furent réduites conformément aux lois du retrait, et devinrent ;

Nᵒ 1. Barreau coulé en fonte grise (moule en fonte) 0ᵐ,188 longueur, 0ᵐ,028 largeur, 0ᵐ,005 épaisseur.

Nᵒ 2. Barreau coulé en fonte blanche (moule en fonte) 0ᵐ,188 longueur, 0ᵐ,028 largeur, 0ᵐ,005 épaisseur.

Nᵒ 3. Barreau coulé en fonte blanche (moule en sable) 0ᵐ,189 longueur, 0ᵐ,028 largeur, 0ᵐ,005 épaisseur.

C'est-à-dire que les différences, identiquement les mêmes, à l'exception d'un léger excédent de longueur en faveur du numéro 3, accusaient une contraction qui, jusque-là, n'offrait l'occasion d'aucune remarque particulière.

Mais, après un recuit subi par les trois numéros sous la même enveloppe et dans les mêmes conditions, les barreaux éprouvèrent dans leurs dimensions les transformations suivantes ;

Nᵒ 1. — Longueur 0ᵐ,193.   Largeur 0ᵐ,028.   Épaisseur 0ᵐ,006
Nᵒ 2.   —   0ᵐ,193.   —   0ᵐ,028.   —   0ᵐ,006
Nᵒ 3.   —   0ᵐ,183.   —   0ᵐ,026.   —   0ᵐ,005

De telle sorte que les barreaux numéros 1 et 2 avaient reçu par le recuit un accroissement dans leur longueur primitive de 0ᵐ,005, soit environ $\frac{1}{45}$ de cette longueur, ou, en d'autres termes, que l'effet du retrait se trouvait complètement annulé, les deux barreaux donnant même une différence de 0ᵐ,001 dépassant la longueur de l'empreinte en fonte dans laquelle ils avaient été coulés.

Le numéro 3 coulé en sable n'avait, au contraire, présenté aucune augmentation de volume et ses dimensions indiquaient même une légère dépression.

Les circonstances produisant cette modification dans l'agencement moléculaire de la fonte, ne peuvent donc être dues qu'à l'emploi des moules en coquilles. La fonte, sous le contact des surfaces métalliques, semble, en se congelant instantanément, resserrer ses pores sous un volume que la rigidité de l'enveloppe ne lui permet pas de dépasser ; mais bientôt, subissant l'influence de la température élevée que commande le recuit, et protégée par un refroidissement prolongé, elle acquiert des proportions nouvelles, qu'elle conserve définitivement, parce qu'au moment où elle arrive à la limite qui consacre cette disposition, la température est devenue assez basse pour que son action, quelque énergique qu'elle soit, demeure à peu près nulle.

La coulée en coquille présente encore un autre fait intéressant que nous avons pu constater, lorsque, après le recuit, nous avons procédé à l'examen des barreaux. Le numéro 1, d'abord blanc, au sortir du moule en fonte, est devenu gris, à grains serrés, extrêmement doux à limer, et a fléchi au milieu de 0ᵐ,005 avant d'être rompu sous le marteau. Le numéro 2, également blanc au sortir du moule en fonte, a acquis par le recuit une cassure légèrement truitée, un peu blanche sur les bords, à grains moins serrés que le précédent, mais facile à limer ; il a cassé aisément sans flexion. Le numéro 3 en fonte blanche, provenant de la même coulée que le numéro 2, est resté blanc, à cassure lamelleuse, et il a pu à peine être entamé par la lime, moins dur toutefois qu'avant le recuit; il a fléchi au milieu de $0^m,002$ avant d'être brisé, et il s'est rompu avec plus d'effort que le numéro 2.

Le numéro 1 a pu être forgé à la chaleur rouge-cerise sans éclater sous le marteau; il a reçu la trempe, il a présenté les premiers signes du revient, tels qu'on les remarque sur l'acier, et il a pu fournir un assez bon tranchant pour couper du bronze et du cuivre sans éclater. Trempé mou dans le suif et dans l'huile, ce ciseau refoulait sur la fonte, mais coupait encore bien le bronze.

Des garnitures de rampes coulées en fonte grise, dans des moules en fonte, sont devenues blanches, comme on devait y compter, par la trempe due à l'influence des coquilles; mais un recuit de quelques heures leur a bientôt rendu leurs qualités premières, et a permis de les limer aisément. Sur ces garnitures, d'ailleurs, comme sur les barreaux coulés de même façon, on a reconnu une augmentation notable dans le volume, après le recuit. Les moules de garnitures avaient été saturés de sel ammoniac, et cette préparation a paru concourir à la netteté des surfaces. Coulées avant que les moules fussent chauds, les pièces venaient mal, avec une surface graveleuse, scoriée et *floue*.

De ces divers faits donc, deux résultats remarquables sont à déduire :

1° L'accroissement déjà considérable en volume de la fonte coulée en coquilles, après son recuit;

2° La facilité du recuit quand les pièces sont coulées dans des moules en fonte.

Nous avons essayé d'expliquer le premier de ces résultats. Le second, plus digne peut-être d'occuper l'attention, est dû également à l'emploi des coquilles. Dans le barreau coulé en fonte grise, et devenu blanc par un refroidissement immédiat, le carbone n'a pas disparu, il paraît seulement s'être allié plus intimement à la masse pour se condenser et subir une sorte de cristallisation à la faveur du recuit.

Le barreau coulé en fonte blanche dans des coquilles, et qui s'adoucit lui, tandis que le barreau de même matière coulé en sable, et soumis à un pareil recuit, ne subit qu'une atteinte insignifiante, nous semble présenter une anomalie plus étrange.

Les avantages du recuit pour les pièces coulées en coquilles sont donc bien constatés. La durée d'une semblable opération n'eût jamais été suffisante pour des pièces coulées en sable. Les barreaux renfermés dans une caisse en tôle étaient environnés d'une épaisseur de charbon de bois, mélangé avec une faible proportion de crottin de cheval; on élevait la caisse à la température de 7 à 800°C, puis on laissait se refroidir aussi lentement que possible au sein du foyer qui l'avait échauffée. Dans les recuits ordinaires de pièces coulées dans le sable, la température a besoin, en effet, d'être maintenue pendant dix à douze heures, quelquefois pendant plusieurs jours, à sa limite la plus élevée.

On peut tirer parti de cette propriété des pièces coulées dans les moules métalliques pour fabriquer des objets de formes simples devant se répéter souvent. Sans aucun doute, en chauffant les moules à une température de 180 à 200°C, on obtiendrait des ornements suffisamment nets, pourvu toutefois que ces ornements soient formés d'une seule masse. S'ils étaient découpés, ou s'ils présentaient des vides intérieurs, ils seraient évidemment impossibles par ce procédé, les parois des moules présentant des obstacles insurmontables au retrait de la fonte, toujours blanchie d'ailleurs par le contact avec une surface métallique.

La coulée en coquille serait surtout utile pour des outils, des instruments tranchants, etc. Il est certain que ces objets coulés ainsi, puis soumis à un certain nombre de recuits, acquièrent une grande partie des qualités de l'acier dont ils sont appelés alors à rendre les services.

Application de l'électricité aux métaux en fusion. — Pendant que nous parlons de l'augmentation de volume de la fonte de fer, disons quelques mots des expériences que nous avons tentées pour appliquer l'influence de l'électricité aux métaux en fusion. Le manque d'une batterie électrique assez puissante ne nous a pas permis de pousser nos observations aussi loin que nous l'aurions désiré. Cependant, nous avons pu constater, en faisant circuler un courant électrique au sein d'un barreau liquide en fonte de fer : 1° que le métal atteignait une extension de volume considérable, si le moule était coulé à découvert, et cela pourtant sans que la cassure présentât à l'intérieur la moindre trace de porosité ; 2° que la résistance de la fonte était notablement augmentée ; 3° que la nature de cette fonte, peut-être un peu plus dure à limer que la même fonte coulée dans des moules ordinaires, tendait à se rapprocher de celle de l'acier et paraissait présenter un peu de malléabilité, ce qu'on ne trouve pas dans les fontes ordinaires (1).

Point de fusion. — On estime que la fusion de la fonte a lieu entre 100 et 150° *Wedgwood*, ce qui correspondrait à 9860 et 11300° centig.; mais il est permis de penser que ces observations sont tout à fait inexactes, et que la fusion du fer cru est obtenue au-dessous de 1500°C, puisque la fonte blanche est fondue ordinairement au point où le fer forgé acquiert la chaleur blanche suante (2). Aussi l'emploi du pyromètre n'a-t-il réellement d'in-

----

(1) Voir, pour plus amples détails, *la Fonderie en France*, 2e volume, pages 18 et suivantes.

(2) D'après Pouillet, la chaleur que prend un corps plongé dans un foyer est de :

525° cent.	pour le rouge naissant.
700 —	pour le rouge sombre.
800 —	pour le cerise naissant.
900 —	pour le cerise.
1000 —	pour le cerise clair.
1100 —	pour l'orangé foncé.
1200 —	pour l'orangé clair.

térêt qu'en ce qu'il peut servir à reproduire une température égale à celle déjà obtenue, et qui a été reconnue bonne par la pratique.

La fonte blanche, avons-nous dit, arrive plus tôt au point de fusion que la fonte grise ; mais cette dernière est susceptible de conserver plus de limpidité et de comporter une plus forte dose de calorique. Pourtant, il est des circonstances où la fonte blanche est plus réfractaire, c'est-à-dire moins fusible que la fonte grise. Nous avons noté cette différence, en parlant de la production de la fonte dans les hauts-fourneaux ; mais nous ferons remarquer que la capacité calorifique de la fonte blanche est plus grande que celle de la fonte grise, au moins pendant la première période qui précède la fusion. De telle sorte que, si l'on représente par 12 la chaleur spécifique de la première, celle de la seconde pourra être indiquée par 11.

Densité. — On peut adopter dans la pratique les chiffres suivants, indiquant la pesanteur spécifique de la fonte à différents états :

Fonte noire à gros grains. Lemètre cube	7.000 kilog.
Fonte grise à grains serrés	7.207 —
Fonte truitée	7.300 —
Fonte blanche	7.500 —
Fonte blanche approchant du fer forgé. .	7.800 —

Ces nombres présentent assez d'exactitude pour servir aux calculs devant déterminer le poids des pièces d'après leur volume. Le deuxième chiffre est celui qui est employé d'habitude pour l'évaluation du poids des pièces en fonte douce, destinées aux machines.

Malléabilité. — La fonte grise est un peu élastique, un peu flexible, un peu ductile, et très peu malléable ; la fonte blanche ne possède aucune de ces qualités.

La ténacité des corps se mesurant par la traction, par la torsion, par la pression appliquée dans le sens horizontal pour amener la courbure, et par la pression donnée verticalement pour provoquer l'écrasement, la fonte grise l'emporte évidemment sur la fonte blanche dans les trois premières circonstances ; mais celle-ci supporte plus facilement la pression dans le sens vertical parce qu'elle ne plie pas. Cependant, sous l'influence d'un trop grand poids, elle s'écrase et se réduit en poussière ou en fragments.

Il est certain que, par suite des effets du tassement, la fonte versée dans une position verticale offrira une ténacité plus grande que si elle était coulée horizontalement ; cette précaution sera toutefois moins utile pour la fonte

1300° cent. pour le blanc.
1400 — pour le blanc éclatant.
1580 — pour le blanc éblouissant ou soudant.

Ces résultats tendraient à confirmer le fait que nous avançons. Il est certain qu'il manque encore un bon instrument pratique pour déterminer les hautes températures.

blanche, dont les molécules, quelle que soit la disposition de la coulée, ne peuvent former la liaison intime qui constitue la ténacité.

Par ces raisons, il faut éviter l'emploi de la fonte blanche dans les constructions, pour tous objets qui doivent offrir de la résistance, autrement qu'à la compression ; c'est pourquoi il est avantageux d'exécuter avec cette fonte les colonnes et les piliers qui, placés verticalement, sont appelés à supporter de lourds fardeaux.

Ténacité. — La résistance de la fonte grise dépasse de 1/2 à 2/3 celle de la fonte blanche. D'après les essais de *Trégold*, un barreau de bonne fonte grise ou mêlée peut supporter, sans aucune autre altération que celle d'un allongement de 0^m,00083 sur sa longueur, un poids de 10 kil. 73 par millimètre carré. Il résulte d'expériences que nous avons faites il y a trente ans, à l'usine d'Indret, que des barres carrées de fonte de 0^m,033 de côté, étaient rompues sous un poids de 12,100 kilogrammes. Ce chiffre, représentant la moyenne de plusieurs expériences, donne un résultat de 11 kil. 09 par millimètre carré, qui s'éloigne peu de celui communiqué par Trégold. Nous ferons observer que les essais avaient lieu sur des barres coulées dans une position verticale. Il est d'ailleurs certain que la résistance de la fonte doit augmenter en raison de la grosseur des barres, et que les causes principales, parmi celles qui s'opposent à la ténacité du métal, sont les cavités ou soufflures causées par la formation des gaz, et qui, développées à l'intérieur des objets coulés, contribuent à en altérer la solidité (1).

La fonte blanche, caverneuse ou lamelleuse, produite à la suite de plusieurs fusions répétées, ou après un dérangement complet du haut-fourneau, peut être rompue par le faible poids de 2 à 3 kil. par millimètre carré. On pourrait en conclure que la résistance de cette fonte, lorsqu'elle est placée horizontalement, et destinée à supporter une charge quelconque, est à peu près nulle. — Il serait même aussi inutile que dangereux de vouloir l'employer, dans les travaux de construction, à d'autres usages que ceux mentionnés plus haut.

Résistance de la fonte. — L'extension donnée aux constructions dans lesquelles la fonte est venue prendre place, a imposé aux ingénieurs et aux constructeurs la nécessité de se rendre un compte plus exact de la résistance de la fonte dans ses divers emplois, ou du moins dans les emplois principaux où elle est soumise à un travail de flexion, de traction, de compression ou de choc. De nombreuses expériences ont été tentées dans l'intention d'arriver à élucider ces questions importantes. Nous avons fait en sorte de prendre part, le plus largement possible, à ces travaux, en nous aidant de la fabrication considérable des usines de Marquise pour entreprendre diverses séries d'essais. On trouvera d'ailleurs, dans nos publications antérieures, la relation des principaux résultats que nous avons constatés.

(1) On exige à présent 14 à 15 kil. par millimètre carré. — Beaucoup d'usines atteignent 18 kil. et au delà.

Nous nous bornerons à dire ici qu'il est aujourd'hui généralement admis par les cahiers des charges des compagnies de chemins de fer, ou des grands travaux publics, que la fonte doit résister :

Dans les épreuves à la flexion, à un effort de rupture de 15 à 16 kilogrammes par millimètre carré de section ;

Dans les épreuves à la traction, à un effort de 14 à 15 kilogrammes par millimètre carré de section ;

Dans les épreuves à l'écrasement, à un effort de 55 à 60 et même 70 kilogrammes par millimètre carré de section ;

Dans les épreuves au choc, à un choc produit par un boulet de 12 kilogrammes tombant d'une hauteur de $0^m,35$ à $0^m,50$ sur un barreau de $0^m,04$ de côté placé sur un des couteaux espacés de $0^m,16$.

En France, la plupart des bonnes fontes de première fusion, obtenues dans les conditions d'un roulement satisfaisant, peuvent atteindre sensiblement ces limites, qui n'ont rien d'exagéré. Mais, toutefois, en raison des irrégularités que présente la première fusion, les ingénieurs prescrivent, et c'est du reste plus sûr, si ce n'est pas toujours aussi économique pour les fondeurs, de n'employer, pour les pièces devant résister à des efforts, que des fontes rigoureusement de deuxième fusion.

Par des mélanges bien entendus, le fabricant peut arriver à obtenir d'une manière courante, sans hésitation aucune et sans risques de rebuts, les chiffres des résistances que nous venons d'indiquer.

Les fontes d'Écosse, qui sont en général très peu tenaces, et chez lesquelles, refondues sans mélange de fontes françaises, on atteint rarement les limites les plus faibles exigées, donnent, combinées en petites quantités avec les fontes françaises, des résultats pour la plupart assez remarquables comme chiffres de résistance.

Les mélanges paraissant devoir assurer la plus grande somme de ténacité sont ceux qui proviennent d'une proportion de 8 à 10 p. % de fonte d'Écosse, avec 20 p. % de fontes grises en jets et débris, et 70 à 72 p. % de fontes truitées, sorte dite n° 2 du commerce; correspondant comme moyenne à la qualité de transition entre le truité-blanc et le truité-gris. Le chapitre suivant donne, au reste, des détails plus complets sur les mélanges des fontes.

Les diverses expériences relatives à la ténacité de la fonte ont dû conduire à examiner si le caractère de la fonte à la cassure pouvait être le même pour les fontes devant résister à la traction ou à la flexion que pour les fontes soumises à des efforts de choc.

On a eu lieu de reconnaître que, dans les fontes exposées au choc, un grain un peu gros, d'un ton peu brillant, à fond tirant sur le truité-blanc, peut donner en général le degré le plus élevé de résistance.

Le grain un peu plus fin, également arraché et de peu d'éclat, à fond légèrement truité, plutôt truité-gris que truité-blanc, est le grain qui convient pour une bonne résistance à la traction.

Les fontes à grain nerveux, séparé par arrachements indiquant de petites pyramides bien accusées dans la direction de l'axe des barreaux d'essai, au lieu d'arrachements normaux à l'axe comme dans les fontes de bonne résistance au choc et à la traction, à fond gris serré régulier, sont celles qui conviennent le mieux pour résister à la flexion. Ces mêmes fontes, produites dans de bonnes conditions, résistent également bien à la traction et au choc; mais il est juste de dire que, pour ces efforts, elles sont plus avantageuses quand elles se montrent avec les caractères que nous avons décrits plus haut.

Des observations à noter pour déduire de l'aspect des fontes l'indice d'une ténacité relative, on peut admettre, sauf d'assez rares exceptions, que les fontes les moins prédisposées à la résistance sont celles qui se présentent avec un aspect à la cassure d'un gris-noir très prononcé, plus ou moins chargé de graphite, à grains larges et brillants, ou à petits grains irréguliers semés sur sur un fond scintillant ou éclatant.

Les fontes truité-blanc, et même les fontes truité-gris un peu avancées, à cassure mate sèche, où le grain confus se perd sur fond uni sans aucune trace d'arrachement, sont également peu résistantes et voient leur ténacité décroître d'autant plus qu'elles s'approchent des limites de la fonte blanche.

D'après cela, on reconnaîtra que les fontes anglaises, notamment les fontes d'Écosse, généralement plus carburées que les fontes françaises, se présentent dans de moins bonnes conditions de résistance, justement parce qu'elles sont plus grises, à grain plus gros, plus riche et plus brillant. Car, il y a un fait acquis auprès des personnes qui ont l'expérience de la fonderie, la fonte grise, très grise, ainsi qu'on l'a recherchée pendant longtemps, dans les travaux de construction ou dans les machines, est beaucoup moins tenace et infiniment plus sujette à l'impureté, à la porosité, aux piqûres et aux cavernes que la fonte grise obtenue sur la limite du *truité*, tout en conservant un grain fin, régulier, doux, permettant de se plier aux exigences de l'ajustement le plus compliqué.

Durcissement, rupture ou gauchissement. — Le refroidissement de la fonte est un phénomène qu'on doit suivre avec soin et dont il convient de calculer les effets lorsqu'il s'agit de couler des pièces d'inégale épaisseur. Il arrive souvent que les parties les plus minces de ces pièces étant refroidies longtemps avant les autres, celles-ci opèrent un tirage susceptible d'amener la cassure et le gauchissement. Les objets d'une grande surface et d'une faible épaisseur sont surtout sujets au dernier de ces inconvénients, lorsqu'on n'a pas soin de les laisser se refroidir à la longue et garantis du contact de l'air.

La fonte grise, refroidie lentement et à l'abri du contact de l'air extérieur, conserve toute sa qualité; mais, si, au contraire, elle est maintenue en bain et soumise à l'action d'un courant d'air, elle se couvre d'une couche oxydée, devient poreuse, perd de sa résistance et subit un déchet considérable.

La fonte blanche, conservée longtemps dans une température uniforme, ne recevant que difficilement l'atteinte de l'air, devient grenue et se rapproche de la fonte grise, si l'on prend soin de la recouvrir d'une matière préservatrice, comme la poussière de charbon, les cendres, la chaux, etc. Si, après la fusion, elle est refroidie d'une manière rapide, elle demeure plus aigre et plus cassante qu'auparavant.

Les pièces minces et de petites dimensions, par suite du refroidissement subit de la fonte contre les parois ordinairement humides des moules, acquièrent, à leurs extrémités et à leur surface, une dureté telle qu'elles résistent au travail de la lime ou du burin. Cet effet est beaucoup plus sensible dans les proportions de la pièce qui sont les plus éloignées de l'embouchure du moule, car ces parties reçoivent une fonte mise en contact avec une plus grande superficie de sable, laquelle est refroidie par l'échange de température qu'elle fait à son passage. Par cette raison, on voit souvent les dents des roues d'engrenage extrêmement dures et blanches, pendant que les autres parties sont demeurées tendres et d'un travail facile.

Recuit. — On peut éviter cet inconvénient en coulant par plusieurs jets, et en employant pour la confection des moules du sable aussi sec qu'il est possible.

Quelles que soient ces précautions, on est souvent forcé de recuire la fonte. On l'enveloppe alors de poussière de charbon, de cendres d'os, de craie pilée, ou même de sable quartzeux, et on le soumet pendant un temps déterminé à une température élevée et soutenue. Les petites pièces sont enfermées, étant ainsi protégées, dans une caisse en tôle, qu'on chauffe à un foyer quelconque, d'une température assez élevée, cependant, pour qu'on puisse amener le recuit à la chaleur blanche.

Cette opération adoucira, dans une certaine limite, les pièces dont la surface aura été durcie par un refroidissement trop prompt. C'est jusqu'alors le recuit qui a le mieux réussi. Mais, pour avoir moins durs les objets coulés accidentellement en fonte blanche ou en fonte truitée, et pour rendre sensible jusqu'à une certaine profondeur l'effet du recuit, il faudrait placer ces objets dans un foyer pénétré d'une chaleur intense et les laisser se refroidir en même temps que ce foyer. Cependant, il arrive quelquefois en pareille circonstance que les pièces se recouvrent d'une couche épaisse d'oxyde qui s'enlève par écailles et altère les contours, et qu'au lieu d'une fonte douce, malléable et tenace, on n'obtient qu'une matière poreuse et sans aucune solidité. On pourrait, à la vérité, diminuer les effets nuisibles que nous signalons, en garnissant toute la capacité du foyer d'une des matières employées pour le recuit des petits objets, mais une telle opération deviendrait trop dispendieuse.

Dans toutes les usines, on fait des recuits lorsque, par suite d'accidents quelconques, des pièces délicates sont venues, à la fonte, trop dures pour pouvoir être travaillées à la lime ; ces recuits coûtent toujours beaucoup quand on n'a pas de fourneau approprié pour les faire ; et, dans les ateliers même qui possèdent les fours nécessaires, on regarde la dépense comme assez forte pour éviter de recuire souvent, à moins qu'on ne dispose de la chaleur perdue des gueulards, et que les recuits puissent avoir lieu sans autres frais que ceux de la main-d'œuvre.

Les deux éléments nécessaires pour le recuit sont le temps et la température. Le mode d'action de ces deux éléments est tel, que la diminution de l'un exige l'augmentation de l'autre, et réciproquement. Ainsi, plus on approche de la température de la fusion, plus l'adoucissement est rapide ; une demi-heure a suffi pour donner à des pièces de fonte blanche, très minces et très fortement chauffées, la plus complète douceur et beaucoup de malléabilité. En général, il est prudent de prolonger la durée du recuit et de modérer la température, pour éviter l'altération des surfaces, et principalement la déformation des pièces par le gauchissement.

Il est convenable de placer les pièces à recuire dans un milieu admettant une substance pulvérisée, telle que le charbon de bois pilé, les grès, les cendres, l'argile, etc., afin de les maintenir dans leur forme primitive, au cas où la température du recuit viendrait à s'élever outre mesure.

Transformation de la fonte en fusion. — Depuis longtemps, on a reconnu qu'il était facile de faire passer la fonte blanche à l'état de fonte grise en la tenant en bain dans un creuset couvert, et en lui évitant tout contact avec les corps étrangers qui pourraient lui communiquer à nouveau de l'oxygène.

Il est constant qu'on parvient à blanchir la fonte grise en la brassant lorsqu'elle est en fusion dans le creuset, avec un ringard ou tout autre outil en fer, et qu'aussi l'approche de l'air atmosphérique suffit pour durcir la fonte, lorsque son refroidissement s'opère. En partant de ces principes, on peut conclure qu'il n'est pas impossible de convertir la fonte blanche en fonte grise, lorsque cette fonte a été produite dans des conditions normales de fabrication et n'est pas le résultat d'accidents de fusion.

Le fondeur Launay a prétendu avoir trouvé le moyen de produire de la fonte grise par l'addition dans le bain d'une certaine quantité de sel ammoniac et de poussier de charbon de bois.

Il s'était fondé sur l'affinité de l'oxygène et de l'azote pour annuler ces gaz l'un par l'autre dans la fonte mise en fusion. Le sel ammoniac était destiné à développer l'azote en brûlant rapidement ; il produisait à la surface du bain une agitation extraordinaire, à la faveur de laquelle on supposait que le métal devait se recarburer par la suppression de l'oxygène d'une part, et par la décomposition du poussier de charbon végétal de l'autre.

Ces essais, que beaucoup de ceux qui s'occupent de fonderie ont été à même de répéter, ne paraissent pas être sortis des limites du laboratoire.

Trempe de la fonte. — La fonte grise chauffée au blanc, et ensuite plongée dans l'eau, devient dure, plus blanche et d'un aspect plus métallique. Elle est susceptible de recevoir un assez bon tranchant pour les outils des graveurs, des tourneurs, etc.

FONDEUR.

La fonte blanche, chauffée au-dessous du point de fusion, devient légèrement malléable, acquiert une faible partie des propriétés de l'acier, et peut facilement s'allonger sous le marteau. Trempée, elle fournit des instruments tranchants, sinon parfaits, du moins meilleurs que ceux qu'on obtiendrait avec la fonte grise.

On a essayé d'utiliser cette faculté de tremper la fonte, pour la fabrication des essieux et des colliers de roues, coulés d'abord en fonte douce qu'on peut limer et tourner facilement, puis prenant par la trempe assez de dureté pour qu'ils puissent résister à un long usage. On prépare encore, par des procédés à peu près semblables, des clous, des fers à cheval, des outils d'agriculture, etc.

La trempe en paquet de la fonte de fer peut, dans une certaine mesure, lui apporter autant de dureté qu'on peut en donner au fer par la cémentation.

Les pièces de fonte, préalablement tournées, percées, limées, ajustées, sont disposées au milieu d'une enveloppe en fonte ou en tôle, environnées de suie de cheminée qui les recouvre parfaitement et les empêche de se mettre en contact pendant l'opération. On mêle à la suie des matières animales, telles que cornes, vieux cuirs, etc. La caisse est lutée avec la terre glaise pour empêcher l'air atmosphérique d'y pénétrer, et placée dans un feu de charbon de bois. On maintient l'appareil à la chaleur rouge pendant trois heures, au moins, puis, au bout de ce temps, les pièces sont immédiatement plongées dans l'eau froide. Plus on a eu soin de continuer le feu, et plus la trempe a d'action pour pénétrer les pièces. Avec un feu soutenu pendant trois heures, ce n'est que leur surface qui se trouve trempée.

Une nouvelle méthode pour durcir la fonte consiste à préparer une solution contenant 1100 grammes d'acide sulfurique et 70 grammes d'acide nitrique pour dix litres d'eau, et à plonger, en le tenant dans le liquide jusqu'à complet refroidissement, l'objet que l'on veut durcir, après qu'il a été chauffé à la chaleur rouge-cerise.

Ce procédé donne à la surface de la fonte une dureté égale à celle de l'acier trempé sec et à une profondeur de 0^m,0005 environ. Il est entendu qu'on prend pour immerger la pièce toutes les précautions voulues pour l'empêcher de se déformer ou de se briser.

La fonte élevée à la chaleur blanche peut, de même que le fer, être sciée facilement. On coupe à la scie, après les avoir fait chauffer à un feu de forge, des tuyaux de conduite, des boîtes de roues, et toutes autres pièces.

Oxydation de la fonte. — La fonte exposée à l'action de l'air humide s'oxyde et se couvre plus ou moins rapidement d'une couche jaunâtre appelée *rouille*, due à la combinaison de l'eau et de l'air.

Lorsque les objets en fonte sont polis, on peut les préserver de la rouille par une couche d'un corps gras, tel que l'huile d'olive purifiée, l'huile de lin, l'huile de faîne ou bien un mélange d'huile et de suif fondu. Il est essentiel que les huiles employées ne contiennent point d'eau. Un mélange de graisse, d'huile et de céruse convient bien.

Pour garantir la fonte brute de l'atteinte de la rouille, on la recouvre d'une couche de vernis, de goudron ou de minium préparé à l'huile siccative.

Nous avons employé avec succès, pour recouvrir provisoirement les grands candélabres de la place de la Concorde, un enduit d'huile de lin épurée par l'ébullition et rendue plus siccative au moyen d'une addition de litharge. On faisait chauffer les pièces avant de leur appliquer la couverte. Les ornements dont nous parlons ont été depuis bronzés et galvanisés, par les procédés Oudry.

Les enduits, les peintures et les procédés divers pour protéger la fonte et le fer ne manquent pas. Il serait trop long d'essayer même de les décrire.

Le cuivrage et l'étamage sont insuffisants. Ils coûtent cher, d'ailleurs. Il en est de même pour l'émaillage, qui demande un décapage bien fait, et qui, malgré cela, ne tient pas longtemps. — On se préoccupe aujourd'hui de l'exploitation de procédés qui ont pour but de rendre inoxydables le fer et la fonte, par un traitement *désoxydant*, dont la base est l'emploi de la vapeur surchauffée, appelée à chauffer le métal à une température voisine de celle de la fusion. — Tout cela n'est pas du domaine absolu de la fonderie, mais plutôt de celui des constructions métalliques. — Aussi, n'en parlerons-nous pas davantage.

Fontes à employer pour la deuxième fusion. — Nous avons à examiner quelles sont les fontes devant être employées par les fondeurs en France, en même temps qu'à voir dans quelles conditions particulières ces fontes peuvent être recherchées.

Peu de hauts-fourneaux fabriquent chez nous des fontes en gueuses pour la vente en dehors de leurs besoins, quand ils s'occupent eux-mêmes de la fabrication des fontes moulées. Pour toute usine, placée dans de pareilles conditions, la fonderie de deuxième fusion est une conséquence inévitable de la production en première fusion.

Les cubilots sont des appareils tellement simples, et de si peu de valeur comme dépense relative, que l'on ne comprendrait pas un haut-fourneau vendant ses bocages au lieu de les utiliser par la refonte. Ce qui se comprend mieux et ce qui s'explique, ce sont les hauts-fourneaux installés spécialement pour produire les fontes en gueuses à moulages, et accessoirement les fontes à fer, suivant les nécessités du commerce et le besoin des affaires. Les grands appareils, uniquement réservés à la production des fontes d'affinage, ne sauraient se préoccuper des fontes à moulages, et l'on peut dire que, s'ils en produisent par accident, à la suite de déviations dans leur allure, ce ne sont pas des fontes qu'on doit rechercher pour la fonderie.

Les fourneaux, au contraire, travaillant exclusivement en fontes à moulages, peuvent aussi produire accidentellement des fontes utilisables seulement pour l'affinage, à la suite de dérangement de la marche ; mais ce ne doit être qu'une exception, si le fourneau est bien dirigé et si les charges, maintenues dans les limites voulues, ne se composent que de matériaux, charbon et minerais, de bonne qualité.

Classement des fontes en France. — Dans ces usines, les produits sont classés de la manière suivante :

N° 1. — Fonte noire, à grains mats, chargée de graphite.
N° 2. —   — grise, à gros grains.
N° 3. —   — grise, à grains serrés.
N° 4. —   — truitée grise, à petits points blancs noyés dans le gris
N° 5. —   — truitées blanches, à taches noires,
N° 6. —   — blanche lamelleuse.

Entre ces numéros, il y a des nuances intermédiaires. D'abord, au-dessus du numéro 1, les numéros 1 B ou T B qui représentent des fontes de mise en fer, très carburées et très riches, et que les hauts-fourneaux qui ont des fonderies gardent ordinairement pour leur propre fabrication.

Puis, entre le gris-serré et le truité-gris, une variété 3-6 ou 3-4, qui n'est plus le gris bien franc, et qui n'est pas encore le gris-truité. Enfin, entre le truité-gris et le truité-blanc, on trouve une nuance que quelques usines mettent à part dans leurs triages. Le numéro 6, lui-même, n'est pas toujours l'expression de la fonte complètement blanche.

Quand les fontes truité-blanc et les fontes blanches ne sont pas amenées par un accident de fourneau : refroidissement, engorgement, chute de mines, etc., et qu'elles peuvent être attribuées à une surcharge de minerai, à un abaissement dans la température de l'air ; en un mot, quand ces fontes arrivent en bonne marche, comme on les voit se produire à la suite d'une mauvaise coulée, laquelle n'est pas suivie de plusieurs autres, de nature plus défectueuse, on peut encore vendre les numéros 5 et 6 aux fonderies, qui les introduisent dans leurs mélanges.

Choix des fontes à moulages. — Pour la deuxième fusion, la provenance de la fonte, au point de vue du combustible, importe peu, qu'il s'agisse de fontes au bois, de fontes au coke, au charbon cru, à l'anthracite, pourvu que les fontes ne perdent pas de leur qualité à la suite d'une seule ou d'un petit nombre de refontes. On achète des fontes noires ou très grises pour les mélanger, suivant les besoins de la fabrication, avec des fontes en bocages, dont elles aideront à remonter le grain et qui leur apporteront de la ténacité. A défaut de bocages, les fontes grises en gueuses peuvent être mélangées avec des produits de qualités ou de numéros inférieurs. Mais on fait bien, autant que possible, de ne pas procéder à de tels mélanges avec les fontes d'une même provenance.

Classement des fontes à moulages en Angleterre. — Les usines anglaises ne font pas abus des numéros de fontes pour fonderie. Elles se bornent à vendre seulement trois ou quatre numéros, sans s'attacher à des triages minutieux, comme il est fait dans certains hauts-fourneaux français.

Le numéro 1 est à gros grains, d'une cassure cristalline et brillante. C'est le plus riche en carbone.

Le numéro 2 est, comme le premier, une fonte grise, d'un grain plus serré que le numéro 1, surtout au centre des gueuses. Il sert d'intermédiaire entre le numéro 1 et le numéro 3.

Le numéro 3, toujours gris, mais plus serré que le numéro 2, est la limite extrême recherchée par les fondeurs français, qui peuvent trouver ailleurs d'autres éléments de mélange.

Sortes de fontes employées. — En général, en France, on emploie peu de fontes numéro 2, et l'on recherche de préférence les fontes numéro 1, pour satisfaire à tous les besoins de mélanges demandant de la douceur, de la régularité et du nerf.

On achète des fontes numéro 3, généralement plus résistantes, pour suppléer à ce qui manque, soit dans les bocages, soit dans les gueuses de provenance française.

Les numéros 3 sont en général moins fluides que les numéros 1. Mais ces derniers manquent de ténacité, sauf dans les cas de sortes exceptionnelles, telles que les fontes dites *hématites*, ou certaines autres fontes d'Angleterre et non d'Écosse.

C'est par les mélanges que ces divers produits se combinent, se classent et se remontent pour former une échelle de résistance, ainsi qu'on verra.

Au delà des numéros 3, les grandes exploitations d'Angleterre et d'Écosse n'envoient que des fontes d'affinage, énoncées d'une façon un peu fantaisiste, et qu'on entre au titre de fontes de moulage.

Classement des fontes à moulages en Belgique, etc. — En Belgique et dans le Luxembourg, ainsi que dans les usines de la Moselle, les numéros des fontes sont classés comme en France. Cependant, sauf exception, on ne connaît guère que les fontes noires et la série de fontes grises, représentée par les numéros 2, 3 ou 4, suivant que le grain s'éloigne de plus en plus de celui des fontes noires.

Les fontes truitées forment une catégorie à part, et peuvent s'écouler aussi bien du côté des forges que de celui des fonderies.

Usines françaises produisant les fontes à moulages. — Les hauts-fourneaux français, qui fabriquent exclusivement des fontes à moulages, sont en petit nombre. En dehors de quelques petites usines de la Haute-Marne et de la Meuse, du Doubs et de la Haute-Saône, du Périgord et de la Dordogne, qui vendent leurs produits, sauf exception assez rare, dans les fonderies de leur localité, les autres des mêmes contrées se bornent, quand ils ne l'utilisent pas, à écouler leur trop-plein dans les fonderies voisines.

Comme grandes usines spéciales pour les fontes à moulage, il faut compter, entre autres, le fourneau de Marnaval, celui de Tabago, à Redon (Ille-et-Vilaine), les fourneaux de la société de Montataire, à Boulogne-sur-Mer, et quelques fourneaux dans le Nord. Les autres établissements, fonderies ou forges, ne livrent de leurs fontes brutes de moulage et d'affinage que celles dont elles n'ont pas l'emploi dans leur fabrication.

Les fontes du comptoir de Longwy sont employées, sinon très recherchées par les fonderies de l'Est, de l'Ouest et du Centre. La fonderie parisienne en emploie beaucoup. Le prix en est relativement peu élevé. La qualité laisse à désirer sous le rapport de la pureté, de la douceur et de la résistance du métal, au moins pour quelques usines du groupe. Il en tout est autrement de certaines fontes produites aujourd'hui par les fourneaux d'Outreau, de Redon, de Fourchambault, de Montluçon, dans lesquels on introduit des minerais étrangers et autres, qui améliorent sensiblement la nature des fontes au double point de vue de la pureté et de la ténacité.

Les fourneaux d'Outreau fabriquent depuis quelques années des fontes spéciales estimées ; lesquelles, obtenues par des mélanges de minerais du Boulonnais et de minerais d'Espagne et d'Algérie, sont très grises et résistantes. Ces fontes, qui supportent les épreuves de l'artillerie, sont déclarées pures de soufre et contenant un millième de phosphore. Elles forment cinq numéros, ainsi classés :

N° 1. — Fonte très grise.
N° 2. —   —   —   intermédiaire.
N° 3. —   —   sur la limite la plus avantageuse de la fonte grise.
N°ˢ 4 et 5. — Fonte, deux variétés de fonte grise.

Les mêmes usines fabriquent aussi des fontes manganésées grises, qu'elles offrent aux fonderies sous deux numéros 3 et 4, coulés en coquilles, et 4 et 5 coulés en sable.

Ces fontes sont employées au cubilot pour durcir la fonte, en augmentant la résistance; elles peuvent servir utilement pour les mélanges devant donner des parties durcies, coulées en coquille. Les écarts entre ces diverses fontes sont de 2 fr. 50 environ. Ainsi, en supposant le numéro 1, très gris, coté 100 francs, le numéro 2 vaudrait 97 fr. 50 ; le numéro 3, 95 francs ; le numéro 4, 92 fr. 50, et le numéro 5, 90 francs la tonne.

Fontes étrangères. — Nous ne dirons rien des fontes belges, peu employées en France comme fontes de moulage, ni des fontes de Luxembourg, lesquelles ont leurs équivalentes dans les fontes de la Moselle. Les fontes de Suède sont peu usitées pour le moulage. Nous les avons employées, avec quelque succès, pour la coulée en coquille.

La consommation des fonderies en France est partagée, sauf ces exceptions, entre les produits de diverses usines nationales et les fontes des hauts-fourneaux d'Écosse et du Cleveland, principalement.

Fontes d'Écosse. — On compte aujourd'hui en Écosse environ 180 hauts-fourneaux ; sur ce nombre, il faut compter par année que les deux tiers environ sont en feu. Les autres sont arrêtés, soit pour réparations ou diverses causes locales, soit par suite de l'élévation du stock.

La production, dans ces conditions, est en moyenne d'un million de tonnes, soit entre 180 et 190 tonnes par semaine. Le chiffre de l'exportation des fontes d'Écosse varie entre 280 et 350 tonnes. On emploie dans les fonderies de la Grande-Bretagne à peu près la même quantité. Le reste demeure à l'état de stock, soit environ le tiers de la production. C'est ce stock qui détermine les cours. Quand il s'élève, les prix baissent. Quand il descend, les prix augmentent. Les cours des fontes se règlent journellement en Bourse, à Glasgow.

Les fontes d'Écosse les plus recherchées sont celles des environs de Glasgow.

Dans le chiffre d'exportation des usines de ce centre métallurgique, la France entre pour un total qui varie, suivant les années, entre 50,000 et 70,000 tonnes, sans compter les fontes Harrington, Hématites, Beaufort et Cleveland, dont elle consomme 30 à 40,000 tonnes.

Les fontes d'Écosse ne sont guère achetées que dans les numéros 1. Les plus connues et les plus employées sont les fontes Coltness, Gartsherrie, Calder, Shotts, Glengarnock, Carnbroe, Clyde et Eglinton. Les Coltness sont cotées 10 francs de plus par tonne que les autres ; puis les Garstherrie, 5 ou 6 francs de plus ; les Eglinton, les Carnbroe, les Calder et autres se valent, et sont tarifées sur les mêmes bases.

Fontes anglaises. — Dans les fontes anglaises, on achète les Cleveland, les Clarence et autres marques moins connues en numéros 3, pour servir aux mélanges quand on n'a pas à portée des fontes françaises équivalentes.

Parmi les fontes fortes, on choisit les hématites et les Harrington en numéro 1, rarement au-dessous.

Quand les fontes sont, pour une cause quelconque, d'un prix élevé en France, la consommation des fontes d'Écosse s'élève. La France a augmenté sensiblement sa consommation après les traités de commerce qui, en octobre 1860, ont réduit les droits d'entrée sur les fontes à 25 francs par tonne au lieu de 48 francs.

Mouvement de la production et du prix des fontes d'Écosse. — Si, d'un côté, le prix de la main-d'œuvre, dans les usines de l'Écosse, a toujours été en augmentant — il était de 3 fr. 25, environ, en 1852, pour arriver entre 4 et 5 francs comme journée moyenne en 1860 — la fonte a suivi des variations décroissantes assez sensibles sous l'influence des événements politiques ou commerciaux pendant les cinquante dernières années du siècle. Les fontes numéros 1 valaient en effet, à quai, dans Glasgow, entre 110 et 115 francs en 1831. Après avoir passé par les prix de 165 et 170 francs à celui de

136 francs la tonne en 1836, elles ont successivement baissé pour arriver à 50 ou 60 francs en 1844 ; puis, après quelque reprise, elles ont pu se tenir entre 70 et 75 francs jusqu'en 1857, époque à laquelle leur prix est descendu successivement pour ne pas dépasser 65 francs en 1860. Depuis cette époque, les prix ont plutôt varié en augmentation, l'abaissement des tarifs français ayant fait augmenter les demandes. Les années 1852 à 1860, qui avaient été fort bonnes pour les usines françaises, furent suivies d'une période décroissante, laquelle, après une faible reprise, en 1871, est devenue de plus en plus défavorable jusqu'en 1885.

Aperçus divers sur les fontes anglaises. — Les fontes dites hématites sont traitées dans le Lancashire et dans le Cleveland. Celles qui sont introduites en France proviennent surtout du Cleveland. Les minerais hématites rouges sont exploités dans le calcaire carbonifère, et les hématites brunes dans le *Millston gris* (grès houiller) du Lancashire.

Ces fontes sont importées en France depuis un petit nombre d'années seulement. Elles ont pris faveur et semblent devoir être appelées, auprès des fondeurs français qui recherchent certaines qualités de résistance, à remplacer les fontes Beaufort qui, pendant longtemps, ont été les plus estimées comme richesse de grain et comme ténacité.

Les fontes d'Écosse, d'une nature très carburée, d'une richesse extrême, comme ampleur et persistance de grain gris, doux, facile à travailler, ont rendu de grands services à nos fonderies, qui les ont utilisées dans des mélanges où les fontes françaises, dures, sèches, le plus souvent truitées ou serrées, n'auraient donné que des produits pour la plupart impossibles ou insuffisants, si elles avaient dû rester livrées à elles-mêmes.

Les fontes noires d'Écosse, à grain brillant, d'un gris foncé bien ouvert, telles que les fontes Coltness, Garstherrie, Calder et autres bonnes marques dans les qualités numéro 1, subissent, sans altération autrement prononcée que celle d'un resserrement de grain, jusqu'à près de cinq ou six refontes successives. Puis elles restent assez douces et encore grises pendant trois ou quatre refontes, ne commençant à passer au gris-truité que vers la dixième, pour arriver au blanc vers la treizième ou quatorzième refonte.

Des fontes marque Glengarnock, très carburées, ont été poussées jusqu'à vingt-deux fusions successives avant d'atteindre le blanc lamelleux. Ces fontes, comme ampleur de grain, étaient plus belles que les types, vers la deuxième refonte, pour se maintenir dans les mêmes conditions d'apparence, à peu près invariable, jusqu'à la huitième et la neuvième fusion.

Les fontes du Cleveland, moins riches que les fontes d'Écosse, n'ont subi, en général, que cinq ou six fusions avant d'arriver au blanc. Dès la troisième refonte, le grain décroissait rapidement pour atteindre le truité-blanc précédant le blanc définitif vers la cinquième refonte.

Les fontes Beaufort et Harrington, bonne qualité numéro 1, à cassure gris-foncé, d'un grain large, à facettes brillantes, n'ont pu éprouver que huit ou neuf refontes pour arriver au blanc intense. A la cinquième fusion, le grain devenant d'un gris pâle, très serré, annonçait le truité dès la fusion suivante, et celui-ci, très accusé du gris au blanc, de la septième à la huitième refonte, passait définitivement au blanc, sans transition prononcée, à la neuvième fusion.

Toutes les fontes d'Écosse, examinées à leurs diverses refontes, sont en général peu résistantes, notamment dans les numéros très gris, en même temps que dans les numéros blancs, ce qui se comprend de soi.

De mes études, j'ai pu déduire les conclusions qui suivent :

Les fontes d'Écosse profitent beaucoup, comme résistance, étant mélangées aux fontes françaises truitées ou serrées; elles gagnent même, et réciproquement, à être combinées avec les fontes des numéros inférieurs du Cleveland ou de Beaufort; enfin, ce qui est plus remarquable, elles acquièrent une somme de ténacité bien supérieure à leur ténacité propre, quand elles sont mélangées avec des fontes blanches, même de la plus mauvaise qualité.

Fontes dites hématites. — Les fontes *hématites*, dont je n'ai pas parlé dans l'ouvrage cité, ont été éprouvées depuis par une série de refontes successives, opérées dans les conditions de celles auxquelles ont été soumises les fontes désignées plus haut. Elles ont été essayées, également, mélangées aux fontes françaises. Et, comme les fontes d'Écosse, elles ont apporté à ces dernières un accroissement notable de résistance, en présentant toutefois cette différence que, dans les mélanges de fontes d'Écosse et de basses fontes françaises, les unes et les autres gagnent, tandis que dans les mélanges des fontes hématites, celles-ci apportent aux fontes inférieures françaises un supplément notable de résistance, sans y rien gagner elles-mêmes. Les chiffres de résistance des mélanges se trouvent sensiblement les mêmes que ceux des fontes hématites employées seules.

Je me bornerai, pour donner une idée de ces fontes, à résumer les résultats des épreuves que je leur ai fait subir.

Le type sur lequel j'ai opéré a été choisi en moyenne parmi plusieurs arrivages importants des mêmes fontes. Les gueuses dont la section, de forme ordinaire, avait environ $0^m,085$ de hauteur, sur $0^m,075$ de largeur, se présentaient avec une surface de coulée plane, légèrement arrondie aux angles, montrant quelques piqûres peu profondes. Elles avaient, en un mot, l'aspect des bonnes fontes qui, coulées dans des conditions normales, à découvert, ne se montrent ni trop boursouflées, ni trop concaves ou trop tassées à la surface exposée à l'air.

La cassure de ces gueuses était d'un gris-terne, à grain confus, serré sur tous les côtés de la gueuse. Le grain, quoique peu ouvert, présentait des arrachements assez importants. Comme comparaison avec les fontes d'Écosse, Calder et Garstherrie, on peut dire qu'il était moins large, moins brillant, moins complet, mais plus nerveux que celui de ces fontes.

A partir de la sixième refonte, les échantillons des dernières fusions sont venus entièrement blancs, et ont donné des pièces cassées au retrait, froides, non arrivées à la coulée, etc. Tous résultats indiquant que le métal essayé était devenu impropre à la production des moulages mécaniques, exigeant des fontes d'une certaine douceur et d'une certaine fluidité.

On peut donc se dire que les fontes hématites n'offrent aucun intérêt à être utilisées seules. Et, comme elles sont d'un prix relativement élevé, il y a purement et simplement avantage à les employer comme mélanges.

Dans ces conditions, on peut arriver à obtenir d'elles le maximum de ténacité et de douceur, en adoptant les combinaisons suivantes, ou approchant.

	A	B	C	D	E	F	G
Fontes *hématites*	500	300	300	300	300	250	200
— *Galder, Garstherrie* ou *Glengarnoch*, bons numéros.	»	.200	»	»	100	250	200
— ordinaires d'Écosse, numéros inférieurs . . .	»	»	300	»	100	»	»
— ordinaires Cleveland, numéros inférieurs . . .	»	»	»	350	250	250	300
— ordinaires Françaises, serrées ou truitées . .	500	500	400	350	250	250	300
	1.000	1.000	1.000	1.000	1.000	1.000	1.000

Les mélanges *A* et *B* peuvent donner des fontes très douces, parfaitement convenables pour les pièces de machines, et offrant une grande somme de résistance.

Les mélanges *C*, *D*, *E* appartiennent à des fontes *raides*, plus serrées, et peuvent encore être très convenables comme fontes de grosse mécanique et de construction. Elles offrent, relativement aux fontes des mélanges *A* et *B*, une ténacité plus grande, notamment dans le travail à la flexion.

Enfin, les mélanges de l'ordre *F* et *G*, dans lesquels les fontes hématites peuvent entrer suivant la proportion du cinquième au quart de la masse, conviennent parfaitement pour les pièces qui exigent de la résistance avec de la fonte grise pouvant se travailler, mais sans qualités de douceur exceptionnelle. Avec ces mélanges, résistant bien au choc et à la compression, on peut couler des coussinets de chemins de fer, des colonnes creuses, des sommiers, des poutres de pont, etc.

Les fontes hématites refondues ont cela de particulier que, pures ou mélangées, quand elles entrent toutefois pour une forte proportion dans les mélanges, elles se distinguent par une cristallisation particulière, moins confuse et plus saisissable, même dans les dernières refontes, que les fontes d'Écosse et les diverses autres fontes que j'ai essayées.

Ces produits, lorsqu'ils sont de bonnes provenances, et quand le commerce ne leur substitue pas, sous des marques plus ou moins controuvées, des fontes provenant des minerais hydratés du Cleveland, sont des meilleurs que la fonderie française puisse employer comme éléments de mélange. Ceci, bien entendu, quand il s'agit de donner de la douceur et de la ténacité aux fontes ordinaires serrées ou truitées, ou aux vieilles fontes de toutes provenances qu'on trouve à bas prix chez nous, et qui ne sauraient se reconstituer utilement pour la fabrication, si l'on ne cherchait à les combiner avec des fontes plus grises et plus nerveuses.

En tout cas, les fontes hématites et les fontes fortes d'Angleterre ne devraient être qu'une exception en France.

Emploi des fontes d'Écosse. — Nous aurions à rechercher plutôt des mélanges entre nos basses fontes et des fontes d'Écosse, peu tenaces en elles-mêmes, mais plus grises, à prix égal, que celles que nous pouvons tirer des hauts-fourneaux français.

Les fontes d'Écosse, peu résistantes en elles-mêmes, suffisent en général, souvent à faible dose, pour enrichir le grain, accroître la douceur et relever la résistance de nos fontes truitées, même à donner un peu de tenue aux fontes blanches qui n'en ont pas du tout.

Les fontes françaises au contraire, en principe plus tenaces, dès la première fusion, que les fontes d'Écosse, ne sont pas propres, sauf de rares exceptions à subir un aussi grand nombre de refontes ; mais elles peuvent atteindre, par de nouvelles fusions, une ténacité supérieure, quand leur structure gris-truité, à grains fins, et leur nature peu siliceuse veulent s'y prêter.

Tout le monde sait que les fontes noires ou trop grises sont moins tenaces et plus sujettes à l'impureté, à la porosité, aux piqûres et aux cavernes que les fontes grises dont nous parlons.

C'est pourquoi les Anglais, pas plus que nous, n'emploient pas de toutes pièces les fontes surcarburées dans la deuxième fusion. Comme nous, ils re-cherchent le maximum de résistance emprunté aux mélanges de leurs fontes les plus avancées entre elles, ou de leurs fontes noires avec des fontes blan-ches, même avec des ferrailles, au besoin.

Essais des fontes d'Écosse. — Nous ne reproduirons pas les détails des essais au cubilot que nous avons faits sur les fontes grises d'Écosse. Ces essais ont été opérés par quantités de 1,000 kilogrammes au moins, refondues indéfiniment, de la fonte grise à la fonte blanche, les gueuses sou-mises aux épreuves étant prises au hasard dans les tas, pour former une moyenne.

A chaque fusion, on coulait des barreaux, des pièces minces et des gueuses. Les premiers, pour être essayés à la flexion, à la traction et au choc ; les se-condes, pour donner exactement la mesure de la qualité de la fonte par son contact dans le sable et son refroidissement à de faibles épaisseurs ; les troi-

sièmes, pour permettre de constater les apparences extérieures à la surface
de coulée et à la cassure, et de les comparer, à ces points de vue, avec l'aspect fourni par les gueuses-types passées pour la première fois au cubilot.

Résistance des fontes. — Les tableaux A, B, C, extraits de nos expériences, touchant l'emploi de la fonte, présentent des chiffres intéressant la
fonderie. — Nous recommandons particulièrement les mélanges M, N, O, P du
tableau A et ceux du tableau B. — Quant aux indications du tableau C, elles
valent la peine d'être vérifiées, bien que puisées à des sources authenthiques.

FONTES A MOULAGES

A. — TABLEAU *comparatif des résistances moyennes d'un mélange uniforme de fontes françaises avec des fontes anglaises de diverses provenances.*

INDICATION DES MÉLANGES	Moyennes de résistance			NATURE ET QUALITÉ
	au choc	à la traction	à la flexion	du produit après la refonte
	mètres	kilog.	kilog.	
Fonte en gueuses n° 2 1/2. Après une première refonte.	0.40	2.750	350	Truité-gris, sec, dur.
Fonte en débris n° 2 et n° 1 1|2. Après une première refonte .	0.55	5.000	1.000	Gris-serré, assez dur
Fonte marque Calder n° 1. Après une première refonte	0.25	3.800	550	Gris-noir, très doux.
Fonte marque Garstherrie n° 1. Après une première refonte .	0.25	3.600	560	Gris-noir, doux.
Fonte marque Sumerlée n° 1 Après une première refonte .	0.34	3.200	600	Gris-foncé, doux.
Fonte marque Carnbroe n° 1. Après une première refonte .	0 292	3.100	550	Gris à gros grains brillants, doux.
Fonte marque Cleveland n° 1. Après une première refonte	0.40	4.300	650	Gris-pâle, asez dur.
Fonte marque Castle-Hill n° 1. Après une première refonte .	0.26	4.100	700	Gris-serré-pâle, assez doux.
Fonte marque Glengarnoch n° 1. Après une première refonte .	0.36	2.850	400	Gris-terne un peu truité, assez dur.
Fonte marque Ormesby n° 1. Après une première refonte .	0.362	4.950	900	Gris à gros grains, sec, un peu dur.
Mélanges.				
M. 100 kilog. Calder . . . . 350 kilog. fonte n° 2 1|2 . . 250 kilog. débris n° 2. . . .	0.50	6.000	1.050	Gris-noir, sans truité, doux.
N. 100 kilog. Garstherrie . . . 350 kilog. fonte n° 2 1|2 . . 250 kilog. débris n° 2. . . .	0.525	6.000	1.080	Gris-noir, sans truité, doux.
O. 100 kilog. Sumerlée . . . . 350 kilog. fonte n° 2 1|2 . . 250 kilog. débris n° 2. . . .	0.55	5.800	1.100	Gris-noir, sans truité, assez doux.
P. 100 kilog. Carnbroe . . . 350 kilog. fonte n° 2 1|2 . . 250 kilog. débris n° 2. . . .	0.65	6.100	1.150	Gris-pâle, sec, assez doux.
Q. 100 kilog. Cleveland. . . . 350 kilog. fonte n° 2 1|2 . . 250 kilog. débris n° 2. . . .	0.38	5.100	900	Gris semé de truité-gris, un peu dur.
R. 100 kilog. Castle-Hill . . . 250 kilog. fonte n° 2 1|2 . . 250 kilog. débris n° 2 . . .	0.42	4.200	700	Gris-pâle, assez doux.
S. 100 kilog. Glengarnock. . . 350 kilog. fonte n° 2 1|2 . . 250 kilog. débris n° 2. . . .	0.40	5.080	850	Gris-pâle, assez dur.
T. 10 kilog. Ormesby . . . . 350 kilog. fonte n° 2 1|2 . . 250 kilog. débris n° 2. . . .	0.35	4.800	950	Gris-pâle, un peu dur.

B. — T ABLEAU *donnant les résistances moyennes de divers mélanges*
de fontes blanches avec des fontes d'Écosse.

INDICATION DES MÉLANGES	Moyennes de résistances			Résistance au choc de coussinets type du Nord	
	Au choc	A la traction	A la flexion		
	mètres	kilog.	kilog.	mètres	
PREMIÈRE SÉRIE D'ESSAIS *Avec fontes blanches non avancées*					
1° Fonte blanche, 5|6. — Fonte d'Écosse, 1|6 .	0.25	2.600	500	0.30	
2° Fonte blanche, 4|5. — Fonte d'Écosse, 1|5 .	0.305	3.800	600	0.35	
3° Fonte blanche, 3|4. — Fonte d'Écosse, 1|4 .	0.425	4.000	650	0.45	Les coussinets du type du Nord offrent une section de rupture de 0,100 × 0,080 × 0,050.
4° Fonte blanche, 2|3. — Fonte d'Écosse, 1|3 .	0.385	4.400	875	0.55	
5° Fonte blanche, 1|2. — Fonte d'Écosse, 1|2 .	0.505	5.100	900	0.55	Ils sont cassés avec un mouton de 32 kilog. tombant sur une enclume du poids de 400 kilog. avec une hauteur de chute = 0,30 pour le premier coup et s'élevant de 0,05 en 0,05 pour les coups suivants.
DEUXIÈME SÉRIE D'ESSAIS *Avec fontes blanches tres avancées*					
1° Fonte blanche, 5|6. — Fonte d'Écosse, 1|6 .	0.285	2.600	450	3030	
2° Fonte blanche, 4|5. — Fonte d'Écosse, 1|5 .	0.350	3.300	590	0.30	Les coussinets cassés à 0,30 ont été cassés du premier coup. — Il est probable qu'ils auraient cassé au-dessous.
3° Fonte blanche, 3|4, — Fonte d'Écosse, 1|4 .	0.360	3.900	650	0.38	
4° Fonte blanche, 2|3. — Fonte d'Écosse, 1|3 .	0.400	4.400	800	3.50	
5° Fonte blanche, 1|2. — Fonte d'Écosse, 1|2 .	0.480	4.900	850	0.60	
6° Fonte blanche, 1|3. — Fonte d'Écosse, 2|3 .	0.450	4.700	750	0.55	
7° Fonte blanche, 1|4. — Fonte d'Écosse, 3|4 .	0.400	4.500	720	0.50	

PROVENANCES des fontes	MATERIAUX DE PRODUCTION		Résistance moyenne comparative				NATURE DES FONTES
	combustible	minerais	au choc	à la compression	à la traction	à la flexion	
Groupe du Périgord. . .	charbon de bois.	O. r., Hyd.	0.55	7.500	5.000	900	A gros grains larges, gris-clair, brillante, un peu dure.
Groupe de la Comté : Haute-Saône, Jura, etc . .	charbon de bois.	Hyd., O.o., Hyd.gr.	0.50	7.000	5.000	950	A gros grains d'un gris-pâle, un peu terne, assez douce.
Groupe de la Champagne: Marne, Haute-Marne, Meuse, Meurthe, Vosges.	charbon de bois.	Hyd., O. r., O. o., H. Ol.	0.55	7.500	6.000	1.000	A grains fins d'un gris-foncé, un peu terne, douce.
Groupe du centre : Cher, Allier, Indre	5⁄6 coke, 1⁄6 charbon de bois.	Hyd. gr. O. r., O. o., C.	0.55	7.200	5.500	950	A grains fins d'un gris-noir, un peu brillante, assez douce.
Groupe des Ardennes . .	charbon de bois.	Hyd. gr., O. r.	0.45	8.500	5.000	850	A gr. fins, gris-noir, terne, tr. douce.
Groupe de l'Ouest : Bretagne, Normandie, Maine, Anjou.	5⁄6 charbon de bois, 1⁄6 coke.	Hyd. gr., O. r.	0.40	7.000	4.800	800	A grains assez larges, gris-pâle, sec, un peu brillante, assez dure.
Groupe de l'Alsace : Haut-Rhin, Bas-Rhin, Moselle.	coke et charb. de bois	Hyd. gr., O. o., O. r., H.	0.55	8.000	6.000	1.000	A grains fins, gris-noir un peu terne, douce.
Groupe du Nord : Nord, Pas-de-Calais . . .	coke.	O. r., Hyd., C.	0.50	7.500	6.000	1.000	A grains gris-pâle, assez gros, un peu terne, un peu dure.
Usines du Dauphiné, de la Loire et du Rhône . .	coke.	H., O. r.	0.60	7.500	6.000	1.000	A grains assez gros, gris-noir, un peu terne, un peu dure.
Usines de la Bourgogne, Saône-et-Loire, Côte-d'Or	coke.	Hyd., O. o., O. r.	0.48	6.200	5.500	950	
Usines de l'Aveyron, de l'Aude.	coke.	O. r., C.	0.85	6.500	4.500	800	A grains gris-pâle, sec, un peu brillante, assez dure.
Usines du Gard, de l'Hérault et de l'Ardèche.	coke.	H., O. r.	0.69	8.000	7.500	950	A gros grains gris-noir, brillante, assez douce.
Usines de la Corse . . .	charbon de bois.	Oligiste.	0.70	7.000	7.000	1.200	A gros grains larges, gris-noir, brillante, un peu dure.

Abréviations : O. r., Oxyde rouge : Hyd., Hydraté ; O. o., Oxyde ocreux ; Hyd. gr., Hydraté granuleux ; Ol., Oligiste ; H., Hématite ; C., Carbonate.

MÉTAUX DIVERS.

Il est d'autres métaux, en dehors de la fonte de fer, qui sont d'un usage courant dans la fonderie industrielle, et qui doivent, à ce titre, prendre place parmi les matières premières employées par les fondeurs.

Sous ce rapport, leur place est d'autant plus justifiée dans la première partie de ce livre que la plupart de ces métaux n'ont pas d'exploitation dominante en France, où ils sont importés directement par l'industrie et le commerce, plutôt que tirés de leurs minerais exploités sur le sol français.

Nous ne nous attacherons donc pas à décrire les procédés de production première du cuivre, de l'étain, du zinc et du plomb qui occupent une situation importante dans l'industrie du fondeur en métaux, et nous nous bornerons à résumer les quelques données économiques et les principales propriétés de ces métaux, en ce qui concerne la fonderie.

CUIVRE. — Les anciens extrayaient le cuivre de l'île de Chypre, dont les minerais paraissent avoir été les premiers, sinon les seuls, connus du vieux monde.

Exploitation des minerais de cuivre. — Les minerais de cuivre sont très répandus à la surface de la terre, bien qu'en quantité moins abondante que les minerais de fer.

Les plus importantes exploitations, en Europe, se trouvent en Russie et en Sibérie, en Suède et en Norvège, et aussi en Angleterre, où l'on exploite notamment les minerais jaunes du Cornwall et les pyrites du Devonshire.

Les autres contrées, telles que la France, l'Allemagne, le Mansfeld et le Hartz, exploitent quelques minerais ou pyrites de cuivre, mais dans des conditions absolument limitées.

Les grandes exploitations de l'Amérique méridionale, du Chili, de Cuba et de l'Australie, viennent apporter un complément considérable aux usines à cuivre des contrées industrielles de l'Europe.

Bien que les mines de cuivre ne soient pas rares, il en est beaucoup qu'on n'exploite pas, parce que les procédés pour obtenir le métal : préparation des minerais, triage, grillage, fusion, etc., offrent trop de complications et de difficultés, eu égard au produit qu'on peut en retirer.

Dans l'Inde, au Japon et en Chine, on exploite les mines de cuivre dans des conditions trop simples pour être industrielles. Les prix de main-d'œuvre sont peu élevés et permettent d'amener, un jour ou l'autre, grâce aux ressources nouvelles de la navigation, un écoulement possible et profitable pour la France.

On rencontre peu de gisements de cuivre à l'état natif offrant une grande importance. Les plus sérieuses exploitations commerciales, jusqu'alors, sont celles des pyrites cuivreuses. Cependant, on exploite en Sibérie quelques mines de cuivre naturel cristallisé en cubes, aussi bien que des oxydes natifs dans le comté de Cornouailles et dans l'Amérique méridionale. Certains blocs de cuivre natif du Canada et du Michigan sont tellement purs, qu'ils fournissent à la fonte jusqu'à 80 à 90 pour cent.

On trouve aussi le cuivre, comme production naturelle, à l'état de carbonate, dans les deux variétés appelées *vert-de-montagne et malachite*. Les oxydes et les carbonates de cuivre sont traités, de même que le cuivre natif, par voie de fusion au charbon de bois ou au coke dans des fours à manche, et, mieux encore, au four à réverbère, lorsque leur degré de pureté permet d'extraire le métal de toutes pièces, à peu près pur, sauf une dernière opération obtenue par l'affinage.

Usages et propriétés du cuivre neuf. — On n'emploie pas, cela se comprend, le cuivre rouge (1) en première fusion, pour couler des objets de moulage. Les fondeurs achètent des lingots qu'ils refondent purs ou avec d'autres métaux, suivant les besoins de leurs industries.

L'usage du cuivre rouge sans alliage est peu commun dans la fonderie. La facilité que présente ce métal de pouvoir être travaillé au marteau en le chauffant un peu au-dessous de la chaleur blanche, permet d'éviter le moulage d'un grand nombre d'objets qu'il est d'ailleurs plus convenable de forger, parce qu'on les obtient moins poreux et par suite d'une plus grande ténacité.

Le cuivre rouge est fondu à une température de 1,000 à 1,200°c, mais il n'atteint pas une aussi grande liquidité que la fonte de fer. Quelle que soit la qualité du cuivre employé dans les fonderies — on choisit de préférence les cuivres de Suède et de Sibérie — on ne l'obtient jamais assez pur, pour qu'à la seconde fusion il ne soit pas encore couvert, lorsqu'il est en bain, d'un laitier visqueux, boursouflé et noirâtre qui tend à le maintenir à l'état pâteux. Aussi ce métal, qui peut devenir extrêmement fluide lorsqu'il est mélangé avec une certaine proportion d'étain ou de zinc, est-il ordinairement peu coulant, remplissant mal les moules, et d'un tassement facile, lorsqu'il est fondu seul. Or, pour éviter ces inconvénients, il devient nécessaire de le chauffer au-dessus du point de fusion et de décrasser fréquemment la surface du bain, ce qui augmente le déchet.

La pesanteur spécifique du cuivre neuf est variable suivant le degré de pureté de ce métal. Elle est évidemment plus grande pour le cuivre forgé

(1) Nous appelons indifféremment le cuivre provenant d'une première fusion, *cuivre rouge* ou *cuivre neuf*, pour le distinguer de ses alliages auxquels on donne souvent le nom générique de *cuivre*, surtout lorsqu'il s'agit d'un composé de cuivre et de zinc.

que pour le cuivre refondu. Quelques chimistes ont établi que la densité du
cuivre ne dépassait pas 8,75; d'autres ont porté ce chiffre jusqu'à 9,2 ; mais
il est généralement reconnu que le poids spécifique du bon cuivre neuf,
traité avec soin et obtenu aussi pur que possible, se maintient à 8,895. C'est
ce chiffre que nous avons toujours employé pour déterminer le poids des
pièces à couler, d'après le cube des modèles.

Le cuivre s'allonge de $\frac{1}{105,900}$ de sa longueur pour un degré de chaleur,
c'est-à-dire plus de 1/3 de moins que la fonte de fer; mais son retrait est un
peu plus grand, puisqu'il s'élève jusqu'à $0^m,015$ par mètre. Suivant Troughton,
le degré de dilatation linéaire, par unité de longueur, pour un degré centi-
grade, est 0,00001.9188.

Quoique la force de cohésion du cuivre dépasse beaucoup celle du fer
coulé, on doit craindre de voir se casser les pièces en cuivre, dans les moules,
au moment du retrait, autant parce que ce retrait est plus grand, que parce
que le refroidissement est beaucoup plus prompt que celui de la fonte. Par
cette raison, il est nécessaire d'apporter au moulage du cuivre des précautions particulières dont nous parlerons plus loin. Au reste, la forme des pièces
n'est pas sans influence sur les effets du refroidissement, quels que soient
les métaux coulés, et il est toujours bon d'y avoir égard, lorsqu'il s'agit de
procéder au moulage et de disposer les canaux ou *jets* qui servent à emplir
les moules.

Le cuivre rouge en lingots mis au feu, et chauffé à la chaleur rouge
blanche, peut être, en cet état, cassé avant qu'on le mette au creuset. A la
chaleur rouge sombre ou rouge cerise, il se forge aisément.

ÉTAIN.

Exploitation des mines d'étain. — L'étain, qui est un des métaux les
plus anciennement connus, se rencontre en abondance dans certaines contrées, mais il n'est pas aussi universellement répandu que le fer et le cuivre.
On le trouve surtout dans les montagnes primitives, et ses mines se présentent le plus souvent dans le quartz ou granit, mais jamais dans les calcaires.
Les principales exploitations en Europe sont celles du Cornwall, qui atteignent à elles seules une importance de 43,000 *quintaux métriques*, formant
du reste toute la production en étain de l'Angleterre. Les autres gisements
stannifères à signaler sont ceux de l'Allemagne, donnant environ 3,500 q. m.;
ceux de la Suède, 750 q. m.; ceux de l'Autriche, 380 q. m. — Banco et Ma-
lacca, dans les Indes, exportent une quantité d'étain évaluée au double de la
production européenne. Ces chiffres indiquent des approximations qui ont pu
ou peuvent encore parfaitement varier.

Les mines d'étain se rencontrent à l'état de sulfure, et principalement à
l'état d'oxyde ou *pierre* d'étain. On connaît sous le nom de mine d'étain
grenu ou étain ligniforme, une troisième combinaison fort rare en Corn-

wall, mais qu'on trouve en quelque abondance au Mexique. D'ordinaire, l'étain d'une première fusion est purifié par la refonte, avant d'être livré à l'industrie.

Usages et propriétés de l'étain. — L'étain que les fondeurs emploient pour les alliages avec le cuivre doit être choisi aussi pur que possible. On recherche dans les fonderies l'étain fin, en gouttelettes, ou l'étain *Banca*. L'étain dit des Détroits est également demandé, de même que les premières marques d'étain anglais. La bonne qualité de ce métal se reconnaît d'ailleurs à la difficulté qu'on éprouve à le casser et au craquement particulier qu'il fait entendre quand on le plie, craquement qu'on désigne sous le nom de *cri* de l'étain.

On coule peu de moules avec l'étain fondu seul ; nous ne parlons pas des objets qui sont du ressort du potier d'étain, et qui forment une spécialité tout à fait en dehors de la fonderie. L'étain de vaisselle, à l'usage des potiers, ne s'emploie jamais pur ; il est quelquefois allié avec environ 1/20 de cuivre, ou en plus fortes proportions avec le zinc, le plomb et l'antimoine, ce qui n'est pas toujours parfaitement correct au point de vue hygiénique.

Si l'on se sert d'étain chez les fondeurs, autrement que pour l'allier au cuivre, c'est en le mélangeant avec du zinc ou du plomb pour couler des modèles, des boîtes à noyaux ou de petits ornements qu'on ne peut pas fabriquer en zinc pur, parce qu'on les obtiendrait cassés. Dans les hauts-fourneaux fabriquant la poterie, on se sert, pour préparer les maîtres-modèles, d'un alliage formé de 0,66 de de plomb et de 0,34 d'étain qu'on coule d'abord en plaques et qu'on lamine ensuite à l'épaisseur convenable.

Employé seul ou allié avec d'autres métaux, l'étain est de la plus haute utilité dans l'industrie et dans les arts. On s'en sert, non seulement pour la poterie, mais pour la fabrication du fer-blanc, pour le tain des glaces, pour l'étamage du fer et du cuivre. Ce métal sert également pour la soudure des chaudronniers et des ferblantiers, pour la préparation des émaux, et pour beaucoup d'autres usages.

L'étain est mis en fusion à 210°c, et, à l'aide d'une température un peu plus élevée, il atteint aussitôt une grande liquidité qui lui permettrait de saisir les empreintes les plus délicates des moules, avec plus de perfection que les autres métaux, si son refroidissement n'avait pas lieu avec une grande promptitude. Ce refroidissement, dû à une très grande fusibilité, serait cause aussi que des objets massifs, qu'on voudrait couler en étain pur, subiraient un tassement considérable, si l'on n'avait soin de pratiquer des masselottes et des jets presque aussi forts que les pièces elles-mêmes.

Le poids spécifique de l'étain est de 7,291. Suivant la pesanteur de ce métal, il est facile de juger jusqu'à quel point il est pur, sa pureté se trouvant être parfaitement en rapport avec sa légèreté.

La dilatation de l'étain est de $\frac{1}{72,510}$ de sa longueur, par un degré de cha-

leur (F^{er}). Son retrait est presque nul, ce qui est une propriété intéressante
à l'endroit de certaines applications, les modèles, par exemple. Il est très
malléable, et il peut être réduit en feuilles extrêmement minces ; mais il a
moins de ductibilité et de ténacité que le fer et le cuivre. Un fil d'étain d'environ 0^m,002 de diamètre peut supporter sans se rompre un poids de 24 kilogrammes, c'est-à-dire environ 5 fois 1/2 moins que le cuivre, et 8 fois
moins que le fer de qualité ordinaire.

ZINC.

Exploitation des mines de zinc. — L'origine du zinc, bien que fort
ancienne, est plus contestable que celles des autres métaux dont nous venons
de parler. Les auteurs des nombreux traités de chimie et de métallurgie qui
nous sont parvenus, sont d'accord pour reconnaître que le zinc était en
usage au commencement des siècles, mais ils conviennent que ce métal
n'était pas connu sous ce nom par les anciens, qui l'extrayaient d'un minéral
appelé *cadmie*, du nom de Cadmus, qui, le premier, dit-on, en enseigna
l'usage chez les Grecs. C'est seulement vers la fin du quinzième siècle qu'on
commença à désigner, pour la première fois, la cadmie sous le nom de zinc.

Le zinc ne se rencontre pas absolument pur. Il existe mélangé à l'état de
calamine, qui n'est autre chose que l'oxyde de zinc uni à la silice, à de
l'oxyde de fer, à de l'alumine et à du sous-carbonate de chaux ; à l'état de
blende (sulfure de zinc et de fer) ; et enfin, à l'état de zinc oxydé ferrifère ;
à l'état de carbonate et de sulfate.

Les minerais exploités de préférence sont la blende et la calamine. L'Angleterre, l'Allemagne et la Belgique sont en possession des principales exploitations existant en Europe ; la première contrée, surtout, exporte une
grande quantité de zinc provenant du comté de Derby. Les usines de la
Vieille-Montagne, en Belgique, ont une importance considérable. Depuis
quelques années, l'Espagne et la France, aux environs d'Uzès, se sont occu-
pées de la production du zinc.

Usages et propriétés du zinc. — Le zinc est souvent employé seul par
les fondeurs. On s'en sert pour couler des modèles, quelques pièces particulières des machines, mais surtout des ornements, des chandeliers, des appli-
ques, enfin toutes ces imitations de bronzes qui, lorsqu'elles sont revêtues
d'une couche de dorure ou de peinture, sont vendues à bas prix et font une
concurrence redoutable aux objets en bronze ciselé, lesquels coûtent souvent
trop cher pour être à la portée de toutes les bourses.

Lorsqu'on veut couler des objets d'une certaine étendue, ou de formes
dont la disposition est telle qu'ils pourraient facilement casser au retrait, on
fait bien d'allier au zinc environ 1/5 ou 1/20 d'étain qui le rend moins cassant, sans augmenter beaucoup sa valeur. L'alliage du zinc et du plomb
se fait difficilement à cause de la densité de ce dernier. Pour réunir, autant

que possible, ces deux métaux, on est obligé de les chauffer à une température plus élevée que celle nécessaire à leur fusion, de laisser fondre un peu de suif sur le bain et de brasser avec soin au moment de verser dans les moules. Souvent, malgré ces précautions, il arrive qu'il se fait dans le moule coulé un départ ayant pour effet de précipiter le plomb vers le fond, tandis que le zinc remonte à la surface.

En dehors de l'art du fondeur, les applications du zinc à l'industrie, sans être aussi variées que celles de l'étain et du cuivre, sont cependant nombreuses. On s'en sert pour former des batteries galvaniques, pour la couverture des édifices, pour la fabrication des gouttières, des baignoires et d'un grand nombre d'ustensiles qu'on faisait dans le principe en fer-blanc, pour le doublage des navires, et pour beaucoup d'autres usages relevant de l'industrie ou de la science, ainsi du reste qu'il en est pour les divers métaux dont nous parlons.

Le zinc devient fusible à 322°°. Si l'on augmente le chauffage, il se volatilise promptement, et il subit un déchet d'autant plus considérable que la température est plus forte. Quelques métallurgistes mettent le point de fusion jusqu'à 370°°, mais on peut affirmer que ce degré de chaleur est plus élevé qu'il ne convient, et qu'après 350°° la volatilisation commence.

La pesanteur spécifique du zinc est de 7,10. La nature de ce métal est telle qu'il semble tenir le milieu entre les métaux cassants et les métaux malléables. Il casse très facilement lorsqu'il est coulé dans les moules, mais il acquiert de la ductilité et de la malléabilité lorsqu'il est chauffé à une température de 80 à 140°°. Bien qu'il soit beaucoup moins ductile et moins malléable que le cuivre, le plomb et l'étain, on peut cependant le réduire en feuilles très minces à l'aide du laminoir. Un fil de ce métal, ayant 0^m,002 de diamètre, cède à la traction d'un poids de 13 kilogrammes environ.

Le zinc se dilate d'environ $\frac{1}{88,500}$ de sa longueur, pour un degré. En raison de la fragilité de ce métal, on ne saurait prendre trop de précautions pour s'opposer aux effets de son retrait, qui est de 0^m,012 à 0^m,015 par mètre. On fait bien en conséquence de disposer les moules de telle sorte qu'ils puissent se prêter au mouvement des pièces coulées, quand la contraction s'opère.

PLOMB.

Le plomb, plus peut-être que les métaux qui précèdent, paraît devoir remonter à la plus haute antiquité. Les anciens auteurs affirment qu'il était en usage du temps de Moïse.

La *galène*, ou sulfure de plomb, de laquelle on extrait ce métal, se rencontre fréquemment dans la nature.

Les usages du plomb en fonderie sont peu pratiqués aujourd'hui; ils s'étendent à la fabrication de quelques contrepoids de machines et d'un petit nombre d'objets d'un usage industriel. On s'en sert encore pour l'ajustement des poids à peser et des lentilles de balanciers, pour l'assemblage des tuyaux de fonte et pour divers usages dans les machines. Dans ce dernier cas, on emploie fréquemment le plomb laminé.

Avant qu'on eût les moyens de couler les grandes pièces de statuaire et d'ornement en fonte de fer, on s'est servi du plomb pour remplacer le bronze, dont l'emploi serait devenu trop coûteux. Ainsi ont été faites presque toutes les figures qu'on voit encore dans les bassins des jardins de Versailles.

Sans tenir compte de la différence, existant entre les prix respectifs des deux métaux, il est des groupes qu'on aurait pu difficilement exécuter en bronze, étant données leurs grandes proportions. On s'est donc borné à l'usage du plomb qui, du reste, peut être assemblé par parties détachées et se souder facilement au moyen d'un alliage d'étain.

Tout le monde sait, d'ailleurs, quels avantages précieux présente le plomb, lorsqu'il est employé à couvrir les maisons, à fabriquer des tuyaux de conduite, des réservoirs, des balles, du plomb de chasse et tant d'autres produits industriels. En le prenant à l'état d'oxyde, sous le nom de *litharge*, il est d'un grand usage dans la peinture, où il sert à la préparation des huiles siccatives, et où on l'emploie comme céruse, minium, jaune de Naples, etc.

Le plomb, par rapport au cuivre, à l'étain et au zinc, ne peut être pour les fondeurs qu'un métal secondaire. Il est de peu d'importance pour les alliages, et, comme nous l'avons dit, on l'emploie rarement seul pour la coulée des moules.

Toutefois, on l'emploie utilement, à petites doses, pour lier les alliages de grands bronzes, pour des alliages fusibles et dans certaines pièces où sa propension à l'oxydation ne constitue pas un danger.

Le plomb entre en fusion à 260°⁰; il se met en ébullition si l'on augmente la température, mais il ne se volatilise pas facilement. Son déchet devient considérable quand on agite fréquemment la surface du bain, qui, toutes les fois qu'elle se renouvelle à l'air, se couvre d'une peau ridée qui n'est autre chose que de l'oxyde jaune de plomb.

Si le plomb est le plus lourd, parmi les métaux dont nous avons parlé — sa pesanteur spécifique est de 11,357 — il est le moins dur, car, d'après les expériences du chimiste Thompson, sa dureté peut être représentée par 5,50, celle de la fonte l'étant par 9 ; celle du cuivre par 7,50 ; celle du zinc par 6,50 ; celle de l'étain par 6.

Le plomb s'allonge facilement sous le marteau et peut se réduire en feuilles très minces, mais il est peu ductile, puisqu'un fil de 0ᵐ,002 millimètres de diamètre se rompt avec un faible poids de 9 kilogrammes. Un fait remarquable, c'est que le plomb martelé ou laminé perd de sa pesanteur spécifique. Des expériences de Muschenbroeck ont établi, en effet, qu'après avoir passé à la filière un échantillon de plomb non écroui, sa densité était au-dessous de 11.22.

La dilatation du plomb est de $\frac{1}{52,800}$ par un degré de chaleur (F^{et}); son retrait est peu sensible ; mais, comme tous les métaux dont le point de fusion n'est pas élevé, son refroidissement est prompt et son tassement grand.

Métaux employés accessoirement dans la fonderie. — Les métaux qui suivent sont appelés à participer aux alliages pouvant être opérés industriellement dans les fonderies et se combiner avec le cuivre, l'étain, le zinc et le plomb. C'est à ce titre que nous leur donnons place ici.

Bismuth. — Le bismuth est d'une couleur blanc-gris, tirant sur le rouge. Sa cassure est lamelleuse ; il n'a ni saveur, ni odeur appréciables. Sa pesanteur spécifique flotte entre 9,83 et 9,89. C'est un métal cassant, peu résistant, nullement ductile et malléable, en l'état du moins où il se trouve dans le commerce.

Le bismuth est celui de tous les métaux qui cristallise avec le plus de facilité. Refroidi lentement, il fournit des cristaux remarquables par leur importance, leur disposition cubique et leur éclat particulier.

Ce métal est très fusible et, par suite, très volatil et très oxydable à une température élevée, comme tous les métaux réfractaires. Il se recouvre à l'air humide d'une pellicule oxydée d'un brun-rougeâtre. A la chaleur rouge, il brûle avec une flamme bleuâtre en répandant des vapeurs jaune-rougeâtre.

Le métal est surtout utilisé dans les alliages fusibles ou dans les alliages pour la typographie, où il se combine notamment avec le plomb, l'étain et l'antimoine.

Antimoine. — L'antimoine est d'une couleur blanc d'argent passant à l'état bleuâtre. Sa cassure est particulièrement lamelleuse. Il est aigre, cassant et très fragile. Il fond au-dessous de la chaleur rouge et se volatilise en d'épaisses fumées blanches. Sa pesanteur spécifique, suivant qu'il est plus ou moins pur, se tient entre 6,65 et 6,85. — Il est utilisé dans les alliages des caractères d'imprimerie, des planches à graver la musique, et dans certains métaux blancs où il figure avec le plomb et l'étain, le cuivre et le bismuth, etc.

Nickel. — On emploie divers alliages de nickel dont nous aurons à parler. — Plus le prix commercial de ce métal viendra à s'abaisser, plus le nickel entrera dans la consommation. — Suivant le mode de traitement du minerai, le métal ne dépasse pas aujourd'hui un prix variable entre 5 et 8 francs le kilogramme.

La couleur du nickel est le gris d'argent tirant sur le gris d'acier. — Sa densité moyenne est de 8,30 environ. Dans le nickel forgé, elle atteint 8,50 et même 8,70.

Ce métal est dur et peu disposé à l'oxydation. — Sa ténacité dépasse celle du fer. — Son point de fusion est élevé. — Sous ces rapports, ses composés avec le cuivre et le zinc montrent des qualités particulières qui tendent à relever la dureté de ces métaux et à les rendre moins oxydables.

Travaillé à chaud, le nickel prend la structure fibreuse et peut être martelé, étiré et laminé. — Il ne s'oxyde pas à la température ordinaire. — Ces qualités l'ont fait rechercher pour la fabrication des monnaies remplaçant le billon.

On se sert aujourd'hui du nickel pour recouvrir, conserver et décorer d'autres métaux : le fer, la fonte, l'acier, le cuivre, etc. — Le nickelage est devenu une industrie en faveur, très recherchée par une foule d'industries, en dehors· de celles qui veulent, suivant leurs besoins, les procédés de galvanoplastie appliqués par les métaux comme l'or, l'argent, le platine, le zinc, etc.

Aluminium. — L'excessive légèreté de ce métal, ses dispositions à la ductilité, et son caractère inoxydable, le maintiendront dans certaines applications spéciales, entre autres dans la chirurgie, la bijouterie, l'orfèvrerie, etc. — C'est surtout dans les alliages avec le cuivre que l'industrie peut trouver un utile emploi de l'aluminium. C'est surtout à ce point de vue que nous le citons ici.

La densité de l'aluminium est un des caractères saillants de ce métal, elle atteint à peine 2,60. D'une couleur grise, à même de prendre un poli brillant, mais se ternissant facilement, l'aluminium serait plus employé s'il était moins mou, moins terne et moins cher.

Les propriétés chimiques de l'aluminium sont en général très favorables à son usage dans les arts. L'acide nitrique et l'acide sulfurique à froid ne l'attaquent pas. Il est inaltérable à l'air, à l'eau et à la vapeur d'eau, même à une température élevée.

Nous citerons pour mémoire l'arsenic et le mercure, qui ont eu et qui ont encore des applications industrielles ; le phosphore, le manganèse, etc., qu'on travaille beaucoup aujourd'hui au point de vue métallurgique. Ces sujets, qui nous tenteraient comme bien d'autres, non moins intéressants, pour ce qui concerne la fonderie, ne sauraient trouver dans ce livre, forcément restreint, la place étendue que nous voudrions leur accorder.

DEUXIÈME PARTIE

FONDERIE DE PREMIÈRE FUSION

MACHINES SOUFFLANTES DANS LES HAUTS-FOURNEAUX

Moteurs. — Les forces motrices appliquées aux souffleries sont indifféremment des roues hydrauliques, des turbines, des manèges ou des machines à vapeur.

Les roues hydrauliques ont été, dans les anciennes usines, les moteurs les plus recherchés, comme étant les moins coûteux. Puis sont venues les turbines, dont l'emploi peut être substitué, en certains cas, aux roues hydrauliques.

Les manèges utilisés comme appareils moteurs sont d'un service insuffisant et d'un entretien coûteux. A peine les emploierait-on, à titre auxiliaire, dans les usines exposées au manque d'eau pouvant occasionner le chômage dans les années de sécheresse.

Les machines à vapeur ont longtemps été, comme les manèges, des moteurs trop dispendieux pour les souffleries; ce n'est que depuis que l'on a trouvé le moyen de les chauffer par la flamme du gueulard, sans dépense aucune de combustible, qu'elles sont devenues d'une application plus générale.

Emploi des gaz dans les hauts-fourneaux. — Les premières machines à vapeur chauffées par les flammes perdues des hauts-fourneaux, ont été établies en France vers 1833 ou 1834. On les a placées d'abord sur la plate-forme des fourneaux, afin qu'elles pussent recevoir, de la manière la plus directe, la flamme sortant du gueulard. Toutefois, cette disposition nécessitait des dépenses excessives et n'était pas applicable à tous les emplacements; il fallait établir des échaudages en charpente, d'une construction assez vaste et assez solide, pour qu'ils fussent à même de contenir et de supporter les chaudières et leurs fourneaux.

Plusieurs machines à vapeur de la force de dix-huit à vingt chevaux, à détente et à condensation, ont été établies par Thomas et Laurens, dans les hauts-fourneaux au charbon de bois, dont les gaz du gueulard servaient au chauffage des chaudières; elles ont donné de bons résultats, la section de la cheminée et des carneaux ayant 28 décimètres carrés, la hauteur de la cheminée 8 mètres, et la surface de chauffe étant calculée sur une production de vapeur de 15 à 18 kilogrammes de vapeur à l'heure.

Les inconvénients qu'on trouvait à établir les appareils chauffés au gaz sur la plate-forme des gueulards ont disparu quand est survenue l'application des gaz amenés sur le sol de l'usine.

Cette découverte importante put dispenser les usines de l'obligation de rechercher exclusivement les cours d'eau et leur permettre de rechercher plus particulièrement des emplacements situés à la proximité des minerais et du combustible.

Les gaz recueillis au haut-fourneau devinrent alors un auxiliaire puissant de la production de la fonte.

L'air qui a servi à la combustion dans les fourneaux traverse la colonne des matières après avoir perdu son oxygène libre, et entraîne avec lui une certaine quantité de vapeurs et de gaz formés pendant l'opération. C'est à cette masse combinée qui s'échappe des gueulards et qui brûle avec projection de flamme, pour obtenir le maximum de température qu'elle comporte, qu'on vint demander l'endroit précis du haut-fourneau où devaient être recueillis les gaz. Les uns préféraient les prendre au gueulard directement, les autres au-dessous de la hauteur de la charge, d'autres encore au tiers environ de la hauteur totale du fourneau.

Les expériences entreprises par Ebelman aux usines de Clerval et d'Audincourt établirent les données suivantes :

1° Brûler un gaz contenant peu ou point de vapeur d'eau ;

2° Opérer la combustion du gaz dans un espace très rétréci, de telle sorte que le maximum de température se produise toujours dans la même partie du four et à une petite distance de l'orifice d'arrivée ;

3° Rendre l'entrée des gaz, dans le four, indépendante des charges, et pouvoir régler à volonté la proportion d'air nécessaire à la combustion.

Les flammes perdues provenant d'une combustion incomplète dans les hauts-fourneaux se composent principalement d'azote, d'oxyde de carbone et de vapeur d'eau ; celle-ci disparaît, en notable partie, lorsque les gaz sont recueillis dans les régions les plus basses du fourneau. Pour donner une idée de la composition de ces gaz, nous renvoyons nos lecteurs au tableau suivant, pris dans le tome XX des *Annales des Mines*. Les expériences ont été relevées au fourneau de Clerval :

POINTS DU HAUT-FOURNEAU où LES GAZ sont recueillis	VOLUME DU GAZ par minute		AIR NÉCESSAIRE à la combustion d'un litre de gaz sec	PRODUITS DE LA COMBUSTION sur UN LITRE DE GAZ SEC						QUANTITÉ NÉCESSAIRE pour échauffer le mélange brûlé de 100	QUANTITÉ DE CHALEUR produite en une minute		TEMPÉRATURE DE COMBUSTION
				ACIDE CARBONIQUE		VAPEUR D'EAU		AZOTE			par litre de gaz	par la totalité du gaz	
	SEC	Y COMPRIS la vapeur d'eau											
	m. cub.	m. cub.	litres.	litres.	gramm.	litres.	gramm.	litres.	gramm.	$\left(\frac{1}{1000}\right)$	calories	calories	0 cent
Au gueulard.	9,640	10,796	0,705	0,364	0,717	0,177	0,143	1,136	1,435	0,675	0,918	8,849,5	1360
A 2m,67 de profondeur . .	9,640	9,890	0,675	0,364	0,718	0,081	0,065	1,116	1,409	0,601	0,879	8,483,2	1462
A 4 mètres de profondeur. .	9,465	9,545	0,769	0,370	0,782	0,049	0,039	1,200	1,516	0,612	1,002	9,484,0	1637
A 5m,33 de profondeur . .	9,240	9,280	0,894	90,35	0,709	0,040	0,082	1,313	1,658	0,688	1,165	10,765,0	1826
A 5m,67 (ventre)	8,865	8,865	0,887	0,350	0,693	0,019	0,015	1,337	1,684	0,631	1,156	10,247,0	1832

Il est facile de voir, par ces résultats, que la vapeur d'eau a diminué sensiblement dans les dernières expériences, c'est-à-dire lorsque le gaz est recueilli au point le plus rapproché du ventre du fourneau; plus bas encore, en prenant du gaz à la tuyère, M. Ebelmen n'a plus rencontré que de l'acide carbonique et de l'azote. On reconnaîtra aussi que la combustion des produits gazeux d'un haut-fourneau va en augmentant, à mesure qu'on les prend à des distances de plus en plus grandes du gueulard, la quantité des gaz, et celle de la vapeur d'eau qu'ils contiennent, dépendant d'ailleurs de la nature du minerai et du fondant, du combustible, des dimensions du haut-fourneau et enfin de son allure. On peut craindre cependant, en extrayant les gaz trop au-dessous du gueulard, de causer un dérangement nuisible à la marche du fourneau, la calcination et la réduction s'opérant moins bien dans les parties les plus hautes de la cuve. Il est donc important de limiter la prise des gaz, de telle sorte qu'elle soit à l'abri de tels inconvénients, pour un haut-fourneau ordinaire au charbon de bois, entre 0^m,30 et 0^m,40 de sa hauteur totale, mais il est essentiel qu'il demeure fixé entre le ventre et le gueulard. On peut se tenir dans ces régions où les gaz se composent généralement pour 100 parties: de 13 acide carbonique, 23 oxyde de carbone, 5 hydrogène, 59 azote; ils ne retiennent alors qu'une très petite quantité de vapeur d'eau, et la température de leur combustion peut s'élever à 1,500°.

Quand la prise des gaz a lieu aux 0^m,30 ou 1^m,40 de la hauteur du fourneau, on établit la communication avec la cuve par une, deux et jusqu'à six ouvertures rectangulaires, selon la capacité du haut-fourneau. Les premiers essais de Robin, à Niederbronn, l'ont conduit à trouver dans les flammes perdues une force de 54 à 72 chevaux, suivant l'allure plus ou moins chaude du fourneau.

Des expériences plus récentes, tentées en Allemagne vers 1860, croyons-nous, ont complété les observations d'Ebelmen et apporté des résultats nouveaux.

Les gaz des hauts-fourneaux étaient recueillis au moyen de tuyaux en fer forgé descendus par le gueulard, et ont présenté le phénomène inattendu de leur refroidissement total en traversant les tuyaux.

On a déterminé la tension de ces gaz, et, abstraction faite des inégalités dans la pression du vent, on les a trouvés soumis à des différences périodiques considérables, paraissant tenir à des variations dans les charges et dans la manière dont elles descendent. En allure normale, on a trouvé les tensions suivantes:

Au niveau de la tuyère	0^m.105 à 0^m.119 d'eau	
A 2^m.371 au-dessus des tuyères ou 8^m.377		
au-dessous du gueulard . . .	0 .088 » 0 .099	
A 7 .90 — . . .	0 .070 » 0 .079	
A 5 .374 — . . .	0 .044 » 0 .053	
A 3 .477 — . . .	0 .026 » 0 .033	
A 2 .213 — . . .		
Et dans les tuyaux de dégagement pour		
les gaz superflus du gueulard	0 .022 » 0 .024	

Le fait saillant résultant de ces nombres, c'est que la tension diminue plus rapidement vers le milieu de la hauteur que dans les parties inférieures.

La détermination de la température a eu lieu, au gueulard, avec un thermomètre à mercure; les températures de l'intérieur de l'appareil, supérieures à 320°, elles, ont été constatées au moyen d'alliages de plomb, d'argent et d'or, et d'argent et de platine, dont les points de fusion étaient calculés d'avance, et donnaient une série de 40 repères depuis 400° jusqu'à 1625°. On a ainsi reconnu les températures suivantes, dans un fourneau marchant en fonte blanche :

Au gueulard	50	degrés
A 1^m.264 au-dessous du gueulard.	90	
1 .900 —	160	
2 .213 —	340	
3 .477 —	550	
5 .374 —	680	
6 .638 —	840	
7 .903 (ventre) —	950	
9 .167 (étalages) —	1150	
10 .748 — (au-dessus des tuyères) .	1450	

La température, devant les tuyères et dans la zone de combustion, a été évaluée à 2200°.

Les essais faits pour déterminer les limites entre la zone oxydante et la zone carburante et réductive, dans la partie inférieure du fourneau, ont démontré que les gaz carburants ou réducteurs dominent à une hauteur de 0^m,053 à 0^m,079 au-dessus des tuyères, tandis que l'on admet ordinairement que ce sont des gaz oxydants. Près de chaque tuyère, il se forme une zone propre de combustion qui, dans la direction du vent, s'étend au plus à 0^m,474 du nez de la tuyère; au milieu de cette zone se trouve la partie la plus chaude formant comme un foyer de 0^m,158 d'étendue environ, plus restreint dans le sens horizontal perpendiculaire au vent, et montant à une hauteur d'environ 0^m,632.

Les températures ci-dessus indiquées, pour diverses profondeurs du haut-fourneau, montrent un accroissement très rapide dans la portion inférieure du cylindre de chargement, circonstance due à la nature du minerai employé. Le refroidissement des parties supérieures de la cuve est en effet considérable avec les minerais crus, comparativement aux minerais grillés.

A Saint-Stephan, où l'on travaille en fonte grise, la température s'est maintenue, au niveau de la tuyère, plus élevée de 300 à 350° qu'à Eisenerz, où l'on produit de la fonte blanche.

Les charges, à Eisenerz, parcouraient la hauteur totale de la cuve, ou 11^m,37, dans le temps très court de quatre heures et demie à cinq heures, pendant lequel passaient vingt-sept à trente charges.

Dans ce trajet, le premier changement chimique notable qu'ait éprouvé le minerai, a paru s'effectuer entre 4^m,742 et 5^m,374, c'est-à-dire environ une heure après le chargement et à une température de 650°, résultat très différent de l'opinion ordinaire, qui admet 400°. Les premiers signes de réduction, jusqu'à l'état métallique, se sont présentés seulement à une profondeur de 6^m,954 à 7^m,903, c'est-à-dire près du ventre, deux heures après l'introduction de la charge, et à une température de 850 à 900°. A Saint-Stephan, la profondeur a varié, mais la température s'est trouvée exactement la même. La comparaison des deux hauts-fourneaux a prouvé que la réduction est plutôt favorisée par une température rapidement croissante, que par une exposition plus longue des minerais à une température moins élevée.

On admet d'ordinaire que, dans un haut-fourneau, la zone de réduction est située au-dessus du ventre. Il serait plus exact de considérer tout cet espace comme zone préparatoire. L'extrémité inférieure de la zone de réduction atteint en réalité celle de fusion et de combustion.

La composition des gaz, en diverses sections du haut-fourneau, a montré qu'à la hauteur de 5 mètres environ au-dessus des tuyères dans des fourneaux de 8 à 10 mètres, la quantité d'acide carbonique augmente, tandis que celle d'oxyde de carbone décroît. — C'est aux environs de cette limite que la réduction commence. — Il faut donc en conclure avec Ebelmen, et contrairement à la théorie de Karsten, que l'oxydation de l'*oxyde* de carbone, par le fer oxydé à cette température, s'opère avec plus d'énergie que la réduction par le charbon de l'acide carbonique formé.

L'oxyde de carbone n'aurait donc pas sa source dans le travail de réduction, et cette source se tiendrait plutôt à la région inférieure du haut-fourneau.

Les procédés d'emploi des gaz perdus ont été simplifiés depuis les premières applications qui ont eu lieu vers 1837 ou 1838. Les appareils compliqués pour la distribution et la combustion des gaz ont fait place à des dispositions généralement très simples, qui permettent d'amener aujourd'hui les gaz au lieu d'emploi, par des conduits en tôle débarrassés de tous accessoires inutiles ou encombrants, et de les brûler au moment où ils se mélangent avec l'air atmosphérique. On a supprimé le concours des appareils spéciaux imaginés pour mélanger l'air et le gaz, ou pour favoriser la combustion, tels que les buses à jeux d'orgues et à sifflets.

Les appareils nettoyeurs ont été pour la plupart supprimés, notamment ceux qui, placés près des gueulards ou des foyers à chauffer, pouvaient être encombrants.

Les usines ayant gardé ces appareils reconnaissent qu'ils sont insuffisants pour nettoyer parfaitement les gaz, et surtout pour faciliter le nettoyage en marche.

Le diamètre des tuyaux est fixé en moyenne à 0^m,65 ou 0^m,70 pour les fourneaux de moyennes dimensions, et à 0^m,75 et 0^m,80 pour les grands fourneaux au coke. Quand une circonstance quelconque empêche l'emploi des tuyaux à grande section, on peut avoir deux ou trois conduites au lieu d'une seule, en leur donnant un diamètre plus faible. Cela présente quelques avantages quand les gaz sont destinés à être utilisés dans plusieurs directions pour chauffer des appareils de natures diverses.

La prise des gaz au gueulard a lieu par une ouverture placée, selon les fourneaux, en contre-bas de $1^m,50$ à $2^m,50$ du niveau du gueulard. Elle peut être protégée par une sorte de trémie en tôle ou en fonte, plongeant à $0^m,60$ ou $0^m,70$ en dessous de l'orifice de sortie.

Au lieu d'une seule ouverture, on préfère, quand la masse des fourneaux le permet, une galerie circulaire environnant le gueulard et recevant les gaz au moyen d'un certain nombre d'ouvertures, régulièrement espacées, et de sections mises en rapport avec les débouchés réservés aux gaz.

Presque toutes les usines ont appliqué des dispositions particulières aux prises de gaz et aux cylindres plongeants, en même temps qu'elles ont adopté la fermeture hermétique du gueulard pendant les intervalles entre les charges.

Des expériences probantes ont fait voir que la marche à gueulard fermé élève la température vers le gueulard et augmente la consommation du combustible dans le fourneau, de telle sorte que l'excédent de consommation n'est pas compensé par les avantages à retirer d'une plus grande quantité de gaz recueillis.

D'autres raisons sont encore opposées à la fermeture des gueulards.

On met en avant :

Les accidents que détermine la projection de flamme produite par les gaz qui s'échappent en abondance du gueulard, quand on soulève la cloche pour charger ;

La difficulté d'aborder commodément le gueulard pour étaler convenablement la charge ;

Les frais d'entretien et de réparation de l'appareil ;

Le temps perdu pour ouvrir le gueulard et le refermer ;

L'augmentation du nombre des ouvriers pour que la charge se fasse promptement et qu'ils puissent se relayer lorsqu'ils sont à demi asphyxiés ;

L'impossibilité de suivre l'aspect du grand gueulard et la descente des charges, ou autrement, la surveillance rendue beaucoup moins facile ;

La crainte que, dans les moments où les fourneaux sont embarrassés, et alors qu'on est dans la nécessité d'arrêter le vent, il n'y ait refoulement des gaz, par les tuyères, avec flammes et explosion au cas où les porte-vent seraient mal fermés.

Ces diverses considérations sont plus ou moins spécieuses. La question de consommation poussée à l'exagération par la clôture du gueulard doit être, pensons-nous, la question dominante.

Prise des gaz. — On emploie aujourd'hui une double galerie circulaire avec carneaux entre-croisés pour briser le courant des gaz à leur sortie et arrêter les poussières. Les ouvertures placées à 2 ou 3 mètres au-dessous du niveau du gueulard, au nombre de huit, sont disposées avec inclinaison assez grande pour éviter de retenir des fractions de la charge, laquelle n'est pas dans un cylindre plongeur. Ces orifices sont réglés, eu égard à la première galerie circulaire, de telle sorte que les regards établis au niveau du sol, pour le nettoiement de ladite galerie, viennent permettre de nettoyer, en même temps, les parties placées au-dessous, qui pourraient se trouver encombrées.

Les appareils de fermeture et de prise de gaz sont très divers. — Nous en avons décrit un certain nombre dans la *Fonderie en France*. Nous nous bornons à indiquer quelques-uns des types les plus usités.

Ces appareils permettent de faire arriver au centre du gueulard des wagonnets apportant des charges.

L'un est représenté à la figure 11, planche A. C'est la disposition dite de Chadefand, employée avec plus ou moins de modifications à Anzin et aux fonderies de Pont-à-Mousson. — C'est, au fond, l'appareil connu en Angleterre sous le nom de *Cup and cnoe*.

L'autre est l'appareil *Escande*, différant dans les détails du système à prise de gaz centrale, dit de Minari. — Voir pour d'autres, fig. 1, 2 et 3, pl. X.

Conduite des gaz. — En 1853, après une visite dans un grand nombre d'établissements métallurgiques, où les procédés d'emploi des gaz étaient en usage, nous nous sommes arrêté, pour les usines de Marquise, où tous les anciens appareils ont été supprimés, aux dispositions suivantes qui ramènent les applications connues à leur plus grande simplicité, du moment que la fermeture des gueulards devait être repoussée en principe.

Nous croyons qu'il est intéressant de laisser la trace de ces dispositions :

A chacun des fourneaux, un tuyau en tôle, adapté directement sur la galerie circulaire extérieure, était placé le plus possible suivant des directions verticales ou inclinées, ayant à ses extrémités des clapets ou bacs à eau pour faciliter l'enlèvement des poussières pendant les arrêts. Les tuyaux des divers fourneaux pouvaient se réunir sur une conduite générale alimentant les chaudières à l'aide de becs ramenés à la section rectangulaire, et possèdent à leur talon une petite porte de regard, devant servir au besoin à introduire l'air à mélanger au gaz. Par conséquent, aucun appareil de lavage ou de nettoiement, et partout des tuyaux de 0^m,40 et 0^m,80 de diamètre d'un abord facile, avec des clapets et des portières en nombre suffisant pour nettoyer rapidement pendant les arrêts des coulées, lesquels, d'ailleurs, sont toujours plus longs dans les fourneaux en moulages que dans les fourneaux marchant en gueuses.

Chaque fourneau, nettoyé tous les huit jours, donnait en moyenne, tant dans les galeries que dans les tuyaux, environ 5 à 6 hectolitres de poussière. Le dessous des chaudières étant sali promptement, on nettoyait chacun des divers groupes de générateurs tous les quinze jours.

Chaque chaudière de 30 chevaux fournissait 2 à 3 hectolitres de poussière, plus légère et plus ténue que celle recueillie dans les tuyaux et dans les galeries.

Les bacs à eau étaient en petit nombre. S'ils ne contribuaient pas beaucoup à retenir les poussières, ils aidaient les gaz, quelquefois un peu secs, à se saturer d'humidité et à brûler plus lentement et plus complètement. Ils étaient aussi un préservatif contre les disjonctions des tuyaux, quand accidentellement il se produit des explosions.

Machines soufflantes. — Nous résumerons uniquement, au point de vue historique, la description des anciennes souffleries qui tendent à disparaître de jour en jour.

Les vieux types de machines soufflantes, à peu près les seuls restés dans les hauts-fourneaux, sont les souffleries à pistons, en bois ou en fonte. Le principe de ces machines consiste à comprimer l'air par une surface mobile qui se rapproche d'une surface fixe. La surface mobile, ou autrement dit le piston, glisse à frottement contre les parois d'une capacité prismatique ou cylindrique. C'est de sa parfaite adhérence aux caisses ou aux cylindres qui la contiennent que dépend le rendement plus ou moins précis des machines soufflantes.

Il existe encore aujourd'hui, dans de rares usines, des soufflets de différentes formes, exigeant tous, en égard à la quantité de vent qu'ils fournissent, des emplacements relativement considérables. Ces soufflets, d'un prix élevé et d'un entretien coûteux demandent (quoique fournissant moins d'air que les machines à pistons), une force motrice comparativement plus grande.

Plusieurs établissements du midi de la France ont conservé les machines soufflantes appelées *trompes*. Ces appareils primitifs, exigeant une grande chute d'eau, et ne pouvant alimenter que les hauts-fourneaux de petites dimensions, ne sont possibles que dans les localités où elles présentent peu de frais d'établissement. Le mécanisme des trompes est fort simple ; il est basé sur l'effet d'un courant d'eau entraîné par des tuyaux dans une caisse hermétiquement fermée, sauf en deux ouvertures, l'une pour l'écoulement de l'eau, après qu'elle a produit l'effet utile, l'autre pour la sortie de l'air que l'eau a chassé devant elle en s'engouffrant dans l'appareil. Quoique la masse d'air amené par l'eau, soit augmentée à son arrivée dans la caisse, de l'air contenu aussi dans l'eau, et qui est séparé lorsque celle-ci vient se briser sur le fond du récipient, il est facile de s'assurer que la quantité de vent fournie par les trompes est, comme celle donnée par les soufflets, inférieure, toutes choses égales, au produit des souffleries à piston.

Les souffleries perfectionnées, au point de vue des organes mécaniques, ont été, en principe, pourvues de caisses en bois à section carrée portant des pistons munis de soupapes à charnière, garnies de peau de mouton, pour assurer l'obturation la meilleure. Chacun des pistons se meut alternativement, ouvrant ses soupapes, ou les fermant, suivant qu'il se lève, ou qu'il descend, pour donner entrée à l'air aspiré et le refouler dans un récipient en bois, d'où il se dirige vers la tuyère.

FONDEUR

7

Ces appareils, assez primitifs, dont il existait encore un certain nombre dans les petits hauts-fourneaux de la Meuse, des Vosges, de la Haute-Marne et des Ardennes, vers 1835 ou 1840, ont donné naissance aux souffleries à cylindres avec pistons et organes métalliques divers, avec mouvements à parallélogramme et balancier, cylindre oscillant, transmission par manivelle et engrenages, guides et glissières, etc.

Les moteurs hydrauliques eux-mêmes se sont transformés, abandonnant le bois pour adopter, tout au moins comme charpente et construction générale, le fer et la fonte.

On fit d'abord des machines à deux et même à quatre pistons, imitées des souffleries en bois, avec cylindres alésés portant des pistons garnis de cuir.

Puis on se tint, pour les machines moyennes, dans le système à double piston, et, pour les machines d'une grande puissance, dans les souffleries à un seul cylindre de proportions considérables.

La disposition du cylindre des souffleries verticales varie quant à l'emplacement et à l'agencement des soupapes. Toutefois, une des plus simples peut être considérée comme représentée par la figure 3, planche 3.

Dans les machines à cylindres, la section des soupapes d'aspiration varie du 1/15 au 1/12 de la section du cylindre soufflant pour des vitesses de piston comprises entre $0^m,50$ et $0^m,75$, et du 1/10 au 1/9 pour des vitesses comprises entre $0^m,75$ et $1^m,00$.

Pour les machines à caisses carrées, la section des soupapes d'aspiration se tient entre le 1/16 et le 1/20 de celle de la caisse; la vitesse du piston varie entre 0,35 et 0,30 par seconde.

Pour les deux espèces de machines, la section des soupapes d'expiration se maintient entre le 1/15 ou le 1/20 environ de celle de la capacité soufflante. Les tuyaux de conduite doivent avoir une section égale à celle des soupapes d'expiration. On doit s'abstenir de multiplier les coudes, et, en tout cas, il convient de les arrondir sur de grands rayons. La résistance qu'ils opposent au parcours de l'air est sensiblement proportionnelle au carré de la vitesse du fluide qui les parcourt et au carré du sinus de l'angle qu'ils forment. Suivant les expériences de l'ingénieur d'Aubuisson, on aurait reconnu qu'au-delà d'un certain nombre de coudes, la résistance diminuait plutôt qu'elle n'augmentait. Ainsi, 15 coudes, par exemple, donnaient moins de résistance que 7 de modèle semblable. Ce serait là un fait à constater par de nouvelles épreuves; on l'admettrait encore, au cas d'une pression rigoureusement constante, mais il doit être sujet à discussion pour les souffleries dont la pression, quels que soient les régulateurs, est fréquemment sujette à des intermittences.

La pression de l'air dans les cylindres soufflants doit être plus grande qu'à la sortie de la buse, de la quantité nécessaire pour soulever les soupapes d'expiration, comme pour vaincre le frottement dans le régulateur et dans les tuyaux de conduite qui amènent le vent aux tuyères. La différence accusée par le manomètre de la soufflerie et celui des tuyères peut donner, dans les meilleures conditions, une perte de pression de 1/10 à 1/12 entre l'appareil soufflant et le haut-fourneau.

Dans les machines soufflantes, à cylindre en fonte, le rapport du volume d'air expulsé est, par rapport au volume engendré par le piston, égal à 0,75. Pour les machines à caisses carrées, ce rapport égale 0,55 seulement.

Désignant par V le volume effectif d'air à 0° et sous la pression 0,76, que doit fournir la machine, par minute, on calcule le diamètre et la course du piston pour fournir un volume V $(1 + a\,t)$. — A, étant le coefficient de dilatation de l'air, égal à environ 0,004, et t la température de l'air.

Si l'on représente par :

D, *le diamètre du piston cylindrique*, — h, *la course de ce piston,* — n, *le nombre de coups de piston par minute*, — C, *le côté du piston carré,*

Le volume engendré par un piston circulaire, en une minute, sera $1/4\ \pi\,D^2\,h\,n$, et par un piston carré, $C^2\,h\,n$.

On aura successivement pour chacune des deux machines, en substituant,

$$0,75\,\tfrac{1}{4}\,\pi\,D^2\,h\,n = V\,(1 + 0,004\,t) \text{ et } 0,55\,C^2\,h\,n = V\,(4 + 0004\,t$$

Faisant $t\,t = 20°$, chiffre de la température moyenne, il vient :

$$D^2 = 1,843\,\frac{V}{h\,n} \text{ et } C^2 = 1,964\,\frac{V}{h\,n}\,.$$

Pour les machines à cylindre, la vitesse de piston variant de 0,50 à 1 mètre par seconde, on fait ordinairement h, la course du piston égale au diamètre D.

Désignant par v la vitesse du piston, on a :

$$n\,h = 60\,v, \text{ et par suite } D^2 = 1,834\,\frac{V}{60\,v} = 0,031\,\frac{V}{v}\,.$$

La course des pistons dans les caisses carrées en bois ne dépasse pas habituellement $0^m,65$; le côté du carré variant de 1 mètre à $1^m,50$. — Il serait mauvais de lui faire excéder cette dernière limite.

La marche d'un haut-fourneau dépend beaucoup de la construction précise de la machine soufflante, qui ne doit jamais être insuffisante, et dont le produit doit dépasser de 1/5 à 1/4 le résultat des calculs qu'on aura pu faire à l'avance.

La quantité de fonte produite étant proportionnelle à la quantité d'air lancée, et réciproquement, il est facile, lorsqu'on connaît les dimensions d'un haut-fourneau, de déterminer celles de la machine soufflante. Sans nous arrêter aux calculs, nous nous bornerons à noter cette donnée pratique qu'un haut-fourneau de 12 mètres de hauteur, produisant 3,000 à 3,500 kilogrammes de fonte par vingt-quatre heures, avec des minerais moyennement fusibles, pour la réduction desquels on consomme environ 20 à 21 kilolitres de charbon de bois, doit recevoir 45 à 50 mètres cubes d'air par minute.

Or, pour qu'on puisse compter en tout temps sur ce chiffre de consommation, nous conseillerons l'emploi d'une machine soufflante pouvant produire sans fatigue 60 à 70 mètres cubes par minute.

Étant donnée la nature des minerais à traiter, il est aisé de déterminer la quantité de charbon nécessaire pour les réduire et les mettre en fusion. D'un autre côté, comme on connaît la somme d'air utile pour la combustion d'une certaine quantité de charbon, on peut déduire également de ces indications, les dimensions principales à attribuer aux organes de la machine soufflante.

On sait, en effet, par des expériences connues, que 100 kilogrammes de charbon exigent, pour être brûlés, 251 kilog. 63 d'oxygène, soit 175 mètres cubes 7, puisque le mètre cube d'oxygène pèse 1 kilog. 432. Or, le poids du mètre cube d'air atmosphérique pouvant être considéré comme étant de 1 kilog. 30, si l'on admet que ce dernier contienne 21 p. 0/0 d'oxygène, les 175 mètres cubes 7 de ce gaz correspondront à 826 mètres cubes, 66' d'air atmosphérique, qui pèseront 1,087 kilog. 65.

Partant de ces principes, supposons qu'on veuille établir un haut-fourneau produisant 3,500 kilogrammes de fonte par vingt-quatre heures, avec des charbons pesant 225 kilogrammes le mètre cube, et des minerais demandant pour produire 1,000 kilogrammes de fer fondu, 5 mètres cubes de charbon, soit 1,125 kilogrammes.

La dépense du charbon pour 100 kilogrammes de fonte serait de 0,05 mètres cubes ou 112 kilog. 50. — Si le fourneau produit 3,500 kilogrammes par jour, il usera 17 mètres cubes 50 de charbon, ou 3,937 kilog. 50, qui exigeront, pour brûler, d'après ce que nous venons de dire, 32,944 mètres cubes d'air atmosphérique, équivalant à 42,827 kilogrammes, d'où l'on extrait la dépense par minute, qui s'élève à 22 mètres cubes 37, ou 29 kilog. 74, chiffres au moyen desquels on peut déterminer la force de la machine soufflante.

Ce calcul fort simple, et à la portée de tous les constructeurs, n'est pas d'une exactitude absolument rigoureuse, parce qu'on suppose, contre toute vraisemblance, que tout charbon est converti en acide carbonique et non en oxyde de carbone, et parce que la dose d'oxygène que contiennent les minerais n'est pas prise en considération, bien qu'elle serve à brûler une partie du charbon. Mais, comme l'irrégularité qui proviendrait de causes semblables ne tendrait qu'à augmenter les résultats du calcul, et par suite les dimensions de la soufflerie, on verrait de nouveau qu'il est essentiel d'établir les machines soufflantes, de telle sorte qu'elles produisent 1/5 à 1/4 de plus que la dépense des hauts-fourneaux.

Depuis 1870, l'emploi des machines à vapeur. combinées avec les souffle-ries, a été vivement recherché par les maîtres de forges. Au lieu d'énormes souffleries à balanciers, qui exigeaient un mécanisme compliqué, des fonda-tions et des bâtiments considérables, les nouvelles usines en construction, ou les anciennes usines en voie d'accroissement, se sont empressées d'adopter les nouveaux appareils qui prennent moins de place et qui coûtent moins cher.

Dans la disposition de ces machines, chaque constructeur a apporté ses idées propres.

Thomas et Laurens ont, des premiers, fait établir, dans les ateliers Farcot et Cail, des souffleries horizontales à mouvement direct. Ces machines, pour lesquelles ils ont pris un brevet en 1846, se sont fait remarquer : 1° par une disposition particulière du tiroir, appliqué sur l'un des côtés latéraux du cy-lindre soufflant et remplaçant les soupapes et clapets, adoptés d'ordinaire pour l'entrée et la sortie de l'air ; 2° par l'emploi de la détente variable et de la condensation, permettant d'augmenter ou de diminuer dans de grandes limites la puissance et la vitesse de la machine, et conséquemment la quan-tité d'air à injecter ; 3° enfin, par l'agencement de la pompe à air qui se trouve dans une direction inclinée au lieu d'être verticale, et qui fonctionne à double effet.

On verra à la pl. 3, fig. 1 et 2, la disposition d'une des souffleries hori-zontales de Thomas et Laurens. Le cylindre à vapeur a 1 mètre de course et 0,70 de diamètre de piston. Le cylindre soufflant a 1,45 de diamètre et 1 mètre de course. — Cet appareil, qui est d'une puissance nominale de 120 chevaux, est facile à comprendre, au moins comme disposition générale. C'est ce qui importe ici, où nous n'avons pas à étudier la construction et le régime des souffleries pour lesquelles tout fondeur avisé fera toujours mieux de s'adresser à un constructeur spécialiste.

Les machines horizontales ne conviennent à notre avis que pour les souf-fleries de fonderies ou de petits hauts-fourneaux marchant en moulages. Encore vaut-il mieux pour les fonderies alimenter les cubilots avec des venti-lateurs.

Quant aux souffleries à piston, il est certain que la disposition horizontale a un côté qui séduit comme simplicité et comme économie de construction, de fondation, et elle permet en outre d'installer les appareils dans des bâtiments légers, même sous de simples hangars. — Au reste, on cherche toujours l'ap-plication de systèmes nouveaux, par exemple : des machines verticales à mou-vement direct, le cylindre à vapeur reposant sur une plaque de fondation fixée au sol et le cylindre soufflant étant élevé sur un entablement porté par des colonnes.

De pareilles machines, au contraire, ayant le cylindre soufflant à la base et le cylindre moteur avec le volant au sommet.

Ces dernières paraissent plus défectueuses que les précédentes. L'instabilité d'une de ces machines existant au Creuzot, si elle n'a pas été modifiée, était telle jadis, que, par suite de vibrations dans l'ensemble, on ne pouvait dépasser sans danger la vitesse de 1,20.

Cela considéré, on doit avouer que les grandes exploitations pourvues de vastes hauts-fourneaux au coke, font mieux de s'imposer des sacrifices, et de ne pas reculer devant la dépense d'installation des fortes machines à balanciers, telles qu'on les construisait il y a vingt-cinq ou trente ans, et dont le type est encore, au point de vue de la soufflerie, celui que, sauf quelques modifications de détails, nous admettrions de préférence.

Régulateurs. — Toutes les machines soufflantes, à pistons, doivent être pourvues de régulateurs, afin que le vent puisse être projeté au haut-fourneau d'une manière uniforme et continue.

Plusieurs usines ont adopté l'emploi des régulateurs à capacité constante. Ces régulateurs sont certainement avantageux, en ce sens qu'une fois bien établis, ils n'exigent aucun entretien ; mais leur construction en maçonnerie est d'un prix élevé et demande les plus grandes précautions. D'ailleurs, on ne trouve pas toujours des emplacements convenables. On doit employer pour l'établissement de tels réservoirs des pierres de taille, scellées à plein ciment, dans toute leur épaisseur ; les joints à l'intérieur doivent être parfaitement calfatés et recouverts, au besoin, de papier goudronné. De plus, il y a lieu de se munir de soupapes d'évacuation pour réserver, à l'air comprimé, des issues éventuelles.

On emploie de préférence les réservoirs-régulateurs construits en fonte ou en tôle rivée.

Les bases de leur construction et leur prix de revient peuvent être calculés en se basant sur une contenance dépassant trente fois au moins celle des cylindres soufflants de forme cylindrique.

Pour régulariser le jeu des machines soufflantes, on se sert également de cylindres alésés, dans lesquels se meuvent à frottement des pistons qui sont, en leur surface supérieure, mis en contact avec l'air atmosphérique et qui, à leur surface inférieure, reçoivent la pression du vent chassé par la soufflerie. La figure 3 de la planche 4 suffit pour donner une idée de cette sorte d'appareil, dit *régulateur à frottement ou à piston flottant.*

Leur perfection dépend, comme dans les machines soufflantes, de la précision apportée dans l'ajustement du piston et, en outre, de son poids calculé en vue de régler uniformément l'écoulement de l'eau. Le volume du cylindre régulateur doit être environ deux fois plus grand que celui du cylindre soufflant.

On peut se servir aussi de simples soufflets agissant comme régulateurs, et même de cloches mobiles en tôle plongeant dans des cuves remplies d'eau.

L'air pénètre par la partie supérieure de la cloche, qui subit, en s'élevant ou en descendant, les variations de la pression.

On ne saurait se dispenser de donner aux cloches régulatrices une capacité ayant au moins douze à quinze fois le volume du cylindre de la soufflerie. Dans ces conditions, leur construction est dispendieuse. Aussi servent-elles plutôt dans les usines à gaz que dans les hauts-fourneaux.

La position des usines et les exigences des localités déterminent naturellement le mode de régulateurs à employer. Toutefois, on admet aujourd'hui, d'une manière générale, les réservoirs à air cylindriques en tôle de $1^m,50$ à 2 mètres de diamètre, placés horizontalement sur des consoles ou des chevalets, ou même debout, de telle façon qu'on puisse les entretenir aisément. Si, pour les besoins du service, il est nécessaire de les descendre en contre-bas du sol, on peut les enfermer dans des canaux en maçonnerie recouverts d'un plancher ou d'un dallage mobile qui permettent de les visiter et d'entretenir la tôle en bon état de conservation en la recouvrant d'une couche de peinture ou de coaltar, toutes les fois qu'il est nécessaire.

Ustensiles pour distribuer et régler le vent. — La distribution régulière du vent est indispensable. Aussi convient-il de régler la pression à l'aide de manomètres placés aux tuyères.

On se servait, en principe, de manomètres à eau, qui employaient des tubes très grands pour mesurer de faibles pressions. Cette disposition, peu commode, a été remplacée par des manomètres au mercure.

Les dispositions les plus simples pour distribuer le vent aux tuyères sont les meilleures. A cet égard, le robinet (fig. 1, 2 et 3, pl. 4), peut être recommandé. Il en est de même de l'agencement (fig. 3 *bis*).

D'une disposition pratique, d'entretien et de réparation faciles, le type fig. 1 se relie à la tubulure qui porte la buse en fonte à manchon alésé, glissant à frottement sur une culotte de même matière. L'ouvrier fondeur doit pouvoir la faire manœuvrer aisément au moyen de deux poignées en fer ou d'une manivelle dont l'arbre porte un pignon conduisant une crémaillère.

A l'extrémité de ce manchon cylindrique, qui n'est proprement dit qu'un porte-buse, on assemble une buse conique en tôle de $0^m,40$ à $0^m,50$ de longueur. Le plus grand diamètre de l'orifice qui donne le vent a environ $0^m,085$ dans les hauts-fourneaux au charbon de bois. Cet orifice est rétréci à volonté par des busillons en fer dont le diamètre varie, ou encore par la substitution d'une buse à une autre. La buse porte à son extrémité une rondelle qui fait obturateur dans la tuyère.

Les robinets en usage pour la distribution du vent dans les hauts-fourneaux sont de formes variées. Les fig. 4, 5, 6 et 7, pl. 4, donnent les détails d'un robinet à clef pouvant remplacer le robinet à soupape que nous venons de décrire. La figure 8 représente un robinet dont l'emploi convient aux souf-fleries à air chaud.

D'autres robinets ou valves, dont l'agencement est suffisamment indiqué par les dessins, sont représentés par les figures 9 et 10, 11 et 12. De même le tuyau compensateur utile quand l'air est chauffé (fig. 13, même pl. 4).

Considérations sur la vitesse de l'air. — Le volume de l'air dépend de sa vitesse et réciproquement. Il est facile de concevoir que, toutes les conditions restant les mêmes, une certaine masse d'air chassée par un petit orifice atteindrait, en se comprimant, beaucoup plus de vitesse que si cette même quantité s'écoulait dans le même temps par une ouverture beaucoup plus grande. Par suite de ce raisonnement, on comprendra comment une machine soufflante de faible dimension ne doit fournir un grand volume d'air qu'en diminuant la pression, puisque la vitesse du vent ne peut être augmentée que par le rétrécissement des buses ou par un mouvement plus accéléré donné à la soufflerie.

L'observation, par un compte-tours, du nombre de coups de piston donnés par minute, fournira la quantité de vent lancée dans le même temps. On pourra dès lors établir, pour guider le conducteur de la soufflerie, un tableau indiquant le produit en mètres cubes de deux, de trois, de quatre, etc....., de vingt coups de piston, etc.

Pour obtenir en dernier lieu la vitesse du vent, il suffit d'établir la pro-portion que voici : la surface du piston est à celle de la buse comme la vitesse du vent est à celle du piston. Supposons que la machine donne dix coups de piston par minute, la vitesse de celui-ci sera ($1^m,33. \times 2$) $\times 10$ ou $26^m,60$ cent. Si l'on admet que la buse présente une surface de 50 centimètres carrés, on aura :

$$50 : 1130 :: 26,60 : X \text{ la vitesse du vent, soit } 345^m,80 \text{ par minute.}$$

HAUTS-FOURNEAUX.

Définitions. — Avant de parler des hauts-fourneaux, nous donnerons quelques définitions consacrées par la pratique.

On appelle *masse, massif* ou *tour*, l'ensemble de la maçonnerie d'un haut-fourneau.

Le *gueulard* est l'orifice où sont précipités les matériaux. Le *corps* du fourneau se compose de deux troncs de cônes de hauteurs inégales, rapprochés par leur plus grande base. Le premier de ces troncs de cône qui s'étend jusqu'au gueulard prend le nom de *cuve*. Le deuxième forme les *étalages*,

dont la surface environnante, comme d'ailleurs toute celle qui descend jusqu'au fond du fourneau, compose les *parois*. La circonférence de rencontre
entre la cuve et les étalages s'appelle le *ventre;* c'est la partie la plus large
du haut-fourneau.

L'*ouvrage* est l'espace qui s'étend depuis les tuyères jusqu'à la naissance
des étalages ; on donne aussi le nom général d'ouvrage à toute la partie basse
du fourneau comprise entre la sole et les étalages. Le *creuset* est la capacité
placée au-dessous des tuyères. La partie extérieure du creuset s'appelle *avant-
creuset.*

Les tuyères sont les ouvertures par lesquelles le vent est introduit dans le
fourneau ; le *nez* ou *museau* d'une tuyère est le côté qui est présenté au
feu. Dans les fourneaux n'ayant qu'une seule tuyère, on appelle *contre-vent*
la partie des parois qui lui fait face. On donne le nom de *costières* aux deux
faces de l'ouvrage où sont placées les tuyères.

L'avant-creuset est fermé par un rempart incliné et recouvert d'une plaque
de fonte dite la *dame*, sur laquelle s'écoulent les laitiers. La face opposée à
la dame est la *rustine*.

Le recouvrement ménagé sur la partie du creuset qui s'avance hors du
fourneau, s'appelle la *fausse tympe*. Il est protégé à l'endroit où s'échappe
la flamme par la *tympe*, bloc le plus souvent en fonte. Sur la tympe est appuyé le *tacret*, plaque également en fonte destinée à supporter le massif extérieur de l'ouvrage au-dessus de la fausse tympe et à le garantir contre les
atteintes de la flamme.

Pour rendre sensibles ces différentes définitions, nous renvoyons aux figures
1, 2, 3 et 4 de la planche 5, donnant une élévation, une coupe horizontale
et deux coupes verticales, la première par les tuyères, la deuxième suivant la
longueur du creuset d'un haut-fourneau quelconque. Chacune des parties
principales est indiquée par une lettre se référant à la légende qui suit :

A, le massif. — *a*, le gueulard. — *b*, la cuve. — *c*, les étalages. — *d*, la
sole. — *c'e*, le ventre. — *m*, l'ouvrage. — *n*, le creuset. — *o* l'avant-creuset.
— *i i*, les tuyères. — *r*, la rustine. — *f*, la fausse tympe. — *e*, la tympe. —
t, le tacret. — *k*, la dame. = C, la cheminée la portière de chargement *v*.
— D, petite étuve établie derrière la rustine. — *s s*, distribution du vent. —
g g g, soupiraux ménagés dans le massif pour l'échappement des vapeurs lors
du séchage et des mises en feu. — *l l*, boucliers qui retiennent des tirants en
fer, au moyen desquels la maçonnerie est consolidée.

Dispositions et dimensions principales. — Les dimensions à donner
aux hauts-fourneaux dépendent principalement du volume d'air destiné à
les alimenter. Pour fixer la relation qui doit exister entre la largeur et la
hauteur de l'ouvrage, il faut prendre en considération la nature du minerai

et celle du combustible, la quantité et la qualité de la fonte qu'on veut obtenir.

Il importe de déterminer avec soin le largeur au ventre, cette dimension étant influente sur la production. Il n'existe aucune règle certaine pour déduire cette dimension de principes ou de faits établis. Cependant, il est possible de s'appuyer sur des données à peu près exactes, étant connues la nature des minerais et celle des charbons que l'on doit consommer, ainsi que la quantité de fonte que l'on veut obtenir. Qu'on ait à établir un fourneau au charbon de bois, devant produire 3,500 kilogrammes de fonte par vingt-quatre heures, avec des minerais rendant environ 35 0/0, d'une fusion facile, demandant 112 kilogrammes de charbon pour 100 kilogrammes de fonte, on trouvera qu'il faut brûler 3,920 kilogrammes de charbon par vingt-quatre heures, soit, par heure, 163 kilog. 33. Or, en s'appuyant sur ce que la quantité de charbon brûlé, peut être de 90 kilogrammes environ, par heure et par mètre carré de section, et en divisant par ce nombre 165 kilog. 33, on trouvéra également que la surface de la section au ventre est égale à 1^m,81, qui correspond à un diamètre de 1^m,525.

La quantité d'air ramenée à la densité atmosphérique dont on peut disposer, étant donnée, on peut également déterminer la largeur au ventre d'un haut-fourneau quelconque. Supposons, par exemple, qu'on puisse se procurer seulement 22 m. c. 87 de vent par minute, et qu'on veuille alimenter un haut-fourneau dont la section au ventre n'est pas connue, et admettons, suivant les expériences acquises, qu'un fourneau doit recevoir en moyenne 13 m. c. d'air par minute et par mètre carré de section. Si l'on divise 22 m. c. 88 par ce nombre, on aura 1^m,64 de section au ventre, soit un diamètre de 1^m,43.

En se servant des données dont nous avons fait usage plus haut, il serait aisé de trouver, à la suite des calculs précédents, le produit moyen en fonte par vingt-quatre heures, suivant l'espèce de minerais à traiter.

Cependant, les moyens de calculer le diamètre au ventre des hauts-fourneaux ne donnent pas de résultats assez exacts pour qu'on puisse les employer sans qu'on les mette d'accord avec l'expérience. Celle-ci démontre en effet que le haut-fourneau dont nous venons de parler, produisant 3,500 kilogrammes de fonte par vingt-quatre heures, avec des minerais moyennement fusibles, rendant environ 35 0/0, et fondus avec 1,120 kilogrammes de charbon de bois par tonne de fonte, devait avoir au moins 2^m,15 à 2^m,40 de diamètre au ventre, résultat très différent. Il est vrai qu'il importe d'avoir égard à la hauteur totale du fourneau ; mais, comme celle-ci est supposée ne pas dépasser cinq fois le diamètre au ventre, nous sommes fondés à croire qu'un fourneau ayant 1^m,525 produirait difficilement 3,500 kilogrammes par vingt-quatre heures, même avec une machine soufflante d'une grande puissance.

HAUTS-FOURNEAUX

La hauteur totale des hauts-fourneaux alimentés par le charbon de bois varie entre 6 mètres à 12 mètres. Elle excède rarement ce dernier chiffre ; toutefois, elle ne doit pas être au-dessous du premier, même en traitant des minerais très fusibles avec des charbons durs. La hauteur des hauts-fourneaux à moulages, marchant au coke, demeure entre 12 et 15 mètres.

Les dimensions des fourneaux au charbon de bois sont moindres que celles des fourneaux au coke, les appareils devant être d'autant plus élevés que le combustible est plus dur et plus compact. Une hauteur de 7 à 8 mètres pourra suffire à un haut-fourneau alimenté avec des charbons légers et soufflé par une machine peu puissante, alors qu'avec l'emploi de coke pur ou en mélange, il conviendra de porter l'élévation de 8 à 12 mètres en moyenne.

De ce qui vient d'être dit, on peut conclure que deux fourneaux de même hauteur, celui qui sera chargé en minerais fusibles et en charbons pesants devra être plus large que celui où l'on emploiera des charbons légers et des minerais réfractaires, la puissance des machines soufflantes étant la même dans les deux cas.

Les dimensions de l'ouvrage doivent être proportionnelles à celles du haut-fourneau.

Pour les fourneaux en moulages, marchant au charbon de bois, et de 7 à 8 mètres d'élévation, il est bon de porter la hauteur de l'ouvrage à 1^m,40 ou 1^m,50. On pourrait diminuer cette hauteur et la ramener même à 1^m,20, pour produire de la fonte blanche ou truitée. Dans les fourneaux de 8 à 12 mètres, produisant de la fonte grise au charbon de bois, la hauteur de l'ouvrage peut varier de 1^m,60 à 1^m,90, la hauteur des ouvrages comparée à celle des fourneaux se tenant entre le 1/7 et le 1/8 de la hauteur totale. Un ouvrage trop élevé pourrait nuire au produit et occasionnerait la prompte destruction des étalages. Un ouvrage trop bas n'amènerait qu'une fusion incomplète.

En réalité, les proportions des ouvrages sont subordonnées à la hauteur des hauts-fourneaux ; autrement dit, les ouvrages doivent être plus larges et plus élevés lorsqu'on traite des minerais réfractaires avec des charbons compacts, que lorsqu'on brûle des minerais fusibles avec des charbons légers.

La largeur de l'ouvrage ne demande pas à être aussi rigoureusement calculée que la hauteur. Il vaut mieux se contenter au début d'un ouvage resserré qui concentre mieux la chaleur, et dont la destruction vient toujours assez promptement. L'emploi des minerass réfractaires, fondus avec de mauvais charbons et par une faible quantité de vent, exige assurément des ouvrages hauts et rétrécis.

Les ouvrages sout toujours évasés plus ou moins par le haut pour faciliter la descente des charges, et leur largeur à la naissance des étalages doit être habituellemeet de 1/4 à 1/3 plus grande que celle mesurée à la hauteur des tuyères. En général, on leur donne d'autant moins d'évasement que les matériaux sont plus friables et plus disposés à se comprimer sous la charge.

Les rapports existant entre la longueur, la largeur et la hauteur des creusets sont infiniment variables. Non seulement, dans les fourneaux en moulage, la capacité des creusets doit être calculée de telle manière qu'elle puisse au moins contenir le volume de fonte coulée toutes les douze heures, mais il convient de donner à cette capacité 1/3 ou 1/4 de plus qu'il est nécessaire, afin qu'elle puisse renfermer une plus grande quantité de fonte lorsqu'on a des pièces de fortes dimensions à couler, et aussi pour conserver sur le bain une certaine épaisseur de laitier, qui le préserve de l'action de l'air.

Les proportions du creuset, dépendant de celles de l'ouvrage, il s'agit de donner à cette partie des dimensions proportionnelles, en largeur et en hauteur.

La longueur est, en général trois fois et 1/3 plus grande que la hauteur, et celle-ci, limitée par la position des tuyères, est ordinairement de 1/6 à 1/5 plus petite qqe la largeur. Telles sont les règles un peu précises que l'expérience semble avoir établies.

Le point le plus élevé de la dame est placé à quelques centimètres au-dessous de la tympe ; cette distance étant basée sur la nature des laitiers. La même raison régit l'inclinaison de la dame, qu'on peut fixer d'une manière presque perpendiculaire dans un haut-fourneau où la fonte n'est pas puisée directement à l'ouvrage par les ouvriers mouleurs. Bien que les soles doivent s'incliner en pente douce vers la dame, afin de faciliter l'écoulement de la fonte, il arrive rarement que le creuset soit absolument vidé et qu'il n'y demeure aucune goutte de fonte. Il faut du reste éviter que cela ait lieu le moins possible, si l'on veut empêcher le refroidissement de la sole et son envahissement par le laitier.

La position des tuyères ne manque pas d'importance. Dans les fourneaux à charbon de bois, elles sont placées à une hauteur variable entre 0ᵐ,35 e 0ᵐ,50 au-dessus de la sole. Le vent, qui tend à chasser la flamme et les matériaux sous la fausse tympe, où il trouve une issue, exige que les tuyères soient rapprochées de 0ᵐ, à 0ᵐ,06 en dehors de l'axe du fourneau, du côté de la cusine, et en les croisant de 20 à 40 millimètres, lorsqu'elles sont opposées.

Dans les hauts-fourneaux, au coke, dont les dimensions sont beaucoup plus grandes, on fait quelquefois usage de trois et même de quatre tuyères ; certains grands appareils, dont nous n'avons pas à nous occuper au point de vue de la fonderie, ont reçu jusqu'à dix tuyères et plus.

La fausse tympe est placée à 0ᵐ,03 pu 0ᵐ,04 au-dessous des tuyères. Plus haut, elle provoquerait une déperdition de chaleur et livrerait un passage trop facile au vent.

La pression des charges, obligeant des laitiers à ne pas s'arrêter aux tuyères et à refluer sous la fausse tympe, un engorgement ne serait à craindre qu'au cas où les minerais employés produiraient des scories épaisses. Dans cette situation particulière, le fondeur prend soin de dégager l'ouvrage au moyen du ringard.

L'épaisseur de la fausse tympe est déterminée par la longueur du creuset et celle de l'avant-creuset. Elle est la plus grande possible ; la tympe, étant avec les costières, une des parties les plus susceptibles de destruction rapide.

L'inclinaison des étalages est spécialement déterminée par la nature des minerais et des combustibles dont on fait usage, en même temps que par la qualité de la fonte qu'on veut produire ; on se base aussi suivant les nécessités de la réduction et de la préparation du minerai. Pour fondre des minerais réfractaires, avec des charbons légers, les étalages doivent être applatis. Toutefois, il faut craindre qu'ils *accrochent* les charges, entravent leur descente et provoquent des chutes fréquentes de matériaux.

D'un autre côté, avec des étalages fortement inclinés, il peut arriver, quand on traite des minerais menus, que l'air se trouve arrêté par la pression trop directe des charges, et que la température prenne une grande extension dans le foyer aux dépens des couches supérieures. En thèse générale, il est bon de donner une faible pente et un peu de hauteur aux étalages destinés à recevoir des minerais fusibles et des charbons légers, et d'augmenter l'inclinaison en même temps que la hauteur, à mesure que les minerais deviennent plus réfractaires et les charbons plus compacts. Les angles moyens, admis pour les étalages des hauts-fourneaux à charbon de bois, se tiennent entre 50° et 55°. On ne recherche une pente plus grande que pour des charbons légers et friables et pour des minerais extrêmement fusibles. Il serait mauvais d'adopter une inclinaison au-dessous de 40°.

La position du ventre, par rapport à la sole, est fort importante ; si cette position est trop basse, les minerais ne sont pas suffisamment préparés, et la réduction n'est pas complète, si elle est trop haute ; la dépense de combustible augmente, et le minerai, fondu longtemps avant son passage à la tuyère, est affiné par le contact du vent. La réduction définitive s'opérant entre le ventre et les tuyères, étant donné une marche normale, pour que la fusion ait lieu à une distance rapprochée des tuyères, on doit s'attacher à conserver la relation indispensable entre les étalages et le ventre. En général, la position du ventre varie entre 1/5, 1/4, 2/7 et 1/3 de la hauteur totale de la sole au gueulard, suivant que les minerais deviennent moins fusibles et les combustibles plus denses. Ainsi, les rapports 1/5, 1/4 et 2/7 sont admis ordinairement dans les fourneaux au charbon de bois, et on n'emploie le rapport 1/3 que pour les fourneaux au coke.

Le diamètre du gueulard n'a pas moins d'importance. Un gueulard trop large pour un fourneau d'une faible élévation produirait une perte considérable de chaleur et un abaissement de température dans la cuve, tel qu'il serait impossible d'obtenir de la fonte chaude et grise. Un gueulard, trop étroit, présenterait des inconvénients non moins graves. La chaleur serait à la vérité mieux concentrée dans le foyer, mais la pression exercée sur les charges augmenterait et serait de nature à être d'une influence très nuisible sur le produit. Un gueulard insuffisant suppose, d'ailleurs, une inclinaison plus rapide des parois de la cuve. Or, il est connu que cette inclinaison s'oppose à l'uniformité de la descente des charges.

Bien qu'on n'ait pas établi des règles certaines pour déterminer le diamètre des gueulards, on peut admettre qu'en général il est convenable de lui donner les 9/20 environ du diamètre du ventre.

Les gueulards des hauts-fourneaux sont ordinairement recouverts de cheminées qui s'appuient sur le massif, comme il est indiqué par les fig. 1 et 2, pl. 7, et auxquelles on ménage des portes de chargement. On fait supporter ces cheminées par des colonnes, pour que les gueulards soient accessibles des deux côtés. Cette disposition est employée de préférence lorsque les hauts-fourneaux sont abrités par une toiture couverte en tuiles ou en ardoises. Les cheminées tronc-côniques conviennent mieux que les cheminées cylindriques ou prismatiques. Leur diamètre doit toujours être plus grand que celui du gueulard. Leur hauteur varie de 3 à 4 mètres; il serait inutile de lui faire dépasser cette dernière limite.

Telles sont, en résumé, les règles générales desquelles on déduit les dimensions et les dispositions principales des hauts-fourneaux. Le raisonnement et l'expérience sont les premiers guides en pareille matière.

Sans qu'on s'arrête à une foule de détails, n'ayant pas d'importance réelle, il importe de disposer toutes les parties intérieures d'un haut-fourneru d'après les lois qui régissent la fusion du minerai, et qui président aux proportions, aux dimensions et à la position relative des différentes parties de la construction.

Les tâtonnements, l'inexpérience sont, comme la routine, également dangegereux. Il faut savoir conserver ce qui est bon, jusqu'à ce qu'on ait acquis la certitude d'avoir trouvé mieux.

Pour compléter ce que nous venons de dire sur les rapports, entre les proportions et les dimensions des hauts-fourneaux, nous insisterons en ce qui concerne les hauts-fourneaux au coke qui se développent de jour en jour, et sont de plus en plus étudiés, à présent, sur quelques détails intéressant la marche de ces appareils.

Le ventre est généralement placé vers le 1/3 environ de la hauteur totale. On lui donne, dans les hauts-fourneaux nouveaux, une partie cylindrique raccordant la cuve et les étalages, variable en hauteur de $0^m,30$ à 1 mètre et plus, suivant l'importance des fourneaux.

La hauteur des fourneaux est environ trois fois à trois fois et demie le diamètre du ventre.

Les gueulards, qu'on tend à élargir et dont le diamètre atteignait. dans les petits appareils au bois, les 2/53 environ de la côte au ventre, arrivent aujourd'hui à dépasser la moitié de cette côte, et même à aller jusqu'au 2/2.

L'inclinaison des étalages peut atteindre 50 p. 0/0, et leur hauteur, dans les hauts-fourneaux, de 13 à 14° d'élévation, peut dépasser 3 mètres.

Les tuyères, placées comme nous l'avons dit, ne doivent pas *se gêner* en croisant leur vent. Quand on place éventuellement une tuyère à la rustine, elle doit être, pour cette cause, légèrement élevée au-dessus des deux autres.

Les ouvrages ont une hauteur, de la sole aux étalages, qui peut atteindre le sixième de la hauteur totale du fourneau. Ils ont leurs parois plus ou moins évasées, suivant que le coke à employer est plus ou moins dense.

La longueur du creuset se tient entre $1^m,75$ et $2^m,40$. La largeur aux tuyères est au moins de $0^m,65$ dans les plus petits fourneaux à coke, et peut dépasser $1^m,50$ pour les fourneaux au coke ayant 14 à 15 mètres de la base au sommet, et produisant 25 à 30 tonnes par vingt-quatre heures.

Dans les appareils construits pendant les dernières années, ces proportions se sont étendues pour arriver à des dimensious prodigieuses. Le gueulard atteint une extension qui nécessite le chargement sur plusieurs points à la fois, sinon l'aide d'un appareil dispensateur, qui déverse d'un seul coup toute la charge répartie uniformément.

Le but cherché est de tenir le creuset assez grand pour contenir, sans qu'elle se refroidissse, une grande masse de matière permettant de couler moins souvent ou, tout au moins, d'éviter les coulées fréquentes en marche.

Le tableau qui suit complétera ce que nous avons à dire à cet égard. S'il montre des anomalies assez peu explicables, il donne néanmoins des indications intéressantes à consulter et à étudier.

Il fait voir comment, par contrées les hauts-fourneaux, et surtout ceux au bois, sont entendus sous le rapport des proportions et des dimensions, relativement à la nature du minerai et du combustible.

On peut, avec les chiffres du tableau, reconstituer assez facilement le profil intérieur de chaque appareil.

TABLEAU INDIQUANT LES PRINCIPALES DIMENSIONS COMPARATIVES

HAUTS-FOURNEAUX A MOULAGES OU FONTES DE MOULAGES

HAUTS-FOURNEAUX AU CHARBON DE BOIS	Hauteur de la sole aux tuyères	Hauteur des tuyères à la naissance des étalages	Hauteur des étalages	Distance des étalages au gueulard	Hauteur totale	Largeur au creuset
	m.	m.	m.	m.	m.	m.
1. Fourneau de Tusey (Meuse) .... Pl. 7	0.60	0.80	1.80	6.60	9.70	0.45
2. — de Villouxel (Vosges) . . Pl. 6	0.45	0.80	1.80	5.20	8.25	0.50
3. — de Bologne (Hᵗᵉ-Marne) . »	0.45	0.00	1.90	6.40	8.75	0.50
4. — de Bairon (Ardennes) .. »	0.50	0.90	1.40	5.20	8.00	0.45
5. — de Varigny (Hᵗᵉ-Saône) . »	0.55	0.00	2.40	7.00	9.95	0.50
6. — de Maizières — »,	0.60	1.50	1.90	9.70	13.70	0.85
7. — de Fraisans (Jura) .... »	0.75	0.00	3.15	7.00	11.00	1.00
8. — de Combiers (Charente). »	0.70	1.40	1.80	5.10	9.00	0.60
9. — de Ruelle — »	0.65	1.40	1.50	4.45	8.00	0.60
10. — autre de Ruelle — »	0.60	1.45	1.20	4.75	8.00	0.60
11. — de Niederbronn (Als.-Lor.) »	0.60	1.40	1.50	6.50	10.00	0.55
12. — de Gorcy (Alsace-Lorr.) . »	0.60	1.40	1.50	7.20	10.70	0.50
13. — de Baudin (Jura) .... »	0.50	1.80	1.30	6.90	10.00	0.60
14. — de Bacalan (Gironde). .. »	0.45	1.00	1.25	7.90	10.60	0.48
HAUTS-FOURNEAUX AU COKE						
15. Fourneau d'Hayange (Alsace-Lorr.) Pl. 6	0.62	1.30	2.30	7.60	11.82	0.60
16. — de Styring-Wendel — »	0.75	1.75	2.45	9.00	13.75	1.40
17. — du Creusot (Sⁿᵉ-et-Loire). »	0.70	1.30	3.20	11.15	16.35	1.90
18. — de Marquise, nº 1. ⎫ Pas-	0.80	1.70	2.54	8.05	13.09	0.95
19. — de — nº 2. ⎬ de-	0.80	1.70	2.60	8.80	13.90	0.90
20. — de — nº 3. ⎭ Calais	0.85	2.00	2.05	9.45	12.55	1.00
21. — de Bessège (Gard) ... »	0.70	1.50	3.36	8.54	14.10	0.80
22. — d'Ars-sur-Moselle .... »	0.65	1.40	3.00	7.75	12.80	0.70
23. — de Marquise, usine nº 2, nº 4. »	0.80	1.70	2.77	9.68	14.95	0.95
24. — — nº 5. »	0.80	1.80	2.33	10.02	14.95	0.95

Diamètre à la naissance des étalages	Diamètre du ventre	Diamètre du gueulard	Nombre de tuyères	Production en fonte par 24 heures	Observations
m.	m.	m.		kilog.	
0.75	2.25	0.90	2	3.560	
0.70	2.10	0.80	1	2.400	
0.75	1.90	0.65	1	2.200	La cuve est à section carrée, elle est raccordée avec les étalages par une partie mi-cylindrique de 0.49 de hauteur.
0.55	1.70	0.55	1	2.000	La base des étalages est prise à partir des tuyères.
0.52	2.50	0.80	2	3.200	
1.00	3.30	1.20	2	9 à 10.000	Marche du mélange de 2/3 charbon 1/3 coke.
1.25	3.00	1.75	2	4.500	Nous comprenons peu les formes et proportion de ce fourneau relevées dans la Métallurgie de Percy.
0.80	2.05	0.80	2	2.500	
0.67	2.05	0.65	2	3.000	Ces dimensions ont été données par les traducteurs de la Métallurgie de Percy.
0.80	1.95	0.65	2	3.200	Ces dimensions ont été relevées par nous, sur place.
0.83	2.75	1.00	2	4.000	La cuve est augmentée d'une partie cylindrique de 0 m. 30 de hauteur à la suite des étalages.
0.80	2.20	0.85	1	3.000	Les dimensions au diamètre des étalages et du gueulard étaient en 1848 : 2 m. 10 et 1 mètre.
0.85	2.40	1.00	2		Ces dimensions ont du être exagérées, si on les compare avec celles du nº 10.
0.50	2.25	0.72	2	3.500	Ces dimensions sont celles que j'ai fait adopter en 1866.
1.00	3.00	1.20	2	8 à 9.000	Marche au coke et charbon. La cuve est raccordée aux étalages par une partie cylindrique de 1 m. 60, comprise dans la hauteur de 7 m. 60.
4.50	4.50	2.75	3 à 5	25.000	Même construction pour le fourneau de Styring; la partie cylindrique ayant 1 mètre de hauteur.
2.15	5.00	3.00	3	25.000	Même construction avec partie cylindrique, de 1 m. 25 de hauteur.
1.22	4.27	1.80	2	12.000	⎫
1.40	4.50	1.80	2	10.000	⎬ Ces trois hauts-fourneaux marchant en moulages.
1.58	4.43	1.90	2	12.000	⎭
1.00	3.95	2.00	2	16.000	Voir le croquis, pour la forme et la disposition de la cuve et des étalages.
1.00	3.50	1.75	2	15 à 16.000	Tous deux marchant en gros moulages et fontes à moulages.
1.19	4.60	1.85	2	12 à 13.000	Ces deux hauts-fourneaux appartiennent à un même massif. Ils ont été construits en même temps par Thomas et Laurens.
1.40	4.40	1.90	2	12 à 13.000	Les variations existant dans les dimensions proviennent de légères modifications au remontage.

Formes. — On doit éviter, dans la construction des hauts-fourneaux, l'emploi de formes irrégulières. Les formes adoptées sont la forme circulaire pour la cuve et les étalages, la forme rectangulaire ou ovale pour les ouvrages et le creuset. Les parties de l'ouvrage qui se joignent aux étalages, sont raccordées par des surfaces courbes et des angles arrondis.

Dans quelques rares fourneaux au charbon de bois, on a employé la forme quadrangulaire pour la cuve, allant des étalages au gueulard (ainsi le fourneau de Bologne, fig. 8, pl. 6), bien que cette forme doive moins satisfaire aux conditions régulières de la descente des charges.

On arrondit quelquefois les ouvrages à leurs angles, de manière à leur donner la forme d'un ovale aplati (fig. 2 et fig. 15 *bis*). Cette forme a pour but de protéger les parois qui, lorsqu'elles sont assemblées à angles vifs, tendent d'elles-mêmes, pendant le *fondage* (1), à s'élargir en cherchant la forme circulaire.

Construction. — On donne, à la maçonnerie extérieure des hauts-fourneaux, la forme d'un tronc de cône ou celle d'un tronc de pyramide quadrangulaire, et souvent une disposition procédant de toutes deux ; cependant, on doit préférer la première qui est plus économique. Cette maçonnerie est établie en pierres de taille, parfaitement liées ensemble au mortier à ciment, et cerclées ou retenues par de longues tringles de fer dont les extrémités sont clavetées contre des plaques d'ancrage en fonte.

On choisit les pierres de taille telles qu'on les trouve sur le lieu le plus rapproché de la construction ; mais il est bon d'employer, pour les parties qui environnent l'avant-creuset, des pierres qui ne soient pas sujettes à la calcination, ce qui nuirait à la solidité du massif.

Les fondations des hauts-fourneaux doivent être solidement établies, à l'abri de toute humidité. Elles peuvent être voûtées, autant pour éviter un emploi inutile de matériaux que pour créer des courants d'air, dont l'effet prévient une trop forte expansion de chaleur. Les cavités, pratiquées sous la sole des hauts-fourneaux, servent au besoin à loger une partie des conduites de tuyaux en fonte, qui distribuent l'air. En tout cas, celles-ci doivent être accessibles sur tous les points, pour qu'on puisse vérifier aisément s'il n'existe pas des fuites nuisibles à l'effet des machines soufflantes.

Le devant du fourneau, appelé *poitrine* ou *côté* du travail, est évidé et forme, en se réunissant aux mursaux qui garnissent l'avant-creuset, une sorte

---

(1) On entend par fondage, la durée du roulement d'un haut-fourneau depuis la mise en feu jusqu'à la mise hors; cette période qu'on désigne aussi sous le nom de *train* ou de *campagne* est plus ou moins longue, suivant l'allure du fourneau, la qualité des matériaux employés à la construction et les accidents possibles. Il peut arriver qu'un haut-fourneau fasse un train de quinze jours ou d'un mois, comme aussi un autre de dix-huit mois ou de deux ans, même plus. La durée des fondages pour les fourneaux en moulages, marchant au charbon de bois, varie entre neuf et quinze mois.

de niche terminée par deux angles obtus. La partie supérieure de cette cavité, est supportée par une rangée de poutrelles, qu'on nomme *marâtres*. Des enfoncements semblables sont reproduits aux tuyères et derrière la rustine. Cette dernière peut servir d'étuve en la fermant par une porte en tôle.

Pour obtenir plus de légèreté dans la construction du massif, on la supporte à hauteur des étalages sur un entablement porté par des colonnes recevant des poutres en fonte. Quelques hauts-fourneaux de petites dimensions sont recouverts, comme les cubilots, de plaques en fonte boulonnées ou retenues par des cercles en fer. A l'intérieur de cette enveloppe, on pilonne ou l'on coule du sable, pour appuyer les briques et la pierre qui forment la cuve.

Les parois de la cuve, sont construites en briques réfractaires d'une qualité inférieure à celle des briques de l'ouvrage, quelquefois même en pierre de grès. Dans ce dernier cas, les pierres sont taillées d'avance et ajustées, selon l'inclinaison de la cuve, au moyen d'un calibre de même forme composé d'une règle fixée sur l'axe par plusieurs traverses horizontales. L'axe est mobile, sur un pivot et fait tourner le calibre qui détermine la position de chaque rangée.

Pour que l'appareil soit établi, d'une manière régulière et solide, il est essentiel, après avoir fixé la hauteur des briques, qui'est ordinairement 0^m,08, de faire un tracé de toutes les assises et d'appliquer à chacune d'elles un moule particulier. Ces tracés s'obtiendront facilement en décrivant, au niveau de chaque assise, des circonférences concentriques, depuis la naissance de la cuve jusqu'au gueulard.

Quoique la dépense des moules à briques soit de peu de conséquence, on peut sans inconvénient pour ne pas multiplier les types, faire servir le même moule pour établir plusieurs assises qui n'offrent entre elles qu'une légère différence en raison de leur faible hauteur.

Voici le nombre des briques dont on a employé dix échantillons seulement, pour la construction d'une cuve qui avait 5^m,35 de hauteur, sur 2^m,23 de diamètre en bas, et 0^m,95 en haut. Les numéros sont indiqués en commençant par le bas de la cuve :

N^os	1.	317 briques de	15^k	50.	.	4.913^k	50
	2.	278 —	15	».	.	4.170	00
	3.	271 —	14	50.	.	3.929	50
	4.	256 —	14	50.	.	3.755	50
	5.	220 —	14	».	.	3.080	00
	6.	220 —	13	50.	.	2.727	00
	7.	177 —	13	».	.	2.301	00
	8.	164 —	12	50.	.	2.050	00
	9.	145 —	12	50.	.	1.812	00
	10.	117 —	12	».	.	1.104	00

2.140 briques en tout, pesant 30.143 00

On peut voir que le poids des briques s'abaisse à mesure que les circonférences des assises deviennent moindres, en s'approchant du gueulard; et qu'en même temps la courbure des segments se faisant plus sentir, il a été plus difficile de répéter l'emploi des briques de même moule pour plusieurs assises.

On laisse dans la construction du massif d'un haut-fourneau, un vide circulaire u, u (fig. 2, pl. 4), compris entre l'enveloppe de la cuve et celle formée par la maçonnerie extérieure. Ce vide, rempli de matières peu conductrices du calorique, telles que des pierres ou des sables brûlés, des laitiers concassés au marteau, sert à empêcher les déperditions de chaleur, autant qu'à faciliter les effets produits par la dilatation lors de la mise en feu et par la contraction au moment de la mise hors. Par les mêmes raisons, et pour servir à l'échappement des vapeurs occasionnées par le séchage, on a soin de disposer des canaux et des soupiraux, qui communiquent avec l'espace intermédiaire dont nous venons de parler.

Les ouvrages sont établis en briques réfractaires, en pierres de grès ou en sable. Il faut s'abstenir de multiplier les joints et, pour cela, choisir de gros blocs de pierre ou employer des briques de grandes dimensions. Tous les joints doivent être faits avec un mortier liquide, d'argile réfractaire et garnis avec le plus grand soin, si l'on veut éviter les dégradations qu'amènerait le feu en s'introduisant dans les fissures. Cette précaution est à observer également pour le montage de la cuve.

Si les briques réfractaires sont préférées aux grès pour la construction des cuves, ces derniers sont d'un avantage plus reconnu pour la confection des ouvrages, lorsqu'on peut se les procurer en blocs de fortes dimensions. Il est des ouvrages dont la sole est faite d'une seule pierre, dont la rustine, la fausse tympe, les costières sont prises dans un seul bloc et lorsque les grès ne sont pas mélangés de parties fusibles, ces ouvrages peuvent durer longtemps.

Beaucoup de hauts-fourneaux situés dans les départements de la Meuse, des Vosges et de la Haute-Marne, avaient dans le temps leurs ouvrages montés en sable. Les usines employant des briques réfractaires, les confectionnaient elles-mêmes avec des matériaux du pays.

Le montage des ouvrages en briques ou en pierres, est l'affaire d'un maçon adroit. Cette opération s'explique d'elle même, nous nous dispenserons de la décrire. Nous nous contenterons donc de parler de la construction des ouvrages en sable.

Si le sable réfractaire choisi pour la construction d'un ouvrage est mélangé de quelques grès en morceaux assez gros pour gêner la compression par couches égales, il est nécessaire d'écraser les mottes et de passer le sable à la claie, afin de lui donner un grain uniforme. Une addition de 1/5 à 1/6 de silex broyé au sable réfractaire, donne une composition plus durable au feu que le sable employé seul (1). Le sable à mettre en œuvre doit être assez

_____

(1) Il serait coûteux de broyer les fragments de silex, si l'on n'avait soin de les chauffer au rouge et de les précipiter dans l'eau. Cette opération qu'on appelle énerton les cailloux et qui les divise, rend possible et plus facile le travail de la meule ou des pilons. Dans les fonderies on peut après la fonte remplir le cubilot avec des cailloux chauffés ainsi sans dépense de combustible.

mouillé pour qu'il puisse se lier facilement, mais, cependant, pas assez frais pour qu'il s'attache aux doigts quand on le serre dans la main.

Le sable ayant acquis par la préparation la qualité qui lui convient, on commence la construction de l'ouvrage par l'établissement de la sole, qui se compose de plusieurs couches solidement damées avec des fouloirs en fer semblables à ceux des mouleurs. Ces fouloirs terminés par des arêtes d'une épaisseur de 1 ou 2 centimètres, doivent laisser sur le sable des empreintes assez profondes pour servir à relier les couches entre elles. A cet égard, on peut toujours éviter le défaut d'adhérence entre les *foulées*, pour empêcher les solutions de continuité, en pratiquant des incisions ou cavités et en arrosant la superficie du sable, alors qu'elle a pu sécher si l'opération a été interrompue.

Après que la sole est arrivée à la hauteur voulue, on fixe le centre de l'ouvrage suivant l'axe du fourneau, figuré par un fil à plomb qui descend du gueulard. C'est ce point marqué sur la sole qui détermine la position respective des différentes parties du travail intérieur du fourneau.

On établit alors une caisse rectangulaire solidement calée et représentant la contre-partie de la rustine et des cortières. Jusqu'au niveau des tuyères cette caisse échancrée à sa partie inférieure supporte un plancher sur lequel doit s'élever la fausse tympe. Puis, on garnit de sable bien foulé par couches, les parois du creuset et de l'avant-creuset à la hauteur voulue pour que soient mises en place les tuyères et la tympe.

Si l'on emploie des tuyères et une tympe en métal, on se bornera à réserver la place des premières à l'aide de morceaux de bois de forme cylindrique ou conique, et à poser de suite la tympe en l'appuyant sur les deux bords de la caisse et en la calant avec soin contre la maçonnerie du fourneau. Au cas où l'on ferait usage de tuyères et de tympes à eau, la mise en place exigerait un peu plus de temps, parce qu'on devrait fixer immédiatement ces parties accessoires à l'endroit où l'on aurait mis les morceaux de bois et assembler les tuyaux destinés à conduire l'eau. La hauteur des tuyères est indiquée par la ligne passant au centre des buses perpendiculairement à l'axe du creuset ; cette ligne étant facilement obtenue par une ficelle tendue d'un robinet à l'autre. Pendant le damage autour et au-dessus des tuyères, on peut construire un petit mur en briques cuites ordinaires ou en moellons, pour retenir provisoirement le sable foulé.

Ces dispositions terminées, on établit un deuxième gabarit ouvert à chaque extrémité et assemblé en forme de trémie, et l'on continue à comprimer le sable, qui doit former la partie évasée de l'ouvrage jusqu'à sa jonction aux étalages. Pendant cette opération, on a dû continuer à damer le sable au droit des autres faces sur le plancher de la fausse tympe et sur la tympe, en le retenant toujours sur le devant du fourneau par des planches bien calées et par le tacret qui repose à sa partie inférieure sur la tympe et qui est maintenu en avant par plusieurs ringards (fig. 15 et 18, pl. 7), enfoncés dans le sol et formant supports.

Lorsque le foulage est parvenu à la hauteur des étalages, on établit ceux-ci en comprimant le sable par couches inclinées qu'on dirige vers la naissance de la cuve, en se guidant avec une trousse. Pour fouler le sable des étalages et des autres parties de l'ouvrage qui présentent une certaine épaisseur, on peut remplacer le fouloir en biseau par la *batte ronde* ou *pilette* (fig. 8, pl. 7). ;

Après le battage, on retire du fourneau toutes les planches et les gabarits ayant servi à maintenir le sable ; on taille les étalages au moyen d'un *racloir*, en s'aidant d'un calibre tournant, le même dont on s'est servi pour le montage de la cuve.

Les contours étant préférables aux angles vifs, on a soin d'arrondir les points de rencontre de la cuve et des étalages, des étalages et de l'évasement du creuset, etc. Si les tuyères adoptées sont des tuyères à eau, on a dû, en les plaçant, les reculer de 3 ou 4 centimètres hors de l'intérieur ; leur museau, recouvert d'une couche de sable est taillé et affermi à la batte (fig. 7, ou au maillet fig. 10), de même que toutes les autres parties des parois intérieures. Les outils employés pour tailler le sable sont le *racloir* (fig. 9) ; un autre, semblable à celui-ci, mais dont le manche est recourbé et la *tranche* (fig. 11, pl. 7).

Tuyères. — Le rafraîchissement par l'eau, dans les tuyères et dans les tympes, n'est pas admis partout, quelques fondeurs étant encore pénétrés de l'idée que cette méthode peut amener des refroidissements nuisibles à l'allure des hauts-fourneaux.

On peut écarter ce mauvais effet, en supposant qu'il existe, par l'emploi de filets d'eau, s'écoulant sans pression et sortant des tuyères ou des tympes qu'ils ont alimentées, avec une température de 55° à 60°. On ne pourrait craindre, en pareil cas, que des fuites résultant de joints mal faits.

Les figures 17 et 18, de la planche 4, représentent une tuyère à eau, dont l'enveloppe extérieure, en fonte, est jointe, à son recouvrement intérieur en forte tôle, au moyen de huit boulons rivés. Cette tuyère reçoit l'eau froide par l'orifice *a*, et la rend ensuite par l'orifice *b*. Une telle disposition est vicieuse, si l'on veut éviter que la fraîcheur de l'eau soit appliquée trop directement sur le *museau* ou *nez* de la tuyère.

La tuyère indiquée figure 15, dont on voit une coupe dans les figures générales 1 et 3 *bis*, est d'un usage meilleur sous divers rapports. Elle ne présente pas, comme la précédente, l'inconvénient des joints, étant d'un seul jet et elle produit moins de fraîcheur dans l'ouvrage, parce qu'elle prend l'eau par l'ouverture *c*, pour la rendre en *d*. Les deux trous *e* et *f*, indispensables d'ailleurs pour le moulage, sont utiles pour le nettoiement de l'intérieur de la tuyère ; on les tient bouchés par deux tampons en fer, vissés dans la fonte. L'extrémité de la buse vient s'appliquer contre la tuyère de manière à la fermer exactement, comme le montre la fig. 1, pl. 4 ; cette disposition a pour objet d'éviter le reniflement nuisible à l'effet de la machine soufflante et d'empêcher, dans une certaine mesure, l'entrée de l'air atmosphérique pouvant, à tort ou à raison, causer quelques irrégularités dans l'allure des fourneaux.

Une autre sorte de tuyère, très avantageuse et plus simple, est celle dite à *serpentin*, faite avec tubes de fer creux de 30 à 40 m. de diamètre intérieur et dont la disposition est représentée par la figure 16.

Les précautions à prendre, pour conserver les tuyères à eau et notamment celles en fonte, sont les suivantes :

Dégagement nécessaire, par les trous de nettoiement, des tartres que l'eau dépose à son passage et qui, obstruant l'intérieur de la tuyère, en provoqueraient la fusion ;

Épaisseur réduite à 0ᵐ,025 au plus, de l'enveloppe extérieure de la tuyère, à l'endroit où elle regarde dans le fourneau. Le refroidissement ne serait ni assez subit, ni assez prolongé si cette épaisseur était trop grande, et le museau s'échauffant rapidement pourrait être détaché par le ringard du fondeur. A cette occasion, nous dirons que le plus sûr moyen d'obtenir des tuyères en fonte, de bonne qualité, est de les couler le nez renversé, en suspendant les deux noyaux.

Attention apportée par le fondeur, à ne pas laisser des amas de fer affinés s'arrêter sur le nez de la tuyère et faire corps avec elle, pour ne s'en arracher qu'en la détruisant.

Dans la prévision d'accidents, il convient d'avoir en magasin une ou deux tuyères, et même une tympe de rechange.

Les tympes à eau du genre de la figure 19, pl. 4, peuvent avoir une épaisseur de 3 ou 4 centimètres. Leur longueur est dépendante de la largeur de l'avant-creuset. Leur appui sur les costières doit être de 0ᵐ,30 au moins de chaque côté. Comme pour les tuyères, il faut se ménager les moyens de nettoyer les tympes ; pour cela on évite de placer, dans la maçonnerie, les joints des tuyaux d'eau et l'on se réserve la faculté de les démonter aisément.

L'idée de rafraîchir le devant de l'ouvrage, en humectant le sable de la fausse tympe par un courant d'eau dirigé derrière le tacret, (fig. 36, pl. 7), a été mise à exécution, pour la première fois, au haut-fourneau du Val-d'Osne où elle a été abandonnée.

Séchage et mise en feu. — Avant de mettre le haut-fourneau en activité, il faut commencer par le sécher et s'il est construit à neuf, le séchage exige de grands soins. Après avoir nettoyé le creuset, non encore fermé par la dame, on allume, à l'entrée de l'avant-creuset, avec des fagots ou de la tourbe, un feu doux entretenu pendant deux ou trois jours. Puis, à l'aide de plusieurs ringards, appuyés à une extrémité contre la rustine et soutenus en dehors du fourneau par un bloc de fonte, on forme une grille sur laquelle on brûle, pendant quelques jours, du bois sec ou de la houille.

Il est meilleur de se servir d'un four provisoire très simple, dont la voûte, semblable à celle d'un four à réverbère, vient s'abaisser sur la tympe. Pour ménager les parties des costières et de la fausse tympe soumises au contact trop direct de la flamme, il convient de les revêtir d'une fausse enveloppe de briques posées sur champ sans aucun mortier.

Dès que la dessiccation est assez avancée, on retire la grille ou l'on démolit le four suivant la disposition prise ; puis, on garnit la sole de charbons allumés sur lesquels on charge du combustible jusqu'à emplissage partiel ou total du fourneau. Après cela, on ferme toutes les issues pouvant donner entrée à l'air et on laisse le feu se propager lentement. Enfin, dès que la charge commence à baisser au gueulard, on peut se préoccuper de charger le minerai par faibles doses en le faisant précéder de quelques pelletées de castine.

Il est temps alors de mettre en train la première *grille* consistant à rétablir les ringards dans la position déjà indiquée et à leur faire supporter la colonne des charbons contenus dans le fourneau ; le tirage provoqué activement par la disposition de cette grille a pour but, d'échauffer les parties inférieures de l'ouvrage et d'avancer la combustion dans les parties supérieures. Chaque grille dure environ trois quarts d'heure ; on laisse écouler entre les premières un assez grand laps de temps, et l'on accélère les dernières quand on juge que le fourneau est assez chaud.

Si le fourneau à mettre en feu a déjà servi et si l'ouvrage a été seulement reconstruit, la dessiccation est moins longue. Il faut cependant apporter toutes précautions utiles, pour que les parois ne soient pas endommagées par une chaleur trop forte en commençant.

Il suffit, dans cette hypothèse, de faire pendant un ou deux jours sur la grille, un petit feu entretenu avec de la houille. En brûlant dans la dernière période (pour un fourneau de 9 à 10 mètres), 6 à 800 kilogrammes de houille, on peut économiser un tiers du charbon dont on remplit la cuve. On fait des grilles, comme dans le cas précédent, mais en nombre moins grand.

L'écoulement de la castine, aux tuyères, indiquant que les premières charges en minerais vont arriver, on s'empresse de préparer la dame.

Pour cela on comprime, comme pour le montage de l'ouvrage, le sable à la hauteur des costières et contre une plaque de fonte placée verticalement à l'extrémité de l'avant-creuset en même temps qu'elle est maintenue par une cale appuyée sur la tympe. C'est ce talus, recouvert d'une plaque de fonte, qui constitue la dame. La plaque de dame est en une ou deux pièces sur la longueur et peut avoir 0,06 à 0,10 d'épaisseur. La partie plus sujette à la destruction, c'est-à-dire celle placée près de l'avant-creuset est naturellement la plus épaisse étant plus susceptible d'être brûlée par les laitiers.

Pour un fourneau destiné à la production de la fonte en gueuses, on ménagerait, en jetant la dame sur le côté, une ouverture verticale servant au *trou de coulée.* Cette ouverture, de toute la hauteur de l'avant-creuset, est remplie par plusieurs couches de sable comprimées solidement ; elle est percée à des hauteurs diverses, et au niveau de la sole, quand il s'agit de couler *en grand.*

La dame placée, on garnit l'avant-creuset d'une couche de fraisil humide dont l'effet est d'empêcher la première fonte d'adhérer au sable qui n'a pas encore acquis une température suffisante pour la recevoir sans danger. C'est ce travail, que les fondeurs appellent *mettre les fraisils*.

Enfin, la dernière opération, avant de souffler, consiste à remplir le creuset de plusieurs rasses de charbon serré avec force sous la tympe pour ne pas laisser, au début, un trop libre passage à la flamme.

Tous ces préparatifs nécessaires, doivent être conduits avec la plus grande activité. Car, il est important qu'on puisse donner le vent au fourneau, de mettre quelques charges avant l'arrivée du minerai. Autrement le métal imparfaitement réduit tombant dans le creuset pourrait donner à la première coulée, de la fonte blanche et, peut-être, un commencement d'engorgement.

Voici pour un fourneau de 8 à 10 mètres de hauteur, comment on peut régler, au début, les premières charges en minerais, jusqu'à ce qu'on ait mis l'appareil en marche courante :

4 char.· de 0ᵏ,36ˡ de minerais et 5ʰ,76ˡ de charbon
8 — 0 54 — —
8 — 0 72 — —
8 — 0 81 — —
8 — 0 90 — —
4 — 0 99 — —
16 — 8 10 — —
32 — 1 17 — —
16 — 1 26 — —
38 — 1 30 — —
16 — 1 35 — —

En relevant le chiffre total de cette consommation on pourrait s'assurer que pour fondre 172 hect. 70 litres de minerais jetés au fourneau en 146 charges, il a fallu 840 hect. 96 litres de charbon, quantité énorme, mais inévitable à toutes les mises en feu.

Ce mode de chargement peut être singulièrement modifié d'après l'allure du fourneau, avant même qu'on ait commencé à souffler et surtout pendant les premiers jours qui suivent la mise en feu.

La manière de disposer la mise en feu est une question de tact et d'habitude. Parmi les moyens à adopter, on doit, sans contredit, s'arrêter à ceux qui présentent le plus d'économie sous le rapport des matières premières, mais bien plus encore à ceux dont on attend les meilleurs résultats. Pour indiquer, par aperçu, comment on peut procéder en pareil cas, nous mettons en regard deux mises en feu du même haut-fourneau dont, chaque fois, les étalages et l'ouvrage avaient été seulement refaits à neuf, laissant nos lecteurs libre de tirer telles inductions qu'ils jugeront convenables.

Mise en feu A.

On a brûlé en 45 heures 228 fagots, et ensuite en 49 heures 1,200 kilogrammes de houille.

Mise en feu B.

On a brûlé en 60 heures 810 fagots, et ensuite en 15 heures 510 kilogrammes de houille.

On a chargé ensuite :

70 rasses de charbon pesant. . .	1.400 k ch.			120 rasses de charbon pesant. . .	2.400 k. ch.		
2 charges formant 64 k. minerais et	200 —			16 charges formant 512 k. minerais et	1.600 —		
2 — 96 —	200 —			3 — 144 —	300 —		
6 — 384 —	600 —			TOTAL 756 —	4.300 —		
10 — 1.280 —	1.600 —			On a chargé jusqu'au tire-paille. 880 —	1.100 —		
Il a été usé jusqu'au tire-paille. 1.824 —	4.000 —			Pour arriver à la première coulée, on a fait 27 charges représentant. 2.922 —	2.700 —		
Pour arriver à la première coulée, on a fait 20 charges, représentant . . .1.890 —	2.000 —			On a donc chargé jusqu'à la première coulée . 4.468 —	8.100 —		
On a donc chargé jusqu'à la première coulée . 3.714 —	6.000 —						

Mise en feu A.

Les dépenses de cette mise en feu se sont élevées à :

228 fagots à 12 fr. le 100 . . .   27 fr. 30
1.200 k. de houille à 50 fr. les 1.000 k.   60 »
6.000 k. de charbon ou 15 b. à 35 fr.   525 »
3.714 k. de minerais ou 5 b. 30 à 8 fr.   42 40
TOTAL . . . . 654 fr. 76

Mise en feu B.

Les dépenses de cette mise en feu se sont élevées à :

810 fagots à 12 fr. le 100 . . .   97 fr. 20
510 k. de houille à 50 fr. les 1.000 k.   25 50
8.100 k. de charbon ou 20 b. 25 à 35 fr.   708 75
4468 k. de minerais ou 6 q. 38 à 8 fr.   51 04
TOTAL. . . 882 fr. 49

La mise en feu B a été plus satisfaisante que la mise en feu A. Elle a duré plus de temps parce qu'on a brûlé plus de fagots qu'il était nécessaire, en attendant que le placement de la tympe et des tuyères à eau fut achevé.

Peu de jours après la mise en feu A, on fut forcé de réduire la charge en minerais, que la chaleur supposée dans l'ouvrage, après la première coulée, avait fait d'abord estimer plus grande. Les premières coulées de la mise en feu B, au contraire, atteignirent une température toujours croissante qui permit d'augmenter successivement les charges en minerai, celles en charbon portées à 100 kilogrammes dans chaque roulement restant d'ailleurs les mêmes.

On n'avait fait qu'une seule grille pour la mise en feu A, comptant sur l'effet des 1,200 kilogrammes de houille brûlé dès le commencement; mais, pour la mise en feu B, on brûla moins de houille et l'on fit six grilles, ce qui réussit mieux à chauffer l'ouvrage. C'était là le point essentiel, et l'on ne dut pas regretter le surcroît de dépense de la deuxième mise en feu sur la première.

Travail pour la coulée. — Aux premiers jours de roulement, on ne doit couler que lorsque le creuset est entièrement plein; c'est la meilleure manière de l'échauffer promptement.

Dans les fourneaux en moulages, il est rare que les premières coulées soient employées autrement qu'à fournir des sapots de fonte noire pour la deuxième fusion. Il ne serait pas utile que cette fonte fût destinée immédiatement aux mouleurs, et nous ne conseillerons une telle disposition qu'autant qu'elle serait exigée par l'exécution des commandes non susceptibles de retard, ce qui peut se produire dans les hauts-fourneaux qui ne sont pas aidés de cubilots et dont la mise hors a interrompu le travail des mouleurs. Aussi existe-t-il aujourd'hui peu de hauts-fourneaux à moulages qui ne possèdent une fonderie de deuxième fusion.

La difficulté d'utiliser, pour le moulage, la fonte des premières coulées, est facile à comprendre. En effet, cette fonte, ordinairement épaisse, noire, souvent recouverte de graphite, conviendrait à peine pour un petit nombre d'objets ne demandant ni exécution soignée, ni précision, ni même solidité. Pour la modifier, il faudrait abuser de la température encore incertaine du fourneau, après la mise en feu, en ajoutant à la charge une plus forte proportion de minerais, que celle voulue d'abord. On pourrait à la vérité obtenir, peut-être, par ce procédé, deux ou trois coulées de fonte assez chaude et propre à couler toutes pièces, mais il se produirait bientôt un refroidissement sensible, qui obligerait de ramener la charge à son état primitif, d'où un retard fâcheux dans la marche du fourneau et plusieurs coulées de fonte blanche, si la réduction de la charge n'avait pas été faite à propos.

Le temps qui s'écoule entre l'instant où l'on a commencé à souffler et celui où l'on coule pour la première fois, dépend principalement de la quantité de vent lancé dans le fourneau, et de la grandeur de l'ouvrage.

Quelques heures après la mise en train, lorsqu'il reconnaît aux tuyères et par le soulèvement de la couche de charbon, qui recouvre l'avant-creuset, la présence dans le creuset d'une certaine quantité de métal en fusion, le fondeur fait usage du ringard pour sonder l'ouvrage dans toute sa longueur et ouvrir un passage aux laitiers, en dégageant les matières durcies attachées aux costières et au-dessous de la tympe. Pour éviter de refroidir l'avant-creuset, et pour faciliter l'écoulement des laitiers, le vent ne doit pas être interrompu pendant cette opération, que les ouvriers appellent *relever devant*.

Quand les scories viennent garnir l'avant-creuset, on les recouvre de quelques pelletées de fraisil, afin d'en arrêter le durcissement, et le travail se borne, jusqu'à l'heure de la coulée, à entretenir un écoulement constant, en dégageant, avec le *crochet* et les outils (fig. 12, 13, 14, 16, 18, etc., pl. 7), les matières figées sur la dame.

Peu de temps avant la coulée, le fondeur enfonce de nouveau, et à plusieurs reprises, jusqu'à la rustine, son ringard qu'il retire en le promenant d'une costière à l'autre. Cette opération a pour but de provoquer la sortie de tout le laitier contenu dans le creuset et de faire descendre la charge suspendue au-dessus des tuyères, en évitant son interruption dans le bain, au moment de la coulée.

Cela fait, il laisse souffler, pendant quelques instants encore, dans le but de réchauffer la surface de la fonte qui a été découverte au moment de l'écoulement du laitier; puis, il arrête le vent, et, après avoir dégagé les costières avec le ringard, il enlève, avec l'aide du *crémoir*, espèce de crochet plat et large (fig. 14.), les charbons et le laitier qui surnagent à la surface de l'avant-creuset.

Lorsque celui-ci est parfaitement nettoyé, et quand le métal est mis à découvert, le *bouchage* est placé sous la fausse tympe pour retenir les matériaux dans l'arrière-creuset. Fait en laitier ou en terre d'herbue, le bouchage a, le plus souvent, la forme d'un cylindre dont la longueur est proportionnée à la largeur de l'ouvrage. Il peut être remplacé par une plaque en fonte, garnie de terre bien séchée, laquelle est maintenue sous la tympe au moyen d'un long manche de fer.

Le tampon de bouchage mis en place, les ouvriers viennent tour à tour puiser la fonte dans l'avant-creuset avec des cuillers en fer garnies, à l'intérieur comme à l'extérieur, d'une couche composée d'un mélange de terre argileuse et de crottin de cheval.

Lorsque la coulée a lieu par des procédés qui n'obligent pas l'ouvrier à plonger sa cuiller dans la fonte pour l'emplir, on se sert de poches en fonte, moulées sur un modèle de grandeur voulue, et assujetties à un manche en fer au moyen de rivets ou de boulons. Ces poches sont garnies comme celles indiquées plus haut, et leur entretien est à la charge du mouleur.

L'ouvrage une fois vidé, le fondeur, avec l'aide d'un de ses chargeurs, retire le bouchage, en se servant d'une *griffe* à deux branches recourbées, puis, il ramène les matériaux dans l'avant-creuset qu'il achève de remplir avec un mélange de braise et de laitier bien serré sous la tympe; le charbon retiré avec les scories, pendant le travail au ringard et pendant le *crémage*, convient parfaitement pour boucher après la coulée.

Le mode de couler en *crémant*, anciennement usité dans les fourneaux en moulages, a l'avantage important de ne pas dénaturer et de ne pas refroidir la fonte, en la conservant dans son foyer naturel, mais il présente des inconvénients nombreux dont les principaux sont :

La perte partielle ou totale des matériaux (minerai et charbon) qu'on retire pendant le *coup* de ringard qui précède la coulée et pendant le crémage ;

Le refroidissement de la partie du creuset mise à découvert ;

Le retard apporté dans la marche du fourneau, pendant le temps que dure la coulée, puisque la machine soufflante ne fonctionne pas. Ce retard ne dure pas moins d'une demi-heure, quelle que soit la célérité apportée aux différentes opérations, si la fonte doit être partagée entre vingt-cinq ou trente mouleurs, par exemple ;

Le bouleversement qui a lieu dans les charges, quand on recommence à souffler.

Ces circonstances ont fait naître des perfectionnements qui ne sont pas encore le dernier mot de l'économie à chercher.

Le *creuset-puisard* est une capacité cylindrique construite en briques où en sable, communiquant avec l'avant-creuset et placée sur l'un des côtés de la dame. Le métal s'y rend à mesure de sa fusion, et il peut y être puisé à toute heure par les ouvriers mouleurs, suivant les besoins de l'usine. Cette méthode permet de couler à volonté, en la transportant dans un autre foyer, la fonte qui, quoiqu'on fasse, n'est pas à l'abri des atteintes de l'air extérieur.

Une autre sorte de puisard, indiqué par les figures 36 à 39 de la pl. 7 est en fonte; il est placé sur le côté de la dame comme le précédent. L'ouverture qui règne dans toute la hauteur communique avec l'avant-creuset; elle est bouchée par un mélange d'argile et de crottin de cheval battu en pisé. La rigole *b* doit servir à faciliter le passage du ringard lorsqu'on perce le bouchage *a*; l'orifice *c* est établi pour qu'on puisse vider entièrement le creuset quand la coulée est terminée. L'enveloppe en fonte, à l'exception de l'ouverture *c* peut être garnie d'une masse de sable solidement damée jusqu'à la hauteur des bords. L'intérieur est enduit d'une couche de poussier de charbon de bois délayé dans l'eau avec du sable réfractaire. On le sèche avec des laitiers. Enfin, le fond de ce creuset-puisard doit être placé à 12 ou 15 millimètres de la sole, afin d'être garanti des scories.

A la coulée, on perce le bouchage avec un piquard ou un petit ringard, et la fonte arrive dans le puisard au niveau de celle qui reste dans l'avant-creuset; elle est puisée avec des poches, avant même qu'elle ait pris ce niveau, et sur la fin de la coulée, alors que le laitier arrive dans le creuset, on bouche le trou de communication avec un tampon de terre ou de sable humide.

Le creuset nettoyé, on rapporte de la terre pour remplacer celle enlevée aux environs du trou de coulée et empêcher le bouchage de se durcir.

Lorsqu'il s'agit de remplacer les bouchages, on arrête le vent pour crêmer l'avant-creuset, bien que prenant la fonte dans le puisard.

Si le creuset-puisard n'est pas parfait, il est du moins assez intéressant pour laisser un souvenir dans les travaux du fondeur.

On a adopté de préférence, et l'on conserve dans plusieurs hauts-fourneaux en moulages, la *coulée à la percée*.

La dame est remplacée par une plaque transversale qui, placée en avant du creuset, est fixée aux mureaux par quatre forts boulons. Cette plaque est percée, en face de l'avant-creuset, d'un orifice rectangulaire d'environ 0^m,25 sur 0^m,15, garni d'une épaisseur de sable d'ouvrage ou de terre de bouchage. Une petite plaque, portant plusieurs trous d'un diamètre de 0^m,2 à 0^m,3, disposés sur une ou deux lignes verticales, vient, en s'ajustant sur la traverse, au moyen de quatre goujons à clavettes, fermer l'ouverture ci-dessus dans laquelle elle emboîte par un rebord saillant de 5 millimètres environ.

Au moment de la coulée, le fondeur perce successivement les trous superposés, en commençant par celui du haut, et les ouvriers se présentent à leur tour pour recevoir la fonte dans leurs poches.

La coulée terminée, la plaque est retirée provisoirement et le bouchage mis en état, en enlevant les scories et la fonte qui restent dans les trous, où il est nécessaire de rapporter du sable. Le devant du fourneau est nettoyé et bouché comme toujours. La figure 1, pl. 7, représente la grande plaque qu'on appuie sur les mureaux, et la figure 2 la plaque de coulée, dite plaque *gentilhomme*.

Le système de coulée à la percée a été perfectionné, à Marquise, à l'aide d'un chenal mobile, à bascule, qui reçoit la fonte sortant du creuset. Ce chenal monté à bascule, sur deux tourillons, et porteur d'une embouchure coudée, s'abaisse ou s'élève à l'aide d'un contre-poids manœuvré par le fondeur pour régler la distribution du métal dans les poches présentées par les mouleurs. Les figures 34 et 35, pl. 7, représentant cet appareil, fort simple et très commode, suffisent pour en expliquer l'emploi.

Manière de charger et de composer les charges. — L'opportunité des charges est indiquée par la hauteur de l'affaissement qui se produit au guenlard. Cet abaissement se constate à l'aide d'une sonde coudée, dont l'une des branches a juste la hauteur d'une charge.

Le chargement ne doit pas descendre plus bas pour demeurer régulier. Alors que le vide est devenu tellement profond qu'une charge ne suffit plus à le remplir, le chargeur n'est plus maître de son travail. Une trop grande quantité de matière, introduite à la fois, ne tendrait d'ailleurs qu'à refroidir le fourneau.

Les charbons de bois, qu'on ne peut charger au poids, en raison de l'eau qu'ils peuvent absorber, sont jetés dans le fourneau par *rasses* ou paniers en forme de vans. Quand ils sont secs, et peuvent être pesés, il est facile d'accorder le poids et le volume. Dans les fourneaux qui chargent à cinq rasses, la charge contient environ 4 hect. 50, pesant 103 à 105 kilogrammes de charbon mêlé (plutôt dur que tendre), et l'on porte ces cinq rasses en consommation pour 100 kilogrammes.

Les minerais sont chargés, dans les petits fourneaux, à l'aide de *bacs* en tôle, ayant la forme de la figure 33, pl. 7. En chargeant au volume, on court le plus grand risque de déranger la marche du fourneau, le poids des minerais variant avec la température et l'état de l'atmosphère.

Leur dosage est plus difficile à régler que celui des charbons. Un bac de 15 litres de mine, prise sur le parc à son état ordinaire, peut peser 12 p. 0/0 de plus qu'un semblable bac de mine gelée ; un bac de minerai mouillé légèrement humide, 10 p. 0/0 de moins qu'un minerai très sec. En somme, le contenu pèse d'autant plus qu'il est plus mouillé ou contient moins de gros morceaux, et, par conséquent, qu'il remplit plus exactement les bacs.

Il est donc utile de faire passer les bacs sur la bascule et d'éviter de charger le minerai trop sec ou trop mouillé.

Dans les fourneaux où l'on ne mélange pas les minerais entre eux et avec leur fondant, avant de les charger, il faut avoir soin de les étendre séparément et par lits uniformes sur la charge de charbon qui les précède.

Quelques usines font projeter les charbons et les minerais dans le gueulard par des caisses cylindriques en bois et en tôle qui contiennent, l'une, la totalité de la charge en charbon, l'autre, toute la charge en minerai. Le fond de ces capacités s'ouvre comme un couvercle à charnières, quand on a retiré les clavettes qui le soutiennent. Soit qu'on les suspende au-dessus du fourneau, au moyen d'une grue ou d'un palan, soit qu'on les transporte au niveau du gueulard à l'aide d'un appareil roulant, la charge est toujours versée en masse dans le fourneau. Ce mode de chargement est employé, notamment, dans les fourneaux de grandes dimensions, où l'on est obligé d'opérer le chargement sur plusieurs faces.

Il est d'usage de charger toujours la même quantité de charbon et de ne faire varier que la dose du minerai. Les charbons, formant la majeure partie du volume de la charge, doivent former une base constante qui, une fois déterminée d'après la capacité du fourneau, ne saurait subir d'importants changements sans altérer les résultats. Les charges trop fortes, refroidissant les parties supérieures de la cuve, augmenteraient la consommation du charbon; les petites charges présenteraient le même inconvénient, en même temps que des chutes et des éboulements. Il suit de là que, dans deux fourneaux de même capacité, le volume des charges est susceptible d'augmentation pour celui où le charbon est plus léger et le minerai plus pesant.

Le volume des charges de charbon de bois, tel qu'on l'admet dans les hauts-fourneaux en moulages, varie entre 4 hect. 50 et 5 hectolitres pour les fourneaux de 8 à 13 mètres d'élévation, et entre 4 hectolitres et 4 hect. 50 pour les fourneaux au-dessous de 8 mètres.

Des essais faits dans un fourneau de 11 mètres de hauteur, pour réduire à 4 hectolitres le volume des charges en charbon, porté à 4 hect. 60, ont donné, en outre des dérangements plus fréquents du fourneau, une augmentation constante dépassant de 1/5° la consommation ordinaire.

La masse du vent, lancée dans le fourneau, et la température du foyer, déterminent la quantité de charges qui peuvent descendre par vingt-quatre heures. C'est par cette raison que tous les fourneaux font beaucoup plus de charges lorsqu'ils sont en pleine marche que dans les premiers jours après la mise en feu. Ceci, sauf exceptions, bien entendu, par exemple : quand la descente des charges est ralentie, à la suite d'un engorgement produit par l'emploi de matériaux mouillés ou par la chute de quelques parties des parois. Il est facile de reconnaître ces engorgements à l'examen de la fonte qui demeure très grise pendant quelques jours. Pour les faire cesser, on n'a pas d'autre ressource que d'augmenter la force du vent et de travailler au ringard.

Distribution de l'ensemble du travail. — Dans les fourneaux en marchandises, on fait deux coulées par vingt-quatre heures, le matin et le soir. Les ouvriers mouleurs doivent préparer leurs moules et faire sécher leurs poches sur les laitiers, en ayant soin de s'y prendre une heure ou deux avant la coulée. Les charges sonnées au gueulard, par l'ouvrier de service, servent d'avertissement pour indiquer, mieux que les heures, les évolutions du travail dans l'usine.

Le travail de ces fourneaux, est partagé entre un *maître fondeur* et un *petit fondeur* ou *garde*. L'intervalle d'une coulée à l'autre est divisé en deux tournées de chacune six heures. Le maître fondeur prend habituellement la tournée qui précède la coulée dont la préparation réclame tous ses soins.

L'entretien du gueulard est confié à deux chargeurs se relevant par tours, comme les fondeurs, sous la surveillance desquels ils sont plus particulièrement placés dans les établissements de peu d'importance.

Les deux fondeurs et les chargeurs doivent être présents à toutes les coulées, pour que les opérations qui les précèdent et qui les suivent soient conduites avec la plus grande célérité. Dans un grand nombre d'usines, on fait assister aux coulées les divers ouvriers dont le service se rattache au travail du haut-fourneau. Par exemple, le *remplisseur* et les ouvriers chargés du transport des matériaux au gueulard. Les employés chargés de la fabrication et de la surveillance intérieure président à la distribution de la fonte entre les mouleurs, en vue d'y apporter l'ordre nécessaire et de prévenir le gaspillage.

Machines employées à l'approvisionnement des gueulards. — Deux fondeurs et deux chargeurs suffisant pour conduire un haut-fourneau lorsque les moyens de communication, avec le gueulard, sont faciles, et que les matériaux sont à la portée des chargeurs.

Mais, lorsque l'approvisionnement a lieu au moyen de machines ou d'engins spéciaux, quand les fourneaux ne sont pas adossés ou reliés avec un terrain au niveau du gueulard, il faut employer l'aide de plusieurs autres ouvriers, dont le nombre est déterminé par la nature du mécanisme employé à élever les matériaux.

Les gueulards des petits fourneaux sont approvisionnés par des grues, par des treuils, et quelquefois par un simple système de poulies; le maniement de ces organes élémentaires emploie rarement plus de deux hommes.

L'approvisionnement des hauts-fourneaux de grandes dimensions exige des mécanismes plus compliqués.

Les monte-charges ont des dispositions très variées. — Leurs applications sont passées aujourd'hui dans les usages domestiques. — On en fait de très simples qui sont les plus économiques quand ils ont recours à des forces motrices naturelles. — Nous en avons parlé ailleurs. Leur importance, du reste, beaucoup plus grande pour les hauts-fourneaux que pour les cubilots, dépend à la fois du niveau du sol où est bâtie l'usine et de celui de la plate-forme des gueulards. — Aujourd'hui, bon nombre de constructeurs entreprennent, avec autorité, l'installation de monte-charges. — Entre les appareils de levage purement mécaniques, marchant par transmission, et les monte-charges à eau, à vapeur, à air comprimé, etc., les maîtres de fonderies n'ont qu'à choisir. — C'est pourquoi nous n'entrerons pas davantage dans ce sujet qui est de plus en plus dans le domaine d'un grand nombre d'industries, en dehors de celle dont nous nous occupons.

Roulement des hauts-fourneaux. — Dans chaque usine, on signale, jour par jour, le travail du haut-fourneau sur un livre de roulement spécialement établi, dont nous donnons le type :

JOURS du mois		HEURES des coulées		Quantité de charges par coulée	CONSOMMATIONS												PRESSION DU VENT en atmosphères	TEMPÉRATURE DE L'AIR CHAUD au thermomètre	OBSERVATIONS	PRODUITS — FONTES EN					
					CHARBON		MINERAIS DE A		B		C		TOTAL des minerais		CASTINE					MOULAGES divers	SAUMONS noirs	SAUMONS blancs et gréés	MOULAGE gris	MOULAGE blanc	POIDS réunis
Jours	Dates	Soir	Matin		litres	kilog.	litres	kilog.	litres	kilog.	litres	kilog.	litres	kilog.	litres	kilog.				kilog.	kilog.	kilog.	kilog.	kilog.	kilog.
Dim.	1	6	»	18	7.200	1.800	1.010	2.000	605	1.200	198	400	1.758	3.600	270	540	31/2	»	Les buses ont 0,070 de diamètre.	808	»	»	224	»	1.032
»	»	7	17		6.800	1.700	1.005	2.050	610	1.200	120	370	1.735	3.570	200	400	31/2	»	Fonte blanche par suite des chutes de mines et de refroidissement attribués au manque de vent.	926	»	180	»	306	1.362
Lundi	2	»	21		8.400	2.100	1.200	2.400	850	1.750	108	310	2.158	4.410	320	640	4	»		1.251	»	250	»	203	1.704
»		7	7	18	5.200	1.300	810	1.600	458	900	75	226	1.343	2.726	340	320	4	»	La pression est fixée à 0,04.	701	»	»	503	»	1.204
Mardi	3	6/12	»	19	7.600	1.900	1.112	2.200	710	1.400	128	385	1.950	3.985	275	550	4	»		1.457	»	»	454	»	1.911
»		»	7	18	5.200	1.300	800	1.600	458	900	78	226	1.336	2.726	188	350	41/2	»	On emploie des buses de 0,060 de diamètre.	896	»	»	242	»	1.138
Merc.	4	6	»	17	6.800	1.700	1.008	2.000	610	1.200	125	360	1.743	3.560	250	500	41/2	»	On emploie des buses de 0,065 de diamètre.	1.586	»	»	437	»	2.023
Jeudi	5	7	16		5.400	1.000	1.010	2.000	609	1.200	108	320	1.727	3.520	243	480	4	»	Les buses sont de nouveau changées pour être mises à 0,070 de diamètre.	1.323	»	»	344	»	1.667
»		8	15		6.000	1.500	950	1.900	558	1.100	105	300	1.613	3.300	225	450	4	»		1.274	»	»	283	»	1.557
Vend.	6	7	»	15	6.000	1.500	955	1.900	580	1.160	112	340	1.647	3.400	280	450	4	140°	Fonte grise due à l'emploi de l'air chaud.	1.311	85	»	188	»	1.584
»		7	9	18	7.200	1.800	1.110	2.200	728	1.440	138	410	1.976	4.050	272	540	4	140	— —	1.093	65	»	154	»	1.312
Same.	7	»	13		5.200	1.300	816	1.600	510	1.000	130	390	1.456	2.990	195	390	4	150	La pression est portée à 0,05.	255	870	»	95	»	1.220
»		»	7	13	5.200	1.300	800	1.600	508	1.000	135	390	1.443	2.990	208	390	4	170	La fonte devient tellement noire, qu'il est difficile de couler des moulages.	933	860	»	285	»	1.578
																	4	180		181	965	»	115	»	1.261
				221	88.400	22.100	13.395	26.000	11.800	16.400	1.587	4.687	23.582	47.687	3.495	6.900				13.995	2.345	980	3.394	509	20.553

Récapitulation du travail de la semaine. — On a dépensé pour produire 1,000 kilog. de fonte 1,075 kilog. de charbon ou 43 hect. 01 et 2,820 kilog. de mines ou 11 hect. 53. — Le rapport des mines est de 43 p. 96. — La charge a produit moyennement 93 kilog. de fonte.

Tout ce qui concerne le travail du haut-fourneau doit être noté sur ce livre. La colonne d'observations, tenue avec soin, doit comprendre des renseignements sur l'état de l'atmosphère, la marche de la machine soufflante, la sorte et la couleur des laitiers, l'état des tuyères, la couleur de la flamme à la tympe et au gueulard, la nature des matériaux et des produits, les causes auxquelles sont dus les accidents qui surviennent pendant le travail. Au moment des mises en feu, on y ajoute les données utiles qui s'y rattachent, et, au besoin, des croquis indiquant la forme et les dimensions des parties du fourneau qui sont réparées, des notes explicatives sur le mode de séchage adopté, le nombre des grilles et la composition des premières charges. A la fin de chaque roulement, il est bon d'établir un résumé, donnant des détails sur les observations faites pendant la durée du train, comme sur toutes autres questions intéressant la marche.

Un tel registre, tenu avec exactitude, est la chose la plus utile pour éclairer le chef de fonderie sur les résultats de son exploitation.

Devoirs des fondeurs et des chargeurs. — Le premier devoir de l'ouvrier chargeur est l'exactitude qu'il apporte à ne laisser jamais au gueulard un vide de plus d'une charge.

Il doit aussi avoir soin d'égaliser les matériaux par couches uniformes, de faire rigoureusement les mélanges voulus, de remplir et de peser avec attention les bacs de minerais, de répartir par portions égales dans les charges les rasses de menu charbon ou de charbon tendre.

Le fondeur doit faciliter l'écoulement des laitiers en dégageant souvent la dame ; surveiller la pression du vent au manomètre ; nettoyer les tuyères, quand elles sont menacées d'un engorgement produit par les matières non fondues qui, s'amassant et se figeant, peuvent arrêter le passage du vent ; prévoir les changements probables dans l'allure du fourneau, et prendre les mesures nécessaires pour prévenir ou pour éloigner les mauvaises coulées ; ne travailler au ringard que dans les cas urgents ; monter souvent au gueulard pour se convaincre que les matériaux demeurent en bon état ; faire varier la charge en minerais et en fondants quand les circonstances l'exigent.

Par dessus tout, le directeur de l'usine doit, nous n'aurions pas besoin de le dire, surveiller, contrôler et ordonner le service.

Le fondeur ne doit employer le ringard que le moins possible, et dans les circonstances suivantes :

1° Quand il relève devant ;

2° Quand il prépare la coulée ;

3° Quand l'ouvrage est embarrassé par suite du refroidissement des laitiers ou par des amas de matériaux ;

4° Quand il veut, en précipitant la descente des charges, faire changer la nature de la fonte qui est trop noire ou trop graphiteuse, et la rendre propre à être versée dans les moules. Dans cette circonstance, il doit promener son ringard dans l'ouvrage, longtemps avant la coulée, et éviter de le mettre en

contact avec la fonte. Cette ancienne méthode, qui n'est pas sans inconvénient, réussit quelquefois, mais, souvent, elle rend la fonte épaisse et peu
coulante.

On doit éviter de laisser passer la flamme sous la tympe ; c'est perdre de la
chaleur et détruire sans profit le devant du fourneau. Cependant, il ne convient pas non plus de boucher trop hermétiquement l'avant-creuset, à cause
de la sortie des laitiers et de la température égale dans laquelle les costières
doivent être conservées. Avant qu'on ait fait *venir* les laitiers, c'est-à-dire
jusqu'à la troisième ou quatrième charge, après la coulée, le fourneau n'a
pas besoin de flamber ; mais, après le travail, lorsqu'on a dégagé le devant,
la flamme peut commencer à se faire jour. C'est alors qu'il faut arrêter son
expansion en garnissant au mieux l'avant-creuset. Et, quand les matières (du
vieux sable et des scories broyées), qui ont servi à boucher, sont figées ou
durcies au point d'arrêter l'écoulement des laitiers, il faut les détacher, les
retirer et boucher de nouveau.

· *Outils et ustensiles des fondeurs et des chargeurs.* — Une partie des
outils et ustensiles à l'usage des fondeurs et des chargeurs a été déjà indiquée. Toutefois, nous jugeons utile de résumer ici l'ensemble de l'outillage des
hauts-fourneaux.

Les ustensiles nécessaires aux fondeurs et aides-fondeurs sont :

Une douzaine de ringards de différentes longueurs, variant entre 2 et 3
mètres, et en fer carré de $0^m,3$ à $0^m,04$ centimètres ; trois ou quatre ringards
doivent avoir leurs pointes garnies d'acier, et trempées pour travailler dans
le creuset lorsqu'on a des matières durcies à détacher. Par la même raison,
quelques-uns de ces ringards, au lieu d'être pointus, peuvent avoir leur extrémité terminée en biseau, comme à la figure 16, pl. 7. Toutes les usines
ont deux ou trois jeux de ringards, afin que le service ne souffre pas lorsque
l'un de ces jeux est en réparation à la forge.

Deux crochets (fig. 13), pour tirer les laitiers.

Trois ou quatre pelles en fer, avec de longs manches en bois.

Des massettes en fer (fig. 4, 5 et 6), pour dégager les ringars, lorsqu'ils
sont recouverts de laitier figé.

Un cramoir en fer (fig. 14), qui sert à nettoyer la surface du bain lorsqu'on prend la fonte dans le creuset.

Une griffe en fer, à deux ou trois dents recourbées, pour retirer le bouchage.

Un bac à eau pour refroidir les outils. Ce bac est ordinairement alimenté
par l'eau qui sort de la tympe ou des tuyères.

Une rouelle ou rable, pour approprier le devant du fourneau. Cet outil,
lorsqu'il est destiné à cet usage unique, est fait tout simplement en bois.

Une pelle ordinaire, une pioche, une bêche pour préparer le sable lorsqu'on
coule des gueuses ou des saumons. Et, pour le même emploi aussi, une
charrue faite d'un morceau de bois triangulaire fixé à un manche de 1 mètre

de longueur environ ; cet instrument sert à tracer les rigoles où l'on enfonce les modèles de gueuses ou de saumons.

Enfin, deux ou trois seaux, un ou deux ringards en fer rond, de 0ᵐ,02 de diamètre, à pointe un peu recourbée, pour le service des tuyères et des bouchons fixés à leurs manches, pour fermer le trou de coulée lorsqu'on lâche la fonte. Et aussi les outils (fig. 5 à 11), deux battes, deux tranches ou racloirs (fig. 33 et 36), une truelle, un marteau à tailler les briques ou la pierre, une auge pour préparer le mortier, lorsqu'on remonte les ouvrages, etc.

Les ustensiles mis en usage par les chargeurs, pour le service du gueulard, sont principalement des rasses ou paniers pour charger le charbon (fig. 31).

Des bacs en tôle, en bois ou en osier (fig. 32 et 33, pl. 7), pour charger le minerai.

Une pelle en fer (fig. 12), avec manche en bois, et un fourgon en bois, pour égaliser les charges.

Une bascule en fer, pour peser les charges.

Une planche noircie, pour marquer à la craie, ou au moyen de chevilles, le nombre de charges de chaque coulée.

Une cloche, ou une plaque de fonte, suspendue, pour sonner les charges, et aussi pour indiquer, par un tintement plus prolongé, le moment de la coulée.

Un mouton (fig. 23), en cas de démolition d'une partie de l'ouvrage, après accident.

Puis aussi une poche à main et une cuiller à essai (fig. 24 et 25) ; une coquille d'épreuve (fig. 26); un appareil d'essai (fig. 29), avec un tas pour essayer les barreaux au choc (fig. 28, etc.).

On peut faire varier le nombre et la forme de ces outils dont les uns sont indispensables et les autres plus ou moins utiles suivant les besoins de l'usine.

Circonstances où l'on obtient de la fonte blanche et de la fonte grise. — Les causes principales pouvant amener, hors de la marche régulière en fonte et moulages, de la fonte blanche ou de la fonte grise par suite de causes accidentelles, sont bonnes à connaître dans une étude sur la production en première fusion.

On obtient de la fonte blanche :

1° Par l'emploi de minerais trop fusibles, insuffisamment mélangés, mal bocardés, mal grillés, trop humides, trop secs.

2° Par des charbons trop légers ou trop mouillés ;

3° Par une surcharge de minerais ;

4° Par un dosage défectueux du fondant, ou par l'emploi d'un fondant impur ;

5° Par un vent irrégulier, ou mal dirigé ;

6° Par des étalages trop rapides ou trop plats. On se rappelle que, dans ce dernier cas, ils retiennent les matériaux, et provoquent des engorgements ;

7° Par un foyer trop large ;

8° Par un refroidissement accidentel du foyer ;

9° Par un dérangement du fourneau, provenant de la descente irrégulière des charges, produite par une cause quelconque, des éboulements qui en sont la conséquence, de la position accidentellement surélevée du point de fusion, ou des obstructions du creuset.

On obtient de la fonte grise :

Lorsque la température est très élevée dans le fourneau ; lorsque le vent est conduit avec la régularité voulue ; lorsque le choix et le dosage des matériaux ont été bien faits, ou encore, lorsque l'ouvrage n'est pas trop large.

On obtient aussi, momentanément, de la fonte grise par un rétrécissement accidentel de l'ouvrage, au-dessus des tuyères ; par une température subitement exagérée, à la suite d'un excès de vent ; par une charge très faible de minerais.

Ces dernières circonstances sont déplorables, le produit du fourneau n'étant pas en rapport avec la consommation, et la qualité de la fonte cessant d'être propre à la confection des objets moulés.

Transformation de la fonte au moment de la coulée. — La fonte des hauts-fourneaux, réservée aux travaux de la fonderie, en deuxième fusion, est coulée à découvert, dans le sol de l'usine, et sous la forme de sapots, destinés à alimenter le travail des cubilots. Cette méthode ne présente pas toujours les garanties désirables, pour les fontes qui, devant subir de nouvelles épreuves par des fusions successives, ont besoin de conserver leurs qualités de pureté et de douceur. La fonte coulée en rigoles brûle et vitrifie, avant de se figer, une certaine quantité de sable qui, non-seulement rend les gueuses irrégulières, raboteuses et d'un vilain aspect, mais encore, donne lieu à une augmentation de déchet dans les opérations ultérieures, soit qu'on passe le métal au four à réverbère, soit qu'on le refonde au cubilot. Cet inconvénient est moins grave, si les saumons sont coulés dans du sable calcaire, pouvant venir en aide à la seconde fusion. Aussi, n'est-ce pas là le seul désavantage du procédé. Si faible que soit la proportion d'eau nécessaire pour donner au sable la cohérence indispensable, cette proportion suffit à refroidir le métal, et à lui faire subir un effet de trempe. En effet, il n'est pas rare de rencontrer, notamment vers les points les plus éloignés du trou de coulée, des lingots de fonte complètement gris à leur centre, et dont l'extérieur est blanchi.

Ce sont des accidents de cette nature qui ont motivé, dans diverses usines, l'emploi des moules en fonte, enduits d'une couche de chaux. Cette couche, épaisse de quelques millimètres, et bientôt séchée à l'air, est appliquée avec une brosse trempée dans une bouillie calcaire. Les lingotières, dont le vide a la forme et les dimensions des gueuses ordinaires, sont placées sur le sol, de manière à recevoir la fonte d'une maîtresse-gueuse. La coulée ne subit, au reste, aucune autre modification.

. Ce procédé, peu coûteux, aurait un autre intérêt, celui d'améliorer les fontes traitées au coke, ou celles provenant de minerais pyriteux, la couche calcaire qui se trouve en contact avec la fonte liquide, tendant à absorber une partie du soufre pourrait renfermer.

Influence du vent. — La pression du vent est réglée en raison de la densité du combustible et de la capacité de l'ouvrage. Celle qui convient au charbon de bois, est de 2 à 4 centimètres, au manomètre à mercure, pour les charbons légers, et de 4 à 6 centimètres, pour les charbons durs. Peu d'usines, en France, employant des charbons tendres, la pression généralement adoptée est fixée entre 4 ou 5 centimètres. Cette pression étant naturellement plus forte, suivant que la hauteur des fourneaux augmente, et que le combustible est plus dense. Pour du coke léger, elle varie entre 7 et 12 centimètres de mercure ; pour du coke dur et compact, elle peut aller jusqu'à 16 centimètres, et au delà.

Une grande masse d'air, laissée sans pression, dans un foyer très large, ne peut donner qu'une fusion incomplète et un mauvais produit. Dans les petits hauts-fourneaux en moulages, destinés à produire, en plein roulement, 1,500 à 1,800 kilogrammes par coulée, il est d'usage, au commencement d'un train, de donner à l'ouvrage le moins de capacité possible, en conservant les rapports voulus entre toutes les parties, ce qui permet de retarder l'agrandissement du foyer.

Dans les fourneaux à deux tuyères il est bon, pour conserver l'ouvrage de ne souffler, dans le principe, qu'à une seule tuyère, et de les employer seulement toutes les deux, lorsque le foyer commence à s'élargir.

Les buses peuvent être rétrécies à mesure que se développe la marche du fourneau.

Si l'on admet, par exemple, une buse de 7 à 8 centimètres de diamètre, lors de la mise en feu, elle sera réduite, après un mois ou deux de roulement à 5 ou 6 centimètres de diamètre. Enfin, quand l'élargissement de l'ouvrage deviendra plus sensible, on diminuera encore ce diamètre de quelques millimètres.

Ces différents changements seront favorables au rendement de la machine soufflante, et ajouteront à la pression, qui doit être proportionnellement augmentée, suivant la grandeur de l'ouvrage.

Le vent, injecté sous une pression trop forte, brûle les charbons avec une rapidité nuisible à l'effet qu'ils doivent produire, et amène, par une combustion exagérée, des inégalités dans la descente des charges. De là, mauvais produit, une partie du minerai, non réduit, descendant dans le creuset, et le combustible étant consommé inutilement.

Il peut arriver, également, qu'un vent très rapide, élève le point de fusion à une trop grande hauteur, le minerai fondu trop haut devant être infailliblement affiné à son passage à la tuyère.

Un vent, qui n'a qu'une faible vitesse, anéantit la température de l'ouvrage, en n'opérant qu'une lente combustion ; il tend à refroidir la cuve, dans laquelle il ne saurait vaincre la résistance des matières qui s'y pressent. De là, des conséquences de nature à compromettre la situation du fourneau, parce que, la fusion, étant incomplète, les matériaux s'arrêtent, non fondus, devant les tuyères, et produisent des engorgements dans le creuset.

De tels accidents ne peuvent être détournés que par une augmentation considérable de la vitesse du vent. Il est d'ailleurs, en dehors de ces considérations particulières, d'autres occasions où il suffit d'augmenter l'effet de la machine soufflante pour sortir le fourneau d'une situation dangereuse. C'est pourquoi il y a lieu d'insister de nouveau sur la nécessité d'employer des machines soufflantes, bien construites, et dont l'action soit plus étendue que ne le demande théoriquement la consommation des hauts-fourneaux.

De ces deux principes que nous venons d'expliquer, qu'un vent trop faible et qu'un vent trop fort sont également nuisibles, il suit que, pour éviter de fréquents dérangements dans l'allure du fourneau, on doit surveiller les manomètres, et, à l'aide de leurs indications, s'attacher à écarter toute irrégularité dans la pression. Celle-ci doit être déterminée pour un certain temps, et ne peut être changée qu'après des observations nouvelles dans le travail de tous les jours.

Influence des minerais, des charbons et du fondant. — La régularité de l'allure dépend beaucoup de l'état des matériaux.

Des minerais très mouillés forment, au gueulard, des couches conglomérées, difficilement traversées par le vent. Il peut en résulter un abaissement de température de la cuve, et à la suite des engorgements de l'ouvrage et du creuset.

Des minerais très secs, surtout lorsqu'ils sont ténus et friables, criblent à travers les charbons, dépassent les charges et viennent tomber, non réduits, dans l'ouvrage.

L'usage des charbons trop humides a les mêmes inconvénients que celui des minerais mouillés.

Les charbons employés trop tôt après leur entrée en halle, se consomment plus rapidement et portent une bien plus faible charge de minerais que les charbons reposés.

Le mélange mal compris des minerais et la répartition mal faite, dans les charges, des différentes essences de charbons, sont susceptibles également de compromettre l'allure ordinaire d'un haut-fourneau.

L'exagération de la consommation est la suite inévitable des dérangements dans les hauts-fourneaux. Ainsi, de deux usines placées dans des conditions semblables, celle dont le haut-fourneau aura la plus mauvaise allure, fera évidemment le moins de bénéfices.

Enfin, une partie de la fonte passant sous le vent, privée de son laitier, devrait subir un déchet notable. Une telle allure peut exercer une influence d'autant plus nuisible dans le cas dont il s'agit, que le minerai employé est plus réfractaire.

On doit redouter un vent trop fort et une trop grande proportion de charbon lorsqu'on traite des minerais très fusibles, ou qui le sont devenus par une addition exagérée de fondant, parce qu'alors la fusion étant préparée beaucoup trop haut, le métal fondu traverse l'ouvrage avec une trop grande vitesse.

Si le minerai est pauvre, son laitier qui retient beaucoup de fer, vient bouillonner et se figer aux tuyères. Dans cette circonstance, où les ouvriers disent que les tuyères *flottent*, la réduction a toujours lieu d'une manière imparfaite. Si, au contraire, le minerai était riche et facile à fondre, il ne serait pas protégé par une quantité suffisante de laitier et l'affichage serait encore plus considérable.

Dans les deux hypothèses, on doit, ralentissant la vitesse du vent, essayer d'abaisser le point de fusion aux dépens de la température qui existe dans les parties supérieures. La situation des tuyères suffit pour indiquer qu'une augmentation de minerai n'est pas nécessaire ; elle ne tendrait d'ailleurs qu'à favoriser les engorgements.

Le minerai mal bocardé ou insuffisamment grillé, et conservant encore des parties argileuses, exerce, lorsqu'il est humide, une influence d'autant plus nuisible sur la marche d'un haut-fourneau, que les dimensions de celui-ci sont plus petites.

En un cas semblable, les éboulements de masses conglutinées se renouvelant souvent, l'allure du fourneau est incertaine et il est difficile d'obtenir plusieurs bonnes coulées consécutives. Les laitiers qu'on retire du creuset et qui pourraient engorger l'ouvrage sont d'une couleur noire et d'un aspect terne ; ils sont mêlés à une certaine quantité de minerais à demi-réduits.

Au reste, même avec une forte charge de charbon, un minerai mal préparé peut produire de la fonte blanche par surcharge et n'amener encore qu'une fusion incomplète.

On reconnaît qu'il y a surcharge de minerais, par l'état des laitiers qui deviennent sensiblement plus pesants, par la flamme qui s'échappe lentement du gueulard en couleur d'un rouge sombre, par la nature de la fonte qui se montre blanche grenue et par le produit de chaque jour qui sort des conditions obtenues en marche ordinaire.

Divers motifs obligent à réduire la charge en minerai, quand même il n'y a pas de surcharge. En autres, le plus ou moins d'humidité contenue dans le minerai et dans le charbon ; un arrêt accidentel de la machine soufflante ; l'élargissement du foyer ; l'emploi d'une trop forte dose de fondant ; un refroidissement quelconque du creuset ; la chute de quelques matériaux tombés de la cuve ou des étalages ; enfin la suspension imprévue du travail, qu'elle qu'en soit la raison.

Dans de telles occasions, il ne faut pas craindre de diminuer momentanément la charge en minerai, afin de remonter promptement la température du fourneau.

Un excès de fondant donnant un mélange trop fusible, le laitier, devenu très liquide, n'enveloppe plus assez la fonte pour qu'elle subisse sans inconvénient le contact du vent.

Le manque de fondant, au contraire, constituant un mélange trop réfractaire, le laitier épais et tenace ne se sépare pas facilement de la fonte dont il retient une assez grande quantité.

La dose de fondant la plus convenable est celle qui fait supporter au charbon la plus grande charge de minerais, sans que l'allure du fourneau soit troublée. Il est entendu que cette dose doit toujours être proportionnelle à la charge du minerai.

Il est facile de reconnaître à la pureté, au poids et surtout à la viscosité des laitiers, s'il y a excès ou non, de fondant. On peut d'après cela, lorsqu'on a un minerai nouveau à traiter, augmenter graduellement et diminuer ensuite s'il est nécessaire, pendant quelques jours, la dose du fondant, jusqu'à ce qu'on ait rencontré le mélange fusible voulu.

A quels signes on reconnaît l'allure du fourneau. — La connaissance certaine des signes résultant de l'observation d'un haut-fourneau est l'élément important qui doit servir à en réglementer la marche.

L'allure s'explique par la situation générale du fourneau. — Après avoir coulé une rondelle à découvert, les fondeurs se rendent compte de la nature de la fonte et de celle des laitiers, en prenant d'ailleurs bonne note de la marche de la flamme, de l'aspect des tuyères et de la succession des charges.

Obstructions de l'ouvrage. — Les obstructions de l'ouvrage, qui sont les accidents les plus à craindre proviennent des mêmes causes auxquelles est due la conversion accidentelle du produit en fonte blanche.

En effet les engorgements, que précèdent des chutes ou des descentes irrégulières, sont annoncés encore par le produit trop fort ou trop faible, en égard au nombre des charges. Si le fourneau n'est pas dans de bonnes conditions au moment de l'engorgement, on éprouve beaucoup de difficultés à le rétablir dans sa marche normale, et l'on est souvent forcé de le mettre *hors*. Quand les obstructions sont produites par la destruction de quelque partie de la cuve, des étalages ou de l'ouvrage, il y a, en effet, peu de remèdes à leur opposer.

On dégagera quelquefois le fourneau en remplaçant pendant plusieurs jours un quart ou un cinquième de la charge en minerais, par une quantité semblable de scories provenant des fours à pudler ou de battitures de fer, sauf à maintenir au plus bas, la charge en minerais pendant tout le temps du travail dans l'ouvrage. Car, il serait coûteux de mettre hors de feu, par suite d'un engorgement, un fourneau qui n'aurait encore que quelques mois de roulement. La nécessité fait loi en pareil cas, et l'on doit avoir épuisé toutes ressources possibles avant d'arrêter.

Mise hors. — Une dépense particulièrement accentuée en combustible et en minerai, la mauvaise qualité persistante de la fonte, un agrandissement indéfini de l'ouvrage et des engorgements insurmontables, déterminent forcément la mise hors.

Dans les usines qui n'ont pas de fours à réverbère, on rassemble, un ou deux jours avant cette exécution définitive, tous les gros *colis* qui n'ont pu être fondus dans les cubilots et on les jette au fourneau, sauf à laisser entre chacun d'eux un intervalle de plusieurs charges en minerais. De même, on utilise les *bocages* dont la qualité est trop mauvaise pour qu'on puisse les refondre ou les vendre dans les forges.

Le produit des dernières charges étant plus accentué et plus précipité que celui des charges ordinaires, on est forcé de multiplier les coulées dont la fonte, si elle n'est pas propre au moulage, est convertie en gueuses à l'usage des usines à fer.

Pendant toute la durée de leur roulement, quelques hauts-fourneaux ajoutent à la charge en minerais une certaine quantité de grenailles ou de menus *bocages* amassés dans l'usine. La proportion admise, tout au plus, 15 à 20 kilg par charge, est fondue sans augmentation de combustible, et permet de réréduire la dose de fondant.

La durée d'un fondage ne peut pas être facilement précisé longtemps d'avance.

Si le fourneau n'éprouve pas beaucoup de dérangements dans son allure cette durée dépend principalement des matériaux employés à la construction. Les campagnes des fourneaux en moulages sont moins longues que celles des fourneaux en gueuses, la bonne qualité de la fonte n'étant pas aussi exigible dans ces derniers.

Lorsqu'un accident à la machine soufflante, le manque de matériaux ou d'autres circonstances particulières forcent de suspendre le travail du haut-fourneau pendant plusieurs jours, on jette au gueulard un certain nombre de charges en charbon. Toutes issues, par lesquelles l'air atmosphérique pourrait pénétrer, à l'intérieur du fourneau et animer la combustion, sont fermées. Et, si l'on a soin de combler par des fausses charges les vides que l'affaissement produit au gueulard, on peut laisser le fourneau demeurer en cet état pendant un temps assez long.

Comparaison entre les produits de deux fourneaux de différentes dimensions.

Les fourneaux élevés, étant alimentés par une bonne machine soufflante, offrent sur les fourneaux de peu de hauteur une certaine économie de matériaux, en ce sens que les charges sont mieux préparées. Mais on doit préparer quelquefois ces derniers qui sont plus faciles à gouverner,

C'est du moins, notre avis pour les fourneaux à moulages. Plus on tendra à agrandir les hauts-fourneaux au coke pour les fontes destinées à la fabrication directe ou indirecte du fer, autant, nous pensons qu'au point de vue de la fonderie, on devra examiner de près la question dans un sens opposé, la question du volume des fourneaux à moulages.

Il suffit de penser qu'avec des appareils restreints, donnant un produit qui passe sa transition à l'état d'objet manufacturé, il est bon de pouvoir à son gré, rectifier et dominer l'allure dans un temps très court par une simple modification de la charge ou de la soufflerie.

Emploi de l'air chaud. — Les applications des appareils à chauffer l'air ont été extrêmement variées. Ces appareils ont été composés pour la plupart d'un certain nombre de tubes en fonte, recourbés et dirigés en différents sens. Leur but est d'élever la température de l'air en lui faisant parcourir, pendant un certain temps, le vide laissé dans les tuyaux, dont la surface extérieure est soumise à l'action de la flamme. Rien ne précise absolument la forme et les proportions des systèmes de chauffage à admettre. Il est certain, cependant, qu'une section trop faible nuirait, et qu'une section trop grande s'opposerait à l'échappement de l'air. On peut, dans une certaine limite, éviter ce dernier inconvénient, en multipliant les coudes pour briser la masse d'air.

Si l'on veut ménager le travail moteur, la vitesse de l'air dans les conduites ne doit pas s'élever à plus de 25 à 30 mètres par minute. Cette vitesse restant subordonnée à la température que l'on veut obtenir et à la disposition particulière de l'appareil.

En somme, les points essentiels, dans la construction d'un appareil à air chaud, peuvent être résumés comme suit :

1° Disposer de la plus grande surface de chauffe possible, sans augmenter la pression par de nombreux tuyaux d'un faible diamètre et par des coudes d'un trop petit rayon ;

2° Éviter la multiplicité des joints, et par suite, les chances de perte d'air ;

3° Disposer les tuyaux de telle sorte que la dilatation de leurs parties ait lieu facilement.

On ne saurait déterminer, d'une manière générale, le degré de température à donner à l'air envoyé dans les hauts-fourneaux. Cet élément dépend de la nature des minerais et même de celle du combustible, sinon de la qualité des matériaux employés au montage des ouvrages. Par exemple, une très haute température développée dans un fourneau construit avec des matériaux insuffisamment réfractaires, pourrait bien amener une prompte destruction des parois et un déchet considérable dans le produit. D'un autre côté, le combustible devant être consumé dans le temps voulu pour la réduction du

minerai, on n'obtiendra pas tout l'effet utile, et les charges seront brûlées
beaucoup trop haut, si l'action d'une chaleur très intense vient hâter ce moment. La température de l'air chaud est donc variable entre 150° et 300°; il
serait peu profitable de la tenir au-dessous de la limite la plus basse, et il ne
semble pas avantageux de la faire dépasser le point le plus haut.

Le chauffage des appareils à air chaud, par foyers additionnels, n'est praticable que dans les localités où l'on rencontre le combustible minéral à très
bon compte. Ailleurs, il deviendrait d'un entretien dispendieux.

On avait admis, dans le principe, que la chaleur fournie par les flammes
du gueulard était toujours inférieure de 1/4 à 1/5 à celle donnée par le combustible brûlé sur la grille d'un foyer. En effet, on comptait sur 130 à 135
calories par mètre cube de surface de chauffe et par minute, lorsqu'on employait une grille, et sur 100 à 105 seulement, lorsqu'on faisait usage de la
chaleur du gueulard. Les expériences et les résultats rappelés plus haut ont
montré à quelle puissance calorifique pouvaient atteindre les flammes perdues. Il suffit, pour cela, de brûler les gaz dans les conditions les plus favorables, et de prendre toutes mesures utiles pour que la surface des tuyaux ne
se recouvre pas d'une couche de poussière, dont l'épaisseur nuirait à l'échauffement de l'air.

Le chauffage, par la flamme du gueulard, n'est pas exempt d'inconvénients, ainsi que nous l'avons déjà fait remarquer. Il provoque un tirage
tendant à élever la température de la cuve aux dépens de celle de l'ouvrage,
et à occasionner des descentes inégales. Les appareils à chauffer l'air, installés
sur la plate-forme des gueulards, présentent un inconvénient grave emprunté
à la nécessité d'élever l'air, pour le faire redescendre ensuite; ce qui, non seulement, est une cause de dépense, mais] un obstacle à l'application de l'air
chaud dans les usines n'ayant que de faibles machines soufflantes.

Par ces raisons, les appareils construits sur le sol doivent avoir une préférence incontestable. Nous croyons qu'un bien petit nombre d'usines ont
conservé les appareils au gueulard.

Le chauffage à l'air chaud a eu comme point de départ le type dit : sys-
système Calder. — Ce type, conservé longtemps en Angleterre, a subi des
transformations diverses, et, définitivement, n'a jamais entièrement disparu
des usines ayant appliqué l'air chaud. — On y est revenu dans les dernières
années avec des transformations importantes qui en ont fait des appareils
nouveaux.

La planche 8, qui représente un four à chauffer l'air du type primitif avec
chauffage à la houille, donne une idée, quand on compare la disposition ancienne (fig. 3) à la disposition nouvelle (fig. 4).

Cette comparaison est instructive. Après avoir essayé les tuyaux cylindriques en serpentin, en jeu d'orgue, etc., avec joints hors de l'atteinte du feu,
on arriva aux tuyaux aplatis terminés par des raccords arrondis; on est arrivé,
de transition en transition à la forme dont nous donnons le tracé (fig. 4).

Les tuyaux ne sont plus d'une seule pièce. — Coupés en deux, pour ainsi dire, sujets à rompre leurs joints, à se briser, à être brûlés au sommet. Leur section aplatie est divisée en compartiment qui doublent le parcours de l'air et facilitent son échauffement.— L'ensemble offre à présent, bien qu'ayant gardé des anciens appareils l'assemblage pratique des tubes en demi-cercle, une disposition meilleure pouvant se prêter à volonté au chauffage par le combustible ou par le gaz.

C'est ce que nous voulons démontrer en mettant en regard les deux systèmes dont le principe est le même. Cela nous suffira pour ce que nous avons à dire ici.

Si l'on examine la question au point de vue de la production de la fonte en moulages, il faut voir dans l'application de l'air chauffé entre 200 et 250°c un moyen de régulariser et de redresser la marche du fourneau, en facilitant le travail de l'ouvrage et aux tuyères.

Cela dit, nous nous bornerons à résumer les objections principales soulevées par les anciens fondeurs, contre le travail à l'air chaud :

Une partie de l'effet utile de la soufflerie peut être considérée comme perdue par l'effet de la résistance que donne la circulation rompue de l'air dans les tuyaux.

Dans certains hauts-fourneaux, la consommation en minerais est augmentée, notamment si l'on traite des minerais fusibles ;

Sous l'influence de l'air chaud, la fonte devient très tendre et plus facile à travailler ; mais, il est rare qu'elle ne perde pas de sa ténacité et qu'elle ne soit pas moins pure ;

Les variations plus fréquentes de la température, notamment quand les tuyères ne sont pas fermées, peuvent occasionner des dérangements d'allure d'autant plus dangereux que la marche à l'air chaud a été plus poussée vers une température élevée ;

Le développement exagéré de la température entraîne la destruction plus rapide de l'ouvrage ;

Enfin, les dépenses de construction et d'entretien des appareils ne sont pas toujours compensées par l'économie des résultats obtenus.

C'est pourquoi, dans certaines fonderies, on a cru pouvoir conclure que, pour admettre utilement l'air chaud, il fallait du moins être autorisé par les circonstances qui suivent :

Avoir des machines soufflantes d'une certaine puissance ;
Acheter les combustibles à un prix élevé ;
Traiter des minerais réfractaires.

Et, que dans tous les cas, il était bon de se réserver le moyen de marcher à volonté à l'air chaud ou à l'air froid, en faisant usage d'un système particulier et par double emploi, appliqué à la distribution du vent aux tuyères.

Hauts-fourneaux au coke. — Nous nous bornerons à résumer quelques indications spéciales ayant pu nous échapper dans les pages qui précèdent, lesquelles concernent plus particulièrement la fabrication au charbon de bois.

Les hauts-fourneaux au coke se sont développés dans des proportions très importantes, à partir de 1850.

À cette époque, un fourneau de $12^m,80$, hauteur totale $4^m,57$, diamètre au ventre, produisait 16 tonnes par vingt-quatre heures, avec une consommation de 1,054 kilogrammes de coke par tonne de fonte. En 1853, un fourneau de $16^m,85$, hauteur totale $4^m,57$, diamètre au ventre, produisait 26 tonnes par vingt-quatre heures, même température du vent, avec une consommation de 1,524 kilogrammes de coke par tonne de fonte.

En 1862, un fourneau de $22^m,86$, hauteur totale, et diamètre au ventre 5 mètres, produisait 32 tonnes, avec une consommation de 1,350 kilogrammes de coke par tonne de fonte.

En 1864, un fourneau de $29^m,10$, hauteur totale, diamètre au ventre 5 mètres, arrivait à produire 46 tonnes par vingt-quatre heures, avec une consommation de 1,140 kilogrammes de coke par tonne de fonte grise à moulage. L'air était chauffé jusqu'à 4 ou 500^{on}.

En 1866, un fourneau de 23 mètres de hauteur, mais du diamètre de $6^m,10$ au ventre, produisait 58 tonnes par vingt-quatre heures, en fonte d'affinage, avec une température semblable, et en consommant 1,015 kilogrammes par tonne de fonte produite. On a donc reconnu que la consommation du coke, par tonne de fonte, allait en diminuant, à raison de l'augmentation de la capacité intérieure. Toutefois, le maximum de cette diminution paraît se tenir entre les résultats du fourneau de 1864 et ceux du fourneau de 1866.

En dehors de quelques différences dans l'application, cela démontrerait qu'au-delà de certaines limites, qui se tiennent entre 25 à 30 mètres de hauteur, et 5 à 6 mètres de diamètre de ventre, il n'est pas intéressant de chercher l'agrandissement indéfini des hauts-fourneaux.

Dans ces conditions, les proportions des hauts-fourneaux de moyenne grandeur, marchant au coke pour le travail de la fonderie, peuvent être circonscrites dans les données suivantes :

Que la hauteur totale peut être égale à trois ou quatre fois le diamètre du ventre ;

Que le diamètre du ventre peut être situé au tiers environ de la hauteur totale, à partir de la sole ;

Que le diamètre du gueulard doit se tenir entre les 2/5 et les 3/5 du diamètre du ventre ;

Que la hauteur de l'ouvrage peut être maintenue dans les limites du sixième ou du septième de la hauteur totale ;

Que la hauteur du creuset doit être limitée entre $0^m,50$ et $0^m,90$; sa longueur entre $1^m,60$ et $2^m,40$; sa largeur, au niveau des tuyères, entre 0,70 et 1 mètre.

Que les étalages doivent avoir une hauteur qui est généralement la moitié du diamètre au ventre, et qui peut rester entre $1^m,20$ et $2^m,40$; que l'inclinaison des étalages, ce qui est pour cette partie du fourneau, le point le plus important, demeure celle qui peut être, suivant les minerais et la qualité de la fonte, limitée entre 50 et 70 0/0, termes extrêmes.

Le développement des appareils au coke a amené une disposition nouvelle des massifs, rendue plus abordable aux réparations, plus légère et plus économique que les énormes masses carrées des hauts-fourneaux qu'on construisait jadis.

Aujourd'hui, la maçonnerie du massif est indépendante du haut-fourneau proprement dit. La cuve repose sur des piliers, reliés par des poutrelles métalliques ou par des voûtes fermant les embrasures des tuyères et celles de la coulée.

La base du fourneau sur laquelle reposent ces colonnes s'écarte assez de la maçonnerie en briques ou en pierres réfractaires, qui forme le creuset, l'avant-creuset et l'emplacement des tuyères, pour que le travail soit facile, en pleine marche, aux abords de ces diverses parties. On enlèverait la partie inférieure et les étalages, sans danger pour la cuve appuyée sur l'entablement que supportent les piliers, de telle sorte que les réparations les plus importantes pourraient se faire aisément et rapidement, sans interrompre le fonctionnement de l'appareil. Il y a des fourneaux où la cuve et sa chemise ont été faites par des constructeurs hardis, en une ou deux enveloppes de briques : la première, en briques réfractaires de 33 centimètres de longueur, la seconde, en briques ordinaires de 22 centimètres. Quelques-uns ont même supprimé les cercles en fer, devant soutenir et consolider cette espèce de tour de peu d'épaisseur, qui forme l'œuvre du haut-fourneau au-dessus des étalages. Les tuyaux de descente des gaz du gueulard au sol de l'usine sont agencés autour du fourneau, pour être utilisés à titre de colonnes et de supports. Cette sorte d'appareil, dont nous donnons un spécimen par (la fig. 5, pl. 8), est la réalisation la plus économique des hauts-fourneaux connus actuellement Simple et pratique, la construction se prête à toutes les réparations. Elle donne, ainsi que nous le disons plus haut, l'inappréciable facilité, par des ouvertures placées à des hauteurs différentes, de constater la température du fourneau, d'y appliquer des appareils de vérification, enfin, de souffler à diverses hauteurs, pour déplacer les points de préparation, de réduction et de fusion, s'il était nécessaire.

De tels appareils sont d'un prix d'établissement trois ou quatre fois moins élevé que celui des anciens fourneaux. Laissant toute leur armature disponible et leurs briques d'un enlèvement facile, ils se prêtent rigoureusement à des déplacements peu onéreux.

Ceci dit, nous nous bornerons à citer, dans cet ordre d'idées, le fourneau de Marnaval, près Saint-Dizier. Ce haut-fourneau, consacré à la production des fontes à moulages, est le premier qui ait été établi, sur d'aussi grandes proportions, dans la Haute-Marne, et même dans tout le groupe dit de la *Champagne*.

Construit par M. de Wathaire, l'ingénieur des hauts-fourneaux de Saint-

Louis, le fourneau de Marnaval, qui date de 1873, est à chemise réfractaire simple, sans enveloppe extérieure. Une première colonnade supporte les marâtres. Deux autres séries de colonnes superposées soutiennent le pont et la plate-forme du gueulard. Le gueulard est desservi par un monte-charge hydraulique pouvant élever 4,000 kilogrammes environ.

On a adopté, pour la disposition de cette usine, les plus récents perfectionnements des usines anglaises et écossaises. Coulée des gueuses en plein air; surchauffage de l'air par les procédés Siémens; appareils Cowper disposés par tuyères et pouvant élever jusque 500° centigrades le vent envoyé au haut-fourneau. La machine soufflante est prévue, comme les conduites de vent et de gaz, pour deux hauts-fourneaux. Elle est du système Farcot et de la force de 150 chevaux.

Chargement des hauts-fourneaux. — Le chargement à bras à l'aide de bacs, rasses et autres mesures portatives d'une capacité quelconque, a à peu près disparu de la manutention des hauts-fourneaux. Aujourd'hui, ainsi qu'il a déjà été dit, beaucoup d'usines préparent de toutes pièces sur la plate-forme du gueulard, le mélange des minerais, de la castine et du combustible disposés par couches uniformes dans lesquelles on tranche pour prendre la charge qui est conduite au gueulard par des wagonnets en tôle à fond mobile, ou qui, élevés par une grue, les amenant dans l'axe du gueulard, sont vidés instantanément par le décliquetage du fond.

Ces appareils de chargement sont disposés en vue d'une répartition égale de la charge, et suivant ce que permet le système de fermeture des gueulards, dans le cas où les fourneaux marchent à gueulard fermé.

Une disposition assez simple est la fermeture Lévêque.

C'est une fermeture hermétique au moyen d'une sorte de cloche conique qui repose, pendant la marche, dans une rainure annulaire garnie de sable, à peu près comme toutes les combinaisons à doubles cônes renversés. Le bord supérieur de la cloche, recourbé en dedans, donne lieu à une deuxième fermeture établie à la base d'un tuyau suspendu à une certaine hauteur, par lequel s'écoulent les gaz après leur sortie du fourneau.

Quand il s'agit de charger, la cloche reposant sur le gueulard s'élève, guidée dans la rainure supérieure pour laisser passer les wagons, et le système de levier qui conduit cette manœuvre vient fermer les tuyaux de départ descendant au bas du fourneau; les gaz s'échappent de la cheminée pendant la durée de la charge. Quand les wagons arrivent, on les amène au-dessus du gueulard, la cloche étant soulevée; puis, la trappe est ouverte, et la charge versée sur un cône en tôle, ayant le sommet en haut, d'où elle se répartit sur la circonférence, les plus gros morceaux entraînés par leur poids, gagnant le centre.

Cette combinaison ne diffère de celle à couvercle hydraulique ou à sable mouvant, avec double cône à base opposée, que par la disposition particulière du cône mobile qui glisse au long des tuyaux servant à la fois au départ des gaz en marche ou à leur évacuation pendant la charge.

Les chariots ou wagonnets distributeurs de la charge ont été perfectionnés d'une manière ingénieuse par la modification du fond mobile. Aux clapets à charnière, composés d'un ou de deux battants, on a substitué un fond conique, ou mieux un entonnoir en tôle, d'une seule pièce, renversé. Ce fond est suspendu au centre du chariot à une tige assez élevée pour permettre la manœuvre d'un levier, lequel, en basculant, fait abaisser le cône de 0^m,25 à 0^m,30. Cette manœuvre ouvre, sur le pourtour du wagon, une voie par laquelle la charge s'écoule également de tous côtés, vers les parois d'où elle est répartie au centre de la cuve.

Nous ne nous étendrons pas davantage sur les appareils de chargement qui doivent se concilier avec ceux de prise des gaz et de fermeture des gueulards. L'objectif est d'arriver à la plus grande simplicité comme entretien et réparation des appareils, en écartant tous les accessoires inutiles qui ne peuvent qu'embarrasser et encombrer le gueulard quand ils se présentent avec un agencement formidable d'armatures, de supports et de leviers, comme ont fait certains ingénieurs qui ont employé des systèmes beaucoup trop compliqués. En matière de hauts-fourneaux, tout ce qui peut être simplifié et demeurer à peu près *inusable*, doit être étudié à fond et sans recherche du superflu, si l'on se dit qu'il ne faut rien vouloir en pareil cas qui puisse exiger de la précision au point de vue des ajustements et des assemblages.

Écoulement des laitiers. — Dans les hauts-fourneaux actuels, le laitier s'écoule quand son niveau dépasse la partie supérieure de la dame, ou l'atteint à peu près au niveau du *chio*. Pour que cela ait lieu, il faut qu'il remplisse l'avant-creuset, entre la tympe et la dame ; et alors que son niveau dépasse celui qu'il occupe dans l'ouvrage, il est bon qu'il équilibre sensiblement la pression du vent, laquelle ne saurait être augmentée sans provoquer une projection de matières et de flammes hors de l'avant-creuset. Un métallurgiste allemand a eu l'idée de supprimer l'avant-creuset, proprement dit, et de prolonger la paroi antérieure de l'ouvrage jusqu'au fond du creuset ; en un mot, de confondre l'ouvrage et le creuset. L'écoulement du laitier peut avoir lieu ainsi par une espèce de buse en fonte garnie de terre placée au plan utile du côté opposé à celui où se fait la coulée. Cette ouverture, entourée d'une circulation d'eau comme une tuyère, et dont on peut régler l'écoulement à l'aide d'un tampon ajusté à une tige en fer pour servir à en limiter la section, permet d'éviter tout le travail de l'avant-creuset, et de laisser le vent aux tuyères pendant les coulées. Le trou et la face de coulée sont entretenus comme il est fait ordinairement.

Dans les usines à production importante, le décrassage des laitiers a été organisé en grand.

On a appliqué, aux hauts-fourneaux du *Grand-Prieuré*, un système de décrassage par wagon submergé, qui évite de noyer les laitiers à mesure de l'enlèvement du haut-fourneau, pour avoir à les charger ensuite.

Le matériel est disposé économiquement et son entretien, presque nul, toutes les parties qui le composent étant inondées en même temps, quand les wagons passent dans l'eau.

Deux wagonnets en tôle, munis d'une pelle et de deux crochets, suffisent pour décrasser un fourneau pouvant produire 40 à 50 tonnes par jour. Les wagons sont établis très légèrement, à avant-train en bois ou en fer.

Pour une production journalière de 50 tonnes, ce système exige seulement six ouvriers à 3 francs, plus deux chevaux à 7 francs, soit 32 francs par jour, alors que par l'ancien système de chargement sur tombereau on dépensait 63 francs pour le même service. De plus, le terrain nécessaire à l'établissement du décrassage mécanique n'a plus exigé que le huitième de la surface occupée par l'ancien système.

Ce procédé repose sur l'extinction des laitiers par l'eau. Il est plus pratique et plus expéditif, puisqu'il consiste à immerger le wagonnet tout entier avec sa charge dans une citerne, au lieu de répandre le laitier dans l'eau, d'où on le retire à grands frais, sous forme de matières divisées.

Pour que le système dont nous parlons soit aussi complet que possible, il convient qu'il coïncide avec le mode d'écoulement des laitiers à la rustine, tel que nous venons de le décrire, et qui, inventé par l'ingénieur allemand Luhmann, a été appliqué aux usines du Grand-Prieuré.

Un autre procédé, consistant aussi à diviser les laitiers par l'eau, a été appliqué aux fourneaux d'Osnabruch, en Allemagne. Les laitiers, traités à peu près suivant les données de la fabrication du plomb de chasse, sont projetés d'une certaine hauteur dans un bassin rempli d'eau, alors qu'ils sont encore à une température élevée. En tombant dans l'eau, ils se trouvent divisés et réduits en petits grains.

Nous avons appliqué à Marquise, en employant des pompes d'arrosage, l'extinction des laitiers qui devenaient friables et faciles à se diviser par l'exposition à l'air. On s'en servait dans cet état, comme correctif, pour la culture des terrains en terres fortes, exploités par l'usine, en vue de 100 à 150 chevaux nécessaires aux divers transports de l'exploitation, alors que le chemin de fer de Boulogne à Calais n'existait pas encore.

Nous avons également employé des wagonnets à plaques de fonte assemblées, recevant le laitier à sa sortie du fourneau, et le transportant aux extrémités de l'usine où il était déchargé sous forme de masses cubiques qu'on entassait en ordre pour maintenir des terres ou pour former des clôtures.

Dans d'autres exploitations, on installe près du fourneau un ou plusieurs grands trous évasés, au centre desquels on place une tringle de fer à anneau. Les laitiers s'écoulent dans ces trous où on les laisse se figer. Puis, des chevaux attelés extirpent et enlèvent les masses, qui sont portées et brisées plus loin, à mesure qu'elles sont refroidies. Ces procédés, quels qu'ils soient, dépendent de la situation des usines et des emplacements dont elles peuvent disposer.

Il y a des usines où les laitiers deviennent, faute de place pour les décharger à distance économique, une véritable plaie, sans compter la dépense et la déperdition des terrains sur lesquels on les entasse.

A Marquise, alors qu'on ne pouvait s'en débarrasser par les chemins de fer comme ballast, remblais, etc., on a dû acheter, à des prix élevés, des terrains pour y tasser les laitiers des hauts-fourneaux et des cubilots. Ces laitiers, étalés et nivelés par de pauvres familles, auxquelles on donnait la faculté de recueillir les escarbilles, rendaient des fontes en grenailles que l'usine prenait à raison de 0,02 à 0,03 centimes par kilogramme. Il fallait une grande surveillance pour empêcher que ces débris fussent additionnés avec ceux qu'on pouvait ramasser sur les parcs de l'usine, comme auprès des fourneaux et des cubilots.

On peut noter encore les procédés *Minary* pour le décrassage des laitiers, dans le but de les faire servir à la culture et à des fabrications de ciment ou de mortier.

Les laitiers, à leur sortie du fourneau, sont conduits par un chenal dans une cuvette de fonte qui reçoit un courant d'eau froide, constamment renouvelé. Ainsi submergés, puis surnageant, ils traversent une nappe d'eau d'une certaine étendue, qui achève de les refroidir et de les diviser. Ils tombent de là dans un réservoir d'où une chaîne à godets les extrait pour les verser dans des wagons qui les enlèvent. Les hauts-fourneaux construits par M. Minary, à Fraisans et ailleurs, possèdent des installations de ce genre.

Nous reviendrons sur ces questions, dans un chapitre spécial traitant de l'utilisation des scories et autres matières dites *improductives* résultant de l'exploitation des fonderies.

Parties accessoires des hauts-fourneaux. — On a cherché à perfectionner les tuyères, les tympes, ou autres parties se rattachant à la construction des hauts-fourneaux et ayant une certaine importance, comme détails.

Des essais ont été tentés pour entourer d'une circulation d'eau les parties extérieures du creuset dans quelques hauts-fourneaux. Ils n'ont pas toujours réussi. A Fraisans, M. Minary avait agencé un système de refroidissement par l'eau installé entre les briques du creuset et l'enveloppe en fonte recouvrant ces briques. Il a dû renoncer à ce système et faire une enveloppe double en fonte, le creuset étant entouré d'une série de bâches où l'eau se renouvelait constamment. Ailleurs, on a essayé une disposition particulière de tympe et de tacret, dite de *Buttgenbach*. Ce système ferme la poitrine du fourneau par une enveloppe de fonte creuse que vient refroidir un courant d'eau emprisonnant un serpentin en fer pris dans la fonte. Au milieu, se trouve une ouverture de 20 millimètres de largeur régnant sur presque toute la hauteur. Le tuyau rafraîchisseur se trouve appuyé contre cette fente qui est bouchée avec de l'argile.

En dehors des tuyères à enveloppes et des tuyères à serpentin, beaucoup d'usines ont conservé les tuyères en cuivre rouge, de *Perlat* et *Sauvage*, de Joinville (Haute-Marne). Ces tuyères peuvent résister pendant plus de deux ans sans la moindre altération. Construites en cuivre rouge pur sans aucun alliage, elles sont embouties et martelées ; leur résistance est beaucoup plus grande que celle des tuyères fondues.

Le gros bout de ces tuyères en cuivre platiné peut se démonter pour permettre le nettoyage facile à l'intérieur. Un tube injecteur vient dégorger l'eau au museau même de la tuyère et rend la partie engagée dans le feu aussi refroidie qu'il est nécessaire. Aucune fuite n'est à craindre dans le creuset, et par suite aucun refroidissement.

Les tuyères Pertat et Sauvage se font depuis 0^m,40 à 1^m,30 de longueur, 0^m,070 à 0^m,150 d'ouverture au museau. Une tuyère pèse entre 30 et 100 kilogrammes, suivant sa grandeur.

Le prix est de 4 fr. 40 à 5 francs par kilogramme, suivant le cours du cuivre. Les museaux, en cas d'accident, peuvent être réparés plusieurs fois, moyennant une dépense qui ne dépasse pas 40 à 50 francs.

Pression du vent. — Avec les dimensions plus grandes données aujourd'hui aux hauts-fourneaux, il faut disposer d'un volume d'air suffisant pour brûler le combustible. Par conséquent, il y a lieu d'avoir recours aux moyens suivants :

Augmenter la densité de l'air lancé ;

Donner une section plus considérable aux orifices par lesquels l'air entre dans le fourneau, ou tout au moins augmenter le nombre des tuyères et le nombre des buses.

La pression du vent ne peut être augmentée indéfiniment sans porter préjudice au travail de la fonte. Si le combustible est compact et très riche en carbone, il se peut que la pression puisse être poussée jusqu'à 0,20 ou 0,25 de mercure. Si le charbon est friable, léger et peu carboné, une pression de 0,090 à 0,120 est suffisante.

Naturellement, la tension de l'air doit croître en raison de l'agrandissement de l'ouvrage et du creuset. Malheureusement, beaucoup de machines soufflantes sont devenues trop faibles, et la pression du vent est insuffisante pour atteindre les matières éloignées des tuyères dans un creuset agrandi. La combustion reste imparfaite, la température demeure trop basse et le produit n'est pas en rapport avec la capacité du fourneau. De là, l'augmentation du nombre des tuyères, portée aussi loin que possible, dans les usines où l'on dispose de souffleries puissantes. Et cependant, l'exagération de la quantité de tuyères est mauvaise. En multipliant les buses, la pression diminuant par chacune d'elles, le vent pénètre moins profondément dans le fourneau, et la combustion à une certaine distance s'opère assez mal pour que la dépense du combustible ne soit plus en rapport avec l'importance de la production.

Certains fourneaux, marchant en fonte à moulages, en Écosse et en Angleterre, ont jusqu'à dix buses soufflantes, trois sur les côtés, autant à la rustine et une à la tympe. En Amérique, on a dépassé ce nombre. Aucun fourneau, en Écosse, n'a moins de quatre tuyères. A *Dundyvan*, les fourneaux en ont cinq ; à *Garstherrie*, cinq ou six ; à *Gowan*, huit. Tous ces fourneaux ne travaillent pas dans des conditions strictement économiques au point de vue de l'emploi du combustible.

De larges buses, avec une pression proportionnée, ni trop coniques, ni trop convergentes, donneront un vent dense et concentré, pénétrant la masse des matières en son entier. La forme trop conique a pour effet de consommer souvent une grande quantité de combustible et de brûler les tuyères.

La longueur et le diamètre ne sont pas sans importance.

FONDERIES DE DEUXIÈME FUSION.

Le fer coulé provenant des hauts-fourneaux, où il est obtenu sous forme de gueuses, saumons ou sapots, est fondu à nouveau dans des appareils spéciaux, dits de *deuxième fusion*, tels que les cubilots ou fours à manche, les fours à réverbère et les fours à creusets.

En outre des fontes de première fusion, on fait passer par ces fourneaux les débris de fabrication : jets, coulées, pièces manquées, etc.; ce qu'on appelle les bocages, et toutes vieilles fontes provenant de démolitions ou réformées pour des causes quelconques.

La fusion obtenue dans les cubilots se rapproche, à certains égards, du travail des hauts-fourneaux. Comme ces appareils, les cubilots reçoivent le vent de machines soufflantes, et la fonte produite par les charges alternées, du métal et du combustible, se rend à la partie inférieure de la cuve dans un creuset, d'où elle est tirée par faibles portions, ou par quantités considérables, suivant les besoins du moulage.

Dans les fours à réverbère, la fonte n'est pas mise en contact direct avec le combustible.

Elle est placée sur une sole où l'atteinte de la flamme, opérant par voie d'émission ou de réverbération du calorique, l'envoie en fusion dans un creuset d'où on la tire, au moyen d'une percée, comme il est fait dans les hauts-fourneaux et dans les cubilots.

Le creuset, suivant que le four opère à flamme directe ou à flamme renversée, est placé, soit à l'une des extrémités de la sole, soit au-dessous de l'orifice d'une cheminée de tirage, soit près de la grille de chauffage elle-même. On a même essayé des fours ayant double sole inclinée avec le creuset placé au milieu.

Les fours à creuset ont une forme intérieure, prismatique ou cylindrique. Le métal y est fondu dans des creusets couverts qu'entoure le combustible. Ces fourneaux sont alimentés par le vent d'une soufflerie, généralement par un ventilateur, ou simplement par un courant d'air qu'on appelle une cheminée de tirage.

COMBUSTIBLES A EMPLOYER DANS LES FOURNEAUX SERVANT A LA DEUXIÈME FUSION.

Cubilots. — Les combustibles employés pour les cubilots sont le coke et le charbon de bois. Ce dernier ne peut être admis que dans des fourneaux d'une grande hauteur relative et d'un faible diamètre. Nous ne connaissons pas en France de cubilot marchant au charbon de bois.

Le succès des opérations du fondeur dépend essentiellement de la bonne qualité du coke. Un coke lourd, pyriteux, et dont le milieu est mal ou n'est pas épuré, donne invariablement de la fonte blanche; un coke trop cuit ou trop boursouflé s'écrase, quand surtout il est chargé dans des fourneaux élevés, et dégage une poussière qui nuit aux progrès de la fusion.

Presque toutes les fonderies de deuxième fusion achètent aujourd'hui leur coke tout fait. Ou elles sont dépendantes de hauts-fourneaux qui, en grand nombre, marchent au coke, et elles s'approvisionnent aux mêmes sources que ces usines; ou elles n'ont pas une assez grande importance pour fabriquer elles-mêmes leur coke. Les fonderies de l'Est achètent leurs cokes sur place, en Belgique, à Sarrebruck et dans la Loire; celles du Nord le prennent en Belgique et dans le Pas-de-Calais; d'autres aux fours de Douai, qui ont la spécialité d'alimenter un grand nombre de fonderies; les usines du Centre les prennent dans les bassins de Blanzy, du Creuzot, de Commentry, etc.: celles du Midi, vers Aubin, Decazeville et autres exploitations. Enfin, d'autres les font venir d'Angleterre. Toutes emploient de préférences les cokes lavés. Des fonderies de Paris recherchent notamment des cokes de Lagrappe, de Jemmapes et du Pas-de-Calais.

Comme pour le charbon de bois, on doit éviter de briser le coke en le tirant des fourneaux et en le rentrant dans les magasins, une trop grande quantité de menus pouvant exercer une influence fâcheuse sur la fusion. C'est à cause de cela, et parce qu'il retient toujours une plus grande quantité de soufre que, s'il était fabriqué dans les fours, le coke provenant de la distillation dans les usines à gaz convient peu pour les cubilots. Le coke cuit en plein air serait meilleur, mais nous avons expliqué qu'il n'était pas toujours facile pour toutes les fonderies de s'en procurer à des conditions également favorables.

Les houilles très sulfureuses donnent de mauvais coke, étant carbonisées dans les fourneaux. On traite avec plus de succès par la carbonisation en tas, les houilles ne renflant pas et donnant un coke dur et pesant, tandis que celles qui sont un peu grasses et qui se boursoufflent aisément fourniraient du coke plus dense, et en plus grande quantité, si elles étaient carbonisées dans les fours.

Le coke de bonne qualité s'accuse par une cassure mate, par une couleur d'un noir grisâtre ; il jette un faible éclat soyeux, et, s'il résulte de la houille grasse, il offre un aspect coulé. En général, chaque espèce de coke a une porosité qui lui est particulière. Le coke pesant se présente ordinairement sous une forme cubique ou allongée ; le coke boursouflé ressemble assez aux éponges ou à certaines excroissances végétales. Les bons cokes de cubilots doivent ne pas comprendre plus de 5 10 p. 0/0 de cendres.

Les cokes conservés en gros morceaux sont ordinairement les plus purs. Il est nécessaire de mettre à part, afin de ne pas les destiner au fondage, les fragments qui contiennent encore des grès et des pierres, ou des parties d'argile schisteuse. Quelques-uns de ces morceaux, jetés dans un cubilot, où leur influence serait plus sensible que dans un haut-fourneau, sufffiraient pour amener une passée de mauvaise fonte. Il va sans dire que cette influence est d'autant plus nuisible que les fragments défectueux sont plus nombreux et que la quantité de métal à liquéfier est moins considérable.

Fours à réverbère. — Les fours à réverbère marchent ordinairement à la houille. Il leur faut un déploiement de flamme que tout autre combustible, à moins d'employer le bois, ne saurait leur offrir. Alors qu'on n'exploitait pas la houille, ou tout au moins que ce combustible n'avait que des usages forts restreints, et pour la plupart ignorés, les fondeurs artistes du moyen âge, ceux de la Renaissance et ceux plus rapprochés de nous, les Keller et autres, ne se servaient pour le chauffage de leur four de fusion que du bois, et pour leurs fours à creuset que du charbon de bois.

La houille grasse est celle qu'on recherche pour le chauffage des fours à réverbère. Elle garnit bien les grilles, brûle mieux et fournit un développement de calorique qu'on ne saurait se procurer avec les autres houilles.

A défaut de houille, on peut cependant brûler de la tourbe et du bois ; mais, dans cette hypothèse, les dimensions et même les dispositions intérieures des fours doivent être modifiées. Pour le bois, qui donne une longue flamme, il y a lieu de rallonger la sole et d'abaisser la voûte. Pour la tourbe, il convient mieux d'employer une double voûte recouvrant une sole disposée en conséquence et ne plaçant pas le creuset trop près de la cheminée.

La tourbe de bonne qualité, employée crue ou carbonisée, remplacerait utilement la houille, dans les contrées où celle-ci est d'un prix élevé. Il est rare qu'on chauffe avec du bois seul, parce que, quelle que soit sa durée, il n'est susceptible de développer la chaleur intense nécessaire à la fusion de la fonte, qu'autant qu'il est brûlé en grande quantité, ce qui oblige de donner aux foyers des dimensions extraordinaires.

Il est préférable, si l'on doit employer la tourbe et le bois, de les combiner avec la houille. Le bois peut servir à un moment donné, quand la fusion est avancée et le creuset bientôt plein, à activer la flamme et donner le dernier coup de feu. Quelques brassées de bois, jetées alors sur la grille, en même temps que la houille, peuvent aider à diminuer le carcas qui se forme toujours pendant la fusion, et surtout au moment où s'achève le chauffage du bain. La longue flamme du bois entraîne en effet, avec elle, une grande partie de cendres qui, venant se déposer sur le bain, forme une couche de laitier plus abondante que celle fournie par la houille et garantissant mieux le métal contre l'oxydation.

Fours à creuset. — Les fours à creuset sont chauffés de préférence au coke. Ce combustible, concassé en morceaux de moyenne grosseur et de proportions régulières, fournit une chaleur plus intense et plus durable que le charbon de bois. Le coke n'a pas besoin d'être de qualité aussi rigoureusement bonne que s'il devait être en contact avec la matière, comme dans les cubilots. Beaucoup de fonderies de cuivre, dans les grandes villes, emploient du coke de gaz concassé, dit petit coke, provenant de la distillation dans les cornues.

On peut employer du coke d'autant plus dense, ce qui est toujours le meilleur, que les fours sont soufflés d'une façon plus énergique.

On réussirait à opérer la fusion dans les fours à creusets en ne brûlant que de la houille crue; mais ce procédé, plus économique, peut-être, demanderait un vent plus rapide, plus fort, et un travail plus suivi, la grille devant s'obstruer plus souvent.

Pour cette raison, il serait difficile d'employer la houille dans des fours à simple courant d'air. En tout cas, cette houille devrait être de la gailleterie et non du tout-venant, encore moins du menu.

On n'emploie le charbon de bois que dans les fourneaux à air de peu de tirage, ou lorsque ce combustible est de prix élevé. Quelques fourneaux l'emploient pour donner la dernière chaude et pour garnir le sommet du creuset, alors que la fusion s'avance et qu'on veut écarter du bain les sulfures dégagés par le coke.

Les fondeurs de petite ville, où il n'existe pas de fonderies à cubilots, sont ceux qui font usage, par préférence, du charbon de bois ou même de la houille, parce qu'ils fabriquent si peu, qu'il leur est difficile de se procurer la faible quantité de coke que leurs fourneaux consomment, alors que partout se rencontrent la houille et le charbon de bois.

MÉLANGES DE FONTES.

Nous avons dit ailleurs que les mélanges de fonte d'une même provenance ne sont pas toujours de nature à donner les meilleurs résultats dans les usines qui, voulant n'employer que leurs propres produits, n'en admettraient pas d'autres.

Les vieilles fontes, les fontes en mitrailles et les fontes provenant de mauvaises coulées au haut-fourneau ou de fusions successives au cubilot, telles que les fontes blanches ou truitées, en bocages et en jets, ont besoin d'être *remontées* par des mélanges, autant que possible, opérés avec des fontes grises d'une qualité différente de celle des matières elles-mêmes qu'il s'agit d'utiliser.

La fonte blanche, passant à l'état de fusion, ne saurait produire de la fonte grise qu'à l'aide de procédés de carburation très actifs qui augmenteraient la dépense du combustible, même le plus pur, et n'atteindraient le but qu'en transformant les cubilots en appareils où la température devrait être tellement élevée que leurs parois intérieures ne subsisteraient pas longtemps. Il n'y a donc pas lieu de se préoccuper outre mesure de ce genre d'opération très incertaine, et en tous cas assez dispendieuse.

De toutes les fontes blanches, la moins propre à la fusion est celle qu'on rencontre avec une cassure grenue, terne et terreuse. Cette fonte est pâteuse à l'état liquide; elle se fige promptement et peut causer des obstructions au creuset et aux tuyères, si sa température n'est pas portée à un point surélevé par un excès de coke.

La fonte blanche de très mauvaise qualité peut, sinon être épurée, du moins acquérir de la liquidité, si l'on projette, par les tuyères du cubilot, en petites doses plus ou moins répétées, un mélange composé d'hydrochlorate d'ammoniaque 1,25, peroxyde de manganèse 0,50, ou d'autres combinaisons, telles qu'un alliage de silicium et de manganèse, par exemple, du tungstène, etc.

Sous l'influence de ces mélanges, les tuyères prennent un grand éclat, la flamme du gueulard s'échappe plus intense, et, si la fonte demeure blanche et dure, elle peut du moins se montrer plus coulante.

Des essais très suivis ont été faits, il y a longtemps, à la fonderie Rowcliffe de Rouen, pour rendre grises les fontes blanches à l'aide d'hydrocarbures projetées dans les cubilots par les tuyères. Elles n'ont pas eu la suite qu'on attendait.

Les fontes brûlées, dont le prix est peu élevé, parce que la plupart des fonderies n'en ont pas l'emploi, peuvent être appliquées utilement à certaines fabrications : les poids d'horloge, les poids à peser, les barreaux de grille particulièrement. On peut essayer de les rendre plus liquides par les procédés dont nous parlons, et, peut-être éviter par là une partie du déchet. Mais on n'aurait aucun intérêt à les traiter par des mélanges de fontes grises quelconques, même en les admettant à très petites doses.

Quoiqu'on vende à bas prix des objets en fonte blanche, on peut encore les fabriquer avec un certain bénéfice dans les fourneaux de refonte, si l'on emploie des bocages menus devant être mis en fusion avec un de combustible. Les fondeurs au cubilot ne manquent pas, après les dernières charges de la journée, alors que le fourneau *descend* et que va cesser le fondage, de profiter de la haute température qui règne dans la cuve et dans le creuset pour faire passer des grenailles et de menus jets qui, fondus sans addition de combustible, servent à couler les objets que nous venons de citer.

Avant de refondre le fer cru, gueuses ou débris, il convient d'enlever le sable et la terre que le moule a laissé adhérents aux surfaces. Autrement, on ne manquerait pas d'augmenter le déchet, et l'on risquerait, sans compter la dépense plus grande de combustible, de voir la cuve engorgée par un laitier abondant et visqueux.

Dans les hauts-fourneaux, il est d'usage de faire soigneusement balayer les gueuses, à moins qu'on les coule dans du sable calcaire, et de faire râper les bocages destinés à la deuxième fusion. Ce petit travail, confié ordinairement à des ouvriers infirmes, à des femmes ou à des enfants, est payé sur la base de 0,50 à 0,70 par tonne, prix dans lequel on comprend l'enlèvement hors des halles de moulage et la rentrée en parc.

Toutes les bonnes fonderies de deuxième fusion ont pris le parti d'adopter cette utile mesure, qui permet de débarrasser promptement les halles de moulage, de se rendre compte du poids des jets et débris produits chaque jour, et trier les matières les plus propres à améliorer la fusion.

Les mélanges doivent être d'autant plus avantageux qu'ils sont fondés sur l'emploi de fontes riches d'Angleterre, d'Écosse, de Belgique ou de France, ces dernières surtout, dans les bonnes sortes de l'Est, du Centre, du Périgord ou de la Franche-Comté, ou provenant de fontes produites par des combinaisons de minerais français et de minerais étrangers.

Il est toutefois difficile de préciser les proportions exactes de telles ou telles fontes à admettre dans des mélanges très variables, suivant la situation des fonderies.

Nous ne pouvons, tout au plus, que jeter des bases devant servir par analogie.

Ainsi, par exemple, dans les usines de la Meuse, de la Haute-Marne, etc., on peut admettre encore les mélanges suivants :

A. — Pour statues ou grands ornements, demandant de la fonte douce et devant présenter de belles surfaces, nettes et bleues :

Gueuses d'Écosse. Généralement Calder nº 1. . .	200 kilog.
Gueuses provenant de l'usine elle-même ou de divers hauts-fourneaux de la Haute-Marne . . .	375 —
Bocages gris, mélangés	425 —
	1.000 kilog.

B. — Fonte pour les coussinets des chemins de fer de Saint-Germain et de Versailles :

Gueuses d'Écosse. Calder nº 1	250 kilog.
Bocages mêlés	750 —
	1.000 kilog.

*C. — Fonte pour tuyaux de conduite, coulés inclinés en sable vert,
moule et noyaux :*

Gueuses d'Écosse, comme ci-dessus	200 kilog.
Bocages truités ou blancs, bonne qualité	800 —
	1.000 kilog.

D. — Autre fonte pour tuyaux de conduite de gaz, etc. :

Saumons du pays, gris	300 kilog.
Bocages gris	400 —
Bocages truités ou blancs	300 —
	1.000 kilog.

Le mélange A peut donner une bonne fonte grise, tenace, très douce et d'un bon travail à la lime et au burin. Le mélange B présentait plus de ténacité qu'un autre admis pour les mêmes pièces, et qui se composait de 1/3 gueuses de la Comté, 1/3 gueuses et bocages de Tusey, mélangés avec des fontes en mitrailles achetées dans le pays.

Le mélange C donnait un grain gris-serré très suffisant pour des tuyaux de petit diamètre, coulés à longueurs variables, entre 1^m,25 et 2^m,50. Enfin, le mélange D, employé pour des tuyaux plus gros de 0^m,16 à 0^m,22 de diamètre, accusait une fonte truité-gris inférieure à la précédente, mais suffisante encore.

A l'abbaye d'Évaux, on adoptait :

E. — Pour pièces de mécanique :

Fonte Calder ou Garstkerrie n° 1	300 kilog.
Bons débris gris de l'usine	700 —
	1.000 kilog.

*F. — Pour statues ou grands ornements, demandant de la fonte douce
et devant présenter de belles surfaces, nettes et bleues :*

Gueuses d'Écosse. Généralement Calder n° 1. . .	200 kilog.
Gueuses provenant de l'usine elle-même ou de divers hauts-fourneaux de la Haute-Marne . . .	375 —
Bocages gris, mélangés	425 —
	1.000 kilog.

G. — Fonte pour les coussinets des chemins de fer de Saint-Germain
et de Versailles :

Gueuses d'Écosse, Calder n° 1.	250 kilog.
Bocages mêlés	750 —
	1.000 kilog.

H. — Fonte pour tuyaux de conduite, coulés inclinés en sable vert,
moule et noyaux :

Gueuses d'Écosse, comme ci-dessus	200 kilog.
Bocages truités ou blancs, bonne qualité. . .	800 —
	1.000 kilog.

I. — Pour pièces de mécanique :

Fonte Calder ou Garstherrie n° 1.	300 kilog.
Bons débris gris de l'usine	700 —
	1.000 kilog.

J. — Pour cornues, cylindres à produits chimiques et autres pièces
allant au feu :

Bocages en grosses pièces, gris serré, venant de divers . . .	400 kilog.	400 kilog.
Bocages de l'usine venant de la deuxième fusion en pièces mécaniques, fonte grise	350 —	200 —
Autres bocages, truité-gris . . .	250 —	400 —
	1.000 kilog.	1.000 kilog.

A Marquise, on employait pour les menues pièces devant aller au feu :

Fontes et gueuses hématiques ou Harrington n° 1.	150 à	200 kilog.
Bocages gris et gris-truité, provenant de la deuxième fusion et pris à diverses coulées	850 à	800 —
	1.000	1.000 kilog.

Généralement pour les fontes spéciales nous cherchons à croiser les sortes de fontes, et surtout à n'employer que des fontes ayant déjà passé par la deuxième fusion et de mélanges connus.

Quand les tuyaux n'étaient pas coulés de première fusion ou en mélange de fonte liquide prise partie au fourneau, partie au cubilot, en employait les mélanges suivants :

Pour tuyaux de gros diamètre 0ᵐ,50 et au-dessus, quand on ne les coulait pas de première fusion et qu'ils devaient supporter des épreuves poussées jusqu'à 15 atmosphères :

	No 1	No 2
Bons débris gris de première fusion	450 kilog.	600 kilog.
Débris gris-serré ou truité gris de première fusion	300 —	400 —
Fonte Calder ou Sumerlée ou encore Carnbroë no 1	250 —	» —
	1.000 kilog.	1.000 kilog.

Ces mélanges donnaient des fontes gris-foncé, à grains fins. Le barreau de 0ᵐ,020 sur 0ᵐ,020 portait 880 à 950 kilogrammes.

Pour tuyaux de petites dimensions 0ᵐ,040 à 0,10 de diamètre :

	No 1	No 2	No 3
Gueuses (Marquise) noires ou très grises	300 kilog.	» kilog.	« kilog.
Débris de première fusion (Marquise) gris	350 —	500	» —
Débris de première fusion (Marquise) gris-serré ou truité-gris.	350 —	200 —	500 —
Gueuses (Marquise) classées no 2.	» —	300 —	500 —
	1.000 kilog.	1.000 kilog.	1.000 kilog.

Le grain était un peu plus serré que celui des mélanges pour gros tuyaux. Les barreaux étaient moins résistants et n'allaient qu'à 800 ou 850 kilogrammes.

Pour cylindres et blocs de presses hydrauliques qu'on réussissait bien.

	No 1	No 2
Fonte hématie no 1 ou Bessèges, même numéro.	150 kilog.	100 kilog.
Fonte Carnbroë ou Ormesby, no 2	100 —	100 —
Fonte truitée résistante et gueuses no 2 (Marquise)	300 —	400 —
Fonte serrée en pièces manquées et gros bocages	450 —	400 —
	1.000 kilog.	1.000 kilog.

On obtenait de bonnes fontes mécaniques avec les mélanges suivants :

Pour grosses pièces :

	No 1	No 2
Fonte Calder nº 1 ou autre analogue à disposition.	150 kilog.	150 kilog.
Débris gris provenant de deuxième fusion.	350 —	250 —
Débris gris-serré des fourneaux	500 —	450 —
Fonte et gueuses (Marquise) nº 1.	» —	200 —
	1.000 kilog.	1.000 kilog.

Pour petites et moyennes pièces :

	No 1	No 2	No 3
Fonte Calder ou Garstherrie nº 1	» kilog.	100 kilog.	150 kilog.
Gueuses (Marquise) nº 1 . . .	500 —	300 —	» —
— — nº 3 . .	500 —	300 —	» —
Bocages gris-serré mélangés . .	» —	300 —	850 —
	1.000 kilog.	1.000 kilog.	1.000 kilog.

Par des mélanges obtenus avec les fontes anglaises sur les bases suivantes :

> 300 kilog. fonte Beaufort, nº 1,
> 300 kilog. fonte Blenhawen, nº 2 ou nº 3,
> 3 à 400 kilog. bons débris de fonte mécanique,

nous avons eu, pour couler en coquille des roues de wagon et de pièces de croisement de voie, d'assez bons résultats, nous donnant une trempe égale, fine et régulière.

En somme, pour toutes fontes spéciales allant au feu, coulées en coquilles ou devant, comme dans les cylindres de presses hydrauliques et même les cylindres à vapeur, avoir une certaine densité, un grain régulier et un retrait modéré, il y a lieu, toutes autres questions réservées, de s'abstenir entièrement d'employer dans les mélanges des fontes en gueuses ou en débris provenant de la première fusion. Il n'y aurait d'exception qu'au cas où ces fontes seraient d'une nature particulièrement pure, comme certaines fontes qu'on obtient avec les minerais de l'Espagne, de l'Algérie ou de l'île d'Elbe.

Pour les cylindres à vapeur, les usines de Fives-Lille et de la Société Cail emploient des mélanges dans lesquels, à défaut de fontes Harrington ou hématites, elles introduisent des fontes nerveuses du Périgord, de l'Isère, etc.

Un des mélanges les plus usités est celui qui suit :

Fonte au bois du Périgord nº 1, gris, à grains fins	500 kilog.
Fonte du Clos-Mortier, généralement nº 3, truité-gris à gros grains	300 —
Débris gris de la deuxième fusion	200 —
	1.000 kilog.

On ne faisait pas, dans le temps, ces mélanges de toutes pièces, et l'on s'appliquait à les couler en lingots, qu'on reprenait pour la coulée des cylindres.

Ce procédé, assez coûteux, avait un certain mérite, celui d'assurer un produit sensiblement le même, quel qu'il fût.

Il y a beaucoup à faire pour la fonderie de deuxième fusion, à l'endroit des mélanges. C'est à force d'études, en s'inspirant au point de vue théorique de la composition des fontes, et au point de vue pratique des phénomènes qui se passent à la coulée, au retrait, etc., qu'on peut arriver à réussir certaines pièces à coup sûr et à éviter les écoles qui se produisent trop souvent. On rencontre malheureusement encore, dans beaucoup de fonderies, des contre-maîtres et des directeurs de fabrication insuffisamment instruits, et, dans tous les cas, pour la plupart, non observateurs et trop peu préoccupés de ce qui se passe autour d'eux.

Il est certain qu'il y a dans les mélanges gradués, et préparés à l'avance, une véritable assurance de bonne fabrication à prendre dans des cas donnés. C'est à considérer, du moins pour les produits particuliers qui demandent des qualités spéciales, et doivent être obtenus d'une manière certaine et précise. Si les mélanges préparatoires coûtent cher, nous ne pensons pas que la plus-value de dépense puisse être une cause d'évitement.

MACHINES SOUFFLANTES APPLIQUÉES DANS LES FONDERIES DE DEUXIÈME FUSION.

Souffleries à piston. — Toutes machines soufflantes quelconques peuvent être utilisées pour le service des cubilots et des autres fours à refondre, même celles qui servent pour les hauts-fourneaux et auxquelles on peut emprunter du vent. Par analogie, rien n'empêche d'employer de petites machines soufflantes spéciales à cylindres, horizontales ou autres, conduites par la vapeur.

Cagnardelles, etc. — Nous rappelons pour mémoire ces appareils ingénieux qui fonctionnaient jadis à la fonderie Kœchlin et à l'usine de Val-Suzon (Côte-d'Or). En supposant qu'ils existent encore là ou ailleurs, ce ne peut être qu'une exception. Il en est de même des machines à rotation, qu'on a cependant, employées dans ces dernières années, de diverses façons, sans résultats bien connus.

De ce dernier système, et autres de même sorte, on a déduit des souffleries rotatives qui, sans être plus encombrantes ou de prix plus élevé que les ventilateurs, peuvent fournir du vent comprimé à une pression plus élevée.

Ces appareils, parmi lesquels on peut faire figurer la soufflerie *Roots*, sorte de pompe à air rotative, qui figurait à l'exposition de 1867, et la machine soufflante, également rotative, dite à vent continu, de Layet et de Sauville, ne se sont pas beaucoup développés que nous sachions, du moins en France.

Ventilateurs. — Quand nous aurons dit que des essais ont été faits sans succès pour supprimer les souffleries, en les remplaçant par l'insoufflation aux tuyères du vent aspiré par de très hautes cheminées, nous aurons indiqué dans quels sens ont été dirigées, pendant les dernières années écoulées, les tentatives d'appareils soufflants devant remplacer les ventilateurs.

En réalité, ceux-ci ont pris de plus en plus faveur. Améliorés au point de vue de la solidité, de la durée et de l'effet utile produit, ils n'ont pas été remplacés par les nouveaux appareils dont nous venons de parler. Ils sont, au contraire substitués partout aux soufflets et aux machines soufflantes à cylindres ou autres qui coûtaient beaucoup plus cher et demandaient plus de frais d'entretien et de réparations.

Les ventilateurs ont subi, à certains égards, des perfectionnements importants. Les assemblages formant la boîte-enveloppe de ces appareils ont été formés de pièces en fontes boulonnées, supprimant l'enveloppe en tôle qui s'attachait à deux flasques en fonte, assemblées elles-mêmes sur une plaque de fondation. On a supprimé les croisillons à ailettes isolées qui se disloquaient fréquemment ferraillaient et faisaient beaucoup de bruit. On a employé les paliers graisseurs à longue portée, et les axes soutenus à leurs extrémités par des contre-pointes à vis bien centrées, permettant d'éviter une grande partie des frottements. Enfin, on est arrivé, dans les détails de construction, à une simplification telle, que le prix de ces appareils a sensiblement baissé, et a pu être mis à la portée des fonderies de fer et des fonderies de cuivre les plus modestes.

Dans nos livres : *la Fonderie en France* et *le Forgeron mécanicien*, nous avons parlé amplement des ventilateurs actuellement usités. C'est pourquoi nous nous abstiendrons de trop longs détails.

Nous nous bornerons à rappeler ou à faire connaître un petit nombre d'appareils qui diffèrent de ceux que nous avons décrits, et à mentionner deux systèmes en vogue aujourd'hui, et que nous considérons comme des meilleurs. — A ce dernier point de vue, qui peut être discuté, nous estimons que le type (fig. 1 et 2), déjà connu, est encore à conseiller, sous le triple rapport de la simplicité et du rendement. — Les prix de base qui suivent justifient un quatrième avantage : l'économie, ainsi qu'on peut en juger par les données qui suivent :

Nᵒˢ	PRIX à PARIS	Diamètre du disque.	Diamètre de la bouche.	Diamètre des poulies,	Largeur des courroies.	Tonnes de métal fondu environ	NOMBRE de tours par minute.	
00	frs. 49	m/m 203	m/m 63	m/m 40	m/m 38	»	»	»
0	62	254	90	45	38	»	»	»
1	93	254	127	51	38	»	4000 à	4500
1 1/2	121	304	152	76	45	»	3600 à	4300
2	145	381	203	101	57	1 1/4	3000 à	4000
2 1/2	188	445	229	127	63.5	2	2800 à	3500
3	229	508	254	152	76	2 1/2	2500 à	3300
4	353	634	304	203	82.5	3 1/2	2000 à	2500
5	433	761	355	229	89	5	1500 à	2000
6	613	914	407	254	101	7 1/2	1300 à	1700
7	775	1016	457	304	114.5	10	1200 à	1500
8	1252	1268	558	381	127	20	900 à	1100
9	2289	1524	609	457	178	25	700	

Très perfectionnés dans les détails de la construction, ces ventilateurs sont répandus abondamment dans les fonderies de France et d'Angleterre, en même temps que les ventilateurs Sulzer, Platt et Scheele, dont nous avons parlé ailleurs.

Un appareil très étudié, dérivé de celui-ci, mais avec palettes courbes, est dû à E. Farcot. — Nous le montrons aux fig. 3, 4 et 5 de la pl. 12. — Celui-là marche sans bruit et donne un effet utile, atteignant 70 pour cent de la force dépensée. Il s'est étendu, depuis quelques années, dans diverses fonderies de Paris et des départements, aussi bien qu'en Angleterre et en Belgique.

Le tableau ci-après indique les chiffres qui se rattachent à ce nouveau système :

DIAMÈTRE de la turbine	DIAMÈTRE de la buse	SECTION DE DÉBIT en décimètres carrés	PRESSION MESURÉE AU MANOMÈTRE A EAU									PRIX	VOLUMES DÉBITÉS avec des pressions variant de 30 m/m à 500 m/m				
			0m030	0m060	0m10)	0m150	0m200	0m250	0m300	0m400	0m500		avec une vitesse de 21m00		avec une vitesse de 86m00		
			VITESSE D'ÉCOULEMENT CORRESPONDANTE A LA PRESSION														
			21m30	30m12	33m89	47m62	55m00	61m50	67m26	77m78	86m93		par heure	par seconde	par heure	par seconde	
			NOMBRE DE TOURS POUR OBTENIR LA PRESSION														
m	m	d2															
0,370	0,113	1,00	1150	1600	2100	2500	2950	3250	»	»	»	250	750m3	0m3,210	3100m3	0m3860	4—6
0,460	0,184	1,50	950	1300	1700	2000	2300	2600	»	»	»	450	1150	0,315	4600	1 290	6—8
0,600	0,160	2,00	700	1000	1300	1600	1880	2000	2200	»	»	650	1500	0,420	6200	1 720	8—12
0,700	0,195	3,00	600	850	1100	1300	1550	1700	1900	2200	»	950	2300	0,630	9300	2 575	12—16
0,850	0,230	4,00	500	700	900	1100	1250	1450	1550	1750	2000	1.050	3000	0,840	12400	3 425	16—24
1,000	0,275	6,00	450	600	800	950	1100	1200	1300	1500	1700	1.350	4500	1,280	18600	5 160	24—30
1,100	0,310	7,50	400	550	700	850	980	1100	1200	1400	1500	1.500	5700	1,580	23200	6 450	30—36
1,270	0,340	9,00	350	500	600	750	850	950	1030	1200	1350	1.650	6800	1,890	28000	7 750	36—48
1,500	0,390	12,00	300	400	500	650	750	800	900	1000	1150	2.000	9000	2,520	27000	10 300	48—80
1,750	0,500	20,00	250	350	450	550	620	700	750	850	950	2 650	15000	4,200	62000	17 200	80—120
2,000	0,620	30,00	225	300	400	470	550	630	700	800	860	3.300	22700	6,300	93000	25 750	120—200

Les dispositions nᵒˢ 6 et 7 de la planche 12 représentent des ventilateurs d'un système quelconque avec disposition pour marcher à bras dans les fonderies de cuivre, par exemple. — Nous avons choisi des agencements simples, d'une construction facile, avec bâtis en fonte ou en fer, faciles à installer.

Cela dit, nous n'avons qu'à résumer les conditions générales dans lesquelles il convient que les ventilateurs soient installés et appliqués dans les fonderies.

Ces conditions sont exprimées par le programme qui suit :

Force motrice à employer, la plus faible possible, comparée au rendement de l'appareil.

Solidité de la construction, laquelle doit admettre la fonte plutôt que la tôle, et le plus petit plutôt que le trop grand nombre de pièces de détail.

Emploi de matières de première qualité. Acier fondu, de préférence, pour les arbres des croisillons, et tôle d'acier pour les disques et les palettes.

Moyens de graissages économiques, et rendus faciles.

Maintien des arbres sur de longues portées, évitant les frottements, et consolidés au besoin par des vis de pression aux extrémités.

Croisillons ou turbines solidement établis pour qu'on n'ait pas des réparations et des arrêts à craindre, notamment quand les cubilots doivent march er tous les jours pour les besoins de la fonderie.

Toutes trépidations, tous bruits gênants écartés, dans l'intérêt du service d'ordre des ateliers voisins.

Abords rendus faciles pour la mise en marche, l'entretien, la réparation e le graissage.

Interdiction des locaux où sont placés les ventilateurs, à tous ouvriers o u autres personnes qui ne sont pas chargés de conduire, de visiter ou de sur veiller ces appareils.

On évite ainsi les accidents pouvant survenir par imprudence ou par malveillance. Nous avons vu une usine où plusieurs fois, le lundi, jour où cer tains ouvriers cherchaient un prétexte pour ne pas travailler, les ventilateurs étaient forcément arrêtés pour être mis en réparation par suite d'accidents imprévus.

Des morceaux de bois, de briques ou de fonte étaient jetés à l'intérieur en vue de démolir les croisillons et de provoquer, par là, un arrêt forcé.

Quant aux dispositions à prendre pour la transmission et la distribution de l'air des ventilateurs aux cubilots, il y a lieu de se préoccuper des dispositions suivantes :

Ne pas doner une vitesse exagérée, si elle n'est commandée par là construction des appareils. Prendre plutôt un ventilateur de diamètre plus fort qu'il est nécessaire pour n'avoir pas à atteindre un nombre de tours trop grand.

Calculer avec soin les dimensions et les rapports entre les poulies qui doivent donner la vitesse ; organiser la transmission de mouvement, de telle sorte qu'on évite les tirages et les frottements inutiles, le glissement des courroies, etc. Il arrive souvent que les ventilateurs, insuffisamment installés, dépensent le double de la force nécessaire pour leur faire rendre l'effet attendu.

Donner aux conduits un diamètre qui ne soit pas moins grand que celui de l'embouchure de l'appareil.

Éviter les coudes, et, si l'on peut s'en dispenser, les arrondir amplement afin de faciliter l'échappement et la distribution de l'air qui pourrait refluer par les orifices d'aspiration, s'il était gêné dans sa marche.

Tenir les conduits d'air parfaitement étanches, faciles à vérifier et à visiter. Les faire de préférence en fonte ou en tôle de bonne épaisseur, bien jointe et bien rivée, en même temps que garantie, par une couche de goudron ou de peinture, contre toutes chances de destruction par la rouille.

Employer des buses d'un diamètre proportionné à la capacité des cubilots, et n'ayant pas moins de six à huit centimètres, même dans les cas de marche à haute pression.

Éviter de pousser à l'excès la rapidité de la fusion quand elle n'est pas absolument nécessaire pour les besoins du service.

CUBILOTS.

Les cubilots, qu'on appelle aussi fours à manche ou fours à cuve, et encore fours à la Wilkinson, du nom d'un inventeur anglais qui perfectionna les premiers fours à manches, sont des appareils qu'on trouve aujourd'hui dans toutes les fonderies destinées à la refonte du fer cru en deuxième fusion. Quand j'ai publié la première édition de ce livre, et même assez longtemps après, on ne s'était guère préoccupé d'utiliser ces appareils dans des conditions à peu près étudiées.

Cependant, la fonderie de fer avait fait alors certains progrès au point de vue, notamment, des fontes destinées aux constructions mécaniques. Les quelques fondeurs anglais, qui avaient installé la fabrication de ces pompes à Rouen, puis à Paris, de 1824 à 1830, vendaient des engrenages et de petites pièces de mécanique à 500 francs le petit mille, c'est-à-dire sur la base d'un franc par kilogramme. Le profit qu'ils retiraient d'une telle industrie leur permettait de livrer des fontes, assez bien moulées et suffisamment douces, sans avoir à se préoccuper des perfectionnements à introduire dans l'économie proprement dite de la production de la fonte, réalisable sur les matières premières et sur la manière de les traiter. A l'encontre des industries dites de luxe, où la valeur de la matière dépasse celle de la main-d'œuvre, les produits moulés de la fonderie de fer coûtaient plus cher de main-d'œuvre que de matière, et les exploitants recueillaient un bénéfice assez large pour qu'ils ne se crussent pas obligés de chercher autre chose.

Formes et profils. — En prenant, comme point de départ, les formes et et les profils qui, dès l'origine, ont présidé aux dispositions intérieures des cubilots, nous retracerons, en quelque sorte, l'historique de ces appareils, début des fours à creuset, dont l'emploi a précédé celui des fours à manche, ont dû donner les premières indications pour déterminer le tracé de ceux-ci.

Nous voyons, tout d'abord, les formes tronc-coniques ou ellipsoïdes, qui sont celles des creusets qu'on plaçait sur des feux de forges, et même celles des foyers primitifs, où les anciens liquéfiaient et fondaient, à l'aide de souffleries plus ou moins élémentaires, le métal jeté, avec le combustible, dans des cavités cylindriques ou coniques, creusées dans la terre et garnies d'enveloppes frustes en pierres ou en torchis tout au plus réfractaires.

De ces formes primitives, sont sortis les fours à manches portatifs ou calebasses, de la forme d'un tonneau (fig. 1), et qui a été longtemps conservée en Suède; puis successivement les profils des fours (fig. 2, 3, 4 et 5, pl. 13), décrits par Karsten, dans sa deuxième édition, remontant à 1827, sous le nom de fourneaux immobiles, c'est-à-dire reposant sur des fondations de peu d'importance, mais pourvus d'un canal pour le dégagement des vapeurs et à peu près installés comme les hauts-fourneaux. On s'était d'ailleurs servi, dans certaines usines, de ces appareils à dimensions restreintes, disposées sur les bases de la fig. 4, avec cuve cylindrique ou en tronc de cône pour opérer la refonte du fer cru.

La forme n° 5 est la dernière expression des divers essais tentés alors. Elle existait aux forges de Sayner, près Coblentz, qui possédaient un cubilot monté suivant cette disposition, employant du coke, et ayant une hauteur de $1^m,90$. On pensait alors qu'une hauteur de $1^m,30$ à $1^m,60$ pouvait être suffisante, le minerai et le combustible étant chargés en fragments d'un volume relativement réduit.

Pour les fours à manche, marchant au charbon de bois, Karsten admettait une hauteur plus grande, soit au moins $2^m,30$ de hauteur, et plutôt davantage. Il cite, à cet égard, un fourneau de 4 mètres d'élévation, ayant le type fig. 4, construit pour entreprendre la fusion du fer cru par le charbon végétal. Ces appareils étaient revêtus d'enveloppes en fonte.

En 1832, la forme admise pour l'intérieur des cubilots était celle de la figure 5, renflée au ventre, et devenue, en se complétant successivement de 1832 à 1837, celle des figures 7, 8 et 9. La figure 13 représente un des cubilots qui existaient à l'Ecole de Châlons de 1832 à 1835 et la figure 14 celle d'un des cubilots d'Indret de 1835 à 1837. A ces époques, pour n'en rien dire de plus, les fonderies de l'Ecole de Châlons et d'Indret étaient des établissements en progrès, vu le petit nombre des usines qui s'occupaient alors de la refonte du fer cru.

A la même époque, la forme tronc-conique, avec le grand diamètre en haut et la forme cylindrique étaient encore usitées dans quelques fonderies. Cette dernière se trouve en effet reproduite dans le tome premier du portefeuille du Conservatoire des Arts et Métiers.

De 1837 à 1850, les perfectionnements des cubilots, au point de vue de la forme intérieure, furent assez peu sensibles. Les bonnes fonderies étaient parvenues à dépenser 15 à 20 kilogrammes de coke pour 100 kilogrammes de fonte obtenue. On trouvait ce résultat suffisant, alors que dix ans auparavant, on dépensait presque le double, et l'on ne cherchait pas plus loin.

Les profils avaient passé des types ci-dessus, à celui de la fig. 8 pl. 11, qui existait à l'École d'Angers en 1848 et à celui de la Marquise, figure 10, même planche, en 1850. Il se fit à ce moment un travail assez actif dans les fonderies, en vue d'étudier de nouvelles formes. Le colonel d'artillerie Maillard, directeur de la fonderie de canons de Nevers, ramena les types de ses cubilots vers les formes des figures 12 et 13, empruntées au hauts-fourneaux, pendant qu'à Marquise on essayait les profils 6 et 11, en partant du même principe, mais avec des cuves cylindriques au lieu de cuves tronc-coniques. Puis, on arriva à la forme figure 14, pl. 14, indiquée par la disposition des cubilots *Moline* qui s'établirent vers 1854, à Marquise, au Creusot, à Fourchambault et dans quelques grandes usines. Et, depuis ce temps, cette forme, parfaitement rationnelle, qu'elle se tienne entre les profils fig. 6 et la fig. 11, à été successivement empruntée, à peu près, par toutes les fonderies, sauf des modifications de peu d'importance.

Les perfectionnements survenus depuis se sont plus ou moins inspirés des types *Moline* tout en restant dans les termes des cubilots à étalages de plus ou moins grande importance.

Sous ce rapport, les profils des cubilots paraissent arrêtés pour un certain temps. Sauf les cas touchant d'autres détails, comme un emploi particulier des combustibles, des gaz et toute combinaison imprévue venant changer essentiellement le mode de construction des appareils existants, nous croyons que les formes admises sont à peu près le dernier mot du progrès actuel.

Au fond, nous ne faisons aucune difficulté de reconnaître que la disposition intervienne des cubilots pour rester variable et l'on tient compte de la quantité de fonte qu'on veut mettre en fusion dans un temps donné, du volume et de la pression du vent dont on dispose et de la qualité du combustible. Plus un cubilot a de faibles dimensions, moins sa forme est de nature à influencer d'une manière sérieuse les résultats de la fusion.

Dimensions et proportions. — Les conditions fort simples qui président à la mise en fusion de la fonte de fer permettent d'observer des règles moins rigoureuses que celles exigées pour le tracé des hauts-fourneaux. Comme pour ces appareils, on peut conclure que les cuves les moins élevées sont aussi les moins favorables à une consommation économique du combustible, la fonte pouvant être insuffisamment préparée quand elle arrive à la tuyère. Il faut tenir compte cependant, qu'il y aurait lieu de suivre une marche contraire à celle qu'on admettrait dans les hauts-fourneaux, si l'on devait brûler des charbons légers.

C'est par cette raison qu'on donne une élévation plus grande à un haut-fourneau marchant au coke qu'à un haut-fourneau marchant au charbon de bois, le coke ayant besoin d'être préparé plus longtemps à l'avance pour produire l'effet utile.

On devra, au contraire, augmenter dans une certaine mesure la hauteur des cubilots, à mesure que la densité de combustible diminue, la fonte, par son poids, déplaçant les lits de coke et pouvant arriver en plus ou moins mauvais état de fusion dans le creuset, tandis que le combustible est brûlé sans profit au-dessus des tuyères.

Le rétrécissement de la partie inférieure de la cuve ou, si l'on veut, du creuset dans les cubilots, est considéré, de même que dans les hauts-fourneaux, comme un moyen d'utiliser dans toute sa plénitude, le calorique fourni par le combustible. Cette partie peut donc être rétrécie quand on n'a pas besoin d'obtenir rapidement une grande quantité de fonte, quand la soufflerie manque de puissance et quand le coke est boursouflé et léger. D'un autre côté, on éprouve moins de déchet et les parois ne sont pas détruites aussi rapidement quand elles appartiennent à un creuset un peu large.

C'est sur ces bases que, suivant les besoins, la forme d'un cubilot peut être déterminée, par exemple, entre le type figure 10 et celui figure 12.

La hauteur des cubilots varie entre 2 mètres et 6 mètres. On ne donne pas moins de 2 mètres, même pour les plus petits cubilots n'ayant pas plus de $0^m,50$ à $0^m,60$ de diamètre à la cuve et on ne dépasse guère 5 mètres pour les cubilots les plus grands, ayant $1^m,25$, $1^m,50$ et même 2 mètres de diamètre au gueulard.

Le creuset doit être tenu d'autant plus grand qu'on veut amasser un bain plus considérable pour la coulée des grosses pièces. En tout cas, il est indispensable d'arrondir par un congé la partie inférieure du creuset se raccordant avec la sole et de donner à celle-ci une certaine pente, pour permettre l'écoulement plus facile du métal.

La section horizontale des cubilots est généralement circulaire. Il est arrivé que quelques fondeurs ont recherché une section ovale ou rectangulaire à angles très arrondis pour des cubilots de dimensions extraordinaires. Cette disposition ne tend qu'à rendre la construction moins simple et plus difficile, sans profit pour la bonne marche et le rendement de l'appareil.

Dans les cubilots du type n° 12, à creuset élargi, on donne ordinairement au creuset un diamètre égal au $9/10^{es}$ de celui de la cuve et à la partie cylindrique réunissant la cave au creuset, un diamètre égal à la moitié de celui de la cuve. Mais ces proportions ne font pas loi. Le diamètre du creuset dépend de la quantité de fonte qu'on veut retenir en fusion.

Il est des fondeurs qui préfèrent faire arriver dans une poche de coulée, la fonte qui remplit le creuset, puis boucher et déboucher plusieurs fois pour verser en diverses reprises successives, le métal à mesure qu'il descend, pendant la fusion.

Construction. — L'enveloppe des cubilots est établie en fonte ou en tôle.

Elle s'appuie sur un massif en maçonnerie réfractaire, autant qu'il est possible, en briques dures ou en pierre de grès, reposant sur une fondation suffisante pour porter la charge de l'appareil.

La fondation en briques ou en moellons ordinaires est, en tous cas, de peu d'importance. Un mètre de hauteur suffit et au-delà. Le massif dépasse la fondation de 0^m,35 à 0^m,50 au-dessus du sol. Il est recouvert d'une sorte de plaque d'assise en fonte, établie en deux parties simplement reliées l'une à l'autre par des agrafes, laquelle reçoit la base de l'enveloppe. Cette plaque reposant sur un coulis de sable réfractaire est percée d'un ou plusieurs trous pour laisser passer les vapeurs. Elle est coupée, en vue de prévoir à l'avance la rupture qui l'atteindrait infailliblement, tôt ou tard, par suite des dilatations et des contradictions à prévoir dans l'ensemble de l'appareil. Elle porte en outre une tablette bordée de deux nervures servant à établir le chenal par lequel doit s'écouler la fonte quand a lieu la percée. Une plaque de devant également en fonte, protège la face du massif exposé au feu lors des coulées et des défournements.

Les enveloppes en tôle sont aujourd'hui les plus communes. On emploie de vieux réservoirs, d'anciennes chaudières, qu'on complète au besoin par des cerclages en fer méplat ou en cornières. L'épaisseur de la tôle doit, toutefois pour présenter quelque durée et quelque solidité n'être pas moindre de 7 à 8 millimètres. La fonte a un caractère de construction plus sérieux, surtout lorsque les enveloppes cylindriques sont faites au trousseau en une seule pièce ou en plusieurs tronçons s'emboîtant les uns sur les autres. Elle doit avoir pour résister au mieux, une épaisseur de 25 à 30 millimètres pour le moins.

En principe, les cubilots étaient garnis de plaques, souvent coulées sur couches, disposées suivant une forme hexagonale ou octogonale et soutenues par des boulons, des cercles et des tringles, formées d'enveloppes en tôle ou de tronçons cylindriques en fonte comme fig. 7 et 8, pl. 13.

Des nervures dans les enveloppes en fonte, des cornières rivées dans celles en tôle, permettent d'appuyer les diverses parties en briques ou en sable de la cuve, des étalages ou d'une partie du creuset, de telle sorte qu'on puisse les enlever et les remplacer sans intéresser ceux qui sont immédiatement placés au-dessus ou au-dessous. On laisse, quelque soit la matière réfractaire employée au montage, un vide entre elle et l'enveloppe, lequel vide est rempli avec du sable brûlé ou des scories et forme une couche isolante qui permet la dilatation et la contraction de l'enveloppe, en même temps qu'elle diminue les déperditions de chaleur par rayonnement extérieur.

On emploie pour la construction des cubilots du sable réfractaire appliqué dans toutes les parties depuis la sole jusqu'au gueulard. Cependant, dans les grands cubilots, une partie du creuset, les étalages, quand il y en a, et la cuve sont construits, suivant les localités, en briques ou en grès réfractaires.

Les cubilots montés exclusivement en pisé sont établis suivant des mandrins placés à l'intérieur et contre lesquels on comprime fortement, en foulant, le sable, l'argile ou la composition réfractaire. Quand la matière a été solidement damée sur toute la hauteur et les mandrins retirés, on la *rebat* à nouveau pour la consolider à l'intérieur ; puis on la taille suivant le tracé voulu et l'on recouvre la partie supérieure du gueulard d'un cercle en fonte qui protège les bords de la cuve contre le choc des matériaux jetés au fourneau.

On a eu soin de laisser, tout en opérant la foulée, la place des tuyères déterminée par des mandrins coniques en bois retirés après coup, en même temps que des évents de séchage montant au long de l'enveloppe depuis la naissance de la cuve, tout au moins, jusqu'au niveau du gueulard.

Si l'enveloppe est grande, ce qui n'est jamais un mal, et la cuve, au contraire, d'une faible capacité, on peut économiser le sable réfractaire, en le remplaçant par des vieilles briques appuyées contre l'enveloppe.

La garniture en pisé de sable réfractaire est plus économique que celle en briques. Elle a, du reste, un avantage, celui de pouvoir aux environs des tuyères et dans le creuset, opérer les réparations journalières qui sont utiles pour maintenir la forme intérieure des cubilots à peu près dans un état normal. Aussi, généralement, construit-on la sole, le creuset, l'ouvrage et même les étalages en sable siliceux, la cuve en briques réfractaires de bonne qualité posées debout et la cheminée en briques ordinaires dures, posées à plat. Les briques de la cuve devraient être d'un modèle spécial à coins construit en conséquence. Quand on ne peut que difficilement se procurer de telles briques, on les emploie de forme ordinaire en les taillants par segments. Elles doivent être, au surplus, maçonnées avec grand soin et à l'aide d'un coulis réfractaire composé autant que possible d'éléments analogues à ceux qui ont servi à la fabrication des briques elles-mêmes. Les joints doivent être très minces et si les briques ne *pincent* pas à la queue, il faut les caler autant que possible avec des fragments d'autres briques, pour former des assises entrecroisées, uniformes et solidement reliées.

Les soles peuvent se faire avec un mélange de sable et de cailloux triturés, de même façon que nous avons indiqué pour le montage des petits hauts-fourneaux au charbon de bois. En marche la partie du creuset avoisinant les tuyères, celle qui touche à la sole et la sole elle-même doivent être nettoyées, réparées et tenues en bon état chaque jour. L'épaisseur de la sole, en sable ou pissé réfractaire, ne doit pas avoir moins de $0^m,10$ à $0^m,12$.

Monte-charges. — Les monte-charges sont des dispositions les plus simples. Pour les cubilots de faibles dimensions, les charges sont montées à bras par l'escalier qui dessert la plate-forme. Ailleurs, on emploie un système de poulies ordinaires ou différentielles, installées sur un bâti de grue léger, ou encore des élévateurs à potence avec levier et contre-poids, montant les charges par petites parties à la fois.

Dans les usines plus importantes, on se sert d'élévateurs hydrauliques, ou de monte-charges à plateaux disposés sur une chaîne sans fin. Quand les cubilots sont adossés, le service des charges est plus facile ; mais il est rare qu'on puisse trouver, à bonne portée, une installation dans ces conditions.

Service des tuyères. — La position des tuyères doit avoir lieu dans les conditions les meilleures pour transformer en acide carbonique l'oxyde de carbone que la combustion dégage à l'intérieur du four. La hauteur de l'axe des tuyères dépend de l'étendue des zones de combustion.

Dans les cubilots de grandes, ou même de proportions moyennes, le combustible ne serait pas entièrement brûlé et la fusion se ferait imparfaitement, si l'on se servait d'une tuyère unique. Il faut donc au moins donner le vent par deux tuyères opposées placées à la même hauteur, en tenant leurs axes croisés de quelques centimètres.

A l'époque où nous avons traité, pour la première fois, la question qui nous occupe ici, on trouvait généralement que, pour concentrer dans le creuset une plus grande quantité de fonte, il était utile de superposer sur une même ligne verticale plusieurs tuyères, ainsi qu'on peut voir par les fig. 5, 7 8, 9 et 10 de la pl. 13.

Quand le métal fondu arrivait au niveau de la première tuyère, on bouchait cette tuyère avec un tampon de sable réfractaire, puis on ouvrait celle immédiatement au-dessus pour y mettre le vent. Cette opération se répétait pour les tuyères suivantes, jusqu'à ce qu'on eût amassé dans le creuset la quantité de fonte nécessaire pour la coulée d'une grosse pièce. Aussitôt après cette coulée effectuée, on redescendait pour recommencer à souffler par la tuyère inférieure. Dans un cubilot élevé et avec une puissance de vent assez forte. on pouvait admettre que l'air introduit par deux tuyères placées immédiatement l'une au-dessus de l'autre devait, préalablement, élever la zone de préparation et diminuer la consommation du combustible, tout en réservant la qualité de la fonte.

Les tuyères superposées pouvaient être, dans ces conditions, placées aux hauteurs suivantes, la première étant admise à 0^m,30 ou 0^m,35 et même 0^m,40 de la sole, selon l'importance des cubilots. Les autres venaient pour un cubilot de 3^m,30 à 3^m,50 de hauteur dans les proportions suivantes :

De la première tuyère à la	deuxième	. . . . . .	0.32
— deuxième	—	troisième	0.30
— troisième	—	quatrième.	0.28
— quatrième	—	cinquième	0.26
— cinquième	—	sixième	0.24

Avec les procédés actuels, consistant à faire marcher les cubilots à flamme éteinte et à prendre la fonte au fur et à mesure que le creuset s'emplit, un tel nombre de tuyères superposées n'a plus de raison d'être. Il peut être réduit et même ramené à une seule rangée, avec tuyères multipliées, ainsi que cela a lieu dans certains appareils qui admettent une grande quantité de tuyères agissant sur un même niveau.

Dans notre pensée, les tuyères placées à hauteurs successives et dont on ne se servait pas toujours, en utilisant l'une d'elles placée immédiatement au-dessus de son inférieure, n'avaient pas seulement pour but de relever le niveau de la fonte dans le creuset et de préparer la fusion dans les zones supérieures ; mais elles offraient un moyen de surveiller la préparation de la fusion et de réchauffer le métal lorsque, par un refroidissement accidentel de la cuve, il pouvait arriver aux tuyères inférieures dans un état de liquéfaction insuffisant.

Il est reconnu maintenant que deux rangées de tuyères superposées ou même une seule rangée de tuyère peuvent suffire, surtout dans les cubilots *Moline* qui ont une partie cylindrique raccordant la cuve et le creuset.

Aujourd'hui, certaines fonderies ont à peu près supprimé les tuyères et introduisent l'air dans les cubilots par une espèce de distributeur circulaire, le répartissant ainsi d'une façon régulière. Cette disposition prônée par le professeur Dürre de l'Ecole polytechnique d'Aix-la-Chapelle, n'est pas nouvelle chez nous et a vraisemblablement précédé les essais tentés en Allemagne et ailleurs. Depuis des années nous connaissons ce procédé dont la disposition est d'ailleurs conforme à celle représentée par la fig. 29, pl. 14.

De cette idée, dont nous ne retrouvons pas l'origine exacte, il est tout au moins certain que tous les fours modernes qui, déjà, ont emprunté le profil n° 14, pl. 15 qui peut donner après usure un creuset comme figure 15, ont employé la répartition circulaire du vent ainsi qu'on la trouve dans les fours Ireland, Hinton, Voisin, Biesse et autres.

Détails accessoires. — Les porte-vent ont été perfectionnés, ou du moins modifiés, en vue des nouvelles dispositions des tuyères. Pour les cubilots marchant dans les conditions les plus simples, on a conservé les porte-vent à manchon portant des buses tournantes qui s'écartent assez du fourneau pour permettre le travail facile aux tuyères.

Les cubilots portent presque tous leur cheminée immédiatement installée sur l'enveloppe et la continuant. Cette disposition n'est pas nouvelle, ainsi qu'on peut le constater par les figures 7, 23 et 24, pl. 14, et 18, pl. 15. Aujourd'hui, qu'on cherche à ne pas laisser passer de flamme au gueulard, on peut se demander s'il est bien utile de fermer plus ou moins hermétiquement les portes de chargement et de s'interdire la faculté de suivre l'aspect du gueulard sans monter sur la plate-forme et sans ouvrir la porte de charge Trop souvent, ces portes sont d'une dimension trop étroite pour permettre la répartition exacte et soignée de la charge.

Un agencement meilleur est celui qui consiste à laisser à la partie inférieure des cubilots deux portières opposées, l'une servant à la distribution de la fonte, l'autre au décrassage ou à l'écoulement du laitier, qui doivent se faire autant qu'il est possible en dehors de l'atelier de fonderie. Dans cette hypothèse, la sole doit avoir une double pente, celle du côté du laitier étant un peu moins inclinée que celle du côté de la fonte.

Séchage et mise en feu. — Si le cubilot est neuf, le séchage exige certaines précautions, moins absolues que pour les hauts-fourneaux, mais cependant devant être prises en considération. On doit flamber et sécher à petit feu la garniture intérieure, pendant douze ou quinze heures, suivant l'épaisseur du revêtement en sable ou en briques. Puis on remplit la capacité du four, suivant qu'il est besoin, en tout ou en partie, de coke embrasé, en ayant soin de laisser un courant d'air par l'ouverture de coulée devant laquelle on place une petite grille formée par des ringards placés en croix, pour empêcher le coke de descendre hors du fourneau avant son entière combustion. Lorsque l'intérieur du four a été amené au rouge blanc, on charge de nouveau le combustible pour remplacer celui qui a été brûlé, on bouche le gueulard à peu près, à l'aide d'une plaque de tôle ou de fonte, et l'on fait agir doucement la ventilation. La flamme rabattue du gueulard vers le trou de coulée vient *lécher* la sole et la chauffer d'une façon assez énergique pour que le métal liquide puisse s'y rendre sans être refroidi et sans s'y attacher.

L'intérieur du cubilot étant chauffé suffisamment par ces diverses préparations, on procède au bouchage de l'ouverture de coulée. Cette ouverture, qui peut avoir $0^m,30$ à $0^m,35$ de largeur sur $0^m,40$ à $0^m,45$ de hauteur, est fermée par un mureau de sable affermi par le *battage* en couche horizontale et que maintient une plaque de forte tôle soutenue par une barre de fer transversale reposant sur deux crampons scellés dans chacun des côtés de la portière. Le bouchage doit présenter une assez grande solidité pour résister à la pression de la fonte amassée dans l'ouvrage. Pendant cette opération, le jeu de la soufflerie est suspendu ; mais, avant de reprendre le vent, on remplit le fourneau de coke, sur lequel on jette la première charge de métal.

Les explications que nous venons de donner sont applicables au séchage et à la *mise en feu* d'un cubilot absolument neuf. D'autres moyens peuvent être employés pour arriver au même but. C'est une question d'expérience.

Quelques fondeurs remplissent le creuset de charbon de bois, et la cuve, jusqu'à moitié ou au tiers de sa hauteur, de coke de gaz ou de coke léger, dit coke d'étuve ; puis ils achèvent le remplissage par des charges ordinaires de coke et de fonte. Enfin, ils soufflent par le trou de laitier opposé à la porte de coulée, à l'aide d'un busillon provisoire. Et, quand se montrent les premières gouttes de fonte liquide, ils arrêtent ce mode de soufflerie pour donner le vent aux tuyères. Ce procédé, consistant à chauffer la sole par voie directe, au lieu de la chauffer par flamme renversée, ainsi que nous venons de le dire, peut être employé sans inconvénient. L'épaisseur des matériaux formant l'intérieur des cubilots n'est pas telle qu'elle ne puisse être rapidement séchée. Il s'agit, en réalité, de l'échauffer sans la détruire, et d'arriver à porter le creuset et la sole à une température suffisante pour obtenir de la fonte aussi chaude que possible dès le début de la fusion.

La durée des cuves dépend en partie de la qualité des matériaux employés à leur construction. Certains cubilots ne pourront supporter que quelques jours de fondage, tandis que d'autres n'exigeront des réparations, en dehors du nettoiement journalier, qu'après un certain temps de travail. Lorsque les parois ne sont pas trop détériorées, on évite la dépense toujours onéreuse d'une reconstruction complète, en se contentant de détacher, avec un ringard, la croûte vitrifiée qui garnit l'intérieur du fourneau. Puis, on raccorde, après l'avoir mouillée, la surface du sable brûlé qui reste, et les parois qu'on n'a pas démolies, par une nouvelle épaisseur de sable réfractaire bien comprimé à l'aide d'un fouloir en fer.

Un fourneau, ainsi réparé, ne demande pas un séchage aussi long et aussi dispendieux qu'un four neuf.

Pour mettre en feu un cubilot qui a déjà servi, on le remplit plus ou moins de coke sur lequel on jette les premières charges. Et, aussitôt que le feu s'est montré aux tuyères, on ferme l'ouverture de la coulée au milieu de laquelle il suffit de conserver un trou de $0^m,5$ ou $0^m,6$ de diamètre pour l'écoulement de la fonte, alors qu'on donne le vent. La flamme s'échappe à la fois par le gueulard et par l'orifice laissé à la portière. Celui-ci est bouché avec un tampon d'argile, au moment où l'on voit arriver les premières gouttes liquides du métal.

Lorsque la cuve est d'une grande capacité, le remplissage influe sur la consommation du combustible, eu égard à la fonte produite. On peut diminuer cette consommation en remplaçant un ou deux hectolitres de coke par une quantité semblable de tourbe ou de racines et d'étèles de bois dur. Il est inutile d'ailleurs d'emplir les fourneaux élevés jusqu'au gueulard, avant de mettre la première charge.

Des charges et de la fusion. — Pour que le chargement soit exact et régulier, on devrait charger le métal au poids et le combustible au volume. Cependant, dans les usines où le coke est conservé à couvert, et où par conséquent sa pesanteur spécifique est peu variable, on a pris le parti de le consommer au poids, afin de s'en rendre un meilleur compte, attendu qu'il n'est guère possible d'évaluer le prix de revient de ce combustible autrement qu'en kilogrammes. En effet, soit qu'on carbonise la houille aux usines, soit qu'on tire le coke directement des houillères, le prix d'achat et de transport ne peuvent être calculés que suivant le poids.

Pour liquéfier 1,000 kilogrammes de fonte de fer, on employait dans les anciens fourneaux 170 kilogrammes de coke ou 330 à 450 litres, le volume des charges étant mis en rapport avec la grandeur du fourneau, Si par exemple, dans un cubilot de fortes dimensions, on chargeait 150 kilogrammes de fonte sur 24 ou 25 kilogrammes de coke dans un cubilot moins grand, on devrait réduire ces charges d'un tiers, et, dans un autre petit, les scinder par moitié. Aujourd'hui, on procède autrement pour les charges qui, ainsi que nous l'expliquerons plus loin, sont devenues de plus en plus fortes. En général, si le combustible est pesant, on peut faire les charges moins grosses, mais il vaut mieux les augmenter s'il est léger, afin que les lits de charbon ne soient pas traversés par la fonte.

Le travail d'un cubilot peut être confié à un fondeur et à un aide-fondeur ou chargeur, si les charges descendant rapidement, il y a beaucoup à à fondre.

Lorsqu'on a peu de moules à couler, le fondeur se charge seul de la conduite du fourneau. Dans les petites fonderies, un des mouleurs ou le patron lui-même fait souvent l'office de fondeur.

Le travail du fondeur se borne à charger le cubilot, à nettoyer les tuyères et à distribuer la fonte aux ouvriers, suivant leurs besoins.

L'aide-fondeur est chargé de peser ou de mesurer les matériaux et de les monter sur la plate-forme du gueulard. La distribution de la fonte, quand les ouvriers ont un grand nombre de petits moules à couler, occupe tellement le fondeur, qu'il ne peut pas abandonner le trou de la coulée ; c'est alors son aide qui fait les charges.

Les fondeurs aux cubilots sont ordinairement payés à la journée, et leur salaire, surtout quand on fond peu, a une certaine influence sur le prix de la fonte au creuset. Il vaudrait mieux, pour les engager à apporter le soin et l'économie nécessaires à leur travail, les payer à la tâche et mettre à leur charge les aides dont ils ont besoin ; mais, pour bien fixer le prix qu'ils doivent recevoir par 1,000 kilogrammes de fer fondu, il ne faut pas négliger de prendre en considération la quantité de métal jetée au fourneau et les difficultés que présente l'approvisionement du gueulard. Il est donc nécessaire, pour ne pas tomber dans l'erreur, de ne traiter au marchandage qu'après avoir pris la moyenne des dépenses à la journée pendant un certain temps.

Certains chefs de fonderies considèrent ce travail de peu d'importance, et le confient à des manœuvres. On ne saurait trop prendre en considération le déchet, la dépense outrée de combustible, la mauvaise qualité de la fonte, les accidents aux tuyères et autres aventures à courir quand on emploie des ouvriers inhabiles. Il y a tout à gagner avec un bon fondeur.

Parmi la quantité de pièces que l'on doit jeter en moule, il en est qui exigent des fontes de qualités différentes. Il convient de couler la fonte grise et les mélanges de bonne fonte au début du travail, et de réserver la bonne fonte pour la fin de la journée. La transition d'un mélange à un autre ne doit pas avoir lieu brusquement. Il faut donc, pour éviter une perturbation dans la fusion, avoir recours à quelques charges intermédiaires, plutôt en bonne qu'en mauvaise fonte, et même, au besoin, à quelques *fausses* charges ou charges de combustible seulement.

Le remplissage, avant de commencer les charges en métal, dépend de la capacité de l'ouvrage et du besoin qu'on a d'obtenir immédiatement de la fonte très chaude. Il est subordonné aussi aux réparations plus ou moins importantes qu'on a dû faire aux étalages et aux environs des tuyères.

Dans les cas ordinaires, il suffit de charger du coke jusqu'à $0^m,60$ ou $0^m,70$ au-dessus des tuyères. Si la première fonte qui arrive n'est pas bien chaude, on l'emploie à couler des moulages massifs, qui ne demandent pas absolument de la fonte très liquide.

Le chef de fabrication ou le contre-maître fixent à chaque mouleur le tour qui lui est réservé pour prendre la fonte nécessaire au remplissage de ses moules.

Le fondeur perce avec un piquard le trou destiné à l'écoulement du métal fondu et distribue la fonte aux ouvriers suivant les instructions données. Quand il ne se présente plus personne, ou que le creuset se vide, la coulée est arrêtée par un bouchage formé d'un tampon de pierre molle fixée à l'extrémité d'un long manche en bois.

Il y a lieu, pour rendre les scories plus vives et plus coulantes, de jeter sur les charges quelques pelletées de castine, suivant qu'on a besoin de décrasser le fourneau plus souvent.

Le sable de moulage, dont il reste toujours quelques parties attachées à la fonte, les cendres fournies par le combustible, les parties de sable ou de briques détachées du fourneau, et autres éléments contribuant à la formation des scories, peuvent rendre celles-ci plus ou moins grasses et visqueuses. C'est à cause de cela que l'emploi de la castine, appliqué sans abus, est une chose utile ; il est bon, surtout, de développer la liquidité du laitier après les coulées de grosses pièces, pour que le décrassage se fasse plus aisément.

On a renoncé aux charges trop faibles en fonte, comme en combustible, parce qu'elles arrivaient aux tuyères avec une quantité de coke souvent insuffisante pour qu'elle pût déterminer la fusion complète du métal. La fonte chargée d'oxygène subit une sorte d'affinage à son passage à la tuyère, si elle est liquéfiée trop haut. Mais, d'un autre côté, si la fusion a lieu vers une zone trop rapprochée des tuyères, le métal peut arriver incomplètement liquide ou refroidi dans le creuset. Les cubilots sont des appareils d'une hauteur relativement faible dans lesquels les opérations touchant le traitement du métal, le chauffage préalable, la préparation, la détermination de la fusion, la fusion définitive, et enfin la liquéfaction absolue, s'effectuent avec une assez grande rapidité pour qu'elles puissent être suivies, précisées ou prévues par un ouvrier intelligent. A l'aspect des tuyères, un bon fondeur est à même de déterminer avec précision quand son fourneau est en marche normale, les zones où se circonscrivent les différentes évolutions du travail, depuis le chargement jusqu'à la coulée.

Du reste, ici comme dans les hauts-fourneaux, la charge en combustible doit demeurer fixe, et celle du métal peut varier, s'il est nécessaire, pour rectifier et réchauffer l'allure du cubilot, ce qui, suivant ce que nous venons de dire, peut se faire en peu de temps.

Une question de grande importance, sur laquelle nous reviendrons, est celle qui touche l'assortiment des charges en couches régulières et d'épaisseurs bien nivelées, autant qu'au point de vue des fragments de fonte et de combustible, lesquels doivent être combinés, pour ne pas donner, notamment pour le coke, des éléments d'un volume trop variable. En d'autres termes, le coke doit être concassé en fragments aussi égaux que possible, et d'un volume d'autant plus faible que les morceaux de fonte sont plus minces et plus légers.

Les charges en combustible doivent seulement pouvoir varier, comme volume, quand elles servent à accompagner de grosses pièces manquées qu'on n'a pu casser en débris assez faibles pour entrer dans les charges ordinaires.

En pareil cas, aussi, le vent doit être augmenté, en même temps que la dose de castine à ajouter à la charge.

Les cubilots ne fonctionnent habituellement que pendant la journée.

Cependant, nous en avons maintenu en feu pendant des semaines entières pour le service d'une fabrication urgente de coussinets de chemins de fer. On travaillait jour et nuit. De temps en temps, on faisait deux ou trois fausses charges, et l'on décrassait pour continuer à desservir le moulage qui se relayait par équipes. Nous avons employé alors des cubilots portatifs, placés sur des trucs en fonte, et d'un diamètre de 1 mètre seulement à la cuve, pouvant, avec un ventilateur mu par une locomobile, produire 1,500 à 2,000 kilogrammes de fonte à l'heure, soit avec les temps perdus, les décrassages, les arrêts momentanés, environ 30 à 35 tonnes par vingt-quatre heures. On marchait ainsi du lundi au samedi. L'installation du moulage avait lieu sous des baraquements provisoires, et la fabrication se suivait en dehors des autres travaux courants de l'usine. On put livrer ainsi, en dehors de la production habituelle, une quantité considérable de coussinets destinés aux compagnies des chemins de fer du Midi et de l'Ouest.

Dans le travail ordinaire des cubilots, à la fin de la journée, lorsque les dernières charges ont été faites, dont une ou deux sans coke, il s'élève dans la cuve une température telle que la fonte est liquéfiée rapidement en traversant les lits de combustible, à mesure que le cubilot se vide.

La fusion terminée, on brise à coups de ringard le rempart de sable qui garnit la portière de coulée ; on laisse écouler le laitier avec le peu de fonte qu'il entraîne avec lui, et l'on *débraise*, en retirant, avec une griffe, le coke non brûlé pouvant rester dans le fourneau. Ce coke, défourné, est arrosé vigoureusement, puis nettoyé, tamisé et trié, quand il est refroidi, pour servir, soit au remplissage du matin, dans les cubilots, soit au séchage des moules.

Dans les établissements où l'on *fond* tous les jours, du matin au soir, on peut économiser le coke de remplissage en jetant dans la cuve, au moment de cesser le travail, deux ou trois charges de coke sur lesquelles on dispose des des charges de métal et de combustible. Après avoir déblayé et nettoyé la sole, on bouche hermétiquement toutes les ouvertures, trous de coulée, tuyères et gueulard. Et, quand on reprend le travail, le lendemain matin, on obtient en peu de temps de la fonte liquide.

Les outils de fondeurs au cubilot sont peu nombreux. Ils se composent de quelques ringards, piquards ou aiguilles en fer rond de diverses grosseurs pour nettoyer la sole, travailler aux tuyères et percer les trous de coulée ; de quelques manches en bois garnis d'une tête en fonte sur laquelle on assujettit les tampons d'argile et de sable gras qui servent à boucher ; d'une griffe et

d'un crochet pour nettoyer la sole quand on a terminé la fusion ; d'un crochet ou fourgon en fer pour faire descendre les charges ; de sceaux pour
éteindre le coke quand on le retire en débraisant le fourneau ; d'une plaque
de fonte soutenue par un métal en fer pour garantir les ouvriers et pour servir
d'appui au crochet à tirer le coke ; de plusieurs mandrins cylindriques et coniques, pour les remontages et les réparations à la cuve, au creuset et aux
tuyères ; de brouettes, auges, lattes, couteaux, grattoirs et racloirs ; enfin, de
tous outils dont on se sert pour les réparations et l'entretien. On retrouve cet
outillage en partie à la planche 7.

Distribution du vent. — L'ouverture des buses est de plus en plus variable avec les cubilots actuels. Elle est subordonnée à la quantité des tuyères,
à l'importance des souffleries avec ou sans pression. Aussi voit-on des buses
dont le diamètre ne dépasse pas $0^m,05$, et d'autres dont le diamètre atteint
$0^m,20$ et plus.

Si l'on n'utilise qu'une ou deux tuyères, et qu'on se restreigne à un trop
faible diamètre de busillon, on sera en tous cas dans de mauvaises conditions,
la fonte en fusion pouvant être affinée à son passage à la tuyère, ou tout au
moins être blanchie en même temps qu'elle éprouverait un déchet plus accentué.

Sachant qu'il faut environ 10 mètres cubes d'air pour brûler 1 kilogramme
de coke dense, dit de cubilot, on peut se servir de cette base, combinée avec
le volume des charges, pour déterminer la quantité d'air qui devra être introduite dans le cubilot, en un temps donné, la pression du vent se tenant entre
$0^m,025$ et $0^m,030$ de mercure.

Il importe de prendre en considération la hauteur du fourneau et son volume intérieur. En tout état de cause, il vaut mieux prévoir une consommation élevée de l'air à dépenser et attribuer aux ventilateurs, comme à la force
motrice qui les conduit, plutôt une puissance trop grande que trop faible.

Des tables ont été formées par des métallurgistes pour indiquer les volumes d'air que peuvent fournir par minute, à diverses pressions, des buses
de diamètres déterminés (1).

Un vent trop rapide déplace le charbon, dont il consume une quantité
considérable sans utilité, et tend à donner de la fonte blanche.

Un vent dont la vitesse est trop faible, lorsque le fourneau est large, ne
donne pas assez de chaleur et blanchit la fonte, qui devient louche, à tel point
qu'elle coule avec beaucoup de difficulté. — On doit craindre de la voir s'arrêter dans le creuset et y former une masse figée qu'on ne pourrait enlever
qu'en démontant le cubilot. Cependant, dans une cuve étroite, un vent faible,
s'il ne l'est pas trop, ne nuira qu'à la célérité de la fusion.

La vitesse du vent doit toujours être proportionnée à la qualité du combustible et à la grosseur des morceaux de fer cru qu'on veut liquéfier.

(1) Ces tables sont faciles à établir. Nous avons donné l'une d'elles dans
la dernière édition de *la Fonderie en France.*

Il faudrait, pour bien faire, qu'on pût ne changer (ce qui n'est pas toujours facile) que des morceaux de 100 à 160 centimètres cubes ; mais, pour que le même, on peut compenser, dans les charges, les bocages et les saumons. La variation qui existe dans la durée de fusion de ces deux espèces de fonte est très grande, puisqu'on fondrait dans une heure 12 à 15,000 kilogrammes de bocages menus, tandis que, dans le même temps, toutes choses égales d'ailleurs, on pourrait tout au plus liquéfier 800 kilogrammes de saumons.

Déchet. — Le déchet du fer refondu est déterminé principalement par la nature du métal, par la qualité du combustible et par la direction du vent.

On ne pourrait obtenir de la fonte grise, en refondant de la fonte blanche, sans brûler une grande quantité de charbon, sans augmenter le déchet et sans risquer de détruire beaucoup plus promptement les parois du fourneau.

Si la fonte est grise, si la vitesse du vent est convenable, si le coke est pur, le déchet peut ne s'élever qu'à 5 ou 6 p. 0/0. Dans le cas contraire, il peut monter jusqu'à 15 ou 20 p. 0/0. On comprendra que le déchet doit être énorme quand on refond des brocailles ou des menus bocages blancs.

Même en bonne marche, la quantité de fonte perdue à la deuxième fusion doit toujours s'estimer au moins à 8 ou 10 p. 0/0, à cause des grenailles qui sont répandues par les mouleurs sur le sol de l'usine.

Dans les fonderies où l'on emploie de bonnes fontes bien propres, en bocages et en gueuses, et où l'on coule beaucoup de grosses pièces, le déchet ne doit pas dépasser 6 à 6 1/2 p. 0/0. Nous l'avons vu souvent se tenir entre 4 1/2 et 5/12. La perte en jets, débris et pièces manquées varie, suivant les fonderies, entre 15 et 25 ou 30 p. 0/0 de la fonte jetée au fourneau. Plus une fonderie coule de petites pièces, plus elle produit de jets, de coulées, d'évents et de menus débris, plus même elle donne de pièces manquées, la fabrication étant plus détaillée et répartie entre un plus grand nombre de mouleurs, dont l'habileté est variable.

Ce déchet, ou plutôt cette dépréciation de la matière destinée à devenir marchandise, peut atteindre des proportions désastreuses dans une fonderie.

Si, par exemple, sur une production journalière de 5,000 kilogrammes en bonnes pièces de recette, il faut ajouter 25 p. 0/0 de fonte jetée au cubilot pour ne produire que des débris qui passeront par la refonte, on verra de suite ce que seront la main-d'œuvre perdue, les frais et le déchet de la nouvelle fusion.

Aussi, le chef de fonderie doit-il apporter une surveillance extrême à régler les proportions des jets et des évents, à limiter leur importance et à diriger le coulage et la coulée, pour que les pièces manquées soient évitées dans la plus large proportion possible. Les chiffres que nous citerons plus loin, touchant la production de certaines fonderies, montreront quelle influence peut avoir, sur les résultats commerciaux, une marche défectueuse de la fabrication.

La consommation du coke a beaucoup diminué aujourd'hui avec les cubi-

bilots perfectionnés et surtout avec les nouvelles méthodes de composition et
de dosages des charges. Jadis, les fonderies les mieux surveillées ne dépensaient pas moins de 14 à 15 kilogrammes de coke pour cent de fonte produite,
sans compter l'emplissage. Les bons établissements dépensaient 20 à 25 de
combustible pour cent de fonte produite. Avec les cubilots primitifs, et en
remontant antérieurement à 1830, la dépense du coke atteignait jusque 50
kilogrammes p. 0/0 de fonte au creuset. Il est vrai que les cubilots mal compris manquaient de hauteur et étaient insuffisamment soufflés, et que, d'un
autre côté, le côke n'était pas soigné et n'avait pas les qualités spéciales qu'on
recherche aujourd'hui.

Mais aussi, quelle différence entre ces résultats et ceux que donnent les
fonderies bien conduites. Il en est aujourd'hui qui, l'emplissage disparaissant
à peu près dans une production journalière importante, ne dépassent pas,
dans leurs cubilots convenablement réglés, 8 à 9 kilogrammes de coke pour
cent de fonte, emplissage compris. En suivant nous-même la marche de certains cubilots, en faisant préparer les matières et charger sous nos yeux,
nous sommes descendus, avec du coke de bonne qualité, au-dessous de
8 p. 0/0.

Utilisation de la chaleur. — Le calorique utilisé pour la fusion de la
fonte dans les cubilots perfectionnés, soit environ 275 calories, atteint maintenant au delà de 50 p. 0/0 de la chaleur engendrée, et 46 à 48 p. 0/0 de
la chaleur totale, alors qu'on n'obtenait précédemment que 30 et 18 p. 0/0.

En effet, les analyses touchant la composition en volume des gaz, s'échappant du gueulard des anciens fours, où l'on brûlait entre 20 et 25 p. 0/0
de coke, ont été indiquées par Ebelmen, comme donnant, en moyenne, suivant l'importance des cubilots et la quantité d'air dépensée :

Oxyde de carbone.	11.00 à	14.25
Acide carbonique	15.20 »	9.75
Azote	73.00 »	74.80
Hydrogène	0.80 »	1.20
	100.00 »	100.00

Les proportions d'oxyde de carbone sont importantes. Elles doivent être
diminuées avec la marche des cubilots actuels qui emploient pour la fusion
une quantité de coke beaucoup moindre.

Si l'on était à même d'évaluer d'une façon à peu près certaine, en se servant de l'appareil Orsat, ou de tout autre analogue, les quantités relatives
d'acide carbonique et d'oxyde de carbone que renferment les gaz des cubilots,
on pourrait déterminer la température exacte engendrée par le carbone brûlé
dans les cubilots.

Des recherches ont été faites, à cet égard, à l'École des Mines, lesquelles
ont indiqué que, dans un cubilot à l'intérieur entièrement cylindrique de

3 mètres de hauteur, consommant 19 p. 0/0 de coke, à 11 p. 0/0 de cendres, la chaleur engendrée réellement était représentée come suit :

Chaleur utilisée par kilogramme de fonte. .	275 calories.
— sensible des gaz	240 —
— perdue.	427 —
Ensemble	912 calories.

La chaleur totale donnant :

Chaleur utilisée.	275 calories.

La chaleur restant encore disponible était :

Chaleur sensible des gaz.	240 —
— que peut développer l'acide carbonique.	521 —
— perdue par les parois, y compris 15 à 20 calories prises par le laitier .	427 —
	1.463 calories.

La composition en volume de ces gaz, trouvée par Ebelmen, était :

Oxyde de carbone.	17.2	
Acide carbonique	13.3	100 parties.
Azote	69.5	

Avec les cubilots actuels, les gaz renfermant moins d'oxyde de carbone, la chaleur qui reste disponible est considérablement diminuée, celle perdue par les parois est sensiblement réduite, et la fusion s'opère beaucoup plus vivement que dans les anciens fourneaux.

Quelques métallurgistes ont spécialement étudié la combustion dans les cubilots, en la classant par zones concentriques. Ces zones, qu'on admet au nombre de trois, se forment autour du jet d'air dans un espace ayant comme forme générale celle d'un ellipsoïde plus ou moins allongé vers la tuyère, et s'étendent en raison de la force du vent, de sa température et de la qualité du combustible.

La première zone, suivant cette théorie, se place sur un niveau horizontal en avant de la tuyère. C'est la zone oxydante où l'air s'échauffant sur les particules de carbone se montre en excès.

La seconde zone, dite neutre, est celle où la température se développe au plus haut degré, et où l'on trouve, à côté de l'acide carbonique qui domine, de l'oxyde de carbone, de l'azote et de l'oxygène libre.

La troisième zone appartient au travail de la réduction dans lequel la température est moins élevée et contient en outre de l'acide carbonique et de l'azote, en même temps que de l'oxyde de carbone en excès.

C'est dans la zone intermédiaire que s'opère la combustion la plus parfaite.

Elle est plus étendue dans le sens vertical que dans le sens horizontal, et la plus haute température peut se produire à 0^m,30 ou 0^m,35 au-dessus des tuyères.

Si l'on suit de près l'étendue des zones, on voit que le diamètre de l'ouvrage au niveau des tuyères, ou de la partie de la cuve entre les étalages et le creuset, doit être d'autant plus restreint que le cubilot est moins élevé et alimenté par un plus petit nombre de tuyères.

En un mot, le point où il convient de fixer la température la plus élevée devant amener la fusion, ne saurait dépasser 0^m,40 de diamètre dans un petit fourneau à une seule tuyère, et pourrait atteindre 0^m,80, même plus, dans un fourneau de grande hauteur, soufflé par plusieurs tuyères.

La section de la zone de fusion peut donc être diminuée si l'on doit brûler, avec peu de vent, un combustible léger. Mais ce ne serait toujours qu'aux dépens du déchet du métal et de l'augmentation du charbon consumé.

Emploi de l'air chaud dans les cubilots. — Il y a longtemps qu'on a essayé d'appliquer l'air chaud dans la marche des cubilots. — On semble aujourd'hui vouloir y revenir, sinon comme économie de combustible, ce qui serait douteux; mais comme amélioration de certaines fontes, principalement des fontes blanches ou truitées, de qualité accidentelle et de nature réfractaire. — C'est à étudier. En tous cas, il convient de choisir les appareils les plus simples et les moins encombrants. — Au reste, aujourd'hui qu'on ne tolère pas la flamme au gueulard des cubilots, autrement qu'à fin de travail, il faudrait appliquer des combustibles pouvant être brûlés sur un foyer indépendant.

Production. — Un cubilot d'une élévation relativement grande, comparée au diamètre du vide intérieur, dépensera, toutes proportions gardées, moins de combustible qu'un fourneau de plus grand diamètre, mais de faible hauteur. La hauteur des cubilots marchant au coke est tenue entre 2^m,50 et 3^m,50 quand il ne s'agit pas d'exceptions, et le diamètre doit répondre à 0^m,010 ou 0^m,0125 carrés par 2 kilogrammes à 2 kilogrammes 1/2 de fonte à produire par heure avec du coke dense et une bonne soufflerie. Si l'on employait du charbon de bois, la hauteur des appareils devrait être plus grande et la quantité d'air soufflé serait moindre. Pour un coke poreux on peut admettre 550 à 600 mètres cubes d'air par tonne de fonte et par heure. Avec du coke lavé très dense cette quantité peut être doublée.

Le diamètre d des buses étant donné, ainsi que la pression H au manomètre à eau, le débit de vent en mètres cubes par minute est théoriquement :

$$M = 5081\, d^2 \sqrt{H}.$$

La production d'un cubilot se tient par heure dans des conditions ordinaires.

Pour petits cubilots de 0^m,50 à 0^m,60 de diamètre intérieur.		600 à 1.200 kil.
— moyens —	0^m,75 à 1^m,20	—	2.500 à 4.000 —
— grands —	1^m,50 à 2^m,00	—	5.000 à 7.000 —

La hauteur et le diamètre étant d'ailleurs admis suivant le combustible à brûler, les fontes à employer et la solidité des matières réfractaires employées à la construction intérieure.

Les charges sont subordonnées, comme importance, aux mêmes éléments. — Et, l'on peut dans tous les cas, en faire varier le volume, soit qu'on le diminue au commencement du fondage, soit qu'on l'augmente en raison de l'élévation de la température dans le fourneau et surtout à la fin de la journée.

Comptabilité des cubilots. — Comme pour le roulement des hauts-fourneaux il est nécessaire de constater jour par jour le travail de consommation et de production des cubilots sur des registres dressés en conséquence. On peut, pour l'établissement de ces registres, suivre les dispositions ci-dessous, qui indiquent la notation des principales données indispensables à conserver et qui résument :

1° Pour la consommation : les dates des fusions ; le coke employé, comme ensemble et comme proportion relative, avec le métal mis au fourneau ; les fontes de diverses espèces auxquelles on consacre des colonnes spéciales, venant se résumer en un total général ; enfin, une colonne d'observations portant notamment sur les mélanges adoptés et sur les incidents ayant pu modifier les résultats.

2° Pour la production : le nombre de mouleurs et la quantité d'heures employées par eux ; la production en kilogrammes par dix heures de travail et par chaque mouleur ; le détail, par espèces, de pièces coulées admises en recette, suivant la fabrication de l'usine, le total de ces pièces, représentant la production commerciale de la fonderie ; le rendement en jets, coulées et pièces manquées, de même que le déchet de fusion. Le tout formant un total égal à celui de la consommation. Enfin, une colonne d'observations indiquant les causes ayant fait manquer certaines pièces ; celles qui ont pu augmenter les déchets, etc.

La consommation et le produit peuvent être placés en regard sur les deux feuilles d'un même livre intitulé : *Travail des cubilots.*

On peut, à l'aide de ces tableaux, établir le prix de revient de la fonte au creuset et celui de la fonte montée, ainsi qu'il suit :

Données sur la construction et la marche des cubilots. — Nous ne nous arrêtons ici que sur ce qui concerne les cubilots nouveaux, plus ou moins perfectionnés. A cet égard, nous nous bornerons à résumer succinctement les expériences que nous avons opérées sur le cubilot *Moline* que nous avons déjà cité et qui ont une importance réelle qu'elles empruntent au mode et au régime de chargement, plutôt qu'à l'appareil lui même, des applications *Moline*, qui ont en quelque sorte ouvert la voie aux transformations actuelles des cubilots.

MARCHE DES CUBILOTS. — CONSOMMATION

MOIS DE Dates des fusions	COKE EMPLOYÉ		FONTES EMPLOYÉES						TOTAL	OBSERVATIONS
	Pour fusion remplissage compris	Pour 100 kil. de fonte au fourneau	Gueuses grises	Gueuses truitées	Bocages gris	Bocages serrés	Fontes blanches	Jets et coulées		
			kilog.	kilog.	kilog.	kilog.	kilog.	kilog.	kilog.	

MARCHE DES CUBILOTS. — PRODUIT

MOIS DE Dates des fusions	Nombre de mouleurs	Nombre d'heures de travail	Production par10 heures et par mouleur	PIÈCES EN RECETTE							Total des fontes en recette	Jets, coulées et pièces manquées	DECHET		Fusion totale égalant la consommation	OBSERVATIONS
				Poids à peser	Barreaux et grilles	Pièces de chemins de fer	Pièces mécaniques	Pièces d'agriculture	Pièces diverses			Total	Par 100 kil		
			kilog.	kilog.	kilog.	kilog.	kilog.	kilog.	kilog.	kilog.	kilog.	kilog.		kilog.	

Les fig. 18, 19 et 20 de la pl. 15 montrent une disposition d'ensemble pour une série de cubilots devant alimenter une grande fonderie. Les figures 16 et 17 se rattachent aux détails de porte-vent. Ceux-ci sont en fonte à buses tournantes. Les enveloppes des cubilots et leurs cheminées sont en tôle. La construction est en fonte, avec petites voûtes de briques posées sur des poutrelles.

De fait, nous voulons seulement indiquer une idée, laquelle peut être envisagée de diverses façons suivant les convenances de l'installation et de l'agencement particulier de la fonderie, au point de vue des halles de moulage et de coulée.

Les exemples ne manquent pas de construction de cette sorte, En tous cas, il importe d'employer le métal plutôt que le bois. On peut trouver une solution économique avec des fers à double T, de colones légères et un plancher en tôle striée d'une épaisseur suffisante pour assurer la solidité de plateformes qui sont souvent très chargées.

Une disposition assez complexe, quant à la façon dont sont compris les assemblages, mais qui peut être simplifiée, est celle représentée à la planche 16. Elle montre deux cubilots installés au centre d'un bâti en fonte portant un plancher abordable de tous côtés et soutenant une cheminée commune. Cette disposition que nous avons vue vers 1848 ou 1850 à la fonderie royale de Glewitz (Haute-Silésie), donne une idée intéressante comme agencement de fours isolés pourvus d'appareils à air chaud et d'un système de distribution de vent indépendant du sol de l'usine. Les cubilots avaient alors le profil type 5, pl. 13 auquel quelques fonderies sont revenues. Nous ignorons si tout cela existe encore mais il est certain que la planche reproduite d'après les *Annales des Mines*, à l'époque dont nous parlons, peut-être encore très utilement consultés.

A Marquise, où les cubilots bien surveillés employaient seulement 11 à 12 kilogrammes, plus l'emplissage variable à 2 ou 3 0/0, suivant les quantités fondues dans une journée, soit ensemble 13 à 14 kilogrammes, il fut convenu que *Moline* donnerait sur ce chiffre une économie de 3 kilogrammes au mains pour avoir droit à la prime. Sur ces bases, on dut opérer comparativement, — toutes ces conditions égales d'ailleurs, comme qualité de combustible, mélanges de fonte, emploi du vent, importance et durée du travail ayant lieu dans chacun des fours, etc. — Un pareil nombre de fusions des deux fours appropriés l'un au système courant de l'usine, l'autre au système nouveau.

Les essais, poursuivis pendant toute une semaine, soit 7 jours, simultanément dans les deux, systèmes, donnèrent les résultats suivants :

	MARCHE DU CUBILOT DE L'USINE (Fig. 7.)			MARCHE DU CUBILOT MOLINE (Fig. 12.)		
	Fonte passée	Coke	Coke p. 0/0	Fonte passée	Coke	Coke p. 0/0
	kilog.	kilog.				
1er jour....	15.800	1.730	11.30	12.500	1.015	8.10
2e —	44.400	1.497	10.35	18.750	1.422	7.60
3e —	18.900	1.832	9.60	16.750	1.211	7.80
4e —	18.000	1.825	10.13	10.500	874	8 32
5e —	14.400	1.436	9.60	16.875	1.295	7.60
6e —	10.200	1.057	10.36	20.000	1.560	7.80
7e —	22.800	2.092	9 17	13.500	1.117	8.27
Total....	114.000	11.469	moyenne 10 »	108.875	8.594	moyenne 7.89

La durée de la fusion, l'importance du déchet, la température du métal fondu, les incidents de l'allure ne donnèrent pas lieu à des différences telles qu'elles durent agir essentiellement sur le résultat qui était avant tout d'arriver à une économie démontrée dans l'emploi du combustible, laquelle n'atteignit pas 3 0/0 d'après le tableau ci-dessus.

Toutefois, le système fut admis et les divers cubilots de Marquise furent disposés suivant les proportions voulues selon les types 1, 2, 3 et 4 de la légende qui suit :

No 1 GRAND FOURNEAU		No 2 FOURNEAU AYANT SERVI aux essais		No 3 MOYEN FOURNEAU		No 4 PETIT FOURNEAU	
	m.		m.		m.		m.
A. Hauteur de la cuve.......	2.450	A. Hauteur de la cuve........	1.860	A. Hauteur de la cuve......	2.135	A. Hauteur de la cuve.......	2.135
B. Diamètre de la cuve.......	1.480	B. Diamètre de la cuve......	1.220	B. Diamètre de la cuve......	1.000	B. Diamètre de la cuve......	0.705
C. Diamètre aux tuyères. .	0.900	C. Diamètre aux tuyères.......	0.765	C. Diamètre aux tuyères.......	0.610	C. Diamètre aux tuyères.......	0.460
D. Hauteur de la partie rétrécie	0.650	D. Hauteur de la partie rétrécie..	0.890	D. Hauteur de la partie rétrécie	0.650	D. Hauteur de la partie rétrécie.........	0.650
E. Hauteur des étalages......	0.420	E. Hauteur des étalages......	0.265	E. Hauteur des étalages......	0.350	E. Hauteur des étalages.....	0.255
F. Pente des étalages......	0.280	F. Pente des étalages......	0.230	F. Pente des étalages......	0.190	F. Pente des étalages......	0.152

Selon les grandeurs de ces fourneaux, la composition des charges put être distribuée ainsi :

Fourneau n° 1. — Coke d'emplissage jusqu'à 0,33 environ. Un peu plus, un peu moins suivant la qualité du coke. Première charge sur l'emplissage, 1,000 kilogrammes fonte. Charges suivantes, 100 kilogrammes coke ; puis 1,300 1,400 et 1,500 kilogrammes de fonte, le combustible restant le même.

Le poids des charges en métal étant réglé suivant l'allure, on fait d'autant plus de petites charges de 1,300 kilogrammes et d'autant moins de charges de 1,500 kilogrammes que la fonte est plus chaude ou moins chaude. 1,300 et 1,500 kilogrammes sont des limites extrêmes. On ne descendit pas plus bas, sauf accidents imprévus, obstructions, etc. Il ne parût pas prudent de monter plus haut que 1,500 kilogrammes. On employa 8 à 13 kilogrammes de castine par charge.

Sur ces bases, les autres fourneaux furent conduits comme suit :

Fourneau n° 2. — Première charge sur l'emplissage, 750 kilogrammes fonte ; puis, charges de 75 kilogrammes coke et 1,000, 1,100 et 1,150 de fonte.

Fourneau n° 3. — Première charge sur l'emplissage, 500 kilogrammes. Puis, charges de 45 kilogrammes de coke, et 700, 750 et 800 kilogrammes de fonte.

Fourneau n° 4. — Première charge sur l'emplissage, 400 kilogrammes.

Puis, charges de 38 kilogrammes de coke, et 500, 600, 650 et même 700 kilogrammes de fonte.

La partie inférieure du creuset x n'a d'autre utilité, étant établie comme au tracé, que celle de laisser plus de place pour la fonte liquide.

Dans les petits fourneaux on peut très bien, et c'est même meilleur, tenir cette partie x toute droite, 3omme à la fig. 6, pl. 13.

L'importance des améliorations introduites dans les formes 11 et 15 est tirée surtout des côtes A et B, hauteur et diamètre de la cuve, desquelles dépendent la régularité de la descente des charges, la concentration de la température et la zone des tuyères et la suppression de toute flamme au gueulard.

En un mot, le système consiste à faire des charges très soignées, très garnies, bien assorties comme grosseur relative du coke et de la fonte, se couvrant tellement bien les unes et les autres que le gueulard ne laisse échapper aucun gaz et reste à peu près froid.

Le diamètre des tuyères se tenait entre 0^m,17 et 0^m,20.

Je ne sais si ces appareils ont été conservés à Marquise, sans modifications aucunes. — Tels qu'ils étaient en principe, ils ont certainement donné l'élan qui devait amener l'économie assurée du combustible.

En ce qui concerne les formes et les proportions du creuset, si ce n'est l'étranglement aux tuyères, on peut s'assurer que les appareils survenus depuis se sont montrés peu différents. On peut voir par la fig. 15 de la pl. 15, ce que devient cette partie de l'ouvrage après un certain temps de service.

Il est vrai que cette partie peut être entretenue en bon état de préparation, mais au fond, elle importe peu à l'économie du système dans lequel le mode de chargement représente à notre avis, un élément essentiel.

Cubilots Ireland. — En Allemagne et en Angleterre on emploie les cubilots d'Ireland. — Ces cubilots marchant à fortes charges accusent un emploi de coke qui peut ne pas dépasser 7 0/0.

Nous avons décrit dans la *Fonderie en France* un de ces appareils employé dans une importante fonderie anglaise et conforme au type représenté par les fig. 24 et 25, pl. 14.

La hauteur totale compris la cheminée est de 8^m,20. La hauteur du four de la sole au niveau du gueulard est de 3^m,70. Le diamètre de la cuve 1^m,15 environ.

A la base le diamètre est de 0^m,76 ; il devient 0^m,690 à la naissance des étalages pour donner de l'élargissement au creuset.

La hauteur de la cuve est 1^m,905, celle des étalages 0^m,508, celle du creuset jusqu'aux étalages 1^m,205.

A partir des étalages, le revêtement intérieur de la cuve est composé d'une seule épaisseur, soit 0^m,11 de briques réfractaires placées debout. Le centre des tuyères se trouve à 0^m,61 du fond ; au-dessous est un trou de 0^m,125 de diamètre pour l'écoulement des scories ; le point le plus élevé de cet orifice est au niveau du point le plus bas de la tuyère. Les tuyères ont 0^m,230 de diamètre, et reçoivent des buses de 0^m,19, placé sauf écart de 0^m,01 à 0^m,02, en face l'une de l'autre.

On remplit le fourneau de 350 kilogrammes de coke environ, et sur cette charge on place 1,016 kilogrammes de fonte, les gueuses étant cassées en trois ou quatre morceaux disposés sur la charge, dans un sens parallèle à la direction du vent. Après, vient une charge de 102 kilogrammes de coke recevant un nouveau chargement 1,016 kilogrammes de fonte. Puis les charges se succèdent, portant 76 kilogrammes de coke et en moyenne 1016 kilogrammes de fonte. On continue ainsi jusqu'au niveau du gueulard.

Le fourneau ainsi garni contient 6,096 kilogrammes de fonte et 762 kilogrammes de coke, soit 12, 5 0/0 de combustible.

Les charges pouvant être plus développées quand le fourneau est échauffé, la consommation du coke se tient en moyenne à 11 1/2 0/0.

On ajoute du fondant calcaire du Derbyshire, par 25 kilogrammes au-dessus de la dernière charge ; puis de 5 charges en 5 charges, plus ou moins, s'il est nécessaire.

Le fourneau peut liquéfier par heure 3,048 kilogrammes de fonte. Le trou du laitier reste toujours ouvert et le laitier s'écoule dans un petit wagon, pendant toute la durée du travail.

Les répartitions sont fréquentes et doivent se faire tous les deux jours. Elles exigent comme petit entretien courant : une vingtaine de briques, 20 à 25 kilogrammes d'argile réfractaire et trois ou quatre heures d'un ouvrier, en moyenne. Les briques viennent de la fabrique de Stourbridge, le coke provient d'Elsecar.

Les seules parties attaquées dans le revêtement sont les étalages et les parois de l'ouvrage. Ces cubilots ayant une hauteur plus grande que celle des anciens fourneaux, perdent moins de calorique, la fonte étant chauffée par zones successives,

Cet appareil était pourvu d'un monte-charges hydraulique très simple dont la disposition est expliquée par les fig. 26, 27 et 28 de la pl. 14.

En Allemagne, les cubilots d'Ireland ont été également adoptés. Toutefois on y a ajouté des appendices pour la répartition circulaire du vent. Les tuyères sont entourées d'une caisse à vent divisée en deux parties. Cette caisse reçoit l'air par une ou deux buses qui le répartissent dans la partie supérieure, d'où il pénètre dans le fourneau à l'aide de huit orifices, et dans la partie inférieure qui n'a que quatre orifices entrecroisées avec les huit ci-dessus. Les ouvertures supérieures ont la moitié de la largeur de celles inférieures. Celles-ci, par exemple, ayant 70 millimètres de largeur, les autres ont 140 millimètres.

L'emplissage est de 350 à 400 kilogrammes de coke, devant dépasser de quelques centimètres la hauteur des tuyères supérieures. On jette sur cet emplissage 350 kilogrammes de fonte. Puis, lorsque le four est allumé et le vent donné par les tuyères inférieures à la pression de 0,20 à 0,30 d'eau, on met une nouvelle charge de 50 kilogrammes de coke et 400 kilogrammes de fonte, en augmentant le vent jusqu'à la pression de 0,39 d'eau. Après cela, les charges se suivent avec 50 kilogrammes de coke, quantité constante, et 500, 600, 700 et même 750 kilogrammes de fonte.

La dépense en coke est de 10 à 12 0/0, et le déchet de fonte de 5 à 5, comme résultats moyens.

Plus les fontes sont fusibles, le coke dense et la pression tendue, plus le rendement est avantageux.

Cubilots de l'Ecole d'Angers et cubilots Voisin. — Les cubilots dits de l'Ecole d'Angers et les cubilots Voisin possèdent des fours dont nous venons parler. Le perfectionnement apporté par Biesse a consisté en une chambre à air, fournissant le vent par quatre tuyères inférieures munies de regards en verre de couleur, permettant de suivre la marche de la fusion.

Quatre autres tuyères supérieures, dont le diamètre ne doit pas avoir plus de 55 millimètres, sont placées au-dessus des premières à une distance de 0^m,65. — L'introduction de l'air par ces tuyères a pour but d'empêcher la production de l'oxyde de carbone. — Les gaz qui s'échappent au gueulard ne s'enflamment pas.

Le maximum de fusion est de 4,000 kilogrammes environ par heure, sous la pression du vent à 0^m,24 d'eau.

L'emplissage du four est de 150 kilogrammes ; de coke environ. — Les charges de coke sont de 25 kilogrammes, celles de fonte, en moyenne de 500 kilogrammes.

La moyenne du travail de quatre années ne dépasse pas une consommation de 9 kilog. 30 de coke par cent de fonte.

Le coke qu'on employait alors n'était pas de première qualité ; il provient en grande partie du bassin de la Loire.

Comme forme, la disposition intérieure est plus ou moins empruntée aux cubilots que nous avons montés anciennement à Angers, puis à Marquise, à la suite des expériences du système Moline. — Comme distribution du vent, c'est le système d'Ireland qui a prévalu. Nous devons insister avec persistance sur ce point, les cubilots Moline ou d'Ireland étant connus et publiés longtemps avant les applications *Biesse* et *Voisin*. — Les fig. 21, 22 et 23 de la pl. 14 montrent le tracé d'un des fourneaux de l'Ecole d'Angers, transformé par Biesse en 1864, quant à la distribution du vent.

Le système *Voisin* a subi quelques transformations. D'abord conçu sur les bases du cubilot d'Ireland ou de Biesse, comme on le voit à la fig. 20, pl. 13, c'est-à-dire en admettant l'introduction de l'air au moyen de tuyères superposées, installées dans une caisse à vent imitée des cubilots dont nous avons parlé, il présente aujourd'hui une disposition qui établit entre les tuyères supérieures et celles inférieures, une communication permise ou empêchée à l'aide de robinets. C'est une complication qui n'est pas favorable au travail et qui, développée par une disposition spéciale pour distribuer des hydrocarbures liquides dans les fours où l'on veut fondre de gros blocs de fonte, ne saurait nous paraître pratique. Le système, au fond, est celui-ci :

Deux réservoirs placés au-dessus de la caisse à vent communiquent à la partie inférieure ou moyen d'un robinet et d'un ajutage avec deux des tuyères inférieures diamétralement opposées. A la partie inférieure de chacun de ces réservoirs, deux tubulures sont placées, qui servent : l'une à introduire l'hydrocarbure, l'autre à déboucher dans l'intérieur du four, pour équilibrer au-dessus du liquide contenu dans le réservoir, la pression qui arrive au-dessous par le robinet de l'ajutage.

Lorsqu'on veut se servir des hydrocarbures, le liquide traversant le registre et le robinet, qui sont ouverts, descend jusqu'aux tuyères, d'où il se répand, entraîné par le vent dans l'intérieur du four, où il dégage une température élevée.

Tout cela est bien compliqué pour des appareils que la pratique doit chercher à conserver dans les conditions les plus simples.

Cubilots divers. — Vu le défaut de place et sans savoir ce qu'un certain nombre d'appareils cités dans notre édition de 1882 sont devenus, nous nous bornerons à rappeler brièvement les quelques cubilots dont nous avions parlé :

Le cubilot *Krigar* installé dans diverses fonderies d'Allemagne, admet la forme fig. 10, pl. 13, que nous avons préconisée. Une cuve de 0^m,95 à 1 mètre de diamètre, sur 2^m,25 à 2^m,50 de hauteur est reliée par un étalage de 0^m,25 à 0^m,30, à l'ouvrage qui a 0^m,80 à 0^m,85 de diamètre, sur 1 mètre à 1^m,20 de hauteur. Le creuset allongé est relié par un conduit de coulée à un avant-creuset. Cet avant-creuset est reconnu nécessaire, le coke descendant sans être entièrement brûlé jusqu'à la partie inférieure où il tient la place de la fonte liquide. Deux trous de laitier *c* sont disposés pour purger l'avant-creuset à des niveaux différents. Un regard placé au-dessus du bain, permet de surveiller le débouché *c* et de suivre l'arrivée de la fonte.

Le vent introduit dans la chambre circulaire est envoyé dans le fourneau par deux orifices ménagés à l'avant et à l'arrière de l'appareil.

Enfin, le fond du four doit être ouvert pour opérer le débraisage dans un wagonnet amené entre les colonnes qui supportent le fourneau.

Le fourneau étant échauffé à l'aide de bois, charbon de bois ou coke brûlés lentement, on commence le chargement par l'emplissage jusqu'aux étalages, avec 50 à 60 kilogrammes de coke par charges de 400, 500 et 700 kilogrammes de fonte.

Au début, on souffle par le trou de coulée jusqu'à ce qu'on ait vu apparaître les premières gouttes de fonte dans l'avant-creuset. Puis, on lance le vent par la chambre circulaire et le conduit.

Suivant M. Dürre, la suppression des tuyères permet de lancer l'air avec une plus faible pression, bien qu'à égalité de production avec les fours à tuyères. — La température est uniforme et la fusion rapide.

Le cubilot *Mackensie* dont les étalages, que soutient un entablement en fonte, sont séparés du creuset par un réservoir circulaire qui amène l'air dans le four au-dessous des étalages. — Tout l'appareil repose sur quatre colonnes entre lesquelles se développe une porte à charnière formant la sole et s'abaissant pour vider le creuset à la fin du fondage. — Ce système, qui a donné lieu à certains fourneaux où l'on a rendu le creuset mobile, doit demander un entretien difficile et des réparations fréquentes.

Le cubilot *Canham* à tirage naturel dans lequel on a ménagé, au-dessous du point de fusion, un espace libre à carreaux formés par des briques réfractaires et une enveloppe en tôle allant du haut en bas de l'appareil pour servir d'appel à l'air pris à la base.

Dès que le four est en feu, l'air chauffé entre cette enveloppe et le revêtement s'élève et, s'échappant à la partie supérieure dans un passage annulaire qui débouche de la cheminée, produit le tirage à travers toute la charge.

Le cubilot *Woodard*, de Manchester, dit : *steam jet cupola*, ou fourneau à jet de vapeur, est muni d'un obturateur mobile à trémie qui recouvre le gueulard et que l'inventeur appelle pourvoyeur. Un filet de vapeur traversant l'appareil au niveau du gueulard, produit un tirage énergique et, par suite, une combustion vive et un tirage rapide.

L'air appelé dans les tuyères sans aucune soufflerie traverse les charges, entraîné par la vapeur surchauffée.

Le cubilot *Heaton* à tirage naturel et à cheminée très élevée.

Le cubilot *Sumerson* à air chaud.

Le fourneau *Wilson* à appel d'air, comme celui de *Canham*.

Enfin, des appareils déduits des procédés Siemens et Ponsard et bien d'autres encore que nous devons passer.

FOURS A RÉVERBÈRE.

Fontes à employer de préférence. — La fonte grise obtenue par un mélange réfractaire de minerais et de fondant dans des ouvrages élevés et rétrécis, convient parfaitement à la fusion dans les fours à réverbère ; elle peut même y être refondue plusieurs fois sans altération. La fonte grise et la fonte truitée, provenant de charges fusibles obtenues dans les ouvrages de faible hauteur, contiennent ordinairement une grande quantité de carbone et sont par cette raison disposées à passer au blanc, lorsqu'elles sont refondues dans les fours à réverbère. Il y a des fontes grises qu'on ne peut liquéfier une seule fois sans les blanchir, et d'autres qui supportent facilement plusieurs fusions.

Les fontes blanches sont à éviter dans les fours à réverbère où elles tendent à s'affiner et à abandonner sur la sole une certaine quantité de *carcas* résultant de l'oxydation de la fonte et qui se forme aux dépens de la masse fondue en diminuant son produit.

Les fontes noires graphiteuses, sans donner autant de carcas, subissent néanmoins un déchet considérable. En général, les fontes liquéfiées à plusieurs reprises perdent de leur tenacité, leurs autres propriétés restant à peu de chose près les mêmes. Toutes les fontes abandonnent d'ailleurs, par la deuxième fusion, et surtout au four à réverbère, une partie de leur graphite et de leur silicium; elles forment des combinaisons nouvelles et se dénaturent insensiblement.

Les fontes grises produites par un mélange fusible de fondant et de minerai dans des ouvrages hauts et étroits, conviennent principalement aux moulages exigeant de la résistance et une dureté relative.

Formes et dimensions des fours à réverbère. — Avant de parler des formes et des dimensions adoptées pour les fours à réverbère, nous renvoyons nos lecteurs aux fig. 15, 16, 17 et 18, pl. 14, qui serviront à leur en indiquer successivement les principales parties.

Les fourneaux à réverbère n'ont pas cessé d'être employés dans un certain nombre d'opérations métallurgiques. Leur construction varie suivant le genre de travail auquel ils sont destinés. Ils servent à la mise en fusion des métaux industriels, tels que le fer, le cuivre et l'étain. En modifiant leurs formes, on les dispose pour l'affinage du fer et pour la calcination de différentes substances. Nous ne nous occuperons que des fourneaux en usage dans les fonderies de fer et de cuivre allié.

Un four à réverbère comprend trois parties principales, savoir : le foyer A, avec sa grille sur laquelle on jette le combustible, le creuset B, où s'effectue la fusion et la cheminée C.

Le foyer de chauffe et le creuset sont couverts par une même voûte qui se prolonge jusqu'à la cheminée. La communication entre celle-ci et le four est établie au moyen d'un canal d'échappement D, qu'on appelle *rampant*. La cheminée se trouve placée à l'extrémité opposée à la grille, afin que la flamme et les gaz puissent traverser le four dans toute sa longueur.

Le *pont* F, qui sépare la grille du creuset, sert à éviter le mélange du combustible avec la fonte et à préserver cette dernière du contact immédiat de l'air. Sa partie supérieure s'appelle *autel*, et l'on donne le nom générique de *sole* à la surface plus ou moins inclinée qui s'étend entre l'autel et le rampant de la cheminée.

Il doit exister une certaine relation entre les différentes parties d'un four à réverbère; mais jusqu'à présent on n'a pas encore déterminé de règles bien précises et l'on se rapporte plutôt aux résultats de l'expérience.

On admet par exemple que le succès de l'opération est plus complet et la consommation du combustible diminuée, si l'on établit la surface de la sole trois fois plus grande que celle de la grille, et si l'aire du vide laissé entre les barreaux de la grille est à celle de la section du rampant comme 3,50 est à 1. Ce rapport est également établi, en ayant égard à la nature du combustible.

Les dimensions de la chauffe et du rampant doivent être réglées de telle sorte que le fourneau s'échauffe uniformément dans toutes ses parties. — Si la fonte placée près du pont est liquéfiée plus vite que celle placée près de la cheminée, on peut en conclure que le tirage est trop faible et que l'ouverture du rampant est trop petite. Si au contraire, le métal qui est le plus éloigné du creuset est fondu le premier, c'est un signe que la flamme traverse le four trop rapidement et que l'orifice du rampant est trop grand.

L'air extérieur doit être amené librement sous la grille; c'est pourquoi la plupart des fourneaux à réverbère sont placés en dehors des ateliers de fonderie et communiquent seulement avec eux par l'endroit où l'on puise la fonte. Le foyer de chauffe est construit au-dessus d'une fosse dans laquelle le fondeur descend par quelques marches, comme l'indique la figure 15, pl. 17. Cette fosse, destinée à augmenter le tirage, doit être assez profonde pour que les charbons embrasés qui s'échappent de la grille ne puissent pas, en s'y amoncelant, échauffer et dilater l'air environnant (1).

L'écartement des barreaux dépend de la grosseur et de la nature du combustible qu'on emploie. Des barreaux trop écartés laissent tomber des fragments de houille et passer dans le foyer une certaine quantité d'air froid nuisible à l'opération. Des barreaux trop rapprochés se couvrent de cendres qui gênent le tirage, quelque soin qu'on prenne de nettoyer la grille. L'écartement ordinaire varie de 12 à 20 millimètres.

La distance de la grille à la surface supérieure de l'autel dépend de la nature de la houille et de la longueur du fourneau. On doit baisser la grille si le four est peu allongé et si la houille est grasse. Autrement l'effet de la flamme serait trop immédiat et trop sensible. Il faut élever le foyer, au contraire, si l'on brûle de la houille maigre, afin d'utiliser au mieux toute la chaleur que ce combustible développe.

La hauteur du pont varie entre $0^m,15$ et $0^m,30$ suivant les dimensions du fourneau. Il est important de la déterminer exactement. On doit employer des ponts peu élevés dans les petits fours où la température est ordinairement plus faible que dans les fours de grandes dimensions. Un pont trop haut nuit aux progrès de la fusion, quoiqu'il préserve mieux le métal de l'oxydation que s'il était plus bas.

Les formes habituelles de la sole sont celles d'un rectangle ou d'un trapèze; cette dernière forme paraît préférable parce que le four, devenant rétréci vers le rampant (fig. 16, pl. 16), peut permettre à la partie la plus large placée vers la grille de recevoir toute l'intensité de la chaleur. Si l'on emploie la forme rectangulaire on fait bien de la ramener par deux lignes courbes à la largeur de la cheminée. Il ne serait pas naturel que la sole for

(1) Nous n'entendons pas parler ici des fours à réverbère dont la grill pourrait être alimentée par la soufflerie d'un ventilateur.

mant un ventre au milieu de sa longueur; cette disposition devant compliquer la construction du four et nuire à sa solidité ne serait, en outre, d'aucune utilité pour le chauffage.

En vue de tirer le meilleur parti possible de toute la chaleur développée par le combustible, il faut proportionner la longueur de la sole à sa largeur. L'expérience a prouvé qu'on pouvait établir ces deux dimensions dans le rapport de 2 à 1. Si cependant l'on active le fourneau avec de la houille grasse, il est avantageux d'augmenter la longueur et de la tenir au besoin trois fois plus grande que la largeur. Si, au contraire, on brûle de la houille sèche dégageant peu de flamme, on doit reprendre la proportion de 2 à 1, et souvent même la porter de 3 à 2.

L'étendue du foyer n'est pas sans exercer une certaine influence sur la marche du travail. Si la sole est trop courte, la flamme traverse le fourneau en peu de temps et porte la chaleur dans la cheminée; si, au contraire, elle est trop longue, la fonte se refroidit.

L'inclinaison de la sole est un détail difficile à résoudre. Le raisonnement paraît indiquer de préférence, une sole horizontale ou d'une très faible pente vers le trou de la coulée, dans le but de faciliter l'écoulement de la fonte.

Dans les fourneaux où la sole et la voûte sont horizontales, la flamme communique au foyer dans toute son étendue, le même degré de chaleur jusqu'à ce qu'elle soit arrivée à l'embouchure du rampant. Cet objectif semble devoir être le plus favorable, le combustible devant être brûlé avec le plus d'effet possible, et la capacité du fourneau utilisée entièrement, puisqu'on peut charger la sole en tous points.

Quelque valeur qu'aient ces raisons, elles n'ont pu jusqu'aujourd'hui convaincre un grand nombre de praticiens, qui préfèrent encore les soles inclinées. Cependant, il est certain qu'une inclinaison trop forte est au moins nuisible :

1° Parce que la fonte subit beaucoup de déchet et blanchit sous le contact de l'air, lorsqu'elle se rend par petits filets dans le creuset. La fonte grise provenant de minerais réfractaires, peut seule résister sans changer de nature ;

2° Parce que la fonte ne pouvant être chargée que sur la partie supérieure de la sole, on est obligé d'augmenter la hauteur de la voûte, ce qui empêche la concentration de la chaleur ;

3° Parce que les jets ou tous autres petits fragments de métal, peuvent, glissant facilement, parvenir dans le creuset sans être liquéfiés et refroidir le bain ;

4° Parce qu'une partie de la fonte solide placée près de l'autel, ne baigne jamais dans la fonte liquide, qui en faciliterait la fusion, et reste exposée à l'action d'un courant d'air, qui l'affine et la réduit en *carcas*.

Quant à la consommation du combustible, nous pouvons garantir, d'après nos expériences, qu'elle est moindre dans un four dont la sole est inclinée sans exagération, que dans un four à sole horizontale, si le travail est conduit par un ouvrier intelligent.

L'inclinaison de la sole détermine celle de la voûte ; on peut cependant abaisser celle-ci davantage vers le rampant, la température tendant à s'atténuer aux environs de la cheminée.

L'élévation de la voûte au-dessus de la sole dépend de la largeur de celle-ci et de la surface de la grille : une voûte trop élevée concentrerait mal la chaleur ; une voûte trop abaissée nuirait au chargement du fourneau et empêcherait d'y placer autant de métal que le combustible brûlé sur la grille pourrait en fondre. Dans les fourneaux où la sole est horizontale, on donne ordinairement à la voûte une hauteur telle que l'aire de la section verticale prise dans la partie la plus large du foyer soit égale aux trois quarts de la surface de chauffe.

Le succès du fondage dépend des dimensions exactes du rampant. Il est de la plus grande importance d'établir cette ouverture dans les meilleures conditions voulues. Lorsque le rampant est trop large, la dilatation de l'air et, par suite, le tirage deviennent très faibles. Dans l'ordre contraire, on force l'air dilaté et la flamme de s'arrêter dans le fourneau. Il faut craindre, cependant, que la combustion ne soit pas assez rapide, ni la chaleur assez intense, quand le rampant devient trop étroit.

On a reconnu que le tirage est plus grand, si le rampant s'élargit vers la cheminée, l'air chaud et la fumée s'écoulant avec une plus grande vitesse, s'ils se répandent librement dans un espace dont la largeur croît à mesure qu'elle s'éloigne d'une ouverture resserrée.

Il ne faut pas que ce canal soit placé trop au-dessus de la sole. Autrement, la flamme tendant à suivre l'inflexion de la voûte, la chaleur développée par le combustible ne produirait pas tout l'effet utile sur le métal rassemblé dans le creuset.

L'ouverture de la cheminée doit être plus grande que la section du rampant, afin qu'une fois celle-ci dépassée, la flamme et la fumée puissent s'échapper avec rapidité.

La hauteur des cheminées ne peut être moindre de 10 à 12 mètres. On est souvent obligé de la porter jusqu'à 24 à 25 mètres, surtout lorsqu'il existe, dans les environs, des bâtiments pouvant gêner le mouvement de l'air. Le tirage se montre d'autant plus fort que la cheminée est plus élevée, la pression de l'air atmosphérique étant moins sensible dans les régions supérieures et par conséquent moins nuisible à la sortie des vapeurs dilatées qui se dégagent du fourneau. La section des cheminées doit être au moins de 9 à 10 décimètres carrés. Ces dimensions ne doivent pas être exagérées.

La dilatation de l'air est toujours imparfaite et le tirage faible dans les cheminées ayant une trop grande section. Ces inconvénients sont dus à l'action de deux courants opposés qui établissent dans le conduit, l'un formé de l'air atmosphérique qui descend, l'autre composé de l'air dilaté qui remonte. Il suit de là que, lorsqu'on veut disposer une seule cheminée pour plusieurs fourneaux, on doit diviser l'intérieur en autant de compartiments qu'il y a de foyers.

Pour qu'on puisse régler le mouvement de l'air, d'une manière utile à la marche des fours, il convient de recouvrir les cheminées d'un registre à bascule tel que celui dont nous indiquons la disposition par la fig. 19, pl. 16. L'usage de ce registre est indispensable, lorsqu'il s'agit d'augmenter ou de diminuer le tirage, suivant les besoins du chauffage.

Proportions. — De ce qui vient d'être dit et des observations de la pratique, on peut, sauf exception, se tenir dans les proportions suivantes, pour les principales parties des fours à réverbère :

Si l'on chauffe à la houille, la grille peut être tenue entre $0^m,40$ et $0^m,60$ en contre-bas de l'autel, et de $0^m,55$ à $0^m,90$ ou même 1 mètre, si l'on chauffe au bois.

On admet que la hauteur de l'autel au-dessus du point le plus élevé du foyer peut être de $0^m,15$ à $0^m,20$ pour les fours à fonte de fer et $0^m,20$ à $0^m,30$ pour les fours à cuivre, bronze ou laiton.

Pour les fours à refondre la fonte de fer, il faudrait compter par charge de cent kilogrammes de métal sur une surface nette de sole de $0^{mq},009$ à $0^{mq},017$ dans les appareils devant produire au delà de cinq tonnes et de $0^{mq},015$ à $0^{mq},030$ dans les fours de dimensions plus faibles.

Pour la fusion du bronze, ces relations deviendraient $0^{mq},0025$ à $0^{mq},0035$ dans les grands fours et $0^{mc},0035$ à $0^{mc},0050$ dans les petits.

La surface de la sole doit être, en tous cas, à la surface de la grille, dans le rapport 3 à 1 pour les fours de dimensions restreintes et 2 à 1 pour les fours de grandes dimensions.

La section du rampant peut se tenir vers $1/10^o$ environ de la surface nette de la grille.

La hauteur de la cheminée doit être, au moins :

$$H = 19 + \frac{25}{15d - 0,30},$$

d étant le diamètre.

Construction des fours à réverbère. — On emploie des briques réfractaires de première qualité pour la construction de la voûte, du pont et du creuset des fours à réverbère.

La voûte doit être construite avec beaucoup de soin, et les briques assemblées avec un mortier très liquide d'argile réfractaire doivent offrir des points de la plus mince épaisseur possible. C'est surtout près du pont, à l'endroit où l'atteinte du feu se fait le plus sentir, qu'il est essentiel de soigner la construction de la voûte. Sans compter la dépense qu'occasionnerait le remplacement répété des briques fondues ou tombées, on aurait à craindre une notable déperdition de chaleur et la formation d'un laitier visqueux qui, recouvrant le métal, nuirait aux progrès de la fusion.

L'épaisseur de la voûte doit être de $0^m,135$ à $0^m,165$, au moins, près de la grille et de $0^m,120$ à $0^m,130$ près de la cheminée.

Une voûte mal construite ne peut supporter que huit ou dix fondages, tandis qu'une autre établie solidement peut résister à 60 et même à 80 fusions.

Pour éviter la déperdition de la chaleur et pour garantir l'enveloppe en briques, on remplit les vides extérieurs que forme la voûte avec un massif en maçonnerie brute ou avec des matières peu conductrices du calorique, telle que du fraisil, de vieilles briques ou des laitiers concassés, le tout recouvert d'une couche d'argile, de manière que la partie supérieure du four offre une surface plane, comme l'indiquent les fig. 15, 16 et 17, pl. 17.

La sole se compose d'une épaisseur de sable très réfractaire bien battue en pisé sur une maçonnerie en grès ou pierres pouvant résister à la calcination.

Une des meilleures matières qu'on puisse employer pour la confection de la sole et du sable de rivière très pur. Il ne faut pas négliger de disposer dans le massif, des canaux destinés à l'échappement des vapeurs.

La cheminée est la partie la plus dispendieuse de la construction d'un four à réverbère, à cause de l'élévation qu'il convient de lui donner. Elle doit être appuyée sur de solides fondations et maintenue à différents points de sa hauteur par des tirants en fer. On peut chercher à réduire l'épaisseur des parois vers le haut, afin d'économiser les matériaux et de diminuer la pression exercée sur la base.

La partie intérieure de la cheminée jusqu'à 1^m,50 ou 2 mètres de la sole, est construite en briques réfractaires. Il suffit d'employer des briques communes pour tout le reste, une fois cette hauteur dépassée.

Lorsque les fondations sont larges et qu'on dispose de matériaux de bonne qualité, on peut se dispenser de multiplier les tirants en fer, comme on le fait quelquefois. Dans ces conditions, la cheminée se compose de plusieurs assises à chacune desquelles on donne un retrait qui réduit successivement leurs dimensions extérieures.

Les barreaux de la grille sont ordinairement faits en fonte blanche, celle-ci étant moins oxydable que la fonte grise et que le fer forgé. Ils sont disposés sur deux sommiers ou porte-grilles aussi en fonte.

Quelque soit la nature des barreaux, ils peuvent résister longtemps à l'action du combustible avec lequel leur surface supérieure est toujours en contact. On a essayé sans beaucoup de succès là comme dans beaucoup d'appareils de chauffage, des procédés très divers pour empêcher la destruction rapide des grilles.

De la position de la sole dépend celle des ouvertures qu'on doit ménager au four à réverbère. On laisse ordinairement trois ouvertures : l'une pour charger le combustible, l'autre pour charger le métal et la dernière pour puiser la fonte (1).

_____

(1) Dans les fours à cuivre, où l'on coule à la percée, l'orifice placé au-dessus du trou de coulée sert à introduire l'étain et le zinc qui doivent entrer dans les alliages.

La portière du chargement du combustible est placée au-dessus de la grille ; elle est évasée en dehors pour la commodité du chargeur. Elle doit être assez grande pour que le combustible puisse être répandu uniformément sur toute la grille ; mais il faut éviter de la faire trop grande, parce que l'air froid qui tend à pénétrer à l'intérieur du four peut diminuer le tirage. Le moyen le plus commode d'intercepter l'entrée de l'air est de boucher cette porte par une ou deux pelletées de houille menue qu'on relève en talus.

L'ouverture par laquelle on introduit le métal dans le four est établie au-dessus de la sole ; elle est habituellement assez grande, pour permettre le chargement de gros colis. On la ferme au moyen d'un châssis en fer qui retient une cloison mm de briques réfractaires bien assemblées avec un mortier argileux (fig. 15, pl. 17). Cette cloison, conduite entre deux rainures, est soulevée au moyen d'un contre-poids dont la chaîne glisse sur une poulie. Pendant le fondage, on répand, contre la jonction inférieure, du sable sec qui garantit la sole du contact de l'air atmosphérique, puis on bouche tous les autres joints avec de l'argile.

Le trou n percé au milieu de la portière indique au fondeur à quel point se trouve la fusion ; on le tient fermé par un bouchon de terre glaise ; ou encore, on le garnit d'un ouvreau clos par un œillard en verre.

L'ouverture servant à puiser la fonte est placée au-dessus du creuset, soit que celui-ci se trouve contre le pont, soit qu'il existe sur la cheminée à l'extrémité du four.

Cette ouverture est fermée pendant la fusion par une grande brique réfractaire au milieu de laquelle est fixé un anneau qui sert à l'enlever plus facilement. On peut, comme à la porte du chargement, y conserver un petit orifice garni d'un verre coloré au travers duquel on peut suivre la marche du fourneau.

On évite de puiser la fonte avec des poches. Cette opération est très pénible pour les ouvriers, l'épaisseur des fours les obligeant à prendre une position difficile pour atteindre le fond du creuset ; elle est nuisible d'ailleurs à la qualité des produits, la fonte demeurant soumise pendant la durée de la coulée à l'action de l'air qui la refroidit et la dispose à blanchir. Pour écarter cet inconvénient, on laisse au-dessous de la portière d'épuisement un trou de coulée qui, en communication avec le fond du fourneau, sert à la vider entièrement, en conduisant la fonte directement dans les moules, à l'aide de chenaux et de bassins, ou bien encore dans les poches des mouleurs, ainsi qu'on fait pour les cubilots.

L'ensemble des fours à réverbère demande, en résumé à être construit par des maçons habiles et soigneux. La masse doit être consolidée par de bonnes *armatures* en fonte retenues par des boulons et des tirants en fer. Les costières doivent être garnies d'une double enveloppe en pierre, afin d'atténuer l'effet des gerçures produites par la mise en feu et pendant le travail.

Dans les usines où les fours à réverbère sont exposés à l'air, on a soin de mettre ces appareils à l'abri des eaux pluviales par une toiture fort simple (fig. 15, pl. 16).

Pour compléter ces diverses données sur les fours à réverbère, nous renverrons nos lecteurs aux figures 17 et 18 donnant les coupes verticales en longueur de deux fours dont le creuset est situé près de l'autel. Ces dispositions, souvent avantageuses en ce que la fonte demeure plus longtemps liquide, donnent moins de déchet qu'il s'en produit dans les fours semblables à celui représenté par les figures 15 et 16.

Le fourneau, figure 18, pourrait contenir au besoin 3,000 à 3,500 kilogrammes de fonte. On a reconnu l'utilité d'une double voûte en raison de la grande étendue de la sole et aussi dans le but de rapprocher la flamme de la surface du bain. La construction de ce four est assez coûteuse et exige de fréquentes réparations.

En résumé les fourneaux à réverbères les plus usités pour la fonte de fer sont ceux qui se rapprochent de la forme de celui indiqué par les figures 15 et 16. On peut y liquéfier environ 3,000 kilogrammes de fonte, bien que les dimensions soient des plus petites. Il est évident qu'on pourrait construire sur ce modèle, des fourneaux capables de contenir jusqu'à 20 ou 25 mille kilogrammes, si l'on ne devait préférer pour la coulée des pièces importantes, les cubilots, auxquels on est parvenu aujourd'hui à donner de telles proportions qu'elles suffisent à tous les besoins de la fonderie.

Du chargement des fours. — On charge de préférence dans les fours à réverbère, la fonte qui est coulée en saumons ou sapots d'environ 0ᵐ,08 à 0ᵐ,10 d'équarrissage. On dispose les saumons par rangées en forme de grilles et l'on fait en sorte que la première ne soit pas appuyée sur la sole, ce qu'on obtient en l'établissant sur des supports formés par des briques réfractaires. Cette disposition sert à favoriser le passage de la flamme dont elle augmente l'effet, puisqu'ainsi elle la met en contact avec la plus grande partie de la surface du métal.

S'il ne faut pas trop rapprocher les morceaux de fonte afin d'obtenir le résultat dont nous parlons, on ne doit point non plus les placer à de trop grands intervalles les uns des autres, parce qu'alors on n'utiliserait pas convenablement la capacité du foyer. La flamme, passant trop librement entre les fragments, ne produirait pas tout son effet et causerait une forte oxydation.

S'il se trouve qu'on ait à charger à la fois des morceaux de fonte de différentes grosseurs, il est bon de placer ceux qui présentent le plus de volume par dessus les autres et de les ramener près du pont, la chaleur étant ordinairement plus intense à cet endroit qu'en toute autre partie du fourneau.

Il est nécessaire de traiter de même façon les morceaux de fonte les plus réfractaires, devant se trouver le plus près possible du coup de feu.

Le chargement des soles inclinées est moins facile que celui des soles horizontales, sur lesquelles on n'a qu'à disposer la fonte uniformément, tandis qu'avec les autres on doit craindre de ne pouvoir introduire dans le fourneau la quantité de métal qui lui convient, ou de voir quelques morceaux mal soutenus glisser et tomber non fondus dans le creuset.

Dans quelques fonderies, après avoir chargé et avant la mise en feu du fourneau, on ferme hermétiquement la porte de chargement. Dans quelques autres, où la sole peut être chargée facilement et promptement, on chauffe le foyer, au rouge avant l'introduction du métal, pendant laquelle on a soin d'abaisser le registre de la cheminée pour concentrer la chaleur à l'intérieur. Par là, la fusion est plus instantanée, la fonte plus liquide et le déchet moins fort, mais on augmente la consommation du combustible. On fait bien d'employer ce procédé quand on opère dans des fours neufs qui absorbent beaucoup de chaleur, ce qui ralentit la fusion et aussi quand il s'agit du cuivre, plus facile à charger que la fonte.

Pour le chauffage des fours destinés à la fusion du fer on emploie exclusivement la houille. Pour celui des fours appliqués à la fonte du bronze ou du laiton on se sert du bois, sinon d'un mélange de bois et de houille ou de tourbe.

Travail des fours et mise en fusion. — Nous ne nous étendrons pas sur le séchage des fours à réverbère ; ce travail est fort simple, puisqu'il consiste à entretenir un feu doux sur la grille et à l'augmenter graduellement quand on s'aperçoit que le four commence à s'échauffer et que la maçonnerie ne *sue* plus. Un feu poussé trop vivement ne manquerait pas de provoquer de nombreuses crevasses.

Il s'agit essentiellement pendant la fusion, d'empêcher l'air extérieur de pénétrer dans le foyer, ce qui s'obtient facilement lorsque les différentes ouvertures sont hermétiquement fermées.

L'attention du fondeur doit se porter sur l'entretien de la grille. Celle-ci doit être chargée vivement et ne jamais manquer de combustible. Il peut arriver qu'elle s'engorge et ne jette plus qu'une faible chaleur, si le charbon produit beaucoup de fraisil et de cendres. En pareil cas, il faut avoir soin de la dégager en introduisant un crochet plat entre les barreaux et en faisant tomber la houille brûlée. Cette opération ayant pour but de relever l'effet du combustible est celle que les fondeurs appellent *donner à la grille;* elle ne doit avoir lieu que lorsqu'elle est absolument nécessaire. Répétée trop souvent, elle occasionnerait une forte dépense de combustible.

Le volume de chaque charge jetée sur la grille dépend de la nature du charbon et des dimensions de la chauffe.

On évitera d'introduire à la fois dans le fourneau une trop grande quantité de houille, qui serait lente à s'allumer, refroidirait d'abord le foyer et dégagerait ensuite une forte expansion de flamme s'élevant dans la cheminée sans profit pour la fusion. — Il faut donc se contenter d'entretenir sur la grille un feu régulier et de distribuer les pelletées de houille de manière à ne laisser aucun endroit dégarni.

Au commencement du travail, on presse les charges de charbon de dix en dix minutes environ. On a besoin de les retarder quand toute la fonte commence à entrer en liquéfaction. En approchant du terme de la fusion, on ne renouvelle la grille que de quart d'heure en quart d'heure.

Comme on peut le voir, la fusion dans les fours à réverbère est fort simple ; mais si l'on ne surveille pas avec attention la distribution des charges et l'entretien du feu, on doit craindre de brûler une forte partie de la fonte, d'élever outre mesure la consommation du combustible et enfin de compromettre le succès du fondage.

Les trous de regard laissés à la porte de chargement et à celle du creuset indiquent au fondeur l'allure du fourneau et l'aident à conduire son travail.

La flamme qui s'échappe du fourneau peut aussi lui servir d'indice. Si elle s'élève à une trop grande hauteur au-dessus de la cheminée, si elle est intermittente, c'est un signe que les charges de charbon sont trop fortes ou mal réglées. Par une bonne marche, la flamme doit dépasser très peu, mais constamment, le chapeau de la cheminée. Dès que la fusion est terminée, on ferme les registres et l'on procède à la coulée.

Si l'on fait écouler la fonte, on l'écrème dans la rigole qui la reçoit, avec un tampon de chanvre fixé à une tringle en fer. Si on la puise, on en sépare le laitier dans le creuset même. On ne coule en puisant que lorsqu'on doit remplir une grande quantité de petits moules, ou lorsque la pièce à couler est trop éloignée du fourneau pour qu'on ne puisse établir un chenal sans craindre de perdre une partie de la fonte par le refroidissement. L'épuisement dure quelquefois longtemps ; et, suivant les circonstances, on est obligé de donner un nouveau coup de feu avant qu'il soit terminé.

Quand toute la fonte est employée, on enlève, avec des ringards, le carcas déposé sur la sole, en évitant d'endommager l'autel. Après que le four est refroidi, on répare la sole s'il est nécessaire. Une sole bien établie avec du sable très réfractaire peut supporter plusieurs fusions sans réparations essentielles.

Le temps que dure la fusion est assez variable. Selon les proportions observées entre les différentes parties du fourneau, selon la qualité du combustible et la nature des fontes, il faut de 2 à 5 heures pour fondre 700 à 3,000 kilogrammes.

Le travail d'un four à réverbère est confié à un seul ouvrier. Souvent même, cet ouvrier peut se charger de la conduite de deux ou trois fours, lorsqu'ils sont rapprochés les uns des autres, et lorsque la houille est déposée à la portée de chaque grille.

La fusion ayant lieu en temps inégaux, si l'on opère dans des fours dont les dimensions ne sont pas les mêmes, il est important que le fondeur prenne les dispositions convenables pour que le métal entre dans tous, au même moment, en liquéfaction. Cependant, il faut noter que la fonte tenue longtemps en bain acquiert un peu de ténacité, mais se refroidit et devient épaisse au point qu'elle n'est plus propre à remplir les moules et qu'elle se fige dans les poches.

Les outils nécessaires à la conduite d'un four à reverbère peuvent se borner à plusieurs ringards, dont quelques-uns sont recourbés pour donner à la grille, à une ou deux pelles en fer avec manches en bois et à plusieurs outils du même genre que ceux des fondeurs des hauts-fourneaux et des cubilots, pour la construction et la réparation des fours.

Le déchet du fer cru dépend beaucoup de la rapidité avec laquelle celui-ci est mis en fusion. Si donc, on élève la température du four avec trop de lenteur, on augmente le déchet et l'on blanchit la fonte.

Comme dans les autres procédés de mise en fusion dont nous avons parlé, une grande partie de la perte éprouvée par le métal, provient des grains qui sont répandus dans l'usine. Quoiqu'il en soit, le déchet résultant de l'oxydation et de la fonte perdue dans les scories peut être singulièrement élevé par un mauvais travail; nous l'avons vu varier de 6 à 15 %, quand, dans de bonnes conditions, il doit être maintenu entre 5 et 7.

Le *carcas* est dû à l'action de la flamme et de l'air qui oxydent en passant, la surface du bain. La couche est d'autant plus épaisse que le coup de feu est plus violent et mal dirigé. Si le carcas est de peu d'importance, il se compose d'une couche mince de fer analogue à celui des battitures. Dans le cas contraire, l'épaisseur de cette couche est augmentée et ses parties sont formées d'une masse de fer plus ou moins affinée. Alors, en outre de la perte que subit la fonte, on voit s'élever la consommation du combustible, parcequ'il a été nécessaire, pour obtenir un bain liquide, d'activer la violence du feu.

La quantité de carcas que fournissent les fours à réverbère dépend aussi à la nature de la fonte.

La fonte blanche qui se liquéfie difficilement, est soumise à l'oxydation quand elle s'échauffe avant la fusion, quand elle s'écoule lentement dans le creuset et quand elle est en bain. Pour éviter ce triple inconvénient, on doit accélérer l'opération en portant à un très haut degré la température du fourneau. De là, une augmentation considérable de carcas. — Ce qui, nous le répétons, n'autorise pas l'emploi de la fonte blanche dans les fours à réverbère où quelque soin qu'on prenne pour la mettre en fusion, on obtient toujours beaucoup de déchet et une fonte pâteuse se figeant presque instantanément.

La fonte grise traitée avec soin dans un four bien construit, fournit peu et quelquefois pas du tout de carcas. — Si elle est en petits fragments et oxydée d'avance sous le contact de l'air, elle peut donner, au contraire, des carcas très épais. Pour la traiter alors avec avantage, il est nécessaire de produire une chaleur rapide et intense. Nous ferons observer, à cet égard, que les bocages provenant de petits objets, tels que, par exemple, des pièces de poteries et des ornements plats, ne conviennent pour le travail des fours à réverbère. — Ils s'entassent trop et forment sur la sole une masse compacte dont la surface extérieure reçoit seule l'atteinte de la flamme. Les inconvénients résultant de ce fait affirment cette remarque générale dans la liquéfaction de tous les métaux, mais remarquable surtout dans la fusion du fer, plus que tout autre soumis à l'oxydation, c'est que plus les fragments à fondre sont petits, plus le déchet est grand. En effet, plus les surfaces sont multipliées, plus elles tendent à s'affaisser sur elles-mêmes au moment de la fusion et à former une croûte brûlée, se perdant dans les scories, ou recouvrant le bain, à l'échauffement duquel elle s'oppose. Toutefois ce résultat, indiqué par l'expérience, peut être évidemment modifié, suivant la manière dont le travail est conduit.

On arrive à conclure de ce que nous venons de dire que le carcas est un produit excessivement variable, pouvant s'élever depuis 1 kilogramme jusqu'à 100 kilogrammes pour 1,000 kilogrammes de fonte introduite dans le fourneau. Le chiffre déjà extraordinaire que nous fixons est encore loin d'être au maximum, puisque, par le feu violent et soutenu d'un four à réverbère et en agitant dans le creuset le métal liquide qui s'y tient, on parvient à l'affinage, lequel a pour but de transformer la fonte en fer ductile. De la formation du carcas, on comprendra que la fusibilité de la fonte doit nécessairement diminuer par chaque fusion qu'elle subit dans les fours à réverbère.

La consommation du combustible est dépendante de la nature de la fonte, des proportions relatives que doivent avoir toutes les parties du four et beaucoup aussi de l'habileté du fondeur.

Quelque simple, en effet, que soit la conduite d'un four à réverbère, elle exige beaucoup d'habitude et de soin de la part de l'ouvrier qui en est chargé. Un fondeur intelligent usera deux fois moins de charbon, qu'un ouvrier maladroit, pour mettre en fusion une même quantité de fonte. La densité variable pour chaque espèce de houille qu'on veut employer, ne nous permet pas d'indiquer avec exactitude les bornes dans lesquelles doit être renfermée la consommation du combustible; mais en admettant que l'hectolitre de houille pèse de 78 à 80 kilogrammes, on peut poser qu'il suffit de 40 à 50 kilogrammes pour fondre 1,000 kilogrammes de fonte, si le travail a lieu dans des conditions favorables.

En moyenne, il faut compter sur :

Un déchet de 6 kilog. 93 pour 100 kilogrammes de fonte.

38 kilogrammes de carcas pour 1,000 kilogrammes de fonte.

Une consommation de 490 kilogrammes de houille pour 1,000 kilogrammes de fonte.

Avantages et inconvénients des fours à réverbère. — Quels que soient leurs avantages, les fours à réverbère sont d'un usage moins répandu que les cubilots. A l'encontre de ces derniers, ils ne peuvent servir à la refonte de toute espèce de fer cru, ni soutenir le travail journalier des mouleurs avec régularité.

Les cubilots fournissent à toute heure de la journée une plus ou moins grande quantité de fonte blanche ou grise, selon ce que les besoins exigent; les fours à réverbère, au contraire, donnent à la fois une grande masse de fonte d'une même nature, ne pouvant guère convenir qu'au remplissage des moules de fortes dimensions. Il serait difficile, en effet, d'employer la fonte de ces fourneaux à la fabrication des petits objets, quand bien même on posséderait un matériel très complet de châssis et de modèles. Nous ferons observer en même temps que, si un grand nombre de ces objets doivent être coulés en fonte très grise, d'autres se contenteraient d'une fonte de qualité inférieure. En outre, il faudrait, avant de charger le four, calculer le poids de toutes les pièces, de leurs jets et de leurs évents, afin de ne pas liquéfier une trop grande quantité de fonte. Or, ce calcul, ne pouvant être qu'approximatif et inexact, occasionne souvent une forte perte de métal fondu mal à propos ; d'où, une dépense exagérée de combustible.

Les fours à réverbère ont présenté longtemps l'avantage de pouvoir couler des pièces d'un poids énorme, en réunissant simultanément la fonte de plusieurs fourneaux ; mais cet avantage s'est effacé depuis qu'on construit des cubilots à l'aide desquels on parvient à mettre en fusion, plus rapidement et plus facilement, des quantités de 15 à 20,000 kilogrammes de fonte et au delà.

La comparaison à établir entre les consommations en combustible des deux sortes de fourneaux repose sur une question de localité. On peut croire cependant que cette comparaison est relativement en faveur des fours à réverbère, puisqu'avec la houille, dont on emploie un bien moindre volume que le coke dans les cubilots, on évite les frais de carbonisation.

D'un autre côté, le poids spécifique de la houille étant plus grand que celui du coke, produit une certaine différence dans les prix de transport, pour les usines qui tirent le coke directement des houillères.

La construction des fours à réverbère, assez dispendieuse d'ailleurs, présente cependant des frais d'établissement moins élevés que celle des cubilots qu'on ne saurait activer sans le secours d'une soufflerie mue par une force motrice suffisante. C'est à considérer lorsque, par des circonstances exceptionnelles, on est obligé de construire des fonderies provisoires.

Quoiqu'il soit en usage de tirer parti du carcas, en le traitant dans les feux d'affinerie, c'est toujours une dépréciation assez grande. Cette perte augmente le déchet dans une proportion variable, laquelle, lorsque la fusion est conduite par un ouvrier inhabile, peut s'élever outre mesure et dépasser de beaucoup le déchet ordinaire du fer cru refondu dans les cubilots.

Pour nous résumer, voici dans quels cas essentiels on serait appelé à rechercher la construction des fours à réverbère : .

1° Quand on ne peut obtenir, sans une dépense extraordinaire, un moteur pour la soufflerie des cubilots. Cette circonstance est devenue très rare depuis l'emploi des ventilateurs.

2° Quand on doit refondre des morceaux d'une grosseur telle, qu'ils ne peuvent être chargés dans les cubilots.

3° Quand on veut que les fontes conservent ou acquièrent une grande résistance, comme par exemple pour la fabrication des bouches à feu, des cylindres de laminoirs, etc.

4° Quand les machines soufflantes dont on dispose, ne permettant pas d'établir un grand nombre de cubilots, on les emploie accessoirement pour aider ces fourneaux à la coulée des grosses pièces.

5° Quand, par suite de considérations particulières, on est forcé d'établir momentanément une fonderie destinée à des travaux devant être exécutés sur place.

En général, l'emploi des fours à réverbère n'est réellement avantageux, sous le rapport de l'économie du métal et du combustible, que dans le cas où la fabrication est assez étendue et assez suivie pour qu'on puisse opérer consécutivement plusieurs fondages.

DES FOURS A CREUSETS.

Fontes à employer. — La fonte liquéfiée dans les creusets subit moins d'altération que lorsqu'elle est traitée par tout autre mode de fondage. En effet, elle n'est en contact ni avec le combustible, ni avec l'air atmosphérique. Pour cette raison, la fonte noire convient peu à ce genre de travail, devenant graphiteuse et prenant difficilement assez de liquidité pour remplir les moules d'objets délicats.

La condition essentielle à remplir dans la fabrication des petits objets coulés au creuset est la netteté des contours. On fait bien d'éviter, à cause de cela, l'emploi de la fonte très grise, qui est plus douce que toute autre fonte, mais aussi trop poreuse pour donner de belles surfaces.

Il vaut mieux choisir de préférence une fonte mêlée, un peu sèche, ou une fonte grise ayant déjà subi une ou deux fusions au cubilot ou au four à réverbère.

Cependant, on peut utiliser la fonte noire fine en la combinant avec une proportion convenable de jets déjà refondus plusieurs fois. C'est même le mélange qui est le plus souvent employé pour la fusion dans les creusets.

Formes et dimensions des fours. — *Leur construction.* — L'espace vide, ou autrement dit la cuve des fours à creusets, est ordinairement d'une forme prismatique ou cylindrique. On adopte la forme du four quadrangulaire indiquée par les figures 6 et 7, pl. 18, parce que les angles retiennent le charbon et permettent d'employer des creusets plus grands qu'on le ferait dans les cuves cylindriques, où, voulant ménager l'espace, on ne pourrait brûler le combustible que concassé en très petits fragments.

La hauteur des fours varie entre 0ᵐ,60 et 0ᵐ,75 ; leur largeur est déterminée par le diamètre des creusets dont on se sert. De la qualité du charbon dépend principalement la profondeur des cuves. Il est évident que cette profondeur doit être d'autant plus grande que le combustible est plus léger. Elle doit avoir au moins 0^m,70 quand on brûle du charbon de bois.

On pourrait disposer les fours de manière à y placer plusieurs creusets. Toutefois, ce procédé présenterait peu d'intérêt au point de vue de la consommation du combustible, en même temps qu'il donnerait au fondeur un travail plus incommode que celui des fours à un seul creuset. Lorsqu'on veut appliquer en grand ce système de fusion, on dispose sur une même ligne plusieurs fourneaux séparés les uns des autres par des cloisons en briques réfractaires, mais tous réunis dans un même massif de maçonnerie et communiquant avec la même cheminée. — Seulement, on a soin de placer un registre horizontal au-dessous du rampant de chaque four, et de régler la distribution du vent au moyen de robinets placés sur les tuyaux de la conduite. Cette disposition permet de ne faire marcher qu'un seul four, lorsqu'on n'a que peu de chose à couler.

Anciennement, la plupart des fours à creusets étaient alimentés par le vent d'un ou de plusieurs soufflets. Depuis, on a parfaitement réussi à activer ces fourneaux par un courant d'air amené sous la grille. Cependant, dans les fonderies dont la production est importante, on emploie, pour obtenir un plus grand débit, l'action des ventilateurs. Un courant d'air libre peut suffire quand il s'agit de fondre du cuivre, de l'étain ou du zinc ; mais, pour la fusion du fer cru, il est essentiel, tout au moins, que la fosse amenant l'air soit débarrassée de tout obstacle environnant qui pourrait nuire au tirage, et tournée, s'il est possible, vers le Nord. Il est bon aussi que l'espace placé sous la grille soit assez profond pour que l'amas des cendres et des charbons embrasés, passant à travers les barreaux, ne soit pas préjudiciable à la marche de l'opération. La figure 5, pl. 18, donne un exemple d'un four à air.

Que l'on active les fourneaux par le vent d'une soufflerie ou par un courant d'air, il est toujours utile d'admettre, comme pour les fours à réverbère, un certain rapport entre la surface de la grille et l'aire de la section du rampant.

On peut établir des fourneaux à creusets dans tous les endroits où l'on dispose d'une cheminée. On se sert très bien de la cheminée d'un four à réverbère, si l'on fond au creuset pendant les jours où celui-là ne fonctionne pas.

Il suffit de construire la première enveloppe des cuves à creusets avec des briques réfractaires présentant à l'intérieur leur partie la moins large. Le reste de la maçonnerie peut être achevé en briques communes et consolidé par un assemblage de tirants et de boulons. On a soin de garnir le gueulard d'un cadre en fonte qui sert à protéger les briques supérieures que, sans cette précaution, le fondeur détruirait promptement quand il travaille dans le fourneau (fig. 20 et 21).

Creusets. — Les creusets sont confectionnés en argile réfractaire, en grès ou en graphite. — Quoique ces derniers, désignés dans les fonderies sous le nom de creusets en *mine de plomb*, soient d'un prix plus élevé que les creusets en grès, ils sont recherchés par certaines fonderies parce qu'ils demandent beaucoup moins de précautions pour être mis en feu et qu'ils sont d'un plus long usage.

Au reste, les creusets en graphite sont plus souvent employés dans les petits établissements, en raison de leur approvisionnement et de leur mise en œuvre plus faciles. — On ne trouve pas partout des creusets en terre ou en grès ; et, malgré leur peu de valeur, ils demeurent encore plus dispendieux que les creusets en graphite, par suite des frais de transport et d'emballage dont la proportion devient plus forte pour des creusets qui ne servent qu'un petit nombre de fois, et aussi de la perte qu'on éprouve par les creusets cassés ou fendus.

Parmi les creusets en terre, on choisit préférablement ceux dits de *Picardie*, qui, lorsqu'ils sont conduits avec les soins que nous indiquerons plus loin, servent avantageusement à la fusion de la fonte et surtout du cuivre.

Ces derniers creusets sont d'un usage presque général à Paris. Pour les conserver, on a soin de les tenir à l'abri de l'humidité, et de les ranger sur des planches les uns à côté des autres sans les empiler, car il suffit du moindre choc pour les *étoiler*. Quelque bon que soient les creusets de Picardie, il est rare qu'on réussisse à y opérer plus de sept à huit fusions. Et d'ailleurs il est nécessaire que ces fusions soient faites sans désemparer et sans qu'on laisse les creusets se refroidir.

L'usine Deyeux, à Liancourt (Oise), pourvoit à la grande partie des besoins de la fonderie française, du moins pour les établissements qui, par leur importance, recherchent une économie que les creusets en graphite ne leur donneraient pas.

Les creusets Deyeux peuvent fournir, entre les mains d'un fondeur habile, jusqu'à dix et même quinze fusions de cuivre ou d'alliage. En les laissant dans le four à l'abri du contact de l'air, ils peuvent à la rigueur servir d'une journée à une autre ; mais c'est rare.

Ces mêmes creusets ne donneraient pas plus que six à huit fusions de fonte de fer, fonte malléable ou acier.

La série (marque A D), spécialement réservée pour la fonte du cuivre et du bronze, comprend neuf numéros des hauteurs et des prix qui suivent :

Numéros	1	2	3	4	5	6	7	8	9
Hauteur en millimètres	165	195	220	250	280	305	330	345	360
Prix par cent creusets (en francs)	20	25	30	37	45	55	65	70	85

La série de creusets pour fonte, fer et acier, comprend seize numéros.

Numéros	1	2	3	4	5	6	7	8	9
Hauteur en millimètres	50	60	70	85	110	140	165	195	220
Prix par cent (en francs)	10	10	10	15	15	30	50	65	90

Numéros	10	11	12	13	14	15	16
Hauteur en millimètres	250	280	305	330	360	550	600
Prix par cent (en francs)	120	145	190	285	360	550	600

Les fromages et les couvercles valent depuis 5 francs jusqu'à 35 francs le cent, suivant la grandeur correspondante des creusets.

Les creusets de Hesse, forme figure 10, pl. 30, dits de *mine de plomb*, forment une série de huit numéros, dont les hauteurs et les prix sont comme suit :

Numéros	1	2	3	4	5	6	7	8
Hauteur en millimètres . .	25	50	60	75	95	115	145	175
Prix par cent (en francs) .	2	4	8	16	24	32	50	70

Les creusets anglais, figure 11, même planche (marque D'oulton), fabriqués à Londres, et dans le Staffordshire, sont aujourd'hui recherchés en France. On emploie les numéros 1 à 400, savoir :

Numéros	1	2	3	4	5	6	8	10	12
Prix à la pièce (en francs).	0.40	0.80	1.20	1.60	2 »	2.40	3.20	4 »	4.80

Numéros	14	16	18	20	25	30	35	40	45
Prix à la pièce (en francs).	5.60	6.40	7.20	8 »	10 »	12 »	14 »	16 »	18 »

Numéros	50	60	70	80	90	100	200	300	400
Prix à la pièce (en francs).	20 »	24 »	26 »	32 »	36 »	40 »	80 »	120 •	160 »

Ces creusets, dits *en plombagine*, sont établis à volonté, suivant la forme triangulaire, figure 10, ou de Picardie, fig. 11. Chaque numéro correspond à à la contenance d'un kilogramme de métal. Ainsi, le creuset n° 1 peut fondre 1 kilogramme, le creuset n° 400 peut contenir 400 kilogrammes.

Les fromages ou les couvercles en plombagine valent 0 fr. 12 par numéro, soit, 0 fr. 12 pour le n° 1, 1 fr. 20 pour le n° 10, etc..., et 12 francs pour le n° 100.

Les mêmes fabricants livrent des creusets, de pareil type, en terre réfractaire, dits *creusets cuits*, depuis la hauteur de 0ᵐ,043, qui vaut 3 fr. 35 le cent, jusqu'à la hauteur de 0ᵐ,335, qui vaut 475 francs le cent.

Les creusets de la forme figure 9, pl. 23, dits de *mine de plomb*, valent entre 0 fr. 20 et 0 fr. 25 par kilogramme de contenance.

D'autres fabricants de creusets de plombagine (brevets *Morgan* ou autres) vendent en France des creusets, également recherchés, sur la base de 0 fr. 20 par kilogramme, depuis la dimension contenant 10 kilogrammes jusqu'à celle contenant 200 kilogrammes (1).

Récemment, les établissements de produits céramiques d'Ivry-sur-Seine ont entrepris la fabrication des creusets en plombagine et en terre, façon Picardie. Leurs tarifs indiquent la capacité en litres et en kilogrammes de métal fondu des différents numéros de leur fabrication. — Nous donnons place ici à ces éléments qui peuvent intéresser les fondeurs.

(1) Les prix indiqués ici doivent servir de base approximative. Ils sont sujets à des transformations.

Poids et capacités pour creusets qualité anglaise.

Nos ou kilog. de métal	1	2	3	4	5	6	8	10	12	14	16	18
Capacité en litres . .	0.157	0.314	0.471	0.628	0.785	0.942	1.250	1 570	1 884	2.198	2.512	2.820

Nos ou kilog. de métal	20	25	30	35	40	45	50	60	70	80	90	100
Capacité en litres. .	3.140	3.925	4.710	5.495	6.280	7.065	7.850	9.420	10.99	12.56	14.12	15.70

Poids et capacités en marcs pour creusets de forme
et qualité allemande, type figure 9.

Numéros ou marcs . .	1	2	3	5	8	10	15	20	25	30
	kilog.	kilog.	kilog.	kilog.	kilog.	kilog.	kilog.	kilog.	kilog.	kilog.
Poids en métal fondu .	0.925	1.23	1.53	3.075	4.61	8 »	14.15	20.90	22.75	27.67
Capacité en litres . .	0.150	0.200	0.25	0.50	0.75	1.30	2 40	3.40	3.70	4.50

Numéros ou marcs . .	35	40	45	50	60	70	80	90	100	120
	kilog.	kilog.	kilog.	kilog.	kilog.	kilog.	kilog.	kilog.	kilog.	kilog.
Poids en métal fondu .	28.29	31.36	31.98	36 9	40.59	52.27	59.65	71.95	76.87	92.25
Capacité en litres . .	4.60	5.10	5.20	6 »	6.60	8.50	9.70	11.70	12.50	15 ,

Travail des fours à creusets et mise en fusion. — Les procédés de fusion dans les creusets varient suivant la disposition des fours et suivant la nature des creusets.

Avant de commencer à souffler et lorsque le feu est allumé dans le fourneau, on examine si les creusets dont on doit se servir sont en bon état. Il est bien entendu qu'on rejette immédiatement ceux dont les défauts sont apparents et ceux qui rendent un son fêlé, lorsqu'en les soutenant en équilibre sur deux doigts de la main gauche on les frappe avec l'articulation du médium de la main droite. Il ne faut souvent qu'une petite pierre mêlée à l'argile pour que le creuset se trouve mauvais.

Après cet examen, on pose le creuset renversé sur deux ringards placés en travers, ou sur des happes ouvertes en croix qui le soutiennent au-dessus du fourneau. — Lorsqu'il est assez échauffé pour qu'on n'ait pas à craindre de le voir s'éclater par le contact de la flamme, on commence à souffler doucement d'abord, puis plus fort jusqu'au moment où on le reconnaît assez chaud pour supporter la température du fourneau. Alors seulement, on le descend dans le four, en ayant soin de le tenir toujours renversé ; puis on ferme ce dernier et on continue à souffler afin de chauffer le creuset au rouge blanc. Dans cet état, on l'enlève du four, on le retourne et on le descend de nouveau pour le chauffer encore, avant de l'entourer de combustible qu'on a soin de casser en fragments assez petits pour qu'ils garnissent bien la capacité du fourneau.

Il est nécessaire de briser le combustible en fragments d'autant plus petits que le fourneau est plus resserré. Des morceaux trop gros ne se tasseraient pas assez et laisseraient entre eux un passage à l'air froid dont le contact pourrait faire casser le creuset. Ces morceaux d'ailleurs formeraient des cages et il faudrait, pour les faire descendre, employer trop fréquemment l'action du tisonnier.

Certains fondeurs procèdent à la mise en feu d'une autre manière. Après avoir rempli le fond du fourneau de quelques charbons embrasés, ils descendent de suite leur creuset et l'entourent de combustible, de telle sorte qu'il s'en trouve presque couvert.

On choisit de préférence pour cette opération du charbon de bois dur, non susceptible d'éclater et de briser les creusets.

Cela fait, ils laissent le feu s'allumer lentement, sans souffler. Puis, quand la masse du charbon est incandescente et qu'elle s'est affaissée, ils enlèvent le creuset et le retournent pour le redescendre aussitôt dans le fourneau.

Cette méthode qui est principalement usitée quand la fusion a lieu dans les fourneaux à air, n'est praticable qu'au moment des premières mises en feu, car une fois le fourneau échauffé, il faut, si l'on veut remplacer un creuset cassé pendant le travail, se servir du procédé que nous avons expliqué tout d'abord.

Lorsque le creuset est mis en place, on y dépose le métal au moyen de pincettes et par charges de 3 à 10 kilogrammes, suivant la grandeur des creusets. On a soin de faire chauffer les matières à fondre avant de les descendre, en les plaçant soit sur le rempant de la cheminée, soit sur le couvercle même du creuset. — Toutes les fois qu'on charge du combustible dans le fourneau, il est utile de recouvrir le creuset d'un couvercle en fonte, en terre cuite, ou même du fond d'un vieux creuset. Il faut en outre, pendant l'opération, travailler de temps en temps dans les angles du fourneau, au moyen d'un tisonnier, afin de dégager le passage du vent. On regarde si le creuset ne se fendille pas sur les bords, inconvénient auquel on remédie, dans une certaine mesure, en soudant les fentes avec des morceaux de vitres cassés. Si la cassure se montre vers le fond, ce qu'il est facile d'apprécier par la fumée qui traverse le combustible et par le métal qui s'écoule dans la fosse, il est indispensable de retirer le creuset pour voir si le mal est réparable, et, au cas contraire, pour mettre de suite en feu un nouveau creuset.

Quand le creuset n'est pas d'une hauteur assez grande, il pourrait plonger beaucoup trop dans le fourneau, d'où il serait difficile de l'enlever au moment de la coulée.

C'est le cas de le faire reposer sur un disque en terre réfractaire appelé *fromage*, remplacé au besoin par un morceau de brique, pour l'empêcher de descendre trop bas. Cette précaution est bonne à prendre même pour les creusets plus grands, en ce sens qu'elle tend à en consolider le fond, qui souvent finit par faire corps avec le *fromage*.

Au moment où le fondeur voit le bain s'élever dans le creuset et le remplir, il cesse de mettre du combustible, attendant l'instant où celui-ci est descendu assez bas pour ne pas s'opposer à l'enlèvement du creuset, qu'il retire au moyen des happes dont les griffes recourbées viennent le saisir aux flancs. Si le creuset est de grande dimension, on passe un tisonnier dans un anneau fixé vers le milieu des branches à l'endroit de la rivure, et deux ouvriers l'enlèvent pour le porter vers les moules.

La, le fondeur procède à la coulée en dirigeant le jet par le mouvement qu'il imprime à l'extrémité des happes. Au besoin, pendant le transport du fourneau aux moules et pendant la coulée, un aide soutient le fond du creuset avec le plat d'une pelle en fer. Aussitôt que le métal est versé, on se hâte de reporter le creuset dans le fourneau, on l'entoure de nouveau charbon et le travail se continue pour la fusion suivante.

Avec les fours à air et l'emploi des creusets en graphite, les opérations sont plus simples et les précautions moins difficiles à prendre. Quand un creuset en graphite a été bien chauffé, l'ouverture en bas, et soutenu par des happes, on peut le retourner et le placer de suite dans le fourneau. On a moins à craindre les coups d'air, les charbons mouillés, l'atteinte du ringard pendant le travail et la chute des gros fragments de métal; mais il est bon de donner à la grille plus souvent, afin d'activer la combustion et de presser la liquéfaction du métal, laquelle doit être plus lente, en raison de l'épaisseur de ces creusets et du peu d'énergie du courant d'air.

La direction de la fusion dans les creusets demande plus de soin que de savoir-faire. Cependant on ne peut nier que, pour faire usage des creusets de terre, il faille une certaine habileté qu'on n'acquiert que par la pratique. C'est surtout lorsqu'il y a lieu, pour couler une pièce d'un certain poids, de réunir la fonte de plusieurs creusets, qu'il devient nécessaire de gouverner tous les fourneaux avec la surveillance la plus exacte. — Un ouvrier aidé d'un manœuvre qui lui fait les charges de combustible, peut conduire à la fois trois ou quatre fourneaux, lorsqu'ils sont soufflés, et cinq ou six lorsqu'ils ne sont alimentés que par un courant d'air.

La journée d'un fondeur en cuivre est fixée à 15 ou 16 creusets de 30 kilogrammes en moyenne dans les grands établissements. — A Paris, dans les petites fonderies, on n'a pas de fondeur spécialement attaché à l'atelier. — On prend des fondeurs à la journée ou à tant par creuset, lesquels vont, de maison en maison, faire une, deux ou trois journées par semaine.

Le travail des fours à creusets exige peu d'outils. — Ils se composent de deux ou trois paires de happes (fig. 1, pl. 23) de différentes grandeurs et dont les griffes sont recourbées de manière à saisir divers calibres de creusets; d'une paire de pincettes (fig. 2); de quelques tisonniers dont la longueur et le diamètre varient; d'une pelle à la main en tôle avec manche en bois, pour faire les charges de combustible (fig. 3); d'une autre pelle creuse aussi en tôle, mais à long manche en fer, pour charger le métal lorsqu'il est en mitrailles (fig. 4 et 5); d'un crèmoir ou écrèmoir, espèce de poche à culot percée de petits trous et à manche recourbé (fig. 6); d'un pelottonnier, vase qui a la forme d'un mortier ouvert aux deux extrémités et dans lequel on comprime les objets minces provenant de la chaudronnerie, les toiles métalliques, etc.; d'une lingotière en fonte où l'on coule les cuivres provenant des limailles ou des déchets d'atelier et les restants des creusets. Ces derniers ustensiles sont entièrement du ressort de la fonderie de cuivre. Nous n'en parlons ici que pour nous éviter de revenir sur l'outillage des fours à creusets.

C'est plutôt pour la fonte du cuivre qu'on emploie la réunion de plusieurs creusets, dans le but d'éviter une fusion au four à réverbère. Il est certain que pour la fonte de fer, on a toujours plus d'avantages à la mettre en fusion dans les cubilots, lorsque les objets à couler ne sont pas de la plus petite espèce.

Le déchet dans les fours à creusets peut être très variable, de même que dans les fourneaux dont nous avons parlé. Il dépend surtout du temps pendant lequel le métal est conservé en bain. On peut diminuer ce déchet en tenant toujours sur le bain une couche de fraisil ou de matières vitrifiables, qui tendent à empêcher l'oxydation produite par le contact de l'air. Il est important, quand il s'agit du fer, de ne pas mettre la fonte liquide en communication avec des instruments en fer, car on tendrait, non seulement à diminuer le produit, mais encore à le dénaturer et à le rendre blanc et cassant. Le brassage, qui est d'un excellent effet pour le cuivre allié, parce qu'il a pour but de lier d'une manière plus intime les parties composantes, ne peut pas donner un bon résultat pour le fer fondu, puisqu'il est reconnu que c'est à la suite d'une opération semblable, que ce métal change d'état, après s'être chargé d'oxygène et prend la nature du fer ductile qu'on destine à la forge.

La dépense en combustible pour liquéfier le fer cru dans les creusets est, comme on doit le penser, bien supérieure à celle qui a lieu dans les diverses opérations que nous avons décrites. Elle peut varier de 80 à 200 pour cent kilogrammes de fonte; mais il est rare qu'elle demeure au-dessous du premier chiffre, qui lui-même, est supérieur à la quantité voulue pour la fonte du cuivre. — On peut maintenir cette dépense dans les conditions les meilleures, en conduisant les fours avec soin, c'est-à-dire en dégageant souvent les angles pour que la combustion se fasse d'une manière profitable, et en dosant les charges de telle sorte qu'elles ne soient pas trop fortes, qu'une partie du charbon ne brûle pas sans effet et que le creuset ne soit pas refroidi, il convient donc de faire les charges d'autant plus petites que le creuset s'emplit et que le moment de la coulée s'approche.

Dans ces conditions, on peut admettre une consommation de 100 à 150 % de coke pour un four à un seul creuset, et de 80 à 100, au minimum, par creusets réunis dans un même massif de fours, perdant peu de calorique et bien dirigé. Il faut davantage pour la fonte et surtout pour l'acier.

Le déchet de fusion peut varier; plus ou moins, entre 5 et 10 % pour le cuivre et le bronze et 6 à 12 % pour la fonte et l'acier.

On a reconnu, du reste, que dans deux fours de même forme et de même capacité, celui qui recevait le vent d'une machine soufflante, devrait consommer moins de combustible que celui alimenté à l'air libre. — Ce fait se déduit évidemment de la durée de la fusion, laquelle est moins prolongée dans le premier cas que dans le second.

Pour donner une idée de la construction des fours à creusets, nous renvoyons aux fig. 6 et 7, pl. 18, déjà citées indiquant les données élémentaires de ces appareils.

Les figures 10, 11, 12 et 13 représentent en coupe verticale et en coupe horizontale des fourneaux activés par le vent d'une soufflerie quelconque.

Le fond de ces fourneaux est muni d'une grille recouverte d'une plaque de fonte échancrée aux quatres angles, de manière à livrer passage au vent. Il existe sous le foyer, comme sous ceux des fours à air, une fosse destinée à recevoir les cendres, mais cette fosse bien moins étendue est bouchée hermétiquement à son extrémité par une plaque en fonte qui empêche l'entrée de l'air ambiant pendant le travail de la fusion.

On peut établir la garniture de ces fosses complètement en fonte pour éviter les réparations fréquentes.

La figure 5 donne la coupe verticale d'un fourneau destiné à recevoir seulement l'action d'un courant d'air. — La construction de ce fourneau diffère peu de la précédente ; cependant la fosse, qui sert à la fois de cendrier et de canal de ventilation, doit être placée dans la situation la plus favorable au tirage. — Le dessus de ce four est incliné afin de faciliter le chauffage préalable qu'on veut faire subir aux morceaux de métal déposés sur le rampant de la cheminée. C'est là, d'après ce que nous avons pu remarquer, le seul avantage de cette disposition, qui a, du reste, l'inconvénient grave de fatiguer l'ouvrier fondeur en l'exposant, toutes les fois qu'il travaille dans le fourneau, à l'incommodité d'une chaleur intense.

Descriptions et devis. — La disposition de la fig. 8, pl. 23 a pour but de représenter un ensemble de deux fours à creusets à l'usage des petites fonderies, tels que l'établissent, à forfait, pour une dépense de 800 à 850 francs environ, des constructeurs de Paris qui se sont fait une spécialité pour l'outillage de la fonderie de cuivre.

La maçonnerie de ces fours est recouverte d'une garniture en plaques de fonte. La pièce formant le cendrier et la fosse, elle-même, sont en fonte.

La hotte de la cheminée et les tuyères de communication sont en tôle, avec vannes assez simples, établies à peu près sans ajustement.

Le ventilateur est disposé à branloire ou à manivelle, ou encore comme aux figures 6 et 7 de la planche 12 et tout autre agencement analogue. Quelques fonderies emploient une grande roue motrice en bois, de 2 mètres à 2^m,50 de diamètre, montée sur un chevalet et communiquant soit directement, soit par un arbre intermédiaire, avec la poulie fixée sur l'axe du ventilateur.

Le tout peut être installé et organisé aisément et sans grands frais, avec aussi peu de maçonnerie possible.

Sans parler du matériel de moulage, de désablage, d'ébarbage et autres besoins de la fonderie. C'est en réalité une dépense de faible importance.

Pour des établissements disposés, dans des conditions plus larges, possédant moteur, transmission et matériel complet, nous pouvons recommander le groupe de fourneaux représenté par les figures 1, 2, 3 et 4 de la planche 18. Ces fourneaux, marchant au ventilateur, montrent un type suffisamment détaillé, pour donner une idée de la construction.

Les fermetures des registres à vent ont été établies pour demeurer étanches. Les couvercles, ainsi que les gros carrés de fonte entourant la partie supérieure des fourneaux, ont été dressés, au mieux, pour ne pas laisser perdre la flamme.

Les portées des registres, celles des portes de cendriers et les joints des tuyaux ont été également dressés grossièrement.

Le reste des fontes a été employé à l'état brut, d'un moulage propre, permettant les assemblages avec tout le jeu utile.

Les armatures pour un groupe de cinq fours pesaient :

Fonte . . . . 3.200 kilog.
Fer 120
                                    3.320 kilog.

Le travail de forge, d'ajustage, de dressage et de montage à l'usine pour cet ensemble, n'a pas dépassé, la somme de 140 francs, soit environ 4 francs par 100 kilogrammes.

Appareils perfectionnés. — Fours Piat et Sagnes. — Il nous reste à parler pour compléter le sujet qui nous occupe, des fours portatifs oscillants du système Piat, qui ont paru pour la première fois à l'Exposition universelle de 1878 où ils ont été beaucoup remarqués.

Avec les fours ordinaires actuels, les creusets doivent être enlevés du foyer dès que la matière en fusion est prête pour la coulée. Le travail nécessaire pour sortir les creusets du fourneau n'est pas sans difficultés ni sans dangers. Puis l'opération de la coulée terminée, il y a lieu de remettre le creuset en place, de le réchauffer et de reprendre, non sans peine, la marche suspendue momentanément. Suivant les inventeurs, leurs fours mobiles marchant à air libre ou au vent surchauffé doivent faire disparaître les inconvénients de la coulée ordinaire.

Leur système permet d'amener, comme on ferait d'une poche ordinaire de fonderie, le four près des moules, pour les couler directement sans avoir besoin de sortir le creuset.

Les creusets peuvent être en terre réfractaire, plus économiques par conséquent, que les creusets de graphite ; ils ne craignent plus les refroidissements et la *casse*. Le feu n'a pas à demeurer suspendu et le décrassage immédiat est toujours facile. Enfin, on peut employer l'air chaud, par suite, économiser du combustible et du métal, en raison de la diminution du déchet. Il y a donc économie partout : réduction de la main-d'œuvre dans la fusion, abaissement de la dépense des creusets, du combustible et du métal. Toutes choses importantes et remarquables que l'expérience devra confirmer, plus ou moins, l'application de cette invention étant encore assez nouvelle.

Les fours Piat, doivent servir bien entendu, pour la fonte de fer, la fonte malléable, l'acier, le cuivre, le bronze et autres alliages.

Le creuset se trouve placé dans une enveloppe carrée en tôle, garnie d'un revêtement réfractaire, ainsi qu'il se trouverait dans un four.

L'enveloppe montée sur des tourillons ou sur une armature à branches, suivant qu'elle doit remplacer la poche pour couler à la grue ou à bras, sert à la fois de foyer et de poche. Elle peut même être montée sur un chariot à bascule, roulant sur des rails et allant trouver les moules à travers la halle de moulage.

Nous donnons, à la planche 18, une vue, figure 9, d'un appareil disposé pour marcher à l'air libre et placé devant une cheminée de tirage. Une autre disposition montre un appareil travaillant à air chauffé par les gaz perdus du fourneau.

Avantages et inconvénients de la fusion du fer dans les creusets. — La fusion du fer dans les creusets n'est admissible dans les grands établissements que pour la coulée des petits objets extrêmement délicats, ou pour servir à jeter en moule une pièce très pressée, lorsque les cubilots ne fonctionnent pas et lorsqu'on n'a pas assez de moules préparés pour les faire marcher. Les usines qui possèdent des hauts-fourneaux produisant de la fonte douce peuvent se passer des fours à creusets, parce qu'il est facile de couler à la poche à main, les objets les plus petits ; mais il est toujours bon que les fonderies de 2ᵉ fusion aient à leur disposition un ou deux de ces appareils, qui d'ailleurs leur sont utiles pour la fusion du bronze et du laiton dont elles ont besoin.

En employant les fours à creusets pour la refonte du fer cru, il y a tout à la fois perte de temps, dépense outrée de combustible, déchet plus fort, et frais de main-d'œuvre qui croissent d'autant plus que les produits sont d'une moins grande importance. Toutes ces raisons essentielles éloignent l'utilité de ces appareils, qui ne sont réellement indispensables que dans les fonderies se livrant à des fabrications spéciales où le travail surpasse la matière, telle que la fonte des boutons, des agrafes, des médailles, des clous, des petites statuettes et autres objets qui se vendent à des prix élevés, eu égard surtout à la valeur de la matière première.

TROISIÈME PARTIE

FABRICATION ET MOULAGE

La fabrication des fontes moulées comprend l'élaboration des procédés nécessaires pour transformer le métal fondu en objets moulés.

L'ensemble des connaissances utiles pour arriver à ce but final, qui est le complément de l'art du fondeur en métaux, comprend :

1° La construction des modèles. — Nous avons consacré le premier volume de la série que nous écrivons à cette partie accessoire de la fonderie, sans laquelle l'industrie du moulage ne saurait exister. Nous ne retiendrons ici, de la construction des modèles, que ce qui touche indispensablement la fonderie : le retrait, la dépouille, la contre-dépouille, etc., et quelques définitions diverses qui sont indispensables pour l'intelligence du moulage et de la fonte, proprement dits.

2° La préparation et la fabrication des sables à mouler. — Dans la première partie de ce livre, nous avons traité ce sujet, considéré comme appartenant aux matières premières, et nous n'aurons à y revenir autrement que pour donner quelques détails complémentaires de l'outillage.

3° L'outillage, le matériel et les machines à l'usage des fonderies. — Tout en traitant ce sujet, le plus largement possible, nous le placerons sur un terrain différent, comme explication et figures, de celui qui nous a servi de base dans nos autres éditions de la fonderie, afin de mettre sous les yeux de nos lecteurs des documents nouveaux.

4° Les procédés de moulage.

5° L'ébarbage et l'achèvement des pièces coulées.

Dans ces deux dernières parties, tout en empruntant à nos précédentes publications certaines parties de texte et de planches qui doivent rester invariables, nous nous attacherons à modifier les exemples et les démonstrations, en introduisant des éléments différents de ceux qui nous ont déjà servi.

En d'autres termes, nous tâcherons, tout en conservant dans ce nouveau livre les données indispensables des anciens, de les condenser suivant les proportions du cadre qui nous est donné, et en leur donnant un aspect qui semblera différent.

I.

MATÉRIEL ET OUTILLAGE DES FONDERIES.

Le matériel des fonderies est subordonné à l'importance des travaux qu'il s'agit d'entreprendre.

Avec quelques milliers de francs, on peut monter une fonderie de fer, et à meilleur compte encore une fonderie de cuivre, s'il ne s'agit que de fondre de petits objets d'un moulage facile et courant, et d'une nature sujette à demeurer toujours le même, ou, tout au moins, à se répéter ou à se reproduire souvent, de telle sorte que le matériel n'ait pas à dépasser des proportions très simples, comme appareils de fusion et de coulée, appareils de levage et de manœuvre ; les châssis et les menus outillages étant conçus et établis dans de mêmes conditions.

Quoiqu'il soit, du reste, et si minime que soit la dépense première d'une installation, il importe d'étudier l'outillage et de ne pas sacrifier à un intérêt économique, poussé à l'extrême, certaines parties telles que les fourneaux, le matériel de moulage et de coulée, et les appareils les plus indispensables de la préparation des sables. En un mot, il convient de s'organiser pour faire vite, pour faire bien et pour faire économiquement les principaux objets qui doivent former la base principale de la fabrication et être établis dans des conditions de prix et d'exécution qui sont l'élément premier de la réputation d'une fonderie, si peu importante qu'elle soit. Le fondeur qui commence ainsi voit son établissement se développer avec plus de sûreté, à mesure que les commandes lui arrivent et que la clientèle se forme.

Si la fonderie est une industrie à laquelle ne concourent que des éléments assez simples, quand elle est limitée, encore faut-il que, suivant sa fabrication, elle dispose de moyens suffisamment puissants pour qu'elle puisse opérer économiquement et fructueusement.

Un outillage dont le prix n'est pas très élevé, que le fondeur établit en grande partie lui-même, et qui une fois installé n'exige pas beaucoup d'entretien, de frais généraux assez restreints, un personnel peu nombreux et limité à un chef d'atelier et à un ou deux employés de bureau et de magasin, tels sont les éléments qui s'imposent dans les fonderies, en dehors de l'achat des matières premières, et qui font que les éléments de la comptabilité et des prix de revient sont en général assez simples.

Aussi la fonderie, quoiqu'ayant en apparence les dehors d'une industrie compliquée, peut être dirigée dans des conditions économiques relativement faciles. Toutefois, il faut connaître le métier et l'avoir vu longtemps pratiquer, sinon exercer.

La question la plus grave est celle qui touche à la main-d'œuvre ou, autrement dit, à la dépense de fabrication, celle du moulage surtout. L'ouvrier mouleur, inhabile et inintelligent, l'a bientôt compromise, s'il ne connaît pas son état et s'il est mal outillé. Quand la fabrication mal comprise est mal surveillée, elle peut devenir désastreuse si elle a lieu à la journée, car une pièce manquée est une perte réelle. — Au marchandage, le résultat pourrait être meilleur, si l'on n'était exposé à des difficultés d'un autre ordre, telles qu'un travail mauvais, parce qu'il est trop hâté, et que le gaspillage des matières, fontes, sables, etc., dont ne se prive pas l'ouvrier mouleur qui travaille *à ses pièces.*

Nous reviendrons plus loin sur ces questions, quand nous parlerons des éléments d'organisation de direction des fonderies, des études, des devis et des prix de revient.

PETIT OUTILLAGE.

Les outils et ustensiles, dits de petit outillage, varient comme nombre et comme sorte en raison de la fabrication plus ou moins spéciale des fonderies.

On peut les considérer comme pouvant être répartis en trois classes distinctes :

Les outils d'un usage général affectés au service de la fusion et de la coulée dans les usines à hauts-fourneaux ou à fours particuliers, destinés à produire en deuxième fusion.

Les outils de moulage et de fabrication qui sont mis en commun dans les ateliers et sont à la charge des usines. Ceux-là sont d'autant plus complets et plus abondants que la fonderie entreprend des travaux plus variés, et occupe un plus grand nombre d'ouvriers.

Enfin, les outils qui sont à la charge des mouleurs, et qui leur appartiennent. — Ces outils, enfermés dans des boîtes, voyagent avec les ouvriers, et sont en nombre d'autant plus grand que l'ouvrier tient à son métier et se plaît à être bien outillé, afin de travailler correctement. Un mouleur, bien *monté* comme outillage personnel, est généralement un ouvrier soigneux et habile.

Outillage personnel des monteurs. — Nous avons consacré à cette sorte sorte d'outillage un nombre relativement grand de figures à une assez grande échelle, voulant montrer quelle peut être l'importance d'une bonne série d'outils pour un ouvrier qui veut exercer son métier avec art, et ne veut laisser sortir de ses mains que des moules bien aptes à fournir de tous points des pièces coulées, venues propres, nettes et exactes.

Plus le moulage est compliqué, et notamment quand il doit être exécuté avec des parties de modèles, ou même avoir lieu sans modèles, à l'aide de rè gles, d'équerres et de compas, plus il est indispensable que l'ouvrier soit convenablement outillé. Ses outils doivent avoir des formes régulières et pratiques, et des dimensions parfaitement appropriées aux besoins du travail.

Les outils principaux du mouleur sont les truelles simples, rectangulaires, arrondies, en pointe ou à cœur, des types des figures 1 à 4, pl. 19, les truelles doubles, à plate-forme, à cœur ou à gouge, figures 5 à 8. — Ces truelles doivent être en bon fer et plutôt en acier. Celles qui sont emmanchées doivent comporter des manches solides pourvus de douilles en métal (fer ou cuivre) ; leurs lames ont les inclinaisons voulues pour être appliquées utilement au découpage, au lissage et au *rappuyage* des sables.

Les truelles carrés, à manche, se font à des dimensions qui se mesurent par centimètres de longueur, de 0,12 à 0,18. Leur prix varient dans ces limites entre 3 et 5 francs la pièce.

Les truelles à cœur se tiennent par centimètres, dans les longueurs de 0,10 à 0,14. — Leurs prix entre 2 fr. 75 et 3 fr. 50.

Les truelles doubles se font à deux dimensions, une grande et une petite, 0,4 à 0,06 ; elles servent à dépouiller, à affermir et à lisser le sable dans les parties un peu profondes des moules.

Il en est de même des spatules et autres outils de pareille sorte à dépouiller, à tirer, à queue, à fourchette, à anneau, comprises, par exemple, dans les nos de 1 à 12, pl. 20. et 1 à 5, pl. 21. — Dans les spatules spéciales, on compte des crochets à gouge, à patte, à anneau, etc.— Les crochets ordinaires des types 3, 4, 5 entr'autres, pl. 20, sont vendus sur la base de prix fixes, en raison de leur longueur ; les petits crochets, 16-20, valent 2 fr. 50 la paire.— Les plus forts, 40-50, valent entre 6 et 7 francs.

Ces divers outils, en fer fin ou en acier, doivent être légers, un peu flexibles et de dimensions proportionnées.

Tous ces outils, de même que ceux appelés raboteuses, colonnes à embases, simples ou à rallonges, cuillers à gouge, rondes et creuses, etc., pl. 21 et 22, et fig. 21 à 30, pl. 19, peuvent servir indifféremment aux ouvriers mouleurs de toutes les fonderies. Cependant, un certain nombre ne sont applicables qu'aux fonderies de fer, sinon aux fonderies de cuivre en grandes pièces.

Les lissoirs, les colonnes, les cuillers et divers outils se font en bronze, dans les sortes courantes, ronds, demi-ronds, équerres, quarts de rond, olives, etc. Les lissoirs à moulures ou de formes spéciales (fig. 12 à 28. pl. 20), peuvent être, pour plus de simplicité, établis en zinc ou en alliage de zinc-étain. — On les fait à la demande des moulures et autres détails, angles, congés, etc., qu'indiquent les pièces, et généralement au compte des fonderies, qui les conservent, en les rangeant parmi les modèles auxquels ils se rapportent.

Les mouleurs des fonderies de bronze et de cuivre emploient plus particulièrement : les tranches à jets et à découper (.fig. 7 et 8) ; les spatules, les ébauchoirs et les anneaux (fig. 1 à 3, pl. 22). — Puis, aussi, les sacs à poussier, les pinces, les brosses à mouler, les maillets, etc. (fig. 15 à 22, pl. 22).

Suivant certains usages locaux, ce petit outillage est fourni ou non par les patrons. Il est applicable du reste à toutes les fonderies dans lesquelles, à quelques exceptions près, il peut servir en commun.

Toutefois, dans les fonderies de cuivre, les pinceaux, les sacs à poussier, les brosses, les maillets, les battes, etc., font partie de l'outillage d'une caisse à mouler.

Les compas (fig. 18 à 22, pl. 22, font partie de l'outillage commun, sauf exception, à la volonté de l'ouvrier. — Il en est de même des niveaux (types 40 à 43, pl. 21) ordinaires ou rectifiables.

Outils en commun — Ces outils, fournis par les fonderies, et employés par groupes ou par chantiers, suivant l'importance des ateliers, sont :

Les pelles à mouler ou pelles anglaises (fig. 56, pl. 21 ; les pelles de manœuvres ou à terrasser, à manches ordinaires (fig. 57 et 58) ; les pioches et les battes à caler (fig. 59 et 60) ; les marteaux à enfoncer les pointes, etc. (fig. 62 et 68) ; les pilettes et les fouloirs (fig. 44, 45, 46, 47 et 48) ; les soufflets sans buse (fig. 39) ; les tamis de diverses sortes en fil de fer ou en toile métallique (fig. 55) ; les compas à verge, tige en bois ou tige en fer (fig. 50) ; les lampes de mouleur à main, à suspension, à réflecteur, etc. (fig. 51 à 53) ; les pinces plates et coupantes pour lier le fil de fer, etc. (fig. 54) ; les fils à plomb (fig. 38, pl. 22) ; les brosses à main, les brosses à décaper, à désabler, etc. (fig. 34 à 37) ; et celles à nettoyer et à blanchir, montées sur tour (fig. 49, pl. 21) ; les battes, (fig. 24 et 25, pl. 21) pour moulage, en petits châssis et en sable d'étuve, etc.

Puis, plus spécialement pour les fonderies de cuivre :

Les caisses à mouler, avec barres et compartiments (fig. 12 et 13, pl. 23) ; les battes et les fouloirs (fig. 14, 15, 17 et 18) ; les réglets en fer et en bois fig. 19 et 20) ; les soufflets (fig. 21), etc.

Enfin, les outils et ustensiles destinés à la coulée : les fours à creuset (fig. 8) ; les creusets (fig. 9 à 11), dont nous avons parlé ; les presses à couler (fig. 22), et les vis de serrage (fig. 23) ; les outils de fourneau (fig. 1 à 7) : griffes, pincettes, cuillers, etc.

Enfin, les châssis, généralement établis en fer, sur les types (fig. 24 et 25), et dont nous avons à parler plus loin. — De même que les tonneaux à désabler et à polir, les lingotières. Nous passons forcément une quantité de menus outils, plus ou moins spéciaux, et dont l'énumération ne suffirait pas, si nous voulions tous les rappeler.

Outillage de fusion et de coulée. — Nous avons cité déjà une grande partie de ces outils, en parlant des fourneaux de fusion de la fonte et du cuivre, et qui figurent en très grande partie à la planche 7.

Nous renverrons maintenant à la planche 24, où figurent, en dehors de ceux que nousvous avons donnés, les instruments servant à la coulée du métal.

Cette partie du matériel est très intéressante en ce sens, qu'étant bien comprise, elle apporte un concours commode et économique à l'emploi et à la répartition de la fonte liquide.

Sans une série de poches bien construites et convenablement proportionnées, un atelier de moulage, non seulement se trouverait dans de mauvaises conditions, au point de vue de la distribution du métal, mais il compromettrait la sécurité des ouvriers en les amenant à prendre, pour la coulée de leurs moules, des dispositions vicieuses, à la suite desquelles pourraient survenir de graves accidents. Ainsi, par exemple, il y a plus de danger à courir en se servant, pour couler un moule, d'une poche trop petite et trop pleine ou de plusieurs poches combinées, plutôt qu'en coulant avec une poche unique ayant la capacité et la sodidité nécessaires.

Dans quelques hauts-fourneaux à marchandises, on emploie encore des chaudières en fonte, ayant une épaisseur variable entre 8 et 30 à 35 millimètres. On les garnit, à l'intérieur, d'une couche mince de vieux sable mélangé dans de l'eau avec du crottin de cheval. Cette couche, adhérente et bien séchée, est suffisante pour retenir la fonte et conserver la poche. Toutefois, on n'emploie plus que rarement la fonte pour les poches de grandes dimensions, en raison de leur poids et de la difficulté de les manœuvrer en équilibre. Mais on s'en sert encore pour les poches à couler sur couche à l'aide d'un levier (fig. 1, 2 et 3), et pour les poches de petites dimensions, dites creusets (fig. 4 et 5, pl. 24).

Les poches en tôle demandent une garniture intérieure en terre plus épaisse et plus compacte. Il est difficile de les établir sans les renforcer par des armatures en fer dont il faut se garder d'exagérer le poids. On a fait ces poches de forme tronc-conique avec évasement vers le haut, ou tout à fait cylindriques. La première disposition peut avoir un intérêt dans les poches de petite et de moyenne dimension, en ce sens que la matière qui se refroidit au fond ne donne pas de trop gros *culs de poche;* mais elle rend la manœuvre des grandes chaudières moins facile. Il en est de même des poches absolument cylindriques, qui sont *dures à verser* et qui offrent une trop grande surface de refroidissement quand elles contiennent peu de fonte.

Les dispositions (figures 6 et 7, pl. 16) indiquent d'excellents types à adopter. Relativement légères et peu chargées d'armatures, elles offrent un certain évasement qui leur permet de s'assujettir par leur propre poids dans les brancards ou portants qu'on voit à la figure 7, et d'être plus faciles à verser, étant disposées à tourillons (fig. 6).

Nous donnons ci-dessous les dimensions principales d'une série de ces poches, considérant que ces données doivent être d'un grand intérêt dans toutes les fonderies.

CONTENANCE approximative	DIAMÈTRE intérieur du fond	DIAMÈTRE intérieur en haut	FLÈCHE de la partie concave	HAUTEUR INTÉRIEURE		TOTALE	ÉPAISSEUR de la tôle	POIDS de la poche	POIDS des accessoires de coulée	POIDS total
				du fond à l'axe des tourillons	de l'axe des tourillons en haut					
kilog.								kilog.	kilog.	kilog.
POCHES OU CREUSETS A BRANCHES POUR COULER A BRAS										
100	0.230	0.400	0.030	»	»	0.350	0.005	16	20	36
150	0.320	0.440	0.030	»	»	0.380	0.005	20	24	44
200	0.330	0.450	0.030	»	»	0.430	0.005	30	26	56
250	0.350	0.470	0.030	»	»	0.455	0.005	35	28	63
300	0.400	0.515	0.040	»	»	0.480	0.005	38	30	68
400	0.450	0.560	0.040	»	»	0.500	0.005	42	38	80
500	0.500	0.610	0.050	»	»	0.530	0.005	48	45	93
POCHES OU CHAUDIÈRES POUR COULER A LA GRUE, AVEC ANSES, ARRÊT, TOURNE-A-GAUCHE, ETC.										
500	0.520	0.600	0.040	0.280	0.350	0.570	0.005	75	6	81
600	0.540	0.615	0.040	0.290	0.260	0.600	0.005	80	10	90
800	0.550	0.620	0.050	0.300	0.270	0.630	0.005	85	12	97
1.000	0.575	0.650	0.050	0.320	0.280	0.650	0.005	92	15	107
1.200	0.610	0.700	0.050	0.330	0.290	0.670	0.005	102	17	119
1.500	0.670	0.740	0.050	0.345	0.305	0.700	0.006	125	19	144
1.800	0.710	0.780	0.050	0.365	0.325	0.730	0.006	210	20	230
2.200	0.750	0.850	0.070	0.370	0.330	0.770	0.007	265	23	288
2.800	0.830	0.930	0.090	0.400	0.350	0.840	0.007	280	25	305
3.000	0.850	0.950	0.090	0.420	0.370	0.880	0.008	300	28	328
4.000	0.900	1.000	0.100	0.475	0.425	1.000	0.008	415	30	445
6.000	1.150	1.250	0.100	0.580	0.520	1.200	0.008	560	35	595
7.000	1.200	1.350	0.100	0.630	0.565	1.300	0.009	625	40	665

La capacité de ces poches est approximative, les chiffres donnés servant à désigner les contenances en chiffres ronds, suivant les pièces à couler. Elles tiennent plutôt un peu plus que moins, si les épaisseurs de terre rapportées pour la garniture ou *le torchage* intérieur n'ont rien d'exagéré. Les poches à bras ont deux échancrures de coulée et par conséquent un même niveau, qu'on verse le métal à droite ou à gauche. Les poches à couler à la grue n'ont qu'une seule échancrure placée sur la face la plus élevée, de telle sorte que le fond de cette échancrure soit un peu plus bas que le rebord opposé.

Le diamètre des tourillons, dans les poches à anses, varie de 40 millimètres à 90 millimètres, suivant la contenance. Le diamètre du fer des anses varie de 35 à 50 millimètres. Pour couler les grosses pièces et régler l'inclinaison du levier (fig. 10, pl. 14), on place à l'extrémité du carré de l'un des tourillons le segment (fig. 12) dans lequel entre le levier qu'on arrête au degré voulu par une fiche passant par l'un des trous du segment.

On remarquera que les tourillons des poches à anses doivent être placés un un peu plus bas que la moitié de leur hauteur, c'est-à-dire dans des conditions telles que les poches puissent être manœuvrées facilement à mesure qu'elles se vident, alors que le centre de gravité se déplace. Les cotes indiquées dans le tableau ci-dessus peuvent, à cet égard, être modifiées légèrement d'après le poids de l'appareil, après avoir essayé de le faire basculer au moment de river les croisillons portant les tourillons.

Les poches, de même que les châssis, peuvent être soutenues à la grue par un balancier portant deux tiges à crochet, comme figures 8, 9 et 10. Mais les anses appropriées à chaque poche valent mieux ; elles rendent la manœuvre plus simple et plus sûre. La coulée avec les grandes poches, au delà de 1,000 à 15,00 kilogrammes, doit se faire à l'aide d'un levier. Des ouvriers peuvent maintenir l'appareil et venir en aide à celui qui coule par le moyen de la branche (fig. 13), s'ajustant dans le carré du tourillon opposé à celui qui porte le levier (fig. 11) et le secteur (fig. 13). C'est une garantie de plus pour empêcher la poche de se renverser en coulant. L'application d'un T est du est du reste indiquée à la figure 15, laquelle représente une poche à laquelle a été ajouté un bec permettant de couler en source pour éviter de crémer.

Cette disposition, que nous avons employée pour couler des fontes grises graphiteuses, ne paraît pas avoir été continuée ; nous la rappellerons pour mémoire.

La figure 16 donne l'ensemble d'un mécanisme encore usité, au moyen duquel deux ouvriers peuvent couler sans danger de grandes masses de fonte. La modification apportée aux poches ordinaires consiste dans les détails qui suivent : une chape, disposée en forme de T, est pourvue de deux bielles qui embrassent les tourillons de la chaudière. Sur l'une des bielles, un double coussinet rapporté supporte une vis sans fin disposée de telle sorte qu'en recevant le mouvement d'un volant conducteur fixé sur une tige à l'extrémité de laquelle est placée la vis, cette vis mène une roue dentée fixée sur le tourillon, laquelle force la poche à s'incliner autant que besoin est. Les tringles en fer *b b* servent à retenir l'appareil en cas d'aventure et à diriger le jet.

Nous donnons les dimensions principales, utiles à consulter, de deux ustensiles semblables, dont on s'est trouvé assez bien pour qu'on ait dû les conserver :

	Poche de 11,000 kil.	Poche de 6,000 kil.
Diamètre intérieur sans la terre. .	1ᵐ,380	1ᵐ,125
Profondeur sans la terre	1 ,500	1 ,100
Roue dentée. Diamètre	0 ,600	0 ,470
Vis sans fin à deux filets. Diamètre	0 ,120	0 ,080
Pas de la vis.	0 ,040	0 ,040
Diamètre des tourillons	0 ,110	0 ,090

Il va sans dire que, dans ces chaudières, comme dans toutes autres, notamment pour celles de grandes dimensions, il convient d'employer des tôles et des fers de première qualité. Dans de pareilles conditions, on peut obtenir des chaudières, comprenant leurs accessoires, entre 0 fr. 80 et 1 fr. 40 le kilogramme, suivant le poids et les dimensions.

En outre des poches dont nous venons de parler, on se sert encore, dans les hauts-fourneaux et dans les fonderies, de poches à main tout en fer (fig. 11) ou bien en tôle (fig. 13) pour la coulée des petits moules. On emploie aussi, pour les creusets en fer comme pour les creusets en terre, des happes à crochet de la disposition (fig. 19 et 20), et des branches légères comme celles appliquées aux poches (fig. 7).

GROS OUTILLAGE.

Appareils de levage. — Ces appareils tiennent une place importante dans le matériel des fonderies. Ils doivent être solidement installés de proportions en rapport avec le poids, la forme et les dimensions des charges qu'ils doivent soulever.

Une fonderie de fer, quelque restreinte que soit sa fabrication, et une fonderie de cuivre, dès qu'elle doit entreprendre des pièces dont le poids peut atteindre avec les moules quelques centaines de kilogrammes, c'est-à-dire ne pouvant être soulevé avec deux hommes ou quatre hommes au plus, ne saurait se passer d'appareils de levage. — La manœuvre des fardeaux, dépassant 150 à 200 kilogrammes, est, dans tous les cas, difficile, coûteuse et dangereuse quand elle doit être faite à bras. — On construit aujourd'hui de petits appareils très simples, devant lesquels on apporterait une économie mal entendue si l'on évitait de les employer. — Tels sont les palans différentiels, les treuils roulants ou portatifs, etc.

A l'époque où nous avons publié la première édition de ce livre, on n'employait dans les fonderies que des grues tournantes à pivots. Ces appareils isolés ou disposés par groupes pour correspondre entr'eux, afin de transporter les fardeaux de l'un à l'autre, étaient encombrants et rendaient les manœuvres lentes et difficiles. Ils nécessitaient, en outre, des armatures importantes, comme charpentes et tirants, pour être maintenus à leur pivot supérieur, et par suite des murs d'une certaine solidité pour les halles des moulages. Enfin, n'opérant que suivant un mouvement circulaire, ils demandaient, selon que les fardeaux devaient être pris entre la circonférence la plus rapprochée de l'axe et celle la plus extrême, un double mouvement d'avance et de recul toujours long et souvent incommode.

On est arrivé à substituer aux grues tournantes à double pivot des grues roulantes, et de préférence des appareils fonctionnant, soit sur le sol de la fonderie, soit sur un système de longrines, attachées aux murs ou aux charpentes, pour recevoir un chemin de fer aérien.

Mais les perfectionnements apportés à la disposition et à la forme de ces appareils ne se sont pas bornés à de telles transformations.

On a appliqué aux grues, roulantes ou tournantes, des moteurs à vapeur établis dans les conditions les plus simples pour permettre de n'employer qu'un petit nombre d'hommes et en même temps pour rendre les manœuvres plus simples, plus rapides et plus correctes.

Nos lecteurs comprendront mieux, du reste, à l'aide des figures représentées aux planches 18 et 19, la marche des progrès accomplis dans les différents sens que nous indiquons. Il y a tant de systèmes aujourd'hui, parmi les appareils de lavage appliqués dans les fonderies, que nous ne pouvons songer à les décrire tous, encore moins à les reproduire. Nous avons dû nous borner à conserver les meilleurs systèmes des grues à double pivot et à donner une idée générale des autres types à présent plus recherchés.

Grues tournantes à deux pivots. — Un point capital de ces appareils est l'installation de la *direction*, c'est-à-dire de l'agencement devant transporter la charge depuis le centre jusqu'à l'extrémité de la grue. Il faut que cette disposition soit à l'abri de toute secousse, qu'elle soit assez précise et assez régulière pour permettre un remoulage exact sans briser les moules ou les noyaux. Il faut qu'elle soit assez solide et assez bien assurée pour qu'elle ne se brise pas en plein travail; enfin, que sa manœuvre soit assez douce pour qu'elle n'exige pas l'emploi d'un trop grand nombre d'hommes.

Les directions à crémaillère encore usitées, parce qu'elles sont les moins coûteuses à établir, ont besoin d'être bien appuyées pour ne pas céder sous les efforts qui leur sont imprimés et d'être assez solides pour ne pas casser, quels que soient ces efforts. On fait bien d'employer le fer, plutôt que la fonte, et de donner aux dents la forme et les dimensions les plus solides.

Les directions à vis donneraient un mouvement plus régulier; mais, même avec des vis en acier et à filets renforcés, elles s'usent vite. Il est bon de donner aux vis d'assez forts diamètres, pour qu'elles ne se courbent pas sous la charge. On y a à peu près renoncé.

Les directions à chaînes sans fin sont encore les meilleures. Celles à chaînes ordinaires calibrées sont également bonnes. Les premières s'usent vite et demandent à être remplacées assez souvent ; les secondes, quand elles sont en bon fer, non susceptible d'allongements permanents, peuvent durer plus longtemps, sauf à remplacer en temps utile les galets à empreintes sur lesquels elles s'enroulent.

A défaut de charpentes suffisantes pour pouvoir recevoir la tête des grues dont nous parlons, on peut les fixer en maintenant le pivot supérieur à l'aide d'un collier scellé dans un mur. Mais, cette disposition, quelque soin qu'on prenne d'écarter le plus possible l'axe de la grue du mur, fait perdre une partie de l'évolution que pourrait donner l'appareil.

Grues à simple pivot. — A cet égard, les grues à simple pivot ont leur utilité : elles peuvent servir dans les ateliers d'ébarbage, sur les quais et chantiers de chargement, alors qu'il n'est pas utile absolument de prendre et de porter des fardeaux en des points fixes déterminés, ainsi que cela doit avoir lieu pour la manœuvre des moules.

Ces appareils, lorsqu'ils sont disposés à engrenages et à chaînes ordinaires, ou à chaînes Galle, sont établis, soit à pivot fixe, soit à pivots tournants.

Les pivots fixes, suivant la force des grues, sont assujettis sur un simple croisillon, ou sont prolongés pour s'asseoir dans une embase empâtée, à une certaine profondeur, par un bloc de maçonnerie.

Le même genre d'appareils a été disposé pour marcher avec chaînes ordinaires entraînées par une noix, de même façon que cela a lieu dans les appareils de levage employés pour la construction des bâtiments.

Ces appareils sont d'une certaine simplicité, sous réserves des soins à prendre pour l'entretien et le graissage des organes du mouvement.

Les grues roulantes, bielle et à contre-poids, ne sont pas intéressantes, dès qu'elles doivent soulever des fardeaux au delà de 5,000 kilogrammes.

Dans ces conditions, et au-dessous, elles peuvent rendre quelques services dans les fonderies. Nous en avions plusieurs à Marquise, parcourant l'usine en tous sens, allant charger les châssis dans les parcs ou prendre les pièces pour les conduire aux ateliers de tours, d'ajustage et de montage. Elles donnaient un bon usage, étant manœuvrées avec prudence, lorsque chargées, on devait les faire pivoter.

Du reste, à l'aide d'appareils à griffes, on pouvait les fixer solidement au sol, en des points déterminés de l'usine. Le contre-poids étant rapproché vers le centre, elles servaient alors comme des appareils fixes.

Toutefois, ces appareils de chargement, plutôt que de manœuvre, ne sont pas précisément ceux que doivent rechercher les ateliers de moulage, dans lesquels les fardeaux doivent être, ainsi que nous l'avons dit, transportés en des points fixes déterminés. Ainsi les noyaux, les châssis et les poches à couler doivent arriver avec une certaine exactitude en des positions précises, qu'il s'agisse du renmoulage ou de la coulée.

Les grues à double pivot, en dehors des quelques inconvénients dont nous avons parlé, sont donc, à cet égard, préférables aux grues à bigues.

Il est facile, du reste, de leur appliquer, comme a celles-ci, des appareils à vapeur. Dès 1850, nous avons vu en Angleterre, dans diverses fonderies, à Newcastle et à Glasgow, des grues du type de la planche 18, munies, les unes de machines à vapeur portant leur chaudière, les autres avec des moteurs empruntant la vapeur à un générateur commun, d'où elle arrivait par des tuyaux munis à la base de chaque grue d'un distributeur à rotule plus ou moins défectueux du reste.

A la même époque, on essayait des grues hydrauliques à Glasgow, où elles étaient recherchées pour le lavage de très lourds fardeaux. Déjà les appareils hydrauliques étaient munis d'accumulateurs aidant à régulariser et à préciser la marche.

Les appareils les plus utiles à l'intérieur des halles de [moulage et dans la plupart des grands établissements des fonderies qui se montent, sont aujourd'hui les grues roulantes à pont, dites grues transversales, marchant dans la direction suivant laquelle le fardeau doit être conduit, et distribuant, à l'aide d'une chaîne conductrice, ce fardeau sur toute la largeur de leur portée.

De pareilles grues sont établies dans les conditions des figures 1 et 2 pour rouler sur le sol, ou dans celles de la figure 3, pl. 21 et 25, pour fonctionner en l'air sur des longrines ou sur les murs. Les unes et les autres peuvent être disposées pour être manœuvrées à l'aide de treuils, avec ou sans moteur à vapeur, placés ou non à la partie inférieure ou à la partie supérieure des appareils, c'est-à-dire se manœuvrant *d'en bas ou d'en haut*, et conduits, soit dans leur marche longitudinale, soit dans leur marche transversale, par des chaînes et autres systèmes d'appels appliqués sur un moteur ou, au besoin, par simple traction à bras. Ces engins sont construits avec charpente en bois ou en fer, suivant la dépense qu'on veut y mettre, et le degré de solidité et durée qu'on veut leur donner.

Pour la manœuvre des châssis dont le poids ne dépasse pas 1,500 à 2,000 kilogrammes, on emploie très utilement les appareils du genre (fig. 4) installés sur des longrines longitudinales ou sur des chariots roulants transversaux, se mouvant sur des chemins en bois fixés aux murs ou aux colonnes des halles, et munis de rails. Ces appareils, installés en quantité à Marquise dès 1848, ont rendu de très grands services dans les halles de moulage, pour la fabrication des pièces moyennes. Manœuvrés *du bas*, ils sont conduits par les mouleurs eux-mêmes, et sans frais d'ouvriers manœuvres. Aujourd'hui, ce système est très répandu dans un grand nombre de fonderies.

On emploie dans les noyauteries, au petits travaux de moulages spéciaux, dont les châssis n'exigent pas de grands déplacements, de petits treuils-appliques fixés contre le mur ou sur un montant en bois et en fonte, avec chaîne allant se développer sur une petite poulie ou sur un plan fixés en un point quelconque de la charpente.

Tels sont dans leur ensemble (et nous pouvons en oublier) les engins à lever les fardeaux devant être employés dans les fonderies. L'opportunité de tel ou tel système est évidemment dépendante de la disposition des bâtiments. Si nous devions avoir de nouvelles fonderies à créer, nous serions d'avis d'adopter à peu près exclusivement les appareils se fondant sur les données des figures 19, 20, 21 et 22, pl. 25, sauf agencements particuliers à étudier, et nous ne rechercherions en réalité les grues à pivot que dans les cas spéciaux où les appareils roulants ne pourraient se prêter à certains besoins du service.

Quelques chiffres, relatifs aux divers types que nous venons de citer, ne devront pas être sans intérêt pour nos lecteurs. Nous les prendrons en recherchant dans nos notes les nombreuses grues ou appareils de levage que nous avons fait construire.

En résumé, on peut compter que des grues semblables coûtent entre 7,000 et 8,000 francs, suivant que la charpente est en chêne ou en sapin.

Le prix de ces appareils est diminué en de certaines proportions, s'ils doivent fonctionner *en l'air*, ou autrement, ne pas rouler sur le sol.

Dans cette hypothèse, il convient mieux de supprimer tout à fait le bois et d'installer ces appareils sur des fers à double T ou sur des poutrelles armées tout en fer.

Un petit appareil léger et manœuvré d'en bas par une chaîne sans fin, installé sur longrines en fer avec des treuils du système Cherry à frein automatique, ou du système à noix et chaîne calibrée de Suc et Chauvin, peut coûter suivant les portées :

Pour lever 1.000 kilog. à la portée de 6 mètres. . .	650 fr.	Pour lever 1.000 kilog. à la portée de 9 à 10 mètres . 1.200 fr.
Pour lever 2.000 kilog. à la portée de 6 mètres . .	950	Pour lever 2.000 kilog. à la portée de 9 à 10 mètres . 1.500
Pour lever 3.000 kilog. à la portée de 6 mètres . .	1.400	Pour lever 3.000 kilog. à la portée de 9 à 10 mètres . 1.800
Pour lever 6.000 kilog. à la portée de 6 mètres . .	1.600	Pour lever 6 000 kilog. à la portée de 9 à 10 mètres . 2.200

Les petits appareils roulants du type fig. 4, pl. 25, ont été construits par nous sur deux types différents : l'un levant 1,000 à 1,200 kilogrammes et valant environ 300 francs, l'autre levant 1,800 à 2,000 kilogrammes et pouvant valoir 380 à 400 francs. Au delà de ces forces, les appareils de cette sorte qui empruntent leur utilité à l'application d'une chaîne sans fin, deviennent d'une manœuvre moins avantageuse que celle des treuils à manivelle.

On ne doit jamais reculer, lorsqu'il s'agit de se procurer des chaînes de levage, devant le chiffre de la dépense. Il faut rechercher, si l'on veut éviter des accidents trop fréquents et souvent très graves, la meilleure fabrication et les meilleures qualités de fer.

Des fabricants spéciaux emploient des fers de choix et des ouvriers habiles. Ils fournissent aux fonderies comme à toutes les industries employant les appareils de levage, des chaînes, calibrées ou non, à mailles serrées ou des chaînes à étais, dans les conditions d'épreuves réglementaires exigées par la marine de l'Etat.

En tout cas, nous engageons les fondeurs à prendre plutôt des dimensions supérieures à celles dont ils auraient besoin, afin, par là, de se mettre à l'abri de toutes éventualités d'accidents.

Chaînes à mailles serrées			*Chaînes à étais*		
Diam. du fer en mill.	Poids p. mètre	Traction	Diam. du fer en mill.	Poids p. mètre	Traction
7 mill.	1^k,100	1.050 kil.	20 mill.	9^k,000	10.700 kil.
8 —	1 ,450	1.400 —	21 —	9 ,900	11.700 —
9 —	1 ,800	1.750 —	22 —	10 ,900	12.900 —
10 —	2 .250	2.200 —	23 —	11 ,900	14.100 —
11 —	2 ,700	2.650 —	24 —	12 ,950	15.400 —
12 —	3 ,250	3.150 —	25 —	14 ,100	16.700 —
13 —	3 ,800	3.700 —	26 —	15 ,200	18.050 —
14 —	4 ,400	4.300 —	27 —	16 ,600	19.450 —
15 —	5 ,100	4.950 —	28 —	17 ,650	20.950 —
16 —	5 ,750	5.650 —	29 —	18 ,900	22.450 —
17 —	6 ,500	6.350 —	30 —	20 ,250	24.050 —
18 —	7 ,300	7.100 —	31 —	21 ,600	26.650 —
19 —	8 ,100	7.950 —	32 —	23 ,000	27.350 —
20 —	9 ,000	8.800 —	33 —	24 ,500	29.100 —
21 —	9 ,900	9.700 —	34 —	26 ,000	31.850 —
22 —	10 ,900	10.600 —	35 —	27 ,550	32.700 —
23 —	11 ,900	11.650 —	36 —	29 ,150	34.600 —
24 —	12 ,950	12.700 —	38 —	32 ,500	38.850 —
25 —	14 ,100	13.750 —	40 —	36 ,000	42.700 —
26 —	15 ,200	14.900 —	42 —	39 ,700	47.100 —
27 —	16 ,650	16.050 —	45 —	45 ,550	54.400 —
28 —	17 ,650	17.250 —	48 —	51 ,850	61.500 —
30 —	20 ,250	19.800 —	50 —	56 ,250	66.750 —
32 —	23 ,050	22.500 —	52 —	60 ,850	72.200 —
34 —	26 ,000	25.450 —	55 —	68 ,000	80.750 —
36 —	29 ,150	28.500 —	57 —	73 ,100	87.750 —
38 —	32 ,500	31.750 —	58 —	75 ,700	89.000 —
40 —	36 ,000	35.200 —	60 —	81 ,000	96.000 —

Comme types de grues aujourd'hui admises dans les fonderies, en dehors des grues de chargement, des grues à vapeur, des grues fonctionnant par accumulateur hydraulique, etc., nous nous bornons à renvoyer nos lecteurs à la planche 25 où sont représentées ; (figures 1 et 2.) — Une grue de grande force, à double treuil pouvant suivant la portée de 10 à 12 mètres, lever dix à douze mille kilogrammes et plus en armant les poutres comme à la figure 3. — Cet appareil fonctionne sur des rails posés sur le sol.

Figure 3. — Un appareil roulant installé en l'air sur des murs ou sur des longrines et de 8 à 10 mètres de portée avec treuil manœuvré d'en haut ou conduit par une transmission marchant à la vapeur. — Cet appareil péut lever presque 20,000 kilogrammes et plus. — Comme pour le précédent sa force dépend de l'armature de la charpente et des dimensions du treuil.

La grue, figure 4, à pivots attachée à une charpente solide et avec tirant soutenant la volée, est un appareil que j'ai fait construire pour le moulage et la coulée de grosses pièces coulées debout.— Sa force est entre 12 à 15,000 kilogrammes. — Il a été essayé au-delà.

Les grues, figures 5 et 6, indiquent des dispositions de grues ordinaires pouvant lever entre 6 et 8000 kilogrammes, en travail courant.

Ces divers appareils peuvent valoir dans les conditions ci-dessous : — Le n° 1, 7 à 8,000 francs. — Le n° 3, 10 à 12,000 francs. — Le n° 4, 5 à 6,000 francs. — Les n°s 5 et 6 entre 4 et 5,000 francs.

Ces chiffres sont très susceptibles de variation, suivant les conditions de travail à demander aux grues et les détails de l'exécution. — Nous les donnons d'après nos notes.

La partie métallique vaut en moyenne 0,75 à 0,80 le kilogramme. La charpente assemblée vaut 120 à 150 francs environ, le mètre cube selon qu'on emploie du chêne ou du sapin, qu'elle est plus ou moins façonnée, etc.

Matériel de transport. — Après les appareils de levage, on peut se préoccuper dans les fonderies, de l'application des moyens de transport. Plus grande est l'importance de ces établissements, plus il est utile d'étudier et d'organiser le matériel des transports, en raison de la production et des quantités de matières brutes ou travaillées à transporter journellement sur les divers points d'une usine.

Si les établissements se trouvent reliés avec une ligne de chemin de fer, ils s'en approprient le matériel qui leur apporte à pied d'œuvre les fontes brutes, les cokes, les charbons, etc., et qui leur enlève les fontes à livrer, lesquelles sont conduites en gare au sortir des ateliers d'ébarbage ou de finissage.

Dans cette hypothèse, il suffit de quelques tombereaux, camions ou voitures ordinaires, pour faire le service des transports, qui ne peuvent être appliqués à la voie ferrée, tels, par exemple ceux des minerais, des sables, de la castine, des terres et des briques dont l'exploitation a lieu sur des points isolés.

Nous nous en tiendrons à cette donnée qui est celle du plus grand nombre des établissements d'un ordre inférieur comme importance et qui ne sont pas reliés directement avec les chemins de fer publics ou qui n'occupent une surface de terrain assez grande pour qu'elles puissent supporter la dépense d'une installation spéciale.

Ces établissements peuvent, du reste, prendre les combinaisons diverses adoptées par les fabricants qui s'occupent du montage des chemins de fer économique dits à voie étroite et qui se chargent particulièrement d'installer des petits réseaux économiques à l'usage des usines.

En dehors de cela, on peut toujours agencer des petites voies allant d'un atelier à un autre et permettant d'effectuer le transport des matières et des ustensiles avec l'aide de petits wagonnets très simples.

Pour le transport des pièces de fonte et autres dans les halls de fonderie on emploie des chariots en fer et fonte dans le genre du n° 1 de la planche 26, sinon pour les pièces que peut mener un homme seul, les diables en fer à galets, figure 2.

Cet outillage sert surtout quand on ne dispose pas de voies de fer. On emploie aussi des brouettes garnies de tôle ou même des civières à bras. — Celles-ci servent surtout pour transporter les noyaux. — Si l'usine est en possession d'un chemin de fer, on emploie des chariots en fonte servant aussi pour le séchage des moules dans les étuves, tels que ceux représentés par les types 7, 8, 9 et 9 *bis* et de préférence du type figures 10, 11 et 11 *bis* de la pl. 26.

Pour les grosses pièces on se trouve bien des wagons en bois, à plate-forme garnie de tôle, ou de molles-bandes en fer méplat assurant la solidité des assemblages en même temps qu'en les préservant de l'atteinte du feu, quand les pièces sont transportées non encore refroidies. Ces sortes de trucs sont plus simples et moins coûteux, bien que plus solides que les wagons en fonte. Ils sont moins sujets à des accidents de rupture, en cas de chocs du déchargement. Les roues de ces wagons sont à jantes trempées en coquille et reliées au moyeu par des bras en fer noyés dans la fonte.

Pour les manœuvres courantes qui doivent se faire en dehors des grues, on emploie des crics à patte et double engrenage, des rouleaux en fonte ou en bois garnies de pattes, des leviers, de pinces et des auspects, sans compter tous les appareils usités dans les chantiers où l'on manœuvre journellement des fardeaux, vérins, palans à cordes, palans différentiels et tant d'autres que nous n'avons pas besoin de rappeler, en dehors des figures 14, 15 et 16 de la planche 26.

Etuves et procédés de séchage. — Les exigences des ingénieurs et des constructeurs sont devenues telles aujourd'hui, qu'il est difficile de couler en sable vert les principales pièces des machines, des travaux publics et des constructions. On veut, avec raison, des angles vifs, des lignes pures, des surfaces nettes ne pouvant s'obtenir autrement qu'avec l'emploi du système de moulages dit étuvé. Dans ces conditions, tout moule qui n'est pas étuvé doit être *grillé*, c'est-à-dire au moins séché superficiellement ainsi que nous dirons plus loin.

Les procédés de séchage demandent donc une étude sérieuse et approfondie. Il faut rechercher en première ligne, l'économie du combustible, puis celle de la main-d'œuvre dépensée pour le transport des moules à l'étuve et leur retour sur la place où aura lieu la coulée.

Les étuves, comme les appareils de levage, sont, en principe un élément indispensable de l'installation des fonderies.

Si l'on a des moules qu'il faut sécher à fond, on doit se dire qu'on n'obtiendra jamais par le séchage partiel, en plein air, un résultat aussi complet que dans les étuves. Non seulement on dépensera beaucoup plus de combustible, mais la dessiccation moins complète n'assurera pas toujours la réussite de la pièce coulée. Il importe donc d'éviter le séchage sur place, ou tout au moins quand il s'agit de grosses pièces dont on ne peut déplacer le moule, établi en partie dans le sol, il y a lieu d'avoir recours à des procédés et à des soins particuliers qui garantissent le travail du mouleur contre tous accidents pouvant résulter de l'insuffisance du grillage ou autrement dit, d'une dessication superficielle.

En s'appuyant sur ces idées, les fondeurs voulant perfectionner les procédés de séchage, ont cherché, les uns à modifier et à perfectionner les étuves anciennes, les autres à les supprimer pour les remplacer par des dispositions spéciales permettant de sécher sur place.

La dessiccation complète des moules et des noyaux n'est guère possible que dans une étuve fermée. On l'obtiendrait difficilement en plein air, sans une dépense exagérée de combustible, ce qui est à considérer.

Le coke et la houille brûlent difficilement à l'air libre, s'ils ne sont employés sur des grilles servant, à l'aide de quelque tirage naturel ou forcé, à activer la combustion. Pour sécher profondément et efficacement sur place, il faut renouveler les feux trop souvent ou employer du charbon de bois dont le prix est généralement élevé.

Du moment qu'on admet ce combustible dans des proportions assez développées, on doit trouver plus d'économie à mettre les moules à l'étuve, quelles que soient les manœuvres et le temps perdu pour leur déplacement. C'est d'autant plus à chercher que l'on peut chauffer les étuves à l'air chaud emprunté aux appareils des hauts-fourneaux sinon à des appareils spéciaux, avec les gaz perdus ou encore par la chaleur inutilisée des fours à coke.

L'unique inconvénient de ces sortes d'étuves comme de celles chauffées par les gaz des hauts-fourneaux est de voir les fumées et les poussières s'attacher aux moules et aux noyaux encore frais, et surtout pour les noyaux et les moules troussés de nuire à l'adhérence des couches de terre à superposer.

On arrive à empêcher ces inconvénients à l'aide de grillages serrés ou d'appareils à ventaux inclinés pour rabattre la fumée dans une caisse de nettoyage, au moment où les gaz chauds doivent pénétrer dans l'étuve. Les dispositions diverses de boîtes à poussières pour recueillir les débris de la combustion et la folle-mine entraînés par les flammes des gueulards, sont, dans ces conditions, les mêmes que s'il s'agit du chauffage des chaudières ou des appareils à chauffer l'air.

C'est ainsi qu'à Fourchambault, où l'on a utilisé, croyons-nous, pour la première fois les flammes perdues du gueulard dans les étuves, on est parvenu à nettoyer suffisamment les gaz servant au chauffage pour qu'ils ne puissent porter aucun préjudice aux noyaux de tuyaux devant être séchés, à deux ou trois reprises, suivant l'importance des couches à terre.

Les étuves sont chauffées par quatre foyers placés sur les côtés, fig. 1, pl. 30, suivant les dispositions du reste adoptées à peu près partout aujourd'hui. Elles n'ont pas l'inconvénient de brûler ou de recuire les moules, ainsi que cela se produit dans les foyers qui, placés entre les rails, se trouvent immédiatement au-dessous des chariots, comme à la figure 6, par exemple. Il est vrai que cet inconvénient peut être supprimé, du moins partiellement, en interposant une tôle entre le moule et le foyer.

Dans les fonderies où l'on est appelé à couler de grandes pièces, les étuves peuvent atteindre des dimensions très étendues. Nous en avons construit dont la longueur atteignait 12 mètres; la largeur 6 à 8 mètres, et la hauteur sous la voûte, 6^m,50. Elles étaient parfaitement chauffées avec six foyers latéraux et un foyer dans le sol placé à chacune des extrémités sur la longueur, ces derniers réservés pour le séchage des noyaux ou des moules auxquels on voulait donner une sorte de recuit.

Ces étuves sont fermées par de larges portes à coulisses en tôle suffisamment armées pour ne pas se voiler. Ce sont des panneaux qui se meuvent dans des coulisseaux verticaux et s'élèvent maintenus par des contre-poids au-dessus de l'étuve quand la hauteur de l'atelier le permet, ou bien sont manœuvrés comme des barrières roulantes sur le plan de façade des étuves, dans le cas contraire.

Elles portent à leur milieu un portillon à charnière pouvant s'ouvrir et se fermer à tout moment, suivant les besoins du service, et sans qu'il soit nécessaire de les manœuvrer dans leur ensemble autrement que pour l'entrée et la sortie des moules.

Les grands moules sont introduits dans les étuves sur des chariots en fonte de la forme la plus simple et dont les figures 7 et 8 de la planche 26 et les figures 8 et 9 de la planche 30 donnent une idée suffisante.

Les petits moules et les noyaux susceptibles d'être transportés à bras sont placés sur les côtés et dans le fond, étant soutenus par des barres transversales ou longitudinales en fer scellées dans la maçonnerie. Voir fig. 5, pl. 30. Rien n'empêche d'avoir, dans les étuves d'une certaine hauteur, un petit appareil roulant, installé sur deux rails pour servir à manœuvrer plus facilement les petits moules lorsqu'il s'agit de les installer à l'intérieur ou de les retirer.

Pour les pièces de grande hauteur, pouvant demeurer dans les étuves, on se sert de fosses maçonnées d'une certaine profondeur, servant à la fois pour le moulage, le séchage et la coulée. Ainsi fait-on dans la fabrication des tuyaux coulés debout, par exemple. Nous reviendrons sur les dispositions particulières usitées en pareil cas. Disons seulement que nous avons utilisé, dans les étuves en fosse et pour le séchage des tubes, des cornues, et autres pièces moulées sur place, des réchauds de la disposition fig. 2, pl. 30. A l'aide de ces réchauds, les moules formant cheminée sont séchés rapidement et économiquement, chaque moule étant couvert d'un chapeau, pour laisser échapper les vapeurs.

De pareils foyers portatifs, sortes de calorifères, établis soit en tôle, soit en fonte, sont également très utiles pour sécher sur place les moules dont la profondeur dans le sol permet de les employer.

Autrement, on peut établir dans les fosses des foyers latéraux, ou mieux encore placés dans les angles. Les moules à sécher sont, dans cette hypothèse, descendus à la grue et placés sur des tréteaux, ou autres supports en fonte, reposant sur le fond de la fosse. Les feux allumés, la fosse est recouverte de plaques de fonte maintenues par des barres de fonte à nervures où elles s'enchâssent pour ne pas dépasser le niveau du sol.

Ces dispositions permettent de faire sécher pendant la nuit, en profitant de la chaleur perdue, une partie des sables nécessaires aux besoins du moulage. Dans toutes autres étuves, du reste, il est possible d'installer des dispositions particulières en vue du même usage. Suivant que l'appareil perd, par le rayonnement extérieur, plus ou moins de calorique, la terre ou le sable prennent plus ou moins de temps pour être desséchés. Mais ce n'en est pas moins une économie appréciable dans les petites fonderies notamment, où, faute de sableries amplement organisées, il faut recourir à tous les moyens pour faire sécher le sable étalé à l'air ou au soleil pendant l'été, placé sur des plaques de tôle au-dessus des laitiers ou des pièces coulées, ou encore dans les cubilots, après la journée. Ces derniers procédés, qui peuvent donner de la terre et du sable torréfiés ou brûlés, ne sont pas précisément favorables à la bonne qualité de ces matières.

On trouvera ailleurs des dispositions spéciales d'étuves et de chariots qui devront compléter ce que nous avons à dire sur le séchage en étuves. Ce système est encore et restera toujours en usage dans les fonderies, du moins pour tous les moules et noyaux facilement transportables, et dont le matériel, châssis et lanternes, permet le déplacement dans des conditions supportables.

Quelques fondeurs, préoccupés des difficultés résultant de la mise en étuve de certaines pièces courantes, lesquelles sont moulées dans le sol et recouvertes seulement d'un châssis, ont imaginé des procédés de séchage sur place qui diffèrent assez peu les uns des autres.

Parmi ces procédés, nous décrirons celui employé par MM. Brunon frères, à leur fonderie Rive-de-Gier.

Dans une fosse circulaire D (voir fig. 6, pl. 30), d'une dimension mise en rapport avec les besoins de la fonderie, on installe une sorte d'appareil à grille C, disposé en corbeille et activé par du vent emprunté à la soufflerie.

La fosse ou chambre à air dans laquelle est placée cette grille est entourée d'une galerie annulaire avec laquelle elle communique par les carneaux E.

Cette chambre est recouverte d'une plaque de fonte au centre de laquelle est placé un trou d'homme ou se fait le chargement et l'entretien de la grille. La galerie elle-même est fermée par un couvercle circulaire en fonte portant des orifices o dits bouches à air.

A chacun de ces orifices s'adapte, par des coudes appropriés, une série de tuyaux en plusieurs parties, agencée de telle sorte qu'elle ait la longueur nécessaire pour atteindre le moule à sécher. Les bouts de tuyaux, qui peuvent être des tuyaux légers, dits de descente, qu'on trouve dans le commerce, sont assemblés grossièrement entre eux par un lut en terre.

Le moule, ainsi raccordé avec le producteur de calorique, porte des évents ou issues d'appel dont le nombre varie avec la forme et la disposition de la pièce ; c'est par là qu'est entraîné l'air chaud après avoir circulé dans le moule. La marche est réglée par un registre placé dans chacun des coudes de départ, en même temps que par les évents dont on peut restreindre plus ou moins l'ouverture à l'aide d'un peu de terre.

Il s'agit d'abord de chasser les vapeurs provenant de l'échauffement du moule, puis de graduer le chauffage de manière à opérer, dans la durée de quatre à six heures, un séchage uniforme à l'épaisseur de 10 à 25 millimètres de sable. Plus la durée de la dessiccation est grande, plus naturellement la profondeur du séchage est intense et moins les vapeurs pouvant monter du sol sont à craindre pour la réussite de la coulée. Le mieux, comme du reste cela a lieu dans toutes les fonderies en pareil cas, est de profiter de la nuit qui précède la fusion pour préparer les moules. Après avoir envoyé doucement la chaleur dans chacun d'eux et activé le feu de la grille, on ralentit ce feu au moment de quitter l'atelier, on bouche, en tout ou partie, les issues d'appel, et le calorique, se dégageant lentement pendant la nuit, suffit pour compléter le séchage.

Telles sont les données principales de ce système assez élémentaire et que l'examen des dispositions N et M représentant deux moules en séchage, l'un de volant, l'autre de cylindre de laminoir, achèvera suffisamment d'expliquer, étant donnée du reste la légende qui suit :

A. Conduit amenant le vent du ventilateur.
B. Valve d'introduction.
C. Grille ou foyer.
E et F. Fosse où est placée la grille avec galerie et carreaux.
G. Couvercle à enlever pour charger la grille.
H. Orifice servant pour nettoyer la fosse et la grille.
K. Valves pour régler la sortie de l'air chaud.

Un autre système analogue, également breveté, a été appliqué dans diverses fonderies du Nord et de la Belgique, par un M. Deham, d'Anzin.

Dans ce système, comme dans le précédent, le séchage a lieu les moules étant fermés.

Des foyers en corbeille, disposés pour brûler du coke, sont installés à proximité de chaque moule. Les gaz provenant de la combustion pénètrent par des tuyaux dans ces moules où leur circulation est activée par une ou plusieurs *cheminées* d'appel placées sur les châssis. Le séchage se règle au moyen d'un papillon. La disposition des foyers et des cheminées, éléments qui diffèrent de ceux employés par le procédé Brunon, peut être modifiée suivant les besoins particuliers de la fonderie. Un peu d'habitude suffit pour régler le tirage et se rendre compte de la manière de conduire le feu.

L'idée du séchage par l'air chaud n'est pas particulière aux deux systèmes qui précèdent, et dont l'un, celui de Brunon, paraît avoir été appliqué vers 1869 ; l'autre, celui de Deham, en 1874.

Le Creusot avait employé antérieurement, sur nos données, de pareils procédés. Marquise a séché, dès 1862, des moules de tuyaux sur place et des étuves à l'aide d'un système de distribution d'air chaud pris à un appareil spécial à chauffer l'air, et plus tard avec la chaleur perdue d'un four Siemens.

A la fonderie Voruz, de Nantes, l'air chauffé a été également employé pour sécher les moules de canons et autres.

A Hayange, vers 1862, on a employé à la fonderie un appareil générateur, consistant en une enveloppe de fonte revêtue de briques réfractaires formant foyer avec une grille à la partie inférieure. Cette enveloppe était pourvue d'un certain nombre de tubulures horizontales auxquelles venaient s'adapter les tuyaux conduisant l'air chaud aux moules. Le foyer, alimenté par des escarbilles et du menu coke, était placé dans une fosse comme celui du système Brunon.

Le point important, en tout cela, est de savoir si, par un emploi prolongé, ces divers systèmes de séchage sur place n'ont pas montré des inconvénients qui les ont fait délaisser, tels qu'agencement compliqué des tuyaux conducteurs, direction difficile du séchage par la conduite combinée du foyer et des évents, ou cheminées d'appel, coût et entretien des appareils.

En tout cas, il est bien évident que le séchage des moules sur place, par le procédé consistant à entretenir des feux de coke placés au-dessous et au-dessus des moules, est un procédé antique particulièrement défectueux.

On peut constater, en effet :

Que ce système par trop primitif entraîne une déperdition de combustible considérable, le chauffage n'ayant lieu que par rayonnement, et une partie de de la chaleur se perdant dans l'atelier ;

Qu'il faut, le plus souvent, laisser les châssis suspendus aux grues, quand on ne les fait pas reposer sur des trétaux, ce qui d'une part immobilise les appareils de levage, et d'autre part donne des manœuvres quelquefois dangereuses ;

Que le séchage ne peut être uniforme, surtout quand il s'agit de grandes surfaces et d'une partie du moule établie ;

Que les moules, souvent saisis très brusquement dans le châssis suspendu au-dessus du feu, se gercent et laissent tomber des parties éclatées qu'il faut raccorder, quand elles ne perdent pas le moule.

Nous ne parlerons pas d'autres inconvénients, dont les moindres sont les cendres et le menu coke répandus dans le sable, la dépense exagérée du combustible, fagots et bois pour allumer, coke brûlé en grande quantité pour produire un petit effet utile.

Au contraire, par le séchage sur place à moules fermés, on peut rigoureusement renmouler, préparer la coulée et charger le moule pendant que le séchage a lieu. On ne perd pas de place, où n'immobilise pas les appareils de levage et l'on obtient une économie considérable de combustible.

Avec le séchage par l'air chaud proprement dit, et emprunté à un appareil chauffé à la houille, l'économie réalisée à Marquise pour le séchage des moules de tuyaux de la Dhuys, ayant 1 mètre de diamètre et 3 mètres de hauteur, était de plus de 60 p. 0/0 sur le séchage en étuves ordinaires à foyers brûlant du coke. Il est vrai que chaque moule recevait un courant d'air chaud venu d'une tubulure à registre placée au-dessous et au centre, et que ce courant, à la température de 250 à 300°°, suffisait pour sécher un moule en moins de deux heures. Il faut dire aussi que ces moules en châssis cylindriques ne comportaient qu'une très faible épaisseur de sable, soit 50 à 60 millimètres.

Machines et appareils servant à la préparation des sables. — Dans les fontes de peu d'importance, les sables préalablement séchés, lorsqu'ils ne sont pas destinés à être employés frais et passés à la claie, comme cela a lieu pour les gros moulages, sont broyés, tamisés, puis mouillés et frottés au rouleau à main sur une surface plane, en fonte ou en bois, dite *frottoir*. Ces procédés élémentaires sont pratiqués surtout dans les fonderies de cuivre où les vieux sables, ayant passé à l'étuve, sont trempés, battus dans les caisses et travaillés à la pelle.

Mais il est rare aujourd'hui que les fonderies, même les plus petites, n'aient pas au moins une machine à frotter et quelques engins peu compliqués pour la préparation des sables, de la terre et des poussiers.

Nous nous bornerons à rappeler ici les appareils utilisés dans les établissements d'un ordre inférieur, où l'emploi des sables n'est pas appelé à nécessiter une installation exceptionnelle.

Les machines à frotter, quelque faibles qu'elles soient, sont à employer de préférence au frottage à bras qui produit peu et coûte cher. Ces machines, construites dans des conditions simples, avec bâtis légers portant deux cylindres d'inégal diamètre, marchant à des vitesses différentes et pouvant se rapprocher suivant le *corps* qu'on veut donner au sable, sont établies par les constructeurs spéciaux à des prix qui ne dépassent pas 400 francs, dès qu'on veut rester dans des dimensions restreintes. Ainsi, sur le type dont nous parlons, et qui est rappelé par la figure 3, pl. 29, on peut se procurer :

Une machine avec cylindres de 0m,12 à 0m,13 diamètre, 0m,40 long. pour 300 fr.
  —   —   0 ,14 à 0 ,15   —   0 ,45 — — 370 —
  —   —   0 ,16 à 0 ,17   —   0 ,50 — — 400 —

Et même des machines très simples avec bâti en bois, coûtant la moitié de celles-ci, mais en réalité d'un assez mauvais usage.

Au delà, il convient de prendre des appareils plus forts et mieux établis, dans le genre des types 1 et 2 de la planche 29.

Avec ces machines, il est utile d'avoir un ou plusieurs broyeurs à houille et à charbon, très simples et dans les conditions des figures 7 et 8, pl. 28, si l'on dispose d'un moteur un peu puissant, ou dans celles des figures 9 et 10, qui prennent moins de force, et être installées aisément sans prendre beaucoup de place.

Quelques fonderies de cuivre emploient les mortiers mécaniques, fig. 13 et 14, pour la fabrication du poussier de charbon de bois de qualité fine.

L'urgence des appareils broyeurs et pulvérisateurs est moins opportune aujourd'hui que des fabriques spéciales se sont montées pour fournir aux fonderies les noirs de houille et de charbon qui leurs sont nécessaires. — Toutefois, il est bon qu'une fonderie, quelle qu'elle soit ait au moins un appareil, ne serait-ce que pour ne pas être à la discrétion des fournisseurs qui peuvent ne pas livrer ou mal livrer. — D'un autre côté, on est certain d'obtenir chez soi des noirs très purs qu'on pourrait ne pas obtenir ailleurs en pareille qualité et sans mélange.

En tous cas, des indications touchant quelques appareils servant à la fabrication des sables, ne seront pas inutiles aux fonderies de quelque importance qui voudraient organiser cette fabrication ainsi que nous avons fait.

Broyeurs à meules. — Les moulins ramasseurs et tamiseurs de Jannot, (fig. 15, pl. 28), qui ont été perfectionnés ont été de plus en plus utilisés, en concurrence avec les broyeurs Fleury ; le tamis est devenu plus simple et peut s'enlever à volonté quand on veut s'en passer. — Ils coûtent entre 800 et 1,500 francs suivant la grandeur des appareils.

Quelques usines leur préfèrent les broyeurs Hanctin, (fig. 16, pl. 33), que l'inventeur appelle broyeurs-mélangeurs et qui sont représentés par la figure 16.

Ces broyeurs à cuve tournante occupent un emplacement de peu d'importance, environ 4 mètres carré, soit 2m,50 sur 1m,50.

Ils débitent par heure un mètre cube de sable, avec une force motrice de deux chevaux vapeur. — Exclusivement destinés à la préparation du sable, ils suppriment le séchage préalable. — Ou en d'autres termes, ils travaillent le sable frais, de toutes pièces pour le rendre propre au moulage.

Leur prix du type installé pour châssis en bois est chez le constructeur de 1,500 à 1,600 francs environ.

Depuis longtemps, les fonderies anglaises emploient des broyeurs du type figure 18, dont l'auge est mobile. Le système que nous venons de citer diffère par la forme des moules qui sont cannelées poux mieux diviser et mélanger le sable. — Bien des fondeurs préfèrent encore les dispositions à auges fixes quand il s'agit d'écraser des matières sèches. La disposition où les meules agissent par friction, est convenable, pour le broyage des terres à noyau ou des terres destinées au moulage, suivant qu'on veut développer le frottement, ces terres peuvent être obtenues assez fines, quoiqu'avec assez de grain et de cohésion pour former les couches lissées des moules ou des noyaux.

Les moulins broyeurs à meules du type fig. 18, pl. 28, établis à dimensions pour pouvoir permettre des débrayages et des embrayages aisés sans influence sensible sur la vitesse de la transmission principale. On les fait marcher à la vitesse de douze à quinze tours, même vingt tours par minute. Dans ces conditions, ils peuvent broyer par heure environ un hectolitre et demi de houille réduite assez fine pour être tamisée sans déchet laissant plus de 15 à 20 % à passer de nouveau au broyeur.

Ces moulins sont pourvus d'un appareil ramasseur et d'un rateau qui suivent les meules. Une ouverture placée au fond du bac circulaire s'ouvre à l'aide d'un levier à contre poids, quand la matière est suffisamment pulvérisée, et laisse tomber cette matière dans un récipient, brouette, wagon, boîtes à roulettes, etc., qui sert à la transporter vers le tamiseur.

Il y a dans cet agencement un travail de main d'œuvre qu'on évite avec les moulins qui rejettent sur un tamis en tronc de cône, placé au centre, les matières pulvérisées au fur et à mesure de leur broyage. Il reste à voir si ce supplément de main-d'œuvre est nécessaire pour enlever, transporter et tamiser dans un appareil séparé, les matières que l'on vient de broyer n'est pas racheté par la facilité d'emploi des appareils plus simples que je cite, l'économie de leur service, le peu de dépense relative de force motrice qu'ils entraînent et le peu d'entretien qu'ils occasionnent ; toutes choses moins avantageuses dans les broyeurs *Fleury*, quels que soient leurs avantages, d'ailleurs plus ou moins appréciés aujourd'hui, dans les fonderies surtout où la préparation des sables n'exige pas une installation très large et l'application, d'appareils variés et multiples pour les besoins du service.

Les broyeurs à meules sont susceptibles d'écraser le coke, le charbon de bois, la glaise et le sable sec tout comme la houille.

Pour écraser le coke, on peut, en les faisant marcher à dix-huit ou vingt tours par minute, débiter un hectolitre et demi à 2 hectolitres de coke par heure. A la vitesse de douze tours, ils pulvérisent 5 à 6 hectolitres de terre glaise ou de sable argileux, dur et sec.

Les sables secs, les poussiers de charbon de bois, de houille et de coke, sont passés dans des tamiseurs, à cylindre garni de toile métallique et marchant inclinés suivant une disposition empruntée aux bluteries des moulins à farine. Les cylindres marchent à raison de cinquante-cinq à soixante tours par minute, et peuvent tamiser, suivant le numéro des tamis de 8 à 12 hecto-litres par heure.

Les sables frais sont passés dans des tamis horizontaux, fig. 5, pl. 29, montés sur croisillons pivotant à la base et mus par un système de manivelle et de bielle marchant à cent ou cent-vingt tours à la minute. Ces appareils tamisent 25 à 30 hectolitres par heure, en admettant que le tamis ait besoin d'être vidé et nettoyé quatre fois pendant le même temps, et que l'homme chargé de ce service perde à chaque fois trois ou quatre minutes.

Les appareils dont nous venons de parler peuvent être développés plus ou moins en raison de la fabrication des fonderies et de leur importance. — Les bases de prix ci-dessous conviennent à des outillages assez amples pour entre-tenir des ateliers de sablerie pouvant desservir une centaine de mouleurs.

La machine à broyer les sables (fig. 1 et 2, pl. 29), à deux cylindres de $0^m,22$ de diamètre, peut valoir 750 francs ; celle à quatre cylindres, 1,200 francs.

Une machine plus faible de $0^m,17$ à $0^m,18$ de diamètre, à deux cylindres, vaut 500 francs.

Le moulin broyeur, n° 18, pl. 28, à petites meules et grande vitesse, peut valoir entre 1,500 et 1,800 francs, suivant son poids, lequel peut atteindre entre 1,500 et 2,000 kilogrammes.

Les machines à frotter simples, c'est-à-dire à deux cylindres, du type, fig. 1 et 1 *bis*, pl. 25, marchent à raison de onze tours par minute ; elles fournis-sent 25 à 30 hectolitres de sable frotté à l'heure.

La machine double (fig. 2), à quatre cylindres, marche également à onze tours et peut débiter jusqu'à 40 hectolitres de sable à l'heure ; le sable ayant, par le fait, subi deux frottées, ce qui évite la main-d'œuvre utile pour le passer deux fois à la machine simple. L'écartement des cylindres, facile à régler, est maintenu plus grand bien entendu, entre les cylindres supérieurs qu'entre les cylindres inférieurs. Ces machines, établies solidement sur bâtis en fonte avec cylindres de $0^m,20$ de diamètre, fournissent un service plus sûr, plus régulier et beaucoup plus économique que les machines à petits cylindres et à bâtis de bois utilisées dans la plupart des fonderies.

La machine à couteaux pour broyer et triturer la terre (fig. 19, pl. 28), marche à raison de dix-huit ou vingt tours par minute, et peut débiter, par heure, jusqu'à 35 ou 40 hectolitres de terre pétrie et prête au service du mou-lage et des noyaux. Dans ces conditions, l'appareil exige deux hommes pour jeter les matières dans la cuve, et un homme pour enlever la terre à mesure qu'elle est chassée par les couteaux vers l'orifice de sortie muni d'une grille.

Cet appareil vaut entre 1,200 et 1,500 francs.

Enfin, le tamiseur rectiligne figure 5, à 0,21 de course peut valoir environ 600 francs.

Ces bases suffisent pour établir au besoin une évaluation approchée en vue de l'appropriation d'un atelier de sablerie dans une bonne fonderie ordinaire.

Depuis peu d'années on a introduit dans les fonderies un système d'appareil diviseur à plateaux de friction pour briser les mottes du sable et l'empêcher de s'agglutiner. Cet appareil enfermé dans une caisse demi-circulaire en fonte munie d'une trémie et d'une porte, permet de régler le frottement entre deux surfaces planes comme on fait dans les machines à cylindre. — A la force d'un cheval, il peut diviser jusqu'à huit ou dix mètres cubes par jour de sables ordinaires de fonderie. Son prix est fixé par les inventeurs à 6 ou 700 francs.

Machines et appareils divers employés dans les fonderies. — Cet outillage est très variable, suivant l'importance et la destination des produits du moulage. Nous nous bornerons à citer les appareils dont l'application nous paraît intéressante ou indispensable, entre autres :

Les *casse-fonte* qui sont restés à peu près ce qu'ils étaient il y a vingt-cinq ou trente ans, sauf dans les usines où l'on a utilisé des appareils hydrauliques ou employé la poudre et la dynamite pour briser certaines grandes pièces difficiles à manœuvrer et à apporter sous les casse-fonte.

On peut disposer un casse-fonte partout où il est facile d'accrocher une paire de moufles ou une poulie dont la corde vient d'un bout s'enrouler sur le tambour d'un treuil, et de l'autre soutient un mouton en fonte qu'on laisse tomber au moyen d'un *déclic*, lorsque ce mouton a été élevé à une certaine hauteur.

Mais quand le casse-fonte doit servir fréquemment à briser de grosses gueuses ou des pièces défectueuses, d'un trop gros volume pour être refondues dans les fours ordinaires ou pour être cassées à la masse à main, on est amené à écarter les appareils des bâtiments et des passages où se trouvent les ouvriers, pour éviter, en même temps que les accidents possibles, d'ébranler les terrains et par suite les constructions trop rapprochées.

Dans ces conditions, les casse-fonte sont organisés à l'aide d'un trépied dont la fig. 3, pl. 34 montre le sommet. Ce trois-pieds, solidement construit en bois de chêne plutôt qu'en bois de sapin, est armé de poulies qui conduisent le câble ou la chaîne auxquels le mouton est accroché.

La hauteur des casse-fonte atteint jusqu'à 15 et 20 mètres. Elle est d'autant plus grande et l'on donne au mouton d'autant plus de poids que les morceaux à casser sont plus gros.

Les formes adoptées sont celles d'un cylindre ou celles d'une poire (fig. 4 et 4 *bis*). Quand le treuil n'est pas installé entre deux des jambes du trépied, on se sert utilement d'un treuil ordinaire.

Les *presses à essayer* sont spéciales aux usines qui fabriquent, d'une manière courante, les tuyaux pour conduites d'eau et de gaz. Les figures 1 et 2 donnent l'image assez claire d'une presse d'essai qui peut convenir, suivant les dimensions à lui donner, à des tuyaux de la plus grande longueur et du plus grand calibre, et qui peut les éprouver à des pressions variables entre 5 et 20 atmosphères, limites des conditions habituelles des marchés.

Nous ajouterons à ces outils les trieurs mécaniques et les laveurs pour les limailles de cuivre et de bronze.

Les tonneaux à désabler, à décaper et à polir employés dans les fonderies de cuivre et dans celles de petits objets en fonte, en fer malléable ou en acier ; figures 5 et 6, même planche 34, etc. — Les lingotières pour couler les saumons, les pelotonniers pour masser les mitrailles minces et légères, etc. — Les meules pour atelier d'ébarbage, les forges volantes pour réparer l'outillage, façonner les armatures, les crochets et tant d'autres outils nécessaires au moulage que nous ne pouvons songer à citer tous.

Châssis, lanternes, axes et armatures. — Les châssis forment une partie très importante du matériel des fonderies. Une bonne installation de châssis est une source d'économie réelle. Simplicité et bon marché de la fabrication, rapidité du moulage, emploi du sable restreint, assurance d'obtenir des pièces plus propres et plus régulières, tels sont les avantages qui résultent de châssis convenablement appropriés, et dont on peut aisément retrouver le prix, dès qu'il s'agit de la fabrication d'une certaine durée ou d'objets qui se répètent.

Il est clair que les proportions et les formes des châssis pourraient varier à l'infini, si l'on voulait prévoir toutes les pièces généralement quelconques qu'une fonderie est appelée à exécuter.

Comme ce n'est pas chose possible, on doit se borner à adopter des séries de châssis permettant, sauf exceptions caractérisées, de mouler à peu près la généralité des pièces qui se présentent, du moment qu'elles n'ont pas le caractère spécial d'une fabrication courante usuelle.

Dans les fonderies où l'on fait de tout à la fois et par petites parties, comme à Paris et dans les grandes villes où l'on voit peu de fabrications spéciales, on admet des conditions de moulage qui seraient difficilement applicables dans les établissements des départements où l'on cherche à produire à bon marché et où la main-d'œuvre, si avantageuse qu'elle soit, doit être encore améliorée, dès qu'elle porte sur des spécialités.

Aussi certains établissements ne voient pas d'inconvénients à pratiquer le moulage sans modèle et à peu près sans châssis en se servant de parties à rapporter à l'aide d'armatures et en pratiquant une sorte de moulage mixte obtenu par le troussage en terre et en sable, ou avec l'aide de pièces battues en sables dites : pièces de rapport.

Mais cela coûte cher et l'on n'a pas toujours sous la main les ouvriers habiles qu'un tel travail nécessite.

Il faut donc en passer par les anciens procédés de moulage en châssis, sauf à les appliquer ingénieusement et économiquement.

À cet égard, on ne regardera pas à établir des châssis spéciaux pour les pièces qui, d'un écoulement habituel, présentent une question de moulage devant se produire souvent. — Ainsi, par exemple : les tuyaux de conduite et de descente, les objets de poterie et de vaisselle, les poids à peser et les poids d'horloge, les coussinets de chemins de fer, les ornements plats et tous qui se répètent indéfiniment, suivant les besoins du commerce et toujours à peu près dans les mêmes conditions, les types à mouler variant peu dans leurs formes et dans leurs dimensions.

Pour les pièces minces, et, accessoirement, pour les ornements plats, tels que les balcons, les panneaux, les balustres, etc., on emploie des châssis composés de deux parties, l'une stable à barres plates (fig. 19), l'autre mobile à compartiments (fig. 20, pl. 33).

C'est cette dernière qui recouvre le moule et porte les jets. On la fait à compartiments sur champ pour qu'elle retienne mieux le sable, au moment où on la manœuvre, soit pour enlever le modèle resté dans la partie fixe, soit pour fermer le moule.

Les barres *droites* sont utiles, en outre, pour empêcher le sable de *forcer*, c'est-à-dire de se soulever quand on coule les pièces. Il faut multiplier d'autant plus ces barres, que les pièces ont une plus grande surface jointe à une plus grande épaisseur. La partie du dessous qui, une fois en place n'est plus dérangée, n'a besoin que de barres plates suffisantes pour lui donner la solidité nécessaire pour être *retournée*, sans qu'elle soit défoncée, lorsqu'elle a été battue et jointe à la partie de dessus au moyen de clavettes et de crampons.

Ces dispositions s'appliquent et se reproduisent pour tous châssis de pièces dont la partie coulée *en dessus* n'offre pas de saillies ni d'appendices particuliers.

On n'emploie du reste ces châssis que pour des objets d'une étendue limitée, coulés généralement au sable vert, ou pour ceux qui ne seraient pas d'un moulage facile et possible dans le sol ou en fosse. Autrement, il faut prendre de préférence des parties de châssis dites *quadrillées* ou à compartiments (fig. 21), lesquelles sont particulièrement utiles pour recouvrir les moules dont la partie inférieure demeure dans le sol.

Les fonderies, qui ne tiennent pas à développer indéfiniment leur matériel, emploient les châssis français, dits de *mille pièces*, ou *châssis universels*, ainsi nommés parce que ces châssis, formés de plaques droites de longueurs diverses, d'équerres et de pièces de raccord, se prêtent, à l'aide de boulons et d'agrafes, au montage de châssis carrés ou rectangulaires de dimensions variées.

Ces châssis, utilisés (fig. 22 à 30), dans les fonderies de deuxième fusion, où la fonte coûte assez cher pour qu'on évite de la prodiguer, sont évidemment moins simples et moins avantageux que les châssis d'une seule pièce. — Ils ne sont pas, en effet, aussi solides, et ils retiennent moins bien le sable, qu'on est obligé de soutenir par des crochets en fer (fig. 23), suspendus aux barres transversales servant à consolider les assemblages entre les plaques droites, les raccords et les équerres.

Cependant, nous ne devons pas nier que les châssis universels puissent être utiles et offrir une certaine économie dans les fonderies où il n'est pas nécessaire d'entretenir une grande partie du matériel immobilisé.

Les longueurs des plaques se font d'habitude par parties de 0^m,25, 0^m,50, 1 mètre, 1^m,50, 2 mètres; les hauteurs de 0^m,10, 0^m,15 et 0^m,20, même 0^m,30. — Les pièces de raccordement ont 0^m,20 de longueur et les équerres 0^m,10 de côté. Ces dimensions ne sont pas absolues, de même que la forme des plaques, qui peut être *nervée*, comme aux figures 29 et 30. Les équerres sont faites à des ouvertures différentes pour permettre de monter des châssis de forme octogonale ou hexagonale. Mais de telles dispositions sont peu recherchées, du moins avec cette sorte de châssis.

Toute fonderie, appelée à mouler journellement des engrenages, des volants ou autres pièces circulaires, fait mieux d'avoir, en vue de ces fabrications, une série de châssis quadrillés, carrés ou de forme octogonale, pour répondre, par exemple, aux diamètres de 2 à 3 mètres, de 3^m,50 à 4^m,50. Ces châssis, plus solides et plus économiques, n'ont pas besoin de parties de dessous, les pièces dont nous parlons étant moulées en partie dans le sol de l'usine.

Pour les petites pièces, on emploie des châssis sans barres, de forme rectangulaire, circulaire ou octogonale (voir fig. 31 à 32 *bis*). On leur laisse des rebords intérieurs pour qu'ils puissent retenir le sable, et l'on a soin de les disposer de manière à pouvoir mettre ensemble deux parties d'épaisseurs inégales et même superposer un certain nombre de parties, lorsque les besoins du moulage l'exigent. Les séries de petits châssis peuvent être proportionnées comme suit :

	Côté	Hauteur Parties épaisses	Parties minces
Châssis carrés.	0.40	0.060	0.040
— —	0.45	0.070	0.050
— —	0.50	0.080	0.060
— —	0.60	0.100	0.080

	Longueur	Largeur	Hauteur Parties épaisses	Parties minces
Châssis rectangulaires.	0.30	0.20	0.060	0.040
— — .	0.40	0.30	0.060	0.045
— — .	0.50	0.40	0.070	0.050
— — .	0.60	0.40	0.070	0.050
— — .	0.60	0.50	0.080	0.060
— — .	0.70	0.50	0.090	0.070
— — .	0.70	0.60	0.090	0.070
— — .	0.50	0.30	0.100	0.080
— — .	0.60	0.40	0.100	0.080
— — .	0.70	0.50	0.100	0.080

Ces proportions peuvent varier. Elles nous semblent, néanmoins, devoir former, jusqu'à la limite où les châssis sont munis de barres transversales, une série assez complète pour faire face à tous les besoins du moulage des petites pièces.

En tout cas, ces châssis doivent être munis d'arêtes intérieures pour tenir le sable, et être constitués d'autant plus solidement qu'ils doivent aller à l'étuve ou servir à la coulée de pièces relativement épaisses. Avec les hauteurs variant de 40 à 100 millimètres, on peut composer des châssis assemblés par assises de toutes élévations utiles.

Les châssis ronds ou de forme octogonale (fig. 32) retiennent mieux le sable que les châssis carrés. On peut leur donner sans inconvénient des diamètres atteignant 2 mètres et plus, suivant la forme des pièces à mouler, et des hauteurs de $0^m,15$ à $0^m,25$. Au dessous comme au delà, ces châssis, quand ils doivent servir à mouler des pièces debout, peuvent être établis en parties coupées, suivant un plan vertical, et être faits par tronçons de toute hauteur. C'est ce qu'on verra plus loin quand nous parlerons du moulage des tuyaux.

Les châssis rectangulaires de $0^m,60$ et $0^m,70$ de largeur, même ceux de $0^m,50$, peuvent supporter une ou deux barres transversales, si c'est utile pour leur solidité et pour les nécessités du moulage. — Au-dessus de ces dimensions, les châssis carrés, comme les châssis rectangulaires doivent être pourvus de barres plates pour les parties de dessous, droites pour les parties de dessus. Les dimensions des châssis carrés, jusqu'à 2 mètres de côté, peuvent s'échelonner suivant $0^m,70$ — $0^m,80$ — $0^m,90$ — 1 mètre, $1^m,25$ et $1^m,50$ de côté, = $0^m,10$, $0^m,12$, $0^m,15$, $0^m,18$ et $0^m,20$ de hauteur au maximum, et être quadrillés de façon à ne pas laisser entre les barres des vides ayant plus de $0^m,40$ à $0^m,50$ de côté en moyenne. Il est bon dans ces châssis, comme dans les châssis ronds, de laisser une case plus grande au milieu pour réserver la place des moyeux de volants, d'engrenages ou de toutes autres pièces ayant un noyau au centre. On recouvre cette partie ouverte, s'il est utile, par un plus petit châssis rapporté et attaché, si besoin est, au châssis principal.

Les grandeurs que nous venons d'indiquer peuvent être considérées, étant tenues à $1^m,50$ de superficie, comme celles utiles à la rigueur pour les châssis devant être constitués en deux parties, l'une de *dessus*, l'autre de *dessous*. La partie de dessous n'est pas toujours indispensable, bien que pouvant être utile à l'occasion. Au delà de $1^m,50$, il est prudent de ne garder qu'un châssis de *dessus*.

Les châssis de fonderies de fer sont en fonte. Cependant, pour les pièces d'étuve, les fonderies de fer, comme cela a lieu dans les fonderies de cuivre, peuvent employer des châssis en fer.

Jadis, les fonderies de cuivre, qui mettent tous leurs moulages à l'étuve, sauf exceptions rares, se servaient de châssis à bandes en cuivre, assemblées sur une tête en fer pourvue d'une embouchure. Aujourd'hui, plusieurs forges ayant monté des cylindres pour la fabrication des fers à châssis, on trouve des dimensions de hauteurs variées qui permettent d'obtenir toutes les combinaisons de hauteur pouvant être employées pour le moulage des pièces courantes de la fonderie de cuivre.

On verra à la planche 23, figure, 24 et 25, la disposition de châssis en fer pour fonderie de cuivre, et la forme des fers spéciaux employés, lesquels ont les hauteurs suivantes :

Hauteur	$0^m,030$	$0^m,040$	$0^m,045$	$0^m,050$	$0^m,065$	$0^m,090$	$0^m,110$	$0^m,130$
Poids du mètre en kilogr.	1.60	2.50	2.75	3.00	4.90	6.80	7.90	9.80

Ces châssis sont établis avec ou sans embouchures pour couler en presse ou *à plat*. Quand ils sont de grandes dimensions et de peu de hauteur, on les renforce par des barres transversales en fer plat d'épaisseur proportionnée. Assemblés avec oreilles en fer ou en fonte malléable, portant des goujons simples ou à clavettes, ils peuvent se prêter à tous les assemblages sur la hauteur, et à toutes les formes rectangulaires ou carrées, étant entendu que les dimensions demeurent dans les limites de celles qui se trouvent dans le commerce.

De tels châssis, suivant le cours des fers, sont vendus par les spécialistes sur la base de 0 fr. 50 à 0 fr. 60 par kilogramme, suivant le fini plus ou moins complet qu'on leur demande. Ils sont aujourd'hui arrivés à des prix assez bas pour que les fonderies de cuivre puissent abandonner sans regret toutes autres dispositions, assurément moins bonnes, et pour que les fonderies de fer puissent les adopter, au moins dans une certaine mesure, pour la fabrication des petites pièces.

Nous n'étendrons pas plus loin ce que nous pourrions dire encore sur le matériel châssis qu'on retrouvera plus loin, quand viendra la description des procédés de moulage. En tout cas, nous pensons qu'il est utile de se renfermer, quant aux règles principales de construction, dans les conditions qui suivent :

1° Faire les châssis solides, quoique légers, ce qu'on obtient en leur donnant l'épaisseur strictement nécessaire pour qu'ils puissent résister à la fatigue du moulage. Cette épaisseur, pouvant être limitée, pour les plus petits, à 5 ou 6 millimètres, dépasserait inutilement 20 millimètres pour les plus grands ;

2° Donner aux surfaces intérieures, devant retenir les sables, toutes les dispositions de consolidation possibles : nervures, barres, compartiments proportionnés, etc., dès qu'on ne gêne ni ne compromet les opérations du moulage ;

3° Faire en sorte que les châssis assemblés par assises se repèrent bien les uns sur les autres, de telle façon que les coutures des pièces ne viennent pas, variées par le déplacement d'une des parties. Pour cela, il y a lieu d'ajuster les goujons avec une certaine précision, et même d'employer des goujons tournés, ou du moins étampés pour qu'ils entrent à frottement et sans jeu dans les trous des oreilles ;

4° Réserver toute la force nécessaire aux oreilles, nervures ou autres parties qui portent les repères, ainsi qu'aux poignées qui servent à la manœuvre des châssis, parce que ce sont ces parties qui fatiguent le plus pendant le travail.

Lanternes. — Les lanternes sont des tubes ou autres pièces creuses, en fonte ou en fer, qui servent à supporter la terre et même le sable entrant dans la composition des noyaux. Il y en a de toutes formes, appropriées à la disposition des noyaux. Celles dont on fait le plus fréquent usage sont de forme cylindrique ou conique. Elles sont montées sur tourillons, si elles doivent servir à la confection des noyaux à la trousse, et sans axes, si elles portent des noyaux obtenus dans des boîtes.

Percées de trous d'une forme quelconque, plutôt ronds que carrés, d'une grandeur proportionnée à leur diamètre, les lanternes rentrent dans les types des figures 33, 34 et 35, planche 33. On leur donne une forme légèrement conique, même quand elles supportent des noyaux cylindriques, afin qu'on puisse les retirer plus commodément de la pièce coulée. Les trous percés doivent être en assez grand nombre et l'extrémité des lanternes assez ouverte pour que les gaz qui se produisent au moment de la coulée puissent s'échapper aisément.

On emploie aujourd'hui beaucoup de lanternes en fer creux, obtenues avec des tubes soudés à recouvrement et d'une épaisseur plus élevée que celle des tubes creux ordinaires du commerce.

. Les lanternes de 25 à 95 millimètres de diamètre se font à l'épaisseur de 3 à 6 millimètres, suivant le diamètre; celles de 100 à 150 millimètres se font à l'épaisseur de 6 à 9 millimètres; enfin, celles de diamètres très supérieurs à 150 et 300 millimètres, ont des épaisseurs qui peuvent atteindre jusque 10 à 12 millimètres. Les prix, encore assez élevés, varient entre 1 fr. 80 et 2 fr. 25 le kilogramme.

Ces prix, sont d'autant plus lourds, que le fer, ayant servi pendant quelque temps en cet état devient cristallin et presque aussi cassant que la fonte. Du moment que les lanternes ne sont pas de longueurs excessives, et qu'on peut les obtenir en fonte, il convient de rester dans les limites des faibles diamètres, telles, par exemple, qu'entre 025 et 100 millimètres. Au delà, on doit préférer les lanternes en fonte, plus faciles à obtenir économiquement et aussi coniques qu'on veut, ce qui est un avantage.

L'épaisseur des lanternes en fonte ne peut être moindre de $0^m,012$ à $0^m,015$; elle serait exagérée si elle dépassait $0^m,025$. Cette épaisseur varie naturellement en raison du diamètre et de la longueur; plus une lanterne est longue, plus il est utile de la faire solide. Chauffées et refroidies successivement au centre des pièces coulées, elles en reçoivent l'impression, se cintrent avec elles quand elles sont d'inégales épaisseurs, et ont de la peine à être extraites sans qu'elles se brisent, si les pièces ont été tordues au retrait.

Pour les lanternes en fer, on peut admettre les données suivantes comme épaisseur et comme poids :

Lanterne de diamètre.	25, 30, 35	40, 45, 50, 55	60, 70	80, 90, 100 mill.
Épaisseur entre . . .	3 et 4	4 et 5	5 et 6	7 et 8 mill.
	Kilog.	Kilog.	Kilog.	Kilog.
Prix approximatifs par mètre.	1.85 à 2.60	3.80 à 5.20	7.50 à 8.50	11 à 20

On fabrique aujourd'hui des lanternes laminées à côtes rayonnantes, lesquelles, entourées de liens en fil de fer et de torches, laissent parfaitement passer les gaz. Celles-ci sont plus solides et plus durables que les lanternes en fer creux de faible diamètre.

Il faut, du reste, donner aux lanternes les plus forts diamètres possibles, en ménageant toutefois assez de place pour la garniture de *torches* ou de cordes qui doit les recevoir et supporter une épaisseur de terre de 0^m,030 à 0^m,050 environ, laquelle est un minimum, pour donner aux noyaux toute la résistance voulue.

Dans le cas seulement où les noyaux ne sont pas faits sur le tour et sont foulés en sable dans des boîtes, on peut éviter l'emploi des torches. Il faut admettre que le diamètre d'une lanterne doit être, en tenant compte de la torche et de la terre, de 0^m,08 à 0^m,15 moindre que celui du noyau, suivant l'importance et la forme des pièces.

Il y a évidemment des exceptions, dans les cas par exemple où, faute de mieux, on emploie une lanterne plus petite ou plus grosse, étant rechargée de bois, de plâtre ou d'armatures en fer. Cela dépend aussi de la nature de la torche.

Avec les très petites lanternes confectionnées en tôle mince, la torche est remplacée, et, quelquefois la lanterne elle-même, par de la bougie filée qui fond au séchage du noyau, et laisse des vides suffisants pour le passage des gaz. Pour les gros noyaux, on emploie à volonté des cordes brutes, du foin filé et de la paille tressée.

Dans les fabrications de tuyaux installées à Marquise, la consommation des torches de foin avait une réelle importance. Une petite corderie, occupant 25 à 30 enfants, était installée pour filer le foin qu'on se procurait, autant que possible, provenant d'herbes dures, sèches et longues, mauvaises pour la nourriture des chevaux, mais excellentes pour donner des torches fines et serrées, aussi bonnes et plus économiques que celles en paille tressée.

Les noyaux cylindriques, quand ils sont de faibles dimensions, sont établis sur des tours simples, comme celui représenté par les figures 14 et 15, pl. 16. Les noyaux plus gros sont troussés sur des tréteaux en fonte portant des coussinets mobiles susceptibles d'être remplacés quand ils s'usent, et quelquefois pourvus d'un engrenage, quand les noyaux d'un gros volume sont lourds et difficiles à tourner par la simple action de la manivelle.

Axes. — Les axes pleins en fer ou en fonte remplacent les lanternes creuses quand les noyaux sont de trop faibles diamètres. Les axes pour les noyaux ronds à tourner doivent porter des collets (fig. 35, pl. 33), qui servent à les maintenir sur le tour à trousser. Si les noyaux sont faits en boîtes, il n'est pas nécessaire de conserver des collets aux axes, lesquels peuvent être tout simplement des barres ayant la longueur des noyaux et la grosseur nécessaire pour qu'on puisse fouler l'épaisseur de sable qui convient.

Pour réserver le passage des gaz, on peut ménager dans la longueur des arbres une ou deux rainures recevant des vergettes de fer qu'on retire avant de sortir le noyau de sa boîte et qui laissent un vide suffisant pour le *tirage* de l'air.

Ainsi sont disposés les arbres (fig. 36 et 38, pl. 33), pouvant servir avec la vergette (fig. 37). C'est de cette manière que sont établis les arbres pour tuyaux de conduite et de descente de petit diamètre, quand les noyaux sont préparés en sable non séché dans des coquilles ou boîtes à noyaux cylindriques en deux parties, repérées et maintenues serrées par des goujons à clavettes ou des agrafes.

Les arbres de tuyaux coudés se démontent en deux parties vissées, ainsi qu'on peut le voir par la figure 38. Il en est de même pour tous axes de tuyaux d'embranchement, ou de pièces dont la forme intérieure obligerait à décomposer les supports des noyaux, afin que leurs différentes parties puissent se retirer aisément après la coulée.

Armatures. — Les noyaux irréguliers, pour lesquels on n'emploie ni lanternes ni axes, sont consolidés par des carcasses en fer ou en fonte qui prennent le nom d'armatures. La forme de ces carcasses dépend de celles des noyaux, dont elle représente pour ainsi dire le squelette.

On fait des armatures pour servir à remplacer les crochets et les feuillards, en même temps que pour enlever certaines masses de sable qui doivent demeurer appliquées à la partie supérieure des moules. Ces armatures sont modelées, autant que possible, suivant la forme des masses de sable qu'elles ont à soutenir. Elles se composent de plaques ou d'encadrements en fonte dans lesquels sont noyés des tirants ou des anneaux en fer servant à les manœuvrer.

Ainsi, l'armature d'une chaudière qu'on voudrait couler avec le noyau suspendu, pour en obtenir le fond plus sain, serait formée d'une couronne en fonte armée de fer et suspendue par plusieurs tiges au châssis de *dessus* supportant le noyau (voir fig. 4, pl. 33). L'armature destinée à enlever le sable compris entre les deux bras d'une roue d'engrenage prendrait la forme du secteur existant entre ces deux bras, la couronne et le moyeu, etc.

Les formes et les dimensions des armatures sont presque aussi nombreuses que celles des châssis, puisque, comme celles-ci, elles dépendent de la disposition des pièces à couler. On peut du reste mouler à la rigueur rien qu'avec des armatures, tout au moins une grande partie des parois latérales d'une pièce quelconque, et même la totalité de la pièce, si l'on se trouve privé des châssis utiles.

Par cela même, on peut ranger dans la catégorie des armatures les couronnes pour monter les chapes et les noyaux des moules en terre qui se font à la trousse, les plaques à calibrer les noyaux, les carcasses pour soutenir ces noyaux ou pour consolider les pièces de rapport, lorsqu'elles présentent un volume important, les supports pour maintenir les chapes des gros moules en terre de pièces irrégulières, etc. La forme et la disposition des armatures sont inspirées par l'habitude et sur le vu des modèles à mettre en moulage.

Il faudrait, pour en donner une idée complète, passer en revue toutes les pièces pouvant être exécutées dans une fonderie, ce qui incontestablement nous mènerait trop loin.

Les armatures sont le plus souvent coulées sur couche ou, autrement dit, à découvert, quand elles sont de forme plate se prêtant à ce mode de coulée. Quand elles ne doivent servir qu'un petit nombre de fois, on n'y attache pas d'importance, et on les fait passer aux bocages, après qu'elles ont servi aux besoins de la fabrication. Si elles doivent être conservées, pour être utilisées plus souvent, il convient, de même que pour les châssis, de les couler à moules fermés. C'est une petite dépense de plus pour le moulage, mais elles sont ainsi plus propres, plus nettes, mieux équilibrées, plus solides et moins lourdes, ce qui rachète la plus-value, d'ailleurs peu importante, des frais de moulage. La plupart des armatures et des châssis se font sans modèles, ou seulement avec des parties de modèles. Quand il s'agit de matériel devant être conservé, il vaut mieux employer des modèles aussi complets que possible. On obtient par là des pièces plus correctes et plus régulières, dont le bon emploi doit couvrir et compenser les frais des modèles.

MODÈLES.

La fabrication de la fonderie repose sur l'emploi des modèles en bois.

Le modèle en bois est l'élément indispensable du moulage, qu'il serve en cet état, ce qui a lieu journellement, ou qu'il soit établi pour demeurer le type des modèles métalliques.

En d'autres termes, pour arriver au modèle en métal, il faut passer par le modèle en bois, à de rares exceptions près où les modèles sont faits en plâtre, en cire ou en toute autre matière plastique, lesquelles exceptions se produisent, en particulier, dans les fonderies de cuivre, plutôt que dans les fonderies de fer.

La construction des modèles est liée intimement au travail des fonderies.

Sans des modèles bien compris et bien exécutés, le meilleur ouvrier mouleur est souvent exposé à ne produire qu'une œuvre imparfaite, inexacte et mal venue.

Nous ne reviendrons pas sur la question du modelage, que nous avons traitée, aussi complètement que possible, dans le premier volume de cette série, qui traite des arts mécaniques. — On retrouvera d'ailleurs, dans la description d'un certain nombre de procédés de moulage, des éléments intéressants qui pourront achever ce que nous aurions omis à l'endroit des modèles.

Nous nous bornerons seulement à mentionner ici quelques indications générales qui intéressent à la fois le modeleur et le fondeur, et qui sont nécessaires au développement de notre sujet.

Retrait de la fonte. — Nous avons donné, à la page 54 de la première partie de ce livre, quelques détails touchant le retrait. Il nous suffira de les compléter rapidement.

Retrait de la fonte. — La nécessité d'obvier aux effets du retrait entraîne l'obligation de donner aux modèles des dimensions telles, qu'après la fonte, les pièces soient ramenées, dans la mesure la plus exacte, sinon la plus absolue, à leurs véritables dimensions.

Le retrait est variable suivant la forme et les dimensions des objets, suivant la nature et la qualité de la fonte. Ses effets sont quelquefois dépendants du mode de moulage employé.

Dans la plupart des modèles, on apporte une compensation aux effets du retrait pour les pièces de fonte à l'aide d'une addition aux cotes principales de ces modèles de 9 à 10 millimètres par mètre, quand les pièces sont de formes et de dimensions ordinaires, de 7 à 8 millimètres seulement quand elles sont épaisses et massives, et de 11 à 12, même 13 millimètres quand les pièces sont de grande étendue et d'une épaisseur relativement faible.

Dans les fontes de deuxième fusion, provenant de mélanges obtenus par des croisements de fontes de diverses provenances, dont quelques-unes ont déjà subi des refontes antérieures, le retrait semble demeurer dans les limites de 9 à 10 millimètres pour mètre pour des pièces ordinaires, sans nervures. ou sans accessoires extraordinaires empêchant les effets de la contraction.

Mais dans les fontes de première fusion, ou encore dans les fontes de deuxième fusion provenant de première fusion, le retrait est incertain ; il se tient rarement au-dessous de 10 millimètres, et il peut s'élever, dans certaines pièces simples, jusqu'à 14 ou 15 millimètres par mètre linéaire.

Le règlement du retrait dans les modèles doit s'arrêter à de telles limites que la pratique ne soit pas entravée à chaque pas par des variations dues à à des causes très diverses et trop accidentelles pour qu'on puisse en tenir rigoureusement compte dans tous les cas.

Les causes dominantes des variations du retrait sont essentiellement :

La qualité de la fonte et sa nature originaire, première ou deuxième fusion ;

La forme ou les dimensions des pièces coulées.

En effet, les fontes noires prennent moins de retrait que les fontes grises ; les fontes truitées subissent un retrait plus grand que celui des fontes grises, et plus petit que celui des fontes blanches. — Plus la fonte est blanche, cristallin ou lamelleuse, plus la contraction est considérable.

D'un autre côté, on sait que, moins les fontes prennent de la limpidité à la fusion, plus elles sont louches et pâteuses, plus elles prennent de retrait. Une température insuffisante, comme un refroidissement brusque, influent du reste sur les effets du retrait et tendent à les rendre plus ou moins irréguliers.

Il est bon de consulter l'expérience pour ce qui concerne la forme et la dimension des pièces, chose principale à examiner après tout, quand il s'agit de pièces qui, comme celles destinées aux constructions, doivent être coulées rigoureusement de deuxième fusion, en fonte grise, à grains serrés, fins, réguliers et résistants, et chez lesquelles, par conséquent, la nature et la qualité de la fonte doivent assurer des conditions de retrait à peu près invariable.

A priori, on peut admettre qu'une pièce de formes simples, par exemple, à dimensions égales, prendra, avec des fontes noires, 9 à 10 millimètres de retrait ; avec des fontes grises ou autrement dit, des fontes mécaniques ordinaires, 8 à 9 millimètres ; avec des fontes truitées, 10 à 12 millimètres ; avec des fontes blanches, 12 à 15 millimètres, et quelquefois plus de 15 millimètres.

Le retrait dépend d'ailleurs des proportions plus ou moins excentriques de ces pièces.

Dans les pièces circulaires, dont l'anneau n'est retenu par aucun bras, le retrait intérieur est plus sensible que dans les pièces longues. Aux effets du retrait, il vient s'ajouter dans ces pièces un rétrécissement résultant du moulage, si surtout le modèle est évidé au milieu, et si son évidement intérieur n'est pas obtenu à l'aide d'un noyau calibré très exactement. Les mouleurs ayant l'habitude, lorsqu'ils enlèvent les modèles du sable, de les ébranler dans tous les sens, afin de faciliter le démoulage, on conçoit qu'au moment où l'action d'ébranler a lieu du dehors en dedans, le sable qui forme le noyau devant donner l'évidement se resserre et perd de ses dimensions. Si l'on ajoute à ce rétrécissement forcé toute l'action du retrait se portant sur le noyau, on peut comprendre qu'un cercle, par exemple, d'un diamètre intérieur primitif d'un mètre, peut, le moulage n'ayant pas été confié à un ouvrier habile, être réduit, après la fonte, à $0^m,98$ et même à $0^m,97$, ce qui sort de toutes les proportions ordinaires. Ce fait peut être sans importance, si la pièce coulée ne doit pas recevoir une autre pièce s'y assemblant par emboîtement ; mais, dans le cas contraire, on se donne, si l'on n'a pas prévu l'effet que nous signalons, un ajustement difficile, et quelquefois impossible à pratiquer. Le resserrement intérieur, est d'autant plus à éviter en pareil cas, qu'en général la pièce qui doit servir de recouvrement peut acquérir elle-même, par le fait d'un mouvement peu soigné, des dimensions extérieures plus grandes que celles qu'on devrait attendre si le modèle n'était pas ou n'était que peu ébranlé.

C'est surtout dans les pièces coulées en sable vert qu'on doit redouter ces différences. Il est bon de dire, en passant, que, dans les pièces de dimensions réduites, faites sur modèles massifs ou sur modèles métalliques, devant être ébranlés dans le sable pour le démoulage, il convient de se montrer très sobre à l'endroit des additions à faire pour les retraits. Les mouleurs, même les plus soigneux, en cherchant à faciliter la sortie du sable, ébranlent toujours assez largement, et quelquefois irrégulièrement, pour que, dans bien des petites pièces, il soit à peine nécessaire de compenser le retrait.

Dépouille. — Abstraction faite des précautions à prendre pour se prémunir contre les effets du retrait, il est encore une chose essentielle dont on doit tenir compte dans le tracé des modèles, c'est la dépouille ou autrement un certain évasement donné aux modèles pour faciliter leur sortie du sable. Les modèles à double face symétrique ont deux évasements, qui se rencontrent à leur plus grande base, et qui servent à donner, dans chacune des deux parties de châssis ayant servi au moulage, l'empreinte d'une des moitiés de ces modèles.

Il est assez difficile d'établir des règles invariables pour déterminer la dépouille: qui dépend principalement de la forme à donner aux objets. Beaucoup de pièces ont, par leur propres formes, une dépouille toute naturelle, et l'on pourrait citer, par exemple, les pièces coniques, cylindriques, sphériques, etc.; mais, bien qu'on ait l'habitude, comme nous l'avons dit plus haut, d'ébranler les modèles dans le sable, pour les aider à en sortir, il est nécessaire de leur donner à tous, dans le sens où ils doivent être démoulés, l'évasement dont nous parlons. A la rigueur, un modèle, qui serait parfaitement d'équerre, pourvu qu'il n'eût pas une hauteur trop grande, devrait, sans difficulté, pouvoir être sorti du sable; mais, si ce modèle est en bois, ses pores se gonflent à l'humidité du moule contre les parois duquel ils glissent difficilement; et si, au contraire, il est en métal, il est sujet à s'oxyder, et d'ailleurs il s'ébranle avec peine, ce qui le rend d'un démoulage à la fois fatiguant et incertain. A peine peut-on se dispenser de la dépouille pour les objets de dimensions restreintes, dont il est rigoureusement indispensable de ne pas altérer les formes.

Au reste, les modèles sortent d'autant plus facilement du sable, que celui-ci a été moins tassé, qu'ils y ont moins séjourné, et qu'ils y sont enfouis moins profondément. C'est surtout à ces causes que sont soumises les proportions de la dépouille, qui, étant donnée avec soin, ne peut nuire ni à la grâce, ni aux dispositions des modèles, du moins dans la plupart des pièces de fonte.

La dépouille peut être avantageusement aidée par un démontage bien entendu des modèles, ou par un moulage en boîtes à noyaux, apportant, sur certaines faces, des parties accessoires qu'un modèle construit dans des proportions ordinaires ne pourrait pas donner ou ne donnerait que difficilement, même avec des pièces battues.

Les proportions à donner à la dépouille ne sauraient être précisées sans un grand nombre d'exemples qui, quelque bien choisis qu'ils fussent, suffiraient à peine. Pour faire apprécier les cas très divers que la pratique des constructions peut présenter, nous devrons donc nous borner à quelques indications sommaires se rattachant à des pièces de formes simples, dont la reproduction, d'un usage général dans les constructions, se retrouve souvent dans certaines parties des pièces d'un degré de complication plus grand.

Pour mouler, par exemple, une pièce cubique fig. 1, pl. 31, la dépouille s'exprime par l'amoindrissement d'une des bases, ayant une différence entre leurs côtés de 0,001 à 0,002 suivant qu'on veut la dépouille plus ou moins prononcée.

Pour mouler une cuvette figure 2, la dépouille peut être donnée à l'intérieur par une différence entre le fond et l'ouverture, si l'épaisseur le permet et si l'on a besoin que la pièce soit d'équerre à l'extérieur. — Autrement, la dépouille peut avoir la même pente extérieurement et intérieurement si l'on veut conserver les épaisseurs égales.

La figure 3 montre un T dont les côtés sont en une même dépouille. Cette disposition est vicieuse, sinon s'il s'agit de galets dont la jante peut nécessiter une inclinaison uniforme. — Comme poutre elle donnerait un mauvais effet aux semelles du double T.

Les figures 4 et 5 donnent des dépouilles normales, l'une partagée entre deux parties de châssis ; l'autre peu sensible à l'extérieur, la partie supérieure du moule, ne prenant que l'évidement supérieur ab.

La coupe de la nervure figure 6, indique la dépouille normale d'une pièce à section en croix.

La figure 7, montre un T simple dont la nervure est en contre-dépouille.

Les figures 8 et 9 de section en contre-dépouille avec démontage du modèle, pour obtenir la sortie du sable.

Ces exemples suffisent pour donner une idée générale. Nous n'avons rien à dire de plus pour éclaircir la question très importante de la dépouille et de la contre-dépouille, sur laquelle le constructeur et le fondeur peuvent s'entendre pour rendre le moulage le plus simple et le plus facile possible, sans compromettre la forme. Indiquons seulement que la dépouille est surtout utile dans les parties hautes et profondes, ou dans les parties qui sont logées vers le sommet des moules, où l'ébranlement dans le sable est moins efficace. — Tout modèle qui peut être *ébranlé* commodément n'exige pas une dépouille aussi accusée qu'un modèle dans lequel l'ébranlement n'est pas aisément praticable, et l'opération de l'*ébranlement dans le sable* n'est pas toujours parfaitement comprise des mouleurs, qui peuvent être plus ou moins soigneux et ébranler assez mal pour déformer les pièces. Mieux vaut avoir recours à une dépouille raisonnable, pour ne donner dans le sable qu'un ébranlement très faible, plutôt que de voir par un ébranlement trop fort qui pourrait permettre, à la rigueur, la suppression complète de la dépouille, altérer les dimensions des pièces ou augmenter leur poids, en exagérant les épaisseurs.

Quoi qu'il en soit, que l'on doive user peu ou beaucoup des facilités que donne la dépouille, il est indispensable pour un bon moulage d'éviter la *contre-dépouille*, c'est-à-dire l'amaigrissement de certaines parties qui, donnant des parois trop refermées dans le sable, ne permettraient pas le démoulage de parties plus larges.

La façon dont sont traités les modèles contribue beaucoup à la réussite du moulage. Aussi doit-on s'attacher à chercher, après avoir tenu compte, bien entendu, des exigences du retrait, les éléments suivants que nous récapitulons :

Dépouille suffisante, plutôt forte que faible, quand la forme rigoureuse des pièces ne s'oppose pas à un peu d'exagération.

Modèles consolidés autant que possible, en évitant les solutions de continuité qui les divisent, les entailles qui coupent les assemblages, les nervures qui ne concourent pas à maintenir la solidité de fonds, les parties démontées qui laisseraient d'autres parties trop isolées ou imparfaitement soutenues.

Evidements, enfoncements et toutes autres parties en contre-dépouille obtenues de préférence à l'aide de noyaux permettant de visiter et de nettoyer aisément un plus grand nombre de surfaces du moule, et de les faire venir plus saines et plus propres.

Quand un modèle en bois, d'une certaine étendue, est trop mince et trop flexible pour résister convenablement au moulage, on doit le consolider avec des nervures qui le maintiennent dans le sens où il serait le plus disposé à céder. Les nervures auxquelles les portées des noyaux dont nous parlons doivent venir en aide sont, lorsqu'elles ne subissent pas dans la pièce en fonte, remplies de sable par l'ouvrier mouleur, après la sortie du modèle. Quelquefois on laisse à l'ébarbeur le soin de les trancher au burin ou au tour, quand elles ont servi à maintenir la pièce au retrait et à l'empêcher de se gauchir.

Portées et boîtes à noyaux. — Nous citerons en passant les questions de portées d'assemblages et des portées d'ajustement qui sont traitées amplement dans le menuisier-modeleur, nous bornant à montrer par les fig. 31 à 34, pl. 31, ce qu'on entend par ces parties qui sont destinées à réserver dans les modèles la matière utile pour obtenir le bon assemblage des pièces fondues tout en économisant la matière : Nous ferons de même pour les portées à noyaux dont on se rendra compte par les figures 10, 10 *bis* et 15 qui représentent des portées montantes et des portées mobiles dont la partie traverse les moules, pour faciliter l'assujettissement des noyaux ; et aussi pour les boîtes à noyaux très variées et qui sont avec les modèles une des parties les plus intéressantes de l'outillage du mouleur, nous bornant à donner uniquement par les figures 17 à 24, les boîtes de noyaux usuels s'adaptant à un grand nombre de pièces percées de trous pour boulons, tirants, etc., en un mot de toutes boîtes régulières, divisées suivant la dépouille et les convenances des noyaux.

Les noyaux difficiles sont obtenus à l'aide de formes ou de boîtes plus ou moins compliquées, au besoin par tirage d'épaisseur, ou encore à la trousse, soit en entier, soit en partie troussés et en partie moulés, comme on peut voir aux fig. 29, 30 et 30 *bis*, 39 et 36, pl. 31.

Mode de troussage. — Les planches à trousser sont en fonte, en tôle ou en bois ; celles-ci de préférence, quand elles ne servent pas fréquemment. Leurs profils soit pour trousser les pièces montées sur collets, soit pour pratiquer le moulage en terre ou le troussage en sable ont les profils du genre de ceux indiqués par les figures 1, 2, 3, 4, 5, 6, 7, 8, etc.

Pour trousser les noyaux ou autres pièces montées horizontalement, on se sert de tours montés comme ceux indiqués aux figures 9, 10, 11 et 12, ou même de simples tréteaux en bois ou en fonte. Pour trousser debout, on emploie des trousses comme celles des figures 13 à 15. — Les trousseaux verticaux sont très variés et de formes ou de dispositions appropriées, les uns sont établis sur deux montants fixés dans le sol et réunis au sommet par une traverse portant le collet supérieur de l'axe trousseur ; les autres sont fixés sur des poteaux ou accolés contre les murs ; d'autres encore manœuvrent sur un simple pivot dont la base est solidement fixée dans le sol, etc. — Tout cela dépend des emplacements, des fabrications, du système de moulage et surtout de la disposition et des dimensions des pièces.

Quelques usines qui s'occupent de la fabrication des pièces troussées, sont parfaitement montées, quand d'autres qui n'entreprennent que très accessoirement le travail de troussage, n'ont qu'un outillage des plus simples et des plus économiques.

Nous n'en dirons pas plus, comme disposition et agencement de ces outils, nos lecteurs pouvant voir dans la suite même de ce livre différentes sortes d'appareils à trousser, sans compter celles qu'on peut trouver dans le *Traité général de la Fonderie*.

Les trousses, trousseaux ou planches à trousser servent au moulage des pièces ou des noyaux exécutés en tout ou en partie avec la terre, le sable et même le plâtre. Elles peuvent, comme nous avons montré fig. 29 et 30, pl. 31, donner des noyaux se combinant avec ceux obtenus dans des boîtes.

Il y a lieu, dans tous les cas, de leur donner assez de raideur pour ne pas fléchir et céder sous la pression de la terre et assez de solidité pour ne pas gauchir à l'emploi. Des trousses trop flexibles ou tordues ne sauraient, en effet, donner un bon service. Aussi les établit-on en fonte, lorsqu'elles doivent être appliquées à des usages constants.

A l'encontre de ce que l'on peut faire pour les boîtes à noyaux, il importe d'exécuter les trousses en bois dur, plus résistant au frottement et à l'usure et mieux disposé pour ne pas ressentir les effets alternatifs de l'humidité et de la sécheresse.

C'est une bonne méthode laquelle n'entraîne pas beaucoup de dépense, de garnir les planches à trousser de lames minces de fer ou de tôle, clouées ou vissées sur la partie qui travaille et qui tend à s'user et à se fendiller assez vite. Cette partie amincie, et taillée en biseau suivant un angle de 45 degrés environ, laisse un tranchant presque aigu, qui peut disparaître vite, s'il n'est protégé, comme il vient d'être dit, contre le frottement des matières, sable ou terre, soumises au troussage. Le biseau est, en outre, indispensable pour faciliter l'écoulement des matières sous la trousse.

Les trousseaux reproduisent fidèlement les profils des noyaux ou des pièces à exécuter. Ils doivent être tracés, comme les modèles, en tenant compte du retrait. La face qui travaille, c'est-à-dire celle qui reçoit la terre, et le biseau

ont besoin d'être rigoureusement dressés. Une même planche servant à trousser peut porter au besoin deux profils, surtout si ces profils appartiennent à
l'intérieur et à l'extérieur d'une pièce devant être exclusivement produite par
le *troussage*.

Dans cette hypothèse, la planche est dressée des deux côtés et les biseaux
se présentent sur les deux faces symétriquement renversés (fig. 1, pl. 32).

Les planches à trousser, ordinairement faites en chêne, peuvent avoir une
épaisseur maintenue entre 27 à 35 millimètres au maximum. Quand elles sont
de grandes longueurs et sujettes à fléchir, on leur donne des points d'appui
en un ou plusieurs points de leur longueur, afin de les empêcher de fouetter
sous le poids de la terre ou même sur leur propre poids. Leur largeur, à moins
qu'elle reproduise des profils très creusés, n'a pas besoin de dépasser $0^m,16$ à
$0^m,22$. On leur ménage aux endroits utiles, quand elles sont destinées au
troussage vertical, des trous généralement allongés pour les fixer aux armatures des arbres tournants pouvant les supporter.

S'il s'agit d'obtenir des parties rentrantes qu'une trousse simple ne saurait
donner, la planche à trousser principale porte des mortaises dans lesquelles
se meuvent à coulisse des parties accessoires qu'on élève ou qu'on descend,
qu'on avance ou qu'on recule à volonté et qui sont rendues fixes à l'aide d'un
boulon ou d'une vis de pression. Les deux figures 33 et 34 donnent une idée
des dispositions pouvant être étendues ou développées suivant que la pièce à
mouler est plus ou moins développée.

Si les planches à trousser sont établies en fonte, elles peuvent être très
minces, soit de 10 à 15 millimètres, et renforcées de nervures placées au-dessous de la face qui sert au travail, selon, par exemple, le
profil, figure 2.

II

PROCÉDÉS DE MOULAGE

L'art du mouleur, proprement dit, n'est qu'une branche de l'art du fondeur. Un ouvrier peut être un excellent mouleur et ne rien entendre aux travaux qu'entraîne la mise en fusion des métaux ; de même un fondeur peut diriger ses fourneaux avec toute l'habileté nécessaire et manquer malgré cela des notions les plus élémentaires du moulage. Cette distinction entre deux classes d'ouvriers qui se touchent de si près et qui sont appelés à se compléter n'est pas sans inconvénient pour la prospérité des usines. — En principe, le fondeur devrait, étant initié au travail du moulage, pouvoir faire face à toutes les opérations que nécessite la fabrication des objets coulés. C'est surtout dans les établissements de peu d'importance qu'on ressent le besoin de rencontrer des ouvriers à la fois fondeurs et mouleurs.

Tout ouvrier, fondeur ou mouleur devrait connaître au moins la qualité de la matière qu'il emploie, la température convenant à cette matière pour qu'elle remplisse ses moules, le temps nécessaire pour mettre en fusion la quantité de métal qu'il devra prendre au moment de la coulée, etc.

Il faut considérer les opérations du moulage comme formant cinq catégories principales, savoir :

1º Le moulage en sable vert ou sable non séché ;

2º Le moulage en sable vert séché ou grillé, qui tient le milieu entre le moulage en sable vert et le moulage en sable d'étuve ;

3º Le moulage en sable d'étuve ;

4º Le moulage en terre ;

5º Le moulage en coquilles, ou autrement le moulage qui se pratique au moyen de creux en métal, qui servent plusieurs fois à la coulée.

Il faut voir en dehors de ces cinq parties la fabrication des noyaux, laquelle est inséparable de tout système de moulage, quelqu'il soit. Ces différentes méthodes sont appliquées indifféremment pour la fonte de fer comme pour la fonte de cuivre.

262 TROISIÈME PARTIE

MOULAGE DES OBJETS EN FONTE DE FER.

Du moulage en sable vert. — On entend par moules en sable vert ceux qui reçoivent le métal aussitôt après leur confection, sans qu'il soit nécessaire de les sécher ou de les torréfier pour les mettre en état d'être remplis sans inconvénients.

On fait en sable vert la plus grande partie des pièces de machines, les ornements plats, la vaisselle et une foule d'autres objets qu'on coulait jadis en sable d'étuve ou en terre, par des procédés lents et coûteux, dont tous les avantages étaient de donner des résultats plus certains, mais non plus beaux.

Un grand nombre de pièces obtenues par cette méthode, viennent avec une netteté qui dépasse quelquefois de beaucoup celle qu'on obtiendrait par les autres systèmes.

Les conditions essentielles à remplir pour obtenir un bon moulage en sable vert sont les suivantes :

Employer des sables de bonne qualité, travaillés avec soin et mouillés à un degré d'humidité convenable ;

Serrer les sables de telle sorte qu'ils ne présentent pas assez de dureté pour résister à la compression sous les doigts, mais cependant qu'ils offrent assez de solidité pour ne pas s'ébouler au moment de la coulée et pour ne pas céder sous la pression du métal, ce qui donnerait des pièces dont les surfaces seraient inégales et ne ressembleraient pas à celle du modèle ;

Avoir soin en foulant le sable qui doit reproduire les objets ayant une certaine épaisseur, de donner un peu plus de dureté aux couches destinées à former le fond des moules, afin qu'elles ne souffrent pas plus de la pression du métal que les couches supérieures ;

Lier toutes les couches entre elles, de façon qu'elles offrent des parois uniformément comprimées, ou autrement dit, éviter les inégalités de foulage pouvant amener des bosses à la surface des pièces ;

Placer les coulées ou jets destinés à l'introduction du métal dans les moules, de telle façon que la fonte ne tombe pas de trop haut, ni avec trop de rapidité sur des parties qui pourraient être facilement endommagées ;

Tirer de l'air au moyen des aiguilles à air, sur tous les points où l'on peut atteindre le modèle et même à travers les couches de sable qui l'environnent. — C'est à la multiplicité des petits orifices laissés dans les moules par le passage de l'aiguille à tirer de l'air et au peu de compression des lits de sable qu'est due la réussite du moulage en sable vert. S'il n'existait aucune issue pour l'échappement des gaz qui se produisent au moment de la coulée, les moules ne pourraient conserver la matière, laquelle serait rejetée au dehors par ces mêmes gaz qui n'auraient plus qu'un passage insuffisant à travers les jets des évents.

Les sables employés pour le moulage en sable vert doivent être à la fois un peu argileux et un peu siliceux. On est moins difficile pour le choix des sables destinés à l'étuve que pour celui de ceux qui doivent servir au moulage à vert.

Il faut certainement user de plus de précautions dans le choix des sables qui ne doivent pas être séchés. — Ces sables ne demandent pas à être aussi gras que les sables d'étuve ; il leur suffit d'avoir assez de cohésion pour qu'ils ne s'éboulent pas lorsqu'on retire les modèles ou lorsqu'ils reçoivent la matière en fusion (1).

Suivant la qualité des sables et suivant le volume des modèles, on mêle au sable vert depuis 1/20e jusqu'à 1/5e de houille broyée et tamisée qui sert à faire décaper les pièces et à favoriser le dégagement des gaz. Quelquefois lorsque le mélange est trop gras et lorsqu'on veut mouler de petits objets délicats, on ajoute une faible proportion de poussier de charbon de bois et l'on supprime le poussier de houille qui tend à rendre la surface des pièces dure et plus cassante.

Les sables mélangés et travaillés ainsi qu'il a été dit, sont employés à un degré d'humidité assez grand pour qu'ils puissent se lier étant foulés dans les châssis et pour qu'ils ne s'égrènent pas lorsque les modèles sont retirés. Des sables un peu mouillés sont d'un emploi plus facile que des sables trop secs. Ils donnent des parois plus nettes et les modèles s'enlèvent plus aisément sans *arrachures*, mais il est à craindre qu'ils provoquent des bouillonnements et quelquefois des explosions à la coulée. — Les mélanges de sables doivent montrer d'autant plus de *corps* que les empreintes à reproduire sont plus fouillées. Ainsi le sable vert doit être doux, coulant et pour ainsi dire moelleux au toucher ; le sable d'étuve au contraire, doit être plus âpre, plus pliant et plus résistant.

Les mélanges préparés ne servent qu'à recouvrir les parois des modèles à une épaisseur de 0ᵐ,01 à 0ᵐ,03. Nous avons dit qu'on employait pour remplir les châssis, des sables tels qu'ils sont amenés aux usines en ayant soin seulement de les passer à la claie. Lorsqu'ils sont trop argileux, on les mêle avec d'autres sables ayant déjà servi au moulage, et à défaut de ceux-ci avec une certaine proportion de poussier de charbon de bois, de grès ou de sablon.

Moulage en sable vert séché. — Lorsqu'on a des moules d'une certaine dimension devant être pratiqués dans le sol de la fonderie, soit qu'on manque du matériel-châssis nécessaire, soit que ces moules ne puissent être introduits dans les étuves, on a recours au moulage en sable, dit grillé ou séché sur place. Il est reconnu qu'on obtient par ce procédé des pièces mieux réussies qu'en sable vert et aussi nettes qu'en sable d'étuve.

La dénomination attribuée à ce genre de moulage suffit pour en expliquer

(1) Voir première partie *Fabrication des Sables.*

la nature. L'emploi du sable vert, moins foulé et plus perméable que le sable
d'étuve, une dessication superficielle, au besoin assez complète à l'aide d'un
flambage des parties des moules à la fumée de résine ou de coaltar, telles sont
les différences qui distinguent le sable grillé du sable d'étuve et du sable
vert, proprement dit.

Cette méthode mixte comparée aux deux autres demande que la proportion du sable neuf soit plus grande et celle du noir minéral plus faible que
dans le sable vert, que les moules soient *serrés* un peu moins fortement
qu'en sable d'étuve, mais un peu plus qu'en sable vert. D'un autre côté, le
serrage n'a pas besoin d'être confié à des ouvriers aussi habiles que ceux
chargés des moules coulés à vert; mais il est nécessaire d'épingler avec
soin les parois et les angles pouvant être détériorés par la chute ou le passage de la fonte.

On moule en sable grillé les plaques de fondations, les bâtis, les bielles et
les balanciers de machines à vapeur, les plateaux, les flasques, etc., et de
préférence les pièces présentant de grandes surfaces relativement à leur
épaisseur. Quand le moulage est surveillé et soigné on peut obtenir des résultats satisfaisants.

Lorsqu'on moule en sable vert séché, il n'est pas nécessaire de lisser les
moules au poussier, comme pour le sable vert. Il suffit d'employer, pour faire
dépouiller les pièces, une couche de noir liquide qui s'étend au pinceau sur
les faces devant recevoir la fonte.

Cette couche qui se compose habituellement d'environ 3/4 de poussier de
charbon de bois mélangé avec 1/4 de terre argileuse ou de boue de rivière
bien grasse, auxquels on ajoute une très petite quantité d'amidon cuit, se
délaie avec de l'eau ou de l'urine dans laquelle on la laisse fermenter. Elle
sert également pour le moulage en sable d'étuve. On peut sans inconvénients, pour les moules de petits objets, diminuer beaucoup, sinon supprimer
tout à fait la proportion de terre glaise.

Après cette opération s'il est jugé à propos, les mouleurs secouent du poussier et lissent avec soin toutes les parties des moules qui peuvent l'être, afin
d'effacer les traces du pinceau, de la brosse ou de la queue d'étoupes dont
ils se sont servis pour passer la couche. C'est le meilleur moyen pour obtenir
des pièces à belles surfaces. Pour de telles pièces on a la précaution de préparer des lissoirs appropriés qu'on coule en zinc ou en cuivre, et qui servent
à redresser les moulures, les filets ou les angles.

Moulage en sable d'étuve. — Nous avons dit quels sont les sables
à employer pour les moules étuvés. Il nous suffira de résumer dès à présent,
les conditions principales exigées pour le moulage en sable d'étuve; elles
consistent:

A serrer les parties de châssis assez solidement pour qu'elles puissent résister au séchage, et pour qu'elles supportent sans dégradations,

les manœuvres que nécessitent la mise à l'étuve, la sortie de l'étuve, le moulage, etc.

A sécher les moules avec d'autant plus de soin qu'ils ont été plus serrés et que le sable employé aura contenu plus d'argiles ou plus d'eau.

A consolider par tous les moyens possibles (colle, épingles, armatures, etc.), toutes les parties des moules susceptibles de se crevasser par la chaleur et de se détacher en remmoulant, faute d'une solidité suffisante.

A avoir soin en foulant, de lier intimement toutes les couches de sable entre elles, de manière à éviter les *galettes* qui pourraient tomber pendant le séchage ou pendant le remmoulage.

On moule de préférence en sable d'étuve, toutes les pièces à noyaux compliqués, telles que cylindres de machines à vapeur, condenseurs, boîtes de distribution, etc.; les pièces devant être tournées, alésées ou limées, les pièces à gros noyaux en terre, qui pourraient prendre l'humidité des moules en sable vert et faire bouillonner la matière; les pièces coulées en chute, et dont la hauteur est assez grande pour exiger des moules très solides; les pièces dont les contours offrent un grand nombre de reliefs, et dont on opère le démoulage qu'au moyen d'une décomposition préalable des modèles, ou à l'aide de pièces de rapport, enfin les pièces de formes délicates qu'on veut obtenir avec des surfaces parfaitement nettes exigeant de la fonte très douce.

A la *serre* près, les opérations du moulage en sable d'étuve se pratiquent comme celles du moulage en sable vert, quand il s'agit de modèles d'une dépouille facile. — Lorsqu'on moule des pièces qui comportent un grand nombre de noyaux, devant être assujettis d'une manière exacte, il est bon de faire sécher et recuire ces noyaux d'abord, puis de les placer dans les moules encore verts, de les consolider au moyen d'étançons ou de ligatures, et enfin de mettre le tout ensemble à l'étuve, après avoir eu soin de fermer les parties supérieures et de les relever pour s'assurer que rien n'est dégradé. Cette opération est utile, en ce qu'elle permet d'établir les noyaux sans qu'on ait à craindre d'écorner leurs angles, s'ils sont trop lourds ou de dimensions trop fortes. D'un autre côté, s'il arrivait que quelques parties des moules fussent dérangées à la suite d'accidents produits par des circonstances semblables, il serait plus facile de les rétablir avant le séchage.

On emploie pour supporter les noyaux des clous à large tête, des supports en fil de fer ou en laiton, des plaquettes de tôle rivées sur des broches, etc. — La forme dépend, du reste, de celle des noyaux et de leur disposition. — On doit se servir d'étançons bien recuits au charbon de bois, si l'on veut éviter les soufflures.

4° *Moulage en terre.* — On emploie pour ce moulage, des terres assez grasses pour qu'elles se lient facilement, mais ne contenant pas une trop grande quantité d'argile, qui faisant fendre les parois des moules, exigerait un séchage dispendieux, quelquefois même un recuit. En général, plus les terres sont argileuses, plus leur dessication présente de difficultés, plus leur retrait

est grand et plus elles sont disposées à se crevasser pendant le séchage. Les
terres qui conviennent le mieux pour les couches extérieures des moules, sont
les terres rouges appelées communément *herbues;* elles sont bien préférables
aux terres grises qui sont calcaires et qui ne prennent pas assez de consistance. A défaut de terres propres au moulage, on se sert de sable argileux
qu'on mêle avec une certaine proportion de vieux sable. Quelles que soient
les bases employées pour la confection des terres de moulage, on y joint une
certaine proportion variable, entre 20 et 50 %, de crottin de cheval ou de
bourre hachée, dont la présence est utile pour empêcher les moules de se fendre et pour faciliter le passage des gaz. Par cette dernière raison, le crottin
de cheval est préférable à la bourre qui brûle moins facilement pendant le
séchage et au moment de la coulée.

Le moulage en terre est pratiqué dans toutes les fonderies; on l'emploie
non seulement pour toutes les pièces circulaires pouvant être exécutées sans
modèles et au moyen de trousses, mais encore par un grand nombre de gros
objets dont le moulage ne doit avoir lieu qu'une fois et dont les dimensions
exigeraient un appareil de châssis, long et coûteux à établir.

Les conditions essentielles à observer pour le moulage en terre sont :

La solidité à donner aux chapes et aux noyaux ; ce qui s'obtient au moyen
d'armatures et de ligatures en fer ou en fil de fer, lorsque les moules ne
sont faits que par coquilles, en en donnant aux assises l'épaisseur et la liaison nécessaires, lorsque les enveloppes sont faites en briques.

La perfection du séchage qui exige plus de soins que pour toute autre procédé de moulage. En principe, on doit commencer par chauffer à très petit
feu, puis augmenter graduellement la température quand les parois sont suffisamment entrées en dessiccation pour qu'on n'ait pas à craindre de les voir
se fendiller, ce qui arriverait immanquablement, si elles étaient dès l'abord
soumises à un fort degré de chaleur.

La bonne préparation des terres, laquelle, pour les couches ne devant pas
se trouver en contact avec le métal, n'exige qu'une trituration soignée, une
fois que les pierres ont été triées et rejetées ; mais qui pour les épaisseurs
formant les parois des moules, demande un mélange plus fin qu'il faut passer
au tamis avant de le mouiller et de le broyer. Quelquefois le crottin de cheval n'étant pas assez menu pour donner une surface parfaitement unie à certains objets, les fragments qui se rencontrent à la surface des moules sont
brûlés par la fonte et celle-ci prend un aspect d'autant plus inégal que ces
fragments sont plus nombreux. On fait bien de le remplacer pour les dernières couches, par de la bouse de vache délayée dans un peu d'eau, et passée
dans un tamis fin ; le jus contenu dans la bouse empêche par sa virtuosité la
formation des crevasses, rend la terre moins compacte, moins dure après le
séchage, et permet autant qu'il convient, le passage des gaz se dégageant à
la coulée.

La méthode habituellement admise pour les moules en terre de pièces régulières est celle-ci :

Disposer d'abord le noyau (1), en lui ménageant les orifices nécessaires pour l'échappement des gaz et des vapeurs, ce qui demande d'autant plus de soin que ce noyau est plus vaste et plus renfermé par le métal. Trousser sur ledit noyau, une épaisseur qui représente exactement l'objet à couler. Recouvrir cette épaisseur qui prend le nom de fausse pièce, de plusieurs assises de terre épaisse, étendues en les pétrissant avec les doigts en vue de laisser des empreintes utiles pour lier les différentes couches entre elles et les empêcher de se gercer. Ce sont ces dernières couches qui composent la chape à laquelle on donne une épaisseur devant être augmentée en raison de l'étendue et de la masse des pièces à couler. Pour démouler, il suffit d'enlever la chape au moyen d'une grue, puis de briser la fausse pièce qui n'est plus d'aucune utilité. Après avoir réparé le noyau et l'intérieur de la chape, on leur passe la couche, on les fait sécher de nouveau, et il ne reste plus qu'à fermer le moule et à l'enterrer au moment de couler.

On a eu soin de laisser à la base du noyau une assise ou *meule* formant un cône tronqué dont le diamètre supérieur dépasse de quelques centimètres celui de la pièce moulée, et dont la hauteur varie, suivant les pièces, entre $0^m,30$ et $0^m,10$. Cette meule sert de repère à la chape qui vient s'y ajuster à frottement, conservant ainsi entre elle et le noyau, un vide dont l'épaisseur doit être parfaitement régulière.

Quand la trousse des pièces à couler, laquelle n'est autre chose qu'une génératrice, est composée de lignes courbes, on est en quelque sorte obligé d'adopter la méthode ci-dessus, les chapes ne pouvant se démouler qu'au moyen de *coupes* qui permettent de les enlever en tiroir. On fend la terre, au moyen d'un couteau, et on forme autant de tranches qu'il en est besoin pour que le démoulage soit bien fait. Ces tranches sont ensuite rapportées les unes contre les autres et consolidées d'avance au moyen de ligatures, si l'épaisseur de la pièce permet la rentrée de la chape sans rencontrer le noyau ; elles sont seulement rapprochées partiellement au moment de fermer le moule pour la coulée, si le noyau offre des parties dont le diamètre est plus grand que celui de l'endroit le plus petit de la chape. Dans ce dernier cas, où les morceaux en terre de la chape font l'office de pièces de rapport, il faut prendre beaucoup de soin pour éviter les parties rentrées aux coutures.

Mais toutes les fois que le renmoulage est facile sans la décomposition du noyau ou de la chape, par exemple, pour les pièces cylindriques, coniques, demi-sphériques, etc., comme pour les objets dont les saillies n'étant pas reproduites à l'intérieur permettent de donner de la rentrée au noyau, aux dépens de l'épaisseur, il est préférable de construire les moules au moyen d'assises en briques tendres liées par un mortier qu'il suffit de composer de vieux sable délayé dans l'eau. Ce procédé assure plus de solidité aux moules en même temps qu'il apporte une économie de temps et de frais de dessiccation, par la suppression de la fausse pièce. La chape et le noyau sont prépa-

(1) Quand le noyau n'est pas de dimensions trop petites, on le monte au moyen d'assises en briques.

rés avec deux trousses séparées, dont la partie inférieure est parfaitement symétrique, l'une fournissant le creux, et l'autre le relief de la meule qui doit servir de repère. On nous comprendra mieux en examinant la figure 26, planche 27, dont une moitié indique la préparation de la chape par une trousse qui agit intérieurement, et dont l'autre moitié indique la même opération pour le noyau, au moyen d'une trousse qui fonctionne extérieurement. La partie supérieure d'un tel moule peut être recouverte par un châssis et encore par des plaques de terre ou de sable, quand l'épaisseur de la pièce ne permet pas de donner à la chape un rebord suffisant pour qu'il s'appuie sur le noyau et qu'il vienne ainsi fermer le haut du moule. Les assises sont bâties sur des plaques circulaires en fonte, lesquelles peuvent être repérées à goujons, et porter des poignées suffisantes pour transporter, au moyen des grues, les deux parties du moule.

Quand on peut disposer de châssis convenables, on remplace les chapes en briques par une chape troussée en sable. Pour cela on choisit un modèle cylindrique dont les dimensions se rapprochent de la pièce à trousser ; on moule et on démoule ce modèle par les procédés ordinaires du moulage en sable ; puis l'on introduit la trousse dans le vide qu'il a laissé et, en enlevant tout le sable inutile, on arrive à donner à la chape, les dimensions et les formes voulues. Il est également facile de trousser un noyau en sable, si l'on a soin de le maintenir par une ou plusieurs lanternes, ou de le remplir en son milieu de gros morceaux de coke qui, diminuant la masse du sable, donnent de la facilité pour le séchage et se prêtent à l'échappement des gaz. On emploie de préférence ce dernier moyen, pour les noyaux fermés par le haut, tels que les noyaux de chaudières, de bassins, etc.

Lorsqu'il s'agit de pièces ornées à mouler en terre au trousseau, par exemple, des calorifères, de grands vases, des vasques ou des fontaines, etc., on procède par la méthode indiquée. Seulement, on a soin de rapporter sur la fausse pièce, des ornements en cire, dont l'empreinte est retenue par la chape et qui sont fondus au moment de la dessiccation. Pour éviter la dépense de ces ornements qui doivent être relevés dans des creux préparés spécialement, quelques ouvriers se contentent de prendre sur des modèles en relief, les empreintes à leur convenance par une application de terre molle ou de sable gras. Ils raccordent ces empreintes avec la fausse pièce, aux endroits où elles doivent se trouver.

Quelles que soient les précautions employées pour obtenir des empreintes parfaitement nettes avec l'application des cires ou de la terre molle, on arrive difficilement à la perfection que présente en pareil cas, le moulage en sable. Nous avons vu employer avec succès, pour les pièces troussées auxquelles on voulait donner une exécution soignée, le procédé que voici : on troussait le noyau et la chape par les moyens ci-dessus indiqués, mais on avait soin de laisser dans la chape l'emplacement des pièces en sable, battues sur de modèles en relief. Les repères, lorsque les ornements étaient placés régulièrement, sur des chapes cylindriques par exemple, étant formés par la trousse elle-même.

Le moulage en terre, lorsqu'il n'a pas lieu pour des pièces troussées, se fait sur modèles au moyen de coquilles traitées comme des pièces de rapport. Quand les moules ont un grand volume et doivent recevoir un poids considérable de métal, il convient de les consolider à l'aide de briques ou d'armatures en fer ou en fonte.

Les modèles devant être soumis à cette sorte de moulage, sont recouverts d'un enduit de suif fondu avec de l'huile de pavot ou de cire ; là, on y applique les couches de terre, comme on le fait pour les chapes ordinaires faites sur fausses pièces, en ayant soin de conserver toutes les coupures nécessaires pour que le démoulage soit facile.

Ces procédés sont usités de préférence pour de fortes pièces devant être coulées dans des moules très solides et ne pouvant être moulées en châssis sans une grande dépense. On les emploie encore dans les forges pour mouler avec ou sans modèles, de gros marteaux de forge, des enclumes, des cylindres de laminoirs, etc.

5° *Du moulage en coquilles.* — Des divers modes de moulage, celui-ci est le moins usité dans les fonderies ; il consiste à obtenir les objets fondus au moyen de moules en métal. Si ce procédé donnait pour la fonte et pour le cuivre, les résultats qu'il présente pour le plomb, pour l'étain et même le zinc, sans nul doute l'art du mouleur serait considérablement simplifié, et les ateliers de fonderies pourraient être entretenus avec un nombre d'ouvriers infiniment réduit. Mais ce problème important, déjà tant de fois mis à l'essai, n'est pas encore possible, et les faits existants ne sont pas de nature à nous faire supposer qu'il sera bientôt résolu.

Jusqu'à présent ce qu'on a pu obtenir, ce sont des pièces qui, refroidies promptement par le contact des moules métalliques, blanchissent et acquièrent une grande dureté sur une épaisseur augmentée en raison du peu de calorique retenu par les coquilles, eu égard à celui que comporte le métal en fusion.

D'autres inconvénients viennent encore se montrer dans les pièces coulées en coquilles, et parmi ceux-là il nous suffira de citer les défauts superficiels presqu'impossible à éviter, quelle que soit la pureté de la matière, soit : la grosseur des coutures, quand les parties de moules ne sont pas parfaitement ajustées, les inégalités dans la forme dues à la résistance que présentent les parois des coquilles, quand le métal prend son retrait, etc. (1)

(1) Ainsi, on avait remarqué à Hayange et dans les autres usines où l'on coulait des boulets en coquilles, que ces objets perdaient de leur sphéricité en s'applatissant un peu du côté du jet. Nous avons reconnu le même fait, sur des poids d'horloge, qui coulés verticalement prenaient tout leur retrait dans cette position bien que conservant le diamètre exact des coquilles.

Il est des circonstances pourtant, où le moulage en coquilles, combiné avec le moulage en sable peut amener des procédés très utiles en fonderie.

Ainsi, différents fondeurs ont essayé de produire des moulages pouvant servir à plusieurs coulées successives, en garnissant les coquilles d'une épaisseur très faible de terre délayée dans de l'eau et préférablement dans de la colle. Ce procédé a réussi pour le moulage des tubes d'une certaine épaisseur et autres objets de formes cylindriques.

On établit deux coquilles creuses en fonte, d'une dimension en rapport avec celle des pièces à couler ; ces coquilles sont percées de part en part d'un certain nombre de trous distribués sur leur surface, et portent en outre à l'intérieur, de nombreuses pointes ou proéminences peu sensibles. L'ouvrier mouleur garnit de sable ou de terre l'intérieur de ces moules, puis à l'aide d'un calibre qu'il fait tourner en l'appuyant sur les extrémités de chacune des coquilles, il donne à son moule le profil qui lui convient.

Quand les deux parties du moule sont ainsi disposées et nettoyées de telle façon qu'elles se joignent exactement, en se rapprochant. On les fait sécher à l'étuve et on les remoule comme il en serait pour des moules en sable.

NOYAUX.

On emploie, pour la fabrication des noyaux, des terres et des sables préparés comme le moulage, à grains plus gros et avec addition de substances propres à faciliter le dégagement des gaz, ce qui est le point essentiel. En tous cas, les noyaux doivent être séchés à fond, et quelquefois même recuits au rouge brique.

Les noyaux cylindriques, coniques ou sphériques, pouvant être obtenus au trousseau ou sur le tour à noyaux, et pourvus d'axes ou de lanternes, sont habituellement établis en terre.

Les lanternes pour noyaux de faibles diamètres sont recouvertes de chanvre filé, de cordelettes enroulées ; au besoin, de bougies filées, placées dans le sens longitudinal et attachées avec des liens de fil de fer. On évite par là de donner une trop forte épaisseur aux garnitures recevant la terre, afin que celle-ci soit aussi épaisse et aussi solide que possible.

Les épaisseurs de terre, sont rapportées d'abord en grosse terre, puis en terre fine. Elles peuvent être tenues, au total, d'abord entre $0^m,006$ et $0^m,050$. Si l'on dépasse cette dernière limite, c'est alors quand les noyaux sont pourvus de gorges ou de dégagements qui obligent à développer leur volume en dehors de sa lanterne et de sa garniture.

Les lanternes ou les axes de gros diamètres peuvent recevoir certaine épaisseur de cordes en paille ou en foin tressé, pour servir à diminuer le poids des

noyaux, à faciliter leur séchage et à aider la sortie des gaz. Cependant il
faut noter que, ces cordes de paille ou de foin n'étant pas enroulées avec force
sur les lanternes, peuvent céder sous la pression du métal et occasionner des
bosses ou des ondulations à l'intérieur des pièces. Il convient toutefois que
chaque couche soit séchée avec soin.

On peut consolider les noyaux, lorsqu'ils sont d'un gros diamètre et qu'on
veut éviter de multiplier les épaisseurs de terre, en appliquant sur la torche
une ou deux couches de plâtre, qu'on perce à différents endroits, de manière
à établir des communications avec les trous de la lanterne. Cette précaution
vaut mieux que l'emploi de plusieurs entourages de cordes qui, quelque bien
qu'elles soient serrées finissent toujours par donner du ballotage aux noyaux.

Les noyaux en boîtes sont presque toujours foulés en sable ; on les consolide avec des armatures de même forme et placées ordinairement vers le centre. Si les formes sont contournées de telle sorte qu'il soit gênant de pratiquer
un trou d'air au moyen d'une aiguille qui se retire quand le noyau est foulé,
on garnit l'armature d'une bougie fine ou d'une corde graissée de suif ; les
matières fusibles sont brûlées pendant le séchage et laissent un vide par lequel s'échappent les gaz. Lorsque les noyaux sont d'une certaine importance,
on peut préparer, à leur demande, de petites lanternes en tôle.

Il est cependant des noyaux qui présentent plusieurs embranchements ou
certaines profondeurs difficilement abordables, si on la foulait en sable. On
est obligé de les faire en terre, tassée dans la partie creuse des boîtes, et à
laquelle on achève de donner les formes convenables en la préparant à main,
et en fermant les boîtes à plusieurs reprises, pour s'assurer que les reliefs ne
sont pas trop élevés ou trop bas. La terre employée à la confection de ces
noyaux est moins liquide que celle des noyaux à la trousse; on la décom-
pose de sable neuf, de sable vieux et d'une forte proportion de crottin de
cheval.

Lorsqu'on ne veut pas faire la dépense de boîtes, pour des noyaux présentant une certaine complication, on se contente d'un modèle qui a la forme
exacte du noyau à exécuter, on moule ce modèle, et on se sert du moule
comme d'une boîte à noyau. Cette méthode est souvent économique, car il est
rare que le travail du modèle ne soit pas moins dispendieux, s'il s'agit d'une
simple forme remplaçant une boîte à noyau.

Quand les noyaux sont de grandes dimensions, on les fait, autant que l'on
peut, en briques, à l'aide de calibres. Les noyaux cylindriques d'un petit
diamètre peuvent être foulés en sable sur leur axe, dans une boîte à noyau,
puis mis sur le tour pour y être tournés à *vert*, si l'on n'a pas été à même
de se procurer des boîtes d'un diamètre convenable. Quelquefois, quand leur
longueur est peu considérable, on les prend dans des morceaux de terre séchée en leur donnant les formes voulues au moyen d'une rape et en se servant d'un compas d'épaisseur.

S'il s'agit de noyaux de formes régulières, mais qui ne sont pas droits,
comme par exemple, des noyaux de tuyaux coudés ou à fourches, on peut

éviter la dépense d'une boîte à noyau et celle d'un modèle de noyau. Il suffit, de couler deux plaques en fonte, dont la largeur est égale au diamètre du
noyau, puis au moyen d'un calibre demi-circulaire de trousser deux moitiés
devant s'ajuster l'une sur l'autre et être consolidées par des ligatures en fil
de fer.

Enfin, pour des noyaux de ce genre et lorsqu'on n'a qu'une seule pièce à
couler sur un même modèle, on se borne quelquefois à faire le noyau dans le
moule de la pièce elle-même. Pour cela, on garnit les parois d'un moule
d'une épaisseur de terre glaise égale à celle de la pièce, puis, après avoir
secoué une couche épaisse de poussier sur la glaise, on fabrique le noyau en
terre ou en sable, en opérant comme si l'on servait d'une boîte.

Mais si les surfaces des moules, au lieu d'être pleines, présentent des contours délicats ou des parties ornées, il est peu convenable de les garnir de
plaques de terre susceptibles d'en altérer la netteté. On doit faire les noyaux
en sable, en les foulant dans les moules qu'on saupoudre à l'avance de poussier de charbon de bois et dont on bouche les fonds qui ne doivent pas devenir creux, au moyen de papier non assujetti légèrement avec les doigts.

Si les modèles à tirer d'épaisseur sont des pièces plates, comme des médail-
lons ou des bas-reliefs, les moules se composent d'une partie creuse et d'une
partie plate qui a pris l'empreinte inutile du derrière du modèle ; on troue
cette partie, en la découpant suivant les contours de la pièce, on ferme le
moule, et par l'ouverture on foule le noyau dans la partie creuse, en lui faisant faire corps avec le côté qui a été découpé. De cette manière, on obtient
une empreinte en sable représentant exactement le modèle ; il suffit d'enlever
sur toute la surface de cette empreinte, et au moyen de la spatule, une épaisseur maintenue égale autant que possible et augmentée seulement dans les
endroits où le noyau nécessite de la rentrée. Pour les pièces minces et de peu
de saillie, les mouleurs se dispensent de *tirer d'épaisseur* à la spatule, en
plaçant entre les deux côtés du moule, après avoir foulé le noyau, une feuille
de carton ou de terre grasse, de laquelle dépend l'épaisseur de la pièce. Ce
moyen permet d'exécuter des objets d'une plus grande légèreté et d'une
épaisseur parfaitement régulière, on peut l'employer pour des pièces d'un
plus grand relief, mais il faut avoir le soin d'abattre avec l'ébauchoir toutes
les parties verticales qui demandent de la rentrée.

Lorsqu'il s'agit de noyaux de modèles irréguliers pour lesquels on a employé le moulage à pièces de rapport, on leur donne de la solidité au moyen
de *carcasses* ou d'armatures revêtues de petites lanternes ou de bougies,
pour laisser des issues au gaz, puis on les foule également dans les moules
eux-mêmes. On n'assujettit les pièces de rapport qu'après l'achèvement du
noyau, se bornant à les séparer du sable foulé dans le moule, à mesure que
l'épaisseur est enlevée. Les noyaux de grandes statues, difficiles à transporter,
sont établis sur des fourneaux en briques pourvu de trous d'aérage et de grilles à l'intérieur pour faciliter le séchage. S'il s'agit de pièces très délicates, de
statuettes par exemple, on prépare deux moules dont on a soin de dépouiller

les côtés exactement suivant les mêmes coutures, et on emploie pour faire le
noyau, le moins soigné de ces deux moules ; cette méthode permet d'obtenir des surfaces d'une netteté parfaite, chose à laquelle les mouleurs arrivent
plus difficilement en tirant d'épaisseur le noyau dans le bon creux, quelle que
soit leur habileté.

On voit parmi les nombreuses méthodes employées pour la fabrication des
noyaux combien il est difficile d'indiquer en quelles circonstances tel ou tel
procédé devrait être appliqué. On fait les noyaux en terre, en sable, en briques, etc., suivant la disposition des modèles et suivant les ressources que
présente le matériel des fonderies. Il nous suffira pour résumer ce point important de la fabrication, de récapituler les principaux procédés mis en
usage :

1° Noyaux en terre à la trousse, sur lanternes ou sur axes ; 2° noyaux en
terre à la trousse, montés en briques ; 3° noyaux en terre faits au calibre ;
4° noyaux en terre faits à la rape et au compas d'épaisseur ; 5° noyaux en
sable foulés dans les boîtes : 6° noyaux en sable, faits sur axes et tournés;
7° noyaux en terre, battus dans des boîtes ou dans de faux moules ; 8° noyaux
en sable, foulés dans des boîtes et achevés à la trousse ; 9° noyaux en métal
et recouverts d'une couche de noir liquide ou de potée.

Les divers noyaux fabriqués par ces méthodes peuvent servir indifféremment pour des moules en sable vert et pour des moules en sable d'étuve. Les
procédés suivants ne sont applicables qu'au moulage en sable séché :

1° Noyaux en terre, battus dans les moules et tirés d'épaisseur à la terre
glaise où à la rape ; 2° noyaux en sable, foulés dans les moules et tirés d'é-
paisseur au carton où à la spatule ; 3° noyaux faits dans les boîtes, mais devant être foulés sur place et faire corps avec une des parties du moule ; ce
dernier moyen pouvant être utilisé pour des moules en sable vert, si les
noyaux ne demandent pas à être séchés. Beaucoup de mouleurs pensent qu'il
est indifférent de bien choisir l'endroit de la pièce où l'air doit s'échapper ;
il résulte de cette opinion que les trous d'air sont quelquefois placés dans les
parties les plus resserrées des noyaux, ce qui est contraire aux faits physiques
qui doivent se passer au moment de la coulée. En effet, la quantité de gaz
sortant d'un noyau dépend de la masse de ce noyau ; si donc ces gaz qui se
produisent rapidement, quand le moule reçoit la matière, doivent venir se
réunir vers le point où leur passage est le plus étranglé, ils ne se dégagent
pas assez promptement pour qu'il n'en reste plus dans le moule, quand celui-
ci est empli. Certainement, la disposition des modèles ne se prête pas toujours aux exigences du moulage, mais il est bon, toutes les fois que cela est
possible, d'établir les orifices d'échappement des gaz dans les parties les plus
matérielles des noyaux. Ainsi, pour un moule de statue assise ou posée sur
un piédestal, il sera infiniment plus convenable de *tirer l'air* par la base,
plutôt que par la tête.

CONSIDÉRATIONS GÉNÉRALES SUR LE MOULAGE
ET LA COULÉE.

A ce point de vue, nous nous contenterons de résumer l'ensemble sommaire de précautions et de soins à prendre lors du moulage, lesquels consistent :

A saupoudrer de sable brûlé, de fraisil ou de poussier, les pièces de rapport et les côtés de moules pour les empêcher d'adhérer entre eux. On peut garnir de feuilles de papier les surfaces verticales sur lesquelles le sable brûlé et le poussier ne tiendraient pas suffisamment ;

A tirer des *airs* dans toutes les parties de moules, avant de démouler les modèles et même après, s'il est nécessaire de tracer des sillons communiquant avec la couture des châssis ;

A placer, au moment de battre les parties, des morceaux de bois cylindriques ou coniques donnant la position des jets, des évents et des masselottes ;

A trancher les moules, c'est-à-dire à creuser les canaux au moyen desquels le métal, introduit d'abord par les vides qu'ont laissés les morceaux de bois cylindriques ou coniques, doit pénétrer dans les moules ; — pour le sable vert, cela se fait avant de retirer les modèles. — Il est évident que les jets placés sur les pièces mêmes demandent seulement à être raffermis, épinglés et taillés en chanfrein à l'intérieur, de telle sorte qu'en les cassant, ils n'emportent pas un fragment de la pièce coulée. On fait bien pour les gros moules de laisser à tous les jets, évents ou masselottes, des chanfreins ou congés qui conservent, il est vrai, une petite épaisseur à buriner, mais qui permettent de donner aux pièces des angles bien plus vifs, et qui font éviter souvent les retirures susceptibles de se former aux environs des endroits par lesquels la matière a été introduite ;

A placer les noyaux avec soin dans leurs portées, et à les consolider au moyen d'étançons, si ces portées ne suffisent pas pour les faire demeurer fixes quand la fonte vient les entourer ; — *à tamponner* les noyaux, c'est-à-dire à garnir leurs extrémités de sable ou de terre, pour que la fonte ne s'introduise pas dans les trous d'air et dans les lanternes.

Enfin, à garnir de sable délayé les jonctions des châssis, afin d'éviter les fuites pendant la coulée. Cette précaution convient aux moules en sable d'étuve. Si le sable mouillé n'offre pas assez de résistance, on gâche les coutures des gros moules avec du plâtre. Au reste, ces opérations ne seraient pas suffisantes, si l'on n'avait soin de claveter les châssis les uns contre les autres, afin qu'ils ne se soulèvent pas par la pression du métal. Les moules sont serrés par des crampons, des crochets ou des sergents. On les met dans des presses quand ils doivent être coulés debout. On les charge encore avec des

gueuses ou de gros morceaux de fonte. Lorsque les châssis d'une certaine élévation présentent une grande surface et peu d'épaisseur, lorsque les chappes
sont en terre ou en briques, on les enterre dans les fosses, en *damant* le
sable avec le plus grand soin et aussi solidement que possible, mais en évitant toutefois de frapper avec les battes et les fouloirs contre les parois des
moules.

Nous avons employé, il y a des années, un procédé fort simple, qu'ont
adopté aujourd'hui beaucoup de fonderies, pour charger les moules établis
dans le sol. Il suffit de placer, au-dessous du modèle et du lit de coke qu'on
y dépose quelquefois pour créer un fond perméable, des traverses en fonte
qui, correspondant à de pareilles traverses placées sur le dessus du moule
quand celui-ci est fermé, sont liées par des boulons. On peut être certain ainsi
que boulons et traverses étant suffisamment solides, le moule ne s'ouvrira
pas. (Voir une de ces dispositions, fig. 40, pl. 33).

Coulée des moules. — La manière dont sont coulés les moules exerce une
grande influence sur leur réussite. On ne saurait apporter trop de soins au
choix de l'emplacement des coulées. S'il est difficile d'établir à ce sujet des
données générales, en raison de la variété des modèles, nous pouvons dire
que, sauf exceptions, les mouleurs ont l'habitude de placer les jets dans les
endroits des pièces les plus massifs et les moins délicats : d'éviter de faire
tomber la fonte d'une trop grande hauteur ; de donner au métal, lorsqu'il
arrive dans les moules, une direction telle que sa chute ou son passage ne
détériorent pas les parois ou les angles, et ne renversent pas les noyaux ; de
proportionner la grosseur des coulées au volume des pièces, parce qu'une coulée trop forte déparerait les petits objets, et parce qu'une coulée trop faible,
outre les inconvénients produits par l'arrivée lente de la fonte dans les
moules, ne suffirait pas au tassement et donnerait des surfaces concaves,
etc.

La position des évents n'a pas besoin d'être aussi rigoureusement déterminée. Dans un grand nombre de pièces, ces accessoires sont inutiles et même
quelquefois gênants. On les place ordinairement sur les parties élevées, où ils
servent à la fois de dégagements d'air et de masselottes : sur les pièces longues, à l'extrémité opposée aux coulées, pour qu'ils attirent la matière ; sur
les pièces plates et d'une grande surface, directement, pour qu'ils servent à
annoncer que la fonte a empli les moules et qu'en continuant à verser on
ferait forcer les sables, etc.

Les masselottes servent principalement pour les objets coulés en chute,
qu'on veut obtenir sains et dont il est nécessaire d'éviter le tassement. Quand
le métal est introduit à la partie inférieure des moules pour remonter à la
surface par la pression du jet, on dit que les coulées sont *en source* ou *à siphon* ; si les jets sont placés sur les pièces elles-mêmes, les moules sont coulés *en chute* ; ils sont coulés *à talon*, lorsque la fonte est dirigée par un canal tranché sur les bords de la pièce, avant de tomber dans le moule. Par ce

dernier moyen, les moules sont encore coulés en chute, lorsque la fonte tombe de haut. Les évents sont placés à talon ou, le plus souvent, sur les pièces ; on emploie rarement des évents en sources. Les masselottes sont placées directement sur les parties massives, afin que leur pression soit plus efficace. L'influence des jets, des évents et des masselottes est d'autant plus sensible que les dimensions des pièces sont plus grandes. Cette influence dépend encore du mode de moulage adopté. Ainsi, on évite autant que possible de couler en chute les moules en sable vert qui pourraient être facilement dégradés.

Pour renseigner nos lecteurs sur la manière d'appliquer les jets, les évents et les masselottes, nous leur indiquerons les modes de coulée employés pour différentes pièces d'un moulage courant.

Les roues d'engrenages, les poulies et les volants, sont coulés par deux jets verticaux réunis dans un même bassin et donnant la fonte dans le moyeu ou par des attaques placées sur les secteurs que forment les entre-deux des bras. Quand les noyaux de ces pièces sont d'un gros diamètre, la coulée placée au centre, peut distribuer la matière par deux branches disposées à siphon. On met des évents aux roues, aux volants et aux poulies, sur le moyeu et sur la jante, quand ils sont coulés par les bras, et sur la jante seulement, quand ils sont coulés au centre.

Les flasques, les balanciers, les bâtis, et en général toutes les pièces plates sont coulées avec des jets à talons attaqués à plusieurs points des bords. La quantité de jets et d'évents dépend des saillies de ces pièces et de leur étendue.

Les cylindres creux appelés à être alésés et tournés, ou dont la matière doit être très homogène et très serrée, comme les cylindres pour les fabricants de produits chimiques, sont coulés debout, en source et avec de larges évents qui servent à la fois de dégorgeoirs et de masselottes.

Quand un cylindre creux, d'une certaine hauteur, est coulé debout, la fonte tend à exercer sur le bas du noyau une certaine pression de nature à le faire ouvrir par le haut et à donner au cylindre un intérieur conique. On remédie à cet inconvénient, en faisant le diamètre de la base inférieure du noyau un peu plus grand que celui de la base supérieure, de telle sorte que la compensation s'établisse à la coulée. — La différence à mettre entre les deux bases, dépend d'ailleurs de la hauteur, du diamètre et de l'épaisseur de la pièce.

Les cylindres de laminoirs, les gros arbres, etc., sont aussi coulés en source par des jets circulaires ou tangents et avec une énorme masselotte placée directement sur la partie supérieure. — Quelquefois on se contente de verser en chute par la masselotte qui sert alors de coulée.

Les canons sont coulés ainsi, et l'on conçoit de quelle solidité les moules doivent être pourvus. — Nous avons fait verser de cette manière et sans les enterrer, des moules de grands arbres et de cylindres de 5 à 6 mètres de hauteur. — On employait des châssis ronds nervés et assemblés par coquilles laissant juste la place du sable nécessaire pour qu'on pût le fouler facilement ; le fond des moules était boulonné sur une épaisse plaque de fonte et les coutures étaient garnies de bandes en fer plat serrées par des vis de pression, et de plus retorchées avec du plâtre.

Les cornues, les chaudières à recuire, les creusets, et toutes pièces dont le fond doit être sain et solide, sont coulées également en source et avec leurs noyaux suspendus, c'est-à-dire le fond en bas, toutes les fois que cette opération peut être pratiquée. (Voir pl. 33, fig. 3, le moule d'une cornue ; fig. 4, le moule d'une chaudière.)

Les statues et les ornements en relief se coulent à siphon, ou avec des coulées à talons ; rarement on fait tomber le métal avec chute. Les attaques doivent être d'autant plus multipliées que les pièces sont plus étendues et de peu d'épaisseur. On tranche les figures dans les draperies et dans les nus qui sont d'une réparation facile quand les jets sont cassés ; on place dans le fond des moules, les parties les plus délicates, parce qu'elles viennent toujours mieux. Cependant, cette précaution est difficile à prendre dans les grosses pièces moulées par assises, et alors il faut avoir soin de garnir d'évents toutes les parties supérieures, afin de faire dégorger les scories, d'éviter les soufflures et de ne pas avoir de surfaces froides rendant imparfaitement les détails des modèles.

La marchandise creuse ou poterie est versée en chute, les coulées plates et disposées en formes de coins dont la largeur augmente avec le diamètre des modèles, étant placées sur le fond des pièces, entre les pieds. Les poêles sont coulés de la même manière, ou encore avec des jets à talon creusés dans le sable des lunettes. Les chenets, les poissonnières, les réchauds, etc., sont versés également avec des coulées plates.

— Dans toutes ces pièces, comme d'ailleurs dans tous les objets minces et d'une grande surface, la fonte doit arriver avec la plus grande rapidité. — Un jet lent dégagerait à l'intérieur des moules, un courant de vapeur qui, refroidissant le métal, ne lui permettrait pas de les remplir entièrement. — Les chaudières de petites dimensions sont coulées de même façon que les marmites ; lorsqu'elles sont épaisses et d'une grande capacité, on les coule à siphon, comme les cylindres creux, en ayant soin de mettre plusieurs évents sur le fond. — Les vases sont coulés quelquefois en chute avec un jet à talon ; mais lorsqu'ils sont d'une certaine hauteur, on prolonge le jet et on fait une attaque à la jonction du culot et de la tulipe.

Les tuyaux de descente sont coulés horizontalement, avec un ou deux jets plats comme ceux de la marchandise creuse ; les plus longs sont remplis au moyen de deux poches à main.

Les tuyaux de conduite, moulés en sable vert par l'ancienne méthode, en talus, sont coulés à talon avec une tranche qui occupe environ le tiers de la circonférence de l'emboîtement sur les deux tiers de l'épaisseur du tuyau. Les moules de tuyaux de conduite sont remplis inclinés, et le degré de leur inclinaison est important pour les résultats de la fabrication. Une faible pente ne permet pas à la fonte de remplir entièrement les moules. Si, au contraire, l'inclinaison est trop grande, la pression du métal occasionne des bosses ou des sur-épaisseurs et par suite du fort-poids.

Les balcons et tous les ornements plats d'une grande surface, sont coulés par deux jets à talon ayant chacun plusieurs attaques. — Les moules de ces pièces ont besoin d'être remplis rapidement et coulés d'un peu haut, afin que la fonte en garnisse tous les contours. — Les pièces plus petites moulées en sable vert, telles que les palmettes, les frises, les balustres, etc., sont coulées à plat et avec des jets à branches. Les objets en sable d'étuve, tels que les pitons de rampes, les lances, les pommes de pin, sont coulés à plat avec des jets également à branches, mais plus convenablement dans des châssis à embouchures serrés dans des presses. A toutes ces pièces, comme d'ailleurs aux tuyaux, aux vases, à la marchandise creuse, on ne met pas d'évents.

Si l'on tient compte des règles générales déjà données, et d'après les quelques exemples qui précèdent, il est facile de déterminer le mode de coulée à employer pour toutes autres pièces, en établissant des rapprochements et en agissant par voie de comparaison. Sans insister davantage il nous reste à dire aux fondeurs qu'il convient de cuber les modèles de quelque importance, avant de procéder à la coulée des moules, s'ils ne veulent pas manquer leurs pièces, faute de fonte, ou mettre en fusion inutilement des quantités de matière dont ils n'auraient pas l'emploi. — On cube les modèles par les procédés géométriques connus, et pour obtenir le poids des pièces à couler, on multiplie le résultat des cubes, par la pesanteur spécifique du métal employé. On a l'habitude d'ajouter au produit environ $1/6^e$ à $1/5^e$ pour le déchet, les jets et l'assurance. (1). On évite tout calcul lorsqu'il s'agit d'objets de petites dimensions en plongeant les modèles dans un bac contenant de l'eau jusqu'à une certaine hauteur, et dont la partie vide est graduée en décimètres et en centimètres cubes. La cote du niveau suffit pour indiquer le volume exact de l'objet immergé.

Mais tous les fondeurs ne savent pas cuber. D'un autre côté, il est des modèles assez compliqués pour que le cube ne puisse être obtenu rigoureusement et sans perte de temps. — Un autre procédé pratique peut être employé, étant appuyé sur les densités comparées de la matière entrant dans la com-

(1) Les fondeurs entendent par *assurance*, une certaine quantité de matière fondue en addition à la dose strictement nécessaire pour la pièce, les jets et le déchet, afin de parer aux accidents pouvant subvenir pendant la coulée. Ces accidents que les fondeurs prévoyants et habiles éprouvent rarement, suffisent quelquefois pour faire manquer les pièces; ce sont les fuites par les jonctions des châssis ou par les fissures des noyaux; les bosses ou les sur-épaisseurs acquises par les parties des moules ayant forcé par suite du tassement du métal ou du défaut de solidité des châssis; et encore parce que les moules auront été incomplètement assis sur leurs garnitures ou auront éprouvé intérieurement de grandes pressions, faute d'issues suffisantes pour l'expulsion des gaz ou par suite d'une expansion de la matière, lorsqu'elle est rejetée hors des coulées par l'air qui n'a pas trouvé assez d'issues pour s'échapper, etc.

position du modèle et du métal à couler. C'est ainsi que les ouvriers fondeurs emploient des multiplicateurs variables suivant la densité de la matière dont sont composés les modèles.

Le tableau qui suit, indiquant les pesanteurs spécifiques de différentes matières à l'usage des modèles, rappellera à nos lecteurs des chiffres qu'ils n'ont pas toujours en mémoire

	vert—sec		vert—sec		
Chêne rouvre	1.18—0.82	— épicéa	0.82—0.49	Maçonnerie en briques (encore fraîche)	1.87
— blanc	1.11—0.75	Pommier	0.80—0.74		
Poirier	1.13—0.70	Tilleul	0.76—0.51	Chaux ordinaire (é-	
Buis	1.18—0.95	Saule	1.00—0.46	teinte)	2.31
Châtaignier	0.95—0.60	Fer forgé	—7.78	Terre à mouler (hu-	
Noyer	0.95—0.66	Acier	—7.84	mectée pour le	
Orme	0.95—0.69	Argile des po-		moulage)	2.30
Peuplier blanc	0.91—0.54	tiers	—1.75	Terre à mouler (sé-	
— noir	0.87—0.41	Modèles en		chée)	1.30
Frêne	0.92—0.75	plâtre	—1.51	Sable foulé à vert	1.30
Hêtre	1.15—0.75	Cire de mode-		Le même bien foulé	
Érable	0.88—0.78	leur	—0.98	pour l'étuve	1.65
Charme	0.91—0.74	Briques à moulage	0.94	Le même bien foulé	
Sapin commun	0.87—0.53	Terre glaise	2.00	et séché	1.20

Ces densités sont variables en raison de la quantité d'eau absorbée et des modifications d'état que les corps peuvent subir. — Il y a donc lieu de les admettre un peu élastiques, suivant la nature des matériaux en ayant égard aux procédés de moulage employés ; par exemple, en tenant compte de la différence entre les poids d'une même pièce étant coulée en sable vert ou en sable d'étuve.

Accidents auxquels sont sujettes les pièces coulées. — L'énumération des accidents de moulage et de coulée pourra jeter quelque lumière sur des opérations souvent compliquées, difficiles à pratiquer et à réussir. — Aucune industrie n'est sujette à plus de déceptions que la fonderie. Quels que soient les soins apportés à la construction des modèles, l'ouvrier le plus expérimenté atteint rarement la perfection absolue.

En principe, il est aisé de reconnaître que les procédés actuels de moulage, à creux *altérables*, ne peuvent assurer toujours des résultats parfaits.

Des difficultés de toute nature s'opposent à ce qu'il en soit autrement. Il nous suffira d'énumérer la nombreuse série des défauts et des accidents de fabrication susceptibles d'atteindre les pièces moulées.

Les uns proviennent de la forme des pièces ; les autres résultent d'une confection vicieuse des modèles ; d'autres sont produits par des inégalités de retrait attribuables à la disposition particulière des pièces ou à la nature de la fonte. Enfin il en est qui dépendent de la mauvaise confection des moules et des noyaux, de la négligence ou du défaut d'habileté des mouleurs et d'un mode de coulée mal compris. Nous ne parlons pas des accidents de manœuvre, de transport et d'ébarbage, à la suite desquels les pièces moulées peuvent être écornées, fendues, brisées, etc.

Les défauts provenant de la forme des pièces sont ordinairement des ruptures, des gauchissements, des tassements, des retraits dans les angles, des reprises ou des friasses. — Les ruptures et les gerçures sont dues généralement à une mauvaise répartition des épaisseurs ou des nervures dans les pièces d'une certaine étendue, ou dans celles dont la forme se prête difficilement au retrait. On les évite en combinant les nervures de manière à rendre le tirage égal, les proportions étant calculées de telle sorte qu'il ne se produise pas des parties très épaisses tirant sur des parties voisines beaucoup plus minces. Dans les pièces circulaires dont les diverses parties sont reliées par des bras à un centre commun comme les volants, les roues (1), les plates-formes, il convient de proportionner entre elles les épaisseurs de la couronne, des bras et du moyeu. Un moyeu, trop fort, relié à des bras proportionnés s'attachant à une couronne trop faible fait casser la couronne ; ce sont, au contraire, les bras qui cassent s'ils sont relativement plus faibles. — Si la couronne et les bras sont mal attachés à un moyeu insuffisant, la pièce peut ne pas casser ; mais, peut-être rejeter son centre hors du plan de la jante. Dans cette disposition très tendue, la rupture qui ne s'est pas montrée aussitôt après la coulée peut se produire à l'emploi. On évite cet inconvénient en coupant le moyeu par des sections verticales obtenues à l'aide de tôles noircies placées dans le moule ; et le moyeu ainsi fendu est consolidé par des frettes comme cela a lieu pour quelques roues de wagon.

Si au contraire le centre et les bras sont relativement faibles et la jante très forte, comme en général dans les volants, on coupe celle-ci par une section venant à la fonte, entre deux bras, en la soutenant avec un goujon en fer noyé traversant la plaque de tôle qui fait la coupure.

Si des formes obligées, heurtées et à épaisseurs inégales doivent provoquer forcément des ruptures ou tout au moins des gauchissements, il est prudent de prévoir la rupture en des endroits déterminés, faciles à consolider et à dissimuler après coup, plutôt que de risquer à perdre la pièce.

Il arrive que, sans la moindre trace de gerçure ou de fêlure, des pièces en apparence parfaitement réussies et pourvues de tous les éléments de solidité désirables, viennent se briser subitement à l'état de repos, ou même après un travail éprouvé pendant longtemps.

Telles sont celles à épaisseurs très différentes mises en opposition les unes avec les autres, comme les roues d'engrenage, les volants non coupés à la

(1) Dans les roues et, notamment, dans les poulies, on emploie pour résister au retrait, des bras courbes qui, se prêtant aux efforts de la contraction, ne repoussent ni n'entrainent le moyeu et la couronne et évitent ainsi la rupture.

fonte, les plateaux munis de nervures, etc., où l'on voit des ruptures se produire sans causes apparentes.

Ces accidents attribuables certainement au choix de la fonte et aux proportions absorbées dans la construction des pièces, peuvent atteindre néanmoins des objets coulés en bonne fonte et d'une épaisseur régulière dans toutes leurs parties.

Nous avons vu de fortes pièces dans de bonnes conditions de fabrication et de construction n'ayant éprouvé aucune secousse, aucun ébranlement, éclater, se séparer subitement avec fracas, sous l'influence d'un changement de température.

Un pareil résultat ne saurait être attribué qu'à un agencement moléculaire ayant laissé le métal dans un état de tension après son refroidissement. Si la cristallisation a eu lieu d'une manière imparfaite, la fonte se trouvera évidemment prédisposée davantage à être fatiguée par le travail intermittent de la dilatation et de la contraction dans l'état ordinaire de l'atmosphère, et sous ces successions de petits accidents, il arrivera un moment où la variation la moins sensible de la température pourra déterminer la rupture.

On évite ces aventures en entourant les pièces au moment de leur refroidissement de toutes les précautions possibles, en laissant recouvertes les parties les plus minces, en n'abandonnant la fonte dans le moule jusqu'au moment où le refroidissement est complet, en cherchant enfin le mode de refroidissement le plus lent et le plus régulier.

De telles précautions sont bonnes à prendre pour les grosses pièces. En cassant les évents et les jets après la coulée, en déchargeant les moules, en dégageant les parties saillantes, prisonnières au milieu des masses de sable durci ou d'armatures, en refroidissant à propos, par le contact de l'air, au besoin par une aspersion d'eau, les parties massives, en évitant les noyaux, enfin en ne démoulant qu'après refroidissement complet ou assez avancé pour ne pas craindre l'effet du contact de l'air atmosphérique, on laisse la fonte dans les meilleures conditions de solidité. Par là, on prévient le gauchissement, les fêlures et les fissures partielles, en même temps, la rupture instantanée.

Une pièce bien combinée, coulée en bonne fonte, refroidie à propos, ébarbée avec attention, sans chocs ou sans secousses graves, ne cassera pas au repos ou à un travail en rapport avec sa résistance, même en admettant des transformations de température plus sensibles que celles pouvant être données par les variations atmosphériques.

Le gauchissement est, comme la rupture, dû à des inégalités dans la répartition des épaisseurs ; il se produit surtout dans les pièces minces de grandes surfaces où les nervures sont mal disposées pour maintenir l'ensemble au moment du refroidissement.

Les poutres à double T ayant une semelle très forte et une autre comparativement trop faible, ou les poutres à simple T sont sujettes à se cintrer sur la hauteur, la semelle la plus forte tirant sur la semelle la plus faible, celle-ci prenant une position convexe quand la première devient concave. Les poutres à nervures très fortes sur l'une des faces et faibles sur l'autre face, tendent à se cintrer sur le plat du côté des nervures les plus fortes.

Les plaques minces et de grandes surfaces, non bordées autour, gauchissent dans le sens où elles sont dépourvues de nervures. Si les nervures sont relativement trop faibles pour l'épaisseur des fonds, le gauchissement a également lieu. Si, indépendamment des nervures bordant le pourtour de la plaque, on place des nervures en croisillon, la pièce se soutient et est moins sujette à gauchir, mais elle est dans des conditions difficiles de retrait et peut facilement casser sous l'effort produit par le tirage des nervures vers leur point central de réunion. Les nervures en croix, comme les nervures se rencontrant sous des angles quelconques, sont généralement d'autant plus mauvaises qu'elles amènent avec les fonds sur lesquels elles s'attachent, de plus fortes différences d'épaisseur. Elles entraînent, sans compter les chances de rupture, des tassements, des retirures ou des scories vers les points d'intersection.

Les formes en croisillon sont rarement avantageuses, surtout dans les pièces minces. Un croisillon coulé sans nervures, ou entouré seulement de bordures légères, gauchit en se soulevant vers le milieu. Le gauchissement est plus fort et la rupture plus imminente vers la naissance des bras, si l'on n'a placé des nervures que d'un seul côté. Il disparaît, au contraire, si les nervures opposées sont bien réparties, suivant des hauteurs et épaisseurs relatives. — Toutefois, la rupture se produirait encore, les bras étant plus épais que les châssis d'encadrement. — Si celui-ci est plus fort que les bras, les chances de rupture sont moins grandes, mais il y a plus de risques de gauchissement. Le tassement et les retraits sont d'autant plus à craindre qu'il se rencontre des parties épaisses se raccordant avec de faibles épaisseurs. Ces inégalités engendrent, quand les fonds sont minces, des reprises, des *friasses* et des gouttes froides que la fonte la plus chaude, le moule le mieux soigné et la meilleure disposition des jets et des évents ne peuvent toujours conjurer.

Le nombre est grand des pièces placées dans de mauvaises conditions de réussite, par suite du défaut de proportion dans leurs diverses parties. Plus les pièces sont minces et évidées, plus elles offrent une grande surface, moins il faut leur laisser de parties isolées, mal attachées et soutenues par des appendices trop faibles. Un cylindre non renforcé par des brides ou des bourrelets à ses extrémités, cassera, d'autant plus qu'il sert de plus grand diamètre et de plus faible épaisseur. Une grande pièce large et mince, soutenue par des nervures cassera et gauchira facilement si les nervures sont faibles, mal réparties et insuffisament disposés dans le sens du tirage à la construction. — Une pièce longue et mince gauchira si elle n'est garnie de nervures équilibrant les efforts du retrait, et cassera si ces nervures ne sont pas suffisantes pour l'empêcher de fléchir, ou si à ses extrémités comme à divers points de sa longueur, il se trouve des saillies devant gêner la contraction.

Dans de certaines limites, les soins pris au moulage peuvent empêcher, même pour les pièces les plus mal conformées, les accidents que nous signalons.

On peut à l'aide de refroidissements artificiels, à l'aide de précautions prises pour dégager les pièces dans les moules et pour faciliter le retrait, à l'aide de modèles courbés à l'avance dans une position opposée à celle que produirait la courbure naturelle, à l'aide d'évents et d'objets dégagés et cassés, à propos, dissimuler, sinon éviter complètement les défauts du gauchissement et de rupture. — Mais il ne faut pas perdre de vue que ces soins dépendent toujours de la volonté d'un ouvrier plus ou moins intelligent et sont soumis à des conséquences physiques difficiles à dominer dans tous les cas. Il faut dire aussi que des remèdes extrêmes, tels que ceux indiqués, laissent, même en cas de réussite, les pièces dans un état de tension qui les rend peu solides et peut amener ultérieurement des accidents plus ou moins graves.

Il vaut donc mieux toutes les fois que cela est possible :

Etudier la forme des pièces autant en vue des phénomènes de la fabrication qu'en raison des nécessités de leur emploi.

Disposer toutes les parties d'une pièce pour les ramener vers le point commun où peut tendre la direction du retrait ;

Rendre les épaisseurs aussi égales que possible.

Ecarter les brusques changements de formes, les parties attachées, entre elles, à angles trop vifs ou par des points trop faibles.

Chercher les raccords en formes adoucies, arrondies ou soutenues par des congés proportionnés.

Eviter les parties massives, isolées et placées comme point central au milieu des nervures sur lesquelles elles peuvent tirer.

Employer les nervures avec discrétion et n'en abuser ni comme force, ni comme quantité, ni comme dispositions bizarres.

Rechercher, en un mot, la plus grande simplicité de la forme et les proportions les mieux gardées. Tels sont les moyens d'arriver à obtenir dans tous les cas, de bonnes pièces de fonte où toute la résistance propre de la matière sera conservée et utilisée au profit de la solidité.

Pour les objets n'ayant aucun effort à supporter, on peut évidemment faire tous les sacrifices que le goût et l'imagination sont susceptibles d'exiger. Mais pour les pièces à employer dans les constructions, il convient de se renfermer prudemment dans les règles que nous venons de tracer.

Les accidents provenant de la confection vicieuse des modèles peuvent amener des irrégularités dans les épaisseurs, des bosses, des raccords inexacts, si les modèles ont une dépouille mal comprise ou insuffisante, s'ils manquent de solidité, ce qui leur permet de se déplacer au moulage, s'ils sont trop flexibles et non pourvus de fortes barres de consolidation devant être bouchées dans le sable, ce qui peut en empêcher le dégauchissement malgré tous les soins du mouleur.

Là, il est facile d'écarter tout embarras, en exigeant des modèles convenablement exécutés. Une dépouille incomplète, un manque absolu de dépouille, ou plus encore la contre-dépouille laissent les opérations du moulage sujettes à des raccords qui, plus ou moins inexacts suffisent pour gâter la forme d'une pièce d'ailleurs bien réussie sous tous autres rapports.

Les défauts produits par des irrégularités de retrait dues à la disposition particulière des pièces ou à la nature de la fonte viennent d'être expliqués en ce qui a trait à la forme des pièces moulées. Ce sont des gauchissements, des ruptures à froid ou à chaud, des tassements apparents ou cachés.

Il est connu que les fontes trop grises ou trop blanches doivent amener plus aisément des ruptures au retrait que la fonte grise ou la fonte truitée de bonne qualité.

Les fontes de première fusion ont en général, un retrait plus prononcé que les fontes de deuxième fusion. Comme elles présentent aussi un coefficient de ténacité plus variable, elles donnent plus de ruptures, plus de gerçures, plus de tassements accompagnés de scories et de dépôts impurs. A résistance même égale elles devraient être rejetées pour les pièces devant travailler dans les constructions sous des efforts de flexion ou de traction. Nous conseillons d'une manière absolue d'éviter l'application de ces fontes aux poutres et aux voussoirs pour planchers ou pour constructions de ponts.

Les fontes blanches ou les fontes truitées avancées prennent plus de retrait, même à la refonte, que les fontes grises ou les fontes truité-gris. Aussi, convient-il de les écarter pour les travaux où l'on redoute des chances de rupture.

Toute fonte, quelle que soit sa nature, de première ou de deuxième fusion, contient en suspension des scories que tous les soins pris au moulage ou à la coulée ne peuvent expurger complètement. Plus ou moins abondantes suivant que la fonte est blanche ou grise, chaude ou froide, ces scories sont d'autant plus liées à la fonte qu'elle a été produite dans de mauvaises conditions.

Si la pièce à couler est simple, elles peuvent se répandre par toute la surface placée dans le dessus du moule, ou être chassées en partie par les évents agissant sous l'impulsion d'une coulée rapide. Si la pièce, au contraire, est pourvue de nervures donnant entre elles de nombreux points d'intersection ou formant des angles répétés, c'est vers ces parties que les scories vont se réfugier et former des amas, qui, quand ils n'occasionnent pas un commencement de rupture, laissent au moins la matière sous le coup d'un tassement d'autant plus à craindre qu'il est souvent caché et difficile à apprécier.

Là encore, la simplicité des formes vient en aide au succès de la fabrication ; car il ne reste dans l'hypothèse contraire, que la ressource de rejeter, à l'aide des jets poussant la fonte dans une direction donnée suivant la position du moule, les amas de scories vers les points de la pièce où leur présence est la moins dangereuse.

Les accidents qui dépendent de la qualité de la fonte ne diffèrent pas de ceux qui viennent d'être exposés. A part la question de la fonte, les précautions à prendre sont réglées suivant que la fonte doit être grise et douce, blanche et dure.

La fonte noire ou trop grise est plus sujette à gauchir et à contenir des impuretés que la fonte grise ou truité-gris. Elle peut avoir l'inconvénient d'être couverte de graphite, ce qui dépare les pièces et nuit à leur solidité. La fonte blanche ou truité-blanc gauchirait si la rupture n'arrivait pas avant le gauchissement. Elle ne présenterait en aucun cas, la ressource de pouvoir être travaillée, même dans les pièces massives où la fonte truité-gris peut remplacer la fonte grise.

De ces considérations donc, et en dehors de l'appropriation de telle ou telle fonte, suivant les besoins de la construction, il faut se garder d'employer toute fonte pouvant laisser des terrassements apparents ou intérieurs susceptibles de déparer les pièces ou d'altérer leur résistance, toute fonte à grand retrait qui augmenterait les chances de tension et par suite amènerait sa rupture, toute fonte sujette à gauchir ou à casser. En un mot, il faut considérer comme des exceptions, sauf le cas de leur destination spéciale où elles n'ont rien à compromettre, les fontes de première fusion, les fontes noires ou trop grises, les fontes blanches d'un truité avancé vers le blanc, et en général toutes les fontes pâteuses coulant mal, se figent rapidement jetant à la coulée de nombreuses étincelles et montrant à la surface du bain des traces de scories constamment renouvelées.

L'emploi de ces fontes écarté s'il est considéré au point de vue de la perfection absolue des produits, on peut admettre toutes autres conditions observées, que les fontes grises ou truité-gris ne doivent présenter ni gauchissement, ni rupture, ni gerçure, ni tassement, ni retirure, et que dans le cas où ces accidents se présenteraient, il faudrait les attribuer à un défaut d'agencement dans la forme des pièces ou à un moulage peu soigné.

Les défauts provenant d'une coulée mal entendue ou d'un mauvais placement des jets et des évents sont surtout des reprises, des friasses ou des gouttes froides. Les friasses qui sont en quelque sorte le diminutif des reprises ne se montrent que superficiellement. Elles proviennent de poussières entraînées et amassées dans le moule par un jet de fonte trop lent ou trop froid. Si elles ont quelque profondeur, rarement assez grande pour compromettre la pièce, c'est qu'il existe une reprise, accident plus sérieux, en ce sens qu'il peut couper et diviser une pièce au point où elle a le plus besoin de solidité.

Les reprises proviennent d'une suspension plus ou moins prolongée, quelquefois d'un simple temps d'arrêt de la coulée quand la fonte n'est pas très chaude, ou bien d'une coulée trop lente en fonte froide et peu limpide, ous encore d'une introduction défectueuse de la fonte dans le moule. Des jets tranchés, avec des attaques trop faibles placées devant des noyaux ou sur des parties maigres et étranglées de la pièce, trop éloignés les uns des autres, avec des canaux ou des bassins insuffisants, viennent aussi entraver la circulation de la fonte et la rendre assez intermittente pour déterminer des reprises. Quand ces défauts entraînent un manque de soudure, une solution de continuité, un véritable défaut de cohésion, en un mot, ils constituent une cause de rebut très caractérisée.

Les gouttes froides sont quelquefois l'effet d'un jet commencé, puis suspendu un instant, d'une coulée trop rapide lançant dans le moule quelques bulles de fonte, hors de la portée réelle du jet, d'une tranchée trop faible ou mal bifurquée dirigeant la fonte prématurément vers une direction où elle ne devrait arriver que plus tard.

Dans les pièces minces, les gouttes froides sont à craindre parce qu'elles peuvent interrompre la cohésion de la matière. Dans les pièces à nervures, où les nervures viennent concourir à la résistance, par exemple dans les poutres, les gouttes froides sont de graves défauts. De même, dans les pièces pourvues de saillies, sur lesquelles doit s'opérer un ajustement ou un assemblage quelconque. Comme les nervures ou les saillies donnent dans le moule, des cavités placées au contre-bas de l'âme ou de l'épaisseur principale, elles sont plus sujettes aux gouttes froides que les autres parties de la pièce.

Les flous ou les cendrures, quand cela ne résulte pas d'un manque de soin du mouleur ayant mal lissé ou nettoyé son moule, sont l'effet d'une coulée trop froide ou d'un jet incomplet et trop lent. Ils ont pour objet de donner des surfaces malpropres, des angles inégaux ou arrondis. Comme les friasses, ces défauts sont tolérables suivant la position qu'ils occupent dans la pièce et suivant leur degré d'importance. On ne peut dire qu'ils soient absolument l'indice d'une fonte trop froide ou d'une coulée imparfaite ; mais, quoi qu'il en soit, ils ne doivent pas favoriser la résistance de la matière.

L'insuffisance des jets peut, comme la coulée trop lente ou trop froide, être la cause de reprises, de friasses ou de flous. Il est opportun de développer comme nombre et comme puissance les jets et les évents principaux, en raison de l'importance et surtout de l'étendue des pièces. Plus une grande pièce longue et mince aura de points de coulée où tout au moins d'attaques de jets bien nourris, plus on aura de chances de la réussir sans reprises et sans friasses.

Les attaques ou tranchées versant la fonte dans la pièce doivent être disposées pour éviter les courants contraires qui fouettent la matière, la tiennent en suspension et rendent les scories stationnaires, alors qu'elles ne sont pas entraînées par la marche non interrompue du métal dans une direction forcée. A l'exclusion des pièces plates, d'épaisseur réduite et de faibles nervures, pour lesquelles on emploie des attaques larges, minces, nombreuses et rapprochées, étalent rapidement la fonte sur une grande surface, il convient de faire aborder les jets dans le fonds des nervures ou dans les appendices les plus massifs placés à la base du moule ; on remplit ainsi ces premières parties qui forment une sorte de bassin d'où la fonte s'échappe avec régularité et hors de toute précipitation pouvant entraîner les sables et former des dartres. Les pièces coulées debout pour obtenir de la fonte plus saine, en faisant remonter à la surface supérieure dans une masselotte proportionnée, les impuretés qui surnagent, sont ordinairement attaquées à leur partie inférieure, d'où la fonte s'élève en siphon portant au sommet du moule les scories qu'elle rejette au dehors, pourvu que la coulée soit bien dirigée, faite rapidement et en fonte assez chaude.

Il importe encore que les jets ne soient pas tellement éloignés les uns des autres, que la fonte ait un trop grand espace à parcourir pour arriver aux extrémités des pièces. Un parcours trop long suffit pour la refroidir, pour la durcir, et quelquefois pour la blanchir dans les parties minces éloignées de la coulée principale ou placées sur les bords de la pièce.

La forme et la nature des pièces indiquent d'elles-mêmes le placement des coulées et des évents. S'il est bon d'introduire la fonte dans le moule de manière à éviter les reprises et les amas d'impuretés, il convient aussi de ne pas placer les attaques à des endroits où la fonte pourrait porter quelque dommage en entraînant le sable du moule et des noyaux et causer des accidents assez sérieux pour emporter le rejet de la pièce.

Les défauts dus au mauvais emploi ou à la mauvaise qualité des matières employées au moulage sont ordinairement des soufflures quand les sables sont trop gras, trop mouillés ou mal préparés ; des tacons ou des dartres quand il y a défaut de séchage, manque de cohésion, ou quand les sables ne sont pas de qualités convenables ; des surfaces rugueuses, mal dépouillées ou abreuvées quand le sable est trop gros, trop fort, trop faible, trop mouillé, quand le poussier ou le noir employés pour recouvrir la surface des moules sont mal préparés ou mal appliqués. — Le manque de soin comme le défaut d'habileté des mouleurs amènent en outre des gauchissements, des épaisseurs inégales, des arêtes irrégulières, des surfaces malpropres, des trous ou des évidements venus de travers par suite de noyaux déplacés, des bosses ou des *flâches*, des coutures variées ou *mâchées*, des raccords mal faits, etc.

Ces inconvénients ont des causes diverses. La plupart d'entre eux peuvent être produits dans des conditions quelquefois très opposées, bien que les résultats demeurent exactement les mêmes. Un sable trop faible, trop sec par exemple ne supporte pas l'effort de la fonte qui l'entraîne et le rend *dartreux* ; un sable trop gras ou trop mouillé refuse la fonte, ne laisse pas s'échapper les gaz et devient également dartreux en éclatant sous la pression de la fonte. Un sable manquant de cohésion, mal comprimé par l'ouvrier mouleur, donne des dartres ; le même sable trop serré, lissé et rendu trop compacte, privé de *coups d'aiguilles* pour dégager les gaz, amène également des dartres.

Nous nous contenterons de décrire les plus fréquents et les plus sérieux de ces accidents, sans remonter en détail aux causes nombreuses qui les produisent.

Les *soufflures* sont occasionnées par des bulles de gaz qui n'ayant trouvé aucune issue pour s'échapper des moules, viennent se loger à la surface des pièces coulées où elles sont le plus souvent recouvertes d'une pellicule mince qui crève à l'ébarbage. Les soufflures se présentent dans les parties placées au haut des moules et remplies les dernières ; cela est facile à comprendre puisque les vapeurs, l'air dilaté et les gaz sont chassés par le métal liquide jusqu'aux points culminants des moules où toutes les précautions prises pour en favoriser l'échappement, peuvent devenir insuffisantes. Dans les pièces coulées en fonte froide, on peut voir des soufflures intérieures et même placées sous la table inférieure des parties coulées au fond du moule. La fonte s'avance en roulant dans le moule, elle emprisonne une bulle d'air et se fige assez vite, pour que cette bulle d'air ne puisse la traverser et s'échapper. En pareil cas, la sulfure est rarement recouverte et elle participe de la friasse ou de la goutte froide,

Les soufflures quelquefois énormes, si la pièce comporte beaucoup de noyaux ou est pourvue de noyaux recouverts d'une certaine quantité de fonte, sont souvent assez peu apparentes pour ne pas déparer l'extrémité des objets devant rester bruts et on ne les découvre qu'à la suite du travail de l'ajustement, s'il y a lieu.

Ces accidents ne sont pas produits seulement par le manque ou l'insuffisance d'orifices pour l'échappement des gaz hors des moules et des noyaux, ils proviennent encore d'une trop grande quantité d'eau dans le sable, d'un sable trop gros, trop comprimé ou mal séché, d'une terre à noyaux trop fine, trop argileuse ou manquant de crottin, d'un métal coulé à une température trop basse, d'évents et de coulées trop faibles ou mal placées, etc. On trouverait peu de pièces exemptes de soufflures, si l'on devait blanchir toutes leurs surfaces à la lime. Quand on connaît à l'avance les endroits qu'il est utile d'obtenir sains, on a soin de les tenir au fond des moules ; ainsi, les plateaux de presse, les marbres, les mandrins de tour, les cercles de roulement des plaques tournantes, etc., sont coulées avec la surface à dresser renversée en dessous ou du moins fortement inclinée ; ainsi les arbres, les cylindres destinés à être alérés ou tournés, sont coulés debout.

Quand les soufflures sont faibles et sont plutôt des *piqûres*, surtout apparentes après le travail de l'ajustement, il est rare que les fondeurs puissent reconnaître, au moment de la coulée, si elles devront exister et à quel degré elles se montreront : la surface des jets ne trahit aucun bouillonnement et demeure le plus souvent dans une tranquillité complète. On trouve dans quelques pièces de fonte des soufflures plus développées, ayant été à peine dénoncées à la coulée par un léger soulèvement de la matière liquide à la surface des jets et des évents ; mais, lorsque de graves soufflures doivent se produire, on voit plutôt sur la fin de la coulée, les gaz s'échapper énergiquement et en sifflant hors des jets et des évents, la fonte bouillonner et être rejetée au loin.

Si l'on peut empêcher les soufflures, ou du moins en conjurer la gravité à l'aide de précautions attentives dans la confection des noyaux, dans le *ren-moulage* et dans la coulée, il est difficile de se mettre complètement à l'abri des piqûres, que la moindre irrégularité dans le séchage des moules, le moindre abaissement de température de la matière employée, suffisent à développer. En résumé, couler chaud, verser lentement d'abord, puis accélérer la coulée pour la ralentir de nouveau, au moment où le moule achève de s'emplir, faire dégorger les évents jusqu'à ce qu'ils ne trahissent aucun bouillonnement perceptible à la surface, élever les évents et les jets de manière à exercer dans le moule une certaine pression, protéger les parties à conserver saines contre toutes chances d'accidents, en les plaçant à la partie inférieure des moules, tels sont les moyens préservatifs à employer contre les soufflures en dehors des procédés de compression mécanique qui peuvent être exercés dans les moules.

Ces moyens sont subordonnés à tant de soins minutieux, à tant de causes accessoires venant déjouer les précautions prises, qu'on peut dire que les soufflures sont des accidents les plus communs et les plus difficiles à éviter en fonderie.

La soufflure est en quelque sorte le cauchemar des personnes étrangères aux travaux de la fonderie. Pour elles, toute cavité est une soufflure, la cavité fût-elle placée en des endroits où la soufflure n'est pas possible.

Les retraits ou les retirures provenant du tassement sont souvent pris pour des soufflures. On reconnaît ces accidents qui sont la conséquence d'un état particulier de la matière ou qui résultent de formes mal comprises et de proportions mal gardées, par des surfaces raboteuses, arrachées et fouillées, à l'aspect desquelles il est facile de ne pas se tromper, les soufflures présentant, d'habitude, des cavités à surfaces plus lisses presque toujours recouvertes d'une épaisseur plus ou moins faible de métal.

Les effets du tassement sont d'ailleurs sensibles de deux façons : à l'intérieur et à l'extérieur de la matière. On reconnaît le premier de ces effets aux signes dont nous avons parlé, et on le retrouve principalement au cœur des pièces, soit aux environs des points de réunion de leurs diverses parties. Il est dû au tirage qu'exercent ces parties les unes sur les autres, à l'impureté du métal, ou encore à un degré de liquidité factice, comme celui de certaines fontes dites *louches* ou *bourrues* dont la température peu élevée amène un refroidissement brusque.

Le tassement à la surface se produit de préférence dans les endroits les plus volumineux des objets coulés ; on le reconnaît par des cavités dont les bords se confondent avec les parois des pièces et présentent une couleur plus bleue et plus brillante que celles-ci.

On évite le tassement en employant des jets, des évents et des masselottes d'une grosseur en rapport avec les parties à sauvegarder ; en coulant les pièces debout ou inclinées ; en versant doucement la fonte d'autant moins chaude que la pièce est plus massive ; en retournant les moules quelques instants après la coulée quand on voit que le métal figé dans les jets, ne l'est pas encore à l'intérieur ; en plaçant dans le moule, aux parties susceptibles d'être atteintes par le tassement des morceaux de fer ou de ¦fonte, notamment des clous à larges têtes, dits *clous à bateaux*, destinés à retenir la fonte, ou tout au moins à reporter le tassement à l'intérieur. Ces derniers moyens, quelque peu empiriques, ne doivent être appliqués qu'avec une connaissance exacte de l'emploi des pièces et quand on sait qu'ils ne devront pas servir à masquer un défaut que, pour plus de sécurité, il serait préférable de laisser voir.

Les parties des pièces tassées ont du reste une résistance souvent plus élevée qu'en tout autre lieu où ne s'est pas produit le tassement. Il semble que, si la matière a perdu en ces endroits une portion de la surface saine qu'on doit exiger à tout point de rupture possible, la fonte a gagné, sous la pression exercée par le tassement, un accroissement de cohésion dans les parois avoisinant la cavité produite par la matière se retirant. Cet effet nous est apparu sensible dans les essais des coussinets de chemin de fer. A moulage pareil et fonte égale, nous avons vu, presque sans exception, les coussinets tassés, pourvu que le tassement ne dépassât pas certaines limites exagérées, se rompre à des chiffres de résistance remarquablement plus élevés que les coussinets non tassés. Ce n'est pas sans doute une raison pour que les fondeurs présentent à la réception des coussinets en cet état, puisque dans les types convenablement étudiés il est toujours possible d'écarter les tassements, ou du moins la fréquence des tassements.

Dans les angles formés par les intersections des nervures, dans les parties profondes où viennent aboutir les appendices de différentes épaisseurs, on trouve des retraits qui participent à la fois du tassement et de la soufflure. Du tassement, en ce qu'ils sont la conséquence du refroidissement irrégulier suivi d'un affouillement provoqué par le tirage des parties les plus épaisses sur les parties les plus minces ; de la soufflure, parce que le sable, trop fortement comprimé dans les angles, a refusé la fonte refoulée par quelque bulle de gaz qui n'a pu s'échapper. Les retirures produites ainsi sont creusées quelquefois à une assez grande profondeur pour transpercer les nervures aux endroits où elles les attaquent.

D'autres effets du tassement se montrent encore sous les jets et sous les évents, quand ces parties accessoires ont été insuffisantes, mal nourries, mal abreuvées ou mal placées. Si les moules, à la suite d'un accident de coulée sont remplis irrégulièrement, et sont vidés en tout ou en partie, la cavité recouverte d'une croûte mince de métal, laquelle se brise en sortant la pièce du sable, se montre revêtue intérieurement d'une surface inégale rugueuse, différente de celle que présentent les soufflures, et les retirures ordinaires.

Les *dartres, gales* ou *tacons* prennent naissance à la suite d'un manque de cohésion dans les lits de sable qui composent les moules, soit que le sable ait été employé trop maigre, soit qu'il n'ait pas été suffisamment mouillé, soit qu'il ait été mal foulé. Les mêmes accidents proviennent encore d'un jet versé de trop haut ou mal dirigé, de coulées imparfaitement évasées et peu solides, d'attaques faibles donnant la fonte avec trop de chute, ou la dirigeant brusquement vers des parties à même de se détériorer facilement. Quand les sables sont convenablement travaillés, quand ils ont assez de corps, quand ils sont séchés ou lissés avec régularité, les dartres peuvent provenir de l'absence ou de l'insuffisance des canaux d'échappement des gaz, lesquels, accumulés dans les moules, exercent des contre-pressions susceptibles de soulever les surfaces, de les dégrader et de les entraîner. Quand les arêtes des moules ont été raccordées et qu'on n'a pas eu le soin de *reposer* les châssis les uns sur les autres et de les relever avant de les fermer définitivement pour la coulée, les parois verticales forcent, se crevassent et s'écaillent, ce qui donne encore lieu à des dartres.

Ces dartres sont plus communes dans les moules en sable vert que dans les moules en sable d'étuve. Cela s'explique par la différence de solidité que présentent entre eux les deux procédés du moulage.

Il y a deux sortes de dartres bien caractérisées : *dartres sèches*, qui sont données ou moulage en sable d'étuve par un défaut de séchage, et surtout par un lissage incomplet ou par un raccord mal fait, suites de la maladresse de l'ouvrier mouleur ; les *dartres vives*, qu'on retrouve à la fois dans le sable d'étuve et dans le sable vert, mais surtout dans le sable vert, et qui sont dues aux diverses causes que nous avons spécifiées.

Les premières présentent deux couches de fonte avec une couche de sable interposée ; elles laissent des vides plus ou moins profonds une fois que la première couche de fonte et le sable que cette couche recouvrait ont été enlevés. Les secondes, qui se trouvent le plus souvent à la surface des pièces coulées dans le dessous du moule, entraînent le sable divisé, et le sèment sur toutes les parois supérieures où il se répand en surnageant. La pièce est donc attaquée sur les deux faces. A la face inférieure, un excédent de fonte a remplacé le sable enlevé et peut, étant buriné et coupé avec soin, laisser la surface unie et propre, sans cavités ni fissures, ce qui n'arrive pas toujours avec la dartre sèche. A la face supérieure, le sable qui s'est répandu tache la pièce, la pique, la carie et la creuse d'autant plus profondément que la dartre a été plus large et plus épaisse. Les dartres sèches salissent moins les pièces que les dartres vives ; mais elles peuvent les compromettre davantage en les affouillant plus profondément. — Ces accidents sont de ceux qu'un mouillage bien conduit peut éviter. S'ils n'ont pas plus souvent assez de gravité pour déterminer le rejet des pièces, ils donnent des surfaces malpropres qui sont loin de recommander la fabrication.

Avec des mouleurs soigneux, ayant la précaution de consolider et d'*épingler* les parties des moules recevant la chute de la fonte ou subissant sa pression constante pendant toute la durée de la coulée, et en tenant compte des recommandations déjà indiquées : sable de bonne qualité, séchage bien entendu, jets bien placés, etc., on doit arriver à n'avoir des dartres que dans des circonstances assez rares, si du moins on n'a pu parvenir à les empêcher complètement.

Les *bosses* sont des défectuosités plus fréquentes dans les pièces en sable vert et en sable grillé que dans les pièces en sable d'étuve. Elles ont lieu quand les sables sont foulés inégalement, ou quand leur compression n'a pas été assez forte, en égard au volume des pièces et à leur position dans le moule. Les bosses proviennent aussi de parties de moules qui forcent parce qu'elles sont mal assises sur leurs garnitures, parce que ces parties ont trop peu d'épaisseur, sont mal chargées ou mal enterrées, ou enfin, parce que les châssis trop faibles ne sont pas suffisamment consolidés à l'intérieur par des armatures et des traverses.

Nous n'insisterons pas sur les autres accidents que peuvent éprouver les pièces de fonte par l'incurie et l'incapacité des ouvriers mouleurs ou la maladresse des ouvriers ébarbeurs. Tels sont les coutures variées et mâchées ; les raccords défectueux ; les parties écrasées à la fermeture des moules ; le durcissement et le blanchiment de la fonte dus à l'humidité excessive des moules, à un démoulage trop prompt ou à un excès de noir de houille dans le mélange des sables. Ce dernier inconvénient est surtout à redouter pour les objets minces dont les bavures blanchies ne permettent plus l'ébarbage. Il est vrai qu'on a la ressource du recuit ; mais c'est une opération coûteuse et aléatoire dont il est bon de s'affranchir autant que possible.

On rencontre encore des pièces défectueuses pour cause de même nature. Par exemple, des objets coulés peuvent devenir malpropres, s'ils ne sont pas mis hors de service, par des surfaces, des moulures et des angles insuffisamment *ragréées* ; par des moules maladroitement lissés au poussier, passées à la couche ou *flambés* ; par des coulées placées mal à propos dans des endroits délicats d'où elles sont enlevées difficilement et où elles peuvent emporter, étant cassées, un morceau de la pièce ; par du sable tombé au placement des noyaux et pendant le renmoulage ; par des pièces de rapport mal raccordées ou incomplètement fixées sur les moules, par des scories qui s'introduisent dans les jets au moment de la coulée, etc.

D'un autre côté, il faut songer aux accidents de rupture par suite du retrait. Sous ce rapport, il faut éviter le brusque passage d'une partie mince à une partie sensiblement plus épaisse, renforcer par des surépaisseurs ou des nervures les parties de courbes susceptibles de se redresser au refroidissement, placer des noyaux dans les endroits qui, par leur masse, pourraient provoquer un trop grand tirage.

En outre, pour maintenir les pièces dans les meilleures conditions de résistance à l'emploi, on peut, suivant les circonstances, découvrir après la coulée les parties les plus épaisses et dégager leurs noyaux, quand elles en ont, en les mouillant, au besoin, pour avancer le refroidissement ; noyer dans le métal des crampons ou des attaches pour la retenir aux endroits susceptibles de venir cassés ; lier, par des renforts venant à la fonte et devant être coupés à l'ébarbage, les parties isolées ; détacher à chaud les jets et les évents pouvant gêner la contraction ; au besoin, tracer des jets de *retraite* ou introduire des parties garnies de sable mouvant aux endroits pouvant céder dans les moules en sable d'étuve dont la dureté ne se prêterait pas au retrait, etc.

C'est en voyant tant de causes si différentes des défauts du moulage et de la coulée, que l'on ne peut toujours absolument empêcher ou même détourner, qu'on comprendra dans quelles limites la direction la plus habile et la surveillance la plus assidue sont souvent renfermées et ne savent, malgré leurs efforts, livrer à la consommation, en toute assurance, des produits constamment et absolument irréprochables.

Moulage sur couche. — Le moule le plus simple est sans contredit celui d'une plaque qui se coule à découvert sans châssis, sur une seule épaisseur de sable qui prend le nom de *couche.* — La couche est bordée de chantiers parallèles posés suivant un même plan horizontal. On la dresse au niveau en l'unissant au moyen d'une règle promenée à frottement sur les deux chantiers. — Ainsi préparée, la surface de la couche est recouverte d'une épaisseur de 3 ou 4 centimètres de sable frais passé au tamis, le modèle est mis en place, puis enfoncé bien horizontalement, ce dont on s'assure au moyen d'un niveau de maçon. On amasse alors et l'on serre avec la main, le sable, tout autour du modèle. On dresse avec la truelle les bords du moule, en conservant partout la même hauteur. On creuse la coulée ordinairement très large et peu profonde, afin qu'elle puisse répandre la fonte de la manière la plus instantanée. On pratique dans le sable et sous la pièce plusieurs rangées de trous d'air, et enfin on enlève le modèle après avoir eu soin de l'ébranler dans le sens de la longueur et de la largeur afin qu'en se démoulant il n'emporte pas les bords des parois verticales. Il ne reste plus pour terminer qu'à secouer sur toute la surface du moule, une couche de fleur de poussier et à lisser cette couche au moyen de la truelle.

On peut au besoin mouler une semblable plaque sans qu'il soit nécessaire d'avoir un modèle. — Supposons qu'on veuille obtenir de cette manière une plaque de 1 mètre de largeur sur $0^m,50$ de hauteur. Lorsque la couche sera nivelée, il faudra poser une équerre suivant une ligne parallèle aux chantiers qui bordent la couche, puis marquer sur l'équerre d'un côté une longueur de 1 mètre et de l'autre une longueur de $0^m,50$. On élèvera alors du sable, sur les deux faces et à la hauteur de l'équerre dont l'épaisseur est ordinairement d'environ $0^m,05$ ou $0^m,06$. Cela fait, on tournera l'équerre en différents sens jusqu'à ce qu'on soit parvenu à former les quatres angles et les quatre côtés de la plaque. Le moulage s'achève comme nous venons de dire. On a soin de faire des dégorgeoirs sur les bords du moule afin qu'en coulant on ne dépasse pas l'épaisseur qu'on veut donner à la pièce. Les plaques se coulent avec une grande promptitude au moyen de la poche à levier ; il est essentiel que la fonte soit bien chaude si l'on veut les obtenir légères et d'égale épaisseur.

On coule encore à découvert des marteaux de forge, des enclumes, la plupart des châssis de fonderie, les tourillons d'arbres de moulins, enfin toutes les pièces dont les surfaces supérieures n'ont pas besoin d'être parfaitement unies.

Les pièces qui doivent avoir des plans bien lisses ou présenter des reliefs en leurs côtés, ne peuvent être obtenues qu'en les recouvrant d'un châssis qui reproduit l'empreinte exacte des surfaces ne pouvant être moulées sur la couche. Ainsi sont les engrenages, les volants, les bâtis, les flasques, etc. Si la face supérieure de ces objets est tout à fait unie, on peut éviter la dépense d'un châssis, en la recouvrant de galettes de terre ou de sable, bien dressées et bien ajustées, l'une contre l'autre et sur le même plan ; ou encore avec une ou plusieurs plaques de fonte, dont le côté en contact avec le métal a été d'avance garni d'aspérités et recouvert d'une couche de terre bien séchée.

Quand il s'agit de pièces simples, telles que des barreaux de grille, par exemple, dont l'étendue est peu considérable, on fait usage de *châssis brisés*. Ces châssis en bois plutôt qu'en fonte, puisqu'ils ne servent qu'au moulage, à nervures à l'intérieur, mais sans aucune traverse, se séparent en deux parties suivant leur longueur et généralement dans la diagonale, lorsque le moulage a été pratiqué par les moyens ordinaires et lorsque les moules sont fermés pour la coulée. Ils laissent ainsi sur place, une galette de sable laquelle s'ajustant parfaitement avec le creux du moule resté dans le sol, permet d'éviter les bavures et les inégalités qui se présentent plus fréquemment, quand les pièces de recouvrement sont faites à part. Les châssis brisés se consolident au moyen de clavettes, toutes les fois qu'on doit commencer un nouveau moule.

Les moules recouverts n'exigent pas un niveau aussi parfait que les moules à une seule face. On peut imprimer la partie creuse à tous les endroits de l'atelier où le sable offre une épaisseur suffisante, et il suffit de la repérer avec la partie de dessus au moyen de piquets de bois ou de fer, enfoncés dans le sol, ou à l'aide de goujons universels dans le sable. Lorsqu'on peut disposer d'un assez grand nombre de châssis pour éviter de mouler à l'anglaise, on place les modèles sur un fond en bois, ou sur une couche battue provisoirement dans la partie devant servir de recouvrement. On foule la partie creuse ; on retourne le moule en ayant soin d'assujettir les châssis avec des clavettes ou avec des crampons pour qu'ils ne s'ouvrent pas ; on enlève le fond ou la couche qu'on débarrasse du sable qu'elle contenait ; enfin l'on dépouille la partie creuse, et l'on continue le moulage, comme s'il avait dû être fait à l'anglaise.

Quand les pièces ont des parties en saillie venant dans le côté de dessus, on s'arrange pour que ces parties rapportées au modèle, à goujons ou à vis, puissent s'enlever avec le côté. Si cette disposition n'est pas pratiquée, on ébranle les saillies entre les deux sables, au moyen d'un ringard très pointu qui se fixe dans les trous ménagés à la surface du modèle. Enfin, à défaut de cet expédient qui ne réussit pas toujours et qui d'ailleurs peut ne pas suffire, on bat des pièces de rapport auxquelles on donne toute la dépouille nécessaire pour rester sur le modèle quand la partie du dessus s'enlève, et qu'on retire pour les fixer ensuite à la place désignée par leur empreinte.

Moulage des engrenages. — Le moulage d'un engrenage à dents de fonte de forme ordinaire est assez simple ; il se complique si les dents de fonte doivent être remplacées par des dents de bois. Le modèle est alors garni de portées destinées à servir de siège aux noyaux devant former les vides où viendront s'ajuster les alluchons. Le moule se fait de la même manière que celui d'une roue à dents de fonte, soit à l'anglaise, soit en deux châssis ; et l'on a soin de ménager des issues pour le passage des gaz, sous les rayons, autour de la jante, sur les surfaces horizontales, comme entre les dents si les vides le permettent. — Lorsque le modèle est retiré et quand le moule est achevé, on met en place tous les noyaux qu'on a eu soin de faire sécher parce qu'en sable vert, ils n'offriraient pas assez de consistance. Il est bon de ne descendre ces noyaux que peu d'instants avant la coulée, afin qu'ils ne prennent pas la fraîcheur du moule. Quand les roues à alluchons sont droites, on fait monter les portées jusqu'en haut de la jante afin de n'avoir qu'une surface plane à enlever dans la partie de dessus ; et lorsque les noyaux sont mis en place, on bouche au moyen d'un cintre approprié suivant le rayon du modèle, tous les vides laissés par les portées.

Un ouvrier habile peut faire le moule d'une roue d'engrenage en se servant d'une portion de la jante, d'un seul bras et du moyeu ; il lui suffit de mouler à plusieurs reprises ce morceau de modèle, en lui faisant parcourir une circonférence dont il peut retrouver tous les points ou moyen d'un compas placé au centre du moyeu. — Il est facile encore de mouler une roue dentée, sans modèle, avec le secours seulement de deux boîtes à noyaux. L'une (fig. 33) forme un vide qui reproduit un sixième ou un huitième de la jante de la roue à mouler.

Voir fig. 1 à 9, pl. 39, pour ce qui concerne le moulage des engrenages qu'on retrouve dans la grande édition de *La Fonderie* et dans le *Menuisier-Mécanicien*, un tel moule est recouvert par une surface plane.

Moulage des volants. — Les volants peuvent être comme les roues moulés avec des fragments de modèles. Il en est de même des poulies. Mais quelle que soit la pièce à mouler, on fait bien, si par exemple on se sert d'un sixième de modèle, de tenir cette partie un peu plus grande, afin qu'en moulant le dernier sixième on n'arrive pas trop juste, et aussi pour que le modèle ait de l'assise chaque fois qu'on commence une nouvelle portion de moulage.

Quelquefois pour faire un volant, on se sert que d'un bras et du moyeu ; la couronne se moule à la trousse. Après avoir préparé le sable à la pelle et au tamis, on nivelle avec soin sur place, la couche devant servir au moulage dans le sol, on la dresse et on l'unit à la truelle de même que si elle avait été foulée pour recevoir un modèle. Puis on commence le troussage au moyen d'un calibre en saillie qu'on fait descendre doucement au fur et à mesure que le sable s'enlève et que la couronne acquiert de la profondeur.

Nous n'en finirions pas, s'il fallait décrire tous les moyens employés par les mouleurs, pour éviter la dépense des modèles. Il est peu de pièces régulières pour le moulage desquelles on pourrait à la rigueur se dispenser d'un modèle complet.

Après le moulage en fosse, ou dans le sol, ou à l'anglaise, comme on voudra, le moulage en deux parties de châssis est le plus simple. Toutefois les difficultés croissent en raison des formes et des saillies des modèles, et l'on peut être obligé d'employer l'assistance de plusieurs châssis dont les coupes ne sont pas toujours horizontales et dont quelques-unes se retirent en tiroir suivant un plan vertical, ou bien encore suivant des surfaces gauches qui sont déterminées d'après les contours des pièces.

Pour donner un exemple de moulage à plusieurs châssis, nous décrirons la méthode ordinairement employée dans les hauts-fourneaux pour la confection du moule d'un vase de jardin.

Le modèle d'un vase est décomposé en cinq parties, savoir : la cloche ou tulipe qui comprend la partie $a\,b\,c\,d$; la couronne $o\,o'$, ou autrement dit le quart de rond qui termine le culot; le culot M, et enfin le pied P qui se divise en deux parties, suivant la diagonale $v\,t$ (pl. 43). Il résulte de cette disposition que le châssis forme aussi cinq parties, celle composant la chape du pied, se divise en deux tiroirs suivant la ligne verticale $r\,r$. — Le noyau du vase se fait dans le modèle, en même temps que l'on pratique le moulage à l'extérieur. Le châssis du pied et le châssis supérieur doivent être, lorsqu'ils sont en bois, garnis de clous qui servent à retenir les sables. Le châssis supérieur doit avoir de plus, une barrette avec un mamelon hérissé de pointes, qui plonge dans le modèle du pied et qui sert à supporter le noyau.

Quand les châssis sont en fonte, on les dispose à l'intérieur avec des nervures et des rebords servant à maintenir les sables. On a du reste l'habitude, pour augmenter l'adhérence du sable foulé contre les châssis, de frotter avant le moulage les parois intérieures des chapes, avec une potée composée de terre glaise ou de sable gras délayé dans l'eau. On y trempe, en outre, les feuillards, les armatures et les crochets qui doivent être employés au moulage. Cette précaution vaut mieux qu'un mouillage pur et simple.

Moulage des ornements plats. — Le moulage des ornements plats est simple, et dans la plupart des usines on le confie à des ouvriers d'une faible journée; cependant il exige des soins, si l'on tient à avoir des surfaces bien nettes et des pièces à bavures. On emploie pour les ornements plats coulés à vert, un mélange de sable neuf, de vieux sable et de sablon ; ce mélange doit avoir assez de corps pour résister au moulage, mais il ne doit pas être trop gras, parce qu'il atteindrait mal, c'est-à-dire parcequ'il donnerait des empreintes de peu de netteté susceptibles de donner des pièces à surface inégale.

A défaut de sablon qui sert à adoucir le mélange et à faire décaper les pièces, on fait bien d'employer une petite proportion de poussier de charbon de bois, de préférence au noir de houille qui blanchit et durcit les objets, dans les extrémités surtout, où la fonte arrive plus ou moins refroidie après avoir parcouru une grande partie des contours des moules.

Comme il est impossible de lisser les moules d'ornements au poussier, on est obligé de *reposer* le modèle ou autrement de le retirer du sable avant que la que la dernière partie du moule soit entièrement battue, pour le remettre en place après avoir secoué du poussier sur les deux côtés. Après quoi on ferme le moule pour l'achever comme on aurait fait si l'on n'avait pas *reposé*. Du soin apporté à ce travail dépend la netteté des pièces ornées. La couche du poussier unit les sables, bouche les pores et fait décaper la fonte en lui donnant une belle couleur. Si le poussier ou le sable employés sont assez humides pour adhérer au modèle, on fait bien avant l'opération qui vient d'être indiquée, de le faire chauffer légèrement.

La largeur des balcons et des barres d'appui, de même que la hauteur, doivent être mises en rapport avec les proportions des fenêtres et le niveau du sol des appartements. Pour varier les dimensions, en évitant de multiplier des modèles toujours coûteux, on entoure les balcons d'un double encadrement garni, ou non, de frises et de palmettes. En supprimant alternativement une partie des barres et des frises formant l'encadrement extérieur, les dimensions peuvent être modifiées, sans nuire au dessin, ni à la symétrie du modèle. On appelle n° 1, le modèle de balcon entouré de 8 barres, c'est-à-dire de son double encadrement; n° 2, le même modèle moins les deux barres verticales du cadre extérieur; n° 3, le modèle n° 1, moins les deux barres horizontales du cadre extérieur, n° 4, le modèle avec un seul encadrement formé de quatre barres; n° 5, le n° 1, moins celle des barres horizontales du deuxième encadrement, qui se trouve dans le bas du balcon; n° 6, le modèle n° 5, moins les deux barres verticales du cadre extérieur. De cette manière les modèles n°s 1 et 2 ont la même hauteur, comme entre eux, les modèles n°s 3 et 4, comme aussi les n°s 5 et 6; les modèles n°s 1, 3 et 5 ont la même largeur plus grande que celle des modèles n°s 2, 4 et 6, laquelle se trouve réduite à celle du panneau.

Par de semblables dispositions, on peut agencer pour être utilisés à plusieurs fins, les modèles de panneaux de porte, d'appuis de croisées, d'archivoltes, de grands balcons et autres de même sorte.

Moulage de la poterie. — D'après ce qu'on a pu voir, le moule d'un vase est un exemple de la complication que peuvent montrer les moules à plusieurs châssis. Toutes les autres pièces de poterie présentent beaucoup moins de difficultés et se démoulent presque toutes en deux parties, la chape et le noyau. Planche 42, le moule d'une marmite, par exemple. Nous devrons excepter cependant les poêles (pl. 47) et certaines marmites ou autres pièces (voir pl. 43) dont le corps est moulé en trois châssis, celui du milieu se séparant suivant un plan qui passe par le centre des lunettes, et est parallèle à la porte où l'on charge le bois et à la buse par où s'échappe la fumée; les marmites renflées qui se moulent, à peu de chose près, de la même manière que les poêles; les chenets à figures ou à ornements dont la partie du milieu forme tiroir, et se sépare de telle sorte, que toute la figure se démoule d'un côté, tandis que la queue et le derrière de la tête qui n'a pas d'ornements viennent avec la partie postérieure.

Nous indiquons les châssis de ces divers objets construits en bois, ainsi que cela se faisait et se fait encore dans les anciens fourneaux à marchandises. Les châssis en fonte sont aujourd'hui établis ronds disposés suivant la forme des pièces et très légers.

Les grandes chaudières *moulées en sable*, se font quelquefois en trois parties, celle du haut ne portant que la superficie du fond de la pièce, sur laquelle sont disposés les jets et les évents. On fait cette partie séparée dans le but d'ébranler plus facilement le modèle entre deux sables avant d'enlever la chape. Quelquefois le fond du modèle est percé d'un trou circulaire de 0^m,30 à 0^m,50 de diamètre suivant les dimensions de la chaudière. Cela permet, en pareil cas, de mettre le modèle en chantier sur le châssis devant porter le noyau qu'on peut fouler en même temps que la chape, sans qu'il soit nécessaire de retourner le moule.

Les moules de pièces dites de poterie ou de sablerie sont établis en sable, il convient de les *serrer* un peu plus solidement que les moules des pièces mécaniques, si l'on veut que la matière ne prenne pas d'épaisseur.

On procède pour les marmites, les coquelles, etc., comme pour toutes autres pièces en deux châssis. Le modèle est mis en chantier sur le fond. On établit la chape avec le jet. On retourne ; puis après avoir retiré le modèle des anses, on bat le noyau et l'on retourne de nouveau; on enlève la chape et avec elle le modèle, lequel, à son tour, est retiré pour permettre d'enlever les pieds. — Enfin le moule est achevé, lissé, fermé et coulé.

On emploie pour le corps des moules du sable ordinaire, dit de *caisse* ou de *table*, et seulement du sable neuf préparé pour garnir la partie supérieure des noyaux et les environs des jets, là où passe et tombe le métal.

Pour obtenir de belle sablerie le sable doit être plutôt sec que frais, maigre que gras. L'intérieur des chapes et la surface des noyaux doivent être lissés avec soin au poussier végétal. Enfin, on ne doit pas négliger de tirer de l'air, à l'aiguille, dans les noyaux notamment.

A titre de souvenir, nous reproduisons (pl. 42 et 47) trois vues de châssis en bois, tels qu'on les employait au commencement du siècle.

Les châssis en bois se font aujourd'hui plus simples. On emploie le fer et la tôle pour les coulisses, les équerres et les goujons.

A la figure, planche 42, on remarquera que le châssis est en trois parties, pour faciliter le démoulage des pieds qui sont à patins.

Pendant que nous sommes placés à un point de vue rétrospectif, nous montrerons par les figures 41 et 42, la disposition d'une marmite moulée en terre. La figure 16 représente la coupe du moule, avec sa lanterne et sa garniture, la terre du noyau, l'épaisseur de la pièce et la chape. Le tout obtenu par des troussages successifs. La fig. 6, pl. 42 indique le moule en deux parties,

étant fermé, muni des accessoires pour les pieds, les oreilles et la coulée, en
un mot prêt à être enterré et coulé. La figure 17 est une rape pour nettoyer
et dessabler la poterie. — On se sert encore de cet outil, en fonte coulée sur
coquille, pour le service des ateliers de rapage et d'ébarbage.

Les pieds et les anses ont leurs types représentés par les figures 7,
8, et 9.

Moulage des coussinets pour rails. — En principe, les coussinets étaient
moulés en sable vert ; les noyaux des trous de chevillettes venaient avec le
modèle ; celui seul déterminant l'emplacement du rail était indiqué par une
portée. La plus légère variation dans la pose de ce noyau pouvait changer
l'assise et la rectitude du rail.

Il convenait donc pour obtenir une fabrication suivie et invariable, d'employer des boîtes à noyaux et des modèles en métal, limés et ajustés, suivant
les types communiqués par les compagnies de chemin de fer.

Depuis, ce mode de moulage a été absolument modifié. On s'est borné à le
conserver pour les coussinets spéciaux de croisement de voie, des aiguil-
lages, etc., lesquels ne sont employés que par quantités relativement assez
faibles pour ne pas nécessiter les modèles décomposés qui sont adoptés aujour-
d'hui.

Ces modèles dans la disposition de la fig. 45, pl. 23, sont établis en fonte,
tels que doivent être les pièces, en tenant compte du retrait et des diverses
modifications pouvant survenir au moulage et à la coulée, ce qui est réglé
par l'expérience. Des parties en cuivre ou en acier, sont disposées pour être
montées à tenons en queue d'aronde, de telle sorte qu'elles puissent rester
dans le moule et être démoulées à part, alors qu'on a enlevé du sable, le corps
du modèle.

Les coussinets sont moulés à raison de deux modèles et préférablement de
quatre modèles par châssis. On a essayé tous les procédés pour arriver au
moulage le plus rapide, le plus exact et le plus économique.

Les chapes ont été foulées d'un côté, pendant que les parties de dessus
s'achevaient d'un autre côté. Puis, les deux côtés du moule étaient réunis par
les soins d'un renmouleur unique pour plusieurs chantiers.

La division du travail a été poussé à l'extrême. On a eu des brigades pour
fouler le sable, d'autres pour démouler, d'autres pour lisser ou garnir au
poussier, d'autres pour renmouler, enfin des équipes pour couler, décocher,
enlever les pièces et les conduire à l'ébarbage.

Et, après avoir essayé de tous les systèmes, des noyaux en fonte, des moulages mécaniques, des machines à fouler le sable, etc., on est resté sensiblement dans les données de la fabrication divisée par espèces d'ouvriers travaillant à bras.

Des châssis bien faits, solides et légers, ne tenant strictement que le sable
nécessaire, des couches invariables pour asseoir les parties de moules corres-
pondantes, des ouvriers manœuvres pour faire le gros du travail, des gamins

pour enlever les modèles et achever les menus détails du moule, tels sont les moyens encore aujourd'hui employés de préférence,

Nous avons fait fabriquer, ainsi, de 1849 à 1855 des millions de kilogrammes de coussinets, dans des conditions excessives de bon marché.

Le moulage à la main des coussinets, à Marquise en 1862, coûtait tous frais compris : moulage, coulée, décochage et manutention quelconques, pour transport des pièces à l'ébarbage, empilage, aide à la réception, etc., entre 5 et 6 francs par cent pièces.

Le prix total de fabrication peut s'élever en moyenne à 6 francs ou 6 fr. 50 par tonne, en bonne marche et suivant le degré d'habileté des ouvriers.

Les coussinets doivent être en bonne fonte, à grain gris serré, résistant. On les exige, sinon d'une propreté extraordinaire comme surface de moulage, du moins suffisamment nets et exacts dans la chambre où s'applique le rail, et exempts de soufflures, gouttes froides, tassements ou autres défauts.

Les compagnies de chemins de fer font recevoir dans les usines, les coussinets qui leur sont fournis.

Pour atteindre les limites des épreuves et éviter de nombreux écarts dans la fabrication, la plupart des fonderies préfèrent employer les fontes de deuxième fusion, plutôt que faire appel aux produits souvent incertains des hauts-fourneaux.

Moulage à modèles démontés. — Lorsque les pièces présentent des contours fouillés, mais cependant symétriques, comme les colonnes cannelées, les candélabres, les pilastres, etc., dont l'ornementation se répète, il est souvent possible de décomposer les modèles de telle sorte qu'ils puissent sortir du sable sans qu'il soit utile d'avoir recours aux pièces de rapport. On les dispose ordinairement comme aux figures de la planche 39 et 43, représentant la coupe de moules de colonnes cannelées. Lorsque les deux côtés de moules sont foulés et séparés, on retire les clés *a* et *a'*, puis les autres parties du modèle s'enlèvent librement en leur faisant prendre les directions *b* et *b*, *c* et *c* (pl. 39, fig. 12, 13 et 14).

Une disposition de ce genre n'est pas seulement applicable pour des modèles à saillies ; on l'emploie encore pour le moulage de pièces auxquelles on ne peut donner de la dépouille, et dont la hauteur ne permet pas d'ébranler suffisamment, pour que le démoulage soit facile. — Par exemple, on composerait un modèle de gros cylindre, ou de gros tuyau à mouler debout, de la la manière indiquée par la figure 5, planche 37 ; ce sont deux coquilles réunies par une clé, laquelle s'enlève au moment du démoulage et donne le moyen de rapprocher les deux autres morceaux du modèle dans une position leur permettant de sortir facilement du moule. Un cylindre, qu'on veut couler verticalement, se moule plutôt debout, qu'en deux parties de châssis, afin d'éviter les coutures. S'il est d'un petit diamètre, on fait plusieurs assises, afin de pouvoir plus facilement réparer, lisser et badigeonner l'intérieur. Dans tous les cas, il est avantageux de couper les châssis suivant un plan vertical passant par l'axe, pour qu'il soit possible de les ouvrir au moment de retirer la pièce coulée, ce qui serait plus difficile et plus long, si l'on n'usait de cette précaution. Les châssis coupés de cette manière peuvent aussi prêter au démoulage et permettre de faire le modèle d'un seul morceau. On les entr'ouvre au moment de démouler, et les sables, s'écartant quand on ébranle, facilitent la sortie du modèle. Après cette opération, on resserre les deux parties du châssis l'une contre l'autre, au moyen de clavettes, et la couture qui s'était formée se referme, pour que, même avant le passage du lissoir, elle ne soit plus visible. Des châssis à section circulaire sont, quand il est possible, toujours meilleurs et plus commodes que les châssis carrés ou à pans.

Moulage à pièces de rapport. — Le moulage à pièces de rapport a lieu pour des objets présentant des refouillements dans leurs contours, et dont le démoulage ne serait pas possible, quand bien même les modèles et les châssis seraient décomposés. Dans cette catégorie, sont comprises principalement les statues et les pièces à ornements en relief. On fait usage quelquefois de pièces de rapport pour les objets de mécanique, mais de tels cas ne se présentent que par extraordinaire et partiellement. Nous essaierons de nous faire comprendre en expliquant le gros des opérations du moulage d'une figure.

Avant de placer le modèle sur la couche devant servir seulement à battre les pièces de rapport de la première partie, dite ordinairement partie creuse du moule, il faut examiner de quelle manière on disposera ce modèle, afin qu'il soit contenu en son entier dans les châssis, et qu'on puisse placer dans le moule le noyau décomposé quelquefois, en plusieurs fragments, suivant les formes et la position de la figure. On choisira ainsi la disposition la plus convenable pour l'emplacement des jets et des évents. Si ces précautions préliminaires ne sont pas prises, on doit craindre, une fois le moule terminé, de ne pouvoir le fermer, ni rentrer le noyau. Lorsqu'il n'est pas possible de disposer la dépouille de manière à remplir cette condition, on conserve des pièces à *rapporter*, c'est-à-dire à mettre en place une fois que le noyau est descendu.

On bat autant de pièces qu'il y a de parties rentrantes en différents sens, à l'exception de celles qui peuvent se démouler dans les côtés du moule. Souvent même, ces dernières parties sont couvertes de pièces, si l'on tient à obtenir des empreintes bien atteintes.

On foule les pièces de rapport en entassant le sable contre le modèle au moyen du manche d'un petit maillet dont l'extrémité est coupée en biseau, et l'on achève de les battre avec la bobine, en les terminant par des surfaces planes que raccordent des parties angulaires leur donnant à peu près la forme du modèle. Les pièces sont dépouillées à la tranche et à la spatule, puis recouvertes de poussier avant que les côtés de moules ne soient battus, afin qu'elles ne s'attachent pas aux parois de ceux-ci. On retire les pièces au moyen d'aiguilles pointues en fil de fer, dans tous les sens où elles peuvent se démouler; puis on les colle à leurs places respectives en ayant soin d'éviter les coutures trop grosses ou variées. Enfin, on les assujettit avec des épingles en fil de fer pour pour qu'elles ne tombent pas en séchant, en flambant ou en renmoulant.

Pour faire décaper les moules délicats, dont les surfaces pourraient être altérées par le passage des pinceaux, on les flambe à la fumée de résine. Et, si les objets ont une certaine épaisseur, avant de les flamber, on souffle avec la bouche un peu d'huile qui tombe en pluie fine dans les parties fouillées.

Le moulage des statues et des autres pièces d'ornements s'exécute aujourd'hui plus avantageusement au moyen de châssis que par les anciens procédés.

Dans le moulage par assises, le modèle est placé debout sur un massif solide disposé de telle sorte qu'il reçoive bien le noyau, et qu'il puisse livrer passage aux gaz devant s'échapper pendant la coulée. Les pièces sont battues comme pour le moulage en châssis, mais elles viennent se rapporter sur des coquilles coulées en plâtre, se retirant dans tous les sens, qui se prêtent le plus facilement au démoulage. Ces coquilles, consolidées par des armatures en fer, dont les extrémités forment oreilles, s'assemblent au moyen de boulons; elles glissent les unes sur les autres, d'une manière invariable, étant guidées par des repères à coulisse en fonte fixés dans le plâtre. Les enveloppes en plâtre doivent être assez armées pour résister à la pression des sables quand on enterre les moules. Les repères en plâtre manqueraient de solidité pour résister au démoulage, à la mise en place des parties à supporter et des noyaux, au renmoulage, etc.

Aujourd'hui, et depuis longtemps déjà, les fonderies qui se livrent à la fabrication des statues de vente commerciale se servent de modèles en fonte creux, ouverts et décomposés pour que leurs diverses parties soient retirées dant la direction voulue.

Ces modèles, établis à l'épaisseur des pièces qu'ils peuvent produire, servent à obtenir en même temps la chape et le noyau. On évite ainsi les pièces de rapport en même temps que toutes complications de moulage, et les noyaux viennent plus sûrement et plus correctement que s'ils étaient foulés dans des boîtes indépendantes, ou même s'ils étaient *tirés [d'épaisseur* dans le moule lui-même.

Par ces procédés, on obtient des pièces compliquées plus propres, plus nettes, et surtout infiniment plus économiques. Dans bien des cas, les modèles creux, convenablement disposés pour servir à la fois de modèle et de boîte à noyau, devraient être utilisés, notamment quand il s'agit de moulage de pièces appelées à être reproduites souvent.

Parmi les questions de moulage et de fabrication qui rentrent dans des spécialités déterminées, la fonte des statues et des grands ornements doit avoir sa place marquée.

Quand ce ne serait qu'à titre de souvenir des travaux auxquels nous avons pris part, presque à nos débuts dans la fonderie, nous désirons consacrer à cette question, en somme fort importante, quelques pages reproduisant les détails déjà donnés, dans les éditions précédentes, sur la construction des *fontaines de la place de la Concorde.*

Le résumé très court des procédés de fabrication, employés en 1839-1840, alors que nous dirigions les fonderies de Tusey, présente encore un intérêt toujours sérieux.

Chacune des fontaines de la place de la Concorde repose sur une embase à stalactites supportant des proues de vaisseau aux armes de la ville de Paris. Cette embase est recouverte d'un soubassement hexagonal disposé pour servir de support à six grandes statues dont les pieds s'appuient sur les proues de vaisseaux, et entre lesquelles se trouvent placés six dauphins destinés à jeter l'eau.

Le soubassement supporte en outre un piédouche dans lequel s'emboîte la grande vasque coulée en quatre parties, savoir : le culot et le couronnement, lequel est divisé en trois secteurs égaux.

Un deuxième piédouche, plus petit que le précédent, est ajusté sur la grande vasque et soutient la vasque supérieure, sous laquelle sont placés trois petits génies séparés par trois cygnes que supportent des guirlandes de fleurs et de coquillages. Cet édifice s'élève au milieu d'un grand bassin en pierre, qui contient six tritons et néréides lançant de l'eau, et qui est entouré de douze bornes recouvertes de couronnements en fonte.

Tous les modèles, à l'exception de ceux des tuyaux de distribution et des plaques cannelées, fermant les orifices des escaliers conduisant sous les travaux, ont été faits en plâtre.

L'embase à stalagmites fut moulée en terre, chacune des six faces étant comprise dans une armature destinée à soutenir la terre et pouvant s'assembler avec les faces voisines au moyen d'oreilles et de boulons. — Le noyau fut fait en sable dans le moule et tiré d'épaisseur à la main. Pour la coulée, le moule fut enterré et recouvert de galettes en terre.

Le moulage du soubassement fut aussi exécuté en terre, à peu près de même façon, le noyau seul demandant des soins plus particuliers, en raison d'un système de nervures intérieures disposées pour donner de la solidité à cette pièce, sur laquelle pèse toute la charge de l'édifice. — Les nervures en bois ont été disposées de manière à se retirer en différents sens ; on les mit en place avant de fouler le noyau.

Les grandes statues furent moulées à pièces de rapport assemblées dans des coquilles en plâtre ; on les coulait debout par des jets attaqués au bas de la draperie, dans le dos et à la hauteur des épaules. — Les noyaux étaient foulés en sable dans les moules et tirés d'épaisseur à la main, l'air et les gaz prenant leur échappement par la base.

Les tritons, les néréides et les génies coulés en châssis placés horizontalement, le noyau reposant, pour les premiers, sur l'ouverture ménagée pour l'ajustement des queues et des bras, et, pour les derniers, sur des supports en fer dont le passage fut bouché après coup.

Le culot de la grande vasque, dont l'intérieur était divisé en six compartiments par des nervures servant à le renforcer, fut moulé en châssis, les ornements coulés en dessus et le noyau étant par conséquent fixé au sol.

Les trois parties du couronnement de la grande vasque et la vasque supérieure furent moulées de la même manière; mais les noyaux, n'ayant pas de nervures à l'intérieur, on put les faire entièrement à la trousse.

Le piédouche soutenant la grande vasque fut moulé par assises et avec coquilles en plâtre, le noyau étant fait en briques et troussé. — Le plus petit piédouche, supportant la vasque supérieure, fut moulé en châssis avec noyau en terre sur lanterne, et coulé horizontalement.

On moula aussi en châssis les proues de vaisseaux dont les noyaux furent foulés en sable dans les moules et tirés d'épaisseur à la main. De même les couronnements, les dauphins, les cygnes, les coquilles et les guirlandes.

Les plaques de recouvrement des escaliers et les tuyaux de distribution furent moulés en sable vert, ces derniers ayant pour les parties droites des noyaux en terre troussés sur lanterne, et, pour les parties cintrées, des noyaux en terre calibrés sur des plaques de fonte de même forme.

Les petits moules étaient séchés dans les étuves, et les gros moules dans les fosses ou sur place. — On soufflait du noir et de l'huile sur les parties ornées ne pouvant pas être flambées à la résine. — Le moulage était marchandé et fut conduit avec rapidité. — Une statue et quelques petites pièces furent seules manquées. — Tous les moules par assises ou en terre étaient enterrés et coulés dans les fosses où avait lieu le moulage.

La coulée fut faite avec un mélange de fontes du pays et de fontes anglaises. Les sables employés pour le moulage provenaient en grande partie de Couzances (Haute-Marne).

La main-d'œuvre du moulage coûta, pour les principales pièces :

	1 Dauphin pesant en moyenne. . .	70	30 fr. pièce.
	1 Soubassement supportant les sta-		
	tues.	4135	250 —
	1 Embase à stalagmites	2030	à la journée.
	1 Dé portant la grande vasque . .	1740	300 fr. pièce.
Pour les fon-	1 grande vasque(partie inférieure) .	7430	1200 —
taines moulées	1 grande vasque (partie supérieure)		
sur modèles en	en 3 parties	10050	1500 —
plâtre.	1 grande statue assise	1900	800 —
	1 Triton ou une Néréide.	1000	360 —
	1 Génie (enfant)	400	200 —
	1 Cygne	200	50 —
	1 Guirlande	60	30 —
	1 Vasque supérieure en 2 parties .	4280	800 —
	1 Couronnement pour une des bornes	150	25 —

Pour les colonnes rostrales moulées sur modèles en cuivre.	1 Embase	100 —
	1 Fût orné de feuilles de chêne	110 —
	1 Fût cannelé	à la journée
	1 Tambour aux armes de la ville. } 4500 à 5000 {	45 fr. pièce.
	1 Roue de vaisseau	50 —
	1 Chapiteau.	480 —
	1 Sphère avec son piédouche .	60 —
Pour les candélabres moulés sur modèles en cuivre.	1 Borne avec sa porte 750	45 —
	1 Fût 450	60 —
	Les noyaux en terre de la borne et du fût se payaient à part.	

Fabrication des tuyaux. — Les grandes fonderies se sont largement installées, dans ces dernières années, pour organiser la fabrication des tuyaux coulés debout pour l'usage des conduites d'eau et de gaz.

En dehors des installations spéciales pour les manœuvres, le séchage, la coulée, etc., on a admis partout la forme des châssis cylindriques en deux pièces, sans compter la partie du dessous recevant l'assise du moule, et la partie du dessus comportant la coulée. — Quant au reste, chacun a voulu faire au mieux, en développant le système général de fabrication, suivant la position des usines, l'emplacement, la commodité des manœuvres, etc. — Nous n'entrerons dans ces détails qu'autant qu'il sera nécessaire pour parler des données fondamentales employées par nous, et qu'on ne saurait sans injustice reporter à d'autres usines que celles de Marquise et de Fourchambault, qui ont pris les premières en France l'initiative de cette fabrication,

Les châssis cylindriques (voir pl. 36 et 37), faciles à ouvrir du haut en bas, à l'aide d'un simple déclavetage, reçoivent une épaisseur de 0,04 à 0,06 de sable entre leurs parois intérieures et le modèle; ils sont dressés et tournés pour s'emboîter sur des sièges fixes ou mobiles, recevant à la fois les châssis, la lanterne et le modèle, qui doivent être parfaitement repérés, ainsi qu'il est montré par la figure 8, à grande échelle, planche 37. — Le repérage de ces diverses parties du moule doit être fait très exactement. C'est la base essentielle de l'exactitude et de la réussite du moulage. — On peut modifier ces dispositions, mais, dans tous les cas, il convient d'adopter un mode d'assemblage simple, solide et sûr.

La figure 5, même planche, montre l'ensemble d'un châssis en état de moulage. — On y voit le siège x supportant la lanterne, la pièce coulée et le châssis ; enfin, le châssis supérieur portant les coulées et les évents.

En principe, les lanternes établies un peu coniques, avec plateaux tournés en haut comme en bas, pour appuyer et diriger la trousse, étaient chargées de torches en foin, munis de couches de terre, utile pour donner au noyau une épaisseur de 0,025 à 0,035. Elles étaient enlevées à la grue, tout aussitôt après la coulée, avant que le retrait vînt s'opérer, et que toute la torche fut complètement brûlée. Quelques fondeurs ont employé depuis des lanternes à clefs ou à segments, permettant le desserrage après la coulée, et d'éviter par là les efforts de traction assez considérables qu'il fallait employer pour démonter les lanternes d'une pièce. C'est une question à étudier, quant au système à suivre, sur laquelle nous n'insisterons pas, étant donné les nombreux systèmes de lanternes *rétractèles* qui ont été appliqués.

Nous montrons du reste, par les figures 6 et 7, planche 37, une disposition à segments qui permet de démonter la lanterne aisément, quand elle est appliquée à des tuyaux ou à des pièces cylindriques d'un assez grand diamètre.

La figure 3, planche 36, représente une disposition particulière pour les tuyaux d'un mètre de diamètre et au-dessus, dans lesquels les noyaux en terre sur lanternes transportables sont une difficulté en raison de leur volume et de leur poids. Cette disposition est déduite d'un système de moulage sur lequel nous reviendrons plus loin, et que nous avons employé avec avantage pour le moulage des anneaux devant servir aux fondations et piles de ponts.

Deux mandrins ou couronnes en fonte, l'un alésé et réglé à l'intérieur, l'autre tourné à l'extérieur, s'élèvent à mesure que le foulage du moule s'opère, et donnent successivement le moulage de la chape et celui du noyau. Le mandrin, vu en *m*, est guidé par des oreilles *o*, glissant sur des colonnettes et attiré, en s'élevant, par un mouvement de treuil à contre-poids. Le noyau est foulé entre l'intérieur de ce mandrin et une lanterne de forme quelconque fixée à demeure sur le fond du moule. Enfin, le mandrin *m'* donne l'intérieur de la chape dont le sable est foulé entre le châssis et lui.

La chape et le noyau, ainsi obtenus en deux opérations distinctes, sont établis sur une plaque repérée avec le siège formant la base du moule, et sur lequel est fondé le noyau. Un petit chariot roulant *n, n*, que la figure 6 montre vu debout, sert à transporter, soit la chape, soit le noyau, quand ils se rendent, pour être assemblés, au lieu du renmoulage.

Les figures des planches 36, 37 et 38 représentent les châssis et la disposition du moulage des tuyaux à Torteron en 1862. A cette époque, la Société de Fourchambault, qui a aujourd'hui transporté le matériel de Torteron à sa fonderie de Fourchambault, avait pris un brevet se résumant dans les termes qui suivent :

Disposition des chantiers pour effectuer toutes les opérations du travail à la même place ;

Conversion des chantiers en étuves temporaires, et réciproquement ;

Disposition des châssis à une certaine hauteur au-dessus du fond de la fosse, en voie de manœuvres, la partie au-dessous à poste fixe, cette partie étant assemblée à charnières ou à goujons et clavettes ;

Fixité d'une partie des châssis dans les emplacements déterminés ;

Disposition permettant de couler en coquilles certaines parties des pièces coulées en sable ;

Disposition circulaire ou polygonale de la coulée dans la fabrication des tuyaux, cylindres, colonnes et autres pièces à *verser* debout ;

Disposition particulière des modèles, des noyaux et des châssis dans la fabrication des pièces creuses, pour obtenir des repères coniques ou pyramidaux qui assurent au noyau, dans le châssis, la position exacte fixée par le modèle.

Les châssis étaient fixés dans la fosse de coulée à l'aide de pattes. Les sièges demeuraient à position invariable, et un couvercle en tôle venant s'abattre sur la fosse et la fermer, permettait de la transformer en étuve.

La figure 2 représente un châssis fixé et agencé dans la fosse, montrant en coupe verticale la disposition de la lanterne, du noyau et de la chape.

La figure 1, le même châssis vu à l'extérieur.

Dans une autre usine, le travail de renmoulage et de coulée avait lieu dans des fosses rectangulaires, ou de forme demi-circulaire dont nous donnons une idée comme ensemble par les figures de la planche 38, qui montre les fosses à moulage, la noyauterie, les étuves, etc.

Les moules sont foulés et terminés de moulage à l'une des extrémités, décochés et démoulés à l'autre bout de la fosse, puis renmoulés et coulés au milieu. Les dispositions de la figure 4 et celles de la figure 5, qui comprennent une fosse rectangulaire avec installation des chantiers de coulée, des étuves et des grues, donnent une idée suffisante des divers systèmes adoptés et qui sont, dans leur ensemble, empruntés aux fonderies anglaises.

La fabrication des noyaux troussés en terre sur des lanternes à tourillons et à plateaux tournés, disposés pour obtenir des diamètres invariables, se faisait à Marquise dans un atelier spécial, où les noyaux manœuvrés par des treuils roulants étaient placés au-dessus les uns des autres en s'entrecroisant, les étuves ouvertes sur le dessus (fig. 12 et 13, pl. 38), étant fermées par des portes en tôle ou par des plaques en fonte se joignant à recouvrements et faciles à manœuvrer.

Des chariots spéciaux (même planche), à longrines et traverses en fonte, avec des supports étagés portaient les noyaux et rapportaient les lanternes entre les divers chantiers de moulage et de noyauterie.

Les lanternes, comme du reste, les châssis, sont percées de trous venus de fonte pour laisser s'échapper librement les gaz au moment de la coulée. Elles sont recouvertes de tresses de foin enroulées formant une épaisseur de $0^m,020$ à $0^m,025$ bien serrée, laquelle reçoit deux couches de terre préparatoire, puis une couche de terre fine.

On employait en dernier lieu des lanternes à segments, comme on voit fig. 5 et 5 bis, pl. 37.

Les planches à trousser en fonte sont réglées sur leurs supports également en fonte, à l'aide de coulisseaux que maintiennent des vis de serrage. Les lanternes montées sur coussinets sont manœuvrées à manivelle ou à l'aide d'une poulie motrice simplement installée.

La fabrication des tuyaux coulés debout n'est qu'une spécialité pratiquée par un petit nombre d'usines en position de l'exercer, dans des conditions particulières. — Celle des tuyaux coulés inclinés, c'est-à-dire en deux parties de châssis comme il est indiqué par les fig. 9 et 10 de la pl. 37, rentre dans les coutumes d'un plus grand nombre de fonderies, notamment quand il s'agit de tuyaux dont les diamètres varient entre 0,040 et 0,250 ou 0,300.

A cet égard, cette fabrication est intéressante. — C'est pourquoi, nous reproduisons les deux tableaux suivants pris dans notre livre de la fonderie, et qui donnent pour les tuyaux coulés inclinés, des détails utiles au cas d'une installation à créer.

Ces documents peuvent être utilement complétés par le tableau qui donne dans la fonderie les poids détaillés des diverses parties, formant les matériaux d'une série de tuyaux coulés debout, de 0,15 à 1,50 de diamètre, coulés à la longueur utile de 3 mètres.

Proportions du matériel pour tuyaux coulés-inclinés.

DIAMÈTRE des tuyaux à l'intérieur	LONGUEUR utile	A	B	C	D	G	E	É	HAUTEUR du plan incliné	BASE du plan incliné	PENTE
mill.	m.	mill	mill	mill	mill	mili	mill	m'll	m	m	
40	1,50	110	110	22	130	75	7	10			
50 et 54	2,00	120	120	25	140	80	8	12	0,90	2,15	1/2.1
60	2,00	125	125	25	140	80	9	12	1,10	2,15	1/2.2
80	2,50	140	150	25	140	80	10	12	»	»	»
100 et 108	2,50	150	190	30	150	80	10	12	»	»	»
120 et 135	2,50	170	215	30	145	105	10	15	1,25	2,85	1/2.25
150 et 162	2,50	200	245	30	145	175	11	17	1,28	2,85	1/2.25
189 et 200	2,50	240	310	48	155	175	12	18	1,29	2,85	1/2.3
216 et 250	2,50	275	420	70	175	220	15	20	1,29	2,80	1/2 5
300	2,50	325	480	72	230	260	16	20	1,30	2,80	1/2.15

Poids du matériel et production des tuyaux coulés-inclinés.

DIAMÈTRE des tuyaux	POIDS d'un châssis complet	POIDS d'une lanterne	POIDS du modèle	NOMBRE de châssis par chantier	TUYAUX produits par chantier et par mois	
mill.	kilog.	kilog.	kilog			
40	57	axe 3	34	20 à 25	450	Coulée inclinée. Deux hommes par chantier. Manœuvres à bras.
50 et 54	86	— 8	50	14 à 15	400	Noyaux en boîtes. Sable vert, diamètres au-dessus noyaux en terre.
80	175	lanterne 30	82	14 à 15	225	Coulée inclinée. Manœuvre à l'appareil. Deux hommes par chantier. Chaque chantier se composant d'un mouleur et d'un aide. L'aide payé 2 fr. 25 à 2 fr. 50 par jour.
100 et 108	190	— 55	110	12 à 15	200	
120 et 135	250	— 80	105	9 à 15	140	
150 et 162	300	— 110	180	9 à 15	130	
200 et 216	380	— 140	195	8 à 15	120	
200 et 250	600	— 200	330	5 à 6	75	Avec un deuxième aide, on fait dans ces chantiers 10 à 12 % de plus par mois.
200 et 300	700	— 270	370	4 à 5	65	

Moulage des raccords. — Les raccords des tuyaux, tels que coudes, embranchements et tuyaux de tubulures, se font avec des parties de modèles formant carcasse à jour et garnies de sable, pour économiser le bois et la façon dans les types de gros diamètre. Les noyaux sont établis par demi-parties avec des garnitures en terre troussées sur des plaques de forme et retenues au moyen d'armatures à base en fonte et arceaux en fer carré ou rond de 10 à 15 millimètres. Deux demi-parties symétriques sont rapportées, collées et attachées l'une à l'autre par des liens en fil de fer pour former un noyau complet. Les parties droites pour tubulures ou bouts de raccords sont troussées à la manière ordinaire sur les lanternes garnies de paille tressée ou de foin tordu.

Le moulage a lieu entre les deux châssis quand un certain nombre de pièces de même type doivent se répéter. Il est opéré dans le sol avec une seule partie de châssis quand on n'a qu'une petite quantité de pièces semblables à mouler. En d'autres termes, le matériel de moulage se complète et se perfectionne, pour devenir plus économique, en raison de la quantité de pièces d'une même sorte à reproduire.

Colonnes pleines et colonnes creuses. — Les colonnes pleines sont moulées à plat dans des châssis en deux parties. Elles sont moulées et coulées, les moules étant légèrement inclinés. Plus on coule avec de la fonte blanche et froide, plus l'inclinaison doit être accentuée.

Les modèles des colonnes du commerce sont établis, dans les fonderies avec fûts cylindro-coniques, ayant les longueurs les plus grandes imposées par la consommation. Le chapiteau et la base, chacun en deux parties, courent sur le fût en s'écartant ou se rapprochant à volonté, suivant les longueurs à obtenir.

Les châssis sont pourvus à leur extrémité d'un élargissement permettant de placer les parties terminant la colonne aux distances voulues.

Pour les colonnes à étages, c'est-à-dire portant des consoles d'appui à divers points de la hauteur, les châssis sont faits avec des élargissements aux extrémités, et au besoin vers le milieu, sur une longueur calculée, en vue de recevoir les consoles ou les renflements nécessaires pour adapter les planchers.

En somme, ce matériel est difficile à régler exactement, étant admises les variations pouvant exister suivant les étages. Il faut de toute nécessité donner une certaine marge aux cases prévues pour recevoir les parties accessoires dont nous parlons.

De même pour les colonnes creuses employées dans des constructions d'ateliers qui exigent des consoles pointant de transmission ; quand ces consoles doivent venir de fonte avec les colonnes, ce qu'il est souvent possible d'éviter, il faut prévoir le moyen de rapporter sur les châssis des boîtes ou appendices aux distances utiles.

Quand il ne doit être coulé sur un modèle qu'un petit nombre de pièces, le modèle peut être mis en chantier, dans le sol, de la façon dite : en *contrebas*. Il suffit alors d'un seul châssis armé de crochets pour former la partie du dessus.

Les colonnes du diamètre le plus faible jusqu'au diamètre de 0^m,30 à 0^m,40 peuvent toujours être moulées et coulées à plat, par le mode de coulée en contre-bas ou en châssis spéciaux quand l'importance de la fabrication les permet. Mais, au delà, ainsi que nous le dirons plus loin, il faut chercher le moulage et la coulée debout, sauf à compléter la pièce avec des raccords et des parties rapportées.

Les colonnes pleines se trouvent dans le commerce, en approvisionnements combinés suivant les proportions qui suivent :

Assurer aux colonnes, dans les cas les plus ordinaires, toute la solidité désirable :

Diamètre.	Longueur.	Épaisseur.	Poids par mètre.
Colonnes 0.070	2^m,50	0.012	18 à 20 kil.
— 0.081	2 .50	0.012	22 à 25
— »	3 .25	0.015	27 à 30
— 0.094	2 .50	0.012	25 à 28
— »	3 .65	0.015	31 à 35
— 0.108	3 .00	0.012	30 à 33

—	»	3 .50	0.015	36 à 40
—	»	4 .50	0.018	44 à 48
—	0.135	3 .00	0.015	46 à 50
—	»	4 .50	0.018	55 à 60
—	»	5 .50	0.020	61 à 66
—	0.162	3 .00	0.015	55 à 60
—	»	4 .50	0.018	66 à 72
—	»	5 .50	0.020	74 à 80
—	0.200	4 à 5^m	0.020	Poids variables sui-
—	»	5 à 6	0.025	vant les accessoires,
—	0.250	6 à 7	0.028	bases, chapitaux,
—	0.300	7 à 8	0.030 à 0.035	etc..

Les poids sont calculés en comptant sur les variations dues au moulage et sur l'augmentation produite par les parties accessoires, bases et chapiteaux.

Colonnes de 0.070 depuis 1^m,50 jusqu'à 2^m,75 au poids de 26^k.50 le mètre.

—	0 080	—	2 ,50	—	3 ,25	—	40	—
—	0.095	—	2 ,50	—	3 ,65	—	52	—
—	0 110	—	2 ,80	—	4 ,50	—	63'	—
—	0.120	—	3 ,00	—	5 ,00	—	85	—
—	0.140	—	5 ,00	—	6 ,00	—	99	—

Toutes ces colonnes sont fabriquées pour la vente courante à des longueurs qui varient de 0^m,05 en 0^m,05 jusqu'aux limites *maxima* au delà desquelles on n'exécute plus que sur commande.

Les colonnes très longues atteignant 7 et 8 mètres sont rarement employées au-dessous du diamètre 0^m,120. Les colonnes dites *colonnes extra* sont disposées pour deux et quelquefois pour trois étages ; elles reçoivent des consoles supportant les poutrelles des planchers. On fabrique de ces colonnes *extra* jusqu'au diamètre 0^m,20 ou 0^m,22. Plus grosses, elles sont préférablement coulées creuses.

Il n'y a pas de limites rigoureuses pour la fabrication des colonnes creuses, qui ne sont pas considérées comme colonnes de commerce et que les fondeurs livrent plus particulièrement aux constructions industrielles ou aux travaux publics. Comme principe, voici les dimensions à admettre, autant pour conserver une bonne fabrication que pour voir s'il est nuisible d'abaisser à des limites trop affaiblies, l'épaisseur des colonnes creuses, on conviendra qu'il est inutile de l'exagérer. Il vaut toutefois mieux la tenir un peu élevée quand même la résistance serait considérée comme à peu près nulle.

En pareil cas, si le fabricant se trouve favorisé, commercialement parlant, il faut reconnaître qu'une épaisseur exagérée crée des difficultés à la pose des noyaux que la pression de la fonte, sous une épaisseur trop forte, cherche à déplacer, bien que calés avec soin et solidité.

En même temps, les soufflures sont assez fréquentes dans les colonnes épaisses, la masse de fonte tendant à dégager du moule et du noyau une plus grande quantité de gaz qui la traverse et qui s'y loge d'autant plus aisément qu'elle se trouve moins vite figée. Par des raisons contraires, de semblables résultats se présentent dans les colonnes creuses à faible épaisseur, quand la fonte versée dans le moule arrive en lames assez minces pour se figer rapidement et emprisonner les gaz qu'elle n'a pu parvenir à chasser.

De là, on comprendra que s'il faut admettre une tendance à l'exagération dans la limite de l'épaisseur des colonnes creuses, mieux vaut, en tout cas, que cette tendance soit dirigée vers une augmentation plutôt que dans la voie d'un abaissement au-dessous de limites par trop *minima*.

Quand même les colonnes ne devraient supporter que de faibles charges, nous pensons que des épaisseurs trop réduites auraient toujours un inconvénient ; ne serait-ce que celui de faire élever les prétentions du fondeur qui, placé sous le coup d'une exécution vicieuse, n'accepterait des pièces semblables qu'avec une augmentation sensible du prix de vente.

On peut se reporter pour les colonnes, les tuyaux, les poids à peser, etc., au livre *emploi de la fonte dans les constructions*. On fera donc bien toutes les fois que ce sera possible de chercher dans des ensembles de moulures simples, sans contours et angulaires pour éviter les accidents de retrait.

Au delà de 0^m,30 de diamètre, les colonnes creuses dépassant 5 à 6 mètres de longueur, ne devraient pas avoir une épaisseur moindre de 0^m,030 pour arriver à une fabrication garantie contre toutes les éventualités d'accidents·

POIDS A PESER EN FONTE

Dans un grand nombre de fonderies les poids à peser, les rosaces, les rondelles et en général toutes pièces courantes ayant une face en vue et l'autre plus ou moins sacrifiée, plane, ou à peu près, peuvent être confiées au moulage mécanique, soit même au moulage à bras, étant compris que toute la fabrication peut être exercée, sauf la foulée du sable, avec des châssis, des couches et toutes autres dispositions organisées à l'aide d'un assemblage et d'un ajustement mécanique.

Les poids à peser sont moulés particulièrement avec des châssis rectangulaires à poignées, dans le genre des châssis servant pour le moulage des coussinets. Chaque partie de châssis est battue isolément sur une couche en fonte portant, l'une le dessus des pièces, l'autre le dessous. Les couches sont rabotées et repérées indistinctement de la façon la plus exacte avec leurs châssis correspondants.

Sur les couches recevant les modèles, des trous sont percés pour recevoir un, deux ou plusieurs modèles établis creux et munis de goujons pour se présenter toujours dans une disposition invariable. Les autres couches portent les creux utiles pour obtenir les évidements venant sous les pièces.

Les châssis ont la dimension intérieure de 0^m,42 de longueur sur 0^m,29 à 0^m,30 de largeur. La hauteur des parties se tient entre 0^m,15 et 0^m,095 pour les poids de 20, 10, 5 et 2 kilogrammes, et entre 0^m,10 et 0^m,090 pour les autres poids.

Les châssis pour poids de 50 kilogrammes contiennent un modèle.

Ceux pour poids de 20 kilogr. . . . . 2 modèles
Ceux   —   —   5 —   6   —
Ceux   —   —   2 —   10   —
Ceux   —   —   1 —   26   —
Ceux   —   —   0 — 500. . . . 30   —
Ceux   —   —   0 — 200. . . . 56   —
Ceux   —   —   0 — 100. . . . 65   —
Ceux   —   —   0 — 050. . . . 102 —

Le moulage a lieu en sable vert, les jets étant moulés en même temps que les modèles. Les gros poids sont *reposés* au poussier de charbon de bois et les plus petits sont *flambés* de préférence.

Le prix de revient des diverses sortes peut être établi comme suit, pour la fonte moulée proprement dite ;

	20k.	10k.	5 k.	2 k.	1 k.	0^k,500	0^k,200	0^k,100	0^k,050
	fr.	fr.	fr.	fr.	fr.	fr.	fr.	fr.	fr.
Fonte blanche à 9 fr.	1.75	0.850	0.42	0.171	0.086	0.043	=	=	=
Fonte gris serré à 13 fr. 50.	=	=	=	=	=	=	0.023	0 011	0.006
Moulage	0.10	0.050	0.04	0.013	0.0075	0.006	0.0023	0.002	0.0011
Ébarbage et rapage	0 03	0.015	0.01	0.006	0.003	0.0015	0.0015	0.0015	0.0015
Frais divers et frais géné- raux de la fonderie.. ...	0.38	0.185	0.10	0.040	0.0193	0.0054	0.0054	0.000	0.0017
Prix de revient d'un poids,	2.26	1.100	0.57	0.23	0 1158	0.0324	0.0324	0.0175	0.0103
Soit par cent kilogrammes.	11.70	11.70	12.20	12.15	12 27	19 »	19 »	22 »	24 »

Pour les poids ajustés et poinçonnés, la fonte brute étant comprise aux prix ci-dessous :

	20k.	10k.	5 k.	2 k.	1 k.	0ᵏ500	0ᵏ,200	0ᵏ,100	0ᵏ,050
	fr.	fr.	fr.	fr.	fr.	fr.	fr.	fr.	fr.
Valeur de la fonte brute..	1.880	0.915	0.470	0.190	0.0965	0 0505	0.0268	0.0145	0.0060
Plomb pour l'ajustage.....	0.150	0.140	0.090	0.036	0.0270	0.0150	0.0075	0.0050	0.0050
Montage et ajustage......	0.017	0.015	0.011	0.006	0.0056	0.0050	0.0046	0.0046	0.0046
Anneau et lacet..........	9.105	0.140	0 080	0.035	5.0235	0.0160	0.0110	0.0110	0.0110
Frais généraux...	0.440	0.246	0.130	0.053	0.0305	0.0170	0.0100	0 0070	0.0053
(*) Prix de revient sans l'impôt	2.652	1.456	0.781	0.320	0.1831	0.0035	0.5990	0.0421	0.0319
Plus impôt................	0.300	0.300	0.300	0.120	0.1200	0.1200	0.0600	0.0600	0.0060
	2.952	1.756	1.081	0.440	0.3031	0.2235	0.6590	0.1021	0.0919

Pour que cette fabrication puisse se tenir dans des conditions raisonnables, il faut que les prix ci-dessus (*), sans l'impôt, soient augmentés de 20 ou 25 % tout au moins et que l'impôt payé en dehors, puisque c'est un débours pour le fabricant, lui rentre sans rabais ni escompte. En outre, il faut noter que partie des poids ne soit pas rebutée au poinçonnage, il est nécessaire d'avoir une fabrication faite aux pièces, parfaitement surveillée et employant un matériel, châssis, couches et modèles ajustés avec le plus grand soin. Les maîtres modèles doivent être établis en cuivre, sur lesquels on tire à volonté et autant qu'il est besoin des modèles courants en fonte, bien venus, limés, retouchés et ciselés, s'il est utile.

En dehors des fabrications particulières dont nous venons de parler, nous terminerons ce que nous avons à dire sur le moulage, par un aperçu qui achèvera de fixer les idées de nos lecteurs sur cette question intéressante de l'art du fondeur. Nous ne pouvons songer à multiplier des exemples utiles pour expliquer au mieux les procédés pratiques mais qui ne sauraient être prolongés indéfiniment.

Procédés Godin. — En vue d'arriver à produire économiquement et industriellement des pièces de grande surface et de faible épaisseur, la fonderie de Guise qui s'occupe spécialement de la fabrication importante des appareils de chauffage, a créé des appareils particuliers destinés à produire par un système de moulage, dit mécanique, à simplifier les éléments principaux de sa production, savoir : le montage des fourneaux et le moulage des pièces qui s'y rattachent.

Par les procédés Godin, les modèles en usage dans la pratique ordinaire du moulage sont supprimés.

Les faces extérieures de ces modèles sont représentées sur de grandes plagues en fonte appelées *formatrices*, servant de tables et sur lesquelles un appareil de levage place les châssis.

Chacune de ces formatrices est à son tour amenée mécaniquement sous des tamiseurs automatiques qui répandent sur les surfaces la quantité de sable nécessaire pour garnir le moule. Puis le châssis passe sous une presse hydraulique qui serre tout le sable d'un seul coup.

Le même mécanisme, continué, conduit le châssis sous une grue qui l'enlève et le sépare de la formatrice dont l'empreinte restée dans le sable est visitée, et terminée par le mouleur chargé des raccords, du lissage et de la pose des noyaux. Puis, repris et enlevés par une nouvelle grue pour être réunis et renmoulés deux à deux, les châssis sont amenés sur des plateaux portatifs ou sur des chariots roulants qui les transportent à portée des cubilots. Là, après avoir reçu la fonte, ils sont conduits au chantier de démoulage, et, enfin à l'ébarbage.

Le sable provenant des moules coulés est refroidi instantanément par un courant d'air rapide ; puis, étant broyé à nouveau, tamisé et mélangé avec des sables neufs, il retourne au point de départ pour servir à la confection de nouveaux moules.

Toutes ces opérations se font mécaniquement. L'ouvrier n'intervient que pour la surveillance des appareils et pour réparer, s'il y a lieu, les défauts assez rares que peuvent montrer les parties des moules. C'est en réalité une véritable transformation des anciens procédés de moulage, permettant d'employer des ouvriers actifs et soigneux, plutôt que des mouleurs habiles dans le foulage, le raccord et l'achèvement des moules.

Le travail produit mécaniquement est, du reste, très supérieur, sous plusieurs rapports, à celui obtenu par les anciens procédés.

En effet, les formatrices étant exactement ajustées et comprises, chaque pièce se succède régulièrement, sans bavures ni déviations, comme sans variations sensibles.

Toutes pièces de même sorte sont sensiblement de poids uniformes, étant foulées, raccordées et renmoulées dans des conditions identiques.

Les planches donnent une idée de la disposition des formatrices *a* et *b*. Elles montrent le système de moulage employé pour obtenir des châssis rigoureusement semblables et devant s'assembler uniformément les uns sur les autres : *a* est une partie de châssis mise en chantier et moulée sur une forme exactement ajustée *b* qui empêche toute déviation et doit reproduire exactement la position des oreilles et des trous d'assemblage.

Pour les châssis engoujonnés à double oreille, le système de guide est répété et les goujons traversant à la fois les oreilles et les guides donnent toujours des trous dans les mêmes conditions de concordance.

En résumé, les procédés Godin reposent sur les bases principales suivantes :

Châssis et formatrices à repères invariables ;

Disposition immuable des formatrices remplaçant les modèles ;

Forme régulière des châssis et précision de leur engoujonnage ;

Soulèvement parallèle obligé des parties de moules avec les surfaces reproduites par les formatrices ;

Foulage par la compression ou battage mécanique des parties de moules.

Toutes choses plus ou moins employées dans d'autres fonderies ; mais réunies, à l'usine de Guise, en un ensemble commode et particulièrement intéressant.

Quant aux dispositions relatives au transport des moules par wagonnets, chariots ou appareils roulants levant et conduisant les parties de moules au renmoulage, à la coulée, au démoulage, etc., pour revenir à leur situation primitive, toutes opérations terminées, cela se trouve depuis longtemps ailleurs.

Toutefois les brevets Godin, avec leurs additions et leurs perfectionnements, prévoient des moyens nouveaux dérivant d'un système d'outillage particulier, éminemment applicable à la fabrication de tous les objets, de même sorte, devant être répétés en grande quantité.

Par suite, ces brevets, qu'on peut consulter, revendiquent les droits de priorité qui suivent :

1° Moyens économiques de création des châssis ;

2° Moyens d'établir des châssis de même forme allant les uns sur les autres, avec un raccordement parfait des goujons, sans percer de trous à froid, ces trous venant exactement par le moulage ;

3° Production d'étalons modèles, par voie de moulages successifs ;

4° Invention des formatrices, ou autrement dit, de la division des diverses parties du modèle sur plaques à repères parfaits ; ce système permettant d'obtenir dans des châssis de même forme des parties de moules se raccordant entre elles avec une grande exactitude ;

5° Renmoulage à l'aide de goujons et d'oreilles supplémentaires constituant une idée nouvelle dans la pratique ordinaire du moulage ;

6° Lanternes et noyaux à repères invariables applicables à tous les modes de moulage ;

7° Moyens accessoires permettant d'arriver à la production des châssis perfectionnés et des formatrices ;

8° Applications de divers systèmes au moulage mécanique, c'est-à-dire au foulage, au ballage du sable des moules, etc., par un moteur remplaçant les bras de l'homme.

La figure 18 montre un bouton de porte moulé par le procédé Godin. La figure 19 la disposition d'un objet pareil, placé dans le moule, ayant une portée en sable, munie d'une bague en métal formant contrepoids pour éviter, de même que dans le procédé Godin, le calage du noyau. Cette disposition a été imaginée par un fondeur anglais, *Samuel Wilkes*, avant le brevet de Godin.

D'autres fabricants ont pris, pour le même objet, des brevets consistant à consolider et à assurer par l'aide d'un contrepoids, les noyaux de pièces minces qu'on ne veut ni trouer ni déformer à l'aide de supports en sable ou en fer.

Les procédés brevetés consistent :

En l'emploi de boîtes à noyaux en fonte bien assemblées et très exactes ;

En celui d'une lanterne fixée dans une forte portée en sable ou dans une portée en fonte servant de contrepoids.

Soit, en un mot :

A employer des portées, partie sable, partie métal, ou totalement en métal à la base, pour servir à contrebalancer les noyaux de pièces à une seule ouverture.

A donner à la partie métallique un poids tel qu'il puisse équilibrer, et au delà, celui de la partie en sable, cette partie métallique portant sur une surface assez grande pour que le sable ne s'écrase pas, et, par suite, ne produise pas l'affaissement et le déplacement du noyau.

Ce que nous venons de dire à l'endroit des procédés Godin ne peut que contribuer à étudier la question du moulage mécanique qui s'étend du reste partout.—Nous avons donné à divers endroits des exemples de ces méthodes qui se comprennent aisément par des dessins que nous n'avons pas besoin d'expliquer d'avantage.

Sous ce rapport, on notera ici pour mémoire les planches 36, 51 et 52, la fonderie d'acier et les études de charpentes sont des choses sur lesquelles nous ne reviendrons pas. — Les dessins le font comprendre. — De même, nous n'ajouterons pas de plus longues explications sur le moulage. On les trouvera dans la grande édition sur la fonderie et dans les autres livres que nous écrivons.

On moule aujourd'hui d'une façon toute particulière ; à la trousse, sans modèle à la machine, à la presse hydraulique etc.

Laissons à l'avenir le soin de perfectionner et de faire progresser les procédés du moulage, la fonderie en a besoin et c'est ce qu'elle a de mieux à chercher.

ACHÈVEMENT DES OBJETS COULÉS.

Rapage et Ébarbage. — A leur sortie des moules, les objets coulés conservent encore, quels que soient les soins apportés pour les faire *dépouiller*, des parties de sable ou de terre demeurant attachées de préférence aux

environs des jets et dans les endroits où la matière est arrivée avec pression. Les objets en sable vert dépouillent ordinairement moins bien que ceux
en sable d'étuve, mais ils retiennent moins les sables dont ils sont couverts,
parce que ceux-ci sont plus maigres et plus friables. Dans les grandes usines,
le nettoiement des pièces coulées est confié aux *râpeurs*, qui se chargent de
l'effectuer au moyen de râpes, de couteaux, de racloirs et de gratte-brosses
en fil de fer. — Les *ébarbeurs*, dont le travail consiste à buriner et à limer
les coutures, les bavures, les traces des jets et des évents, reçoivent les pièces
à leur sortie de la râperie. — Il se présente cependant qu'un même ouvrier
est à la fois chargé de l'ébarbage et du râpage qu'il conduit en même temps;
cela arrive surtout quand il s'agit de pièces ornées et d'objets de grandes
dimensions.

L'importance du travail de l'ébarbeur varie avec la nature des pièces. Les
ornements demandent en général plus de soins et plus d'habileté que les
fontes de machines. Quand les coulées de ces dernières sont fortes, il faut
avoir soin de commencer à les enlever au moyen d'une ou deux traînées
d'un bédane, afin qu'en les détachant elles n'emportent pas les bords de la
pièce.

L'ébarbage des statues en fonte de fer doit être confié à des ouvriers capables d'apprécier les formes des modèles et de ne pas les déparer par un coup
de ciseau mal donné. L'achèvement des statues de bronze exige encore plus
de précautions. Les ouvriers ciseleurs qui en sont chargés sont quelquefois
de véritables artistes.

Il s'agit pour eux de faire usage, non seulement du ciseau et du matoir,
mais aussi du rifloir, sous la trace duquel s'effacerait et s'amoindrirait l'œuvre
du sculpteur, si l'outil était conduit par une main peu exercée.

La marchandise creuse est une des fabrications présentant le moins de frais
de nettoiement. Dans les hauts-fourneaux, des femmes et des enfants sont
chargés du râpage, et l'ébarbage se borne à quelques coups de marteau que
donnent les sableurs eux-mêmes sur les bords des pièces pour en faire disparaître les bavures.

Les jets des petites pièces en cuivre sont détachés à la scie ou à la cisaille.
On passe ces objets, soit dans des sacs, soit dans des tonneaux en bois ou en
tôle, percés d'une grande quantité de petits trous (fig. 19, pl. 15), quand il
s'agit d'enlever le sable qui leur est demeuré attaché. Les fondeurs en cuivre,
jaloux de livrer de beaux produits, font tremper leurs pièces dans un baquet
rempli d'acide sulfurique ou d'acide nitrique étendu d'eau; elles y séjournent
pendant un jour ou deux, après lesquels on les retire pour les passer à la
brosse. — Cette opération, qui n'est autre chose que le *dérochage*, est notamment employée pour les pièces fines destinées à la ciselure et à la dorure.

Réception. — Quand les pièces coulées sont râpées et ébarbées, on procède à leur réception, avant de les livrer. Dans les usines importantes, où la

fabrication est considérable, on confie cette besogne à un agent spécial auquel il faut toute l'habitude de la fonderie pour qu'il ne se laisse pas tromper par les ruses que les mouleurs mettent en œuvre pour faire passer leurs pièces défectueuses. Il est facile de juger à simple vue la plupart des objets à recevoir, et de décider s'ils doivent être mis au rebut ou réparés.

Parmi les défectuosités dont nous avons parlé, et qui atteignent surtout la fonte de fer, quelques-unes entraînent d'elles-mêmes la perte des objets coulés. Telles sont la cassure et le gauchissement. Les dartres, les soufflures, les retirures et autres accidents sont, dès qu'elles compromettent la solidité des pièces ou gênent leur emploi, des causes de rejet à la réception. Mais il est des circonstances où ces accidents peuvent, sinon disparaître, du moins être réparés suffisamment pour que les fontes, bonnes d'ailleurs, soient acceptées même dans des conditions rigoureuses. Les opérations de la fonderie sont trop malheureusement soumises à de graves et fréquentes irrégularités, pour que les consommateurs n'usent pas d'une trop grande sévérité à leur réception, quand il s'agit de grosses pièces entachées seulement de quelques vices de fonte peu nuisibles, et qui, rebutées, causeraient un préjudice notable au fondeur.

Dans les petites pièces, la mauvaise fabrication est un motif plus sérieux de rebut, parce qu'elle peut être facilement évitée, et que ses conséquences sont plus sensibles et plus apparentes que sur de grandes pièces.

Il est évident qu'un mécanicien refusera d'employer des pièces soufflées ou piquées qui, dépouillées au tour ou à la lime, seront d'un aspect peu agréable.

En tout cela, le goût, l'habitude, et surtout l'exigence des acheteurs, font plus loi que tout ce que nous pourrions dire.

Les pièces de vaisselle ne sont pas reçues seulement sur leur aspect à la vue. On les frappe avec un marteau afin de s'assurer qu'elles ne rendent pas un son fêlé, les fêlures étant quelquefois assez imperceptibles pour qu'elles échappent à l'œil. On examine en même temps si les endroits, paraissant présenter des scories ou des reprises, ne sont pas de nature à livrer passage au liquide. Le meilleur moyen pratique, employé en pareil cas par les commis aux réceptions, consiste à mouiller l'emploi douteux, à frapper à cette même place avec le poing, et à regarder à l'intérieur si la pression n'a pas fait suinter l'humidité.

Les mouleurs ne doivent jamais réparer les défauts de leurs pièces sans y être autorisés. C'est à ceux qui surveillent la fabrication de voir s'il convient d'apporter un remède aux accidents qu'ont éprouvés les objets coulés. Quand les défauts ne nuisent pas à la solidité des pièces, quand ils ne s'opposent pas à leur emploi, quand ils ne les rendent pas d'un aspect tellement malpropre que les acheteurs ne voudraient pas les accepter, on peut, pour les réparer, employer certains moyens dictés par la nature même des défauts, par l'importance ou la destination même des pièces, etc.

Mais, quoi qu'il arrive, ces moyens ne peuvent être appliqués sans avoir été portés à la connaissance du consommateur, et sans qu'on ait obtenu son assentiment. Il est élémentaire de connaître qu'une pièce ne peut sortir du moule avec du mastic, des pièces rapportées en métal, en un mot, avec une parure artificielle cachant des défauts quelconques, et surtout des défauts considérés par l'acheteur comme intéressant la durée, la solidité et la propreté de la pièce moulée.

Quand les défauts ne sont dus qu'à un surcroît de matière, il est permis de les corriger à l'aide du burin et de la lime, s'il s'agit de bosses ou d'irrégularités à faire disparaître. Toutes autres imperfections graves ne doivent être dissimulées qu'en connaissance de cause.

Dès qu'on connaît les causes ayant amené les accidents, on peut rechercher à coup sûr la trace des défauts que l'aspect général d'une pièce laisse inaperçue au premier abord. Il n'est donc pas besoin de marteler une pièce dans tous les sens, de la buriner, de l'écorner, enfin, de la déparer ou de la déformer, comme le font trop souvent des personnes qui se livrent à des recherches d'une minutie exagérée. — Il suffit d'examiner la forme de la pièce, de se rendre compte par l'emplacement des jets et des évents de sa position dans le moule, pour se mettre instantanément sur la trace des défauts à rechercher. Il est rare qu'il soit rigoureusement nécessaire, pour découvrir un défaut, de buriner ou de marteler la place où se trouve le défaut, de manière à détériorer et à perdre la pièce défectueuse. Un simple aperçu, au besoin un sondage exercé à l'aide d'une petite tringle de fil de fer, peuvent fixer sur le degré d'importance du défaut dont la position a pu faire apprécier la cause. — Le cas seul d'une soufflure ou d'un tassement, présentant un affouillement très profond et très irrégulier, peut autoriser à dégager entièrement le défaut, si l'on reconnaît qu'il se trouve placé à un endroit compromettant la solidité de la pièce.

Un examen attentif de la pièce à recevoir indique au premier abord la trace des défauts provenant d'un moulage négligé, de dartres, de gauchissements, de reprises, de friasses, etc. Les soufflures et les tassements, qui ne sont pas toujours apparents, sont, de même que les gerçures légères, les plus difficiles à découvrir. En se rappelant que les soufflures ne peuvent se trouver d'une manière sérieuse qu'à la partie la plus élevée des pièces dans leur position de coulée, que les tassements ou les retirures se rencontrent notamment dans les angles, dans les fonds, aux points d'intersection des nervures, que les gerçures se montrent aux angles des évidements, aux points de raccordement de parties minces avec des parties très épaisses, on parvient facilement et rapidement à découvrir les défauts, tout au moins ceux dont l'importance pourrait compromettre le bon emploi de la fonte.

Le son d'une pièce mince, frappée à petits coups de marteau, suffit pour indiquer si cette pièce est fêlée, gercée ou coulée en fonte blanche, et même en fonte dure. Un son clair, argentin, dénote de la fonte blanche. — Les variations du son, en allant du ton grave et sonore, dénotent assez bien l'emploi de la fonte blanche, de la fonte truité-blanc, de la fonte truité-gris, de la fonte gris-serré et de la fonte grise. D'ailleurs, la trace des coulées, et la manière dont les jets et les évents ont été coupés à l'herbage, indiquent suffisamment la qualité de la fonte.

En traînant un marteau, ou en le promenant à petits coups sur la surface supérieure et sur les parties les plus élevées du flanc de coulée, on reconnaît aisément, par les variations du son, la présence des soufflures, habituellement recouvertes d'une épaisseur assez faible pour qu'une simple percussion fasse sentir que le coup de marteau ne s'appuie pas sur un endroit solide.

La soufflure constatée, on peut la crever avec un poinçon ou avec l'angle de la panne du marteau, et la sonder à fond pour s'assurer de son importance avant de la découvrir dans son entier.

La couleur ou la texture de la fonte peuvent encore dénoncer les soufflures, les impuretés et les fragments de sables, entraînés et recouverts de fonte, ou encore le défaut d'épaisseur. La fonte sur les soufflures est de couleur plus claire que sur les parties saines. Elle est d'un ton moins terne et d'un gris plus blanc et plus brillant vers les endroits minces ou vers les parties scoriées. A ces parties, la surface est moins nette et moins pure.

La fonte blanche est généralement de couleur moins bleue ou gris-foncé que la fonte grise ; elle donne des surfaces plus molles, moins vives, plus grenues, moins saines et plus disposées aux tassements.

Une bonne précaution est d'interroger les attaches des jets et des évents. Ces attaches renseignent sur la position de la pièce dans le moule et sur la qualité de la fonte ; elles aident à mettre le doigt sur certains défauts, crasses et sables entraînés, gerçures, retraits, tassements, soufflures, écornures, dartres, etc., qui se trouvent ordinairement aux abords des coulées.

Dans les pièces minces, suspectées de reprises, l'examen des deux faces peut permettre de connaître si le défaut apparent est une reprise ou une friasse. Si la trace suspecte n'existe bien accusée que sur l'une des faces, on peut admettre qu'il n'y a pas eu de reprise, ou que du moins la fonte bien soudée sur toute l'étendue de la reprise ne laisse pas une solution de continuité dangereuse. Quelques gouttes d'huile, ou même un peu d'eau ou de salive comprimées sur la pièce avec un tampon ou avec la paume de la main, démontrent, le liquide traversant de part en part l'épaisseur de la pièce, une reprise bien caractérisée. Le son de la fonte, frappée légèrement de quelques coups de marteau, peut également indiquer une reprise, tout comme il indique la fêlure ou la gerçure.

L'examen de quelques-unes des pièces courantes, dont nous avons parlé, servira à compléter ce que nous pouvons dire touchant la réception des fontes moulées.

Le soin de faire la distinction nécessaire entre les pièces qui travaillent et les pièces de pure ornementation, reste, bien entendu, tout entier à l'appréciation intelligente de la personne qui examine les fontes. Dans certains cas, quand la fonte est soumise à des efforts importants, un défaut, quoique peu sensible en apparence, peut entraîner le rejet de la pièce défectueuse. Dans

d'autres cas, un défaut, même grave, peut, une fois connu et jugé, être dissi-
mulé sans qu'on ait à prendre d'autre souci que celui de sauvegarder la propriété et le bon aspect de la pièce.

Dans les poutres, les reprises peuvent se trouver au long des nervures. Les
dartres, friasses et les flous plutôt sur le fond ; les soufflures dans les nervures
placées en haut du moule ; les gerçures ou les foulures, de même que les tas-
tassements ou retirures, aux abords des attaques des jets, aux points de réunion des nervures avec les diaphragmes ou congés. Les défauts les plus à
craindre sont les soufflures qui peuvent compromettre la solidité des T. On
les découvre facilement à l'aide d'un martelage ou d'un sondage légers. Les
poutres viennent gauches quand leurs nervures manquent de proportion.
Une poutre qui n'a de nervures que sur une des faces, ou des nervures inégales sur les deux faces, comme les poutres de rive, gauchit sur le plat ; une
poutre, dont les nervures égales sur chaque face présentent de grandes différences entre les deux bases, ou dont la base seulement est munie d'un T très
fort, tend à gauchir sur champ.

Dans les colonnes, on voit des tassements aux attaches des bases, chapiteaux et supports, notamment quand ces parties sont massives. A part les
tassements, les défauts les plus communs des colonnes pleines sont dus à la
maladresse des mouleurs : ce sont des bosses, des coutures variées, des moulures mal raccordées, etc. Les colonnes creuses sont sujettes aux soufflures
qui se trouvent comme pour toutes les pièces moulées, en général, dans les
parties coulées en haut, et qui, très souvent, sont amenées autant par les
supports en fer destinés à maintenir les noyaux, que par des noyaux ou des
moules manquant d'issues pour la sortie des gaz. L'épaisseur inégale est un
défaut fréquent dans les colonnes creuses, surtout quand ces colonnes sont
longues et de faible diamètre. Par suite d'un refroidissement trop brusque,
ou quand elles sont munies d'appendices gênant leur retrait, les colonnes sont
sujettes au gauchissement. Elles se courbent d'autant plus que les épaisseurs
sont plus inégales. Ce défaut grave, quand une colonne n'a que l'épaisseur
strictement nécessaire pour un bon emploi, peut être quelquefois corrigé en
redressant la pièce au marteau. On place la colonne sur des appuis qui la
reçoivent aux deux extrémités de la courbure, puis on frappe à petits coups
serrés et répétés sur la paroi concave de la partie courbée. En faisant ainsi
dilater et allonger la croûte qui recouvre le métal, autant qu'en refoulant
les molécules à la surface martelée, on arrive à un redressement mécanique
aussi complet qu'on puisse le désirer. Ce procédé permet de redresser, non-
seulement des colonnes creuses de gros diamètre, mais même des colonnes
pleines de $0^m,18$ à $0^m,20$ de diamètre. Si l'on a soin d'opérer le martelage à
l'aide de marteaux ayant une panne bien arrondie, et de ménager les coups,
on fatigue assez peu la surface de la matière pour qu'elle ne soit pas déparée
ni altérée. Il suffit d'un très petit nombre de coups appliqués sur une courte
distance à l'endroit le plus creux de la pièce.

Le redressement à chaud, plus long, plus coûteux et plus difficile, peut

faire gercer ou brûler la pièce. On la réussit difficilement. Ou la pièce qu'on
a cru suffisamment redressée, se courbe à nouveau après l'opération, ou parfois, au lieu d'être ramenée droite, elle se jette et se replie en sens inverse de
la première courbure.

Les colonnes pourvues d'appendices trop saillants ou trop forts pour les
parties auxquelles ces appendices sa rattachent, sont sujettes à des ruptures,
ou tout au moins à des gerçures et à des retirures en ces endroits.

Les croisillons, les consoles, les plaques à rebords ou à nervures, peuvent
avoir comme les poutres des dartres, des friasses et des flous sur les fonds ;
les dartres, généralement sur la face coulée en dessous ; les friasses et les
flous, sur la face coulée par dessus. Ces pièces sont également sujettes aux
reprises et aux soufflures dans les nervures ; elles se gercent ou elles se rom-
pent d'autant plus que les nervures sont mal réparties ou d'épaisseurs inégales. Une plaque bordée de nervures, et pourvue en outre de baguettes en
croisillon, est cassée plus facilement au choc, à épaisseurs égales, qu'une
plaque qui n'a pas de croisillon. La fonte attribuée aux nervures en croisillon
est beaucoup mieux appliquée à des nervures placées dans une direction parallèle aux renforts qui bordent la plaque.

Les engrenages et les volants se brisent ou se déversent au retrait quand
leurs couronnes, leurs moyeux et leurs bras ne sont pas proportionnés. Nous
avons indiqué les précautions à prendre pour les volants, pièces dans lesquelles
on est amené forcément à rechercher des jantes très fortes, eu égard aux rayons
et au moyeu. Les engrenages coulés par le centre peuvent avoir des dartres
à la naissance des bras près du moyeu, ou des reprises ou des gouttes froides
dans la couronne, surtout aux parties les plus éloignées des rayons par lesquels s'est répandue la fonte. Les engrenages à lumières pour dents de bois
ont quelquefois des soufflures à la jante et au-dessus des noyaux ; les engrenages à dents de fonte peuvent se montrer avec les extrémités des dents durcies ou venues froides. Tous ces accidents sont du reste visibles, aussi bien
que les défauts résultant d'un moulage peu soigné : bosses, mauvais raccords,
épaisseurs mal gardées, noyaux placés de travers, coulées trop fortes et cassées dans les pièces, flâches, parties abreuvées ou incomplètes, etc. Ces indications suffisent pour qu'on puisse par analogie constater le côté défectueux
d'autres pièces de formes diverses.

Nous dirons seulement un mot des tuyaux de conduite et des coussinets
de chemins de fer, fabrications importantes que le chapitre précédent a
traitées amplement, et qui sont l'objet dans les usines d'une attention particulière.

Les tuyaux de conduite pour gaz et eau forcée sont livrés après essai à la
presse hydraulique, sous des pressions variant habituellement de cinq à quinze
atmosphères. Cet essai garantit, sinon la belle fabrication, du moins la bonne
exécution. Tout tuyau ayant résisté à une épreuve sérieuse doit offrir au consommateur au moins la principale des sûretés qu'il recherche. Toutefois, en
dehors de l'essai à la presse hydraulique, on doit vouloir des tuyaux bien

droits, d'épaisseur égale, de fonte assez douce pour être percée au besoin, assez résistante pour ne pas éclater au moindre choc de poids réguliers, etc.

Ces conditions, obtenues par les usines bien montées, sont faciles à contrôler à la simple vue des tuyaux. L'essai à la presse assure contre tous les défauts cachés : soufflures, scories et sables entraînés, fissures, manque d'épaisseur, et même, dans certaines limites, contre la qualité de la fonte, qui, aigre et blanche, peut éclater sous la pression.

Nous ne saurions dire absolument quels seraient les défauts à tolérer dans toutes les pièces moulées. Cela dépend, nous le répétons, de l'importance qu'on attache à ces pièces et de la condition de leur emploi.

Les accidents les plus graves sont les gauchissements, les fissures, les reprises et les soufflures. Ces défauts, lorsqu'ils n'atteignent pas une limite exagérée, et selon les endroits où ils se portent, peuvent être plus ou moins tolérables, de même les friasses, les gouttes froides, les piqûres, les dartres, les bosses, etc., lorsque ces imperfections ne sont pas de nature à entraîner sans remède la perte des pièces qui en sont atteintes.

Les fondeurs emploient, pour corriger le gauchissement, le redressement à froid ou à chaud.

Le redressement à chaud s'opère en chauffant les parties gauchies, en les chargeant ou en les calant de manière à les ramener dans les plans voulus. C'est, ainsi que nous venons de le dire, une opération délicate, réussissant rarement, et pouvant coûter plus cher que les frais de remplacement de la pièce à redresser.

Nous avons dit que le redressement à froid s'exerce au marteau, en frappant à coups redoublés sur la surface concave qu'on oblige à s'allonger en se redressant. Quand le gauchissement est grand ou réparti en différents endroits, le redressement est difficile et ne peut s'opérer qu'en faisant ouvrir la pièce sur certains points, soit à l'aide d'un trait de scie, soit par une traînée de bédane. Il reste à savoir quelles sortes de pièces peuvent recevoir des saignées semblables sans inconvénient pour leur emploi.

Des pièces en fer ou en fonte rapportées peuvent être employées pour dissimuler des flâches produites par des soufflures ou par des dartres. On burine la fonte suivant la formule et à la profondeur du défaut ; on découpe sur l'entaille un patron en papier suivant lequel on établit la pièce un peu bombée et tenue légèrement plus grande que le vide devant la recevoir ; enfin, on enfonce à force cette pièce en la matant et la ramenant solidement sur les bords en contact avec la fonte, de manière à conserver des lignes de jonction très fines et peu apparentes. Une pièce ainsi appliquée, surtout quand elle est en fer, n'a besoin que rarement d'être consolidée par des rivets. A l'aide du burin et de la lime, on la fait affleurer exactement, et elle peut se confondre si bien avec la fonte, un peu d'oxydation aidant, qu'il faut une grande habitude pour en reconnaître la présence.

Les pièces en fer bien mises donnent le moyen le plus propre et le plus solide de dissimuler des défauts sans importance. Elles sont préférables de beaucoup, pour les défauts superficiels, au mastic, qui tient difficilement, et finit par tomber tôt ou tard. Après examen du défaut, la personne chargée de la réception fait mieux, s'il y a lieu à réparation, d'autoriser une pièce plutôt que l'emploi du mastic.

Le mastic peut, tout au plus, être employé pour les défauts un peu profonds, quoique graves, comme les petits tassements, les retirures et les piqûres. Les fondeurs emploient, pour les pièces qui vont au feu, du mastic de fonte ordinaire passé au tamis fin et composé de :

Sel ammoniac, fleur de soufre et tournure de fonte, ou encore une pâte composée de limaille fine mêlée à de la terre glaise, ou du plâtre qu'on mouille avec de l'eau ammoniacale.

Pour les pièces qui ne vont pas au feu, un mastic à chaud composé de :

Cire 5 parties, résine 5 parties, mine de plomb 2 parties.

Le mastic se tient plus ou moins dur, en augmentant ou en diminuant la proportion de résine. Quelques fondeurs se bornent à masquer les défauts légers avec un peu de mine de plomb et de graisse après quelque oxydation préalable.

D'autres coulent de la fonte, du zinc ou du plomb dans les soufflures ou dans les tassements profonds; mais, pour bien remplir ainsi ces cavités, il faut qu'elles soient susceptibles de retenir les métaux coulés en leur présentant des points d'attaches suffisants, par exemple, un intérieur refouillé, irrégulier et plus large dans le fond qu'à la surface. On ne doit du reste employer ces moyens qu'avec de grandes précautions, en faisant chauffer à l'avance les parties de pièces à réparer, pour éviter les effets du retrait qui, notamment, quand il s'agit de couler fonte sur fonte, peuvent faire déchirer ou casser les pièces aux abords du défaut réparé.

Il vaut mieux, en tout cas, employer la fonte elle-même que le plomb ou le zinc, qu'il est difficile de relier assez solidement à la fonte pour que ces métaux ne risquent pas de se détacher à l'occasion. Nous avons vu des ouvriers maladroits garnir de plomb ou de zinc des soufflures profondes dont ils n'avaient pu, par un soudage, apprécier convenablement l'étendue.

QUATRIÈME PARTIE

FONDERIE DE CUIVRE

ALLIAGES.

Nos lecteurs trouveront dans le *Guide pratique*, publié en 1865, et dans l'ouvrage plus récent, *de la Fonderie en France*, des études de longue haleine sur la question importante des alliages. — Aussi, n'en donnerons-nous ici qu'un résumé très succinct.

Propriétés particulières des alliages. — Nous nous bornerons, par exemple, à noter, pour ce qui touche la fonderie, les propriétés acquises par certains alliages, ou celles qui sont d'un ordre général, étant envisagées au même point de vue.

Fusibilité. — Les alliages sont en général plus fusibles que le moins fusible des métaux composants, et très souvent d'une fusibilité plus grande que celle de chacun d'eux prise isolément. L'alliage *dit* de Darcet ou de Rose, qui comprend de l'étain, du plomb et du bismuth, à doses variables, est un exemple évident du principe que nous énonçons.

Ainsi, par exemple, en admettant que :

L'étain fond à 130°,

Le plomb à 320°,

Le bismuth à 270°,

La plupart des alliages, formés avec ces trois métaux, entreront en fusion au-dessous de 100°.

Toutefois, il faut se dire que tous les alliages ne sont pas soumis rigoureusement à la même loi, qui est surtout particulière à certains métaux blancs, entre lesquels il faut compter ceux que nous venons de citer, et auxquels il faut ajouter, notamment, l'antimoine et l'arsenic.

Dureté. — Les alliages sont, en général, plus durs et plus aigres que le plus dur et le plus aigre des métaux constituants. Certains métaux très mous, le plomb, par exemple, augmentent la dureté d'autres métaux avec lesquels ils s'allient. Ainsi, dans un alliage de plomb et d'étain, le plomb peut venir augmenter notablement la dureté de l'étain.

Ductilité, ténacité. — Quelques métaux, employés seuls ou réunis, apportent de la ductilité et de la ténacité à d'autres métaux qui en manquent. Toutefois, les alliages présentent, pour la plupart, une ténacité et une ductilité plus faibles que celles du métal le plus dur et le plus tenace faisant partie de leur combinaison.

La structure cristalline des alliages est d'une grande influence sur leur ténacité. Certains alliages, qui cristallissnt à gros grains, ont besoin d'être conduits au refroidissement avec une grande lenteur et une grande régularité, si l'on veut qu'ils conservent la ténacité qui leur est propre.

Densité. — Aucune loi précise n'établit la solidarité entre la densité des alliages et celle des métaux qui les constituent.

La densité des alliages est tantôt au-dessus, tantôt au-dessous de celle qui se déduirait des densités ou des proportions des métaux composant les mélanges.

La densité d'un alliage peut s'exprimer par la formule :

$$\Delta = \frac{(P + p)\, D\, d}{P\, d + p\, D},$$

dans laquelle P et p indiquent le poids des métaux entrant dans l'alliage, et D et d les densités respectives.

Dans le cas d'équilibre de cette formule, il ne se produit ni dilatation, ni contraction à l'alliage ; mais, si l'examen de l'alliage donne pour densité un nombre plus grand ou plus petit que Δ, on en conclut qu'il y a contraction ou dilatation.

C'est ainsi que, par expérience, on a pu déterminer, pour un certain nombre d'alliages, la marche de la densité, et dresser, entre autres, les indications suivantes, relatives aux alliages binaires.

Alliages dont la densité est plus grande que la densité moyenne des métaux qui les constituent :

Cuivre et zinc.	Argent et plomb.
Cuivre et étain.	Argent et étain.
Cuivre et bismuth.	Argent et bismuth.
Cuivre et antimoine.	Argent et antimoine.
Plomb et antimoine.	Or et zinc.
Plomb et bismuth.	Or et étain.
Argent et zinc.	Or et bismuth.

Alliages dont la densité est moins grande que la densité moyenne des métaux qui les constituent :

Fer et antimoine.	Zinc et antimoine.
Fer et plomb.	Argent et cuivre.

Fer et bismuth.	Or et argent.
Cuivre et plomb.	Or et fer.
Plomb et étain.	Or et cuivre.
Étain et antimoine.	Or et plomb.

La densité des alliages peut permettre de reconnaître, au moins d'une manière approximative, les proportions des métaux composants :

Élasticité. — M. Wertheim a cherché le rapport existant entre les propriétés mécaniques des métaux et celles de leurs alliages, pour en déduire la connaissance de l'état moléculaire de ces composés.

Les alliages préparés avec des métaux purs ont été mêlés et brassés pendant la fusion, puis coulés en lingotières chauffées.

Les expériences ont porté sur un grand nombre d'alliages connus, dont les propriétés mécaniques ont été plus ou moins étudiées par divers auteurs. Tels sont le bronze, le laiton, le similor, l'alliage des caractères d'imprimerie, le métal des cloches, celui des tams-tams et des cymbales.

Elles ont démontré, entre autres choses, que :

1° Les alliages se comportent comme les métaux simples, au point de vue des vibrations et de l'allongement ;

2° La cohésion, la limite d'élasticité ou l'allongement ne peuvent être déterminés, *à priori*, au moyen de quantités connues pour les métaux simples qui les composent ;

3° Les cofficients d'élasticité des alliages concordent assez bien avec la moyenne des coefficients d'élasticité des métaux constituants. Les contractions ou les dilatations n'ont pas d'influences remarquables sur les coefficients. On peut donc déterminer à l'avance la composition d'un alliage devant avoir une certaine élasticité ou devant conduire le son avec une vitesse donnée, du moment que l'une ou l'autre de ces conditions tombe entre les valeurs extrêmes des mêmes quantités des métaux connus ;

4° Le coefficient d'élasticité est d'autant plus grand que l'agencement moléculaire est plus serré, le grain plus fin et plus homogène.

Chaleur spécifique. — Les travaux du savant Regnault, sur la chaleur spécifique, ont fait voir que la moyenne des chaleurs spécifiques des composants restait sensiblement celle des alliages, les observations étant prises à une distance moyenne suffisante des points de fusion et de ramollissement.

Chaleur latente. — M. Rudberg, qui a fait des recherches remarquables sur les propriétés de la chaleur latente, a reconnu que, quand on a laissé refroidir un alliage fondu, le thermomètre devient, en général, deux fois stationnaire entre le point de fusion et la solidification. Les indications s'arrêtent à un point commun à tous les alliages des deux mêmes métaux, et une autre fois à un point qui varie avec leurs proportions.

Deux métaux fondus ensemble doivent, d'après M. Rudberg, former une combinaison à proportions définies, laquelle se trouve reportée vers celui des deux qui est en excès. L'alliage chimique, quand il est seul, se solidifie à un degré déterminé que M. Rudberg appelle le *point fixe*. Mais, quand il y a excès d'un des deux métaux, la solidification du métal et de l'alliage ne se produisant plus au même degré, l'excès de métal, qui tend à se solidifier d'abord, produit, en dégageant sa chaleur latente, un retard dans la marche du thermomètre. Le métal, solidifié en premier lieu, demeure répandu dans l'alliage chimique encore fluide, et celui-ci, au moment de la solidification, amène à son tour, par le dégagement de sa chaleur latente, un second arrêt du thermomètre.

Ainsi, le plomb se solidifie à 325°, l'étain à 228°, et, pour les alliages d'étain, le point fixe, ou autrement le point de fusion de l'alliage chimique, se tient à 187°.

Oxydation. — L'oxydation est généralement moins sensible sur les alliages que sur les métaux pris séparément. Toutefois, dans certains cas, l'oxydation est plus grande dans les alliages. Un alliage de plomb et d'étain, par exemple, quand le plomb domine, brûle et s'oxyde au rouge avec une grande rapidité.

Quand un des métaux composants s'oxyde facilement, et vient se réunir dans l'alliage à un métal inoxydable ou peu oxydable, on peut séparer ces métaux en convertissant le premier en oxyde, le second restant intact. C'est sur cette propriété que reposent les procédés de coupellation à l'aide desquels on sépare l'argent du plomb. On peut isoler encore, par de semblables opérations, deux métaux différemment oxydables, celui qui est le plus susceptible d'oxydation s'oxydant beaucoup plus rapidement que l'autre.

L'oxydation à l'air humide des alliages est, en général, moins grande que celle du métal composant le plus facilement oxydable. Il arrive, comme dans les bronzes de statues, que l'alliage s'oxyde rapidement en principe, plus que ne le feraient les métaux composants exposés à l'air séparément. Mais, ce premier effet produit, l'oxydation semble suspendue et ne se poursuit pas avec la même intensité destructive qu'elle exercerait dans les métaux isolés.

Bien que les acides semblent, pour la plupart des cas, agir sur les alliages comme ils agiraient sur le métal dominant dans la composition, il faut aussi admettre qu'ils agiraient d'une façon moins destructive à la longue sur l'alliage que sur le métal séparé.

PRÉPARATION ET COMPOSITION DES ALLIAGES.

Dosages. — Les alliages se font de toutes pièces, c'est-à-dire en combinant dans le même fourneau, sous la même fusion, les divers métaux à allier.

Ou encore ils se font par dosages, c'est-à-dire en réunissant les métaux d'abord deux à deux, trois à trois ; pour, ces premières combinaisons obtenues, parvenir à obtenir des alliages définitifs plus complets.

Dans le premier cas, celui que la pratique admet le plus généralement, l'alliage ne se fait pas d'une manière tellement intime, quels que soient les soins pris à la fusion, au brassage, à la coulée, etc., qu'on puisse dire que le métal obtenu est parfaitement dense, parfaitement régulier, parfaitement homogène.

On arrive à plus de précision par le second procédé. Les combinaisons plus assorties, en quelque sorte, par la fusion séparée des métaux qui se conviennent, se font mieux, comportent un dosage plus exact et se prêtent davantage à l'introduction plus normale, dans un alliage complexe des métaux qui, apportés de toutes pièces, seraient difficiles à introduire.

L'ordre suivant lequel les métaux doivent être introduits dans les alliages n'est pas, du reste indifférent. Il ne suffirait pas, pour amener un bon résultat, de jeter au creuset, sans règle ni mesure, dans un ordre quelconque, des métaux qui, doués de propriétés d'assimilations différentes, parviendraient difficilement à se combiner d'une façon satisfaisante.

Dans un alliage de cuivre, d'étain et de zinc, par exemple, il convient mieux d'introduire d'abord l'étain dans le cuivre fondu, puis le zinc, que de jeter dans le bain le zinc en premier lieu, l'étain ensuite.

Dans l'alliage quartenaire, cuivre, étain, zinc, plomb, il est préférable de suivre l'ordre que nous indiquons, plutôt que tel ou tel autre, et d'apporter à l'alliage le plomb en dernier lieu.

Bien d'autres exemples viendraient à l'appui de cette donnée, qui mérite considération, et qui n'a, du reste, de meilleure loi que celle de l'expérience et de la connaissance des métaux.

Un essai facile peut permettre de constater le principe que nous exposons, et démontrer que l'ordre suivi dans la préparation d'un alliage n'est pas sans influence.

Qu'on combine 10 parties de cuivre et 90 parties d'étain, et qu'à cet alliage on ajoute 10 parties d'antimoine, ou qu'on combine 10 parties de cuivre et 10 parties d'antimoine pour les ajouter à l'étain, on aura deux alliages, en réalité chimiquement les mêmes, et cependant on reconnaîtra sans peine que, comme fusibilité, ténacité, dureté, etc., ils sont entièrement différents.

Départ. — Dans les alliages de toutes pièces, quelles que soient les précautions prises pour la fusion et le brassage, la combinaison a d'autant moins de chance d'être homogène que les métaux composants sont de densités différentes. A la coulée, il se produit un départ qui amène au fond du moule le métal le plus pesant.

Ce départ se montre notamment dans les alliages de cuivre et d'étain qui, lorsqu'ils s'appliquent à des pièces massives, conservent difficilement la même homogénéité et les mêmes proportions sur toute la hauteur de ces pièces.

Les différences de pesanteur ne produisent pas seules la séparation qui se montre, après la jetée en moule, au moment de la solidification. Après qu'un alliage commence à se figer, il se partage le plus souvent en alliage moins fusible, qui se solidifie à l'approche des surfaces contre lesquelles le refroidissement a lieu, et en un autre alliage plus fusible, en même temps que plus léger, qui tend à former, dans le centre de la pièce, un courant ascendant vers le haut du moule.

Cette séparation des métaux, faisant partie d'un alliage en fusion, est une cause de très grande difficulté dans la fabrication des canons de bronze, où le départ de l'étain se traduit par des taches blanches bien accusées qui, plus fusibles que le reste du métal, sont fondues et enlevées sous l'action de la chaleur produite par l'explosion de la poudre.

Un refroidissement énergique et actif est le seul moyen d'empêcher de pareils résultats, qui produisent la détérioration et hâtent la destruction des bouches à feu. Le départ est empêché, ou tout au moins entravé, si l'alliage peut se solidifier à peine versé dans le moule.

Refroidissement. — Un refroidissement trop lent est, dans tous les cas, un obstacle à l'homogénéité des alliages. Quand il ne produit pas la séparation des métaux, il amène un état de cristallisation très caractérisé, qui est souvent une cause d'altération fâcheuse dans la solidité du métal.

Cristallisation. — La cristallisation dont nous parlons peut augmenter, en général, la dureté de l'alliage, mais elle diminue beaucoup sa ténacité. Sensible, surtout dans certains alliages susceptibles de conserver longtemps après la coulée une chaleur propre relativement élevée, et, par là, d'être sujets à des affouillements et à des tassements déterminés par un refroidissement trop lent, cette cristallisation, avec tous les inconvénients qu'elle entraîne, peut être évitée à l'aide de jets et de masselottes d'une force suffisante pour *charger* le métal, autant que par l'emploi des moyens accessoires pour activer le refroidissement, tels que secousses imprimées aux moules après la coulée, arrosement de certaines parties des moules, etc.

Ce serait, du reste, une erreur de penser que, pour obtenir un refroidissement plus rapide, il conviendrait de couler *peu chauds* les alliages susceptibles de cristallisation prononcée ou de cristallisation irrégulière, de déformation ou de tassements intérieurs.

Tous les alliages, en général, gagnent à être coulés à la plus haute limite de température qu'on peut leur faire atteindre, sans risquer d'exagérer le déchet par l'oxydation ou par la volatilisation. Un alliage coulé *bien chaud* se refroidit dans des conditions meilleures qu'un alliage coulé *pâteux*, et n'est pas sujet à des soufflures, à des piqûres, à des tassements très fréquents dans les métaux dont la liquéfaction demeure incomplète.

Liquation. — Les procédés de *liquation* utilisés par l'industrie métallurgique, pour extraire certains métaux d'autres métaux, de nature plus ou moins fusible, peuvent ne pas exiger un chauffage aussi régulier et aussi complet que celui des alliages destinés à être transformés instantanément par le moulage.

D'une part, il ne s'agit ici que d'extraire des métaux à l'état brut, pour ainsi dire, devant être fondus ou traités à nouveau avant d'arriver aux emplois industriels.

Température. — D'autre part, il suffit d'obtenir une température convenable pour dégager de l'alliage l'un des métaux combinés, qui fond en laissant l'autre métal isolé. Ainsi, pour séparer l'argent du cuivre, par exemple, on commence par fondre l'alliage d'argent et de cuivre avec une proportion de plomb telle que le plomb et le cuivre soient partie à partie dans le composé. Puis, en chauffant l'alliage à un certain degré, il se forme deux alliages, dont l'un, facilement fusible, contient 12 parties de plomb et 1 partie de cuivre; et l'autre, plus réfractaire, renferme, au contraire, 12 parties de cuivre et 1 partie de plomb. Le premier entraîne les douze treizièmes de l'argent, que l'on peut retirer par la coupellation.

Alliages à divers degrés. — Les alliages peuvent se faire de toutes ou s'obtenir par dosages, ainsi qu'il a été dit au début de ce chapitre. Les alliages binaires, formant des composés d'un premier degré, peuvent servir eux-mêmes à préparer des composés d'autres degrés jouissant de nouvelles propriétés.

Si ces alliages sont combinés avec un seul nouveau métal, il en résulte ordinairement un nouvel alliage binaire, dans lequel l'atome composé du premier alliage joue le rôle d'un atome simple. Si la combinaison se produit entre deux alliages préexistants, il se forme un nouveau composé dont les propriétés peuvent être très différentes de celle des alliages qu'on obtiendrait en combinant successivement chaque métal.

Les alliages binaires ont une importance réelle, en ce sens qu'on utilise les qualités particulières des deux métaux composants dans les limites les plus étendues de ces qualités. Mais ces alliages, soit qu'ils manquent de cohésion, soit qu'ils n'obtiennent pas au plus haut degré certaines propriétés recherchées par l'industrie, doivent être modifiés par l'apport de nouveaux métaux venant former, avec les deux métaux élémentaires de l'alliage, des espèces de *croisements* qui aident à constituer des combinaisons toutes différentes que celles qui seraient données par les métaux unis deux à deux, et, dans tous les cas, plus intimes et plus homogènes dans leur ensemble.

En général, il est avantageux de faire entrer dans les alliages un certain nombre d'éléments, fussent-ils en petites quantités, pour la plupart, et quand bien même quelques-uns de ces éléments seraient sans utilité appréciable ou sans action importante. Les effets d'affinité obtenus par des éléments nouveaux ont pour objet de favoriser les mélanges, en les rendant plus homogènes et plus denses, et s'opposent quelquefois très avantageusement aux tendances de *départ* qui peuvent se produire dans la masse.

C'est ainsi, par exemple, qu'un bronze, rigoureusement composé de cuivre et d'étain pour la statuaire, acquiert des qualités nouvelles et indispensables par l'adjonction du zinc et du plomb.

De même un alliage de cuivre et de zinc, admissible en principe par certains besoins industriels, devient bien plus favorable à ces besoins s'il emprunte à une dose quoique faible d'étain ou de plomb, certains éléments qui l'améliorent et le complètent.

Plus un alliage doit être appelé à se composer d'éléments divers, plus il importe de procéder par des dosages dans sa préparation.

En dehors des dispositions particulières de l'affinité, du rapprochement du point de fusion, de la similitude des densités, toutes considérations qui doivent guider le fondeur dans la marche à suivre pour l'ordre de fusion à donner aux métaux composant les alliages, il y a lieu de chercher, comme mesure utile, les moyens d'amener en dernier lieu, dans la fonte, les métaux qui prennent part en moins grande quantité à l'alliage.

Fusion. — Dans la pratique ordinaire, les métaux à combiner sont mis en fusion à l'aide d'appareils et de procédés variables, suivant l'importance des alliages et suivant la nature des métaux que l'on doit traiter.

Les métaux facilement fusibles, tels que le plomb, l'étain, etc., sont fondus à la cuillère ou dans des marmites en fer ou en fonte.

Les métaux plus réfractaires sont traités dans des creusets, dont la qualité, comme résistance au feu et comme solidité, est d'autant plus recherchée, qu'on doit fondre des métaux d'un point de fusion élevé ou d'une grande valeur.

Pour l'or, l'argent, le platine, par exemple, on se sert de creusets d'une qualité supérieure, non susceptibles d'éclater et de perdre dans le feu le métal qu'ils doivent recevoir. Pour le cuivre et ses alliages, tout en demandant aux creusets le plus de durée et de solidité possibles, on se préoccupe d'avantage de l'économie, parce qu'il s'agit d'un travail usuel de fréquente répétition, agissant sur des masses de métal.

Du moment même que ces masses deviennent importantes, soit comme grand nombre de pièces à couler, soit comme poids considérable de ces pièces, on renonce à la fonte au creuset pour pratiquer la fusion dans les fours à réverbère, et, au besoin, dans les cubilots.

La mise en fusion des métaux, et le mode de les mélanger au creuset, toutes simples que ces opérations puissent paraître au premier abord, exigent des soins sur lesquels nous ne saurions trop insister.

Les alliages de toutes pièces sont toujours très difficiles à pratiquer quand les métaux, comme le zinc et le plomb, le cuivre et le plomb, par exemple, ont une espèce d'*antipathie* dans l'affinité.

On n'obtient qu'avec peine de toutes pièces des composés bien intimes, bien homogènes, présentant, en un mot, le corps et le grain des alliages ayant déjà passé par une première fusion.

Pour arriver au mieux possible sans former les alliages par la méthode des dosages, il convient, en général, de chercher à se renfermer dans les principes suivants :

Charger au creuset et fondre d'abord le métal le moins fusible parmi ceux qui font partie du composé ;

Faire chauffer ce métal, après sa fusion, jusqu'à ce qu'il atteigne une température telle qu'il puisse supporter sans refroidissement instantané et sensible l'introduction des autres composants ;

Charger ensuite les métaux qui font partie de l'alliage dans l'ordre de leur infusibilité. Quelles que soient leurs doses, et quand bien même elles entreraient dans l'alliage comme base principale, il est indispensable de fondre en premier lieu le métal le plus réfractaire. La liquidité de ce métal donne en effet la mesure de la température nécessaire pour consommer l'alliage. En chargeant d'abord un métal fusible, on s'exposerait à le voir s'oxyder, se volatiliser et briser le creuset si l'on voulait attendre la température utile pour recevoir sans refroidissement immédiat un métal moins fusible ; on augmenterait d'ailleurs le déchet et l'on modifierait ainsi sensiblement les proportions du composé ;

Faire rougir à la flamme du fourneau les métaux à introduire subsidiairement dans l'alliage, de manière à élever leur température, autant qu'on pourra, pour faciliter l'échange qui doit s'établir à la descente au creuset. Cette mesure est bonne surtout quand il s'agit d'un métal volatil, comme le zinc, qui, fondu trop brusquement, peut faire casser les creusets ;

Brasser après la fusion de chaque partie du composé ; recouvrir le creuset et donner un coup de feu d'autant plus actif que le métal est plus dur à fondre ;

Recouvrir, dans les alliages chargés en zinc, la surface du bain d'une couche de poussier de charbon de bois. Cette précaution est inutile quand l'alliage ne reçoit pas de composant à fusion élevée, comme le fer ou le cuivre, ou quand la dose de zinc descendue dans le bain ne nécessite pas une continuation prolongée du chauffage et permet de procéder au même moment à la coulée. Dans les alliages chargés en étain, le poussier ferait scorifier une partie de ce métal ; il est préférable d'employer, pour recouvrir le bain, du sable réfractaire ou du grès en poudre ;

Brasser vigoureusement le bain au moment de le verser dans les moules, et l'agiter pendant toute la durée de la coulée, s'il est possible. On doit brasser avec un morceau de bois blanc sans éclater, et éviter de se servir du fer qui tend à rendre les alliages secs et pailleux, et qui, d'ailleurs, peut modifier la nature des composés en s'ajoutant à l'alliage à doses faibles, il est vrai, mais néanmoins sensibles ;

Nettoyer avec soin le creuset après chaque coulée, autant pour conserver la composition rigoureuse des alliages que pour favoriser la fusion.

Telles sont les conditions principales pour obtenir les alliages de toutes
pièces. Si ces alliages ainsi préparés ne donnent pas sans peine des résultats
complets, ils offrent du moins, à l'emploi, une grande économie, et ils portent avec eux l'avantage à considérer de conserver, aussi strictement que l'a
permis la fusion, les proportions adoptées, en principe, comme bases fondamentales.

Au reste, en pratique, il est généralement reconnu qu'une quantité minime
d'ancien alliage, introduite dans l'alliage neuf, ne suffit pas pour favoriser
celui-ci et fournir à la composition tout le caractère d'*homogénéité* que lui
donnerait une refonte.

Dans les alliages ternaires ou quaternaires, formés de cuivre, zinc étain et
plomb, on ferait toujours bien, pour obtenir en résumé un mélange plus ho
mogène, d'allier à l'avance les métaux les plus fusibles, tels que le zinc,
l'étain, le plomb, puis de combiner ce premier alliage avec le cuivre dans les
conditions les plus favorables, afin d'employer ces alliages préalables à former
la combinaison dernière, laquelle gagnerait ainsi plus de qualité qu'un alliage
composé en principe de toutes pièces.

Toutefois, redisons-le, les alliages de toutes pièces, bien que beaucoup plus
simples et plus économiques, ne suffisent pas, dans tous les cas, aux besoins
de l'industrie et ne donnent pas les mêmes garanties d'usage et de produit qu'on trouve dans les alliages refondus. C'est ainsi que les jets de
bronze et de laiton, provenant d'une première fusion, donnent à la seconde, quand les proportions ont été bonnes d'abord, une résistance plus
grande, un grain meilleur, un métal plus sain et plus facile à travailler que
le premier alliage n'aurait donné de toutes pièces.

Quand on coule les objets moulés, les alliages de toutes pièces — nous
parlons toujours de ceux où le cuivre entre comme une des parties composantes — produisent un métal peut-être moins sujet aux cassures et aux *retirures* que l'alliage *vieux;* mais ils donnent une surface moins nette, un
grain moins serré et moins facile à travailler. Ces alliages sont du reste
moins coulants et atteignent moins bien les surfaces des moulages. Tous inconvénients à considérer en matière de bronzes de statuaire ou d'ornementation, mais qui sont de peu de gravité, s'il s'agit de pièces de machines ou
d'usage industriel.

En général, plus un métal est fondu souvent, plus il perd de ses qualités
primitives.

Ce qui arrive pour la fonte de fer qui, après avoir subi plusieurs fusions,
perd de sa douceur, de son nerf, pour prendre de la dureté et passer à l'état
cassant, se produit, sinon à un degré pareil, du moins d'une façon sensiblement proportionnelle chez les autres métaux. Le cuivre fondu à plusieurs
reprises prend un grain plus fin et devient moins tenace. Il en est de même
de l'étain, du zinc et du plomb. Toutefois, ces deux derniers métaux tendent
à s'épurer par la deuxième fusion, et y gagnent assez ordinairement de la
qualité; mais cette qualité disparaît si l'on persiste à les refondre.

Cette dépréciation, à constater dans la nature des métaux fondus isolément, est due aux combinaisons nouvelles qui se forment pendant la refonte, combinaisons entièrement subordonnées à la manière dont est conduite l'opération.

L'oxydation par le feu et par l'air, la présence du fer presque impossible à écarter pendant la fusion, sont les causes essentielles qui amènent la dépréciation que nous indiquons.

Ces causes, on le comprendra, s'exerceront avec plus d'action encore s'il s'agit d'alliages refondus qui abandonnent leurs proportions primitives sous l'influence différentielle des déchets. Et, si un alliage de toutes pièces, fondu une première fois, donne des résultats favorables à l'emploi, il perd évidemment s'il est exposé à subir plusieurs fusions. On parvient, il est vrai, à le maintenir dans les limites proportionnelles de sa composition, en rétablissant, autant par le tâtonnement que par l'expérience, les doses qui ont pu se modifier pendant les fontes précédentes; mais, dans tous les cas, quelles que soient les précautions prises, on n'arrive que très difficilement à rétablir le titre primitif.

Fonte au creuset. — La fonderie de cuivre, notamment la fonderie parisienne, est arrivée à couler des pièces importantes à l'aide de fours à creusets. Elle obtient des combinaisons plus certaines et moins de déchets que par tous autres modes de fusion plus simples, plus rapides ou même plus économiques.

Les fours à creusets, par le peu de place qu'ils occupent, et par le peu de frais qu'exige leur construction, sont à la portée du plus grand nombre des fondeurs. Nous n'indiquerons pas ici les principes à suivre pour opérer la fusion dans les creusets. On trouve ces détails dans la deuxième partie de ce livre, pages 188 et suivantes.

Le point important, avons-nous dit déjà, est de fondre en premier lieu les métaux les plus réfractaires, le cuivre, par exemple, puis d'ajouter au bain les divers métaux composant l'alliage dans l'ordre de la résistance à la fusion.

Quand il s'agit de sortir le creuset du fourneau, on nettoie, à l'aide du crémoir, la surface du bain; puis, en se servant d'une tringle de fer, on brasse l'alliage en fusion avec d'autant plus de soin et de persistance, qu'il comporte des métaux plus difficiles à réunir. Enfin, on enlève rapidement le creuset pour verser son contenu dans les moules, en évitant tout contact trop immédiat de l'air ou toute cause étrangère de refroidissement.

Pour les grosses pièces, les creusets au feu sont conduits de façon à fournir simultanément chacun leur contingent de métal liquide. Tous sont enlevés activement et dans le même temps des fourneaux pour être versés dans une poche ou dans un bassin commun, d'où le métal est dirigé sur le moule à couler.

Le moindre retard, dans la coulée d'un ou de plusieurs creusets, des irrégularités inévitables dans la fusion, une température plus ou moins égale, la difficulté d'un brassage convenable quand les fontes de tous les creusets sont réunies, rendent ce mode de procéder assez scabreux. Il faut, pour qu'il réussisse, disposer d'un emplacement, bien entendu, permettant des manœuvres faciles et rapides ; il faut en même temps avoir des ouvriers habiles et rompus à un pareil travail.

Fonte au réverbère. — Aussi un four à réverbère bien construit et bien conduit, même un cubilot, lorsque l'emploi de ce dernier appareil est bien dirigé, permettent-ils d'obtenir, sans plus de frais, une fusion plus active, plus facile et mieux appropriée à la coulée des grandes pièces.

Les fours à réverbère destinés à la fusion des alliages de cuivre sont peu différents de ceux qu'on emploie pour la fusion de la fonte de fer. Toutefois, on recherche de préférence les fours dont le creuset se trouve placé près de l'autel.

Le métal déposé sur la sole du four à réverbère est mis en fusion avec des soins plus particuliers au chauffage, que ceux qui peuvent être exigés pour la fonte de fer. Les feux doivent être moins vifs et moins répétés ; ils doivent avoir une intensité plus régulière, surtout lorsque le métal désagrégé est entré en liquéfaction et approche du terme de sa fusion.

Quand le métal est en bain, et après avoir reconnu qu'il a atteint un degré de chaleur assez élevé pour qu'on puisse le couler, on ouvre la portière qui domine le creuset et l'on introduit avec promptitude les métaux plus fusibles qui doivent compléter l'alliage. On brasse toute la masse du bain à l'aide d'une cuiller en fer, en apportant à cette opération un soin d'autant plus grand, que du brassage bien conduit dépend le mélange intime des éléments qui constituent le composé.

Les alliages de cuivre et d'étain demandent, entre autres, à être soigneusement brassés. L'étain tend à remonter à la surface des pièces coulées lorsque le mélange n'a pas eu lieu intimement sous l'influence d'une température un peu élevée. Quelques praticiens préfèrent mettre en fusion l'étain dans la poche qui doit servir à la coulée et verser sur ce métal fondu le cuivre sortant du four à réverbère, en ayant soin d'agiter le bain à mesure qu'il se forme.

Les alliages de cuivre et de zinc se mélangent plus facilement ; toutefois, il faut avoir soin de tenir baissé le registre de la cheminée du four à réverbère aux deux cinquièmes au moins, pendant qu'on introduit le zinc, et éviter de faire un feu trop ardent ; car, si l'on doit toujours avoir la précaution de maintenir le chauffage quand l'alliage est fait, il est bon de ne pas surchauffer si l'on veut empêcher que le déchet soit plus fort qu'il ne convient. Aussi est-il d'une bonne entente, quand les métaux sont réunis, et qu'on va fermer momentanément la porte de chargement pour continuer pendant quelques instants le chauffage, de recouvrir la surface du bain d'une pellée de fraisil de charbon de bois ou de sable quartzeux.

Au moment de couler, on perce, à l'aide d'un ringard, l'orifice qui communique au fond du creuset, et on reçoit le métal dans une poche où l'on fait bien de conserver quelques charbons allumés qui surnagent à la surface en la préservant du contact de l'air. La température des alliages du cuivre avec l'étain ou avec le zinc subit en peu d'instants un refroidissement sensible ; et si l'ont tient à obtenir des pièces coulées parfaitement saines, on ne saurait trop presser la jetée en moule, et trop se mettre hors de l'atteinte des courants d'air, en ayant soin de fermer toutes les issues qui pourraient en amener pendant la durée de la coulée.

Les fours à réverbère sont employés encore pour mettre en fusion des scories et des lavures d'atelier, de grosses pièces qu'on ne peut casser ou diviser pour les fondre dans les creusets. Lorsqu'on doit procéder sur des alliages, il est nécessaire d'en déterminer d'abord le titre, puis d'y ajouter, pour les ramener au dosage voulu, les proportions des métaux qui manquent, zinc, étain, plomb, etc. L'introduction, dans le bain, de ces métaux complémentaires, se fait suivant les données que nous venons d'exposer.

Fonte au cubilot. — On peut employer avec succès les cubilots à la refonte du cuivre et de ses alliages. Bien qu'un grand nombre de fondeurs hésitent encore devant l'emploi des cubilots, nous pouvons affirmer que cet emploi offre de grandes ressources dès qu'il s'agit de la mise en fusion des grosses pièces, et même de toutes les pièces ordinaires de mécanique en bronze ou en laiton.

Les conditions essentielles pour obtenir dans les cubilots un métal bien allié, d'une bonne température et donnant des pièces saines, peuvent se résumer de la manière suivante :

Employer du coke dense en fragments cassés, sous un volume relativement plus faible que ceux qui servent à la fusion de la fonte de fer ;

Se servir d'un cubilot peu élevé, d'une forme intérieure cylindrique, d'un diamètre égal au cinquième environ de la hauteur, à une seule tuyère ou à deux tuyères opposées, donnant le vent sous une faible pression. Chauffer avec soin la sole des fourneaux avant de charger le cuivre ;

Faire les charges plus petites que celles qu'on fait ordinairement pour la fusion de la fonte de fer, 100 à 125 kilogrammes, par exemple, pour un cubilot du diamètre de 0^m,50 et de la hauteur de 2^m,50 ;

Surveiller la tuyère avec le plus grand soin, pour se mettre en état de couler dès que les dernières gouttes de la dernière charge arrivent dans le creuset ;

Verser le cuivre rouge sur l'étain mis en bain à l'avance dans la poche de coulée ;

Brasser avec soin, et d'une manière continue, pendant que le cuivre se répand dans la poche et que s'opère le mélange ;

Laisser la surface du bain dans la poche, couverte de fraisil ou de charbons enflammés.

Dans les alliages où figure le zinc, on fait bien de faire fondre ce métal à part, de verser le cuivre d'abord, et d'introduire dans le bain de cuivre, recouvert d'une couche brasquée, le zinc fondu qu'on fait passer dans un trou ouvert au milieu de la brasque. Ce même orifice sert à l'introduction du ringard ou du morceau de bois que l'on emploie pour le brassage. En opérant sur ces bases, en usant de toutes les précautions nécessaires pour obtenir un mélange intime sans oxydation ou volatilisation des métaux les plus fusibles, en surveillant la fusion du cuivre, de façon à limiter le déchet, en ajoutant au cuivre rouge chargé au cubilot quelques lingots de bronze ou de laiton, quelques pièces manquées ou quelques gros jets qui préparent le cuivre à l'alliage et lui donnent une liquidité qu'il n'atteindrait pas seul, on arrive à couler même les pièces minces d'une manière très satisfaisante, plus rapide que les fours à creusets et dans les fours à réverbère, en tout cas plus économique et plus simple.

Déchet. — Le déchet des alliages de cuivre et d'étain est moindre que celui des alliages de cuivre et de zinc, parce que ce dernier se volatilise rapidement dès qu'il est chauffé à son point de fusion.

Lorsqu'on fond au creuset des limailles ou des tournures de cuivre jaune, le déchet peut s'élever jusqu'à 25 ou 30 p. 0/0, et l'on arrive difficilement à obtenir un bain assez pur pour couler des pièces moulées. Il faut donc faire des lingots qui sont fondus de nouveau, et qui subissent encore un déchet de 3 à 5 p. 0/0. Au cubilot, les limailles chargées dans des bouts de tuyaux de vieux cuivre, ou enveloppées dans des boîtes grossières, confectionnées avec de la mitraille pendante, ne donnent guère plus de déchet qu'au creuset, et le métal est plus chaud.

Pour les alliages coulés en lingot, il est bon d'employer des lingotières larges et peu profondes, afin d'éviter le départ. Dans les alliages, bronzes surtout, si les lingots sont trop épais, l'étain a une grande tendance à remonter à la surface. Cet inconvénient n'a pas de gravité sérieuse, s'il s'agit de lingots destinés à la fonderie ; il est excessivement important, si les lingots sont destinés au martelage ou au laminage.

Le déchet des alliages est tout à fait subordonné à la durée de la fusion et au temps pendant lequel ces métaux, une fois liquéfiés, sont soumis à la température des foyers où ils se trouvent placés. Toutefois, à soins pareils et à surveillance égale, la proportion des déchets doit être moins grande dans les fours à creusets que dans les fours à réverbère ou dans les cubilots.

Dans les fours à creuset, le déchet est variable selon le plus ou moins d'habileté du fondeur ; il peut, sauf accidents ou exceptions, se limiter entre 3 et 6 p. 0/0. Dans les cubilots, il peut varier entre 4 et 10. Dans les fours à réverbère, entre 6 et 15 ou 20 p. 0/0. Avec les fours à réverbère, appareils très très difficiles à bien diriger pour éviter les coups de feu, et pour régler la température quand se produit la fusion, l'ouvrier le plus habile n'est pas toujours sûr de ses déchets ; aussi n'est-ce pas le premier venu qu'on charge, dans les grandes usines à cuivre, de diriger la fonte au réverbère, car il est trop facile à un ouvrier peu exercé de passer en un instant des limites du déchet admis pour un bon travail à une exagération sans bornes.

Proportions des alliages. — Nous avons donné ailleurs un moyen pratique pour déterminer la proportion des composants d'un alliage. Ce moyen nous semble devoir trouver ici sa place utile, comme complément des explications que le présent chapitre vient de fournir.

Lorsqu'on connaît, par exemple, les éléments d'un alliage binaire, le calcul peut donner la quantité de chacun de ces éléments à l'aide du procédé suivant :

On prend deux à deux les trois différences entre la pesanteur spécifique de l'alliage et celle de chacune des deux substances combinées, puis on multiplie chaque pesanteur spécifique par la différence des deux autres, et on établit ces deux proportions :

Le plus grand produit est au poids total du composé, comme chacun des deux autres produits est au poids des deux substances composantes.

Pour éclaircir ceci, par exemple, cherchons quelle est la quantité de chacun des deux éléments entrant dans 130 kilogrammes d'un alliage de cuivre et d'étain dont la densité est reconnue de 8,761, et lorsqu'on sait que la pesanteur spécifique du cuivre est de 8,788, et celle de l'étain de 7,291.

Prenons successivement les trois différences entre les pesanteurs spécifiques, et multiplions chacune de ces différences par la densité qui n'a point fait partie de la soustraction.

$$8.788 - 7.291 = 1,497 \times 8.761 = 13.115217.$$
$$8.761 - 7.291 = 1,476 \times 8.788 \ || \ 12.918360.$$
$$8.788 - 8.761 = 0.027 \quad 7.291 = 0.196857.$$

Établissons les proportions que nous avons indiquées :

$$13.115217 : 130 :: 12.918360 : x = 128\,048.$$
$$13,115217 : 138 :: 0.196857 : x = 1.951.$$

Le composé est donc formé de 128,043 de cuivre et de 1,950 d'étain, à 0,01 près. On pourrait, en opérant d'une manière semblable, trouver les proportions d'un alliage ternaire, quartenaire, etc.

Comme complément à cette méthode, qui ne peut qu'être utile à tous ceux qui s'occupent de fonderie, en dehors des méthodes de dosage pour l'analyse, il est bon de rappeler les moyens pratiques usités pour déterminer la pesanteur spécifique d'un corps.

Si l'on représente par l'unité la pesanteur spécifique de l'eau, et si l'on pèse d'abord le corps dans l'air, puis en tenant plongé dans l'eau, on arrive à trouver la densité au moyen de cette proportion.

La différence du poids dans l'eau est au poids dans l'air comme 1 ou la densité de l'eau est à X, la densité cherchée.

Mais il peut arriver que le corps soit plus léger que l'eau ; on l'attache alors à un autre corps plus lourd, au moyen duquel on peut opérer le pesage dans l'eau ; on retranche le poids des deux corps dans l'eau de leur poids dans l'air, puis le poids dans l'eau du corps ajouté, de son poids dans l'air ; puis enfin ce dernier reste du premier, ce qui donne un nouveau reste qui est au poids dans l'air du corps plus léger que l'eau, comme 1 où la pesanteur de l'eau est à X la densité cherchée.

Au moyen de ces procédés, les fondeurs peuvent arriver sommairement à déterminer les composants d'un alliage sans avoir recours à la voie des analyses, qui ne leur est pas toujours familière.

Analyses. — Toutefois, il n'est peut être pas inutile de relater la marche à suivre pour quelques analyses faciles touchant les alliages du cuivre, de l'étain, du zinc et du plomb, et pouvant intéresser les fondeurs.

Nous la résumons ici d'après les méthodes de *Thénard* (*Traité de Chimie*, tome 1).

Étain et plomb. — Verser sur 10 grammes de l'alliage, en limaille ou en tournure, 60 à 70 grammes d'acide pur. Exposer à une chaleur graduelle. Puis, quand on n'apercevra plus de parcelles métalliques, l'acide nitrique s'étant décomposé en formant du bioxyde d'étain blanc et insoluble, et du nitrate ou azote de plomb soluble, faire évaporer à siccité.

Étendre d'eau, passer au filtre et laver le résidu jusqu'à ce que l'eau de lavage ne rougisse plus le tournesol.

Faire sécher ensuite, calciner au rouge, peser et déduire du poids du bioxyde d'étain le poids du métal.

Réunir les eaux du lavage à la liqueur filtrée ; ajouter un excès de sulfate de potasse et de soude, et obtenir un précipité qui, lavé, séché et pesé, donnera la dose du plomb.

Étain et cuivre. — Procéder comme ci-dessus pour obtenir le dosage de l'étain ; puis, pour avoir le cuivre, verser de la potasse caustique dans la liqueur dégorgée du plomb, s'il a été nécessaire, et obtenir le cuivre précipité à l'état d'hydrate. Le précipité filtré, lavé, desséché, puis calciné au rouge, fournira de l'oxyde de cuivre dont on pourra déduire le cuivre.

Zinc et cuivre. — Faire dissoudre 5 grammes d'alliage dans l'acide nitrique. Étendre d'eau. Faire passer un excès de gaz sulfhydrique pour précipiter le cuivre à l'état de bisulfure.

Recueillir le précipité, filtrer et laver avec eau chargée d'acide sulfhydrique, puis dégager le cuivre.

Réunir les eaux de lavage à la liqueur primitive. Enlever le gaz sulfhydrique par le chauffage. Ajouter du carbonate de soude qui séparera le zinc à l'état de carbonate, lequel, lavé, séché et calciné, donnera de l'oxyde de zinc dont on extraira le poids de ce métal.

Cuivre, zinc et plomb. — Faire dissoudre dans l'acide azotique. Chasser de la dissolution, autant que possible, l'excès d'acide. Étendre d'eau. Ajouter du sulfate de soude ou de potasse pour précipiter le plomb à l'état de sulfate. Puis, traiter la liqueur comme ci-dessus pour avoir le zinc et le cuivre.

Cuivre, zinc, plomb et étain. — Traiter à chaud par l'acide nitrique en excès. Évaporer à siccité. Verser de l'eau sur le résidu. On aura en dissolution le nitrate de plomb et le nitrate de cuivre ; puis un dépôt de bioxyde d'étain. Celui-ci, séché et lavé, donnera l'étain. Versez alors dans la liqueur restant : du sulfate de soude ou de potasse qui déterminera la formation du sulfate de plomb dont on extraira le plomb. Le cuivre et le zinc, restant en dissolution dans l'acide nitrique, seront retirés comme ci-dessus à l'aide d'un excès de gaz sulfhydrique, ou bien l'on pourra traiter par l'hydrate de potasse pour précipiter le cuivre à l'état de bioxyde et le dégager du zinc.

La plupart des traités de chimie contiennent des indications sur les analyses des métaux. Nous reproduisons celles-ci parce qu'elles se présentent sous la forme la plus simple, par conséquent la plus pratique, à la portée de tous les directeurs de fonderie qui ont fait quelques études chimiques.

ALLIAGES USITÉS DANS L'INDUSTRIE

Ici, comme pour tout ce qui concerne les alliages, nous nous bornerons à mentionner particulièrement les composés qui sont dans des conditions courantes, et qui s'appliquent à des travaux de fonderie d'un ordre déterminé. En d'autres termes, nous élaguerons le plus possible tout ce qui n'est pas de la profession particulièrement spéciale que nous voulons décrire et qui est du domaine de l'enseignement pratique des écoles d'arts et métiers. Pour le reste, nos lecteurs voudront bien, suivant ce que nous leur avons dit à nos autres ouvrages traitant le même sujet.

Bronzes d'art. — Les éléments constitutifs des bronzes de statuaire ou des bronzes d'art destinés à la dorure reposent sur l'emploi des quatre métaux, cuivre, étain, zinc, plomb, combinés à divers degrés.

Les conditions principales qui président à la qualité des bronzes statuaires sont les suivantes :

Couleur jaune rouge évitant le jaune vert ou le jaune pâle.

Grain propre au travail de la lime, du ciseau ou du matoir pour les ciselures.

Fusibilité et fluidité suffisantes pour atteindre parfaitement les cavités des moules et reproduire avec une grande netteté les détails du modèle.

Texture se prêtant facilement à recevoir la patine résultant de l'application d'un mordant qui doit recouvrir et caractériser les surfaces des pièces coulées sans les altérer.

Les alliages binaires du cuivre et de l'étain, du cuivre et du zinc, présenteraient difficilement ces propriétés. Les alliages cuivre-étain, rarement bien réussie de toutes pièces, se prêtent mal au ciselage et prennent avec peine la patine.

Les alliages cuivre-zinc manquent de dureté et n'offrent pas à l'action du ciseau toute la résistance voulue. Si on les force en zinc, ils deviennent peu fluides et tendent à donner à la fonte des parties planes ou refusées. Si on les force en cuivre, ils produisent des surfaces piquées et soufflées. En outre, les premiers sont durs, secs et cassants ; les seconds sont mous et manquent d'homogénéité.

Les alliages cuivre-étain-zinc sont ceux qui se prêtent le mieux à la statuaire, et que l'industrie moderne emploie journellement entre les proportions extrêmes :

Cuivre . . . 85	Zinc . . . 11	Étain 5	
— . . . 65	— . . . 32	— . . . 3	

Toutefois, la plupart des fabricants de bronze ajoutent à ces alliages une petite partie de plomb qui les améliore et les adoucit. Sur ces bases, la composition des alliages rentre sensiblement dans les titres préférés par les frères Keller et qui donnent moyennement :

Les Romains composaient les bronzes de leurs statues de 99 cuivre, 6 étain 6 plomb.

Les frères Keller, qui surent s'acquérir un grand renom dans l'art de couler les bronzes, faisaient leurs alliages avec 91,40 cuivre, 5,53 zinc, 1,70 étain, 1,47 plomb.

Enfin, M. Darcet, qui a fait de nombreux essais, recommande, comme les plus propres au travail des doreurs, et comme se prêtant le mieux au burin des ciseleurs et des tourneurs, les deux bronzes suivants :

Cuivre 82, zinc 18, étain 3, plomb 1,50
— 82, — 18, — 1, — 3

Tous résultats qui prouvaient, avant que nous l'eûssions dit, que les alliages quaternaires cuivre-étain-zinc-plomb donnaient les meilleurs bronzes pour les fondeurs d'objets d'art. Ce que l'examen des compositions :

Cuivre 78, étain 2, zinc 20, plomb 2
— 75, — 2,50, — 20, — 2,50
— 70, — 10 — 10, — 10
— 74, — 1 — 10, — 15
— 74, — 10 — 1, — 15

sans préjudice de celles que nous ne citons pas, ne pourra que confirmer.

Nous ajouterons seulement que dans ces composés, une dose de plus de 3 % de plomb enlève de la fluidité à l'alliage, l'empêche d'atteindre des angles vifs dans les moules et paraît s'opposer à l'application d'une bonne patine ou à la conservation de la dorure.

Des statuettes de bronze retrouvées en France sur divers points où ont séjourné les cohortes romaines accusaient également du zinc. De même, des bronzes rencontrés dans les fouilles d'Athènes, et dont quelques échantillons sont demeurés entre nos mains donnent les proportions moyennes suivantes :

Cuivre.	72
Étain	24
Zinc	2
Plomb.	4

On doit supposer que les anciens, se trouvaient à employer accidentellement le zinc combiné au plomb et à l'étain, mais sans connaître ou sans caractériser le zinc.

La fabrication des alliages destinés à la dorure exige des composés aisément fusibles, donnant un métal bien fluide, atteignant parfaitement les empreintes du moulage, se laissant ciseler, couper et tourner aisément ; ces alliages doivent posséder, en outre, un degré de compacité qui permet de réduire à sa plus simple expression la quantité d'or à employer pour la dorure.

Les alliages cuivre et étain sont trop poreux et trop pâles ; les alliages cuivre et zinc, d'une consistance pâteuse, sont susceptibles d'absorber trop d'amalgame et de se crevasser, en se refroidissant, après la dorure à chaud. Si l'on exagère la quantité de zinc pour rendre le métal plus dur, il perd la couleur jaune que l'on doit vouloir pour la dorure.

Les cuivres pour la dorure sont donc à rechercher dans les alliages ternaires ; cuivre, étain, zinc et mieux encore, comme pour les bronzes statuaires, dans les alliages quaternaires cuivre-étain-zinc-plomb.

Sur ces bases, d'après nos expériences personnelles et d'après l'opinion des fabricants de bronze les plus éclairés, les alliages les meilleurs pour la dorure seraient renfermés dans les limites ci-après :

Cuivre.	70	Cuivre.	82
Zinc	25	Zinc	18
Étain	2	Étain	3
Plomb.	3	Plomb.	1,50
	100		104,50

Ces alliages semblent devoir satisfaire à la fois, dans les meilleures conditions, les exigences réunies du fondeur, du tourneur, du ciseleur, du monteur et du doreur.

Le tableau suivant donne les alliages de quelques grands bronzes analysés au laboratoire de l'hôtel des Monnaies.

	A	B	C	D	E	F	G	H
Cuivre . . .	82,45	89,20	84,30	89,35	92 »	85,60	90,30	91,10
Etain . . .	10,30	5 »	5,80	10,05	3 »	6,20	5,90	3,30
Zinc. . . .	4,10	3,50	6,00	0,50	4,30	7,80	2,50	0,80
Plomb . . .	3,15	1,20	2,70	0,10	0,50	0,40	1,20	0,60
Fer, perte, etc .	»	1,10	0,70	1 »	0,10	»	0,10	4,20

A. — Statues de Louis XIV et de Louis XV, à Paris.
B. — Statue de Henri IV (1817).
C. —   Napoléon (1833).
D. — Colonne de Juillet (1832).
E. — Génie de la liberté (1832).
F — Statue de J.-J. Rousseau, à Genève.
G. —   —   Molière, à Paris.
H. —   —   d'Assas, au Vigan.

Alliages des monnaies. — Les conditions à remplir dans les alliages des monnaies sont :

La régularité parfaite du titre ;

Les proportions les mieux entendues pour obtenir des métaux composés se travaillant bien au laminoir, au découpoir, au balancier, ne permettant pas l'oxydation facile ou rapide ; ayant assez de dureté pour résister à l'user, et conservant, par-dessus tout, une valeur vénale qui ne puisse donner lieu à la dépréciation du prix du métal transformé en espèces d'or, d'argent ou de cuivre.

Pour les monnaies d'or et d'argent, on doit employer des métaux rendus parfaitement purs par l'affinage, et les allier avec du cuivre également pur qui donne à l'or et à l'argent, trop mous par eux-mêmes, la résistance et la dureté qui leur sont utiles.

Le titre d'une monnaie est la quantité de métal fin qui s'y trouve. La monnaie française est au titre de 9/10. Elle contient :

Pour la monnaie d'or. . . .   90   or.   10   cuivre.
Pour les médailles d'or . . .   91,6 or.   8,4   —
Pour la monnaie d'argent . .   90   argent.   10   —
Pour les médailles d'argent .   95   —   5   —

Nous n'entrerons pas dans d'autres détails qui ne sont pas précisément du sujet que nous traitons.

Nous parlerons peu également des alliages pour les bouches à feu, lesquels ont une importance beaucoup moins grande aujourd'hui qu'on a recours à peu près partout à l'acier. Cependant, quelques documents sont bons à garder. Qui sait si nous ne serons pas un jour appelés à reprendre la fabrication des cames de bronze.

Alliages pour les bouches à feu, les armes, les projectiles, etc. — Les bouches à feu ont été, dès l'origine, fondues en bronze. Les anciennes ordonnances prescrivaient d'allier 100 parties de cuivre à 11 parties d'étain.

Le bronze des canons a comporté primitivement à peu près partout du zinc, dont on a successivement supprimé l'emploi. Il fut un instant où les canons étaient formés d'un mélange de bronze et de laiton, ces deux alliages étant composés séparément de toutes pièces pour être combinés ensuite.

Les frères Keller ont employé pour les bouches à feu coulées dans leur fonderie :

Cuivre.	100
Étain .	9
Laiton.	6
	115 parties.

Les proportions admises chez les principales nations de l'Europe ont été depuis, sensiblement les suivantes :

Angleterre.	Cuivre.	100	Étain .	12,5
	—	90	—	10
	—	88 à 92	—	12 à 8
Autriche. / Bavière .	Cuivre.	100	Étain .	10
Danemark .	Cuivre.	100	Étain . 10	Zinc. 0,125
Espagne . .	Cuivre.	100	Étain .	11
Prusse . . / Russie . . / Saxe . . .	Cuivre.	100	Étain .	10

Les ingénieurs des mines et les officiers d'artillerie ont entrepris en France un grand nombre d'expériences, non seulement sur les alliages binaires cuivre-étain, mais sur des alliages complexes du bronze uni au fer, au plomb, au zinc, etc. On a trouvé que ces composés avaient le défaut de se dénaturer par les refontes, d'être obtenus difficilement à la pratique et d'exiger des soins particuliers à la coulée, sans qu'on pût compter sur des résultats assurés.

On a cherché à combiner séparément, puis ensemble, la fonte, le cuivre et l'étain, sans pouvoir créer de véritables alliages homogènes et solides. Et, de là, l'on a dû forcément revenir au bronze et étudier à fond les propriétés de cet alliage.

L'alliage cuivre-étain établi sur les meilleures bases, pour favoriser la fabrication des bouches à feu, doit se présenter avec les caractères suivants :

Cassure fine et grenue, de ton rougeâtre, sans mélange de taches blanchâtres, texture jaunâtre, densité dépassant la densité moyenne des deux métaux composants ; donnant le maximum de malléabilité et de ténacité des alliages admettant le cuivre et l'étain ; gagnant de la dureté par l'écrouissage mais perdant de la ductilité ; augmentant, au contraire, de malléabilité et de ductilité par le recuit et par la trempe, bien que ces deux opérations opposées doivent produire, — ce qu'elles font avec d'autres métaux, le fer et la fonte notamment, — des effets différents.

Un des points importants de cet alliage est d'être produit intimement dans les conditions de l'homogénéité la plus absolue possible en pratique. L'étain rend le cuivre plus ferme, plus dur, mais plus fragile. Il tend à s'isoler dans l'alliage et à disparaître par la chaleur et par le frottement. Si l'étain se sépare du cuivre ou est mal combiné, il en résulte des grains plus riches en étain assez fusibles et assez peu adhérents pour se liquéfier ou se désagréger sous le travail de la poudre, en laissant le cuivre isolé à l'état de masse spongieuse, inconsistante. Aussi est-il reconnu que le bronze refondu plusieurs fois devient plus dense, plus tenace et plus dur.

C'est pourquoi, sauf à prendre toutes précautions pour sauvegarder le titre de l'alliage, l'on doit chercher à employer pour la coulée des bouches à feu, des bronzes déjà formés devant être combinés avec de l'alliage neuf. Dans les fonderies de l'État, chaque coulée se compose d'ordinaire, d'après ces données, d'une certaine quantité de métaux neufs, de vieux bronzes, de jets et de déchets.

On admet, par exemple, les proportions suivantes pour la charge :

22		parties cuivre neuf.
3,3	—	étain.
80,7	—	vieilles pièces.
114	—	jets et débris de fabrication.
220 parties		

Il est utile de s'assurer du titre exact de chacune des matières devant être comprises dans la fusion, au moyen d'analyses préparatoires, puis de déterminer pour les unes et les autres la proportion qui doit entrer dans l'alliage. Afin de compenser l'abaissement du titre par les déperditions, à la fonte et à la coulée, on règle les proportions comme si le bronze devait contenir, en principe, 13 à 14 % d'étain.

Le titre est, au reste, vérifié et surveillé pendant la fonte, par un essai rapide, consistant à puiser un peu de métal fondu pour le faire dissoudre dans l'acide nitrique pur. On lave sans perdre de temps l'oxyde d'étain réuni sur un filtre et l'on jette le filtre encore mouillé dans un creuset de platine rouge. On dose ainsi l'étain, pour déduire le cuivre par différence.

Les mêmes proportions de cuivre et d'étain ne conviennent pas à tous les calibres de bouches à feu. La dose d'étain doit être plus forte pour les grosses pièces. On peut admettre les proportions 8 à 9 parties d'étain contre 100 de cuivre pour les pièces du calibre de 8 et au-dessus, et 11 à 13 parties d'étain contre 100 de cuivre pour les pièces de 12 et au dessus.

Alliages pour les cloches, les instruments de musique, etc. — L'alliage des cloches, dit plus communément métal de cloches, est composé d'ordinaire de

Cuivre.	. . . . . .	78
Étain	. . . .	22
		100 parties.

Cet alliage de couleur blanc-jaunâtre, à cristallisation mate, est dur, cassant et se laisse limer difficilement. Il prend un peu de malléabilité s'il est refroidi rapidement, soit par une exposition immédiate à l'air après la coulée, soit par l'immersion dans l'eau.

D'après les analyses faites par les chimistes modernes du métal des anciennes cloches, il a été trouvé que l'étain avait pu entrer dans le métal de cloches suivant des proportions variables entre 20 et 26 % de cuivre. Voir pour la fabrication, la planche 46.

Les cloches ayant été rarement fabriquées avec des métaux neufs ou avec des métaux purs, les analyses ont dû souvent accuser des composés étrangers inutiles ou nuisibles à leur qualité, notamment des métaux blancs autres que l'étain, et principalement du zinc et du plomb. Le premier de ces métaux peut, à doses faibles, n'être pas un inconvénient réel dans le métal de cloches. On a même essayé quelques alliages où on l'a fait entrer avec intention. Le zinc, en effet, tout en n'améliorant ni la qualité, ni le son de l'alliage, peut ne pas le compromettre et fournir des cloches d'un prix moins élevé, sinon d'une sonorité et d'une exécution aussi parfaites que ce qu'on obtiendrait avec le cuivre et l'étain employés seuls. Il n'en serait pas de même du plomb qui, en quantité même faible dans le métal de cloches, enlève à ce métal une partie toujours regrettable de sa sonorité et de sa dureté.

Quant au zinc, nous ne verrions pas une grave difficulté à le faire entrer dans l'alliage des cloches, du moment qu'on ne le laisserait pas dépasser certaines proportions restreintes. A petites doses, il aide à *former* l'alliage, à le rendre plus dense et plus coulant, à lui donner une patine plus belle.

Il donne aussi, comme nous venons de dire, un métal plus économique, ce qui peut expliquer la réduction sensible du prix des cloches dans certaines fonderies où la fabrication, montée largement, tend à faire disparaître, de jour en jour, les générations de fondeurs ambulants qui se partageaient le monopole de la fabrication des cloches.

L'industrie nouvelle de la fonte des cloches cherche à se rendre compte, procède par voie de dosages et d'analyses pour appliquer dans la mesure la plus utile les métaux qu'elle emploie. Elle mesure et règle les titres de ses alliages. Dans le passé, au contraire, on employait sans règles précises, et sans autre guide que le tâtonnement, de vieux métaux qui ne pouvaient donner que des alliages douteux, par exemple des débris d'ustensiles de ménage en laiton, des robinets en *potin*, ou encore des cuivres étamés, portant des traces de soudure.

Avec l'emploi de telles matières et sans données précises sur leur dosage, on n'est pas étonné des variations présentées par les divers métaux de cloches dont on a voulu vérifier le titre.

Les proportions du métal de cloches ainsi qu'il arrive, du reste, dans tous les alliages, ne sont pas faciles à garder. On est obligé d'augmenter en principe la dose d'étain, si l'on veut que l'alliage soit réellement au titre voulu. Or, cette proportion, exagérée suivant les risques de l'oxydation à la fusion, variable avec la conduite du feu et la forme du fourneau, soumise au départ dans le moule, si le métal n'est pas suffisamment *brassé*, et si la coulée n'est pas bien dirigée, ne peut, quoi qu'on fasse, ramener l'alliage à un titre constant.

Des essais, opérés sur divers fragments de métal de cloches, nous ont montré des écarts pouvant atteindre depuis 18 jusqu'à 30 et 35 d'étain pour 100 de cuivre.

Pour parer à la déperdition de l'étain dans l'alliage, nous croyons qu'on pourrait, ne voulant pas augmenter la proportion d'étain en vue de cette déperdition, composer le métal de cloches comme suit :

Cuivre.	79
Étain	23
Zinc	6
	108 parties.

En supposant une fusion régulière dans un fourneau bien conduit, toutes choses d'ailleurs se passant sans accident imprévu de fonte et de coulée, on devrait avoir dans les cloches fabriquées ainsi, un alliage définitif composé de :

Cuivre.	78
étain	20
Zinc	2
	100 parties.

Ce qui peut donner un métal dur, ferme, assez résistant, un peu malléable, auquel le zinc n'aura pu apporter aucun tort appréciable au point de vue de la sonorité. La qualité des cloches, quand au son et à la résistance est subordonnée à des conditions de fabrication, de tracé, de moulage et de coulée particulières, en dehors de la question d'alliage.

Le zinc est admis en Angleterre pour la fabrication des cloches, même le plomb, dont la présence n'est tolérée qu'à un degré infiniment faible, sans doute, pour *lier* l'alliage.

Des analyses de cloches anglaises modernes accusent un composé de :

Cuivre.	80
Étain	11
Zinc.	6
Plomb	3
	100 parties.

Dans les cloches anciennes du même pays, on a trouvé une exagération considérable de l'étain, jusqu'à 40 % de l'alliage. Les cloches avaient alors des épaisseurs excessives, et leurs formes n'étaient par certainement calculées suivant les données admises par les fondeurs de nos jours.

On exagère, du reste, en France, la proportion des métaux blancs, étain ou zinc, dans les alliages destinés aux sonnettes, aux grelots, aux timbres d'horloge, etc. Pour ces objets, l'alliage moins soigné prend le caractère du potin et peut admettre pour 55 à 60 de cuivre, 30 à 40 parties d'étain, et 10 à 15 parties de zinc.

Le métal des tams-tams et des cymbales est combiné sur la base moyenne de :

Cuivre.	75
Étain	25
	100 parties.

Ce métal est plus blanc, plus sonore, et plus cassant que le métal des cloches. Il se laisse encore moins attaquer par la lime.

Des tams-tams de Chine, analysés par Darcet, ont indiqué 78 % de cuivre et 22 parties d'étain, sous une densité de 8,815.

La composition admise pour les cymbales dans les ateliers de l'école de Châlons, à la suite des essais de Darcet, fut, en moyenne, la suivante :

Cuivre.	80,5
Etain	19,5
	100 parties.

Ces alliages sont fragiles, et ne peuvent acquérir la résistance voulue, tout en gardant leur sonorité, qu'après avoir subi la trempe.

Les alliages de cuivre et d'étain ont la propriété, ainsi que nous l'avons fait voir ailleurs, de prendre une grande malléabilité après avoir été rougis et trempés. C'est cette propriété qu'on a utilisé dans l'alliage des tams-tams et des cymbales.

Ces instruments, coulés dans du sable vert, peu mouillé et peu serré, de telle sorte qu'aucune rupture ne se montre au retrait, sont chauffés au rouge et trempés avec des précautions particulières.

Après cette opération, ils sont susceptibles d'être forgés et rebattus au marteau. On leur donne le ton convenable soit en forçant la trempe, soit en prolongeant l'écrouissage reporté plus ou moins sur tel ou tel point, soit en faisant subir une espèce de recuit plus ou moins complet après le martelage.

Métaux blancs. — Ces métaux qui sont utilisés particulièrement dans l'orfèvrerie, la coutellerie et d'autres industries de même sorte, sont très nombreux et de sortes différentes, bien que reposant sur le même principe : imiter l'argent et prendre une patine propre à recevoir l'argenture ou le nickelage. — Sous des appellations diverses, on emploie des alliages divers, d'un ton plus ou moins blanc et susceptible de prendre un poli plus ou moins parfait. — Bien que ces alliages ne soient pas strictement destinés à la fabrication des moulages, nous les indiquerons en partie et par séries, afin d'aider les recherches que voudraient faire nos lecteurs :

1° Métaux blancs dits métal blanchi, métal de Bath, pinchbeck ou métal du prince Robert :

	A	B	B'	C	C'
Cuivre	24,00	»	75,00	90,00	30,00
Sel neutre d'arsenic .	1,50	»	»	»	»
Laiton (C.9 = Z.1) .	»	48,90	»	»	»
Zinc	»	13,50	25,00	30,00	60,00

Ces alliages sont employés pour des articles de commerce, garnitures d'ameublement, objets de sellerie, de serrurerie, de quincaillerie, etc.

On les emploie aujourd'hui en vue du nickelage qui les complète et leur donne un cachet plus fini.

2° Argentures, ou *Pak-frind* de Sheffield :

Cuivre	8 p.	8 p.	4 p.	2 p.	1 p.
Nickel	2 »	3 »	1 »	»	1 »
Zinc	3 »	3,5	1 »	»	»

Ces alliages sont plus blancs et plus fins que les précédents, avec l'aide du nickel. — Les derniers surtout, sont très aptes à prendre l'argenture.

3° On emploie encore dans le même but, le métal dit argent allemand (*a*), celui dit cuivre blanc chinois (*b*) et un argentan propre au laminage (*c*) composés comme suit :

	a	b	c
Cuivre	2 p.	10,10	6,00
Nickel	1 »	31,60	2,50
Zinc	1 »	»	2,00
Fer	»	2,60	0,30

4° Puis, viennent les maillechorts recherchés plus communément en France, et dont les titres, de première, deuxième et troisième qualité, sont établis sur les bases suivantes :

	1re q.	2e q.	3e q.	A	B	C	D	E
Cuivre . . .	8 p.	8 p.	8 p.	65 »	50 »	50	50	60
Nickel . . .	4 »	3 »	4 »	16,8	18,70	25	20	20
Zinc . . .	3 »	3,5	4 »	13 »'	31,30	25	30	20
Fer	»	»	»	3,40	»	»	»	»

Les composés sont dits : A, maillechort de Paris. — B, maillechort d'Allemagne. — C, maillechort de Chine. — D, maillechort pour couverts de table. — E, maillechort pour laminage. — Ils résument au fond, l'ensemble des alliages blancs plus connus sous la dénomination de maillechort. — Nous ne parlerons pas du tutenag, de l'électrum, de l'alfenide et d'autres composés de la même catégorie, tels que les tutania, les minofor, le métal d'Alger et autres métaux blancs, ou le nickel est remplacé par l'antimoine, le bismuth, l'étain et même le plomb. — Ces alliages rentrent dans les conditions économiques des compositions que les anglais classent sous le nom de *Britannia-métal*. — Ce sont des alliages d'un caractère plus industriel que ceux admettant le nickel.

Dans tous ces alliages et surtout dans ceux comportant le nickel, les métaux employés doivent être de la qualité la plus pure se trouvant dans le commerce. Le nickel impur est traité par dissolution dans les acides chlorhydrique et azotique ou dans l'acide sulfurique étendu. La solution est soumise à un courant de chlore, et l'on précipite le fer souillant le nickel par l'ébullition avec du carbonate de chaux.

Le nickel est à son tour précipité par le carbonate de soude, repris par l'acide chlorhydrique et étendu avec une grande quantité d'eau. On ajoute à la solution saturée avec du chlore gazeux un excès de carbonate de baryte. On abandonne la liqueur au repos et à froid, et l'on obtient enfin le nickel précipité à l'état métallique au moyen d'un courant galvanique ou à l'état d'oxyde réductible à la manière ordinaire.

Il y a avantage à fondre d'abord le cuivre et le nickel en grenailles, puis à introduire l'argent. On emploie un fondant composé de charbon et de borax en poudre. Les lingots sont rendus malléables en les recuisant lentement dans le poussier de charbon de bois.

Le nickel, dont l'application dans les alliages, dits alliages blancs, remonte à un petit nombre d'années seulement, est aujourd'hui l'une des bases essentielles des composés employés par les fabricants d'orfèvrerie et d'articles soumis à l'argenture.

La formule la plus simple du *britannia métal* est celle qui n'admet que l'étain et l'antimoine dans les proportions 0 E — 1 a = lesquelles se prêtent également aux bessins du moulage et à ceux du laminage. — Toutefois, on emploie d'autres composés admettant le bismuth, le zinc et même le cuivre en petites proportions, tels, par exemple, que :

Etain	90 p.	85 p.	90 p.	78 à 82 p.
Antimoine . . .	10 »	5 »	7 »	16 à 20 »
Bismuth. . . .	»	5 »	2 »	» »
Zinc.	2 »	1,50	»	» »
Cuivre	3 »	3,50	2 »	2 à 3

Les proportions des alliages *Britannia* sont très diverses. Nous nous bornerons à indiquer les principales combinaisons.

En principe, la préparation de ces compositions repose sur l'idée de rendre l'étain plus dur, plus roide, plus sonore, plus supceptible de poli.

Le cuivre et l'antimoine contribuent à lui donner ces qualités ; mais, pour ce qui concerne l'antimoine, il faut se mettre en garde d'en exagérer outre mesure la proportion dans l'alliage. Une trop forte dose d'antimoine non seulement nuirait à la malléabilité du métal, mais pourrait être dangereuse pour la santé, l'antimoine devant être considéré comme métal vénéneux et ne résistant pas à l'action des acides végétaux.

Le *Britannia métal* peut fournir des pièces moulées aussi bien venues que celles qu'on obtiendrait avec les alliages les plus fluides étain-plomb, cuivre-zinc et autres. Il prend un plus beau poli que les alliages étain-plomb, et peut subir les opérations du poli à l'émeri et du poli fin, que l'étain plombeux ordinaire ne saurait supporter, en raison de son peu de dureté.

C'est ce qui rend ce métal plus particulièrement propre à des fabrications d'objets de luxe et tend à le faire classer dans la catégorie des alliages industriels les plus usités.

Le coulage se fait d'ordinaire pour les pièces moulées, dans des coquilles en fonte ou en laiton. On soude à l'étain les parties rapportées, les pieds et les anses de théières, par exemple. Le polissage se fait avec du sable fin et du tripoli sec.

Un grand nombre d'articles en alliage *Britannia* est aujourd'hui argenté par les procédés galvaniques, tout comme les objets en argentan, argent de la Chine ou maillefort qui, également, sont exécutés en Angleterre ou en Allemagne avec une réussite assez parfaite pour qu'il soit difficile de distinguer, à l'aspect, ces préparations de l'argent pur.

Les alliages *Britannia* et les divers composés analogues, qui admettent l'antimoine et le bismuth, mais n'utilisent que par exception le nickel, devraient être classés plutôt parmi les métaux blancs d'un usage vulgaire que parmi les métaux d'une certaine richesse.

Toutefois, ces alliages se rattachent d'avantage aux industries de luxe, où ils figurent sous des formes étudiées et artistiques, que les composés qui n'emploient d'autres éléments que les métaux blancs connus, l'étain, le plomb ou le zinc.

Alliages blancs ordinaires. — Dans cette catégorie, nous rangeons tous les alliages qui ne présentent pas le caractère des alliages de luxe et qui s'adressent à des industries diverses, en dehors des machines et des constructions.

Ces alliages dont nous nous bornerons à rappeler les principaux, sont loin d'être sans importance, ainsi qu'on le verra d'après les applications qui leur sont réservées.

Les alliages du zinc, de l'étain et du plomb, du reste, peuvent fournir des métaux blancs susceptibles de présenter sinon les qualités, du moins quelques-unes des apparences montrées par les alliages dits tutania, métal de la reine, argentin, minofor etc., qui sont d'un emploi plus relevé.

Les alliages ternaires, zinc, étain, plomb, sont en effet, plus économiques que les combinaisons indiquées plus haut ; ils ne se ternissent pas beaucoup plus, ils se polissent bien et se prêtent convenablement au laminage. Les proportions les plus favorables sont à chercher dans les limites :

Étain.	. . .	16	Étain. . . .	16
Zinc .	. . .	4	Zinc	3
Plomb .	. .	4	Plomb . . .	3

Il convient de faire fondre le zinc à la plus basse température possible, d'y ajouter l'étain, puis le plomb, et de brasser le tout avec soin en laissant le bain recouvert d'une couche de charbon de bois, en poussier, mêlé de poudre de borax ou de résine, pour empêcher l'oxydation. On force en zinc, si l'on veut de la roideur et de la dureté ; en étain, si l'on veut de la malléabilité, de la couleur blanche et du poli ; mais la dose de plomb ne doit guère dépasser les limites ci-dessus.

Aux métaux que nous venons de nommer, on ajoute soit du cuivre, soit de l'antimoine, soit du bismuth, sinon du cuivre et du nickel pour obtenir les métaux blancs ci-après.

Alliages pour clichés et empreintes :

	Qualité commune.	Qualité ordinaire.	Qualité supérieure.
Étain.	3,96	100	5,76
Plomb	0,48	»	»
Cuivre	0,18	»	0,12
Zinc	0,60	»	»
Antimoine . . .	»	17	0,48

Alliages pour caractères d'imprimerie :

	A	B	C	D	E	F	G	H
Plomb . . .	4	9	16	10	9	»	»	»
Antimoine . .	1	2	4	»	1	»	»	»
Bismuth. . .	»	»	»	»	»	0,5	2	
Étain . . .	»	2	5	»	»	2	2	25
Cuivre . . .	»	»	»	2,5	»	8	2	5
Arsenic . . .	»	»	»	»	0,5	»	»	»
Zinc	»	»	»	»	»	»	»	67
Nickel . . .	»	»	»	»	»	»	»	3

A — caractères courants. — B et C petits caractères et planches stéréo-
typées. — D à H grands caractères, ectypes, matrices, etc. — Sans compter
de nombreux essais entrepris d'assurer la durée, la solidité et la netteté des
caractères d'imprimerie, question sur laquelle nous n'avons pas à nous étendre. — De même, pour les alliages concernant la fabrication de la vaisselle
et de la poterie d'étain, celle des robinets de fontaine et divers composés qui
ne rentrent que très indirectement dans le domaine de la fonderie au point
de vue du moulage.

Nous citerons cependant, quelques uns de ces alliages :

Alliages dits pewters servant en Angleterre à la fabrication de la poterie
d'étain.

Étain.	80 p.	82 p.	92 p.
Plomb	20 »	18 »	8 »

Pour les ustensiles de vaisselle proprement dits, on ne devrait pas dépasser,
par mesure d'hygiène, 10 à 12 pour cent de plomb.

Dans les articles supérieures qu'on désignait dans le temps sous le nom de
métal d'Alger, on employait :

Antoimoine . . . . 25 ou 90 p.
Étain . . . . 75 ou 10 p.

de même, pour les boisseaux et les clefs de robinets ;

Antimoine . . . . 14 ou 20 p.
Étain . . . . 86 ou 80 p.

La limite extrême des combinaisons utilisables entre l'étain et l'antimoine, entre 100 p. d'étain et 50 parties d'antimoine.

Pour l'étamage des ustensiles en fer battu, le métal de *Kustitien* comprend :

Étain	11,52
Antimoine	0,15
Fer	0,40 à 0,50

Alliages fusibles. — Les alliages fusibles présentent un côté intéressant pour toutes les industries qui font appel à la chaleur. Ils sont ou doivent être combinés de telle sorte qu'à un degré déterminé de température, on puisse prévoir que naîtra la fusion.

La limite de fusion, si inexactement qu'elle se produise, peut permettre d'obtenir des équivalents de chaleur pour régler la fusion facilement fusible, pour parfaire la composition des soudures molles, pour prémunir les appareils à vapeur contre la destruction instantanée que peut causer une élévation subite et excessive de la température, etc.

Par suite : les alliages fusibles sont fondés généralement sur la propriété qu'ont certains métaux de devenir, étant combinés, plus fusibles que s'ils étaient pris séparément.

Les combinaisons dans lesquelles entrent le bismuth, l'étain et le plomb participent, notamment, de cet ordre de choses.

Il est difficile d'obtenir ces alliages dans un état homogène parfait. Ils tendent à se décomposer au repos pendant la fusion, de telle façon que le plomb se précipite à la partie inférieure de la masse.

L'alliage dit alliage de *Darcet* ou de *Rose* se compose de :

Bismuth	50
Étain	30
Plomb	20
	100 parties.

Il est fusible à 100 degrés centigrades. Une des particularités de cet alliage est de revenir brusquement assez chaud pour brûler les doigts, après avoir été refroidi par l'immersion rapide dans l'eau froide. Ce phénomène tient à ce que, pendant la solidification et la cristallisation des parties internes, le calorique latent de ces parties est rendu libre et se transmet instantanément à la surface qui vient d'être figée et refroidie.

Darcet indique les alliages suivants résultants de ses expériences d'après lesquelles il est arrivé aux proportions ci-dessous :

N° 1. Bismuth, 70 ; plomb, 20 ; étain, 40 ; se ramollit à 100 degrés, mais ne fond pas ; se laisse pétrir.

N° 2. Bismuth, 80 ; plomb, 20 ; étain, 60 ; se ramollit à 100 degrés, mais s'oxyde aisément. Il a trop d'étain.

N° 3. Bismuth, 80 ; plomb, 20 ; étain, 40.

N° 4. Bismuth ; 160 ; plomb, 40 ; étain, 70.

N° 5. Bismuth, 90 ; plomb, 20 ; étain. 40.

Les trois alliages s'amollissent plus ou moins à 100 degrés. Le n° 4 se ramollit plus que le n° 3 et que le n° 5.

N° 6. Bismuth, 160 ; plomb, 50 ; étain, 70 ; devient presque liquide à 100 degrés.

N° 7. Bismuth, 80 ; plomb, 30 ; étain, 40 ; devient liquide à 100 degrés, mais reste peu coulant.

N° 8. Bismuth, 80 ; plomb, 40 ; étain, 40 ; très liquide à 100 degrés.

N° 9. Bismuth, 80 ; plomb, 70 ; étain, 10 ; se ramollit à 100 degrés, mais ne fond pas.

N° 10. Bismuth, 160 ; plomb, 150 ; étain, 10 ; ne se ramollit ni ne fond 100 degrés.

Ces alliages sont généralement aigres ; néanmoins, ils se laissent couper. Leur casure ast d'un aspect gris noirâtre et mat. Ils se ternissent promptement à l'air et plus promptement encore dans l'eau bouillante, où ils se recouvrent d'une pellicule qui se ride et se détache sous forme de poudre noire.

Le tableau suivant indique, d'après MM. S. Parker et Martin, les diverses températures auxquelles les alliages dont nous nous occupons sont respectivement fusibles :

MÉTAUX composant les alliages			Température de fusion	MÉTAUX composant les alliages			Température de fusion
Bismuth	Plomb	Étain		Bismuth	Plomb	Étain	
Parties	Parties	Parties	Degrés centigrades	Parties	Parties	Parties	Degrés centigrades
8	5	3	202	8	16	24	316
8	6	3	208	8	18	24	312
8	8	3	226	8	20	24	310
8	8	4	236	8	22	24	308
8	8	6	243	8	24	24	310
8	8	8	254	8	26	24	320
8	10	8	266	8	28	24	330
8	12	8	270	8	30	24	342
8	16	8	300	8	32	24	352
8	16	10	304	8	32	28	332
8	16	12	290	8	32	30	328
8	16	14	390	8	32	32	320
8	16	16	292	8	32	34	318
8	16	18	298	8	32	36	320
8	16	20	304	3	32	38	322
8	16	22	312	8	32	40	324

Les propriétés de ces alliages ont été utilisées en vue d'obtenir des bains métalliques de différentes températures pour la trempe des outils.

Les alliages de plomb et de bismuth ont été également expérimentés. Ils sont trop sujets à l'oxydation et assez difficiles à réussir à cause de la facilité de départ du plomb.

Le plomb voit d'ailleurs sa ténacité augmenter par son alliage avec le bismuth. Un alliage de 50 parties plomb, 50 parties bismuth, présente une ténacité quinze à vingt fois plus grande que celle du plomb pur.

Les alliages bismuth et étain réussissent mieux. Les plus connus sont les suivantes :

Bismuth. .	50	Étain .	50	qui fond à 160° C. environ
—	33	—	67	— 166° —
—	10	—	80	— 200° —

Les alliages bismuth, plomb et zinc ont été peu essayés. Un alliage de ces trois métaux, par parties égales, peut être rendu fusible autour de 100 degrés centigrades.

Un amalgame de :

Plomb.	20
Bismuth	20
Mercure	60
	100 parties.

est très fluide à la température ordinaire et est tamisé à travers une peau de chamois comme le mercure pur. C'est en se fondant sur cette combinaison qu'on falsifie souvent le mercure, auquel on adjoint, dans un intérêt mercantile, une dose plus ou moins prononcée de plomb et de bismuth. Cependant cet amalgame, quoique très liquide, ne coule pas aussi bien que le mercure, et fait toujours la *queue* en coulant.

Signalons en passant la propriété attribuée à la combinaison de 2 parties de bismuth et 4 parties de plomb fondues ensemble, puis versées dans un creuset contenant une partie de mercure. L'amalgame se solidifie en refroidissant. Si l'on en prend deux fragments et qu'on les frotte vivement l'un contre l'autre, ils entrent instantanément en fusion et deviennent coulants.

En général, les alliages fusibles composés de bismuth, d'étain et de plomb sont susceptibles de voir leur fusibilité s'augmenter encore par l'adjonction du mercure.

En dehors de ces composés, l'industrie emploie encore des alliages fusibles, parmi lesquels nous pouvons citer :

L'alliage, 3 parties étain ; 2 parties plomb, qui fond à 167 degrés centigrades.

L'alliage, 4 parties plomb ; 1 partie antimoine qui, fond à la chaleur rouge, soit à 500 degrés centigrades.

Et, en enfin, les alliages *Appold* utilisés pour reproduire à des époques différentes des températures données. Les principaux de ces alliages cherchés par MM. Appold frères pour diriger la température de leurs appareils destinés à la fabrication du coke, sont les suivants :

Cuivre :	4 parties.	Étain.	1 entrant en fusion à 1.050° C. environ
—	5 —	— 1	— 1.100° —
—	6 —	— 1	— 1.130° —
—	8 —	— 1	— 1.160° —
—	12 —	— 1	— 1.230° —
—	20 —	— 1	— 1 300° —

Le zinc et l'étain combinés peuvent donner des alliages fusibles à une température moindre que celle déterminée par les frères Appold, et qui sont également intéressants à connaître.

Un alliage de 1 partie étain, 1 partie zinc, composé très tenace, résistant bien au frottement, d'un aspect brillant, dur, quelque peu ductile, fond aux environs de 460 à 500 degrés centigrades.

Un alliage de 2 parties étain, 4 parties zinc, fond entre 300 et 350 degrés centigrades.

Un alliage de 3 parties étain, 4 parties zinc, fond entre 320 et 360 degrés centigrades.

Un alliage de 1 partie étain, 3 parties zinc, fond entre 280 et 300 degrés centigrades.

Alliages pour souder. — On doit distinguer deux sortes de soudures :

1° Les soudures formées par la fusion du métal lui-même sans l'aide d'aucun métal étranger. On réussit ces sortes de soudures avec la plupart des métaux, même avec ceux qui ne sont fusibles qu'à des températures élevées, la fonte par exemple. Nous avons parlé, dans un autre de nos ouvrages, des procédés qui se rattachent aux soudures *autogènes*, qui n'ont à figurer ici que pour mémoire, puisqu'elles n'entrent pas dans la catégorie des soudures par alliages.

2° Les soudures qui se font sur un métal donné à l'aide d'un autre métal, ou d'un alliage appliqué aux surfaces à réunir.

Le métal ou l'alliage employés en pareil cas doivent être d'une nature plus fusible que la matière à souder, et avoir sur elle l'action chimique la plus forte possible.

La soudure, est en général, d'autant plus solide que le point de fusion du métal à souder se rapproche de celui du métal ou de l'alliage servant de soudure.

Les parties en contact et la soudure pouvant être amenées en commun à un état rapproché de la fusion, sinon, à la fusion complète, on aura aussi la soudure la plus résistante possible, participant à la nature du métal soudé avec lequel elle aura pu former un véritable alliage.

La soudure est dite *forte*, quand elle s'applique à des métaux peu fusibles, qu'on veut réunir très solidement à l'abri de la désagrégation que pourrait donner l'emploi à la chaleur. On admet des soudures *molles* à bases de plomb et d'étain, beaucoup plus fusibles que les métaux à réunir, quand les métaux à réunir, quand ces métaux n'ont pas besoin d'aller au feu, et n'exigent pas un emploi voulant une grande solidité.

Pour fabriquer les soudures de cuivre, on divise le métal en petites rognures qu'on fait fondre au creuset, séparément par chaque sorte de métal qu'on doit employer. Lorsque le cuivre est liquide, on y joint le zinc, introduit dans le bain, en ayant soin de brasser le mélange. Puis, quand l'alliage est formé et réchauffé, on le verse de haut sur un balais à brins écartés, qu'on maintient en l'agitant, au dessus d'un baquet rempli d'eau. On obtient ainsi au fond du baquet la soudure sous forme de grains fins irrégulièrement cristallisés.

Lorsque cette soudure n'est pas suffisamment fine ou régulière, on la broie dans un mortier de fonte, et on la passe au tamis.

Les fabricants de soudure préfèrent généralement, au lieu d'adopter le procédé qui précède, et qui est un procédé d'atelier, couler les soudures fortes en ligotières plutôt qu'en sable. On ralentit autant que possible le refroidissement pour obtenir une cristallisation assez prononcée devant permettre la réduction facile en grenailles ou en paillettes à l'aide du broyage et du tamisage.

Les soudures habituellement admises dans l'industrie, sont les suivantes :
Soudure pour le fer.

Cuivre	67 p.	60 p.
Zinc	33 »	40 »

Ces deux alliages, à défaut du cuivre rouge réduit en grenailles, lequel est employé dans certains cas, peuvent être remplacées par du laiton au titre de 30 à 40 %, de zinc, quand il s'agit de petites pièces en fer ou de cuivre.

Soudure pour le cuivre. — Comme soudures fortes pour le cuivre rouge et le cuivre jaune on admet cuivre, 3 ; zinc, 1, ou encore cuivre, 7 ; étain, 2 ; zinc, 3.

Ou autrement, du laiton au titre 70 cuivre, 30 zinc, 0, 75 cuivre, 25 zinc.

Les soudures pour tuyaux en cuivre varient :

Laiton C. 70 - E. 30	69.50	77.50	77.50	77.50
Zinc	18.50	17.50	20.50	22.50
Etain	12.20	5.00	2.00	

Suivant que les tubes sont minces, qu'on les soude bout à bout ou par brides, ou encore dans le sens de la longueur. La soudure forte pour petites pièces minces est composée de :

Cuivre rouge. . . .	86.50	Cette soudure est formée de
Zinc	9.50	grains plus gros pour les
Etain	4.50	fortes pièces.

La soudure tendre comprend :

Cuivre. 69.50
Zinc 18.50
Étain 12.00

Ces alliages, assez fusibles, peuvent servir pour brasser, sans le secours du borax, le cuivre rouge, dont ils ont la couleur. Ils donnent un métal malléable, gras à la lime, qui se prête bien à la soudure. On met en fusion le cuivre auquel on ajoute, au moment de la coulée, le plomb fondu à part. Cette soudure est réduite en grenailles par les procédés ordinaires.

Soudure douce. — Parmi les soudures dites soudures molles, applicables aux métaux fusibles à basse température, il faut noter les alliages ci-après : Soudure dite des plombiers :

	a	b	c	d	e	f
Plomb.	1	2	1	7	1	2
Étain	1	1	2	1	2	1

a et *b* soudures ordinaires, *c* soudure douce, *d* soudure des ferblantiers, *e* soudure pour le métal Pewter, *f* alliage pour scellements du fer et de la fonte de la pierre. Cet alliage est plus tenace et plus adhérent que le plomb pur.

On a essayé de remplacer, en certain cas, les soudures molles par des soudures au zinc ou à l'amalgame de zinc. Dans les soudures au zinc, on emploie du zinc découpé en lames fines avec un fondant placé entre les bords des métaux devant être soudés ; ou bien encore un amalgame granuleux de zinc et de mercure appliqué avec un flux convenable. Les surfaces à souder sont chauffées jusqu'à fusion du zinc et, au besoin, jusqu'à la chaleur rouge, suivant les métaux à réunir. Le flux le plus ordinaire est le borax ou le sel ammoniaque.

On se sert encore comme soudures molles des alliages de bismuth-étain-plomb, dont on retrouvera les éléments aux alliages fusibles.

Nous ne parlons pas des diverses soudures pour la bijouterie, la joaillerie, l'orfèvrerie, etc., lesquelles n'intéressent pas notre sujet.

Alliages pour constructions mécaniques, pièces de frottement, etc.
Ces alliages peuvent être classés en trois catégories :
1° Les alliages *bronzes* qui ont pour bases principales le cuivre et l'étain.

2° Les alliages *laiton* qui ont comme point de départ le cuivre et le zinc.

3° Les alliages blancs qui emploient le zinc, l'étain, le plomb, et tous autres métaux blancs tels que l'antimoine, le bismuth, etc.

Les bronzes peuvent être améliorés par l'addition en petites proportions de zinc, et même de plomb. On y ajoute encore du fer, du phosphore, du manganèse, de l'aluminium suivant la qualité qu'on veut leur donner.

Les laitons peuvent recevoir du plomb et tous autres métaux en dehors du zinc. Toutefois, ces métaux ne sauraient dépasser des limites assez faibles, autrement les alliages n'y gagneraient qu'une augmentation de prix.

Bronzes. — Les bronzes sont employés par les constructeurs de machines toutes les fois qu'il s'agit d'obtenir des conditions particulières de résistance, de durée et d'aptitude au frottement.

Dans les alliages, cuivre-étain à base principale de cuivre, jusqu'à la combinaison 85 cuivre, 15 étain environ, les métaux obtenus sont nerveux, tenaces, un peu malléables, susceptibles d'un beau poli et d'un emploi à rechercher dans l'industrie. A partir de la dose 15 % d'étain, les alliages apparaissent plus durs, plus secs, plus cassants et moins faciles à limer jusqu'aux environs de la proportion 25 %. Puis, l'alliage 65 cuivre-35 étain se montre très fragile, avec une cassure comme celle de la fonte blanche ; il est impossible de l'attaquer par la lime. Cette fragilité et cette durée se continuent jusqu'aux proportions 50-50.

A partir de là, le travail à la lime devient plus facile et les alliages qui suivent, en proportion plus forte d'étain, retrouvent cette propriété qu'ils avaient abandonnée, entre les combinaisons 80-cuivre-20 étain et 50 cuivre-50 étain. Les combinaisons où le cuivre diminue, comme élément de l'alliage, de 10 cuivre-90 étain à 1 cuivre-99 étain, reprennent même de la ténacité, deviennent plus molles, moins friables et peuvent être d'un usage utile, soit comme métaux à frottement, soit comme métaux blancs.

Les combinés les moins utiles parce qu'ils sont en réalité les plus cassants et les plus durs sont ceux, suivants mes expériences, qui se limitent entre les proportions 85-cuivre-15 étain et 20 cuivre-80 étain. Il faut en excepter cependant les alliages pour cloches, cymbales et tams-tams, qui atteignent leur maximum de sonorité entre 79 cuivre-21 étain et 75 cuivre-25 étain. Ces alliages sont durs et difficilement attaquables par la lime.

Parmi les alliages que nous considérons comme les moins propres aux fabrications industrielles, on trouve la composition, 65 cuivre-35 étain, employée pour les miroirs de télescope. La couleur nettement blanche du métal obtenu le rend propre à cet emploi tout spécial.

La composition cuivre 99-étain 1, à quelques nuances près, dite bronze des médailles, est la limite de la malléabilité à froid des alliages cuivre-étain. Vers les propositions 95 cuivre-5 étain, cette propriété disparaît pour se continuer à la chaleur rouge-cerise, jusqu'à la proportion 85 cuivre-15 étain.

Les combinaisons entre 90 cuivre-10 étain et 89 cuivre-20 étain donnent les limites des bronzes pour les machines.

Les alliages cuivre-étain composés à fortes parties d'étain sont fort sujets à l'oxydation et à la scorification. L'oxydation de l'étain devient moins sensible alors que le composé commence à se former de deux parties de cuivre pour une partie d'étain.

Le moindre des inconvénients, quand on emploie en fonderie les alliages cuivre-étain, n'est pas de redouter la séparation de l'étain et sa tendance à gagner la surface du bain ; on doit craindre à la coulée de voir le métal pénétrer à travers les parois des moules et s'unir au sable qui les compose. C'est non seulement un danger pour la réussite des pièces coulées, un déchet sensible dans le produit, mais encore une altération notable de l'alliage. La facilité avec laquelle l'étain se sépare en entraînant une portion à peine appréciable de cuivre, et s'infiltre dans les couches de sable qui forment les moules ne peut être combattue que par un mélange uniforme de deux métaux, un brassage complet, une température moyenne à la coulée et des sables employés à un degré d'humidité convenable. Les sables trop secs comme ceux qui ont été trop mouillés ont une tendance égale à s'abreuver et à absorber l'étain qui s'échappe de l'alliage. Il va sans dire que ces départs de l'étain sont plus redoutables dans la coulée des grosses pièces où le refroidissement est toujours plus long et où l'alliage demeure plus longtemps liquide.

Les alliages à faible dose d'étain se font difficilement de toutes pièces. Le mélange a lieu incomplètement et l'étain, quelque précaution qu'on prenne, tend à se séparer du cuivre et à remonter à la surface extrême des pièces coulées. Il faut tenir à chauffer le bain, à introduire au dernier moment, l'étain par parties et à brasser soigneusement, enfin à couler aussi vite que possible l'alliage bien chaud. Un peu de fer ajouté à ces alliages, ne peut nuire à leur qualité.

Les bronzes rouges, tendres et supportant la rivure se tiennent entre E. 1 — C. 99 et E. 5 — C. 95 =. Les bronzes ordinaires de couleur jaune-orange, nerveux, tenaces et bon pour les frottements doux se tiennent aux environs de E. 10 — C. 90 — et E. 12 — C. 88. — Enfin, comme terme convenable de dureté et de résistance au frottement, on adopte la proportion 15. E. — C. 85 = Au delà, les alliages ont une destination plus particulièrement spécial, qui échappe aux travaux de la mécanique.

Les bronzes rouges employés dans les chemins de fer et dans les arsenaux de la marine, admettent les proportions suivantes :

	A	B	C	D	E	F	G
Cuivre	95	93 5	94	92	95	90	92
Etain.	4 à 5	4	6	8	3	7.5	8
Zinc	»	2.5	2	»	2	2	2
Phosphore	»	0.5	»	»	2	0.5	»

A. Clous à doublage fondu. — B et C pièces diverses tendres. — D et E tuyaux et pièces à braser. — F Rondelles, genouillères et rotules. — G soudure de bronge.

Pour coussinet de bielles motrices, colliers d'excentriques, etc.

Cuivre	83 p.	83 p.	84	84
Etain	15	15	14	14
Zinc	2	1.50	1.50	2
Plomb	»	0.50	0.50	

Pour *coussinets dossiers de locomotive et de wagon.*

Cuivre	74	84	82	84	82	79	78
Etain.	9.50	16	15	13	18	18.	20
Zinc	9.50	»	3	3	2	2.50	2
Plomb	7.00	»	»	»	»	0.50	»

Pour *robinetteries diverses.*

Cuivre	82	84	88	90	90	85	84	88
Etain	18	16	12	10	8	12	12	9
Zinc	2	2	2		2	3	4	3

La plupart de ces composés correspondant à des besoins qui sont les mêmes varient suivant les ateliers et suivant les Compagnies de chemin de fer ou autres. Cela manque d'unité. Des expériences comparatives pourraient seules fixer sur le mérite et l'opportunité de tel ou tel alliage. Il faudrait aussi connaître exactement de quelles sortes de coussinets et de robinets il s'agit. Généralement, quelques ateliers font les clefs de robinets d'un métal plus tendre que celui de boisseaux.

Les alliages gras qui suivent, sont employés, *a* pour corps de pompe, clapets et robinets, *b* soupape à boulets et pièces à braser, *c* massettes et tampon de lavage.

	a	*a*	*b*	*c*
Cuivre	88	88	87	98
Etain	10	10	12	2
Zinc	1.75	2	»	»
Antimoine. . .	0.25	»	1	»

Les alliages durs pour sifflets de locomotives sont basés sur les compositions suivantes :

	a	*b*	*c*	*d*	*f*
Cuivre	80	81	76	55	50
Etain	18	17	13	35	38
Zinc.	2	2	3	10	12
Antimoine. . . .	»	»	»	»	»

a et *b* sifflets à son grave, à son aigü.
c cloches de tenders.
d et *f* sonnettes et grelots.
Les bronzes divers dit mécaniques sont plus variés encore s'il est possible. Nous en donnons quelques uns pour fixer les idées :

	1	2	3	4	5	6	7	8	9	10	11
Cuivre . .	84	90,25	82	89	86	85,25	90	85,25	90	90	78
Etain . .	13	3,50	12	2,5	13	12,75	10	12,75	8	10	20
Zinc . .	3	6,25	2	8,5	1	2,00	2	2,00	2	2	2

1 et 2. — Pièges et soupapes, presse-étoupes, etc.
3 à 6. — Piston et pièces de régulation — Mouvement de tiroirs. etc.
7 et 8. — Colliers d'excentriques — Coussinet de bielles.
9 et 10. — Pièces courantes des machines.
11. — Alliage dur pour coussinets de wagons de terrassement et de wagons à marchandises.

Laitons. — Les alliages à base principale : cuivre-zinc, comme ceux de cuivre-étain présentent entre eux des différences d'autant plus accentuées, que les composés empruntent leur base principale à l'un ou à l'autre des métaux composants.

La malléabilité, la ductibilité, la douceur, la finesse du grain, semblent croître en même temps que la proportion du cuivre augmente ou disparaît quand les proportions des deux métaux tendent à s'égaliser, puis revenir à un degré moins prononcé, mais sensible, quand la base essentielle est fournie par le zinc.

Depuis l'alliage, cuivre 99-zinc 1, jusqu'à celui de ces deux métaux en quantités égales, les alliages cuivre-zinc sont tous d'un usage industriel bien constaté. A faibles doses de zinc, comme dans tous les alliages qui ne dépassent pas 80 cuivre et 20 zinc, les composés sont nerveux, tenaces très malléables, très ductiles, et leur défaut le plus essentiel est de n'être pas économiques. C'est évidemment la seule raison pour laquelle on les emploie peu, les constructeurs préférant d'ailleurs les alliages cuivre-étain composés au même degré, bien que ces alliages soient peu coûteux, parce qu'ils ont l'avantage d'être plus durs, plus résistants, meilleurs au frottement, plus sonores, qualités qui se trouvent à des degrés bien moindres dans les alliages cuivre-zinc.

Les composés qui prennent leur place entre les proportions C. 80-Z. 20 et C.65-Z. 35, sont ceux que les besoins de l'industrie empruntent le plus souvent.

Les cuivres dits laitons, ou alliages cuivre-zinc, employés pour la construction des machines, sont le plus souvent composés aux proportions 75 cuivre, 25 zinc. L'économie à obtenir indique s'il est nécessaire de tenir les proportions du zinc au-dessus ou au-dessous de cette limite.

L'alliage par parties égales C.50-Z.50, où déjà la combinaison est difficile parce qu'il s'y perd une grande quantité de zinc, nous a donné en apparence, c'est-à-dire à l'examen de la texture et du poli après la lime, les caractères d'un bronze à partie d'étain. Un fondeur peu consciencieux, pourrait donner ce composé comme un véritable bronze ; mais, si à l'examen des qualités extérieures cet alliage joue le bronze, il est facile de reconnaître qu'il manque de dureté, de cohésion et même de couleur, car son poli, un instant éclatant est bientôt terni. Un peu de plomb lui donne plus de corps et peut donner une combinaison économique pour des objets ordinaires.

Les composés C.40-Z.60. C.30-Z.70, C.20-Z.80, limites des nuances les moins avantageuses dans la série des alliages cuivre-zinc. Ces alliages sont les plus cassants, les plus secs, mais les plus durs sous la lime et sous le marteau.

L'alliage cuivre 20-zinc 80 commence à prendre de la solidité, demeure cassant, d'aspect terne, et nous ne le croyons pas appelé à être utilement employé.

Les alliages C.5-Z.95 et C.1-Z.99 ont l'avantage d'être plus durs et plus nerveux que ce métal, et c'est une raison pour qu'on les emploie quelquefois.

Les alliages cuivre-zinc, de toutes pièces, deviennent d'autant plus difficilement praticables, qu'ils contiennent plus de zinc. A partir des proportions C.75-Z.25, ce métal se volatilise, si l'on ne prend de grandes précautions, en quantités considérables. Si l'on a soin cependant de tenir le cuivre en bain à une température peu élevée, de plonger le zinc par parties séparées et non d'une seule charge, eu s'attachant à le faire chauffer d'abord au degré le plus rapproché du point de fusion, si l'on tient le creuset presque fermé, en modérant le feu jusqu'au moment de la coulée, si l'opération est vivement conduite et promptement terminée, on évite une trop forte déperdition du zinc et on arrive à produire l'alliage dans les conditions du dosage.

Quoiqu'il en soit, les alliages de cuivre et de zinc, une fois hors des limites 50 sur 50, ne nous paraissent pas devoir être d'un bon usage, tout au moins tant qu'on n'y introduit pas d'autres métaux.

Les laitons pour machines se tiennent ordinairement dans les limites de 20 à 35 de zinc pour 85 à 65 de cuivre. Au-dessous de 20 parties de zinc, l'alliage devient rouge et peut servir à des applications particulières ; mais il n'est plus à considérer comme laiton. Au-dessus de 35 parties de zinc, l'alliage est sec, cassant, blanchâtre et bien que susceptible de certains emplois vulgaires, n'est pas, non plus, à classer parmi les laitons.

Les composés les plus usités dans l'industrie des constructions de machines sont :

Le laiton, dit laiton des tourneurs :

```
Cuivre . . . . . . . . . . . . . . .  61.60
Zinc . . . . . . . . . . . . . . . .  35.30
Étain . . . . . . . . . . . . . . .    0.50
Plomb . . . . . . . . . . . . . . .    2.50
                                     ───────
                                     100 parties.
```

Les proportions suivantes ont à la même destination suivant qu'on veut plus ou moins de couleur :

	1	2	3	4	5	6	7	8
Cuivre	70,50	71,50	66,50	65,80	76,00	85	56	100
Zinc	20,00	25,00	33,00	31,80	24,00	15	28	25
Plomb	0,50	0,50	0,50	0,25	0,50	1	=	=
Étain	=	=	=	2,80	=	=	16	50

L'alliage n° 4 est un alliage de couleur jaune-verdâtre, de nature assez malléable que j'ai employé dans le temps à Indret et à l'école d'Angers, pour de grandes pièces polies devant ornementer certaines parties de machines.

Les alliages 5 et 6 étaient usités dans le même temps, le premier pour la fabrication des petites pièces mécaniques, le second pour des pièces minces, charnières, vis de poulies, etc.

Les alliages 7 et 8 sont des composés intermédiaires entre les bronzes et les laitons qu'on emploie en Angleterre pour la désignation d'alliages de Fenton et de Margraff. Ces composés destinés aux boîtes d'essieux, s'échauffent peu et résistent au frottement. C'est une sorte de métal transitoire entre les bronzes, les laitons et les métaux blancs.

Les laitons connus sous les dénominations particulières de métal de Oler[1], alliage d'Iserlohn[2], alliage de Bristol[3] et laiton français (4 à 6) peuvent être recommandés comme étant d'un bon usage.

	1	2	3	4	5	6
Cuivre.	77,88	66,70	64,70	72,35	63,70	64,65
Zinc .	21,42	33,50	24,30	23,75	33,55	33,75
Plomb	1,00	0,30	»	1,85	2,50	1,10
Etain .	»	2,50	»	2,05	0,25	0,20
Fer. . .	2,32	»	»	»	»	»

Les qualités n⁰ˢ 3, 5 et 6 sont celles de laiton dites ordinaires, destinées à des pièces d'un ordre courant.

Métaux blancs. — Ces sortes d'alliages sont nombreux. Nous en avons parlé longuement ailleurs. Nous nous bornerons à exprimer quelques formules, en y ajoutant le moins de développement qu'il nous sera possible.

Alliages pour petits modèles de fonderie.

	1	2	3
Etain.	75	25	30
Plomb	25	»	70
Zinc	»	75	»

Le dernier de ces alliages est pour modèles qui doivent peu servir et qu'on

veut établir économiquement en se réservant les moyens de les retoucher, de
les plier, de les recourber, etc. Le premier donne des modèles plus durs et
plus *roides*. Le second fournit un alliage plus dur que l'étain et plus tenace
que le zinc, tout en conservant de la ductilité.

Avec 15 à 20 p. 0/0 d'étain, le zinc devient moins cassant et se prête mieux
à une foule d'usages industriels. Avec 15 à 20 p. 0/0 d'étain, le plomb devient plus dur et plus résistant. Il suffit même de 2 à 5 p. 0/0 d'étain pour
durcir le plomb. D'un autre côté, avec une petite quantité de plomb, l'étain
devient plus souple, plus facile à travailler, moins sujet aux gerçures, etc.

Une addition de bismuth au plomb tend à augmenter la ténacité du
plomb. L'alliage qui donne le maximum de ténacité paraît se tenir aux environs de :

Plomb 60
Bismuth 40
                                    ———
                                    100 parties.

Alliages à couler sur place pour coussinets et garnitures de paliers, de colliers, de têtes de bielles, etc.

Cuivre . . .	4 p.	9 p.	1 p.	»	»	»	6 p.	»
Étain . .	93 »	73 »	50 »	»	»	18 p.	90 »	90 »
Antimoine .	8 »	18 »	3 »	5t. p.	15 p.	2,50	»	8 »
Plomb . . .	»	»	»	18 »	85 »	4,50	»	»
Zinc	»	»	»	32 »	»	75	30 »	»

Ces alliages plus ou moins résistants, dur ou mous, sont préparés par lingots pour être à volonté coulés en sable ou plutôt sur les pièces elles-mêmes
préalablement préparées. Il en est de même pour la série qui suit :

Métaux blancs pour coussinets et pièces de friction.

	A	B	C	D	E	F	G	H	I
Cuivre . .	5	8	2	9	6	3	4	2.5	8
Étain . . .	85	80	90	73	17	15	12	5.0	2
Antimoine .	10	12	8	18	77	»	82	»	2
Zinc . . .	»	»	»	»	»	40	4	»	80
Plomb . .	»	»	»	»	»	42	»	»	»
Fer . . .	»	»	»	»	»	»	»	70.0	»
	100	100	100	100	100	100	102	77.5	92 parties.

Les alliages A et B sont employés pour les pièces de peu de frottement et
à faibles charges.

Le composé C, pour grandes charges ; les composés D et T, pour arbres très lourds et pour arbres de moulins.

L'alliage E, pour transmissions à grande vitesse.

Les types G et H sont indiqués comme métaux durs, et le type I comme métal économique.

Avec ce que nous avons dit sur les métaux blancs appliqués à diverses industries, nous allons résumer tout ce qui peut intéresser nos lecteurs sur ces sortes d'alliages.

Alliages divers. — Nous ne parlons pas ici des alliages aujourd'hui en cours à l'aide de métaux tels que l'alumine, le tanystène, le phosphore, le manganèse et bien d'autres corps métalliques.

C'est de l'industrie et de la chimie en progrès dont il s'agit et non encore de la fonderie pratique. Nos lecteurs trouveront dans la *Fonderie en France* le peu que nous avons pu dire sur la question très intéressante des nouveaux alliages.

Il nous reste à dire à propos des métaux blancs quelques mots du nickel dont nous avons déjà parlé dans la première partie et dont l'emploi dans les alliages s'est accentué de plus en plus depuis quelques années et auquel nous devons consacrer quelques lignes étant donné le rôle qu'il remplit déjà de la métallurgie nouvelle.

Quant à présent les principaux alliages commerciaux du nickel se tiennent dans les compositions suivantes :

	a	b	c	d	e	f	g	h	i	j
Nickel	23	15,60	31,60	19,30	16,80	15,00	25	20	18,75	10
Cuivre	55	43,80	40,40	66	65,00	62,00	50	57	50,00	59
Zinc.	17	17,00	25,30	13,60	13,00	23,00	25	20	31,25	30
Étain	2	»	»	»	0,2	»	»	»	»	»
Fer	3	»	2,60	»	3,4	»	»	»	»	»

a et *b*. — Pacfung chinois dit Tutenag.

c. — Cuivre blanc chinois.

d e f° — Pacfung dit de Paris.

g h. — Pacfung allemand — pour couverts de table— pour objets de sellerie.

i j. — Maillechort français — Alfénide.

L'alliage des monnaies belges et allemandes comprend 25 p. nickel — 75 p. cuivre.

Un alliage dit de Budi, adhérant directement à la fonte de fer et qui peut intéresser les fondeurs, comprend :

6 parties nickel.
89 parties étain.
5 parties fer.

FABRICATION DES OBJETS EN CUIVRE OU EN ALLIAGE.

Méthodes adoptées pour le moulage. — Le moulage des pièces en cuivre a lieu par des procédés peu différents de ceux employés pour les objets en fonte de fer [1]. Cependant on emploie de préférence le sable d'étuve, lequel donne des produits meilleurs sous le double rapport de la netteté et de la qualité.

Par le moulage en sable vert, on obtient avec peine des pièces saines, ou tout au moins il faut mouiller très peu le sable, éviter de l'employer trop gras et de le tasser trop fortement.

La température du cuivre pur ou allié ne lui permet pas, étant beaucoup moins élevée que celle de la fonte, de dégager aussi facilement les gaz et les vapeurs au travers de sables humides par trop solidement comprimés.

Le moulage en terre est pratiqué pour le cuivre de la même manière que pour la fonte, dès qu'il s'agit de pièces de formes régulières pouvant être moulées à la trousse.

Il est bon de soigner le séchage et d'employer des terres maigres mélangées avec une forte proportion de crottin de cheval, si l'on veut obtenir des pièces sans soufflures.

Les sables nécessaires au moulage du cuivre doivent être peu argileux ; on évite de les mouiller beaucoup et de ne leur donner du *corps* qu'autant qu'il en est besoin pour qu'on puisse les faire tenir dans les châssis. Quand ils sont trop gras, on fait toujours bien d'y joindre du poussier de charbon de bois ou du sablon pour les rendre plus faibles.

Les moules métalliques seraient d'un meilleur usage pour la fonte du cuivre que pour celle du fer, n'ayant pas l'inconvénient de produire une trempe qui durcit la matière. Si l'on avait soin de les tenir à une température élevée au moment de la coulée, un grand nombre d'objets pourraient être fabriqués de cette manière. On peut du reste employer des moules métalliques aisément composés de parois en métal et de parois en sable devant apporter une certaine compensation contre les effets du retrait.

L'étain, le zinc et le plomb sont facilement et couramment versés dans des moules en métal. Lorsqu'on les coule dans le sable, il est convenable d'apporter les mêmes précautions qu'exige le cuivre, pour le choix des sables et leur degré d'humidité, ces métaux entrant en fusion à un point de chaleur beaucoup moins élevé.

---

[1] Ces données sont plus amplement développées dans la troisième partie qui traite plus spécialement du *moulage* et de la *fabrication,* quels que soient les métaux employés.

Les moules en sable pour le cuivre sont préparés exactement de la même manière que ceux destinés à la fonte de fer.

On les recouvre, pour faire décaper la matière, d'une couche de cendres de bois dur délayées dans de l'urine, dans du lait et même dans de l'eau ; dans ce dernier cas, on ajoute à la couche une petite quantité d'amidon cuit. Si les surfaces sont délicates, les côtés de moules sont flambés à la résine, ou bien encore on les saupoudre de tripoli, de fécule, de farine, de poussier de charbon de bois, d'os calcinés, etc. Il n'est pas nécessaire de percer autant de trous d'air dans les moules pour le cuivre que dans ceux destinés à la fonte. Les noyaux, également, n'ont pas besoin de lanternes aussi compliquées. Il suffit qu'ils soient bien séchés si les sables ne sont pas trop gras, et recuits à fond dans le cas contraire.

Coulée des pièces en cuivre. — La plupart des objets en cuivre sont coulés dans des châssis à embouchures serrés en presse. Si ces objets sont de petites dimensions, on les dispose sur la couche en les rangeant le plus possible les uns contre les autres, de façon à ne donner aux canaux qui conduisent le métal que la grosseur suffisante pour alimenter la garniture du moule. Des jets trop forts tirent sur les pièces et tendent à les arracher. Ils occasionnent, en outre, une dépense de matière sans utilité et qui est une cause de perte, si l'on considère la valeur du cuivre fondu.

Les jets des pièces en cuivre doivent cependant être plus nombreux, toutes proportions gardées, que ceux des pièces en fonte ; cette précaution est à prendre en raison de la différence de température entre les deux métaux, lorsqu'ils sont en fusion. Par la même raison, on doit multiplier les évents pour les pièces à nombreuses saillies et à faible épaisseur. A défaut de ces évents, nécessaires pour appeler le métal en donnant issue à l'air comprimé, le cuivre qui ne dégage pas l'air avec assez de promptitude, arrive refroidi aux extrémités des moules où il s'arrête sans les achever, ne pouvant vaincre l'élasticité du fluide qu'il a chassé devant lui.

Les fondeurs en cuivre qui fabriquent de petits objets coulés en presse ont soin de trancher les jets à la *remonte*, c'est-à-dire de faire entrer le métal en source au moyen d'*attaques* qui prennent les pièces en dessous. Cette mesure a pour but d'empêcher que les premières gouttes pouvant s'échapper de la poche ou du creuset quand on commence à couler, tombent dans les pièces où elles se refroidiraient sans se lier avec le reste du métal. La pareille mesure est bonne aussi, du reste, pour les petits objets en fonte coulés de la même manière. Par ce moyen, les pièces tassent sur leurs jets et sont moins sujettes à éprouver des retirures.

Précautions à prendre pour éviter les défauts dans les pièces en cuivre. — Des inconvénients semblables à ceux que nous avons indiqué pour la fonte de fer, amènent aussi des défectuosités aux pièces en cuivre. Nous ne mentionnons ici ce sujet qu'en vue d'expliquer l'utilité des jets de

retraite. Ces jets, inutiles dans le moulage en sable vert, où les sables se prêtent facilement au retrait, sont des canaux creusés sur les bords des pièces et
remplis de sable mouvant dont l'effet est de céder sous la pression du métal,
lorsqu'il se contracte, et d'empêcher sa rupture. Le cuivre, refroidi plus promptement que la fonte, surmonte plus difficilement la résistance des parois du
moule et, bien que sa ténacité soit plus grande, il s'arrache d'autant plus aisément que les pièces sont de formes circulaires et à noyaux renfermés. Lorsque les sables sont maigres et peu foulés ou que les pièces sont épaisses, les
jets de retraite sont moins utiles et l'on peut le plus souvent s'en dispenser.
Ils conviennent pour le zinc qui est très cassant et dont le refroidissement est
plus vif encore que celui du cuivre.

Les pièces en cuivre ont, de plus, un inconvénient auquel ne sont pas soumis les objets en fonte de fer ; elles tendent à *s'abreuver*, c'est-à-dire à s'im-
prégner dans les parties rentrantes, de sable vitrifié qui se mêle à la matière
et qui forme un corps dur ne pouvant parfois être enlevé qu'au ciseau. On
empêche les pièces de s'abreuver, en évitant d'employer du sable trop frais et
de couler le métal à une température trop élevée, principalement s'il s'agit
d'objets massifs.

Fabrication des objets en cuivre. — La fabrication du cuivre coulé offre
tant de ressources diverses, il est si facile de monter à peu de frais des établissements pour menus objets courants, qu'on ne doit pas s'étonner de voir
les fondeurs en cuivre en grand nombre. A Paris surtout, cette industrie
s'est multipliée. On la retrouve sous toutes les faces possibles, et l'énumération
suivante pourra seule donner une idée des variétés qui existent.

On trouve en première ligne les fondeurs de figures et d'objets de pendule puis les fondeurs de pièces de machines. Ces industries ont d'autant
plus d'extension que la fabrication des petites figures et des statuettes s'élève
jusqu'à celles des statues et des grands ornements, et que la coulée des pièces de machines devient assez importante pour nécessiter l'emploi de fortes
quantités de métal. Le matériel des établissements de ce genre est alors
aussi compliqué que celui des fonderies de fer ; il exige des grues, des châssis de grandes dimensions, de nombreux outils, des fours à réverbère et
plusieurs fours à creusets. Les procédés de moulage diffèrent peu de ceux
dont nous avons à parler au sujet du moulage des objets en fonte. La qualité des sables et celle des terres, la distribution des coulées et celle des
évents, sont les seules choses qui peuvent être différentes.

Les industries venant ensuite sont celles des fondeurs d'ornements d'égli-
ses, de chapiteaux, de poignées et de boutons pour les meubles. Celles des
fondeurs de fiches, de chandeliers, de bougeoirs, de patères, de charnières
et autres articles pour la quincaillerie ; celles des fondeurs d'instruments de
mathématiques, de physique et d'optique ; celles des fondeurs de jets, de
bandes, de plateaux, de roues d'horloge, etc. Ces industries sont montées
sur une échelle plus ou moins vaste, mais quelques-unes ne manquent pas

d'importance. Elles demandent des ouvriers sinon aussi habiles qu'il convient d'en trouver pour la fonte des statues et des pièces de mécanique, du moins plus exercés et comprenant mieux le moulage que ceux adonnés à la fabrication des clous de tapissiers et de chaudronniers, des clous de doublage, des boutons, des épingles coulées et de la bijouterie fausse, des bagues de parapluie et des boutons de cannes, à celles des grelots, des clochettes et des timbres, etc.

Parmi ces fabrications, il en est qui sont réduites à un travail tout mécanique, et soumises plutôt à la routine qu'au savoir faire ; les ouvriers qui s'en occupent sont loin de connaître le moulage, et cependant les mouleurs les plus exercés auraient peine, dès l'abord, à donner un travail aussi satisfaisant que le leur, quoique simple qu'il soit. On concevra qu'il ne faut pas employer des procédés bien longs et bien difficiles pour fabriquer des clous de doublage ou de chaudronnerie, quand on saura qu'un ouvrier ordinaire peut faire dans sa journée 50 à 60 moules contenant chacun 250 à 300 pièces, dont le poids total ne dépasse quelquefois pas un demi-kilogramme. Le travail de ces ouvriers consiste à mouler dans des châssis de faible épaisseur, un jet à plusieurs branches appelé *galare*, auquel sont attachés tous les modèles de têtes percées en leur milieu, d'un trou servant de guide à un poinçon qu'on enfonce rapidement dans le sable, avant de retirer le modèle de la galère, et dont l'empreinte donne les pointes des clous. Les moules sont coulés à vert, et aussitôt que le métal est refroidi, on enlève les galères d'où les pièces sont détachées à la cisaille. Certains appareils moulent jusqu'à 200,000 chevilles par jour, en employant le moulage mécanique ([1]).

CIRE PERDUE.

Moulage en cire perdue. — Nous ne nous étendrons pas sur les opérations du moulage en cire perdue, aujourd'hui fort peu usité.

Ce mode de moulage demande non seulement des soins particuliers, mais encore une habileté que n'ont pas les mouleurs ordinaires. Dans le moulage en sable, on peut arriver aux résultats les meilleurs avec des ouvriers exercés, soigneux et intelligents. Ici, il faut plus que de bons mouleurs, il faut des artistes capables d'établir le modèle lui-même au moyen de tablettes de cire rapportées sur le noyau préparé et séché à l'avance.

Le plus souvent les empreintes en cire sont prises dans des creux en plâtre obtenus sur un premier modèle ; quelquefois on est obligé de les modeler

(1) Comme on verra à la quatrième partie le moulage mécanique s'est considérablement développé pour toutes pièces simples et courantes, d'une répétition constante, qu'elles soient coulées en fonte de cuivre ou en fonte de fer.

sur place. Comme le noyau n'a pas toujours les dimensions voulues et ne suit pas les formes identiques du modèle, il devient nécessaire de diminuer ou d'augmenter en certains points l'épaisseur de la cire pour donner à l'œuvre les proportions désirables. On conçoit, d'après cela, le rôle important que joue le noyau, si l'on veut éviter de trop grandes inégalités d'épaisseur.

Quand les tablettes de cire sont disposées et représentent l'ensemble très exact de l'objet à couler, on procède à la préparation de la chape, laquelle s'obtient en recouvrant la cire de plusieurs couches de potée ou de terre dont l'importance diminue à mesure que l'épaisseur augmente. On a soin de laisser à la base du noyau et en différents endroits de la chape, surtout vers les extrémités de l'objet moulé, des orifices devant servir à l'écoulement de la cire qui se fond rapidement lorsque le moule est au séchage, et qui le vide entièrement lorsqu'il a été soumis au recuit. En préparant la chape, on ne doit pas oublier de placer partout où ils sont nécessaires des supports destinés à consolider le noyau et l'empêcher de se jeter de côté au moment de l'arrivée du métal en fusion. Du reste, le noyau est toujours, quel que soit le mode de moulage adopté, assuré intérieurement par des armatures en fer et pourvu, s'il y a lieu, de lanternes destinées à l'échappement des vapeurs pendant le séchage et des gaz pendant la coulée.

On conçoit que le moulage en cire perdue a beaucoup moins de raison d'être, aujourd'hui que les produits moulés en sable par châssis ou peu assises se montrent supérieurs.

Si l'on évite les coutures qui se présentent dans le moulage actuel, qu'elle supériorité n'existe-t-il pas dans la netteté des surfaces obtenues par ce système !

En cire perdue, on travaille à peu près sans certitude des résultats ; on ignore si le noyau ou la chape ne seront pas crevassés et disjoints sous l'influence du recuit, si la terre aura plus ou moins parfaitement reproduit les empreintes ; en un mot, quels que soient les soins apportés et quelle que soit la composition de la potée, on ne doit pas compter sur la pureté et le fini des surfaces, ainsi qu'on peut le faire avec les moules en sable, plus faciles à visiter et à surveiller.

Il reste encore quelques rares ouvriers qui n'ont pas cessé de s'occuper en artistes du moulage à cire perdue exclusivement appliqué à la reproduction des bronzes. Sans parler de Nicolas Molerat, que nous avons cité dans l'introduction qui précède le premier volume de cet ouvrage, il convient de parler d'un fondeur en bronze parisien, Gonon, qui a figuré aux Expositions de 1867 et de 1878 où il s'est affirmé par de véritables travaux d'art qui n'ont pas échappé à l'attention des personnes compétentes en matière de fonderie.

Le sculpteur peut modeler directement la cire qui doit servir de modèle. Pour reproduire un modèle solide, il faut obtenir les parties de cire dans un moule spécial. On fait d'abord, dans une chape en plâtre, et avec des précautions particulières, un moule creux en gélatine, ayant la propriété de ne pas travailler au contact de l'air. Ce moule, refroidi et débarrassé de sa chape, se lève du modèle comme ferait un linge. Il est alors replacé dans la chape qui le soutient et graissé légèrement pour recevoir la cire coulée, laquelle se fige bientôt sur les parois du moule. Quand l'épaisseur de cire est reconnue suffisante, on renverse, l'excédent avant qu'il soit figé. Puis on met un peu de cire très molle sur les coutures du moule pour que leur réunion ne laisse pas de joint apparent. Cela fait, on met en place le noyau dans l'intérieur du moule, et la cire dépouillée de la chape en plâtre et de la gélatine, appliqué sur ce noyau, représente fidèlement l'objet à reproduire. Quand le modèle est complété et vérifié, on pose les jets et les évents. Les premiers sont toujours dirigés vers la base du moule, afin que le métal, en remontant, chasse et expulse les gaz devant lui.

Le moulage sur la cire est opéré à l'aide de terre très fine devant donner des empreintes irréprochables. Il doit être exécuté rapidement et mis instantanément à l'étuve où il s'échauffe, la cire se liquéfiant bientôt pour s'écouler par diverses ouvertures, laissant ainsi entre le noyau et la chape un vide qui conserve rigoureusement la forme qu'elle représentait.

Le moule est alors chauffé au rouge, non seulement pour brûler les corps graisseux dont la cire a imprégné la terre, mais aussi pour donner à cette terre la résistance suffisante au moment de la coulée, en même temps que la porosité et la friabilité nécessaires pour se prêter au mouvement du retrait.

FABRICATION DES CLOCHES

Fabrication des cloches. — La plus grande difficulté que puissent éprouver les fondeurs de cloches est fondée sur l'application exacte des lois de l'acoustique.

Nous ne développerons pas ici l'étude des mouvements imprimés aux corps élastiques, ni la théorie des sons, ni les formules de Laplace, ni celles de Poisson ou de Lamé, nous bornant à renvoyer nos lecteurs aux traités de physique.

Restant dans le domaine des faits, nous devons constater qu'il n'existe pas de règles précises régissant la fonte des cloches d'après les théories connues. Des questions toutes de pratique, et par cela même excessivement difficiles à régler, viennent trop souvent déranger les meilleurs calculs.

Avec un moulage parfait, un alliage exact et invariable, des métaux de qualité normale, ce qui est difficile à rencontrer même avec des *métaux neufs*, en supposant que toutes les opérations de la fonte et du moulage se passent avec la plus grande régularité, le fabricant le plus habile ne peut garantir rigoureusement le son d'une cloche.

Or, la plupart des fondeurs de cloches ne se servent pas uniquement de métaux neufs pour couler leurs moules ; ils introduisent dans l'alliage de vieux métaux contenant parfois du zinc et du plomb à diverses proportions. Quand même, du reste, le métal serait constitué rigoureusement selon les quantités de cuivre et d'étain voulues, ces quantités soumises à la température des fourneaux, à la qualité des matières, aux particularités diverses de la fabrication, ne peuvent demeurer invariables.

Ce n'est pas à dire cependant qu'un fondeur habile ne puisse approcher de la perfection, s'il se soumet à des conditions déterminées autant par la pratique que par la science. Ces conditions sont celles qui ont procédé à la formation de l'*échelle* ou *brochette* à l'usage des fondeurs de cloches, que nous avons traduite dans le tableau qui suit :

Poids des cloches	Epaisseur du bord	Grand diamètre	Poids des cloches	Epaisseur du bord	Grand diamètre	Poids des cloches	Epaisseur du bord	Grand diamètre	Poids des cloches	Epaisseur du bord	Grand diamètre
kilog.	m.	m	kilog.	m.	m.	k'log.	m.	m.	kilog.	m.	m.
3	0.008	0.120	75	0,034	0.510	750	0.074	1.110	5000	0.137	2 055
4	0.011	0.165	100	0.037	0.555	1000	0.081	1 215	5500	0.141	2 115
5	0.013	0.185	125	0.040	0.600	1250	0.087	1.305	6000	0.146	2.190
6	0.015	0.225	150	0 043	0.645	1500	0.093	1.395	6500	0.150	2.250
10	0.059	0.285	175	0.045	0.675	1750	0.098	1.470	7000	0.154	2.310
15	0.021	0.315	200	0.047	0.705	2000	0 103	1.545	7500	0.158	2.370
20	0.022	0.330	250	0 050	0.750	2250	0 108	1.120	8000	0.160	2 400
25	0.023	0.345	300	0.055	0.825	2500	0 110	1.650	8500	0.164	2 460
30	0.025	0.375	350	0 058	0.870	2750	0 114	1.710	9000	0.168	2.520
35	0.027	0.405	400	0.060	0.900	3000	0 117	1.755	9500	0.170	2.550
40	0.028	0.420	45	0 063	0.945	3500	0 123	1.845	10000	0.173	3.595
45	0.029	0.435	500	0.065	0.975	4000	0.128	1 920	11000	0.181	2 715
50	0.030	0.450	600	0.068	1.020	4500	0.134	2 010	12000	0.190	2 850

La brochette repose sur de certaines proportions qui, à l'instar des modules en architecture, servent à régler entre elles et à mettre en harmonie les diverses parties des cloches.

Le *bord*, ou autrement dit, la plus forte épaisseur de la cloche (fig. 1, pl. 40), est pris pour unité et constitue le point de départ de toutes les autres dimensions.

En principe, la brochette est une échelle généralement tracée sur une plaquette de cuivre et qui donne, par plusieurs lignes horizontales venant s'appuyer sur un trait vertical et arrêtées par des points échelonnés à des distances convenues, l'épaisseur du *bord* suivant le poids des cloches. Notre tableau remplace cette disposition primitive et fournit la cote du bord et le diamètre des cloches depuis le poids de 3 kilogrammes jusqu'à celui de 12,000 kilogrammes.

D'après les indications du tableau, il est admis que le diamètre du cerveau, n'étant que la moitié de celui de la cloche, devra sonner l'octave au-dessus de celle des bords.

Si donc deux cloches sont données, le diamètre de l'une étant égal au diamètre du cerveau de l'autre, la première sonnera l'octave de la seconde. On remarquera que, d'octave en octave, les battements diminuent successivement de moitié, le volume des cloches augmentant du double en diamètre, hauteur et épaisseur, par conséquent en poids, à mesure qu'elles descendent par octave.

Notre ancien maître Maillard, lequel s'est occupé particulièrement de la fabrication des cloches, ayant remarqué que trop souvent les fondeurs s'appuient sur des procédés empiriques pour déterminer le poids des cloches devant former des accords, et obtiennent, par là, des dimensions généralement fausses, a étudié le rapport existant entre le poids du bord et le poids total de la cloche.

Considérant le bord comme un anneau et admettant le diamètre d'un centre à l'autre égal à 13 bords 10345, d'après le tracé des cloches, il a déterminé la section du bord selon un rayon donné, puis multiplié cette section par le diamètre développé pour avoir le volume. Ce volume, multiplié à son tour par 8.5, densité du métal de cloche, donne le poids du bord.

En cubant une cloche, par exemple, dont le bord est 0,116, on trouve que le poids de cette cloche est égal à 2,645 kilog. 887. Si l'on divise ce poids par celui du bord qui est 428 kilog. 5266, on a le rapport du poids du bord au poids de la cloche, soit 6 kilog. 1744. Et ayant le diamètre du bord de la cloche, le calcul se réduit à des opérations très simples.

Prenant, par exemple, une cloche dont le bord est 0,037586, on a :

$$0.037586 \times 13.10345 = 0.492506 \times 3.11 = 1.54616.$$

$$\frac{0.037586}{2} = 0.018793 \times 0.018793 = 0.00353176849 \times 3.14 = 0.0011089753 \times 151646 =$$

$$0.0017149359 \times 850 \, \mathrm{kg} = 14.57738 \times 61744 =$$

90 kilog 006, poids de la cloche cherchée.

La méthode la plus suivie pour le tracé des cloches, est celle qui consiste à donner 15 bords au grand diamètre, 7 bords et demi au diamètre du cerveau, 12 bords à la ligne joignant l'arête inférieure de la cloche à la naissance du couronnement du cerveau, et enfin 32 bords au plus grand rayon servant à tracer le profil du vase supérieur ou *calice*.

Le tracé établi sur ces bases est indiqué par la figure 1, planche 40, où il se trouve suffisamment complet pour éviter toute erreur même de la part d'un fondeur inexpérimenté.

Les fondeurs de cloches ont l'habitude de donner à leurs planches à trousser des dimensions en rapport avec celles des cloches à fondre. Ces dimensions, également exprimées en bords, demeurent invariablement fixées à 22 bords pour la hauteur totale de la trousse, 6 bords 2/3 pour la largeur en haut, 6 bords pour la largeur en bas, 1/3 de bord pour la saillie de la meule et 2 bords pour sa hauteur.

Les bonnes proportions à chercher pour l'alliage formant le métal de cloches sont les suivantes :

Cuivre . . . . 78k,00 ⎫
Etain . . . . 22 ,00 ⎬ 100 kilog.

Mais cette composition ne saurait être certaine, et l'on ne peut faire autrement de se rapprocher le plus possible des bases qui la constituent, sans prétendre se renfermer exactement dans la réglementation posée par ces bases.

On est évidemment obligé d'augmenter en principe la dose d'étain pour avoir la certitude que l'étain donnera au moins 22 % dans le métal coulé. Or, cette proportion exagérée suivant les risques de l'oxydation à la fusion, variable avec la conduite du feu et la forme du fourneau, soumise au départ dans le moule, si le métal n'est pas suffisamment brassé et si la coulée n'est pas bien divisée, etc., ne peut, quoi qu'on fasse, ramener l'alliage à un titre constant.

Des essais que nous avons été appelé à faire en plusieurs occasions, sur des fragments de métal de cloche, nous ont montré des variations pouvant atteindre depuis 18 jusqu'à 30 et 35 d'étain pour 100 de cuivre.

Nous ne parlons pas des métaux étrangers au cuivre et à l'étain, que l'expérience nous a fait connaître. — Comme il est rare que les cloches soient coulées avec des métaux neufs, comme la concurrence amène dans la fonderie de cloches, aussi bien que partout ailleurs, le besoin de la falsification et de l'altération, il est habituel de rencontrer dans l'alliage des cloches du plomb, du zinc, un peu de fer, etc.

La présence du zinc, tout en n'améliorant ni la qualité ni le son des cloches, ne les compromet pas, du moins complètement, et peut donner des cloches d'un prix peu élevé, sinon d'une sonorité et d'une fabrication aussi parfaites que celles qu'on obtiendrait avec le cuivre et l'étain employés seuls. Nous ne trouverions pas un grave inconvénient à voir entrer le zinc dans l'alliage des cloches, du moment qu'on ne lui ferait pas dépasser certaines proportions réduites. — En petite dose, il aide à *former* l'alliage, à le rendre plus dense et plus coulant, à lui donner une patine plus satisfaisante.

Pour parer à la déperdition de l'étain dans l'alliage, nous croyons qu'on pourrait, ne voulant pas augmenter la proportion d'étain en vue de cette déperdition, composer le métal de cloches comme suit :

Cuivre rouge . . . . 79k,00 ⎫
Etain . . . . 23 ,00 ⎬ 108 kilog.
Zinc . . . . 6 ,00 ⎭

En supposant une fusion régulière dans un fourneau bien conduit, toutes choses d'ailleurs se passant sans accident imprévu de fonte ou de coulée, on devrait avoir, dans les cloches fabriquées ainsi, un alliage définitif composé de :

Cuivre rouge, environ . 78k,00 ⎫
Etain . . . . 20 ,00 ⎬ 100 kilog.
Zinc . . . . 2 ,00 ⎭

Ce qui ne peut manquer de donner un alliage parfaitement convenable et auquel le zinc n'aura pu porter aucun tort appréciable.

Le tracé des anses représenté par la figure 4, planche 40 n'est pas aussi compliqué ni aussi rigoureux que celui des cloches. On admet néanmoins le bord, de même que pour les cloches, comme élément du tracé des anses, bien que, suivant le mode de suspension, et même d'après l'opinion des maîtres ouvriers, on ne doive pas attribuer aux anses des proportions aussi rigoureuses et des formes aussi arrêtées que cela doit avoir lieu pour les cloches.

On fait, du reste, les modèles d'anses ordinaires en plâtre, en bois ou en en terre cuite après avoir pris soin de décomposer le modèle, ainsi qu'il est indiqué par des coupures, à la figure 4, pour en permettre le démoulage.

Les modèles sont enduits d'une couche de cire et de suif mêlés, puis successivement, recouverts de plusieurs épaisseurs de terre fine ou potée, bien pétrie ayant à peu près la consistance de la pate de boulanger. On fait sécher le moule avant de retirer les modèles ; on le ragrée ; on perce les coulées au point le plus élevé ; enfin on lui donne une couche de cendrée liquide et on le fait recuire. Le moule des anses comporte une petite portion circulaire de la chape préparée pour la garnir au sommet et faire corps avec elle lorsqu'il s'agit de procéder au renmoulage.

Les cloches sont moulées ordinairement dans la fosse même où elles doivent être coulées et sur une base ne devant pas subir de déplacement.

Ainsi l'on peut voir, dans la figure 2, planche 46, la coupe verticale d'une cloche enterrée et prête à être coulée (a, b, c, d), et celle d'une cloche en moulage sur le noyau de laquelle le trousseau est en train d'achever la fausse cloche (e, f, g, h).

Cependant, si l'on ne veut pas conserver la fosse de coulée ouverte pendant toute la durée du moulage, il est facile d'exécuter le moule partout ailleurs, en faisant usage d'une couronne en fonte portant tout le moule et munie de quatre oreilles au moyen desquelles l'appareil complet peut être aisément transporté par la grue.

Le moulage des cloches diffère peu du moulage en terre que nous décrirons plus loin. Il consiste principalement dans la confection d'une chape en terre et d'un noyau en briques, entre lesquels est placée une épaisseur postiche qu'on appelle fausse cloche, c'est sur cette épaisseur, qui représente provisoirement la place du métal, que les fondeurs disposent les cordons, les ornements et les inscriptions dont les cloches sont habituellement recouvertes.

Ce travail s'exécute au moyen d'empreintes de cire fusibles dont nous avons donné la composition précédemment.

Les différentes parties du moule sont séparées par des couches de cendre ou de noir, un peu plus épaisses que celles dont on recouvre les moules en sable d'étuve. — Les couches servent à empêcher l'adhérence entre les terres et par suite à favoriser le moulage. — Il en est de même, bien entendu, pour tous les moules en terre qui s'exécutent d'une manière semblable. — La beauté des cloches dépend beaucoup de la qualité de la potée servant à garnir les empreintes en contact avec le métal. Cette potée se compose de terre très fine, à laquelle on ajoute 1/4 de fiente de vache. On a l'habitude de l'approvisionner longtemps à l'avance, afin qu'elle se fournisse par la fermentation, ce qui la rend plus propre à recevoir la matière. — La terre devant composer la chape est préparée, à peu de chose près, de la même manière. On a soin seulement de remplacer la fiente de vache par du crottin de cheval ou par de la bourrée hachée. Chaque couche de la chape peut être reliée par des ligaments de chanvre qui lui donnent la solidité.

Le travail restant à terminer consiste à ragréer la chape et la surface du noyau quand elles sont débarrassées de la fausse cloche, à les recouvrir d'une couche de cendres délayées dans du lait ou dans de l'urine, à placer sur la chape le moule des anses et le bassin de la coulée qui fait corps avec celui-ci, à garnir le fond encore ouvert du noyau d'un bouchon de terre dans lequel est scellé l'anneau qui doit supporter le battant, enfin à renmouler et à enterrer le moule, après toutefois s'être assuré que la dessication a été complète. La figure 3, planche 46 représente un moule en séchage n'attendant plus que le moule de l'anse et les coulées.

Quand les fondeurs de cloches ont plusieurs moules à couler, ils les enterrent dans une même fosse et ils établissent un chenal à plusieurs branches conduisant la matière dans chacun d'eux. S'ils ne sont pas certains de la quantité de matière à dépenser, ils évitent de remplir tous les moules à la fois, ce qui leur est facile en tenant les coulées bouchées au moyen de *quenouilles*, ou tampons, fixés à de longs manches, et en les débouchant successivement. Quand le chef fondeur est capable de calculer exactement le poids de ces cloches, y compris celui des jets des bassins et l'*assurance*, il vaut mieux qu'il fasse couler chacun des moules séparément et ne prenne au fourneau que la quantité de métal qui convient pour chaque coulée. Cette méthode n'est du reste praticable que dans les fonderies organisées à *poste fixe*. Il arrivait jadis plus fréquemment qu'aujourd'hui que les ateliers destinés à la fonte des cloches étaient construits sur les lieux mêmes de l'emploi. Cet état provisoire ne leur donnait pas toutes les garanties de bonne fabrication et de réussité trouvés dans les établissements mieux installés, en raison de leur situation moins précaire.

Les fourneaux de fusion eux-mêmes se ressentaient d'un tel état de choses et laisssaient beaucoup à désirer sous le rapport de la construction et des dispositions prises pour obtenir les meilleurs résultats à la fusion.

A cet égard, il est des bases sur lesquels les anciens fondeurs ont soin de s'appuyer lesquelles résultent des figures 5, 6 et 7, planche 46 et des explications suivantes :

Les dimensions des fours, de même que tout ce qui touche à la fabrication des cloches, sont calculées ordinairement sur le bord, pris comme unité. Pour obtenir un fourneau dont la capacité soit en rapport avec le poids de la pièce à couler, il s'agit de prendre le bord de la cloche approchant le plus, dans les tableaux ci-dessus, du poids de la cloche cherchée. On multiplie ce bord par

18, ce qui établit le diamètre de la sole du fourneau. D'après ce premier élément, on applique aux parties essentielles du four les dimensions indiquées en bords à la figure 13. Toutes autres dimensions non cotées de cette façon varient suivant le degré de solidité et de durée qu'on veut donner au four, la qualité des matériaux, etc.

La distance existant de la grille au-dessus de la *chapelle* peut rester invariable, cette distance étant généralement égale à la longueur habituelle des bois de chauffage. Il est évident, toutefois, que suivant les localités, le combustible étant sujet à varier, il y a lieu de proportionner la grille suivant les dimensions probables et le pouvoir calorifique de ce combustible. — On opère alors selon les bases adoptées pour les fours à réverbère servant à la fusion ou au réchauffage et dont on retrouvera les éléments pages 164 à 179 de la deuxième partie.

Pour consolider le noyau, empêcher les déformations pendant le séchage, sauvegarder les épaisseurs et aider la dessication régulière de la *chemise*, on peut employer une ou plusieurs armatures de formes et de dimensions appropriées. Ces armatures sont d'autant plus utiles que les cloches sont de fortes dimensions. Plus, en effet, les cloches sont grandes et prennent d'importantes quantités de métal, plus les moules doivent être solides. Plus, aussi, doivent être grands les soins, pour la consolidation de ces moules. C'est pour cela qu'il est bon d'employer des cercles en fer *xx*, figure 2 retenant de forts piquets en bois aussi serrés que possible, les uns contre les autres, de manière à former des parois inébranlables placés à peu de distance de la chape et maintenant l'enterrage.

Ces précautions sont surtout bonnes à prendre, quand on doit couler plusieurs cloches dans la même fosse et avec le même enterrage. Dans cette hypothèse, il convient de ne pas couler plusieurs cloches à la fois et de disposer les chéneaux de coulée de telle sorte qu'un moule étant plein, le métal soit distribué successivement à l'aide de *pales* ou de vannes placées en travers des chéneaux, les quenouilles débouchant les trous de coulée en temps opportun, à mesure que chacun des moules, achève de s'emplir.

Dans les fonderies montées pour ce travail spécial, on peut, comme nous venons de dire, opérer mieux et plus vite en coulant les moules à la poche. On fait usage d'une poche portant au fond un tiroir de coulée susceptible de s'ouvrir et de se fermer à volonté au moyen d'une quenouille en fer ou en fonte, garnie de terre séchée et *noircie*, formant bonde ou soupape pour diriger le jet. Ajoutons qu'en prenant les soins dont nous avons parlé ailleurs, pour assurer la régularité de l'alliage, on peut couler des cloches au cubilot. — On peut aussi souder des cloches fêlées et écornées en employant les procédés de soudure par fusion.

Cymbales et tams-tams. — Maillard dont nous venons de citer les travaux à propos de la fonte des cloches, s'est occupé en 1833, à la fonderie de l'Ecole de Châlons, d'expériences intéressantes concernant la fabrication des *cymbales* et des *tams-tams*.

Des premiers essais de ce genre n'avaient pas été heureux et ce ne fut qu'à la suite de tâtonnements assez longs qu'on s'aperçut que la trempe seule pouvait donner à ces instruments la malléabilité nécessaire. Aujourd'hui bien que la composition des alliages soit la même que celle employée par les ouvriers de l'Orient, bien que les pièces coulées à des épaisseurs très faibles soient trempées, recuites et martelées, les fondeurs français n'ont pas encore atteint la perfection des instruments nous venant de la Chine et de la Turquie, — ce qui a été démontré aux dernières Expositions de 1867 et de 1878.

Les cymbales et les tams-tams formant l'objet des essais de Maillard ont été moulés successivement en sable vert et en sable d'étuve. Le sable employé était le sable vieux de Fontenay-aux-Roses, auquel on donnait l'humidité strictement nécessaire pour qu'il pût se tenir étant foulé dans le châssis. Le sable vert, dans ces conditions, donnait moins de pièces cassées au refroidissement.

Les instruments étaient coulés horizontalement par des attaques réunies circulairement, les jets fournissant le métal versé dans un bassin ou chenal qui dominait le moule. Lorsqu'il s'agissait de procéder à la trempe, on coupait seulement la coulée, en laissant attacher aux pièces le jet circulaire considéré comme utile pour empêcher le gauchissement ; on chauffait les instruments au rouge cerise, puis on les plongeait rapidement dans l'eau froide.

Après cette opération les cymbales et les tams-tams pouvaient être facilement amenés par le marteau à une épaisseur très faible et il ne restait plus qu'à les dérocher, les rifler, et les polir. Les cymbales coulées à Châlons pesaient à leur sortir du moule 1 hectog. 40 environ et les tams-tams 15 kilogrammes. Ces poids réduits au *rechevage* ont, néanmoins, toujours dépassé dans la proportion de 25 à 30 % le poids des pareils instruments importés de la Chine.

Des essais entrepris à l'aide de moules à parois métalliques ont réussi à donner de bons produits ; mais on manquait malheureusement une grande partie des pièces à la coulée, le métal devant être coulé à une température élevée sans laquelle il ne pouvait que difficilement remplir les moules fussent-ils même chauffés.

En résumé, les conditions à retenir pour cette fabrication sont les suivantes, lesquels sont du reste les mêmes pour toutes les pièces délicates, de grandes surfaces et de faible épaisseur, coulées avec des alliages de cuivre, étain, zinc, etc. :

Employer des sables maigres et peu mouillés ; se servir de châssis réparés avec soin, la moindre déviation dans les épaisseurs devant suffire pour donner des pièces trouées ; couler l'alliage très chaud ; mouler les jets en même temps que les modèles, afin d'éviter le sable tombé dans les moules alors qu'on les tranche : renmouler avec attention ; enfin prendre toutes précautions utiles pour qu'il ne reste pas de scories ni d'impuretés dans les jets comme dans les moules.

FABRICATION DE CANONS DE BRONZE.

Fabrication de canons de bronze. — Les canons de bronze semblent avoir passé dans ces dernières années au pays des vieilles lunes. Les fonderies de Strasbourg et de Toulouse ont disparu. La fonderie de Bourges a été transformée et ne connaît plus que l'acier. — Pourtant qui sait si nous ne verrons pas de nouveau dans les temps désastreux, comme en 1870, revenir les canons de bronze. — Les besoins de la défense nationale, pouvant comme jadis faire appel à l'industrie nationale et réveiller une ancienne fabrication qui n'a pas dit son dernier mot. — C'est pourquoi nous conservons ici, une note sommaire à la fabrication des bouches à feu en bronze et un souvenir qui par la planche 41 rappellera les anciennes dispositions de la fonderie de Toulouse, lesquelles en dehors de leur spécialité du temps passé peuvent être bonnes encore pour s'appliquer en partie, du moins, à des fabrications d'un autre ordre.

Le moulage des canons se faisait encore, il y a peu d'années, par le procédé dit du moulage en terre. Il comprenait deux parties distinctes : l'établissement du modèle, d'abord ; puis la confection du moule proment dit. (Voir les figures, planche 41.)

Le modèle était établi en plusieurs tronçons correspondant aux diverses parties de la pièce : la culasse, la plate-bande, le corps et la masselotte.

Le modèle de la culasse depuis le faux bouton jusqu'à la plate-bande, était coulé en plâtre.

Le modèle du corps depuis la plate-bande jusqu'à la portée et celui de la masselotte étaient simplement établis en terre troussée sur un axe garni de tresses de paille et formant plusieurs couches dont la dernière en terre fine, était profilé au gabarit voulu, le gabarit indiquant par un cercle tracé, au point nécessaire, la position des anses et celle des tourbillons.

Les anses, représentées par les profils d'une section perpendiculaire à l'axe de la pièce et passant d'ailleurs par l'axe des tourillons, étaient obtenues avec un modèle en cire et les tourillons avec des modèles en plâtre.

Depuis, on a établi diverses parties du modèle en cuivre tourné et ciselé s'assemblant pour se retirer facilement dans toutes les directions utiles.

Quelque soit la nature du modèle, la chemise ou la chape est obtenue de la même manière.

On commence par couvrir, à la brosse, les surfaces du modèle d'une couche de cendrée de bois, ou préférablement de tan ; cela en vue d'empêcher l'adhérence de la première couche au modèle. Puis le travail se continue par la superposition de plusieurs couches minces de potée, suivies par d'autres couches composées d'un mélange à parties égales de potée et de grosse terre ayant 35 à 50 millimètres d'épaisseur, suivant les calibres; enfin, terminées par un recouvrement de grosse terre de 70 à 80 millimètres.

Sur le corps de la pièce on a eu soin de soutenir les anses et les tourillons à l'aide de quelques fragments de briques et d'empâter le tout dans la potée recouverte de terre soutenue par des garnitures en brins de chanvre. Chaque couche est séchée successivement et durcie au feu. Les évents laissent écouler la cire des anses. Le moule de la culasse est séché sur un fourneau, étant placé sous une cloche de tôle percée de trous; celui de la masselotte et celui du corps de la pièce, par un feu allumé au-dessous du soubassement du trousseau où l'on a constitué successivement le modèle et la chape.

La chape a, du reste, été revêtue, entre les diverses couches, d'armatures et de liens en fer formant une sorte de treillage qui consolide tout l'ensemble.

Le moule achevé et séché, on brise les parties en plâtre ou en terre, et on les retire par fragments, pour terminer et lisser le moule qu'on remet de nouveau au séchage.

La portée se compose d'environ 30 parties d'argile pourrie, 10 parties de crottin de cheval, 30 à 35 parties de sable maigre ou de sable de rivière et 2 ou 3 parties de bourre battue; le tout bien mélangé et corroyé à l'eau.

La grosse terre est un composé d'argile, de ciment de briques tamisé et de bourre. — La bourre de bœuf est préférée.

La terre noire est un mélange de potée et de poussier de charbon passé au tamis.

Les cendres sont lessivées pour en enlever la potasse et délayées dans de l'eau avec quelques parties de colle d'amidon. Un peu de gélatine donne du liant à ce mélange et permet de l'étendre plus aisément à la brosse.

Le plâtre est du plâtre de mouleur aussi pur que possible. — La cire est composée de deux parties de cire jaune et d'une partie de résine.

Nous passerons sur le séchage des moules, lequel se fait lentement dans les conditions exposées plus haut, et donne à la terre un état de cuisson qui dure cinq ou six heures et demande vingt à vingt-quatres heures pour le refroidissement.

Le moule est réparé en rebouchant les crevasses et les vides avec de la potée fine ou de la terre noire, puis cendré avec un écouvillon et flambé à la paille.

Le moule de la culasse, formant la base de l'appareil et devant supporter toute la pression de la matière à la coulée est recuit au charbon de bois, puis scellé au plâtre dans une enveloppe métallique.

C'est sur cette base solide installée dans la fosse de coulée que l'ensemble est remoulé par parties successives, qui solidement enterré dans du sable battu à la pilette.

A mesure du foulage, on installe partout où il est nécessaire les jets, les évents et les conduits dits d'aérage pour le dégagement des gaz. Les canaux de coulée sont établis solidement en briques, bien lissés, cendrés et flambés, de même que tous les outils de fer ou de fonte destinés à être en contact avec le bronze.

Avant de couler, on enlève le plateau qui a servi à fermer l'orifice supérieur de la masselotte pendant l'enterrage ; on visite le moule à l'aide d'une bougie pour s'assurer que quelques matières étrangères n'y ont pas été introduites ; puis les trompes ou ouvertures d'introduction du métal dans le moule demeurant bouchées à l'aide de quenouilles, on amène la matière dans les bassins de coulée.

Tout ceci constitue, du reste, un ensemble de procédés employé pour la fabrication des canons comme pour celle de toutes autres pièces qui doivent, étant moulées en terre avec ou sans parties de modèles, être enterrées et coulées en fosse.

C'est pourquoi nous négligeons ici la description des détails accessoires que tous les fondeurs connaissent et qu'il serait oiseux de rappeler.

Du reste, aujourd'hui, pour les canons de bronze comme pour les canons de fonte, on emploie les châssis ronds, démontés à la convenance du modèle, et le moulage a lieu en sable, ce qui est beaucoup plus simple, beaucoup plus expéditif et doit supprimer l'enterrage, la coulée en chenal, etc.

La fusion du métal, alors qu'on employait vulgairement le système du moulage en terre que nous venons de décrire, avait lieu dans des fours à réverbère de la forme indiquée par la figure 15, planche 16.

Sur la sole de ces fourneaux, on chargeait d'abord les cuivres neufs en lingots, mélangés avec les bouches à feu hors de service, des vieux bronzes, masselottes, jets et fonds de chéneaux, en ayant soin de placer toujours les plus gros morceaux rapprochés de l'autel. Puis on chauffait au bois, de préférence au bois de chêne, évitant la houille qui donne un feu moins soutenu, plus difficile à conduire et par le dégagement des vapeurs sulfureuses, peut nuire à la qualité du bronze.

Le bois chargé, rondin par rondin, donne un feu plus clair et plus régulier, pouvant être poussé ou suspendu à volonté et, en tous cas, suffisant pour amener la fusion du bronze.

Au bout de trois ou quatre heures, le métal chauffé a passé par la température rouge cerise, pour arriver à la chaleur blanche. La désagrégation s'opère et la liquation de l'étain commence. On voit au-dessus du bain, les morceaux s'affaisser comme des masses de neiges. Alors le feu est activé, la masse totale se liquéfie et la flamme pressée dans le fourneau tend à sortir par toutes les issues. C'est le moment de brasser la matière à l'aide de perches de bois sec et de pousser vers l'autel les fragments qui résistent encore à la fusion.

Puis, on écume, les crasses qui surnagent à la surface du bain et l'on complète la charge en métaux blancs, pour amener l'alliage au titre voulu. L'étain en lingots est introduit successivement, ensuite le plomb et le zinc, s'il y a lieu et le tout ayant été brassé vivement et profondément, on procède à la coulée.

L'opération de la fonte peut durer, suivant l'importance des pièces à couler, jusque 12 et 18 heures.

Quand le métal est chauffé à point, il rend un son clair, sous l'action du brassage, les ondulations et les rides courent rapidement à la surface du bain, les perches à brasser pénètrent difficilement dans la masse liquide qui les repousse et des parcelles de métal enflammé scintillent à tout instant. Par ces signes, autant que par les instruments destinés à mesurer la température du fourneau, le praticien voit suffisamment qu'il est temps d'accélérer la coulée.

Aujourd'hui ces opérations de même que ceux du moulage peuvent se trouver simplifiées. Avec des cokes denses et purs, on peut traiter en grand la fonte du bronze au cubilot. Cependant, il est certain que pour de très grosses pièces exigeant la coulée au chenal, le four à réverbère bien conçu et bien dirigé peut toujours assurer des résultats qu'on obtiendrait difficilement, soit avec un cubilot seul, soit avec plusieurs cubilots réunis.

Les défauts habituels des canons de bronze, suivant que nous les résumons ci-dessous, montrent d'ailleurs dans quelle mesure tous soins doivent être pris, pour assurer au moulage, par le séchage et la qualité des sables et des terres et à la fonte par l'exactitude des alliages et la température du métal liquide, la bonne et stricte exécution des pièces.

En dehors des vices de construction, de formes ou de proportions dont nous n'avons pas à parler, les canons peuvent, en effet, être mis au rebut pour cause de gerçures ou de criques, de tassements intérieurs, de soufflures ou de piqûres à la surface, de cendrures ou de taches noirâtres provenant d'impuretés entraînées dans le moule, etc., enfin de taches d'étain. Celles-ci se montrant par traces blanchies, indiquent un défaut grave d'homogénéité dans le métal et proviennent de la liquation ou du *départ* de l'étain. Dans ces parties tachées, recueillies à la surface de certaines pièces, on a trouvé jusque 30 à 35 % d'étain.

Redisons-le du reste, il importe de suivre avec une rigoureuse surveillance la question de l'alliage et de maintenir les proportions admises entre les métaux dans les limites voulues.

Par l'expérience, on a reconnu que dans les fourneaux à réverbère, à foyers marchant au bois, pouvant recevoir une grande épaisseur de combustible et atteindre presque la voûte qui domine la grille, il est aisé, en évitant une trop grande poussée d'air à l'intérieur, de réduire le déchet à son minimum, dès que l'on enlève l'oxygène de l'air qui traverse le fourneau. C'est dans cette pensée que certains fondeurs ont essayé les fours à plusieurs voûtes.

De même, on a noté que le bronze éprouvant un refroidissement très lent, subit une liquation plus active de l'étain. L'alliage est moins homogène et l'on distingue à la surface les taches d'étain dont nous venons de parler. En un tel état, le bronze peut se dépouiller de la presque totalité de l'étain et se transformer en une masse spongieuse et sans consistance, de cuivre presque pur.

Dans les conditions ordinaires même, le titre peut se déplacer, suivant la position des diverses parties de la pièce. Ainsi, a-t-il été reconnu par un examen comparatif fait dans le temps à la fonderie de Toulouse et qu'ont reproduit les *Annales des Mines*.

		CALIBRES		
		de 8	de 12	de 16	de 24
Titres de la coulée		11.734	19.950	16.320	11.730
A la surface .	Bouche. . .	10.730	11.885	11.307	11.290
	Ame . . .	11.940	12.635	12.128	12.380
	Fond de l'âme	12.231	12.671	12.412	12.340
Sur l'axe . .	Bouche. . .	10.894	11.152	11.000	10.987
	Ame . . .	12.002	11.735	11.943	11.859
	Fond de l'âme	13.624	12.140	15.540	12.820
Parois de l'âme	Bouche. . .	10.340	11.011	10.938	11.116
	Ame . . .	11.840	12.205	12.082	11.830
	Fond de l'âme	13.324	12.286	12.291	12.287

Il convient en tous cas de déterminer par des analyses préparatoires le titre exact de chacun des métaux. Puis, au moyen d'un calcul très simple, on peut s'assurer pour chacun d'eux de la proportion qui doit entrer dans l'alliage, en vue de compenser les modifications causées par l'infiltration ou la scarification de l'étain. On établira ce calcul en admettant que le bronze doive contenir 13 à 14 % d'étain.

On faisait, du reste, à la fonderie de Toulouse, pendant les 12 à 15 heures que durait la fusion des matières, des essais rapides pour vérifier le titre moyen de l'alliage avant la coulée. Pour cela, on puisait un peu de métal pris dans le bain venant d'être brassé ; puis quelques grammes d'étain étaient dissous dans l'acide nitrique pur ; et l'oxyde d'étain réuni sur un filtre était rapidement lavé à l'eau bouillante. Le résidu encore mouillé était jeté dans un creuset de platine rouge.

On obtenait ainsi le dosage de l'étain et, à la suite, celui du cuivre, par différence.

APPLICATIONS SPÉCIALES DE LA FONDERIE
A DIVERS MÉTAUX

Fonderie de zinc. — Depuis un certain nombre d'années, la fonderie de zinc a accompli d'importants progrès.

Nous n'avons à donner ici que quelques détails techniques sur l'emploi et la fabrication du zinc moulé.

Les zincs recherchés pour cette fabrication aujourd'hui très développée à Paris proviennent de la Silésie ou encore des usines de la Vieille-Montagne. — Les premiers passent pour les plus purs et les plus aptes à prendre les formes et les contours des objets moulés.

Cependant, vers 1848, la Vieille-Montagne avait fait installer, rue Oberkampf, à Paris, des ateliers pour l'exécution des bronzes d'art, d'où sortirent alors des spécimens de moulage véritablement remarquables.

Moulage et coulée. — On fabriquait alors des pièces de grandes dimensions moulées en sable et parfaitement réussies avec du zinc pur et sans alliage d'étain. — On moulait et l'on coulait par les procédés ordinaires employés par la fonderie du bronze et du laiton. — Si quelques détails accessoires devaient compromettre la réussite des pièces ou compliquer le travail de moulage, on les démontait pour les couler à part et les rapporter ensuite par la soudure aux pièces principales.

Depuis, pour les objets communs des appareils d'éclairage, de la pendule à bon marché et du faux bronze, on est arrivé à couler le zinc dans des moules métalliques d'où il sort assez souvent criqué, fendu ou rompu. On le soude alors et on le répare aisément par la fusion facile sur place à l'aide de la lampe à gaz ou à essence.

Les moules sont en fer, en fonte et même en cuivre. Ils se démontent par parties réunies dans deux coquilles, ainsi qu'on ferait pour un moule en sable, à pièces de rapport. Puis ces moules fermés sont coulés debout, par un jet à embouchure, le zinc étant versé, sinon au creuset, du moins avec une cuiller en fer qui puise le métal fondu dans une chaudière.

Souvent, pour simplifier les noyaux dans les pièces devant venir à faible épaisseur et demeurer creuses, les modèles sont décomposés et par suite les moules, par parties en dépouille, rattachées et réunies par la soudure au moment de l'achevage.

Ce dernier n'est après les réparations et les soudures qu'une simple opération de grattage au rifloir ou à la lime.

Quand les pièces sont faibles et cependant d'un certain développement comme les branches d'un lustre ou les consoles à gaz, on place dans le moule, des armatures en fer suivant les contours, lesquelles vient renforcer et consolider les parties susceptibles de fatigue, alors qu'elles se trouvent empâtées dans le zinc coulé.

Fabrication. — En Allemagne et surtout à Berlin, la fonderie de zinc à une grande importance. On peut dire que cette industrie s'est développée en France sous l'impulsion donnée par les Allemands, surtout l'organisation des Expositions universelles à Paris, en 1855 et 1867.

Les statues de zinc et les grands ornements obtenus très légers avec le zinc, moins sujets à des difficultés de moulage et de coulée que les pareilles pièces en fonte de fer, plus faciles surtout à réparer et à assembler par la soudure, ont pris une extension considérable en Prusse et, aussi, en Angleterre et en Belgique. La fonderie *Geiss*, de Berlin, a produit vers 1845 un fronton d'une dimension colossale, pour le théâtre de Hambourg. Depuis, nous avons vu, aux grandes Expositions, des statues monumentales en zinc, venant des fonderies anglaises, belges et allemandes.

Fusion. — On fond le zinc dans des poches de fonte ou de fer garnies de matières réfractaires, ou encore dans des creusets en terre. En tout cas, il y a lieu de protéger le bain contre toute oxydation et de tenir la température des fours de fusion au rouge sombre, si l'on veut éviter les déchets qu'entraîneraient bientôt, avec une chaleur trop élevée, la prompte fusibilité du zinc et sa propension à se volatiser.

La fabrication parisienne ne s'est pas encore lancée aussi avant dans les grandes pièces que celle des pays que nous venons de citer. On recherche plutôt, pour les objets servant à la décoration des maisons, le zinc estampé dans des creux métalliques.

Cependant on coule depuis longtemps des lucarnes, des couronnements de galeries, etc., d'une certaine importance, moulés en sable. Le moulage en sable, le même que celui usité pour les objets de cuivre jaune et de bronze, exige des sables fins, bien travaillés, un peu maigres, faciles à se détacher des pièces après la coulée, et par cela même un peu friables.

Le sable neuf de Fontenay-aux-Roses employé par les fondeurs en cuivre est très bon, étant mélangé en certaines proportions avec du vieux sable de même provenance, ou au besoin avec du poussier fin de charbon de bois.

Emploi du zinc. — Quant à l'emploi du zinc, sans alliage, il n'est pas démontré qu'il soit nécessaire de le pratiquer d'une manière absolue. Le zinc contracte un très grand nombre d'alliages et est de nature, même, à s'allier avec la plupart des métaux. Si donc on ne l'emploie pas dans la fabrication dont nous parlons, sous forme de composés, admettant par exemple quelques parties d'étain ou de plomb, c'est pour un motif d'économie uniquement. Mais, dans certains cas, on peut avoir à examiner si par la suppression des raccords et des réparations, tout au moins en partie, on n'aurait pas avantage à compléter le zinc par le plomb ou l'étain, par ce dernier métal notamment.

Un des défauts graves du zinc, ainsi que nous venons de dire, est de se gercer facilement dans les moules, quelque rapidité qu'on apporte au démoulage. C'est ce qui a déterminé certains fabricants à chercher dans les unions avec l'étain, le plomb et le régule d'antimoine, les moyens de remédier à ce grave inconvénient.

D'autres, au contraire, ont pensé que la cristallisation du zinc, faite dans de bonnes conditions, pouvait dispenser de recourir à des alliages. Ils ont reconnu que le zinc parfaitement pur devait donner un tissu aussi nerveux et aussi malléable que celui des meilleurs alliages, du moment qu'on le purgeait de tous corps accessoires. Ceux-là trouvent que la supériorité du zinc fondu doit être d'autant plus assurée qu'on évite la cristallisation parcellaire du métal, laquelle se produit par l'interposition de la calamine entre les molécules métalliques. Le zinc ayant une tendance à former des vapeurs oxydées au moment de sa sublimation, il convient donc de le soustraire, en principe, à toutes chances d'évaporation.

FONDERIE EN CARACTÈRES.

Les procédés de la fonderie en caractères tout simples qu'ils soient, présentent un intérêt indiscutable. C'est évidemment une des ramifications importantes de l'art du fondeur que cette industrie qui consiste à reproduire indéfiniment, dans des conditions toujours particulièrement les mêmes, des éléments pouvant différer par les dimensions, par la forme et par le dessin, mais en fait, demeurant soumis à une même fabrication, celle de la coulée en moules métalliques.

Par le moulage ordinaire, qui est opéré en sable ou en terre, on arrive à reproduire tous modèles donnés non susceptibles d'être sans cesse reproduits. Il faut compter que les pièces ainsi obtenues doivent être soumises à un achèvement quelconque, ébarbage, réparation, achevage, etc.

Avec les caractères d'imprimerie, il s'agit de trouver la perfection et la netteté en se servant toujours du même moule. Chaque lettre doit sortir parfaite du moule et le fondeur doit considérer les opérations qui suivent la fonte comme des accessoires ordinaires, plutôt que des moyens de corriger ou de redresser la matière.

L'alliage doit demeurer dans des conditions déterminées. C'est toujours le plomb qui est reconnu par les spécialistes, comme devant former la base du métal des caractères d'imprimerie.

Le zinc ne saurait être employé, bien qu'il ait plus de dureté et soit presque aussi aisément fusible que le plomb. A l'état pâteux jusqu'à la chaleur rouge, il peut devenir très liquide, mais il est en cet état sujet à la volatilisation.

Dans les fourneaux ordinaires, quelques parties de zinc, même faibles, suffisent pour gêner le travail de la coulée. L'ouvrier ne puise avec sa cuiller qu'un métal épaissi bientôt et qu'il ne peut verser.

Le plomb, d'un autre côté, est trop mou, même en le durcissant avec du otin ou du fer.

C'est en réalité dans les alliages plomb et antimoine qu'il faut chercher les caractères de durée et de dureté résistante qui sont nécessaires. Ces allia-ges ont une grande faculté d'expansion, ils se maintiennent liquides et cou-lent bien.

Les fourneaux des fondeurs en caractères sont composés habituellement d'une enveloppe circulaire en terre ou en briques réfractaires, laquelle reçoit une sorte de bassin en fonte qui contient le métal et est divisé en plusieurs compartiments, pour permettre à chaque ouvrier d'employer l'alliage le plus approprié à son genre de travail. La largeur de chaque bassin est de $0^m,50$ à $0^m,60$. Les ouvriers sont rangés autour du fourneau qui comporte d'ordinaire six ou sept cases, laissant passer au milieu d'elles la cheminée du fourneau.

Le chauffage a lieu au bois bien sec, dit *bois-pelard*. Il doit être conduit avec beaucoup de régularité.

Les fours anciens sont disposés à flamme agissant directement sous la chaudière. On a employé cependant, dans ces dernières années, une méthode de chauffage à flamme renversée, par laquelle on utilise la plus grande partie de la chaleur. De même, au lieu de fourneaux circulaires, on a admis des fours séparés, rangés sur une même ligne, comme sont les fours à creusets. Chaque ouvrier possède ainsi son foyer qui communique avec une galerie commune conduisant la flamme dans une cheminée centrale plus élevée que celle des anciens fourneaux circulaires.

Nous n'entrerons pas dans d'autres détails qui font de la fonderie en carac-tères une industrie spéciale d'une grande importance. On trouve la descrip-tion technique de cette industrie dans diverses publications, où elle est traitée avec toute l'autorité et toute l'extension qu'elle comporte.

Fonderie de plomb et d'étain. — Le plomb est employé dans un grand nombre d'industries qui se relient plus ou moins au sujet que nous traitons.

Nous nous bornerons à résumer en quelques lignes, divers procédés qui se recommandent par des dispositions particulières.

Dragée de plomb. — On use, par exemple, dans cette fabrication spéciale, de la propriété qu'a le plomb de passer à l'état granulé, ainsi qu'il est par un alliage avec l'arsenic. La proportion d'arsenic doit être d'autant plus élevée que le plomb est plus aigre ou qu'il est chargé d'antimoine. On fait entrer 3 à 3 1/2 % d'arsenic dans les plombs doux et jusqu'à 8 à 10 % dans les plombs durs, ou aigres.

Le mélange se fait au moyen d'un alliage de plomb très chargé d'ar-senic, lequel est ensuite ajouté en proportions déterminées au plomb à gra-nuler.

Lorsque la quantité d'arsenic introduite dans l'alliage est trop forte, les grains viennent aplatis ou irréguliers, plutôt d'une forme lenticulaire que sphérique. Si au contraire la dose d'arsenic est trop faible, les grains font la *coupe*, c'est-à-dire qu'ils sont convexes d'un côté, concaves de l'autre. Enfin, si l'alliage comporte très peu ou pas d'arsenic, les grains s'allongent, font la *queue*, comme les gouttes qui coulent d'une bougie.

Le composé plomb et arsenic est opéré en grand, dans une chaudière disposée comme il est montré à la figure 22, pl. 14.

On fond, à la fois, 2,000 à 2,500 kilogrammes de plomb dont le bain est mis à l'abri de l'oxydation sous une couche de poussier de charbon ou de cendres.

Quand le tout est fondu, on écrème la surface du bain et l'on y introduit le sulfure d'arsenic par petites portions, ou mieux l'alliage plomb et arsenic préparé à l'avance et apporté en brassant la matière après chaque addition, laquelle est suivie d'un nouvel écrémage enlevant les scories qui se forment. On a soin d'essayer l'alliage de temps en temps pour s'assurer que la dose d'arsenic se tient dans les proportions voulues.

Le métal est puisé dans la chaudière à l'aide d'une cuiller à long manche, puis versé dans des passoires installées au-dessus d'un récipient rempli d'eau. Les passoires sont percées de trous parfaitement ronds, dont le diamètre varie suivant les numéros de la dragée à fabriquer.

La hauteur de laquelle est versé le métal qui doit tomber dans l'eau est variable selon les résultats à obtenir. Quelquefois les passoires sont placées immédiatement au-dessus d'une barrique pleine d'eau et supportée par deux barres de fer mises en travers. C'est le procédé le plus élémentaire.

D'autres fois le métal tombe de très haut, la passoire étant installée sur une sorte de réchaud où elle est entourée de charbon pour empêcher le plomb de s'y figer. On utilise, pour obtenir la hauteur voulue, des puits ou des fosses profondes, à défauts d'endroits élevés, tourelles ou échafaudages.

Les passoires sont garnies à l'intérieur d'une couche de crasses blanches et poreuses retirées du bain et délayées dans de l'eau chargée d'argile. Le plomb qu'on verse doit avoir une température telle qu'il filtre rapidement au travers des trous de la passoire, qui le divisent en gouttes venant se granuler dans l'air et dans l'eau.

Les grains obtenus, même avec des cribles à trous exacts, ne sont pas toujours parfaitement égaux et réguliers. On doit les trier et les classer au moyen de tamis de diverses grosseurs, suspendus par des cordages au plafond de la fonderie.

Le triage terminé, la dragée est versée sur des tables inclinées où s'arrêtent les grains qui ne sont pas bien ronds ou qui sont informes, tandis que les grains réguliers et sphériques, animés d'une plus grande vitesse, continuent leur descente.

La dragée de rebut est mise à la fonte. Celle qui est bien venue est passée au tonneau avec un peu de graphite qui lui donne de la couleur. Les tonneaux employés sont du même genre que ceux qui servent à polir ou à désabler les petites pièces dans les fonderies et dont la fig. 19, pl. 15, donne une image.

DIVERS OBJETS EN MÉTAL.

Dragée moulée. — La dragée moulée, les balles ou les projectiles cylindro-coniques qu'on emploie actuellement sont coulés dans des moules en deux parties montées à charnières et donnant une ou deux *galères* de balles versées dans le même creux. Après le refroidissement, ou plutôt après que le métal est figé, on ouvre le moule ; les balles sont enlevées tenant encore au jet dont on les détache à l'aide d'une tenaille coupante.

Le plomb, qui est ici sans mélange d'arsenic, est fondu dans des chaudières de même disposition que celles qui servent à la fusion pour la dragée fine. On puise en plein bain et l'on coule avec une cuiller.

Les balles sont polies également au tonneau et de préférence dans une boîte de section rectangulaire, à faces planes, portant un couvercle à emboîtement assuré par deux broches longitudinales.

On coule de la même façon des rondelles de plombage et d'autres menus objets de formes simples, susceptibles de se répéter. Jadis, on faisait les moules en bronze ; aujourd'hui on les fait de préférence en fonte de fer ou d'acier. Voir pl. 29.

Tuyaux de plomb. — Les tuyaux de plomb, qui se faisaient autrefois par l'étirage ou par le laminoir, sont obtenus maintenant au moyen d'une presse hydraulique. Une chaudière de forte épaisseur, 30 à 35 millimètres par exemple, et d'une forme arrondie à section allongée est montée dans un four à circulation de flamme, chauffée à la houille. Le plomb s'écoule par une tubulure placée au fond de la chaudière et venant correspondre à un tube porte-filière, où il passe dans des lunettes de grosseur, étant comprimé par la presse hydraulique, et s'étire aux longueurs et aux épaisseurs voulues.

Poterie d'étain. — La poterie d'étain, où l'on emploie un alliage que nous avons déjà cité et qui est conçu sur la base de 82 parties d'étain et 18 parties de plomb en moyenne, est l'objet d'une industrie très ancienne, laquelle est à peu près restée, de nos jours, ce qu'elle était il y a un siècle.

Les objets sont coulés dans les moules métalliques, le plus souvent en bronze, surtout quand ils s'appliquent à des formes quelque peu compliquées.

Les moules, comme les noyaux également, sont démontés par parties, pour faciliter la dépouille, et doivent être ouverts aussitôt après la solidification du métal. Le peu de retrait de l'étain, permet, aidé par un rapide démoulage, d'obtenir des pièces sans criques ni fissures et qui ne sont sujettes qu'à des réparations de peu d'importance.

La fusion a lieu dans des chaudières disposées comme sont celles destinées à la fonte du plomb. Dans les ateliers chargés d'une fabrication importante, on emploie de petits fours à réverbère à circulation de flamme, où l'on brûle du bois et desquels l'étain en fusion s'écoule dans une chaudière où le plomb a été fondu à l'avance. Le mélange opéré est versé dans un creuset suffisamment chauffé pour tenir la température de l'alliage au degré voulu, et là, on le puise à la cuiller pour le couler dans des moules. Ceux-ci sont posés sur un établi et serrés, soit par des presses à main, soit par des presses à vis, comme celles qu'on emploie pour la coulée du cuivre.

Les pièces en étain sont grattées et polies à l'aide d'un outillage très simple, soit qu'on les achève à la main, soit qu'on les termine sur le tour. Les parties accessoires pouvant offrir une certaine complication ne se prêtant pas au démontage du moule, sont coulés dans des creux séparés, puis rapportées et soudées sur les pièces principales. Ainsi les poignées, les anses et les charnières des cafetières, des théières, et autres pièces de formes plus compliquées que ne sont par exemple, les cuillers et les fourchettes, dont les moules en deux parties représentent une des applications les plus simples de la *poterie* d'étain, pl. 29 *bis*.

Les fabricants qui établissent les mille petits articles de bimbeloterie, les petites pièces de ménage, soldats ou autres figures, animaux, etc., coulent également ces objets dans des moules métalliques. L'alliage comprend plus ou moins d'étain, suivant que les pièces sont minces ou épaisses. Cette industrie, sans qu'on s'en doute peut-être, a une importance extrême, surtout en Allemagne d'où nous viennent en grande partie ces jouets recherchés qui, depuis tant d'années, font le bonheur des enfants.

La poterie d'étain a fait son temps ; on ne fabrique plus qu'un petit nombre d'objets de ménage ou d'économie domestique. La plupart des produits jadis établis en étain sont aujourd'hui passés dans le domaine du *Ruolz*.

PROCÉDÉS DE SOUDURE.

Soudure de la fonte. — Dans les pièces massives et même dans les pièces à parties assez épaisses pour supporter un chauffage partiel pouvant ne pas entraîner la rupture, la réparation la plus solide et la plus sûre est la soudure de la fonte sur la fonte.

Lorsqu'on se décide à réparer une pièce par une opération de cette nature, il convient tout d'abord de prendre les mesures utiles pour que la pièce, surtout si elle est délicate, assez mince et pourvue de nervures en tous sens, ne vienne pas à se fendre sous l'effort du retrait de la partie soudée.

Il faut donc avoir soin de faire chauffer préalablement la fonte, non seulement près de l'endroit à réparer, mais le plus loin possible de chaque côté de cet endroit, sinon par toute la pièce entière ; ce qui vaudrait mieux si cette pièce, de dimensions moyennes, pouvait être facilement chauffée en entier. Le chauffage, qu'il est nécessaire de conduire au point le plus élevé praticable avant la soudure, doit être continué après, de telle sorte que l'effet de la contraction rendu approximativement aussi uniforme qu'on a pu sur une certaine étendue de la fonte rapportée, soit ramené aux conditions d'une première et complète coulée. On comprend en effet, qu'en essayant de couler de la fonte liquide et en ébullition sur de la fonte solide et froide, la première doit, en opérant son retrait d'une manière d'autant plus vive qu'elle a été glacée par le contact de la seconde, s'arracher brusquement et se détacher de la fonte froide, dont elle entraînera la rupture, si elle n'est déchirée elle-même.

Ce principe reconnu qu'on doit chauffer autant que possible les pièces à souder, avant, pendant et après l'opération de la soudure, nous expliquerons en peu de mots les moyens d'obtenir une soudure solide et assurée. Nous n'avons pas besoin de faire observer qu'un pareil travail, non sans difficulté, demandant des soins, du temps et de la dépense, ne peut être applicable qu'à de grosses pièces d'une certaine valeur qu'il serait regrettable d'envoyer au casse-fonte du moment où elles peuvent être réparées sans inconvénient.

L'emplacement sur lequel est à opérer la soudure doit être entièrement dépouillé de sa croûte au moyen du burin ; la lime unit et resserre trop les molécules à la surface. Il n'est pas utile, comme le font quelques fondeurs, de rendre la surface inégale au moyen de traînées au bédane ou d'encoches obtenues avec l'angle du burin. Il vaut mieux, au contraire, que cette surface soit unie. C'est une bonne mesure de la recouvrir d'un peu de borax en poudre. Cette précaution prise, on entoure la partie à souder de pièces de rapport en sable ou en terre battue sur le modèle, sur la pièce elle-même, ou préparées à la râpe de telle façon qu'elles doivent reproduire la forme à retrouver par la soudure. Les pièces de rapport étuvées préalablement, sont ajustées et appliquées avec soin contre les parois de la pièce à réparer, calées solidement et garnies tout autour de sable frais bien foulé pour éviter les fuites.

Autant que possible, toute la surface de fonte recevant la soudure, doit être à nu, c'est-à-dire que les pièces rapportées doivent établir une sorte d'encadrement pour retenir la fonte et lui donner la forme voulue, mais laisser la partie supérieure découverte pour qu'on puisse faire promener le jet sur toute l'étendue de la nappe de métal.

La réussite de l'opération est subordonnée à l'attention qu'on apporte à renouveler la fonte et à la faire circuler lentement sur la place que l'on veut souder, en ayant soin de la faire dégorger au niveau le plus bas, et de tenir, autant que faire se peut, le dégorgeoir aussi large que la soudure.

D'habitude, les fondeurs qui pratiquent cette opération se bornent à placer un jet à la partie supérieure de l'emplacement à souder, et un dégorgeoir à la partie inférieure de l'autre extrémité. Ce procédé atteint rarement et difficilement son but. L'endroit où tombe la fonte, à l'aplomb du jet, se refond ordinairemene assez bien, mais il est rare que la partie opposée puisse arriver à entrer en fusion et à se souder. C'est facile à concevoir, dans la distance à parcourir du jet à l'évent, la fonte coulée se refroidit, devient moins vive et perd sa soudabilité. Si d'ailleurs la surface à souder est assez large, il s'établit un courant suivi dans la direction du jet au dégorgeoir, et la fonte liquide, demeurant à l'état dormant partout ailleurs que dans ce courant, tend à se figer sans aucune espèce de cohésion avec la surface qui la reçoit.

Sans essayer d'expliquer la raison de ce fait, nous devons en constater l'existence. Renouveler constamment la fonte chaude sur chaque point de la surface à souder, faire couler d'autant plus la fonte que la soudure à produire est plus grande ; c'est sur ces bases principales que nous paraît déposer toute la réussite du procédé.

Quand on juge avoir laissé s'écouler une assez grande quantité de fonte chaude pour obtenir un bon résultat, on bouche l'évent du dégorgeoir à à l'aide d'un tampon et on remplit le moule assez haut pour qu'en burinant après coup il soit permis d'affleurer proprement toute la partie supérieure de la soudure.

Il est à peine nécessaire de dire que pendant l'opération la fonte est reçue à la sortie du dégorgeoir dans une poche placée au-dessous, et que cette fonte, qu'on a soin de choisir toute chaude, peut, après avoir servi à la soudure, être utilisée pour couler des moules de pièces massives qu'on doit pouvoir se réserver. Il n'est besoin, avec ce procédé, que d'une très faible quantité de fonte à faire passer sur la partie à souder. Nous avons vu des soudures, sur une surface de plus d'un décimètre carré, réussir parfaitement avec un creuset de fonte de 100 kilogrammes.

La qualité de la fonte pour obtenir le meilleur résultat n'est pas à négliger. La fonte de première fusion est en général moins soudante que celle de deuxième fusion. La fonte de seconde fusion qui peut résulter d'un mélange de 70 à 80 % de fonte française de bonne qualité et de 20 à 30 % de fonte d'Ecosse est à considérer comme étant dans de bonnes limites.

Une pièce en fonte blanche ou dure prend très difficilement la soudure. Si une pièce de première fusion reçoit moins bien la soudure qu'une autre de deuxième fusion, une pièce de première fusion soudée avec de la fonte de deuxième fusion réussit assez bien, mais donne un moins bon résultat qu'une pièce de deuxième fusion soudée avec de la même fonte. En un mot, les meilleures conditions de soudure sont celles où les deux fontes sont de seconde fusion, grises, de même nature et proviennent des mêmes conditions de mélange et de fabrication.

Cela s'explique de soi-même. Comme il faut, pour obtenir le plus haut degré de soudabilité, avoir une fonte parfaitement chaude, bien vive, bien coulante, etc., on ne trouve en général, ces qualités à peu près complètes que dans la fonte grise de bonne nature et de deuxième fusion.

Il est donc indispensable que la fonte employée n'ait aucune propension à passer au blanc ; autrement, elle durcirait, tendrait à éclater, et ne pourrait être retouchée suffisamment au burin après l'opération.

Soudure du bronze, du zinc, de l'étain, etc., par la refonte partielle. — Avec des soins particuliers, en se rendant bien compte du degré de température nécessaire aux objets qui doivent être soudés, comme de la qualité et de la quantité du métal liquide à faire adhérer sur ces objets, on peut comme pour la fonte de fer, obtenir la soudure, et si l'on préfère, la réunion précise et complète du bronze au bronze, de la fonte au bronze ou à l'acier fondu, de l'acier fondu au bronze, etc.

Non seulement ces procédés de soudure peuvent servir à réparer de grandes pièces de fonte ou de cuivre rompues par accident ou qu'on voudrait modifier, sans être obligé de les remplacer, mais ils permettent d'appliquer à certaines pièces, exigeant en des endroits donnés des qualités particulières de durée, de résistance, etc., les métaux qui conviennent précisément pour assurer ces qualités.

Mes expériences, non pas uniquement à titre d'essai, mais comme application industrielle de réparation et de transformation sur des pièces de toutes formes et de toutes dimensions, permettent d'affirmer que la soudure est devenue aujourd'hui un procédé aussi facile à employer dans la fonderie que les procédés ordinaires de moulage et coulée.

Un certain nombre d'ouvriers et de chefs d'ateliers, cherchant le progrès que réclame la pratique de la fonderie, longtemps livrée à un état de choses un peu trop primitif, n'ont pas hésité à s'appuyer sur mes études pour faire passer dans leur industrie la soudure des métaux, non pas comme un fait exceptionnel et isolé, mais comme un moyen d'exécution habituel et courant.

Les expériences que nous avons faites en vue de souder par la fusion, l'acier fondu à la fonte, nous ont donné des résultats intéressants.

Soudure de l'acier à la fonte. — La fonte coulée sur l'acier fondu, à jet régulier et continu jusqu'à la mise en fusion de celui-ci, s'y attache solidement, se confond avec lui et forme un mélange tellement intime qu'en voulant séparer les deux métaux, on arrive difficilement à les briser à leur point de réunion.

Cette certitude de fixer énergiquement l'un à l'autre, comme s'ils devaient être coulés d'un même jet, la fonte et l'acier, est déjà un fait excessivement intéressant.

S'il serait plus utile et plus simple de souder l'acier sur la fonte, dans certains cas où quelques parties de la fonte gagneraient à être recouvertes d'une couche d'acier, on ne manque pas de circonstances où il peut être particulièrement avantageux de chercher la soudure des deux métaux, même en coulant, ce qui est plus difficile, plus encombrant et plus coûteux, la fonte sur l'acier.

Nous avons composé de cette façon des pivots, des crapaudines et d'autres objets dans lesquels on recherche la dureté. — Il est évident pour nous que les procédés dont nous nous sommes servi sont appelés, étant développés et complétés, à rendre de très grands services en bien des cas où l'acier fondu, employé seul, est trop cher, où la fonte, appliquée seule, est trop douce ou trop peu résistante.

Dans certaines pièces soumises à des frottements et devant s'user rapidement par le travail, entre autres certaines parties de machines pour l'agriculture, charrues, herses, etc., ou encore des pièces diverses appliquées à la mécanique, telles que cylindres, galets, glissières, la réunion de la fonte à l'acier peut être également d'un puissant intérêt.

De même qu'il peut être utile de réunir la fonte à l'acier, ce doit être également un progrès de chercher à rattacher par les mêmes moyens, sinon le cuivre à la fonte, du moins la fonte au cuivre.

Soudure de la fonte au cuivre. — La soudure de la fonte et du cuivre peut être opérée complètement par la fusion. — Il suffit d'un jet de fonte maintenu pendant quelques instants sur le cuivre pour opérer la fusion de celui-ci, et permettre la réunion des deux métaux.

Les principales difficultés de cette opération, plus simple que celle de la soudure de la fonte sur la fonte, se trouvent dans les différences de fusibilité et de densité entre le cuivre et la fonte. — Si le courant de fonte est trop prolongé et trop énergique, il entraîne une certaine quantité de cuivre qui va se perdre dans la fonte, ou qui vient fixer aux points les plus bas de la soudure. — Il est difficile en un mot, d'obtenir après la soudure une démarcation complète entre les deux métaux, et tous deux fusionnent assez pour qu'il y ait un alliage plus ou moins prononcé dans l'épaisseur de la soudure.

Avec des soins, cependant, on parvient à limiter l'alliage et à obtenir assez tranchées les couches de cuivre et de fonte. — On comprendra que nous parlons de la soudure de la fonte sur le cuivre rouge ou sur le bronze, dans lequel il n'entre pas de zinc. Il est évident que le jet de fonte versé sur du laiton ou sur un alliage comprenant du zinc, ne peut amener qu'une soudure plus ou moins incomplète, laissant après elle un déchet considérable et devant se produire difficilement.

Si la réunion de la fonte au cuivre par la soudure, ou, autrement dit, par la refonte partielle, est environnée de difficultés sérieuses, les procédés dont nous parlons sont encore moins applicables entre la fonte ou le cuivre et les métaux dont le point de fusion est relativement beaucoup plus faible, le zinc, l'étain ou le plomb.

Entre eux, ces trois derniers métaux sont rattachés solidement et facilement, bien que néanmoins la réunion du zinc et du plomb, de l'étain et du plomb, soit difficile à obtenir, sans que le plomb se précipite dans les parties inférieures de la soudure.

En coulant chaud, en évitant le contact de l'air qui favorise la formation des scories à la surface du bain, on rattache aisément et bien nettement le zinc à l'étain, même le zinc au plomb, l'étain au plomb.

De petits barreaux, composés ainsi au diamètre de 15 millimètres, et essayés à la traction, ont cassé dans les parties formées de zinc ou de plomb, mais jamais au point de soudure.

Pour ces métaux ainsi reliés, comme pour la fonte réunie à la fonte, la fonte réunie à l'acier, il se trouve que l'alliage qui s'opère par la fusion dans les zones approchant le point de soudure prend de la ténacité et devient plus résistant qu'en tout autre endroit où les métaux sont restés isolés.

Des barreaux d'essai de 0^m,04 de côté, en fonte, cassés une première fois à la flexion, ont eu leurs fragments rattachés par la soudure et ont été soumis à un nouvel essai. — En aucun cas, ces barreaux n'ont cassé sous des charges moindres que celles ayant produit les ruptures aux barreaux du premier jet.

Et chose remarquable, rarement un de ces barreaux ainsi reconstitués n'a cassé au deuxième essai à l'endroit même de la soudure, de même que ce qui avait été constaté dans les essais à la traction citée plus haut.

Il en a été pareillement de barreaux composés d'une moitié en acier et d'une moitié en fonte, ou d'une partie de fonte soudée entre deux parties d'acier.

En forçant la cassure dans le milieu de la soudure, à l'aide d'une *saignée* au burin, on arrivait même à obtenir très difficilement la rupture juste en pleine soudure.

On remarquait qu'en cet endroit la fonte venue d'un grain plus fin, plus serré, plus homogène, était rendue, grâce à l'échange de température qu'elle avait fait avec la matière primitive, en refondant celle-ci, plus recuite, plus dense et d'une résistance supérieure.

De ces faits, il nous est resté la certitude bien positive que les procédés de soudure sont surtout concluants et d'une application industrielle de tous les jours, lorsqu'il s'agit de relier la fonte à la fonte.

Quelles que soient les formes ou les dimensions des pièces de fonte, la soudure n'est plus qu'une question d'adresse et de tour de main.

Dès que la pièce à souder est chauffée avec soin, d'une manière égale dans toutes ses parties, afin de ne la fatiguer en aucun point et de la préparer aux phénomènes de dilatation et de contraction qui l'attendent ; dès que la fonte est de bonne qualité, d'un bon grain gris serré, et particulièrement de deuxième fusion ; dès que l'ouvrier opère habilement en entretenant sur les parties à réunir un jet continu susceptible de refondre ces parties et d'en faire un tout aussi complet que si elles avaient été formées d'un seul jet, on peut dire qu'il n'est pas de pièce de fonte qu'on ne puisse rallonger, raccourcir, réunir dans tous les sens, en un mot, transformer selon les besoins.

Nous ne parlerons pas de la soudure aux collets et aux treffles de cylindres de laminoir. Cette opération date des premières expériences de soudage faites dès 1835 et auxquelles nous avons participé, aux forges d'Abainville et aux fonderies du Tusey. Aujourd'hui, les procédés assez primitifs de ce temps se sont élargis, mais ils n'atteignent les résultats obtenus à présent qu'avec des pièces de toute nature.

Nous avons fait réparer par la refonte des cylindres creux de grandes dimensions, fendus au retrait ou cassés du haut en bas par accident, et à la suite de ces opérations nous avons reconnu qu'à l'aide de segments coulés séparément, puis rapprochés et soudés les uns contre les autres, on pouvait obtenir des cylindres qui, une fois achevés, demeurent parfaitement ronds, parfaitement sains et parfaitement solides.

Un anneau de pile de pont, pesant 4,500 kilogrammes, du diamètre de 3^m,60, et d'une hauteur de 1 mètre à 0^m,045 d'épaisseur, cassé en deux parties, a été ainsi soudé et reconstitué aussi solidement que s'il se fût agi d'une pièce coulée d'un seul jet.

Nous avons fait réunir bout à bout des pièces qui pouvaient atteindre ainsi des longueurs et des poids indéterminés.

Enfin, nous avons fait reconstituer des pièces cassées, de formes les plus diverses et les plus compliquées.

Toutes ces épreuves n'ont cessé de nous démontrer que la fonderie et la construction devaient attendre des procédés de soudure et de refonte partielle des avantages considérables qu'en plusieurs endroits de nos ouvrages sur la fonte nous avons pris à tâche de préconiser.

La soudure de la fonte a été admise par la plupart des administrations qui font exécuter des travaux publics. Les Compagnies des chemins de fer du Nord, de l'Ouest et du Midi, ont autorisé à la Marquise des soudures sur des pièces très importantes, entre autres sur de grands plateaux de plaques tournantes brisés en plusieurs endroits et réunis aussi complètement que s'ils n'avaient pas été cassés. Et toutes les vérifications, comme toutes les expériences opérées sur ces pièces, ont démontré que la soudure n'altérait en rien leur solidité.

C'est pourquoi la soudure par fusion a pris rang, nous ne craignons pas de le répéter, parmi les opérations vulgaires de l'art du fondeur. Dire que ce travail est assez simple et assez facile pour être appliqué par le premier ouvrier venu et par une usine quelconque, c'est assurément beaucoup dire ; mais il est certain que partout où l'on disposera d'ouvriers habiles on arrivera à souder comme on arrive à mouler et à couler, c'est-à-dire sans plus de chances de non-réussite ou d'accidents qu'on en rencontre dans toute fabrication courante bien comprise et bien dirigée.

PROCÉDÉS DE PRÉSERVATION ET DE CONSERVATION DE LA FONTE.

La fonte subit, par l'oxydation, une détérioration d'autant plus rapide que les agents ordinaires, l'eau et l'air, qui déterminent cette détérioration, exercent une influence plus alternative. En d'autres termes, un objet en fonte exposé d'une manière continue dans un lieu humide ou constamment plongé dans l'eau subira une altération moins sensible et moins rapide que s'il est exposé à des intermittences d'humidité ou de sécheresse. Cela se comprend, puisque dans ce dernier cas, au lieu d'une destruction permanente, mais d'une certaine lenteur, il se produit une succession de petits accidents destructeurs d'autant plus énergiques, qu'ils sont secondés par des variations de température pouvant déterminer une combustion plus active.

L'analyse de la matière oxydée produite sur des objets de fonte exposés à l'action de l'air humide, indique un hydrate de fer plus ou moins accompagné d'éléments accessoires, dus à la présence dans l'air de substances de natures très diverses. Les éléments principaux demeurent, dans tous les cas, l'oxygène, l'hydrogène, le carbone et le fer qui se rencontrent et se combinent à des degrés variables.

Dans certaines circonstances, la fonte est altérée sous l'action d'influences particulières inhérentes au milieu dans lequel elle se trouve placée. On a vu des fontes en tuyaux, enterrées pendant vingt-cinq et trente ans dans des terrains où la chaux et la magnésie se trouvaient en proportions dominantes, présenter, après leur enlèvement de la terre, une matière molle, onctueuse, se laissant entamer facilement et donnant, non l'apparence de la rouille telle qu'on la remarque sur les objets exposés à l'air, mais le caractère d'une matière impure ressemblant à de la plombagine.

Si l'on examine les fontes exposées à l'air et soumises à l'oxydation, on remarque, contrairement aux résultats consignés par un certain nombre d'auteurs, que les fontes blanches sont altérées plus rapidement que les fontes grises ; cela, au moins, durant la première période de l'oxydation.

On constate également que les fontes de première fusion, et notamment les fontes fabriquées au charbon de bois, ont une tendance moins prononcée à être attaquées par la rouille que les fontes de deuxième fusion.

Que les fontes anglaises, ou plutôt les fontes d'Ecosse employées en mélange avec les fontes françaises, sont plus disposées à une oxydation rapide après avoir passé par la deuxième fusion, que la généralité des fontes françaises traitées dans les mêmes conditions.

Que les fontes coulées en sable vert, comparées aux fontes coulées en sable d'étuve, sont plus facilement atteintes par l'oxydation, les fontes coulées en sable vert étant plus rugueuses et moins bien dépouillées que les fontes en sable d'étuve. Elles retiennent en effet, plus facilement la condensation des vapeurs humides qui les attaquent bientôt, en les décroûtant ou en les décapant, c'est-à-dire en leur enlevant une première pellicule formée d'oxyde de fer et de matières vitrifiées.

Des transformations semblables à celles qui viennent d'être signalées pour des tuyaux de conduite, après un certain temps de séjour sous terre, ont été notées par divers observateurs sur des objets en fonte ayant été plongés pendant un certain nombre d'années dans l'eau de mer.

Cela s'explique par l'agencement moléculaire que font subir à la fonte les nécessités de la fabrication. Les molécules s'assemblent d'une manière confuse, pêle-mêle, quelle que soit la position dans le moule de la pièce coulée ; et sauf quelques cas exceptionnels où la cristallisation indique un rayonnement dû à une disposition particulière du refroidissement, on ne trouve dans la cassure de la fonte aucun caractère précis indiquant que la matière est constituée avec une certaine régularité.

Quand le fer ou la fonte sont décroûtés et polis, la naissance de l'oxydation est plus prompte ; mais sa marche est plus rapide. Ce fait est d'ailleurs commun avec d'autres métaux, comme le cuivre et le bronze qui révèlent une oxydation plus sensible dans les pièces brutes du moulage que dans les objets sortis de la filière et du laminoir, et surtout que dans les objets limés ou ciselés qui prennent rapidement une patine très caractérisée, mais non suivie d'altération, ou du moins suivie d'une altération plus lente. On peut en juger par les bronzes antiques retrouvés de nos jours et sur lesquels des siècles ont passé sans laisser de traces relativement profondes.

Cette dégradation plus rapide des métaux non décroûtés s'explique par la structure mécanique de la couche plus ou moins rugueuse, plus ou moins pure qui enveloppe la matière. D'une part, les aspérités forment un certain nombre de petits obstacles qui arrêtent et qui aident les agents de l'oxydation ; d'autre part, la nature poreuse de la croûte et ses impuretés donnent plus d'accès à ses agents destructeurs et tendent à les fixer.

La fonte exposée à l'air souffre davantage que dans l'eau et moins que sous la terre. Dans l'eau douce, et même dans l'eau de mer, la destruction est relativement insensible. Toutefois il ne faudrait pas admettre que le métal pût être employé sans aucunes précautions préservatrices. La présence de la matière molle, onctueuse, du caractère de la plombagine, dont nous avons parlé, n'est pas moins une œuvre véritable de destruction, que la formation de cette matière soit due à un état particulier de la fonte, à la présence d'éléments plus riches en carbone qu'en oxygène et peut-être aussi, à un recuit longtemps préparé par l'enfouissement sous les sables, à une certaine profondeur dans l'eau, où agit, d'une manière latente mais continue, une température rigoureusement invariable.

Quelles que soient l'énergie et l'activité de l'oxydation et à quelque moment qu'on prenne la fonte soumise pendant des années à l'action d'une rouille intense, on ne remarque aucune destruction apparente dans la structure de cette matière. Le grain, tout au plus, semble avoir poussé au noir comme sous l'influence d'un recuit lent et ménagé. La solidité n'est pas altérée, du moins en ce qui touche la résistance à un choc quelconque.

Il est évident qu'un agent protecteur qui serait introduit, soit pendant la fabrication, soit au moment où s'achève l'élaboration de la fonte, serait un moyen puissant d'empêcher l'oxydation. Deux voies sont ouvertes aux essais qu'on voudrait tenter : l'une, qui tendrait à modifier dans son ensemble la composition atomique de la matière, à laquelle on adjoindrait, par alliage ou autrement un métal moins sujet à s'oxyder. L'autre qui, s'attachant à la surface seulement de la fonte, permettrait de l'attaquer au moment où elle se trouve sous l'empire d'une température surélevée, et de fixer solidement une couverte préservatrice faisant corps avec ce métal.

Des modifications dans la nature de la fonte, à l'aide d'alliages, ont été essayées par divers expérimentateurs, et notamment en Angleterre par Morries Stirling, plutôt pour obtenir de la dureté et de la résistance que pour chercher à préserver la fonte de l'oxydation. On a cependant remarqué, qu'une faible proportion de cuivre ou d'étain dans la fonte tend à rendre cette matière moins oxydable. Toutefois de tels alliages peuvent altérer la fonte en d'autres qualités essentielles, et les expériences connues ne sont pas assez complètes ni assez concluantes pour donner les éléments d'un système de désoxydation facile, économique, solide et durable.

On n'a rien trouvé non plus de sérieux quant à l'application d'une couverte métallique conservatrice sur la fonte chauffée à une température élevée. En dehors de la dorure et du bronzage au feu par la sublimation du mercure, nous ne connaissons rien à signaler, sinon, dans un autre ordre d'idées l'emploi des applications électro-galvaniques.

Toutefois, en ce qui concerne la fonte, nous croyons bon d'appeler l'attention sur un procédé qui, pratiqué au moment du moulage, présente quelques chances d'en rendre la surface moins facilement oxydable. Ce procédé consiste à ajouter au noir dont les mouleurs se servent pour recouvrir les parties de leurs moules devant recevoir le métal, une proportion de graphite ou mine de plomb commune du commerce, d'autant plus grande qu'on veut obtenir des surfaces plus nettes, plus lisses et plus aptes au décapage.

Par exemple, un mélange de 70 parties de charbon de bois pulvérisé, 20 parties de mine de plomb et 10 parties d'argile fine, délayées dans l'eau et préférablement dans l'urine, donne des pièces beaucoup plus unies, plus faciles à dépouiller que le noir des mouleurs. La mine de plomb rend le noir plus réfractaire et empêche la vitrification du sable dans les pièces à fortes épaisseurs. Il y a donc quand même, avantage à employer ce mélange au point de vue de la propreté de la fabrication.

Les moyens préservatifs les plus énergiques, parmi ceux mis en œuvre, sont certainement les couvertes obtenues par la galvanisation ou par l'étamage et les enduits faits à chaud.

La galvanisation servant à recouvrir la fonte ou le fer d'une couche de zinc, de plomb ou même de cuivre, est reconnue comme un moyen de protection efficace et assurée. Mais ce moyen coûteux ne se prête encore qu'à des applications restreintes.

Les candélabres de la ville de Paris, et les fontes de diverses fontaines publiques ont reçu des couvertes cuivro-galvaniques appliquées par les procédés Oudry. Depuis vingt ans bientôt, ces applications subsistent, et, sauf quelques accrocs de peu d'importance, paraissent devoir tenir.

La fonte est enduite par immersion d'un vernis fluide très siccatif, avant d'être soumise au cuivrage électro-chimique.

L'enduit dispense du décapage de la fonte, opération longue, difficile, souvent incertaine, toujours dispendieuse, quand on veut obtenir un cuivrage solide.

Il rend la surface de la fonte plus unie.

Il s'oppose par son interposition, entre la fonte et le cuivre, à la formation d'un élément galvanique pouvant nuire à l'adhérence de la couverte.

Enfin, il supprime le bain de cyanure indispensable sous le vernis, pour précéder l'immersion dans le sulfate de cuivre.

Quand les pièces ont reçu l'enduit convenable, on les porte à l'étuve, d'où on les extrait au bout d'une heure pour recevoir la plombagine qui doit les rendre conductrices de l'électricité. On les suspend ensuite dans le bain de sulfate de cuivre, puis on les met en communication avec le zinc qui constitue alors un des éléments de la pile, tandis que les pièces à cuivrer représentent le deuxième élément.

Par ce mode de cuivrage, appelé *procédé direct*, les pièces à cuivrer et le zinc placé dans son vase poreux plongent dans le bain de sulfate de cuivre convenablement saturé. Les vases poreux sont des sacs de 1^m,20 de hauteur sur 0^m,15 de diamètre, en toile à voile forte, à mailles serrées. Le zinc qui doit s'y loger est une simple lame de la hauteur du sac, roulée bord à bord sous forme de tuyau.

La toile est assez serrée pour empêcher l'écoulement de l'eau acidulée dans le bain de sulfate. Pour éviter les incrustations cuivreuses, et pour tendre le sac, celui-ci est garni à l'intérieur d'un cylindre à claires-voies en osier.

Suivant les besoins, on distribue régulièrement dans les cuves, contenant le sulfate de cuivre, un nombre convenable de vases poreux afin de mieux répartir l'électricité.

Au sortir du bain, les pièces sont lavées, séchées, puis soumises à l'action d'agents particuliers, pour leur donner le ton de bronze ou de vert antique.

La note, à laquelle nous empruntons cette description, estime que ce procédé direct, économisant l'emploi du bain de cyanure, peut donner le prix de revient suivant par kilogramme de cuivre déposé.

4 kilog. de sulfate de cuivre à 1 fr. 15	4.60
1 kilog. de zinc à 0 fr. 80	0.80
Enduit, déchet et main-d'œuvre	0.35
Amalgame et eau acédulée	0.10
Frais généraux 20 0/0	1.47
	7.07

Ce prix doit dépendre de l'étendue des surfaces à recouvrir et du volume des objets à soumettre aux procédés de cuivrage. S'il a baissé aujourd'hui, il est encore demeuré assez élevé pour ne permettre que des applications restreintes.

Cependant, divers fabricants, entre autres la Société du Val-d'Osne, ont continué la galvanisation de la fonte par des procédés différents, et aujourd'hui plus perfectionnés que ceux d'Oudry.

La fonte, protégée par le zinc, résiste bien à l'oxydation ; néanmoins, quand la couche de zinc n'a pas une certaine épaisseur, elle finit par jaunir et s'effacer sous la rouille de la fonte.

Si la galvanisation ne paraît pas devoir altérer la résistance de la fonte, au moins dans de certaines limites d'épaisseur, elle nuit, au contraire, à la résistance du fer.

La fonte est, comme on sait, beaucoup plus difficile à étamer que le fer. La résistance de la fonte à l'étamage peut être attribuée à la présence du carbone, soit comme graphite, soit à l'état combiné. Si l'on décarbure les objets en fonte, après les avoir nettoyés et fait décaper, on parvient à les étamer sans difficulté. L'étamage se fait bien en plongeant la fonte décarcarburée dans un bain d'étain fondu, recouvert à la surface de graisse ou de suif pour le préserver du contact de l'air.

La décarburation de la fonte est produite par des procédés analogues à ceux employés pour la fabrication de la fonte malléable. On renferme les objets à décarburer dans des vases clos, garnis de matières, notamment de péroxyde rouge de fer, pouvant absorber le carbone et dégager l'oxygène. Les vases clos sont placés dans des fours devant donner une chaleur continue. On les chauffe au rouge clair pendant tout le temps nécessaire pour permettre à la décarburation d'atteindre un degré convenable, ce qui se constate par des essais recueillis à divers degrés de l'opération. A la sortie des vases clos, la fonte refroidie, nettoyée et décapée, est disposée à subir l'étamage ordinaire, comme cela aurait lieu pour le fer.

Les fontes au bois se prêtent mieux à la décarburation, et par suite à l'étamage, que les fontes au coke, dans lesquelles la présence du soufre ou du phosphore peut rendre ces opérations difficiles.

L'étamage, comme le zingage par la galvanisation, n'a été appliqué à la fonte que sur des objets de dimensions assez restreintes, de la vaisselle, des plaques de baignoires ou de réservoirs à eau, etc. Encore, dans ces applications, préfère-t-on souvent l'*émaillage*.

Comme application de couvertes métalliques, on a aussi employé le *plombage* qui, également dans des limites particulières, serait meilleur que le *zingage*.

A défaut des couvertes obtenues par l'application d'un métal préservatif à l'aide des procédés de galvanisation, on peut avoir recours aux enduits à chaud. Ceux-ci se trouvent dans de bonnes conditions pour *faire corps* avec la matière, et pour y adhérer solidement et plus longtemps, s'ils ont pu être appliqués à une température permettant de les brûler à la surface de l'objet enduit, et, s'ils ont été employés avant que la fonte ait reçu la moindre atteinte de la rouille.

De ces divers enduits, le meilleur et le plus économique pour travaux sous terre ou dans l'eau, est le coaltar ou goudron de gaz.

Le coaltar doit être appliqué en chauffant les objets à préserver et en les plongeant dans un bain, si leurs dimensions peuvent se prêter à cette immersion, ou en l'étalant chaud à l'aide d'une d'une brosse un peu rude. L'immersion provoque, on le comprendra, un effet plus immédiat, plus actif et plus certain. Elle est employée pour recouvrir les tuyaux de conduite d'eau et de gaz. En pareil cas, l'opération peut se faire économiquement comme main-d'œuvre et comme dépense de matière. Elle n'entraîne pas une dépense de plus de 0 fr. 20 à 0,30 par 100 kilogrammes de fonte, suivant le diamètre et la longueur des tuyaux.

Si l'immersion a lieu au moment où la fonte atteint une température de 120 à 200 degrés centigrades, le coaltar est en quelque sorte bu par le métal, qui se l'approprie d'autant plus profondément, que ses pores sont plus sollicitées à le recevoir sous l'influence de la chaleur. De la sorte, le goudron absorbé par la surface recouverte est brûlé ou séché instantanément sans dépasser un emploi de 50 à 60 grammes par mètre carré. On conçoit, dès lors, qu'en installant des appareils échauffeurs avec simplicité et économie, on peut goudronner la fonte ou le fer à très bon compte, notamment s'il s'agit de fabrications importantes, où un grand nombre de pièces de même forme ou de même disposition viennent se représenter.

Pour rendre le coaltar plus adhérent, on lui ajoute 8 à 10 p. 0/0, en poids, de résine mélangée liquide dans le bain de goudron. Ce mélange donne un enduit plus pénétrant, plus siccatif et moins facile à s'échauffer et à couler, si les objets qu'on veut revêtir sont sujets à recevoir les variations de température de l'atmosphère.

Comme enduit appliqué à chaud, très solide et moins épais que le coaltar, qui a l'inconvénient de couler à la chaleur, et qui peut être d'un aspect malpropre dans les constructions exposées à la vue, on emploie avantageusement l'huile de lin rendue siccative par une addition de litharge et au moyen d'une ébullition prolongée. L'emploi de cette couverte peut être très utile pour les objets d'art auxquels on veut conserver la netteté des surfaces.

En ajoutant à l'huile de lin un peu de résine et de mine de plomb, ou en la mélangeant avec de la cire et de la graisse fondues, on obtient une couverte plus onctueuse, plus lisse et d'un ton plus agréable, sans qu'elle soit aussi pâteuse et aussi épaisse que les enduits au coaltar ou les peintures peintures à froid ordinaires.

Les bonnes proportions à employer sont :

Huile de lin	1ᵏ,00
Lithargie	0 ,10
Résine	0 ,05
Mine de plomb	0 ,25

Ou bien :

Huile de lin	1 partie
Litharge	0.10
Cire jaune ordinaire	4 parties
Graisse de porc commune	2 —

Suivant qu'on veut obtenir l'enduit de couleur plus foncée, on introduit dans le mélange de la mine de plomb ou du noir de fumée.

Plus l'huile de lin est appliquée chaude et brûlée sur la surface à enduire, plus la solidité de l'enduit est assurée. L'emploi de l'huile de lin n'est pas toujours possible pour les objets de grandes dimensions ou de formes extraordinaires qu'on ne saurait chauffer aussi facilement et aussi complètement qu'on voudrait.

La cire jaune, brûlée à la surface de l'objet à préserver, est employée par les ouvriers fondeurs pour empêcher les modèles en fonte d'être oxydés dans les moules et de faire *coller* le sable. L'enduit est d'autant meilleur que le modèle en fonte a été gratté et fortement oxydé avant l'application de la cire.

En dehors de ces divers procédés, nous dirons un mot des peintures proprement dites, qui, par la simplicité de leur préparation et de leur application, constituent jusqu'à présent les préservatifs sinon les plus efficaces, du moins les plus employés dans les travaux de construction.

Les peintures à l'huile comportent, en outre de la poudre minérale quelconque qui en forme la base, un mélange composé d'huile de lin, d'essence de térébenthine et de litharge, ou de tout autre siccatif.

Après l'application, l'essence s'évapore à la longue, laissant l'huile et la poudre minérale livrées aux influences atmosphériques. Peu à peu, en effet, l'huile absorbe l'oxygène de l'air, se durcit, brûle et finit par disparaître, ou plutôt par se transformer en particules divisées qui cessent d'agglutiner la base minérale, et qui font passer la peinture à l'état pulvérulent. Il suffit alors d'un simple frottement pour la faire s'enlever sous les doigts et s'effacer.

Si l'huile a été introduite en assez fortes doses dans le mélange, et qu'au contraire on n'ait employé que peu ou point d'essence, la peinture plus grasse ne tend point à *fariner*, mais elle vient à durcir et à gercer, étant soumise à des alternatives d'humidité et de sécheresse.

La durée de la peinture à l'huile, en dehors du plus ou moins de solidité de la base minérale employée, est donc soumise à deux causes essentielles, l'évaporation de l'essence et la destruction ou la résinification de l'huile. Entre ces deux chances de détérioration, mieux vaut pencher pour la moins active et la moins rapide, en recherchant la peinture la plus chargée d'huile et la moins pourvue d'essence.

Si l'on part de ce principe, que la durée et la solidité d'une peinture sont en raison de la quantité d'huile qu'elle renferme, les ocres et les oxydes de fer qui absorbent plus d'huile sont plus solides, comme bases, que les blancs de zinc, et ceux-ci résistent davantage que les céruses dont l'emploi admet l'huile à plus faible dose.

Les peintures ordinaires au blanc de zinc, au minium ou à la céruse, ont été, jusqu'à présent, les préservatifs les plus employés contre l'oxydation du fer et de la fonte. Mais l'on sait que ces peintures exigent beaucoup d'entretien et demandent à être refaites fréquemment. Nous avons vu des peintures à trois couches, la première au minium, les deux autres au gris de fonte préparé à la céruse, résister assez peu qu'après cinq ou six ans, et plus, il fallût donner de nouvelles couches.

Les peintures à une couche au minium ou au gris de zinc trahissent l'oxydation dès la première année, si surtout elles n'ont pas été convenablement préparées, et si elles ont été appiquées sur la fonte et du fer déjà en voie d'oxydation.

A ce propos, nous rappellerons qu'il est de la plus grande importance pour la solidité d'un enduit, quel qu'il soit, mais surtout pour les enduits employés à froid, d'opérer sur des surfaces vierges de toute oxydation, ou du moins parfaitement décapées ou nettoyées. Les peintres négligent trop souvent de visiter ou de nettoyer les surfaces, et encore plus les angles intérieurs des fontes à mettre en couleur. Ils ont pris la mauvaise habitude d'étaler la peinture trop mollement, au lieu de la brosser vigoureusement, de manière à l'appliquer avec une certaine pression devant rendre l'adhérence plus complète.

On a proposé, pour remplacer les peintures ordinaires à la céruse, au minium ou au blanc de zinc, des compositions vantées pour leurs qualités particulières de solidité, de durée et d'économie.

Nous ne discuterons pas ces spécifiques plus ou moins sérieux, nous bornant à faire remarquer :

Que la peinture la meilleure est celle qui offre les bases les moins susceptibles de permettre l'altération après séjour à l'eau ou à l'air ; celle où les siccatifs sont ménagés et où l'huile de bonne qualité et en quantité suffisante, sans être en excès, doit assurer des surfaces lisses, un peu onctueuses, à même de repousser l'action de l'humidité ; celle enfin qui a le plus d'affinité pour le fer et la fonte, et dont l'adhérence peut donner, en quelque sorte, un alliage à froid promettant une certaine solidité.

A ces points de vue, les peintures à base de fer bien préparées semblent devoir mériter la préférence, d'autant mieux qu'on peut les obtenir, en général, à des conditions plus économiques que les peintures à base de plomb ou de zinc.

Il est juste de dire que ces dernières préparations sont parfois livrées par le commerce à un degré de falsification plus ou moins prononcé. Les fraudes dans la peinture consistent notamment dans l'emploi des carbonates de chaux et des sulfates de baryte à la place du blanc et de la céruse, et dans la substitution de la gélatine et de l'eau à une partie de l'huile employée pour le mélange.

La peinture au blanc de zinc, pour être bien faite, et laisser à l'entrepreneur un bénéfice suffisant, qui n'autorise pas la falsification, vaut au moins :

Pour la première couche. . 0 fr. 30 à 0 fr. 35 c. le mètre carré.
Pour deux couches. . . . 8 fr. 55 à 0 fr. 55 —
Pour trois couches. . . . 0 fr. 55 à 0 fr. 0 —

La peinture à la céruse vaut :

Pour la première couche. . 0 fr. 40 à 0 fr. 45 c. le mètre carré.
Pour deux couches. . . . 0 fr. 70 à 0 fr. 75 —
Pour trois couches. . . . 1 fr. 00 à 1 fr. 66 —

Quelques inventeurs ont essayé de substituer aux peintures à l'huile des enduits à la glu marine, au caoutchouc ou à la gutta-percha. On a trouvé que ces couvertes étaient difficiles à étaler par couches égales, unies et sans grumeaux, même en les appliquant tièdes sur des objets préalablement chauffés ; que, sous l'influence de la température atmosphérique et des rayons du soleil, elles devenaient coulantes, graisseuses et malpropres ; que très difficilement elles faisaient corps avec le métal qu'elles recouvraient ; qu'enfin elles étaient loin d'être inaltérables, même en les admettant préparées par les procédés dits de vulcanisation.

Ces enduits, pour la plupart, facilement solubles, peuvent servir, plutôt comme moyen de conservation provisoire, étant appliqués sur des surfaces métalliques travaillées. C'est ainsi qu'o nemploie pour préserver de l'oxydation les pièces blanchies des machines au repos, une dissolution de caoutchouc dans l'huile de térébenthine, un mélange de 1/5e vernis gras avec 4/5es essence de térébenthine rectifiée, ou bien encore les compositions suivantes :

0.25 ou 0,50 suif. . . . } fondus ensemble avec addition de 1/10 céruse
0.75 ou 0,50 huile de lin. } broyée.

Les peintures à base métallique, autre que le plomb, sont évidemment plus avantageuses, à prix même égal au kilogramme, que les peintures au minium et à la céruse, plus lourdes et, par conséquent, condensées sous un plus faible volume. Il faut se dire qu'une couleur bien fabriquée, avec de l'huile de bonne qualité, sans excès d'essence qui la dessèche et hâte sa destruction, devra couvrir en raison de son volume, et non en raison de son poids.

C'est ce qui fait que les peintures à base de fer, ou autres de même sorte, comme la peinture au blanc de zinc elle-même, peuvent couvrir à poids égal une plus grande surface de métal que la peinture à base de plomb (1).

En dehors des couvertes, il est un assez grand nombre de formules ou de

(1) Nous parlons ici de la peinture appliquée aux métaux, et notamment de la fonte.

recettes que nous nous dispenserons de décrire, et qu'on peut retrouver dans un grand nombre de traités spéciaux, sinon dans les nôtres.

Nous nous bornerons à signaler des procédés de désoxydation dus à des inventeurs anglais, et exploités aujourd'hui en France pour garantir les fontes moulées, et notamment la vaisselle et la poterie. On se sert, à titre de préparation, d'oxydes magnétiques qui dispensent de toute opération préalable de décapage, dérochage, etc.

Dans les appareils qui comportent des cornues, des tuyaux et des foyers particuliers, on emploie la vapeur surchauffée et portée à la température de 700°c environ.

Le traitement des pièces de fonte consiste en deux opérations distinctes : l'une dite de formation, l'autre de transformation. La première sert à oxyder le métal, la deuxième à le désoxygéner. — En un mot, à faire passer la formule Fc^2, o^3 — à celle de Fe^3, o^4.

FONTE COULÉE EN COQUILLE, DITE FONTE TREMPÉE.

La trempe en coquilles, ou pour parler plus exactement, le durcissement de la fonte obtenu par la coulée contre des parois métalliques, paraît résulter des faits qui se déduisent de la manière d'être du carbone dans la fonte après la fusion complète.

Il n'existe pas, pour le praticien, de démonstration apparente qui explique la présence du carbone combiné dans la fonte. Le carbone existe à l'état de graphite répandu mécaniquement dans la fonte grise ; c'est ce que l'on entend par l'expression de carbone non combiné. Lorsque la fonte est blanche, elle peut contenir tout autant et plus de carbone que la fonte grise ; mais on admet, qu'en cette circonstance, il se présente à l'état combiné. La fonte grise, dite surcarburée, à cassure noire ou d'un gris sombre, grenue ou cristalline, contient en suspension une dose plus ou moins prononcée de graphite qui surnage à la surface du bain, sans s'isoler. Le graphite peut, dans les pièces coulées, être entraîné et séjourner au centre de ces pièces, en même temps qu'une partie remonte et s'attache aux parois supérieures.

Une solidification rapide peut faire passer le carbone de l'état non combiné à l'état combiné, ainsi de la fonte grise à la fonte blanche. De ces faits, on devrait admettre communément que le point de départ de la transformation la plus nette serait la fonte truitée qui se tient entre les limites de la fonte grise et celles de la fonte blanche. Nous verrons plus loin ce qu'il faut en penser.

Quoi qu'il en soit, il est reconnu que la fonte grise, coulée dans un moule, peut subir un refroidissement instantané amenant à l'état de fonte blanche les surfaces par lesquelles elle est en contact immédiat avec le moule, le centre de l'objet coulé demeurant gris.

Toutes les fontes grises ne peuvent pas, néanmoins, être converties en fonte blanche. Il y en a qui résistent et dont le grain se resserre à peine au contact des parois métalliques. D'autres blanchissent en cristallisation à aiguilles profondes, pour redevenir entièrement grises, si elles sont soumises à une nouvelle fusion.

La double condition de dureté et de résistance imposée à de certaines pièces, telles que les cylindres de laminoir, les roues de wagon, les rouleaux de friction, etc., entraînant, pour être obtenue, l'emploi simultané de la fonte grise et de la fonte blanche dans la même pièce, a donné naissance à la fabrication dont nous parlons.

De là, les procédés de fonte en coquille, lesquels sont empruntés, suivant les besoins, à des moules entièrement métalliques, ou encore en parties métalliques et en partie formés de sable ou de terre.

Dans les roues de wagons et les cylindres de forge, par exemple, les parois du moule devant reproduire les surfaces trempées, sont remplacées par une enveloppe de fonte brute ou tournée à l'intérieur contre laquelle une certaine épaisseur, refroidie brusquement, vient se blanchir en se solidifiant.

Les praticiens qui ont essayé jusqu'à présent la fabrication des pièces trempées en coquille, n'ont pas tous réussi à un égal degré. Les uns n'ont obtenu que des surfaces imparfaitement durcies, ou même pas du tout durcies; les autres ont eu, au contraire, l'inconvénient d'un durcissement trop complet, ne laissant plus à l'âme des pièces le moindre élément de solidité. Ceux qui sont parvenus à de bons résultats les ont dus uniquement à un choix bien entendu de la fonte employée.

C'est sur le choix de la fonte, en effet, que reposent les bases essentielles de la coulée en coquilles.

La fonte noire à grains fins, et la fonte grise à gros grains, même celle à grains serrés, sans aucun mélange de truité, ne se trempent pas ou ne reçoivent au contact de la coquille qu'un effet de trempe à peine sensible. Dans la fonte noire de bonne qualité, on peut dire même que la surface qui a touché la coquille se laisserait] entamer plus aisément par la lime que les parties coulées dans le sable. Aux environs de la coquille, le grain perd de son ampleur, devient serré, fin, uni, noir, et la matière reste parfaitement douce comme à la surface des pièces recuites.

La fonte truitée à fond blanc achève de changer de structure et se cristallise assez profondément, lorsqu'elle rencontre les parois de la coquille, pour qu'elle blanchisse uniformément dans toute l'épaisseur de la masse.

C'est un milieu entre ces deux qualités de fonte qu'il faut chercher. Le produit qui paraît être préférable, en général, est la fonte gris-serré, prête à passer au truité. Il est rare qu'un fondeur puisse se tromper en choisissant cette fonte. Toutefois, il est un moyen pratique si sûr et si facile de se renseigner sur la qualité des fontes qui conviennent à la coulée en coquille, que

ce n'est pas la peine de risquer quelques pièces non trempées, ou insuffisamment trempées, avant d'être fixé sur la fonte qu'on doit préférer. Il suffit
d'avoir une petite lingotière d'essai, d'y couler un échantillon de la fonte
qu'on veut employer, et de voir quel est l'effet produit par le refroidissement.

Non seulement, lorsqu'il s'agit de fontes trempées, mais dans toutes circonstances où le fondeur a besoin d'être fixé sur la qualité de la fonte dont
on doit se servir, il est bon d'adopter l'usage de couler un double culot
d'essai, l'un en sable, l'autre en coquille.

Cette précaution est bonne à prendre dans les hauts-fourneaux où la qualité de la fonte est susceptible de varier d'une contrée à une autre. — Dès
que le métal ne se montre pas blanchi dans le culot en coquille, on peut
couler en toute assurance les pièces de marchandises courantes.

Nous ne reviendrons pas sur les particularités que présente la contraction
des pièces coulées en coquille, et leur extrême facilité de recuit dont nous
avons parlé à la première partie de ce livre. — Nos expériences plus récentes
nous permettent d'indiquer des procédés d'une application certaine, touchant
les pièces coulées en des moules métalliques, et dont on veut durcir certaines
parties, tout en réservant la résistance dans l'ensemble.

Les coquilles dont nous nous sommes servi avaient, comme dimensions intérieures $0^m,25$ et $0^m,15$, avec une profondeur de $0^m,5$, plus le retrait, calculé
sur la base de 0,01 pour mètre.

Pour étudier l'influence de l'épaisseur des coquilles, nous avons employé
pour chaque épreuve cinq lingotières dont l'épaisseur au fond, comme sur les
côtés, était : 0,015 — 0,020 — 0,040 — 0,050.

De la fonte de première fusion, grise, à grain fin, d'un aspect un peu
terne, coulée en même temps dans les cinq coquilles, n'a pas changé de nature ; elle a acquis un grain plus serré et plus noir sur environ 8 à 9 millimètres d'épaisseur, dont la trace n'a pas constitué de trempe, le métal se
laissant attaquer par la lime en cet endroit aussi aisément qu'à la surface
supérieure du lingot où ne s'est pas fait sentir le contact de la coquille.

Les lingots, quoique coulés dans les moules, dont le fond présentait une
épaisseur variable de 10 à 35 millimètres, ne se sont pas montrés et n'ont
éprouvé aucun retrait.

De la fonte de première fusion à grain serré, sans être truitée, toutefois,
mais de qualité inférieure à celle ci-dessus désignée, a donné, dans les mêmes
lingotières, des échantillons présentant une trace de 5 millimètres, parfaitement blanche et parfaitement trempée, se détachant nettement de la couche supérieure, dont le grain s'est resserré comme aux essais précédents, mais
sans blanchir. Cette dernière couche, qui conserve un peu de grain à la surface, ressentit l'effet de la coquille sur une épaisseur moyenne de 14 et 15
millimètres. Les lingots purent aisément sortir des coquilles en présentant,
sur leur longueur, 2 à 3 millimètres de retrait.

De la fonte truitée à larges taches noires, cellulées de blanc, a donné, dans

FONTE COULÉE EN COQUILLE

les cinq essais, un produit complètement blanc, cristallisant en aiguilles légèrement obliques, et ayant 3 à 4 millimètres de retrait.

De la fonte de deuxième fusion, grise, d'un bon grain, meilleure que la fonte du premier essai mentionné, a donné, dans les cinq coquilles, des lingots présentant des résultats identiques, savoir : un resserrement de grain sur une épaisseur de 14 à 15 millimètres, comme au premier essai ; seulement, ce resserrement s'est prolongé un peu plus loin, les angles des lingots présentant une trace plus blanche que la lime n'attaque pas. Les différences d'épaisseurs des coquilles n'ont pas davantage influé sur la trempe qu'aux essais précédents.

Les lingots sont sortis difficilement des coquilles, et, sur cinq de celles-ci, il a fallu en casser trois, quoiqu'elles eussent une dépouille suffisante pour pour qu'il fût facile d'opérer le démoulage, s'il n'y avait pas eu gonflement de la matière.

De ces essais répétés, avec des fontes de toutes natures et de diverses provenances, nous avons déduit les conclusions suivantes, qui sont d'accord, en grande partie, sur certains points, avec les résultats déjà signalés par des fondeurs inexpérimentés, qui modifient sur d'autres points les errements admis par la généralité des praticiens, et qui enfin peuvent aider dès à présent à établir une théorie pratique de la coulée en coquille :

1° La fonte se trempe d'autant moins qu'elle est plus grise. Elle a toutefois, à qualité égale, un peu plus de tendance à la trempe quand elle est coulée de deuxième fusion.

2° Les fontes au coke, qui fournissent des truités plus confus et moins tranchés que les fontes au charbon de bois, sont moins bien que ces dernières fontes disposées à la trempe ; ou, du moins, la trempe se montre moins *saisie*, moins nette, moins régulière et d'épaisseur plus inégale.

3° La fonte qui se trempe le mieux est la fonte grise fortement avancée, passant à la nature truitée, sans atteindre les limites du blanc.

4° Le retrait de la fonte dans les coquilles est d'autant plus grand que la fonte se trempe davantage, c'est-à-dire qu'elle est moins grise.

5° La fonte grise coulée dans les coquilles, et à une certaine épaisseur, peut encore aisément se laisser travailler. Il reste à déterminer l'épaisseur la plus faible qu'on pourrait couler en coquille pour que ce principe subsiste.

6° L'épaisseur des coquilles ne paraît pas exercer une sérieuse influence sur la trempe. D'où il suit que cette épaisseur doit surtout se déterminer en vue de la solidité de la coquille et de sa résistance, soit à la rupture, soit au gauchissement, en cas de coulées fréquentes.

7° La nature de la fonte pour former les coquilles est parfaitement indifférente quant à l'effet qu'elles doivent produire. Il convient néanmoins, au point de vue économique, de ne pas couler les coquilles en fonte blanche, si l'on veut qu'elles aient quelque chance de durée, et de ne pas les couler en fonte trop grise, si on veut qu'elles ne brûlent pas ou qu'elles ne se fendillent pas à l'emploi. De là, on pourrait admettre que la meilleure fonte pour la composition des coquilles serait à peu près la même que l'on emploierait pour couler les fontes en coquille ; ou mieux encore, si ce n'était pas une dépense devant laquelle il faudrait s'arrêter en cas de fabrication restreinte, les meilleures coquilles devraient être celles qui seraient coulées, elles-mêmes, en *coquilles*, avec la fonte reconnue la plus convenable pour ce genre de fabrication.

De ces indications, nous pourrions conclure encore que les fontes à retrait prononcé, ou les fontes ayant une grande propension au blanchiment, comme certaines fontes de première fusion, produites avec une forte charge de minerais et une grande abondance de vent, ne sont pas propres à être employées seules pour la coulée en coquille. Un grand retrait, ou un refroidissement trop instantané peuvent amener des déchirements à la surface de la pièce coulée et la rendre impropre à un bon service.

Un saisissement trop brusque contre les parois de la coquille produit le même effet, notamment dans les fontes qui n'ont pas une chaleur propre très élevée, qui n'atteignent pas une grande limpidité et qui sont figées ou solidifiées peu d'instants après la coulée.

Pour ces fontes, il s'agit d'arriver à des moyens artificiels de régler le refroidissement, soit en enterrant les coquilles, soit en les entourant de feu pendant un certain temps, soit en munissant les pièces, comme cela se fait dans quelques cylindres de forge, d'un noyau central qu'on vide ou qu'on mouille pendant longtemps après la coulée, de manière à solliciter l'intérieur de la pièce par un arrosement continu. Ce procédé aide à refroidir la masse et empêche que le métal, trop longtemps liquide en son milieu, ne vienne, se contractant plus tard que les parois qui touchent aux coquilles, briser ou arracher ces parois, et déchirer ou déformer la pièce en ses surfaces utiles.

Les fontes à brusque retrait, ou sujettes à un changement d'état trop prompt et trop facile, peuvent être corrigées par des mélanges susceptibles de leur enlever ces inconvénients, au moins dans une certaine mesure, toujours possible, pour les rendre propres à la coulée en coquille.

Là, comme dans les fontes devant être obtenues avec des résistances particulières, ou comme dans les fontes appelées à travailler au feu, le choix des mélanges est la base fondamentale d'une bonne fabrication.

Des fontes truitées, qui tremperaient trop profondément, ou tendraient à passer au blanc, doivent être corrigées par la présence des fontes grises particulièrement disposées pour la trempe, et qui, cependant, employées seules, ne blanchiraient pas ou ne donneraient qu'une trempe insuffisante. Par contre, la nature de ces mêmes fontes peut être tranformée, soit à l'aide d'un mélange de fontes traitées ou de fontes blanches, soit au moyen d'une addition de riblons ou de rognures de fer.

La constatation des propriétés de trempe est, comme nous l'avons dit, facile à établir au moyen de quelques essais très simples. En partant des bases qui viennent d'être établies, on est d'ailleurs guidé d'une manière générale, quant au choix des fontes, s'il s'agit de se former une appréciation avant d'avoir procédé à des essais. Peu de fonderies, d'ailleurs, trouvent dans leurs produits les moyens d'obtenir de toutes pièces des fontes prenant bien la trempe. Il en est de même des fontes dont les produits ne se montrent en aucune façon prédisposés à subir la trempe. Aussi, certaines forges, malgré des recherches et des essais multipliés, ne sont-elles parvenues encore qu'à obtenir des résultats incomplets.

Des essais opérés sur des fontes de Suède, admises en France pour la fabrication de l'acier, nous ont conduit à connaître qu'en employant une certaine proportion de ces produits avec des fontes quelconques, rebelles à la trempe, on arriverait à coup sûr à obtenir des produits trempés.

La fonte dont il s'agit était de la fonte marque B.-S., à grain gris terne, de moyenne grosseur dans la partie supérieure de la gueuse, et à cassure blanche, lamelleuse, très éclatante et sans aucune trace truitée dans le fond, d'ailleurs coulé en moule métallique. L'épaisseur restée grise, nerveuse et fort difficile à casser, était excessivement tendre, se limait aisément, et la tranche y pénétrait profondément, comme elle aurait pu entrer dans un lingot de cuivre ou d'étain. La partie durcie, quoique *complètement blanche*, cristallisée, se laissait néanmoins entamer par la lime.

Dans le lot ayant servi à nos expériences, quelques gueuses, un cinquième environ de l'ensemble, étaient d'un blanc complet, et montraient à peine de légères traces truitées à la surface de la coulée.

Cette fonte, passée pure au cubilot, en prenant une moyenne entre les divers échantillons, a donné, aux barreaux d'essai de 1^m,04, une cassure toutà-fait blanche ; mais, dans les gueuses de grosseur ordinaire, la cassure était revenue grise partout, du même gris que celui constaté dans les types. Toutefois, l'enveloppe ou le pourtour de chaque gueuse était légèrement trempé, en accusant une trace blanchie, bien tranchée, avec le reste de la cassure grise.

Le résultat de cette refonte nous ayant fait remarquer ces deux points intéressants ; un degré assez élevé de résistance et une certaine disposition à la trempe, nous avons essayé des mélanges dans les deux sens.

Au point de vue de la ténacité, nous avons dû reconnaître que le produit dont nous nous occupions, loin d'améliorer les fontes avec lesquelles il venait se combiner, ce qu'on aurait pu supposer d'après sa résistance propre, ne contribuait qu'à les rendre plus cassantes.

En effet, un mélange de :

Fonte de Suède	90 kilogr.
Fonte Calder, très noire	10 —
	100 kilogr.

a donné des barreaux complètement blancs, et des gueuses à cassure analogue à celle des échantillons provenant de la fusion de la fonte de Suède pure.

Un mélange de :

Fonte Calder, très noire	90 kilog.
Fonte de Suède	10 —
	100 kilog.

a fourni des barreaux bien gris, mais cassant au choc, avec boulet de 12 ki.logrammes, à une hauteur de 0^m,30 seulement, et même de 0^m,25.

Ce mélange, coulé en coquille, accusait une trempe fine et bien caractérisée, tranchant d'une manière sensible sur le fond gris des lingots.

Un mélange de :

Fonte de Suède	30 kilog.
Fonte Calder	70 —
	100 kilog.

a donné une trempe bien nette de 0^m,005 à 0^m,006 sur des lingots de 0^m,050 d'épaisseur.

Et enfin, un mélange de :

Fonte de Suède	30 kilog.
Fonte Calder	20 —
Fonte grise française	30 —
Fonte truité-gris française	20 —
	100 kilog.

Et un autre de :

Fonte de Suède	10 kilog.
Fonte Calder	20 —
Fonte grise française	30 —
Fonte truitée française	40 —
	100 kilog.

ont révélé des épaisseurs de trempe variables entre 0^m,010 et 0^m,015 ; mais ces épaisseurs, toujours parfaitement blanchies, régulières et bien plus tranchées, qu'on n'aurait pu les obtenir avec tous autres mélanges où n'aurait pas figuré la fonte de Suède.

Ces épreuves répétées, en mélangeant la même fonte avec des fontes de diverses provenances, et reproduisant, ce que nous admettons comme très probable, des résultats de même nature, tendraient vraisemblablement à démontrer que les fontes aciéreuses, et particulièrement les fontes manganésifères devraient aider à produire en fabrication courante, quoique à doses assez faibles, des fontes en coquille trempées d'une manière uniforme et d'épaisseurs diverses, ce qui constituerait un véritable avantage pour les fonderies, en leur évitant des tâtonnements souvent assez embarrassants, et à la suite desquels elles peuvent ne trouver encore que des résultats infiniment variables.

La coulée en coquille n'a pas pour but unique de blanchir les surfaces de la fonte à des épaisseurs plus ou moins grandes, de telle sorte qu'on puisse en obtenir la plus grande dureté, et par suite la meilleure durée à l'emploi, comme travail de résistance et de frottement.

Connaissant les fontes non susceptibles de trempe, et tout au plus sujettes à un resserrement de grain pouvant déterminer une augmentation de durée pour certaines pièces, sans cependant avoir recours au durcissement jusqu'à la fonte blanche, on a recherché depuis longtemps l'emploi des coquilles. Vers 1847, les ingénieurs Thomas et Laurens prirent un brevet touchant l'emploi des fontes à grain resserré à l'aide de la coulée dite en coquilles minces.

Cette invention admettait des coquilles de faible épaisseur enterrées dans le sable, et perdues lors du démoulage de la pièce qu'elles avaient aidé à produire. De pareilles coquilles devaient avoir pour effet de resserrer la fonte à la surface, d'augmenter sa densité et son homogénéité, sans la rendre dure et cassante ; en un mot, d'accroître au contraire sa résistance à la rupture, et de la priver de toutes espèces de soufflures, piqûres et parties tendres.

Le brevet prévoyait que, pour obtenir les pièces les plus dures dont on pouvait avoir besoin dans l'industrie, il pouvait suffire d'ajouter à la fonte grise 25 à 50 p. 0/0 de fonte blanche, suivant la qualité des fontes.

Que si même un objet coulé, par exemple un cylindre, se montrait trop dur, il suffisait, pour le ramener au point convenable, de le faire recuire au rouge blanc, plus ou moins intense, et pendant un temps variable, suivant l'effet à produire.

Les coquilles devant être enterrées dans une fosse en maçonnerie ou dans un châssis rempli de sable, étaient supposées très minces, et le plus souvent de 6 à 7 millimètres ou plus. Elles devaient reproduire les formes extérieures de la pièce, par exemple, dans un cylindre de laminoir, les cannelures aussi approchées qu'on les veut. L'emploi d'une coquille très mince suffit pour resserrer le grain et à le rendre plus résistant.

On emploie aujourd'hui des coquilles troussées, représentant d'une façon approchée les cannelures des cylindres. — Quelques-uns, même, ont admis des coquilles unies, garnies intérieurement d'anneaux en fonte, en deux pièces, qu'on peut briser ou séparer après la fonte.

Cylindres coulés en coquille. — Un grand nombre de fonderies ont essayé de couler des cylindres durs sans obtenir des résultats pleinement satisfaisants. Il existe en dehors des mélanges de fonte, de la disposition du moulage et de la coulée, un certain tour de main qui dépend de l'habileté et de l'intelligence de l'ouvrier. — Nous venons de dire ce que nous pensions de ces conditions, et nous avons fait remarquer que l'épaisseur des coquilles ne constitue pas une obligation dominante. Dans de certaines limites pourvu que la coquille résiste, son épaisseur n'est pas d'une influence absolue.

En résumé, on peut poser les règles suivantes :

Faire l'épaisseur des coquilles égale au tiers environ du diamètre des cylindres à couler; élever les coquilles à une température de 75 à 80°° ; introduire le métal par un ou deux jets en source, dirigés suivant des tangentes qui le font tourbillonner en maintenant les scories au milieu, jusqu'à ce qu'elles soient remontées à la surface de la masselotte; donner à la masselotte le tiers environ du poids du cylindre ; choisir, autant que possible, des fontes grises provenant de minerais fusibles traités dans des ouvrages peu élevés. — La table seule des cylindres durs se coule en coquilles ; les tourillons et les trèfles sont moulés en sable séché, par les procédés habituels; on a soin de comprendre dans chacune des deux parties en sable, un ou deux centimètres de la table pour qu'il soit facile de tourner et de dresser les bouts du cylindre.

Le jet pour la coulée en source est disposé à part dans un châssis spécial en deux parties, lequel s'attache à la base du moule. La coulée est tranchée de telle sorte que le métal soit introduit tangentiellement au tourillon, en remontant un peu vers l'intérieur.

Ainsi la fonte doit s'élever dans le moule en tournant rapidement autour du noyau. Ce mouvement de rotation doit avoir pour résultat de concentrer les scories au centre de la pièce et de ne porter à la circonférence que la matière la plus fluide et la plus saine.

On coule à la vitesse ordinaire pour remplir le tourillon inférieur ; puis très vite pendant l'emplissage de la table; enfin plus doucement pour achever la coulée du tourillon supérieur et de la masselotte. Pour un cylindre de cette dimension, la coulée doit avoir au moins $0^m,065$ à $0^m,070$ de diamètre.

Dans les cylindres durcis, les parois refroidies contre la coquille sont entraînées par la masse intérieure du métal, quand il opère son retrait, et elles peuvent être, suivant l'énergie de ce retrait, déchirées, même entr'ouvertes profondément.

Si la surface des cylindres durcis apparaît seulement fendillée après le démoulage, ce n'est pas une raison pour que cette surface soit solide. La tension qui sollicite la rupture peut persister après le refroidissement complet et laisser les cylindres dans un état tel qu'ils peuvent se rompre d'eux-mêmes et sans efforts, longtemps après la coulée, et même pendant le travail en forge.

Aussitôt le moule rempli, une précaution indispensable est à prendre instantanément. Il s'agit de retarder la dilatation de la coquille, en la mouillant vivement et pendant un certain temps par une aspersion d'eau froide dans laquelle on a délayé de la terre glaise, afin que cette espèce de potée puisse se fixer aux parois extérieures de la coquille. Voici pourquoi on opère cet arrosement.

Pendant la coulée, lorsque le métal arrive aux parois métalliques de la table, il se forme une croûte d'environ $0^m,02$ d'épaisseur qui a exactement le diamètre de la coquille avant que celle-ci ait été dilatée par la chaleur. Cette croûte soutenue par les parois de la coquille peut résister d'abord à la pression de la fonte liquide ayant rempli le moule. Mais quelques instants plus tard, la coquille s'étant dilatée augmente de diamètre, tandis que la croûte solidifiée conserve le sien. Bientôt, le contact n'a pas lieu, la coquille s'écartant de la fonte refroidie, abandonne celle-ci qui, n'étant plus soutenue, cède à la pression du noyau de fonte encore liquide au centre de la pièce et finit par se déchirer.

En retardant de quelques minutes l'échauffement de la coquille, on donne à la croûte dont nous parlons, le temps de se consolider.

Cette première précaution prise, on se préoccupe de dégager la masselotte du sable et des bavures qui l'entourent, et de la laisser isolée depuis son attache sur le trèfle du cylindre, afin de donner toutes facilités au retrait.

La masselotte de même que le tourillon supérieur est son trèfle venus d'une seule masse qu'on détaille et qu'on achève sur le tour, sont dans quelques usines formés par un cylindre en terre, foulé et noyé dans le sable qui remplit le châssis supérieur.

Si la coquille est bien assemblée avec les châssis supérieur et inférieur de façon à éviter toutes fuites et toute dispersion du métal pendant et après la coulée. Il n'est pas besoin d'avoir recours à un enterrage de la totalité du moule. Le jet de coulée lui-même, s'il est monté dans des châssis bien ajustés et suffisamment assujettis, n'a pas besoin non plus d'être enterré. On peut le constituer à l'aide de tubes en terre séchée et se borner à le garnir à l'extérieur de sable foulé dans son châssis. — Celui-ci est soutenu dans la fosse de coulée par de simples étais.

En résumé, dans l'ensemble, jets, coquilles et châssis, ayant leurs assises assurées par des assemblages solides à emboîtements ou à goujons et maintenus par des crampons ou des serre-joints, peuvent, étant disposées du reste conformément aux conditions usuelles pour éviter au moulage et surtout à la coulée, tous accidents à prévoir.

La figure planche 47, montre la disposition générale d'un appareil pour la coulée d'un cylindre durci. — Elle suffit pour donner une idée du mode de travail encore adopté aujourd'hui.

Pour les cylindres tendres qu'on exécute d'habitude par le moulage en sable ou en terre, à l'aide de modèles et de trousseaux, et qu'on coule aussi en coquilles minces dont nous avons parlé, on peut obtenir sans grands frais des coquilles troussées qu'on sacrifie après la coulée et dans les quelles la fonte resserrée à la surface, a son homogénéité et sa densité augmentées sans qu'elle soit rendue saine ou cassante. — Usant des procédés que nous avons décrits à nos divers traités sur la fonderie, les fonderies de France et de l'Etranger, ont perfectionné plus ou moins depuis peu d'années la coulée des cylindres en coquilles.

Au fond, et connaissant les fontes de Suède dont nous avons donné ailleurs' des résultats d'analyse elles ont compris que les fontes à proportions aciéreuses, pourvues de manganèse et renfermant peu de silicieux, étaient susceptibles de prendre la trempe. La question dès lors se résume de limiter les épaisseurs, des parties à tremper suivant les besoins de l'emploi, comme aussi en vue de réserver la tenacité des pièces coulés en coquilles.

Des expériences dont nous parlons, lesquelles ont été détaillés plus amplement dans nos précédentes publications, les allemands et les belges ont tiré des indications qui leur ont permis d'étudier des mélanges de fontes dont ils ont utilement profité en écartant dans la mesure utile, les fontes chargés de silicium ou de phosphore qui dans tous les cas sont à éviter en fonderie, pour les pièces qui doivent être soumises à des efforts excluant la fragilité et la sécheresse. — D'un autre côté le carbone et le manganèse qu'on reconnaît comme des agents importants de la trempe en coquille, au point de vue de leur épaisseur et de leur dureté, doivent entrer dans les mélanges, suivant de certaines limites telles qu'on les cherche par exemple, pour les bons produits aciéreux.

Ces pourquoi certaines fonderies allemandes se sont appliquées à reproduire des mélanges complexes admettant avec des fontes serrées de première fusions des fontes blanches et des produits dits fine-métal blancs et truités, combinés et passés au four à réverbère dans les proportions suivantes :

Première fusion   3000 kilog. fonte gris serré.
      —   750   —   fonte blanche.
      —   2200   —   fonte fine-métal truité gris.
      —   400   —   —   blanc.
         6350 kilog.

4000 kilog. masselotte de cylindres.
1600   —   fonte serrée de première fusion.
 750   —   fonte truité de première fusion.
6350   kilog.

Une fonderie qui s'occupe particulièrement de la fabrication des cylindres coulés en coquilles opère la fonte de ces cylindres au cubilot et emploie suivant nos données, des mélanges de fonte de Suède combinées avec des jets et des masselottes de cylindres résultant de la fusion au cubilot.

Ces mélanges qui varient entre :

500 et 750 kilogrammes de fontes de Suède et 250 et 500 kilogrammes de fonte en débris.

Suivant que les fontes ont une propension plus ou moins accusée pour se prêter à la trempe.

Les coquilles sont coulées avec des mélanges analogues. Leur épaisseur réglée suivant l'importance de la trempe et les dimensions des cylindres, varie entre 0,18 et 0,250. Elles n'ont pas besoin avec cela d'être munies d'une infinité de frettes qui seraient sans utilité. Les jets sont partagés pour diviser la fonte au pourtour de la table. — On coule d'en haut avec jets directs et masselottes, et suivant qu'on le juge nécessaire dans les cylindres à tôle on emploie des jets en syphon, a coulée tangente vers la base du tourillon du cylindre.

On donne aux coquilles. le diamètre suffisant pour réserver le retrait et le troussage de la table. — Le retrait est calculé sur 18 à 20 millimètres de diamètre, et l'épaisseur à laisser pour le tour sur 6 à 8 millimètres.

Les cylindres pour petits trains sont trempés à l'épaisseur de 12 à 18 millimètres. — Les grands cylindres de tôlerie à celle de 20 à 30 millimètres. On dépasse rarement 35 à 40 millimètres.

En France, l'établissement du Creusot et une fonderie de Saint-Chamond livrent de ces pièces à la consommation. Plusieurs forges fabriquent elles-mêmes leurs cylindres. D'autres, les font venir d'Angleterre ou d'Allemagne.

Les cylindres livrés en France sont généralement vendus, par cent kilogrammes, sur les bases approximatives suivantes :

Cylindres trempés bruts.	44 à 50 fr
— tournés cylindriques jusque 100 kilog	80 à 90
— finis de tour et rodés	100 à 110
— tournés, cylindrés, seulement, de 100 à 150 kilog	70 à 80
— finis de tour et rodés —	85 à 90
— tournés cylindriques de 500 kilog. et au-dessus.	65 à 70
— finis de tour et rodés	75 a 80
— non trempés, coulés en sable, fonte à grains serrés mélanges résistants, bruts de fonte	30 à 33
— tournés cylindriques	45 à 48
— finis de tour	48 à 50

Le moulage a lieu de la manière ordinaire, et les parties de fonte appelées à produire la trempe sont placées dans le moule pour représenter les surfaces du modèle qu'on veut obtenir durcies à un degré quelconque.

Dans la fabrication des roues de wagons, lesquelles se font par quantités, en vue de commandes qui se répètent, les coquilles utilisées seulement pour la trempe de la surface extérieure de la jante, en contact avec les rails, sont enterrées dans le sable. Ces coquilles peuvent avoir des épaisseurs atteignant jusqu'à 0m,05 ou 0m,06. Elles doivent, si elles sont employées brutes, être obtenues au trousseau ou avec des modèles métalliques tournés à l'intérieur. Dans les roues à bras de fer, la jante est coulée tout d'abord. Puis, après qu'elle a terminé à peu près son retrait, on coule le moyen. La jante des roues à bras de fer doit être tenue un peu épaisse, étant d'une part durcie par la coquille et d'autre part blanchie par son contact avec les extrémités des bras en fer qu'elle doit empâter. Au reste, le point important de ces pièces étant d'obtenir une surface qui ne s'use pas, sans user elle-même les rails, il y a lieu de bien établir et de bien surveiller les mélanges de fontes, avec lesquels elles doivent être coulées.

Dans certaines pièces où l'on veut à la fois de la résistance en même temps que de la dureté, rien n'empêche donc d'employer des parties de moules en fonte pour remplacer les parois en sable et durcir des surfaces partielles. Si les pièces, comme les enclumes. les marteaux de forges, etc., ne demandent pas un moulage soigné, on peut les couler entre des plaques de fonte, assemblées comme à la figure 13, dans laquelle le châssis de dessus, seulement, est en sable.

En dehors des procédés particuliers du moulage sur coquilles, il convient d'éviter, autant que possible, l'emploi d'accessoires en métal dans les moules en sable ou en terre. Cependant il se présente des circonstances où l'on est obligé de remplacer par des tiges en fer, des noyaux d'un faible diamètre ou de peu d'épaisseur, vu leur longueur. Dans cette hypothèse, on se sert de fer doux, bien recuit à l'avance dans un feu de charbon de bois, et l'on recouvre ce fer d'une couche mince de potée ou de noir végétal liquide, épaissi par un peu de sable.

Il est bon que ces noyaux métalliques ne séjournent pas longtemps dans les moules où ils prendraient bientôt assez d'humidité pour provoquer des soufflures.

On prépare d'une façon semblable, les plaques de tôle qui doivent servir à diviser en deux parties, à la coulée, des pièces telles que des moyeux et des embrasures de roues d'engrenages, des joints de poulies, de roues dentées et de volants, etc.

FONTE MALLÉABLE.

On admet que les fontes destinées à la fabrication de la fonte malléable doivent, en principe, réunir les conditions suivantes :

Peu carburées et à carbone combiné plutôt que graphiteux afin que la décarburation soit favorisée le plus possible ;

Peu chargées de silice et pas du tout de phosphore, afin que le métal décarburé conserve dans les meilleures conditions de la malléabilité et de la ténacité à froid.

Non manganésifères, parce que l'oxyde de manganèse peut rendre les produits terreux et scoriés, défauts auxquels ils sont déjà assez sujets, ainsi qu'on verra plus loin.

Nature des fontes employées. — Les fontes au coke du Cumberland, les fontes Harrington, et encore certaines fontes au bois de Suède et de Styrie peuvent être, de même que les fontes françaises, de l'Ardèche, du Gard et du Midi fabriquées par le traitement au bois et au coke, des minerais hématites rouges.

Les produits employés en France pour la fabrication de la fonte malléable sont en général des fontes aciéreuses, provenant des minerais dits hématites rouges, ou *red ores* du Cumberland.

On recherche les fontes spéciales que produisent quelques usines du nord de l'Angleterre, dans le district de Witehaven et dans la région de Furnen ou d'Ulverstone. Les fontes au bois d'Ulverstone sont plus particulièrement adoptées. Ces fontes blanches, lamelleuses, sont vendues par petits gueusets dont les plus blancs sont réservés aux fortes pièces, les truités blancs aux plus petites pièces. Elles valent en moyenne 200 à 250 francs la tonne, prises en Angleterre.

La fonte d'Ulverstone, dite *Lorn*, bien qu'elle soit préparée aujourd'hui, non plus en Ecosse, mais dans le voisinage de Southampton est pure de soufre et de phosphore. Elle ne contient pas de manganèse et sa teneur en carbone ne dépasse pas 2 à 3 pour cent.

On pratique particulièrement des mélanges sur les bases de :

> 20 à 25 0/0, fonte d'Alverstone ⎰ de qualité blanche.
> 10 à 15   —   Harrington. ⎱

Auxquelles on ajoute :

> 10 à 15 0/0, fonte gris-serré Harrington.

et

> 60 à 45   fonte en rebuts, débris et jets.

Suivant qu'on veut des pièces d'un recuit plus facile.

Il convient de ne pas abuser dans les mélanges de l'emploi des jets et des débris de coulée.

Certaines fonderies emploient par économie, des fontes de Suède de qualité spéciale avec ou sans mélange de fontes d'Ulverstone. Par exemple :

Les fontes à la marque HR. en petits lingots blancs ; qui valent entre 24 et 25 francs les cent kilogs.

Les fontes truitées et grises aux marques BH qui valent 15 à 16 francs.

Enfin, des fontes grises, au bois, ou des fontes truitées aux marques TU et TB et les mêmes produits en gueusets blancs. Les prix de ces fontes varient entre 17 et 19 francs les cent kilogs.

Conditions ordinaires faites franco en gare à Paris.

La fusion, lorsqu'il s'agit de grandes pièces et de fabrications importantes peut-être opérée au cubilot. Cependant on emploie de préférence la fonte au creuset qui permet d'obtenir une température mieux réglée et plus sûre pour produire les menus objets d'usage courant qui sont assez minces et assez délicats pour être coulés chaud.

Le métal est fondu dans des fours à creusets ordinaires avec des creusets de graphite de la forme 21 ou 24 pl. 15, chauffés au coke. Il y a lieu de surchauffer le bain afin de lui donner la liquidité nécessaire pour remplir convenablement les moules qui sont établis en sable dans des châssis en fer, comme pour les moulages ordinaires de la fonte et du cuivre. Chaque fusion, suivant la capacité du creuset, peut durer une à deux heures. Un même ouvrier fondeur conduit plusieurs creusets à la fois.

La fonte, à la sortie du moule, se montrant blanche et à cassure cristalline rayonnante, comporte à haute dose, du carbone combiné. Elle est tellement fragile qu'elle ne supporterait, en cet état, où elle se brise rien qu'en la détachant de ses jets, le travail du burin, et encore moins celui de la lime.

Le moulage doit être particulièrement soigné, ce qui n'existe pas souvent malheureusement, de telle sorte qu'on évite les attaches de jets en excès, les bavures et les ébarbes qui sont difficiles à détacher et qui, vu la fragilité du métal, peuvent occasionner beaucoup de déchet.

Recuit. — Le recuit s'opère dans des pots cylindriques en fonte où les pièces coulées sont disposées d'une manière alternée entre des couches de minerai ocreux et de minerai oxydé, en partie neuf, en partie ayant déjà servi. On a essayé avec succès des poussières de minerai d'Espagne, provenant de Santander ou de Bilbao. Divers mélanges, dans lesquels on a introduit en petite quantité de la bauxite, de la chaux, du fer oxydé en battitures ou en copeaux, et même du wolfram à l'état grillé et pulvérulent, ont été essayés, non sans succès, suivant l'importance et la qualité des pièces fondues *a l.* Les pots bien remplis, sont munis de couvercles en fonte, lutés soigneusement avec de la terre à four et disposés en rangs empilés les uns sur les autres dans des fours à recuire de forme rectangulaire à une ou plusieurs galeries longitudinales, ayant des dimensions plus ou moins développées suivant l'importance de la fabrication.

On peut voir un de ces fours.

On emploie dans quelques usines des Ardennes un ciment composé de :

10 à 12 parties minerai rouge hématite de Lornon.

1 à 2 parties minerai dit hématite brune autre provenance.

3 à 4 parties cémeit ayant déjà servi auquel on ajoute 1 à 2 parties de sciure de bois de chêne.

En tous cas, le mélange doit être réfractaire et ne pas donner lieu à quelque fusion parteille déterminée par la formation de silicate d'oxyde de fer.

La température des fours, activée par des grilles sur lesquelles on brûle de la houille est poussée peu à peu, puis maintenue au rouge pendant plusieurs jours suivant la forme et l'importance des pièces à décarburer et selon le degré de malléabilité qu'on veut atteindre.

Quelquefois, il est nécessaire de donner deux ou trois recuits à certaines pièces dont la décarburation complète n'a pu être atteinte dans une première opération. Il est rare, du reste, qu'on ne trouve pas dans quelques vases qui, quoi qu'on ait pu faire, ont pris air, des pièces insuffisamment décarburées, lesquelles doivent subir un nouveau recuit.

Le recuit demande beaucoup de soins, puisque c'est lui qui détermine, en somme, la qualité du métal devenu plus ou moins malléable. Plus, en effet, par cette opération, on extrait du carbone de la fonte, plus on lui fait subir une sorte d'affinage local qui la rapproche du fer dont elle acquiert à des degrés divers, quelques-unes des qualités.

Une température inégale et insuffisante donne un recuit incomplet. Un mélange mal composé ou imparfaitement distribué des matières à recuire dans lesquelles il faut laisser en certaines proportions des matières ayant déjà servi, un mauvais chargement des creusets, peuvent amener des pièces oxydées et brûlées auxquelles la poussière de minerai désoxydant reste adhérente, ou encore des pièces gripées ou malpropres, tordues ou altérées dans leurs formes.

Après le recuit, on procède, s'il y a lieu, à l'ébarbage des pièces les plus fortes et l'on désable ou l'on nettoie les plus petits objets en les roulant au tonneau.

Quand le moulage a été convenablement exécuté et n'a pas donné de traces de jets ou de bavures sérieuses, les fondeurs s'abstiennent d'ébarber et même d'enlever les amorces de coulées restant attachées aux pièces.

Les jets, les déchets et les rebuts de fonte malléable n'ayant pas passé par le recuit sont refondus en proportions variables avec de la matière neuve. Il est plus difficile d'utiliser les débris provenant du recuit.

La fonte malléable n'étant mise en pleine fusion qu'à une température élevée, ne peut, en tout cas, supporter à la refonte, qu'une addition très limitée de déchets qui tendent à rendre la fusion plus difficile et le métal moins coulant.

Retrait. — Le retrait de la fonte malléable est considérable comparé à celui de la fonte ordinaire. Il se tient entre deux ou trois centimètres par mètre suivant les dimensions et les formes.

Densité. — Le poids d'une pièce fondue est, à celui du modèle ayant servi à la produire, dans la proportion de 0,88 à 1. La densité dans les pièces saines est un peu supérieure à celle de la fonte. Elle est du reste assez variable et peut se tenir entre 7,3 et 7,6.

Composition et propriétés des fontes malléables. — Des fontes provenant d'hématite rouge, traitée au charbon de bois, et rendues malléables par un recuit prolongé dans de la poussière du même minerai ont donné :

A la sortie du haut-fourneau une densité de 7.684   Après le recuit 7.718

Carbone { combiné p. 0/0 . . . . 2.211 } 2.800 { 0.434 } —				0.880
{ non combiné p. 0/0. . . 0.583 } { 0.446 }				
Silice. 0.951			—	0.409
Alumine . . . . traces			—	traces
Soufre 0.015			—	»
Phosphore. . . . . traces			—	traces
Sable. 0.502			—	»

Les 4/5 environ du carbone combiné ont disparu dans la fonte malléable, tandis que le carbone non combiné ou graphitique n'a presque pas diminué.

Le départ de plus de la moitié de la silice et la disparition du soufre s'expliquent difficilement, bien que le docteur Percy, à qui nous empruntons ces analyses, affirme qu'elles ont été faites avec une grande exactitude.

La fonte malléable de bonne qualité et dont le recuit a bien réussi doit présenter un grain gris, un peu nerveux, se rapportant au grain de l'acier dit acier doux ou acier naturel. Assez rarement toutefois, la cassure présente cette apparence au complet ; souvent, des grains brillants, cassants, entourés de filets en aiguille, assez nerveux, viennent modifier l'aspect de la cassure. La croûte, plus ou moins nerveuse, se détache nettement de la masse ; elle peut, présentant une espèce de nerf, accuser un certain accroissement de résistance de la matière et, par cela même, la rendre plus tenace dans les pièces non dépouillées par la lime.

La fonte malléable prend un poli plus net, plus brillant et plus franc que celui du fer, se rapprochant de celui de l'acier. Elle se montre dans les pièces minces et simples assez malléable à froid pour être tordue et pliée sous des angles aigus, sans marques de criques ou de gerçures. A chaud, elle peut être travaillée à la température rouge cerise sans s'écailler et se briser. Au-dessous de cette température, le métal ne gagne rien ; au-dessus, il écarte plus ou moins sous le marteau, comme ferait la fonte ordinaire.

Emploi. — L'emploi de la fonte malléable a été retardé par certaines questions de métier qui, jusqu'à présent, n'ont pu faire de cette matière qu'une fonte non cassante, mais impure, et qu'un fer imparfait, soit une espèce de métis entre la fonte et le fer.

Tant qu'on n'aura pas su parvenir à donner aux pièces un peu fortes ou de formes compliquées, la ténacité absolue qui leur est nécessaire ; tant qu'on ne sera pas arrivé à préserver certaines parties de ces pièces, des retirures et des scories qui s'amassent, aux points de rencontre des parties faibles réunies à d'autres de plus grande épaisseur ; tant qu'on n'aura pas écarté les gerçures et les arrachements qui se produisent à la contraction dans les détails heurtés ou mal proportionnés de certaines pièces, la mécanique n'aura pas le dernier mot des services que peut lui rendre la fonte malléable.

Si ce métal ne peut être absolument rendu parfait, comme d'ailleurs il arrive pour tous les métaux qu'emploie la fonderie, et notamment pour ceux qui atteignent difficilement une grande fluidité à la fusion, il importe du moins, en attendant mieux et plus, que comme pour la fonte, le cuivre, le bronze, etc., le consommateur sache étudier la forme des pièces, la proportionner, en un mot la rendre pratique et suffisamment appropriée aux lois de la construction, en même temps qu'aux besoins de la fonderie, ainsi que nous le démontrerons plus loin.

Les pièces très épaisses ne sont pas, généralement, atteintes jusqu'au cœur, par le recuit. On ne peut donc songer à utiliser la fonte malléable pour de gros moulages, au moins pour le cas où, devant être soumis à des efforts quelconques, ils demanderaient quelque résistance. On se heurte ici à un même ordre de difficultés qu'à celui qui se produit dans les aciers coulés.

Ceux-ci, qu'on les verse en sable ou dans des moules métalliques sont généralement rebelles à la coulée. Ils se gonflent et *viennent* avec des soufflures, des tassements et des déchirures.

Quels que soient les procédés employés pour forcer le métal soulevé à demeurer dans les moules qui, suivant l'expression énergique des mouleurs, ont mal au cœur, on n'arrive pas à forcer son refroidissement dans des conditions normales.

Soudage et brasage. — La fonte malléable, si elle ne peut être soudée, comme cela a lieu couramment pour le fer, se souderait si elle était pure, en employant des procédés particuliers tels que ceux employés pour l'acier fondu. Elle peut du moins, être brasée aisément soit avec le fer, soit même avec la fonte ordinaire.

Elle peut être cémentée et trempée en paquet ou au prussiate aussi bien que le fer. Trempée sec, le grain se resserre, devient fin et d'un blanc gris, comme celui de certains aciers ; mais la résistance diminue et le métal devient cassant. On peut confondre certaines fontes malléables trempées et les prendre pour de l'acier. Le *revient* après la trempe, leur rend un peu de ténacité, mais il les laisse toujours sèches et fragiles.

Cémentation. — La fonte malléable qui a été rebattue et qui a subi la cémentation dans de bonnes conditions peut pour des objets simples, non susceptibles de défauts résultant d'une forme ou d'un agencement compliqués, donner dans plus d'un cas, des pièces aussi bonnes et même meilleures à l'emploi que celles en acier coulé, sinon en acier forgé et rabattu.

Dureté. Porosité. — La fonte malléable, comme tous les métaux incomplets, manque de dureté et en raison de l'inconsistance de son grain, n'a pas toute la porosité des métaux plus homogènes. Elle s'use assez vite au frottement, si elle est employée telle qu'elle est sortie du four, sans avoir été rebattue, ni trempée à un degré quelconque.

Fusibilité. — Comme nous avons dit plus haut, la fonte malléable est réfractaire. Elle exige, pour arriver à la fusion, une haute température, égale à celle nécessaire pour la fonte ordinaire, si elle ne la dépasse. On a tiré parti de cette propriété pour établir certaines pièces allant au feu, tels que des creusets pour fondre les métaux et certaines pièces entant dans les appareils de chauffage.

Prix et conditions de vente. — La fonte malléable courante, se vend encore, au moment où nous écrivons ces lignes, entre un et deux francs le kilogramme, suivant les difficultés du moulage et de la coulée.

Les fonderies de Paris, parmi lesquelles deux ou trois fabriquent bien, la font payer en petites pièces entre 1 fr. 40 et 1 fr. 70 par kilogramme, lorsqu'il ne se présente ni dépenses extrêmes de moulage, ni exagération de noyaux, ni dimensions trop faibles ou trop fortes. Les établissements dont nous parlons à Paris, comme les bonnes usines de province, à Nouzon, à Pont-Audemer, à Lille, etc., ne sont pas montées pour les grosses pièces et les redoutent beaucoup. Nous entendons, ici, par grosses pièces, des objets au-dessus de huit à dix kilogrammes.

Matières pour la fusion.	Fontes spéciales, 120 kilog. à 24 fr. les 100 kilog. . . . . . . 28 80 Creusets en terre ou autres . . 1 80 Coke pour la fusion, 300 kilog. à 40 fr. les 100 kilog. . . . . 12 »	42 60
Matières pour le moulage.	Sable à mouler 0ᵐᶜ,200 à 10 fr. le mètre cube . . . . 3 » Poussier de charbon, résine, noir et menues fournitures . . . 4 50	7 50
Matières pour la cuisson .	Creusets à recuire et entretien . 5 » Charbon pour le chauffage des fours . . . . 7 50 Minerai et matières pour le recuit 3 60	16 10
Main-d'œuvre de mouleurs, manœuvres, chauffeurs, fondeurs en moyenne		80
Frais d'entretien et frais généraux		
		146 20

Les fonderies de quelque importance, comme celle que nous venons de citer, peuvent obtenir un prix de revient moindre. — Toutefois, ce prix doit rester sensiblement plus élevé que celui des fonderies de province, qui paient le combustible et la main-d'œuvre beaucoup moins cher et qui ont aussi moins de frais généraux. — Ces dernières se contentent de 1 fr. à 1 fr. 30 par kilogramme pour pièces courantes.

Les Anglais et les Belges vendent un peu moins cher ; et, chose curieuse, on est souvent servi plus vite.

Nous aurions voulu parler de divers sujets intéressants qui en voie de progrès et d'extension, tels le moulage des pièces en acier, les progrès divers de la fonderie, etc., nous avons déjà passé en revue ces divers sujets dans notre grande édition de la fonderie.

Nous n'y reviendrons pas, nous bornant à rappeler la disposition allemande d'une fonderie d'acier par la planche 52 qui termine cet ouvrage dont nous n'avons plus à parler, sinon en quelques lignes touchant l'organisation des fonderies qui montrent des dispositions particulières aux planches 35 et 57.

ACIERS MOULÉS.

Les procédés de fusion de l'acier coulé en moules, datent de 1850 ou 1851. On traitait antérieurement l'acier fondu dans des creusets d'où il sortait pour être coulé en lingots destinés à être forgés et rebattus aux dimensions voulues par le commerce.

Fusion. — Aujourd'hui, on est parvenu à couler en acier des pièces d'un poids énorme. Dès l'exposition de 1855, à Paris, les aciéries Krupp d'Essen étaient arrivées à produire l'acier coulé à de grandes dimensions. Cette fabrique avait montré à la première exposition universelle qui eut lieu à Londres en 1851, un lingot d'acier qui pesait environ 2,500 kilogrammes et qui fut accueilli avec un véritable enthousiasme. A l'Exposition de 1855, la chose s'affirma. Les procédés Krupp avaient pris faveur.

On fabriquait en acier coulé des bandages de roues pour les chemins de fer, des essieux, des arbres, des cylindres de laminoir, etc. Ces pièces étaient obtenues en fondant d'abord un lingot de poids supérieur à celui de la pièce devant être fabriquée et en la soumettant à un martelage énergique, qui l'étirait successivement au carré, à pans, rond ou plat et matricé de façon à rendre la pièce plus homogène.

Le lingot obtenu par la fonte que fournissait un certain nombre de creusets, plus ou moins grand suivant l'importance de la pièce à en tirer, était coulé dans un moule. On affirmait que la fonderie Krupp pouvait couler ainsi des pièces de 10 à 12,000 kilogrammes.

Des spécimens exposés par cet établissement montraient des aciers doux, susceptibles de prendre à la trempe, une très grande dureté. Des cylindres trempés montraient une table inattaquable par les outils, alors que les tourillons pouvaient se limer facilement.

Une application très importante des procédés Krupp fut l'utilisation de l'acier fondu coulé pour la fabrication des canons.

Les lingots étaient coulés approchés, puis terminés au martelage qui leur donnait les formes utiles, quant à l'extérieur, et achevés à l'intérieur par le forage, comme cela a lieu pour les canons en bronze.

Dès cette époque, la coulée en moules de l'acier fondu était établie, sinon entièrement résolue. Elle fournissait les éléments d'une fabrication nouvelle, encore indécise, puisqu'il était encore nécessaire de terminer par le martelage les pièces coulées.

A la même exposition de 1855, on vit les premières cloches en acier fondu exposées par la fonderie de Boehum, lesquelles se retrouvèrent à Londres, en 1862, puis à Paris, en 1867. De là datent les essais des pièces diverses moulées et coulées en acier. Les aciéries de Scheffield montrèrent des roues de wagons coulées pleines, des engrenages, des pièces pour croisements de voie, des pièces de mécanique et des cloches fabriquées par les procédés Mayer. Les aciéries d'Unieux exhibèrent aussi des cloches moulées. La fonderie de Bochum, qui avait exposé de nouveau, dépassa les maisons rivales en produisant une cloche en acier de 3 mètres de diamètre à la base et d'un poids excédant 10,000 kilogrammes.

Fabrication. — Depuis, la fabrication des moulages en acier a marché. On vit, en 1867, un certain nombre d'usines apporter des types variés de pièces en acier coulé.

L'établissement de Bochum reparut encore, apportant cette fois des cloches de poids divers, dont l'une atteignait jusque 15,000 kilogrammes, des roues de locomotives et de wagons, un cylindre de presse hydraulique d'un poids de 7,000 kilogrammes et même un cylindre de machine à vapeur.

La maison Naylor, de Sheffield, exposait des pièces de machines, des canons, des cloches, des croisements de voie, des engrenages et des roues de wagon. L'usine d'Assailly de la sociécé Petin et Gaudet, la société d'Imphy, les usines d'Unieux, celles de Firminy, les forges de Terrenoire avaient apporté de nombreux moulages, à peu près toujours les mêmes.

Tout cela constituait des tentatives à encourager, mais ne montrait que des pièces impures, scoriées, de grain variable, sans ténacité, pour la plupart, en un mot, des objets ne pouvant entrer dans le domaine de la fonderie qu'à titre de curiosité.

Des cages de grosses pièces exposées par l'usine d'Assailly, montraient des surfaces rugueuses, empreintes de sable *fusé* et présentaient aux cassures des affouillements remplis de scories et un grain sans consistance.

Les cloches seules constituaient un succès et manifestaient une sorte de réussite. Mais que sont-elles devenues, en dépit de leur prix moins élevé que celui des cloches en bronze.

Depuis, nous avons vu les procédés Micolon, tentés aux forges d'Ivry, les procédés Lepet, les procédés Dalifol, et d'autres encore. Malgré cela, l'acier moulé ne paraît pas encore être sorti de ses langes.

La fabrication est tenue secrète, comme celle de la fonte malléable. On en fait mystère. Pour nous, c'est une cause de développement retardé et de peu de progrès.

Seule l'usine de Terrenoire prétend qu'elle produit des aciers moulés sans soufflures. Tout ce que nous constatons, c'est que, depuis la première exposition de Londres, on a vu reparaître les mêmes pièces, toutes manquant de netteté, piquées, soufflées, informes et à peu près impropres aux constructions. Quelques-uns de ces moulages se sont développés, ceux, par exemple, destinés à l'agriculture, tels que versoirs, socs et pièces de charrues, d'autres appartenant aux voies des chemins de fer et certaines pièces brutes auxquelles ou demande de la masse, de la dureté et pas d'ajustement.

Cependant, certaines fonderies de fer qui ont joint la fonte malléable et la fonte d'acier à leur production courante vendent aujourd'hui l'acier moulé en petites pièces sur la base de 1 fr. 10 à 1 fr. 30 le kilogramme.

Le prix de ces produits assez primitifs est resté assez élevé. En réalité, on ne voit pas encore que ce prix ait pu permettre aux aciers moulés de se répandre.

La production des aciers moulés présente, au fond, des difficultés incontestables. Le métal prend difficilement la température voulue pour atteindre une fusion complète et la liquidité des bonnes fontes. Il coule, comme la fonte blanche, entraînant des bulles d'air qu'il ne peut dégager et qui, liées à la matière sans pouvoir être expulsées des moules, séjournent à la surface.

Les surfaces des pièces coulées sont malpropres, étant chargées de matières vitrifiables empruntées au sable auquel elles adhèrent, l'acier fondu, quoique d'une liquidité moindre que celle de la fonte, exigeant des sables très réfractaires, très tenaces et parfaitement travaillés, pour qu'ils ne soient pas attaqués par le métal. On a cherché à fabriquer ces sables par composition, ainsi qu'il est fait pour les briques et les creusets réfractaires à l'aide de vieilles matières broyées, réunies à l'argile réfractaire, travaillées et malaxées à la machine pour donner des mélanges uniformes, réguliers et consistants. Mais, ces mélanges, employés pour les surfaces extérieures des pièces, ont souvent manqué de porosité pour expulser et tamiser les gaz. De là des dartres, des fissures, des parties brûlées collées aux parois des moulages, en un mot tous les défauts résultant du contact d'un métal fondu à très haute température, avec des sables trop fins, trop denses, trop peu perméables. D'un autre côté, si l'on emploie des sables à gros grains, ceux-ci manquent d'adhérence et les pièces viennent avec des surfaces grenues, et pleines de sable entraîné.

Moulage. — Le moulage en terre, est, à cet égard, à peu près interdit pour la coulée de l'acier. La terre éclate, taconne, et est emportée par le métal. Les cloches même, coulées en acier, exigent le moulage en sable.

Les moules en sable doivent être constitués très solidement, ils sont étuvés et coulés sortant de l'étuve, alors qu'ils sont encore aussi chauds que possible. L'enduit protecteur et *décapeur* appliqué sur le sable doit être fait, comme pour les gros moules, en sable d'étuve destiné à la fonderie de fer, absolument réfractaire et formé d'un mélange d'argile siliceuse et de charbon de bois ou d'anthracite en poudre, pour les petites pièces ; d'une combinaison d'argile ou de sable très réfractaire admettant le schiste ardoisier en poudre et la plombagine pour remplacer le charbon.

Les jets et les évents doivent être abondants et à grande section. Il faut couler vite et chaud pour remplir le moule aussi rapidement que possible.

Certaines usines appliquent sur les moules, aussitôt après la coulée, un système de pression quelconque, bouchant toutes les issues par lesquelles le métal pourrait être projeté. C'est dans cette circonstance, et particulièrement pour la coulée de l'acier, que l'on peut dire que les moules ont *mal au cœur*. A peine sont-ils remplis, que l'air et les gaz n'ayant pu être totalement expulsés par une matière peu fluide, même pâteuse, cherchent à s'ouvrir un pas-

sage, repoussant la matière hors du moule et l'entraînant avec eux. L'obturation des moules arrête et empêche l'expansion du métal, en laissant d'autant
plus de soufflures et de piqûres que la coulée a été plus ou moins chaude, plus
lente et plus rapide.

La coulée se fait à l'aide de poches disposées comme pour des fonderies de
fer. Toutefois, on emploie aussi des creusets portatifs munis au fond d'un
ajutage fermé par une bonde réfractaire. Ces creusets sont amenés par' une
grue roulante au-dessus de l'embouchure de chaque moule ; et la quenouille
étant enlevée, le moule peut être rempli directement, presque instantanément,
sans qu'il y ait un trop grand entraînement d'air à l'intérieur et un empêchement à l'expulsion de celui qui s'y trouve.

Plus les jets et les évents sont élevés, plus le tirage s'exerce dans le moule
et invite les gaz à sortir. On pourrait faire le vide au moyen d'un appareil
pneumatique très simple, applicable rapidement à chaque moule et devenant
indépendant au moment de la coulée, ce qui placerait les pièces d'acier, de
fonte ou de cuivre, à l'abri de bien des accidents de soufflures et de piqûre.
De même, on opérerait un grand perfectionnement, le jour où l'on organise-
rait des appareils pour porter à sa dernière limite, nous ne disons pas la température, mais la liquidité du métal fondu. Un métal coulé avec rapidité, très
chaud et très limpide, sera toujours bien plus exempt de soufflures et de scories entraînées que celui qui sera versé louche et pâteux dans un moule refroidi. Il est bien entendu que, dans tous les cas, la coulée, assez lente au
début, puis accélérée, peut être ralentie et pressée moins vivement lorsque
le moule s'emplit.

S'il s'agit d'acier doux, ou autrement dit d'acier peu carburé ayant une
grande fluidité, on coulera plus lentement. C'est du reste ce qui est à faire
pour tous les métaux. Plus la matière est fluide, plus la coulée peut être garantie sans inconvénients aussi graves que ceux à redouter avec une matière
pâteuse.

L'acier coulé, devant généralement atteindre une plus haute température
que la fonte, se solidifie plus vite comme masse, mais son refroidissement
complet a plus de durée. Son retrait est plus grand, puisqu'il se produit dès
la solidification. On peut estimer qu'il se rapproche plutôt de celui de la fonte
malléable et de la fonte blanche que de celui de la fonte grise.

Tassement. — Le tassement est aussi plus grand. Pour en arrêter ou en
empêcher les effets, les pièces massives doivent être pourvues de larges évents
et de puissantes masselottes.

Dès que les pièces coulées sont suffisamment figées pour être *décochées*,
c'est-à-dire sorties du moule, on les prend toutes rouges pour les faire refroidir plus lentement que si elles restaient dans les moules, en les plaçant
sur des chariots conduits dans un four à recuire.

Quelques usines emploient le martelage et le matriçage à chaud pour consolider les pièces susceptibles de manquer de cohésion après la coulée et pour
en resserrer le grain. Quoi qu'il en soit, ce n'est pas encore l'acier fondu

martelé en barres, ni l'acier corroyé que les bonnes usines de Sheffield, en Angleterre, et de la Loire, en France, livrent au commerce.

Il y a beaucoup à faire dans cette fabrication nouvelle et difficile, qui n'a pas dit son dernier mot.

Il est constant que les produits commerciaux de l'acier moulé sont encore aujourd'hui assez peu recherchés, sinon pour les spécialités où la qualité n'est pas absolument en cause, de même que la ténacité. Jusqu'à présent, l'industrie a devant elle un métal incertain, irrégulier, souvent défectueux, souvent très faible, prenant plus ou moins bien la trempe, ainsi qu'il arrive avec la fonte malléable.

Ce n'est pas tant dans les procédés de moulage que dans la fonte de l'acier, qui s'obtient aujourd'hui dans des cubilots à creusets mobiles, plus économiques que les fours à creusets, et donnant une matière plus chaude, ou du moins plus liquide.

On est parvenu, par une faible addition de fonte grise siliceuse, jointe à l'acier dans le creuset, au moment de la coulée, à rendre le métal un peu plus coulant et moins sujet aux soufflures, mais en lui enlevant de la ténacité. Des fabricants, en Angleterre notamment, ont essayé de produire, au lieu d'acier doux, des aciers durs moins exposés aux soufflures pour couler les moulages, sauf à user ensuite de toutes les ressources du recuit, comme il a lieu pour la fonte malléable.

On a employé, et on emploie encore le ferro-manganèse, alliage spécial de fer et de manganèse, reconnu nécessaire dans la fabrication des aciers très doux, et devant aider à fournir à ces aciers assez d'oxygène pour combiner, non seulement avec le manganèse et le silicium, mais aussi avec la plus grande partie du carbone introduit par le Spiegeleisen dans la préparation des aciers Bessemer. Mais le ferro-manganèse est d'un prix élevé. Il relève la valeur de l'acier, et, malgré cela, si ce métal en est amélioré, il ne donne pas encore toutes les garanties pratiques qu'exigent la plupart des pièces des locomotives, de la mécanique et des constructions usuelles.

Nous n'entrerons pas dans plus de détails, le but que nous poursuivons ne pouvant être de traiter longuement la question de l'acier, très importante et très complète, vers laquelle se portent aujourd'hui toutes les études et tous les progrès de la fabrication moderne du fer. Il nous suffit de laisser ici, au point de vue de la fonderie, la trace des principaux éléments qui président à la fabrication de l'acier moulé.

La planche 52 montre la vue d'une fonderie d'acier organisée par les Allemands en 1882. On pourrait s'en inspirer pour une fonderie de fonte, en transformant les fourneaux et en les appliquant à tous autres besoins. Nous nous bornons à les rappeler, tout en reproduisant les fours Siemens, aujourd'hui en usage.

FONTES SOUMISES A DE HAUTES TEMPÉRATURES.

Les fontes qui, par leur emploi, sont à même d'éprouver l'action d'un feu plus ou moins actif, exigent une certaine attention de la part des constructeurs et des fondeurs.

Là, comme dans les questions de résistance, les constructeurs doivent rechercher la simplicité de la forme, éviter l'abus des épaisseurs heurtées passant sans transition d'une limite élevée à un amincissement exagéré, redouter enfin toutes complications de saillies et de nervures pouvant gêner le retrait et susceptibles de *tendre* la matière que, dans cet état, le moindre coup de feu suffit à faire éclater.

Moins la disposition intérieure des fourneaux ou des foyers dans lesquels la fonte doit être placée, peut se prêter à un chauffage progressif, régulier, à l'abri de toutes influences atmosphériques venant de l'extérieur, plus la forme a besoin d'être étudiée, plus la matière a besoin d'être choisie.

Il faut éloigner soigneusement de la fonte les coups de feu et les intermittences de température résultant, les uns d'une application trop directe et trop intense du foyer sur un même point, les autres d'un chauffage inégal dû à la mauvaise disposition des foyers, des galeries et des cheminées, ou encore à la maladresse des ouvriers.

Ces accidents peuvent être combattus du moins partiellement, au moyen de galeries et de carneaux établis en vue de protéger les parties métalliques des appareils, en les échauffant progressivement et en prenant soin que la température n'éprouve jamais des écarts trop brusques et n'atteigne pas, dans une même période de chauffage, les limites extrêmes d'une température ou d'un refroidissement exagérés.

Quand la fonte est coulée sous forme de vases ou de récipients contenant des liquides susceptibles d'être renouvelés à des moments donnés, elle est évidemment moins prédisposée à être détruite par l'action du feu, puisque les liquides lui empruntent une partie du calorique qu'elle reçoit d'une façon d'autant plus graduelle qu'il ne s'opère ni vide, ni vaporisation instantanée. Elle peut dans cette hypothèse, éprouver un recuit plus ou moins prononcé, être altérée à la longue par l'oxydation, se crevasser, se fendiller, et enfin arriver à la destruction ; mais elle doit durer plus ou moins suivant qu'elle a été coulée dans de bonnes proportions de retrait, et choisie de qualité convenable.

Quand la fonte est exposée directement et isolément au contact du feu, comme dans les barreaux, les sommiers, les supports, etc., ou quand elle forme des récipients servant à la production des gaz ou à l'échauffement de l'air, elle est détruite d'autant plus rapidement que ses parois sont moins protégées et que la température est plus directe et plus élevée.

Dans les cornues à gaz, dans les cylindres servant à la fabrication des produits chimiques, dans les appareils à chauffer l'air pour les hauts-fourneaux, la fonte est soumise aux conditions les plus défavorables pour assurer un bon service et une durée un peu longue. C'est alors qu'il faut rechercher des qualités toutes spéciales, dont nous avons surtout à nous préoccuper.

La fonte blanche et la fonte truitée fortement avancée qui sont moins sus jettes à une oxydation prononcée et à la déformation que la fonte truité-gris ou la fonte grise, sont meilleures que celles-ci comme supports ou barreaux exposés au feu. Mais, il leur faut des épaisseurs relativement grandes, et des proportions telles, qu'on n'ait pas à craindre de les voir se fendre et se briser dès le premier feu.

La fonte grise, et au besoin la fonte noire peuvent servir à tous les appareils de coction, chauffant des liquides non comprimés, comme les chaudières, les marmites, les casseroles, etc. Pour ces objets généralement établis à de faibles épaisseurs, la fonte blanche et la fonte truitée seraient cassantes et ne fourniraient pas un bon usage.

La fonte truité-gris ou la fonte gris-serré sont les qualités à rechercher pour les appareils chauffés à de hautes températures où l'on doit redouter soit la rupture, soit l'amollissement, soit la dégradation rapide résultant d'une oxydation énergique et constante.

Si les fontes blanches et les fontes truité-blanc sont en effet susceptibles de se briser facilement avec un chauffage même faible, la fonte grise et la fonte noire se distendent, s'allongent et se ballonnent au point d'amener rapidement, sous des températures même peu élevées, la déformation complète des appareils.

Plus la fonte est noire, plus, sauf des exceptions rares, elle tend au ramollissement et au ballonnement. Elle peut, si elle est de bonne qualité grise et homogène, subir des gauchissements, des allongements et des boursouflements considérables avant d'arriver à gercer et à se fendre.

Les fontes de première fusion susceptibles d'un grand retrait sont notamment plus disposées à l'extension et au ballonnement des surfaces chauffées que les fontes en bon mélanges de deuxième fusion.

Nous avons vu des fontes de première fusion noires et graphiteuses prendre des allongements au feu, dépassant 8 à 10 millimètres par mètre. Cette limite qui peut paraître énorme a été constatée par nos expériences, entreprises dans le but de déterminer l'extension des surfaces de certaines fontes surchauffées.

Des barres de 0ᵐ,025 de côté et de 3 mètres de longueur furent soumises dans un fourneau bien fermé où le chauffage était maintenu également aux températures successives 100°, 200°, 300°, 400°, 500°. Elles donnèrent, mesurées en plein feu, à l'aide d'un calibre étalon, les allongements suivants :

0.0159 ou 0.0053 par mètre pour la température. . .			100°ᶜ
0.0243 ou 0.081	—	—	200
0.0312 ou 0.010	—	—	300
0.0426 ou 0.0142	—	—	400
0.0468 ou 0.0156	—	—	500

Puis, les barres retirées du fourneau, et mesurées après refroidissement complet à la température atmosphérique donnant alors 17°c accusèrent un allongement comprenant :

De 0.000033 ou 0.000011 par mètre pour les barres chauffées à 100°
De 0.000630 ou 0.000210 — — 200
De 0.002760 ou 0.000920 — — 300
De 0.003600 ou 0.001200 — — 400
De 0 007650 ou 0.002550 — — 500

Ces barres étaient coulées en fonte grise, de première fusion, qualité ordinaire pour articles de ménage, dites *pièces de sablerie*.

Des essais ultérieurs sur des fontes soumises à des températures très élevées, nous donnèrent des résultats plus saillants, et tout à fait en dehors des phénomènes signalés jusqu'à présent dans les ouvrages qui se sont occupés des propriétés physiques des métaux.

Divers barreaux de $0^m,11$ de côté et de $0^m,50$ de longueur, pesant en moyenne 40 kilogrammes l'un, furent coulés partie en fonte de première fusion, partie en fonte de seconde fusion, puis jetés en plein feu d'une étuve, environnés de coke incandescent au milieu duquel ils furent portés à la chaleur rouge-blanc, pour se refroidir librement après la combustion du coke et l'extinction naturelle du foyer.

Cette propriété d'atteindre un allongement excessif sous un chauffage un peu violent, rend les fontes de première fusion généralement très peu propres à être employées au feu.

Les fontes de deuxième fusion, elles-mêmes, dans certaines fonderies, ne sont pas exemptes d'inconvénients quand elles doivent subir un chauffage actif et prolongé. Si elles sont moins sujettes aux ruptures instantanées, aux gerçures, aux déformations, aux allongements, d'une façon aussi prononcée que cela peut se trouver dans les fontes de première fusion, elles peuvent néanmoins être brûlées, altérées ou crevassées assez rapidement pour qu'on puisse leur reprocher un service encore trop peu assuré et de trop peu de durée.

En dehors de ces observations, ayant pour objet de préciser les qualités de fontes qui se prêtent le mieux à l'emploi au feu, nous ne voulons pas dire qu'il s'agit de repousser d'une façon absolue tout produit de première fusion. Mais nous pensons qu'il est plus sûr dans tous les cas, d'admettre de préférence les fontes de deuxième fusion.

Celles-ci doivent donner certainement une qualité plus régulière, plus sûre, particulièrement propre à la destination spéciale dont nous parlons. Elles résultent d'éléments variés qu'on peut combiner pour obtenir une fonte de peu de retrait, ni trop grise, ni trop blanche, en un mot non susceptible de conserver après la refonte, la trace des inconvénients que présentent les fontes de première fusion.

En effet si une fonte, de bonne qualité d'ailleurs, a éprouvé plusieurs fusions répétées, soit seule, soit mélangée avec des fontes d'une origine différente, ayant subi également la deuxième fusion, on remarque que cette fonte prend un retrait moyen variable entre 0^m,008 et 0^m,010 par mètre, se maintient bien à la coulée sans tendances prononcées au gauchissement, au tassement, aux déchirures, etc., et présente d'après cela, les qualités les plus essentielles à la destination particulière que nous envisageons.

Les fontes d'Ecosse à l'air chaud, généralement très carburées et passablement impures ne sont pas avantageuses étant apportées de toutes pièces dans de pareils mélanges ; elles peuvent être meilleures quand, figurant dans d'autres combinaisons, elles ont déjà passé par la refonte, en s'alliant avec des fontes de provenances diverses. Toutefois, elles ne valent pas à beaucoup près les fontes Beaufort dont l'emploi jadis assez général en France, n'est plus resté admis que par un petit nombre de fonderies.

Un mélange, par exemple, composé de :

20 parties de fonte Beaufort n° 1 ou équivalente;
30 parties de débris de fonte grise provenant de mélanges au cubilot;
30 parties de débris de fonte truitée provenant également de mélanges;
20 parties de fonte blanche provenant de fonte primitivement grise ou truitée et blanchie par diverses refontes.
___
100

peut très bien donner de bons résultats pour des cornues, des chaudières ou des cylindres destinés à travailler en plein feu.

Ce mélange fournit la mesure de ce qu'on doit chercher quand on veut atteindre les conditions que nous avons signalées et qui doivent présider à la fabrication des fontes destinées à être chauffées. Il est évident qu'on doit admettre des modifications suivant les lieux et suivant les circonstances. Les proportions citées permettent d'apprécier le grain qui doit résulter du mélange et servent à faire voir qu'il convient d'éloigner de ce mélange toute fonte n'ayant pas passé déjà par la deuxième fusion.

On peut, bien entendu, s'écarter de cette dernière indication quand les fontes provenant de première fusion sont de première qualité et d'ailleurs favorables à l'usage au feu ; mais dans tous les cas, il nous semble important de ne faire figurer ces fontes, quelque avantageuses qu'elles puissent être, que dans une limite ne dépassant pas 25 à 30 p. % de l'ensemble.

Il y a évidemment un tâtonnement à chercher ; mais il est certain que ce tâtonnement, jusqu'à expérience complète et satisfaisante de toutes fontes de première fusion, doit être plus sûrement dirigé vers la recherche de mélanges comportant des fontes déjà refondues, et, ajouterons-nous, comprenant le plus possible de diverses fontes, tant que ces fontes seront reconnues de bonne qualité.

En résumé donc, de ce que nous venons de dire, on peut poser sensiblement les conclusions suivantes :

Les fontes trop noires ou trop blanches ne conviennent pas pour l'emploi au feu.

Les fontes de première fusion, en général, sont à écarter.

Les fontes noires à l'air chaud, et entre autres, les fontes d'Ecosse adoptées par les fonderies françaises ne sauraient donner de bons résultats, même employées par petites quantités.

Les fontes en gueuses provenant de la première fusion, ne sont à introduire dans les mélanges qu'autant qu'elles ont des qualités particulières qu'on a pu apprécier par l'expérience.

Quand ces fontes sont admises, elles ne doivent pas dépasser certaines proportions que nous limitons au quart ou au tiers, tout au plus, du total de la charge.

Les meilleurs mélanges sont ceux qui supposent un croisement de fonte très complet, et notamment de fonte ayant déjà passé au cubilot.

Les fontes à retrait irrégulier ou à retrait trop prononcé ne sont généralement pas bonnes, refondues seules, et peuvent altérer sensiblement la qualité des mélanges.

Le meilleur grain de fonte à chercher, en dehors de toutes appréciations se rattachant aux qualités propres des fontes, est le grain truité-gris, fin, régulier, peu brillant, à cassure égale, sans arrachements prononcés. La fonte noire, très carburée et impure, brûle et se détruit rapidement. La fonte grise assez pure, quoique carburée, brûle moins et est atteinte moins promptement, mais ne donne pas un usage favorable, quand même elle résulte des conditions de mélange que nous citons.

Toute fonte susceptible de déchirements dans le moule, de gauchissement, de tassement, de *retirures* dans les angles, ou de rupture au retrait est généralement impropre à la fabrication des pièces exposées au feu.

Les fontes brûlées provenant d'une fabrication bien dirigée, ayant été cassées après un long service, peuvent, dans une certaine mesure, ne dépassant pas le 1/10° du poids total de la charge, être admises dans les mélanges, en les considérant comme remplaçant une partie des proportions reconnues de fonte truitée ou de fonte blanche. Ces fontes introduites avec réserve dans les combinaisons devant amener de la résistance au feu, apporteraient à l'occasion un concours utile, et ce serait à peu près le seul moyen avantageux de les employer ; car, si l'on sait d'une part :

Que la fonte soumise longtemps au feu, éprouve les effets du recuit, devient noire et prend du grain ;

Que, dans le même cas, la fonte truitée tend à passer au gris ;

Que les fontes blanches elles-mêmes, — notamment, quand elles résultent d'accidents dans la marche des fourneaux plutôt que d'une surcharge ou de l'emploi de minerais ne pouvant donner des fontes grises, — sont disposées au recuit et peuvent prendre du grain gris ou truité ;

On a reconnu, d'autre part, que les fontes ayant été brûlées ou soumises à un chauffage prolongé, quoique même assez faible, perdent toute qualité de résistance, blanchissent complètement à la refonte et se montrent à la coulée tellement pâteuses, froides, impures qu'il est très difficile d'en tirer parti au moulage, même pour la fabrication des pièces les plus grossières, barreaux de grille, sommiers, etc.

Aussi, les fontes brûlées sont-elles d'une défaite difficile, en ce qu'elles sont très peu recherchées par les fondeurs et en ce qu'elles ne présentent que peu ou pas d'intérêt aux usines à fer.

L'étude de la forme comme le mode de moulage et de coulée sont susceptibles, avons-nous dit déjà, d'exercer une certaine influence sur la durée des pièces allant au feu.

A part des exigences particulières dues à l'emploi d'appareils où le besoin de telle ou telle forme spéciale est forcément imposé, on peut tirer encore les réductions ci-après :

Le moulage en sable vert qui donne des surfaces plus inégales et moins lisses que le moulage en sable séché, tend à fixer davantage l'action de l'oxydation et est par conséquent moins favorable pour les pièces devant être chauffées, que le moulage étuvé.

Les épaisseurs trop faibles, ou les épaisseurs réduites venant aboutir sans transition des parties relativement plus fortes, sont à éviter autant que possible.

Sont à éviter aussi toutes brides, pattes, renforts, etc., pouvant gêner la contraction lors du refroidissement dans le moule, ou engager les pièces dans les foyers en leur ôtant toute faculté de *jouer* librement, ou arrêter et fixer le chauffage sur des points déterminés qui sont alors plus vivement attaqués et détruits, ce qui entraîne bientôt la destruction du reste de la pièce.

Les coulées à jets siphonnants, abondants et nombreux pouvant remplir vivement les moules et les faire dégorger rapidement, en enlevant toutes les scories au dehors et en laissant la matière la plus pure possible à l'intérieur sont à rechercher dans cette fabrication spéciale, plus encore que dans toutes les autres où le même principe est d'ailleurs bon à suivre, quelle que soit la destination des pièces.

Le dégagement des noyaux ou des parties fatiguées dans le moule, le refroidissement lent, progressif et bien ménagé, l'enlèvement aussitôt après la la coulée des jets ou des évents pouvant gêner le retrait, etc., toutes mesures utiles d'ordinaire, indispensables souvent, et toujours recommandées en fonderie, sont en vue notamment du sujet que nous traitons, des précautions qu'il ne faut pas oublier, si l'on veut que la fonte soit particulièrement disposée pour supporter convenablement l'épreuve du feu.

Quand les fontes doivent travailler à la fois, sous l'action du feu et sous celle des acides, comme cela a lieu pour les cylindres destinés à la fabrication de quelques produits chimiques, les prescriptions ci-dessus doivent être encore plus expressément recherchées.

Mais, si les fontes non chauffées ou peu chauffées ne doivent subir que l'action destructive d'acides plus ou moins énergiques, on peut ne se préoccuper très sérieusement que de la question de qualité. La composition chimique de la fonte est alors plus essentielle à consulter que la constitution proprement dite de son grain, de sa couleur ou de sa structure.

Les fontes siliceuses, phosphoreuses ou sulfureuses, sont évidemment moins disposées à résister aux acides que les fontes pures ou les fontes à bases terreuses, alumineuses ou manganésifères. Toutefois, quelle que soit la nature de la fonte dans laquelle peuvent se trouver les éléments que nous venons d'énoncer, il est bon de choisir de préférence des fontes de deuxième fusion, à grains fins, gris-serré, passant au truité, dépourvues de toutes scories ou de toutes taches provenant de la présence de matières étrangères, en un mot aussi épurées que possible. Si les fontes très truitées ou même les fontes blanches pouvaient être obtenues assez pures et surtout assez solides à la sortie des moules, ces fontes vaudraient mieux certainement, pour demeurer en contact permanent avec des acides, que des fontes grises qui sont plus faciles à se désagréger.

ORGANISATION DES FONDERIES

Emplacement, dispositions générales et constructions. — Il est rare que celui qui veut fonder une usine parvienne à faire choix d'un emplacement réunissant toutes les conditions désirables. Là, où il trouve certains avantages au point de vue de la construction, il rencontre, à côté des inconvénients qui atténuent l'importance de ces avantages. Un défaut commun à tous ceux qui créent de nouveaux établissements, c'est de vouloir profiter à tout prix des choses faites. Ainsi, pour éviter une dépense quelquefois minime, on conserve des bâtiments tout à fait impropres à l'usage auquel on les destine, on altère l'ensemble qui doit exister entre toutes les constructions, et par là on multiplie les difficultés de la fabrication. S'il se présente des exceptions à cet égard, nous pouvons avancer que parmi les nombreuses fonderies que nous avons visitées, nous les avons trouvées extrêmement rares. L'esprit d'ensemble et de cohésion, est du reste, plus à considérer, pour les usines importantes dont le travail exige une harmonie intime entre toutes les parties. Il est certain que les fonderies qui sont appelées à n'avoir qu'une fabrication restreinte, ont intérêt à profiter des dispositions économiques qui se présentent et à s'installer dans des conditions plus modestes. Penser autrement et monter avec luxe un établissement dont les opérations doivent être peu étendues et dont par conséquent la simplicité doit être la base, ce serait certainement maladroit. Heureusement, nous n'avons pas ce reproche à faire à un grand nombre de fondeurs et nous leur adresserons plutôt celui d'apporter quelquefois trop de parcimonie alors qu'il s'agit de choses qui demandent sinon de l'élégance, du moins de la solidité.

Les fondeurs en cuivre sont ceux pour lesquels l'emplacement est la moindre des considérations. Ils se logent partout où ils peuvent trouver un local qui leur permette d'établir les cheminées de leurs fourneaux et de leurs étuves. Ce qui ne veut pas dire qu'on ne saurait trouver de fonderies de cuivre très importantes fabriquant les pièces de mécanique, les statues, les cloches, etc., qui possèdent un matériel très complet et très intéressant, parfaitement approprié à leurs besoins.

Toutefois, nous n'examinerons pas l'organisation des fonderies dans de telles proportions et nous envisageons seulement les usines à créer, comme devant être placées sur des bases plus modernes.

L'emplacement qui conviendrait le mieux à une usine composée de hauts-fourneaux et fonderies serait celui qui réunirait le total le plus complet des conditions suivantes :

Être situé à la proximité des lieux d'extraction des minerais et d'approvisionnement des combustibles ;

Être placé au centre le plus favorable pour l'écoulement des produits et utiliser, autant que possible, le trafic des grandes voies de communication ;

Construire les bâtiments destinés à la fabrication dans un endroit d'un abord facile pour les transports à l'intérieur.

Chercher pour les halles qui doivent servir au moulage un terrain solide, mais ne reposant cependant pas sur le roc. Il est convenable aussi de faire en sorte que ce terrain soit à l'abri des inondations pendant l'hiver. En effet, il faut songer aux installations indispensables de fosses pour le moulage ou la coulée et dont la profondeur peut atteindre 5 à 6 mètres ;

Ne pas se tenir éloigné des endroits habités, afin de pouvoir loger dans la ville ou dans le village le plus voisin la majeure partie des ouvriers qui, s'ils devaient tous demeurer à l'usine, demanderaient de nombreuses et coûteuses constructions.

Profiter du moteur naturel qu'offrent les cours d'eau, en se rapprochant d'eux toutes les fois que cela est praticable. Cette précaution est devenue moins essentielle depuis qu'on a pu appliquer les flammes perdues au chauffage des chaudières, mais elle offre toujours de grands avantages, quand on peut la prendre sans qu'elle nécessite les dispositions onéreuses ;

Se préoccuper de trouver, si possible, un terrain à niveaux différents pour qu'on puisse y adosser les hauts-fourneaux et même les cubilots.

D'autres causes d'intérêts particuliers peuvent encore servir à régler le choix de l'emplacement, mais il nous paraît difficile de les examiner en détail sans nous y arrêter, nous nous occuperons immédiatement des dispositions générales qui conviennent aux fonderies.

Le manque d'unité entre les diverses parties composant une fonderie peut nuire singulièrement aux convenances de la fabrication. Il existe entre certaines de ces parties une liaison assez intime pour qu'il soit difficile de la rompre sans gêner la marche des opérations.

Le moteur doit être à la portée de la machine soufflante, en même temps qu'à celle des appareils à élever les matériaux et des machines qui garnissent les ateliers de constructions et de réparations. La râperie et l'atelier d'ébarbage doivent, autant que possible, tenir à la moulerie, car il est un grand nombre de pièces délicates qu'il ne conviendrait pas d'exposer à la pluie en les transportant d'un bâtiment à un autre. Par une raison du même genre, les ateliers pour la préparation des sables et des terres ont besoin aussi de faire corps avec les bâtiments destinés au moulage.

Il est nécessaire que les halles à charbon, les parcs à mines et les magasins de fontes soient peu distants du lieu où se fait l'approvisionnement des fourneaux. C'est le seul moyen d'éviter une dépense qui ne laisserait pas d'être fort sensible, si l'on considère l'importance du transport des matières premières. Les dépôts de charbon et les parcs à mines doivent être placés à peu de distance des hauts-fourneaux et l'on doit choisir pour les premiers des emplacements à l'abri de toutes chances d'incendie et exempts d'une trop grande humidité.

Il est bon que le magasin des objets confectionnés ne soit pas très éloigné des ateliers où s'achèvent les produits. On doit faire en sorte de rapprocher aussi le parc qui contient les châssis, les lanternes, les armatures, etc., des ateliers de moulage ; c'est encore un moyen d'épargner des frais de main-d'œuvre. Les ateliers d'ajustement, de menuiserie et de modèles, peuvent sans inconvénient être placés dans des bâtiments détachés de l'usine principale ; il en est de même des magasins de modèles, des bureaux et des logements d'ouvriers. C'est toujours une bonne chose quand ces derniers sont totalement indépendants de l'établissement ; la garde des ateliers est alors confiée à un portier qui n'en livre l'entrée que pendant le travail, et le propriétaire d'usine y gagne comme surveillance, comme entretien et comme sécurité.

La disposition des différentes parties qui constituent une fonderie est subordonnée avant tout à l'emplacement, et, selon ce que nous venons de dire, celui-ci dépend à son tour de considérations qu'il est impossible d'énumérer et de préciser au total. Beaucoup de fonderies certainement bien montées peuvent exécuter les travaux les plus importants, bien qu'elles n'aient pas été construites suivant un plan précis. Mais cela n'empêche pas les inconvénients résultant du manque d'uniformité et, qu'on nous permette de le dire, du décousu, qui sont la conséquence invariable de tout ce qui est fait à plusieurs reprises.

Faute de pouvoir citer une usine modèle et pour ne pas être obligé de faire ressortir les défauts de celles que nous connaissons, nous montrons aux planches 38, figure 1, et 39, figure 3, deux plans d'ensemble sur lesquels nous aurons à revenir et qui développeront mieux nos idées sur la disposition des fonderies que tout ce que nous pourrions ajouter à ce qui précède. Nous avons essayé de réunir dans ces deux projets, qui ne sont qu'indiqués, les distributions que l'expérience et l'habitude des usines nous ont fait reconnaître comme des plus commodes. Nous reconnaissons à l'avance qu'il serait difficile de créer un établissement en se conformant exactement à ces modèles, mais, confiants dans la sagacité de nos lecteurs, nous espérons que de telles indications, qui ne sont pas absolues, leur seront certainement utiles si surtout ils sont guidés par leur propre expérience.

A ces données sommaires sur l'emplacement et la disposition des fonderies, nous ajouterons quelques mots relatifs à la construction de leurs diverses parties.

Les halles de moulerie doivent être éclairées avec le plus de jour possible ; leur charpente doit être assez solide pour supporter l'effort des grues, et les poutres qui avoisinent les fourneaux doivent être plafonnées ou garnies de tôle, si l'on veut éviter l'atteinte du feu ; les clôtures doivent être assez exactes pour qu'on n'ait pas à craindre que l'influence du froid fasse geler les sables pendant l'hiver. L'importance des charpentes est moins grande aujourd'hui qu'on emploie de préférence aux grues à pivot, les appareils-roulants en l'air ou le sol.

Les halles à charbons sont pourvues d'une charpente légère et peu embarrassante ; elles n'ont d'autres ouvertures que celles qui sont nécessaires pour l'entrée et la sortie du combustible ; leurs murs ont la solidité suffisante pour ne pas céder sous la pression des charbons, lorsqu'ils sont accumulés.

Les parcs à mines et ceux où l'on dépose les châssis et les fontes brutes en approvisionnement sont quelquefois entourés par des murs ou par des cloisons en planches à hauteur d'appui. Quand les châssis sont en bois, ils sont conservés dans des magasins couverts ; on dispose pour ces magasins, comme pour ceux où l'on renferme les modèles et les fontes marchandes, des bâtiments construits d'une manière aussi simple et aussi économique que possible, bien qu'en rapport avec leur destination spéciale. Nous ne parlerons pas des ateliers de construction et de modèles, leur distribution dépendant entièrement de l'importance qu'on veut leur donner et du nombre de machines ou d'appareils qu'ils doivent contenir. Les parcs à mines ne sont quelquefois pas entourés, comme aussi il arrive d'autres fois qu'ils sont couverts. Cela dépend de la quantité des minerais en dépôt et de l'étendue des usines. Nous croyons inutile de rappeler ici quelles sont les dispositions à donner aux boccards. Comme pour ceux-ci, on doit s'inspirer des considérations les plus avantageuses dictées par le plan d'ensemble, lorsqu'il s'agit de l'établissement des fours à griller, des appareils à concasser.

Les ateliers de râperie et d'ébarbage sont placés, au besoin, sous des hangars fermés seulement par des planches, les grosses pièces étant d'ailleurs, le plus souvent nettoyées et ébarbées dans les cours et à la portée des grues qui servent à les manœuvrer.

Administration des fonderies. — Le nombre des employés d'une fonderie se mesure évidemment à l'importance de l'établissement. Si les travaux sont d'une nature restreinte, le chef de l'usine se charge habituellement de l'administration et laisse à son chef d'atelier les soins de la surveillance que nécessite la fabrication. Nous ne comptons pas ici les petits établissements dont les propriétaires font à la fois l'office de comptable, de contre-maître et même d'ouvrier. Mais si l'usine se compose de hauts-fourneaux et de fonde-ries, le personnel doit subir une augmentation sensible. L'intérieur est confié à un directeur des travaux ou à un régisseur sous la surveillance duquel tra-vaillent un commis chargé de la fabrication, un commis chargé des récep-tions à l'usine et des expéditions, un garde-magasin et deux ou trois employés à la comptabilité. L'extérieur exige aussi ses hommes spéciaux, savoir : un agent préposé à l'approvisionnement des combustibles et un commis chargé de l'exploitation des minerais et de l'achat des sables. Dans quelques usines, ces deux emplois sont réunis en une seule personne qui s'occupe de pourvoir à tous les besoins des ateliers et qui fait quelquefois les ventes au dehors.

Les grands établissements ne se bornent pas au personnel relativement complet que nous venons d'indiquer ; ils ont des voyageurs et des représen-tants chargés de dépôts dans les principaux centres d'écoulement, surtout quand leur fabrication s'élève à plusieurs millions de kilogrammes de fonte livrés annuellement au commerce. Il faut connaître les détails multipliés qu'entraînent les travaux de la fonderie pour comprendre ce que demande de soins la gestion de telles exploitations. Quelles qualités et quelles connais-sances ne sont-elles pas nécessaires, en effet, pour acheter à propos les ma-tières premières qu'absorbe le roulement de ces établissements ; pour faire fabriquer et vendre en temps utile les objets qui ne sont pas préparés sur com-mande ; pour établir avec exactitude les prix de revient et pour éviter à l'in-térieur des gaspillages qui ne se renouvellent que trop souvent !

A Paris, où les fonderies sont nombreuses et où par conséquent les moteurs ne manquent pas, les chefs d'établissements n'ont guère à se préoccuper de la question ouvrière. Il n'en est pas de même des hauts-fourneaux qui, pour la plupart, sont éloignés des grandes villes, et que le départ de quelques hom-mes pourrait mettre dans l'impossibilité de terminer des commandes en plein cours d'exécution. La marche à suivre, en pareil cas, consiste à faire contrac-ter des engagements aux ouvriers sur la conduite et sur le travail desquels on croit pouvoir compter. On lie également par des traités les apprentis mou-leurs, les voituriers chargés des transports, les ouvriers exerçant une besogne spéciale, tels que les bocardeurs, les fondeurs, les chargeurs, les remplisseurs, et tous autres, dont le départ imprévu pourrait être incommode. Quand un ouvrier est appelé à rendre des services et quand sa conduite est régulière, un chef d'usine ne saurait se compromettre en lui offrant quelques avantages qui le décident à prendre des engagements écrits ; il y a bénéfice d'un côté comme de l'autre, l'ouvrier lui-même étant assuré contre les chances de chô-mage.

Il nous suffira d'indiquer, ce qui nous suffira pour résumer l'œuvre cou-rante d'un atelier de fonderie dans des conditions ordinaires.

Le contre-maître des ateliers de moulage est chargé de la surveillance spé-ciale des cubilots dont il répartit la fonte entre les ouvriers suivant leurs besoins et suivant la nature des pièces qu'ils ont à couler. Il indique aux fon-deurs les mélanges à faire pour la fonte de chaque jour, et il tient la main à ce qu'il n'y ait gaspillage ni sur le combustible ni sur les matières à fondre. Il voit par lui-même de quelle quantité de fonte chaque ouvrier aura besoin pour couler ses moules et il s'entend avec les fondeurs pour que le produit des fourneaux soit employé utilement. Le contre-maître mouleur doit en outre : 1° surveiller le travail de la coulée du haut-fourneau ; 2° jeter un coup-d'œil au manomètre des tuyères et obliger les fondeurs à le maintenir à la hauteur.

Les tableaux suivants doivent permettre d'établir les prix de revient en même temps que la comptabilité des fonderies.

(A). — 1° Prix de revient des minerais.

Dépenses précédant l'exploitation. — Recherches, sondages, fouilles, demandes en autorisation. — Formalités légales, etc. . . . .

Frais d'acquisition des terrains, de redevance des minerais, de l'achat du minerai brut, selon qu'on opère chez soi ou chez les autres . . . .

Frais d'extraction . . . .

Frais de transports divers, de la minière au brocard, du brocard au haut-fourneau, etc.. . . . .

Frais d'établissement du brocard, entretien, réparations, intérêts, etc.; en supposant que les parties principales des appareils soient renouvelés tous les vingt ou vingt-cinq ans. . .

Dépenses de l'exploitation. — Main-d'œuvre de brocardage, indemnités aux voisins, frais d'employés et faux-frais divers, éclairage, matériel, etc. . . . .

Contribution, patente, frais imprévus, etc. . . . .

On porte au crédit de ce compte :

La valeur totale de production du minerai évaluée par mètre cube ou par tonne établissant le rendement du bocard.

Dans les usines où l'on ne bocarde pas, les prix de revient sont calculés de la même façon que pour les minerais lavés, triés, concassés, classés, grillés, etc.

(B). — 2° Prix de revient du charbon de bois.

Coupe N° ... de la forêt X.

A porter au débit :

Prix d'acquisition et frais accessoires. . . . .fr...

Abattage de .... bois de service à ..... fr. . . . .

Abattage, sciage, fendage et empilement des bois de chauffage en stères à .... fr. le stère . . . .

Bois de chauffage en rondins à .....fr. le stère . . . .

Abattage et sciage de .... bois de charbonnette à .....fr. le mille. . . . .

Façon de ..... fagots à .... fr. le mille. . . . .

Établissement des fauldes . . . .

A reporter . . . .fr...

Report . . . . .fr...

Dressage et carbonisation de ...... mètres cubes de charbon à
..... fr. le mètre cube . . ، . . . .

Transport de la coupe à l'usine de . ... mètres cubes de charbon
à ..... fr. le mètre cube.. . . . .

Transport de la coupe à l'usine de ..... stères de bois de chauffage et fagots, à fr. . . . .

Frais généraux, appointements et frais de voyages de l'employé
chargé du service . . . .

Total . . . . fr...

A porter au Crédit :

Vente à divers de :

Chênes cubant ensemble ..... mètres cubes à .... fr. . . . .

Hêtres   —   .....   —   ..... — . . . .

Bois de chauffage en quartiers .. .. stères à ..... — . . . .

      —   en rondins .....   —   à ..... - . . . .

Fagots, ensemble, ... à milles . ... fr. . . . .

Ecailles d'abattage ..... stères à ...... fr.. . . . .

Craise provenant des places à fourneau ..... fr. . . . .

Bois amené à l'usine pour chauffage des employés et ouvriers,
et pour besoins divers ..... fr.. . . . .

...... mètres cubes de charbon amenés à l'usine pour les besoins du haut-fourneau et la fabrication .... fr. . . . • . ...

Total égal à la dépense . . ..

Récapitulation :

Coupe N° ... de la forêt de ..... mètres cubes de charbon à fr. .... ..

      —   .....   —   —   —

      —   ....   —   —   —

Ensemble ..... mètres cubes de charbon.

Le mètre cube de charbon revient à ..... fr.

Dans les hauts-fourneaux au coke, les frais de revient sont établis sur des bases relativement plus simples surtout, quand le coke n'est pas fabriqué à l'usine.

3o Prix de revient de la fonte au creuset du haut-fourneau.

Mois de .... 188 .

Consommation :

..... mètres cubes de minerai à ..... fr. . . . .

.....   —   de castine à ..... — . . . .

.....   —   de charbon à .... — . . . .

Frais Généraux :

Ouvriers du fourneau, fondeurs, chargeurs, etc.. . . . .fr...

Frais de direction et de surveillance . . . .

Enlèvement des laitiers. . . . .
Entretien des appareils, frais de réparation, etc. . . . .
Entretien du petit matériel, brouette, pelle, tamis, etc. . . . .
Intérêts à 5 0/0 l'an de la valeur du terrain et des constructions,
   savoir:

Terrain. . . . .
Haut-fourneau. . . . .
Halles de coulée . . . .
Moteur. . . . .
Soufflerie . . . .
Appareils à chauffer l'air . . . .
Réservoirs d'air, chaudières, monte-charges, etc. . . ..
                          Ensemble. . . . .fr...
Sommes à réserver pour amortissement. . . . .
                  Total des dépenses. . . . .fr...
                          Production :
Fonte grise nº 1, à ..... fr. les 100 kilog. . . . .fr...
Fonte serrée nº 2, à ..... fr.   — . . . .
Fonte blanche ou truitée nº 3, ... les 100 kilog. . . . .
                          Total . . . .fr...
Représentant un prix moyen de ..... fr. par tonne.

Dans les hauts-fourneaux au coke, les frais de revient sont établis sur
des bases relativement plus simples surtout, quand le coke n'est pas fabriqué
à l'usine.

Le compte des intérêts du capital engagé et des frais d'amortissement est
établi en reportant à la charge de la fabrication, en deuxième fusion, la part
proportionnelle qui lui est propre dans ce qu'elle emprunte aux terrains,
constructions, appareils et machines dont le détail est ci-dessus.

4º *Prix de revient de la fonte au cubilot.*

Dans le compte qui suit, le chiffre du déchet est supposé exact, étant calculé à raison de 7 % ; et portant ce déchet sur les pertes en bocages, jets ou
pièces manquées à chaque fusion, c'est ainsi qu'on arrive à une déperdition totale de 10 kil. 236 %, exercée sur la production de 1,000 kilogrammes de
fonte brute convertie en fonte marchande.

Pour amener ce résultat, il y a lieu d'admettre que chaque fusion produit
en moyenne des jets, coulées et pièces manquées dans une proportion de
34 %. Dans les bonnes fonderies, même en petites pièces, cette déperdition,
ne devrait pas dépasser 25 %. En sortant de cette limite on considère que la
marche est mauvaise et insuffisamment surveillée.

Cependant, il est intéressant de reproduire le compte qui suit sans se
préoccuper de l'exagération dont nous parlons.

Fonte passée au cubilot 1.000ᵏ 000
Déchet de fusion 7 0/0. . . . .   70 000
                          Reste : fonte brute 930 000

Produit en fonte marchande : 66 0/0.	613 800	
Reste : bocage à refondre .	316 200	
Déchet 7 0/0	22 134	
Reste : fonte brute	294 066	
Produit en fonte marchande : 66 0/0.	194 083	
Reste : bocage à refondre .	99 983	
Déchet 7 0/0	6 998	
Reste : fonte brute	92 985	
Produit en fonte marchande : 66 0/0	61 370	
Reste : bocage à refondre .	31 615	
Déchet 7 0/0	2 213	
Reste : fonte brute	29 402	

Et ainsi de suite jusqu'à fusion complète des 1,000 kilogrammes de fonte brute devant être transformés en fonte marchande. Cette opération donne :

1re Fusion.	Fonte marchande.	613k, 800	Déchet.	70k, 000
2e	—	194 083	—	22 134
3e	—	61 370	—	6 998
4e	—	19 405	—	2 213
5e	—	6 135	—	0 699
6e	—	1 994	—	0 221
7e	—	0 603	—	0 070
8e	—	0 295	—	0 022
	Total obtenu . .	897k, 643	—	102k, 357

Soit un déchet total de 10 kil. 236, sur cent kil. de fonte brute, en gueuses et bocages passés au cubilot. Ce chiffre est élevé, le déchet de fusion devant prendre d'autant plus d'importance qu'on fond plus de bocages et plus de menus morceaux.

Quand on a soin de faire peser chaque jour les débris provenant de la fusion en jets et pièces manquées, il nous semble plus simple de faire le compte en dehors du déchet normal de fusion, par la différence à prendre entre le prix moyen de la fonte brute passée au cubilot et celui de la fonte convertie en bocages.

En un mot, les mélanges de fonte n'étant pas constants, on doit pour chaque journée de travail, établir le prix moyen du mélange.

En prenant un seul mélange pour le passer un certain nombre de fois au cubilot, jusqu'à extinction, on devrait en effet compter sur un déchet gradué, s'élevant en raison de la déperdition de la fonte à chaque fusion comme quantité et qualité.

Les mêmes observations sont à faire pour le combustible dont la consommation doit être évaluée chaque jour, à la fois sur la quantité de fonte brute passée au fourneau et sur celle de la fonte produite en moulages réussis.

Certaines fonderies de deuxième fusion établissent leurs prix de revient sur des bases différentes, nous en donnons un exemple par la disposition qui suit, relevée dans une fonderie du Nord :

Prix de revient de fontes moulées, basé sur une opération de 1.500 kil. quotidienne, soit environ 470,000 kil. de production annuelle.

	Par 1500 kilogrammes	Par 100 kilogrammes
	fr. c.	fr. c.
Coke pour emplissage du cubilot, fusion, étuve, etc.	22.50	1.50
Loyer, patente, contributions, assurances.	8.25	0.55
Chevaux pour charrois, ferrage, etc	4.50	0.30
Sable crû	1.50	0.10
Charbon de terre, pour machine, pulvérisé pour sable	3.75	0.25
Charbon de bois pour poussier et couche.	1.50	0.10
Bois à travailler, à brûler, etc	2.25	0.15
Huile à lampes, à graisser	2.25	0.15
Fer battu, fil de fer, pointes, pelles, tamis, limes, burins, terre de pipe, mine de plomb, cire, brosse, briques réfractaires, minium, etc	3.75	0.15
Réparation et entretien du matériel	3.25	0.15
Intérêts du capital immobilisé dans le matériel.	3.75	0.15
Manœuvres, noyauteurs, fondeur, chauffeur, ébarbeurs, modeleurs, etc.	60 »	4.00
Total.	117.75	7.85

Les fontes marchandes étant disposées en trois catégories principales comme suit :

1ᵣᵉ SÉRIE Fontes de machines		2ᵉ SÉRIE Fontes de métiers à filer		3ᵉ SÉRIE Colonnes creuses fontes de bâtiments et tuyauterie	
Fonte brute, 100 kilog..	16 fr. 00	Fonte brute, 100 kilog.	16 fr. 00	Fonte brute n° 3 100 kilog.	15 fr. 00
Fonte ou déchet, 100 k.	1 00	Freinte 100 k..	1 60	Freinte.	1 50
Moulage.	4 00	Moulage	6 00	Moulage	2 00
Frais génér.	7 85	Frais génér.	7 85	Frais génér.	7 85
Soit.	29 fr. 45	Soit.	31 fr. 45	Soit.	26 fr. 35

Nous ne parlerons pas de l'établissement de la comptabilité financière et, commerciale proprement dite. Cette question a été traitée amplement dans l'édition dont nous parlons. Il nous suffira de donner quelques documents touchant les comptes spéciaux du moulage et de la fabrication par suite des livres et des écritures d'ateliers qui s'y rattachent.

Comptes de moulage et de fabrication. — Nous avons produit plusieurs de ces comptes dans le cours de notre livre. — En dehors des indications déjà données, nous rappellerons qu'il est nécessaire, étant admis le prix de revient de la fonte au creuset du haut-fourneau et du cubilot, de pouvoir se rendre compte du coût net des moulages. On doit, dans cette évaluation, faire intervenir :

1° Le prix de revient de la fonte au creuset ;

2° Le prix de façon du moulage, aux pièces où à la journée ;

3° Le prix de l'ébarbage ;

4° Le montant des frais généraux, représentant, s'il est possible, le montant de la dépense pour séchage des moules et pour emploi de sables à mouler, deux articles importants, d'une certaine influence sur la fabrication ;

5° Les frais de modèles répartis sur l'ensemble d'une commande ;

6° Les frais de châssis, armatures ou lanternes en vue de l'exécution de cette commande, s'il y a lieu ;

7° Les frais d'achèvement par voie d'ateliers de constructions, de transformation et de rachevage, introduits par des besoins accessoires, en dehors de la fonderie proprement dite ;

8° Enfin, les frais généraux de toute nature qui, établis d'après les résultats donnés aux inventaires, doivent être ajoutés, à raison de tant pour cent, au prix de revient net.

Une fois ces bases connues, en dehors du prix de la matière, le plus variable entre tous, le directeur d'une fonderie peut être à même, avec un peu d'habitude de la fabrication, de savoir à quelles conditions il doit vendre ses fontes moulées brutes, chargées de frais de modèle, entraînant des frais, spéciaux de mise en œuvre, terminées de tour ou d'ajustage ou devant recevoir une *façon additionnelle* quelconque, telle que peinture, étamage émaillage, etc.

Comptes de modèles. — Les modèles sont amortis, chaque année, en raison de leur dépréciation commerciale.

Les modèles d'objets courants, dont les surmoulés, d'une vente fixe et invariable, sont d'un écoulement assuré, peuvent subir un amortissement de peu d'importance limité aux frais de réparation ou de renouvellement quand il y a lieu.

Les modèles d'ornement, sujets aux variations de la mode, sont à amortir suivant leur âge et suivant que les goûts du public et les tendances des architectes et des constructeurs les ont plus ou moins abandonnés.

Ces modèles, comme ceux des statues et autres objets de fonte d'art, sont au moment de leur création, portés au débit du compte modèles, sur la base de leur prix de revient comprenant les applications suivantes :

Modèle type en plâtre, en terre cuite, en bois acheté à l'artiste et comportant les frais de dessin, la cession de la propriété avec certificat d'origine, etc.

Façon du modèle métallique créé à l'usine et comprenant la valeur du métal, la main-d'œuvre de moulage, d'ébarbage, de ciselure et tous frais généraux concernant l'appropriation complète, boîtes à noyaux, parties accessoires, etc.

Enfin, les modèles coulés sur ce type et disposés pour servir au surmoulage courant, lesquels sont des pièces en fonte moulées avec soin et proprement retouchées, ne portant qu'un prix peu différent de celui des pièces de fonte.

S'il s'agit de modèles divers pour la mécanique, les constructions et autres emplois, les modèles établis à l'usine ont leur prix de revient composé à l'aide des éléments qui suivent :

Matières. — Bois, pointes, vis et toutes autres fournitures.

Main d'œuvre d'ouvriers mouleurs, tourneurs, etc.

Frais généraux divers.

Le crédit du compte modèles est formé par l'accumulation des sommes affectées chaque année à l'amortissement d'usage et de celles résultant d'une dépréciation démontrée, soit que les modèles aient été cassés, avariés ou condamnés, soient qu'ils aient éprouvé des réparations ou des transformations en ayant abaissé la valeur, soit enfin qu'ils n'aient pas réussi dans le commerce et que, par suite, ils ne représentent plus qu'une valeur plus ou moins dépréciée, à considérer comme vieille matière.

Comptes de châssis et lanternes. — Tous les châssis et lanternes existant sur les parcs, doivent porter des numéros de série, sinon l'indication de leurs dimensions en longueur, largeur et hauteur et, si possible, la mention de leur poids marquée à la peinture blanche. — Ces indications doivent être reproduites sur l'inventaire, lequel est redressé tous les mois par l'addition des objets ajoutés et la suppression de ceux disparus.

Le prix de base des châssis neufs devant être porté en inventaire à la première année, repose sur les applications suivantes :

Fournitures des modèles de châssis, s'il y a lieu ;

Valeur de la fonte moulée à découvert ou en châssis ;

Ajustement et montage de châssis ;

Fournitures de goujons, barres de soutien, agrafes, etc. Plus, 10 à 20 pour cent sur l'ensemble de ces prix de revient pour représenter les frais généraux.

Chaque année, en partant de ces données, les châssis subissent une dépréciation réglée selon qu'ils ont été ou devront être encore d'un usage continu et persistant.

Les châssis en mauvais état ou ceux qui ne doivent plus servir, ayant été rétablis pour des commandes spéciales, non suceptibles de se reproduire, sont immédiatement passés par comptes de vieilles fontes en bocages.

Ceux qui demeurent en bon état et appartiennent à des fabrications courantes sont amortis peu à peu, de manière à ne plus représenter, dans un délai prochain, que de la fonte moulée au plus bas prix, se tenant à peu près dans les limites des fontes grises du moulage le plus simple ; par exemple, entre 15 et 16 francs les 100 kilogrammes.

Dans ces conditions, tel châssis ayant coûté à l'origine, pour tous frais d'établissement ; modèle, moulage, fonte, ajustage, montage et dépenses diverses, 32 francs par 100 kilogrammes, peut-être, en admettant qu'il se retrouve en parfait état, après cinq ans d'existence, ramené aux prix de 20 francs par 100 kilogrammes, chiffre qu'on doit encore abaisser successivement, pour le faire tomber rapidement au taux de la vieille fonte, suivant les avaries et les réparations qu'aura pu subir le matériel.

Compte outillage. — Ce compte est débité de la valeur des outils neufs nouvellement introduits, en remplacement de ceux avariés, hors d'usage ou disparus, tels que les pelles, les tamis, les soufflets et autres outils courants susceptibles de s'user. Il est également débité des améliorations ou des augmentations apportées dans le gros outillage.

A l'inventaire, on fait figurer le petit outillage neuf pour son prix d'achat, celui en cours d'emploi pour la valeur plus ou moins réduite par l'usure, celui à peu près fini ou complètement usé pour le prix de la vieille matière, s'il y a lieu.

Le gros outillage, machines et appareils de la fonderie, machines-outils etc., est amorti de même que les constructions, de telle façon que le tout disparaisse en un certain nombre d'années, dix, vingt ou trente ans au plus, même pour les appareils les plus utiles et les mieux conservés. — Il est assez rare que dans une période de quelque durée le matériel d'une fonderie ne puisse, par l'amortissement, être réduit à la valeur de vieux matériaux.

Livres d'ateliers. — En dehors de la comptabilité générale et du journal d'usine ou des livres qui le remplacent, la fabrication nécessite un certain nombre de livres d'ordre dont nous avons déjà parlé et qui, sans se rattacher directement aux comptes financiers et commerciaux, sont nécessaires pour suivre les travaux des ateliers et la marche de l'usine au point de vue de la production.

Ces livres, pour les rappeler brièvement, sont entre autres :

Les livres de roulement des hauts-fourneaux et des cubilots dont nous avons donné les types ;

Le livre servant à enregistrer jour par jour le résultat des coulées comme fonte marchande, bocages et pièces manquées ;

Un livre pour l'enregistrement des journées d'ouvriers et des travaux marchandés ; — un autre, servant à constater les quantités reçues aux ouvriers mouleurs, ébarbeurs, etc., travaillant à leur tâche et établissant le prix de revient des travaux qui leur sont confiés ;

Un livre de compte servant à porter à l'avoir des ouvriers les placements qu'ils font à l'usine, et à leur débit les avances qui leur sont faites ;

Les registres nécessaires pour l'entrée et la sortie des marchandises, l'entrée et la sortie des livraisons faites par les fournisseurs, en dehors des autres livres concernant les matières premières, minerais, fontes, charbon, etc. ;

Le livre de paie qui doit relater exactement le détail des comptes à la journée et aux pièces à solder aux ouvriers et reconnus par eux ;

Le livre de modèles, indiquant par catégories, avec dimensions principales et croquis au besoin, la situation des modèles à la fonderie, en distinguant ceux appartenant à l'usine et ceux appartenant aux clients. — L'entrée et la sortie des modèles doivent clairement apparaître sur ce livre. — A cet égard, nous devons signaler qu'il est d'usage que les fonderies reçoivent en port à leur charge les modèles qui leur sont adressés et retournent en port dû ceux qui leur sont réclamés par la clientèle. — De plus, pour ne pas courir les chances de remplacement ou de remboursement des modèles avariés ou égarés, certaines fonderies ont l'habitude d'indiquer à leurs clients qu'elles ne se chargent pas des risques d'incendie et que, ne faisant pas payer le magasinage des modèles, elles n'acceptent aucune responsabilité à leur endroit ; — en conséquence, que tout modèle sur lequel il n'y aura pas eu de commande et qui ne sera pas réclamé dans un délai déterminé ne pourra être exigé passé ce délai.

On comprend que les livres dont nous parlons, indispensables dans un système d'ordre d'autant plus nécessaire que l'usine est importante, doivent être restreints ou multipliés suivant le besoin qu'éprouve un chef de fonderie de se rendre compte. Nous ne parlons pas du livre pour l'inscription des commandes qui doit relater, en outre de la nomenclature des objets commandés, toutes les indications nécessaires pour l'exécution, les conditions de livraison et d'expédition, de prix et de délai, de paiement ou de règlement, de frais d'emballage, transports franco, etc., suivant qu'il y a lieu. — Ces indications doivent comprendre, en un mot, tous les documents indispensables pour l'établissement des factures et les écritures au livre-journal.

Nous citerons pour mémoire les livres de transmission des commandes aux ateliers, des livres d'expéditions et de factures, et en somme de tous les livres auxiliaires qui doivent apporter à la comptabilité générale les éléments qui lui sont indispensables.

Et encore, les cahiers de bons pour commandes courantes aux fournisseurs des livres de relevé des travaux aux ateliers, les livres de pointage et d'attachement ; enfin les livres de *police* indiquant l'entrée et la sortie des ouvriers admis dans l'usine.

Il est des établissements, ou le contre-maître monteur doit se mettre en outre à surveiller le travail de la coulée du haut-fourneau ; diriger le vent aux tuyères d'accord avec les fondeurs et les maintenir à la pression voulue ; aider à former les apprentis mouleurs en leur montrant à disposer les modèles, les jets et les évents ; veiller à ce qu'il soit fait le moins de bocage possible ; prendre toutes les mesures pour qu'il n'y ait aucune perte de temps préjudiciable à l'usine de la part des ouvriers occupés à la journée ; travailler aux chantiers qui lui seront assignés, en cas de besogne pressante, et quand, par la mise hors du haut-fourneau ou par la suspension du travail des cubilots, une partie de sa surveillance deviendrait inutile.

Le contre-maître mouleur pourra être, en l'absence du chef de fabrication, chargé du relevé des pièces coulées dans la journée, de la réception de ces même pièces, de la distribution des modèles, suivant les instructions du directeur des travaux, portant d'ailleurs sur toutes les attributions déjà désignées. S'il s'élève des contestations entre lui et les ouvriers, elles seront réglées par le directeur et soumises au chef de l'usine en cas de circonstances graves.

Il existe du reste dans la plupart des fonderies, des règlements ayant pour but d'établir et de maintenir l'ordre à l'intérieur. On en peut trouver le détail dans la grande édition de la *Fonderie en France*

Il en est de même pour les questions de comptabilité et de prix de revient parmi lesquels nous relevons les tableaux qui suivent :

Nous ne voudrions finir ce livre sans y ajouter quelques tableaux et documents qui peuvent être utiles à nos lecteurs.

Nous les ajoutons sans commentaires dans les quelques pages qui suivent. Ce sont des éléments choisis parmi les éléments de notre livre « De la *Fonderie en France* paru en 1883 » et qu'on trouve chez le même éditeur.

Propriétés d'expansion et de retrait. — Les métaux fondus et coulés dans les moules présentent à l'état liquide une faculté d'augmentation de volume qui leur permet d'atteindre avec plus ou moins de perfection suivant leur température et leur nature, les parties les plus délicates produites par le moulage. En prenant comme unité parmi les métaux industriels, l'alliage cuivre-étain, zinc-plomb employé pour la coulée des bronzes et dont le pouvoir d'expansion est le plus favorable au moulage, on a les proportions suivantes :

Bronze des statues.	1.000
Fonte grise très douce.	0.980
Laiton ordinaire.	0.920
Étain.	0.900
Fonte truitée	0.880
Métal des cloches	0.880
Bronze des canons.	0.850
Zinc	0.800
Plomb	0.720
Fonte blanche	0.650
Cuivre rouge	0.600

Suivant ce tableau, c'est le bronze quaternaire des statues et des grands ornements qui remplit mieux les moules et en reproduit plus exactement et plus finement les empreintes.

Le retrait suit des progressions différentes et donne, le retrait de la fonte grise, étant pris comme unité.

Fonte grise, bonne qualité	1.000
Cuivre rouge	1.100
Plomb	1.250
Etain	1.300
Zinc	1.320
Fonte truité-gris	1.310
Bronze des canons	1.340
Métal des cloches	1.350
Bronze des statues	1.400
Laiton ordinaire	1.500
Fonte truité blanc	1.550
Fonte blanche	1.750
Fonte très blanche	2.000
Fonte provenant des rognures de fer blanc . .	2.200
Fonte malléable	2.000 à 3.000

On peut considérer que le retrait est variable, non seulement suivant la nature et la température du métal, mais encore suivant la façon dont le moulage est exécuté : sable, vert, sable d'étuve, terre, etc.

Ordre suivant lequel les fontes sont appelées à supporter des températures élevées et à résister au feu, d'après les expériences de l'auteur :

Fonte très grise	6
— grise	5
— gris serré	1
— truité blanc	2
— blanche	3

Il s'agit ici de fontes de deuxième fusion. Nous avons expliqué ailleurs que les fontes de première fusion, sauf exceptions rares, ne tenaient pas au feu, et le retrait des métaux résultant d'expériences comparatives sur des pièces plates, de longueur uniforme et coulées dans des conditions pareilles de liquidité de métal, c'est-à-dire en admettant les points de fusion qui suivent.

Points de fusion et tassement.

Etain	210°c	Dans ces cond. le tassem. est représ. par				1.000
Zinc	322	—	—	—		0.800
Plomb	260	—	—	—		0.780
Cuivre rouge . . .		—	—	—		0.700
Laiton { 75 cuivre { 25 zinc . {		—	—	—		0.650
Bronze { 88 cuivre { 12 étain . {		—	—	—		0.600
Fonte blanche . .	1.100	—	—	—		0.700
Fonte grise . . .	1.300	—	—	—		0.600

Nous entendons par le tassement la propriété qu'ont les métaux coulés de se retirer sur eux-mêmes et de *s'affaisser* sous l'agrégation moléculaire au refroidissement.

La fonderie exige des dispositions particulières au moulage et à la coulée pour prévenir le tassement qui, en certains cas, peuvent devenir un inconvénient très grave dans l'exécution des pièces moulées.

En représentant par 1 le tassement de l'étain, métal le plus tassant, toutes proportions gardées, on voit que la fonte grise de bonne qualité est le métal qui tasse le moins.

On peut déduire, sauf écarts provenant de la fusion, de la coulée et du moulage, l'aptitude au tassement applicable aux divers métaux.

DENSITÉ DES MÉTAUX

Fontes et Fers.

Fonte noire.	6.80
— grise.	7.20
— truitée	7.35
— blanche.	7.60
— très blanche	7.90
Fer laminé.	7.70
Acier fondu.	7.80

Pour la facilité de nos lecteurs, et autant pour compléter que pour résumer des éléments que nous jugeons indispensables, nous prenons le parti de les réunir en un faisceau condensé, autant que possible.

DENSITÉ DES MÉTAUX.

Fontes et Fers.

Fonte noire.	6.80
— grise.	7.20
— truitée	7.35
— blanche.	7.60
— très blanche	7.90
Fer laminé.	7.70
Acier fondu.	7.80

On peut admettre que les limites de densité sont comprises entre 6,08 et 7,90. La moyenne admise dans les calculs pour les fontes grises servant aux constructions est 7,207.

Métaux usuels.

Cuivre fondu	8.79	à	8.85
(Etain pur)	7.29	à	7.40
Etain commun.	7.60	à	7.90
Zinc fondu	7.00	à	7.20
Plomb —	11.13	à	11.20
Fer.	7.70	à	7.90
Acier fondu.	7.80	à	7.90

Antimoine fondu	6.65	à	7.85
Bismuth —	9.83	a	9.86
Nickel —	8.40	à	8.80
Arsenic — . . . . '.	5.60	à	5.70
Mercure (Etat solide)	14.30	à	14.40
— (Etat liquide)	13.60	à	13 70

Suivant le degré de pureté.

Dureté et résistance relatives quand les métaux sont soumis à l'action de l'outil dans le travail du tour, de la raboteuse ou de la machine à percer. — La résistance du plomb étant prise pour unité, sans tenir compte de la tendance de ce métal à l'encrassement ou au refoulement des outils, et la résistance de la fonte la plus blanche étant représentée par 100.

Plomb.	1
Etain	2
Zinc	4
Laiton, — 75 cuivre, — 25 zinc	6
Cuivre rouge	7
Bronze, — 88 cuivre, — 12 étain. . . .	8
Fonte grise très douce.	12
— ordinaire	15
Métal des cloches.	18
Fonte truité gris.	20
— truité blanc	35
— blanche	50
— très blanche	100

Rupture à l'extension, d'après Hodgkinson et Fairbairn.

Fontes d'Ecosse	9^k,50 à 12^k,20 p. mill. carré.
— du pays de Galles. . .	11 00 à 13 50 —
— du Yorkshire-Lowmoor.	10 00 à 11 00 —
Mélanges de fontes de deuxième fusion .	11 à 12 kilog.
— de Stirling	14 à 15 —

On voit que ces résultats sont beaucoup moindres que ceux obtenus par les fontes françaises et par les mélanges des mêmes fontes avec les fontes d'Écosse.

Résistance moyenne à l'écrasement par centimètre carré, d'après Hodgkinson :

Fontes d'Ecosse	8 à 10000 kilog.
— du pays de Galles	5 à 6000 —
— de Yorkshire	8 à 8500 —
— de Staffordshire.	6 à 6500 —
— Mélanges, 2° fusion.	7 à 8500 —

Résistance moyenne par centimètre carré, d'après nos expériences, sur des cubes de 0,01 de côté, et sur des prismes de 0,01 de côté à la base et 0,02 de hauteur.

Expériences d'Hodgkinson sur des barres de 645 millimètres de section et 3,05 de largeur, placées debout et soumises à la compression.

CHARGE par centimètres	COMPRESSION PAR MÈTRE		COEFFICIENT d'élasticité par mètre carré
	totale	permanente	
kil. 145	0.00015605	0.003914	kil. 9292780000
290	0 0032396	0.018820	8986080000
890	0.00065625	0.005371	8845800000
1.160	0.0013606	0.04258	8531780000

Résistanse à l'écrasement, selon divers auteurs :

Fonte . . . . 70 à 125 kilog. par millim. carré.
Fer 50   —   —

Charges de sécurité par chaque centimètre carré de la section transversale à faire supporter aux matériaux de construction (divers auteurs).

DÉSIGNATION DES CORPS	PAR COMPRESSION le rapport de la longueur à la plus petite dimension étant					Par fraction longitudinale
	au-dessous de 12	au-dessus de 12	au-dessus de 24	au-dessus de 48	au-dessus de 60	
	k	k	k	k	k	k
Fonte	2000.0	1670.0	1000.0	333.0	167.0	350.00
Fer forgé	1000.0	835.0	500.0	167.0	84.0	650.00
Chêne fort	30.0	25.0	15 0	5.0	2.5	196.00
Sapin rouge . . .	37.5	31.0	8.0	7.5	»	167.00
Granit dur	70.0	»	»	»	»	»
Granit ordinaire . . .	40.0	»	»	»	»	»
Pierre calcaire très dure .	50.0	»	»	»	»	6.00
Pierre calcaire ordinaire .	30.0	»	»	»	»	»
Brique très dure . . .	12.0	»	»	»	»	2.00
Brique ordinaire . . .	4.0	»	»	»	»	»
Plâtre	6.0	»	»	»	»	0.40
Marbre très dur . . .	100.0	»	»	»	»	»
Marbre tendre . . .	30.0	»	»	»	»	»

On remarquera que, dans ces tableaux, la charge de sécurité admise pour la fonte est plus élevée que celle donnée plus haut par le général Morin. — La charge pour le fer, au contraire, est plus faible.

Titre du métal des canons de bronze à la fonderie de Toulouse.

		CALIBRES			
		De 8	De 12	De 18	De 24
Titre de la coulée		11.734	19.950	6.320	11.730
A la surface .	Bouche . . .	10.730	11.885	11.307	11.290
	Ame . . .	11.940	12.635	12.128	12.380
	Fond de l'âme .	12.231	12.671	12.412	12.340
Sur l'axe . .	Bouche . . .	10 894	11.152	11.000	10.987
	Ame . . .	12.002	11.735	11.943	11.859
	Fond de l'âme .	13.624	12.140	15 540	12.820
Parois de l'âme	Bouche . . .	10.340	11.011	10.938	11.116
	Ame . . .	11.840	12.205	12.082	11.830
	Fond de l'âme .	13.324	12.826	12.291	12.287

Indication des limites de température, suivant l'aspect du métal :

	D'après POUILLET	D'après SILBERMANN
Rouge naissant.	525°c	650°c
— sombre	700	730
Cerise naissant	800	870
Cerise (fusion de la fonte blanche)	900	970
Cerise clair (fusion de la fonte grise)	1000	1000
Orange foncé (fusion de l'argent)	1100	1100
Orange clair (fusion de l'or)	1200	1260
Blanc clair (fusion de l'acier).	1300	1300
— éclatant	1400	1450
Blanc éblouissant ou soudant.	1500	1500

Point de fusion, d'après Silbermann :

Etain	225	à	260 °°
Zinc.	400	à	436
Plomb.	320	à	330
Cuivre.	1.000	à	1.200
Fer forgé.	1.500	à	1.600
Fonte grise.	1.100	à	1.250
— truitée	1.050	à	1.100
— blanche.	959	à	1.000

Ces explications ont besoin d'être comprises, en ce sens que si la fonte blanche parvient plus rapidement au point de fusion que la fonte grise, et peut-être considérée comme plus fusible, elle demeure à l'état pâteux plus

longtemps, et ne saurait être coulée qu'après avoir atteint une température
plus élevée que celle du point de fusion.

MÉTAUX	Densité	RÉSISTANCE à la rupture en kilos par millim. carré de section		COEFFICIENT d'élasticité d'après	
		Lente	Subite	les vibrations longitudinales	les allongements
Plomb coulé	11.21	1.25	2.21	1993	1775
Plomb étiré	11.17	2.07	2.36	2278	1803
Plomb recuit	11.23	1.80	2.04	2146	1727.5
Étain coulé.	7.40	3.40	4.16	4643	»
Étain étiré	7.31	2.45	3 00	4006	»
Étain recuit	7.29	1.70	3.60	4418	»
Or étiré	18.51	27.00	27.05	8599	8131.5
Or recuit	18.03	10.08	11.00	6372	5584.6
Argent étiré	10.37	29.00	29.60	7576	7357.7
Argent recuit	10.20	16.02	16.40	7242	7140.5
Zinc coulé.	7.13	1.50	»	7536	»
Zinc étiré	7.10	12.80	15.77	9555	8734.5
Zinc recuit.	7.06	»	14 00	9272	»
Cuivre étiré	8 93	40.60	41.00	12536	12459
Cuivre recuit	8.94	30.54	31.60	12540	10519
Platine étiré	21.25	34.10	35.00	16159	»
Platine recuit	21.20	23.50	26 40	15560	»
Fer étiré.	7.75	61.10	64.00	19903	20869
Fer recuit	7.76	46.88	50.25	19925	20794
Fil d'acier	7.72	70.00	87.80	19445	18809
Fil d'acier recuit. . .	7.62	40.00	53.90	19200	17278
Nickel pur	»	90.00	»	»	»
Cobalt	»	115.00	»	»	»
Antimoine coulé	6.71	»	0.67	»	»
Bismuth coulé.	9.82	»	0.97	»	»

(Extrait du tableau tiré par M. le général Morin des expériences de M. Hodgkinson).

	POIDS AMENANT la rupture	POIDS A SUPPORTER avec sécurité
Fer forgé ou étiré	60 k,00	10 k,00
— laminé en barres	40 00	6 66
— ou tôle dans le sens du laminage	41 00	7 00
— dans le sens contraire . .	36 00	6 00

Fonte grise bien saine . . .	13 50	2 25
— ordinaire	12 50	2 17
Cuivre rouge	13 40	2 33
Bronze des canons	23 00	3 83
Laiton	12 60	2 10
Zinc	6 00	1 00
Etain	3 00	0 50
Plomb	1 28	213

Les chiffres de sécurité sont faibles pour la fonte que certains ingénieurs font travailler à 4 et 5 kilogrammes. — Il est vrai que la moyenne de résistance à la traction est exigée en France à 15 kilogrammes pour les fontes grises destinées aux constructions, et qu'un certain nombre d'usines font dépasser cette limite à leurs produits.

TABLE DES MATIÈRES

TROISIÈME PARTIE.

QUATRIÈME PARTIE

TECHNOLOGIE PROFESSIONNELLE

DES

ARTS ET METIERS

LE

FONDEUR EN MÉTAUX

PAR

A. GUETTIER, INGENIEUR CIVIL

4ᵉ VOLUME DE LA COLLECTION

ATLAS

PARIS

E. BERNARD & Cⁱᵉ, IMPRIMEURS-ÉDITEURS

LIBRAIRIE   IMPRIMERIE

53 *ter*, QUAI DES GRANDS-AUGUSTINS   71, RUE LA CONDAMINE 71

1890

LE

FONDEUR EN MÉTAUX

929

Paris. — Imp. E. Bernard & Cie, 71, rue La Condamine.

TECHNOLOGIE PROFESSIONNELLE

DES

ARTS ET MÉTIERS

LE
FONDEUR EN MÉTAUX

PAR

A. GUETTIER, Ingénieur Civil

4' VOLUME DE LA COLLECTION

ATLAS

PARIS

E. BERNARD ET Cie, IMPRIMEURS-EDITEURS

LIBRAIRIE	IMPRIMERIE
53ter, QUAI DES GRANDS-AUGUSTINS	71. RUE LA CONDAMINE. 71

1890

INDICATION DES PLANCHES

Pl. 1

APPAREILS DE CARBONISATION

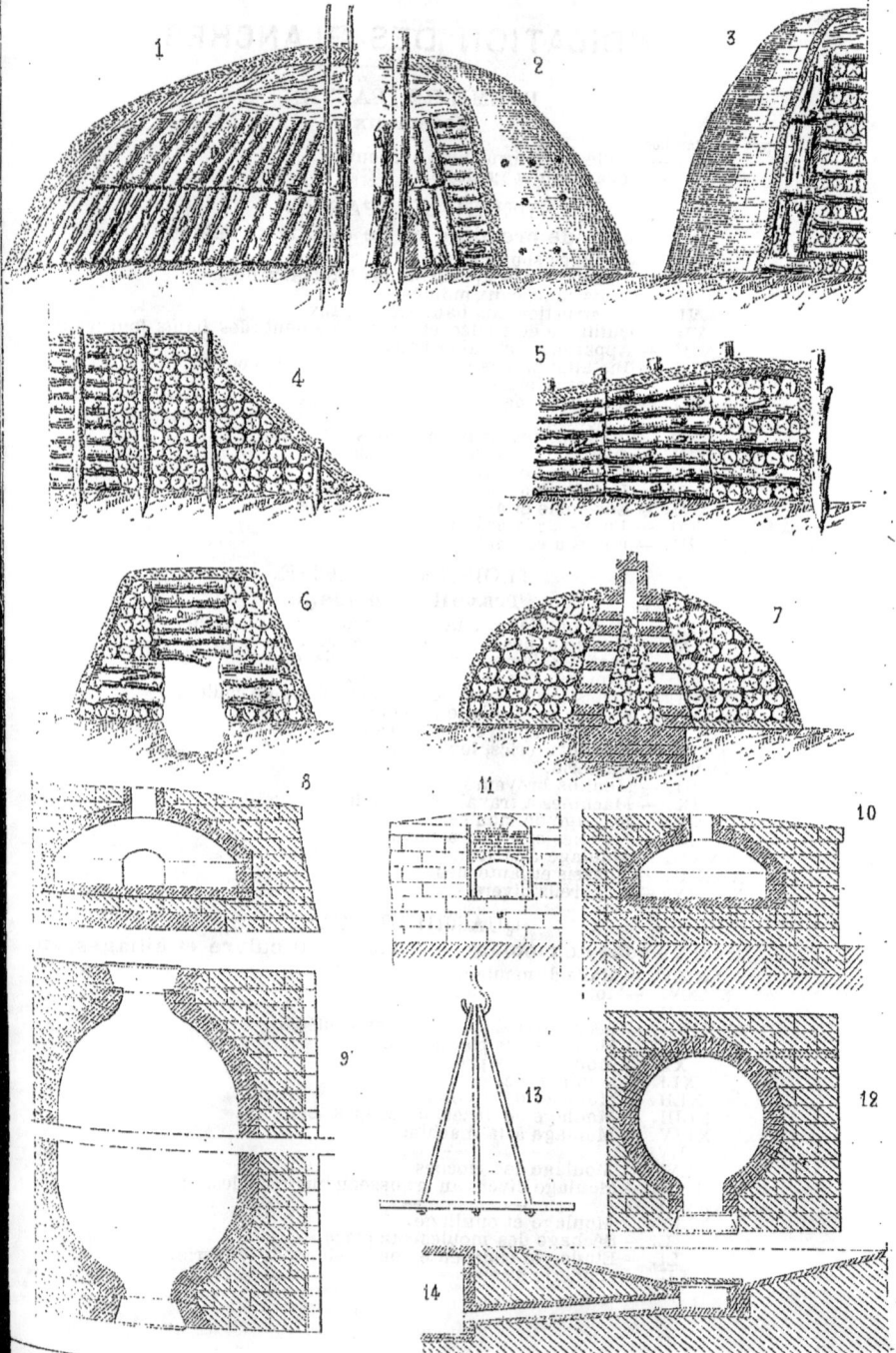

Pl. 2.

LAVAGE, BOCARDAGE ET GRILLAGE

Coupe AB.

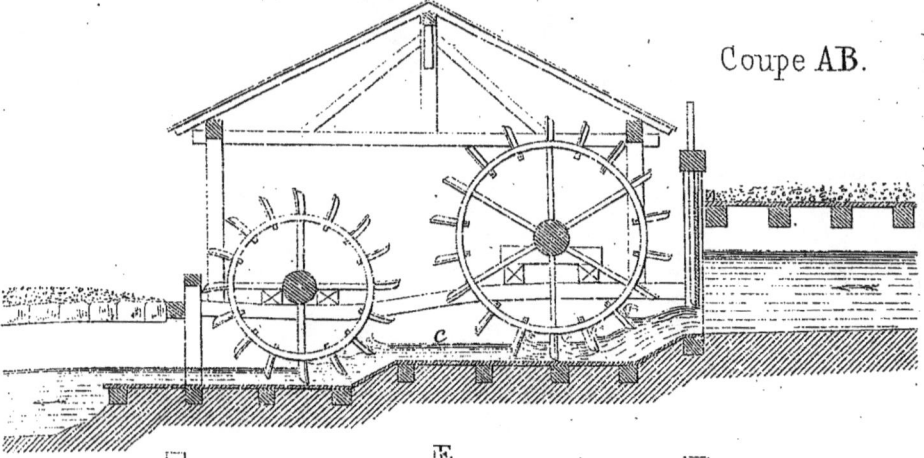

Plan.

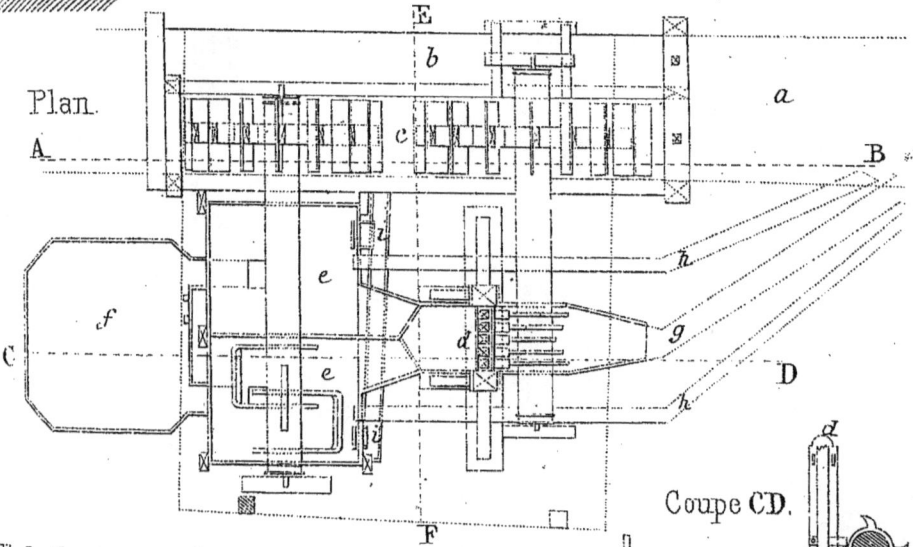

Echelle 0,01 p. 1 mètre.

Coupe CD.

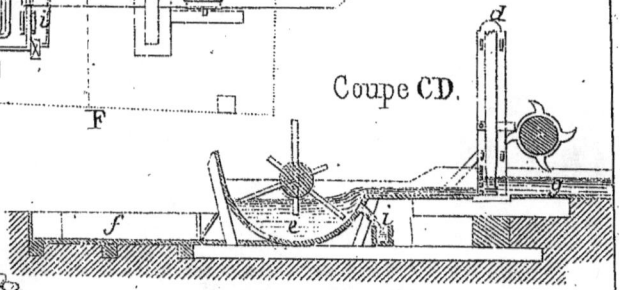

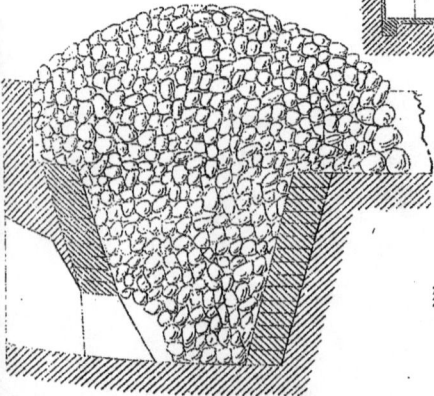

Coupe EF.

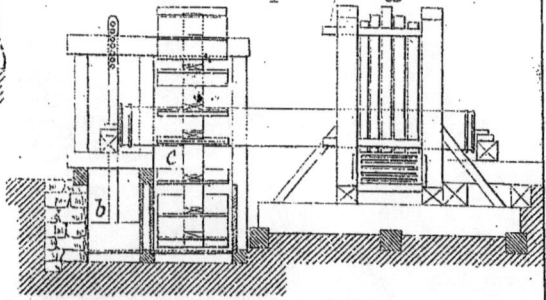

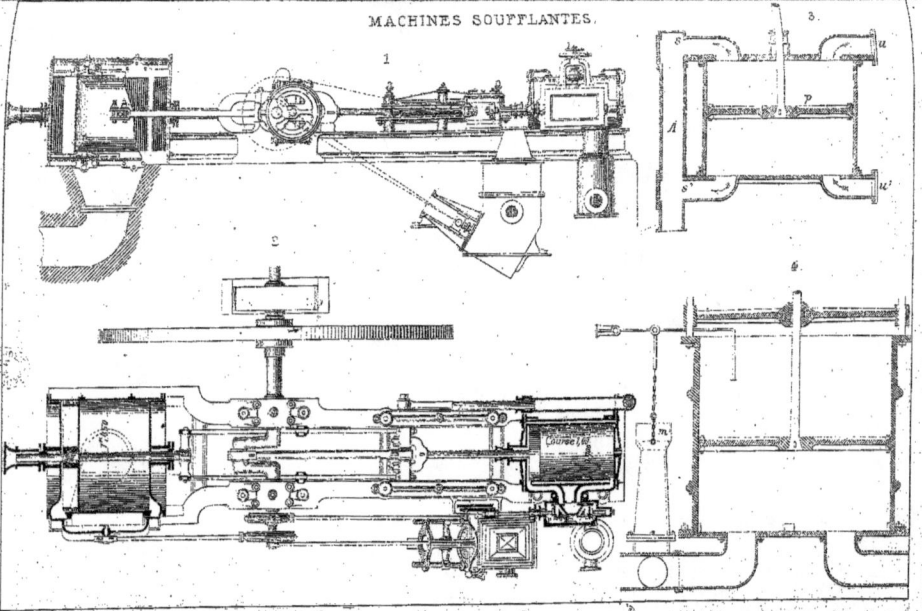

MACHINES SOUFFLANTES.

Pl. 3.

Pl. 4.

APPAREILS DE DISTRIBUTION DU VENT.

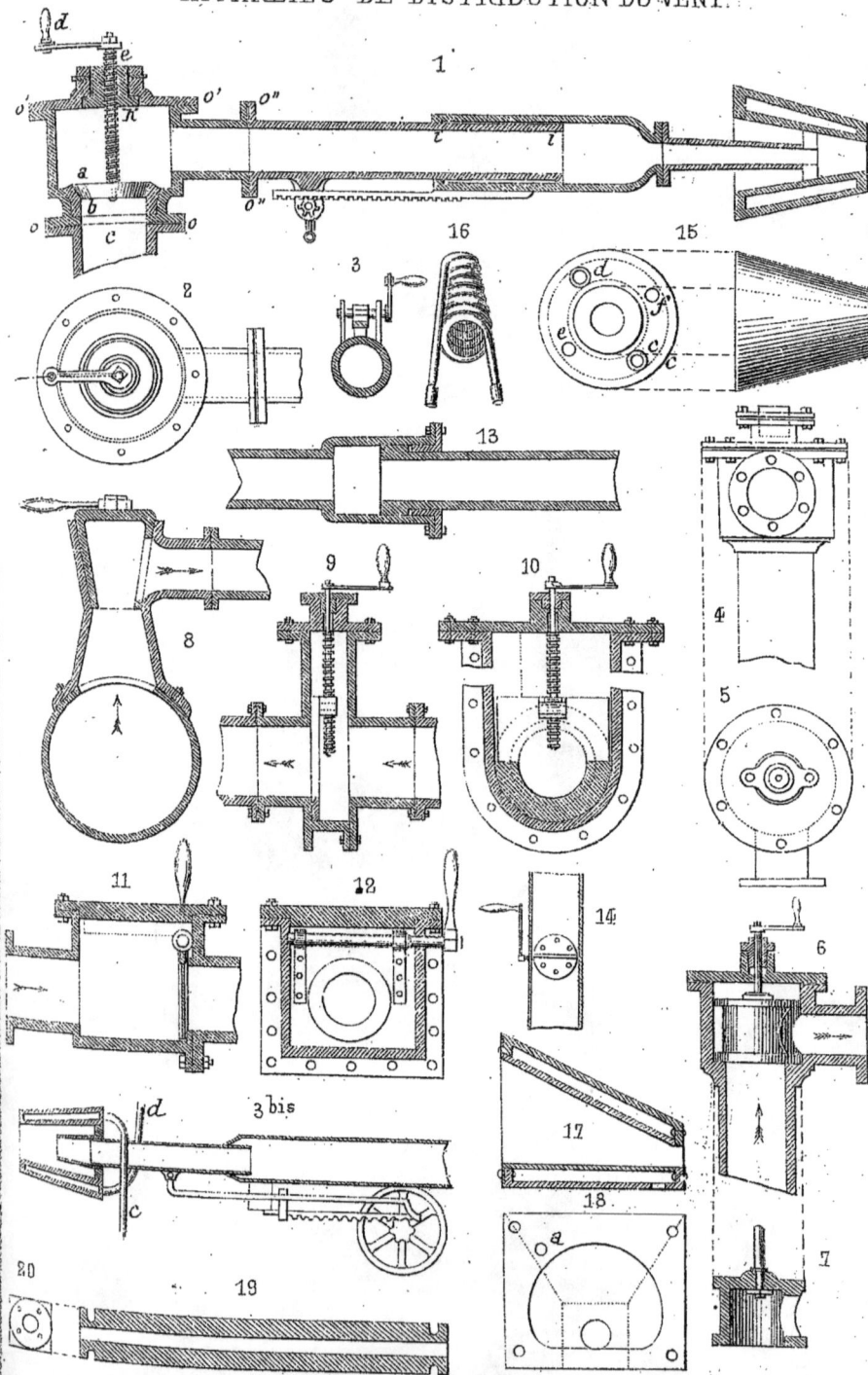

HAUTS-FOURNEAUX.

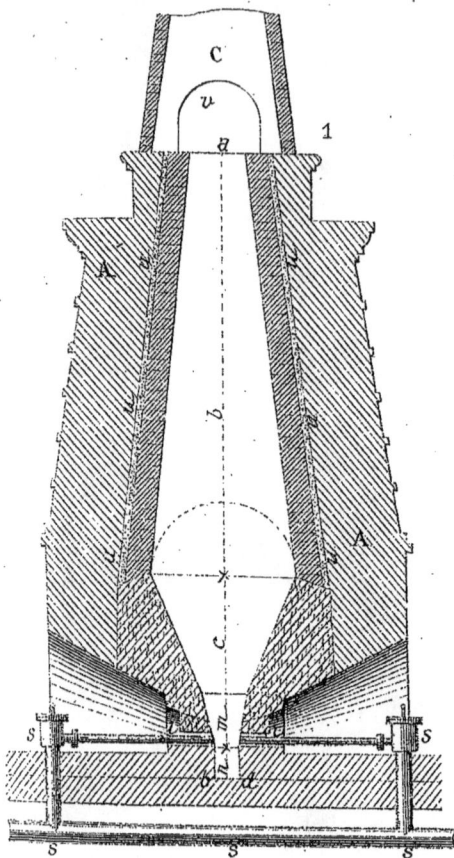

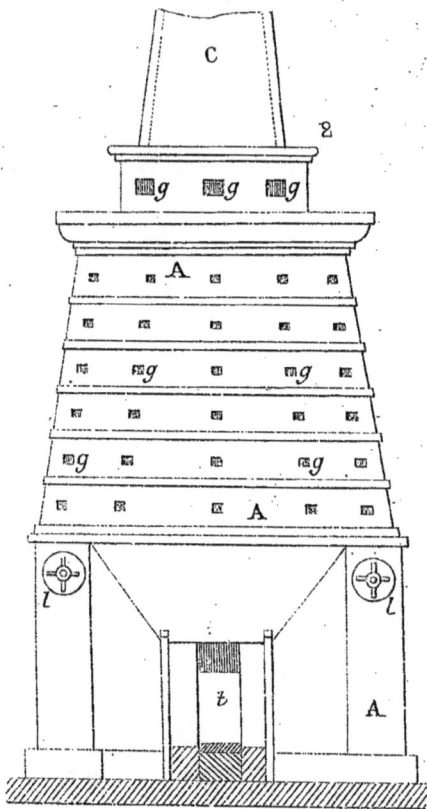

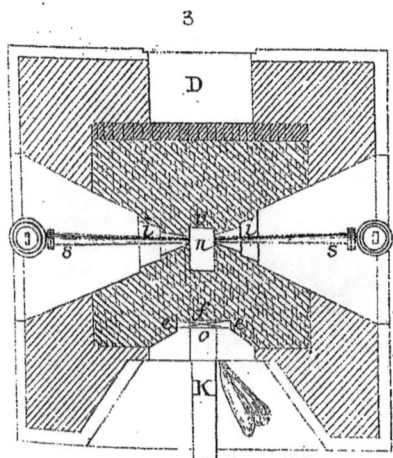

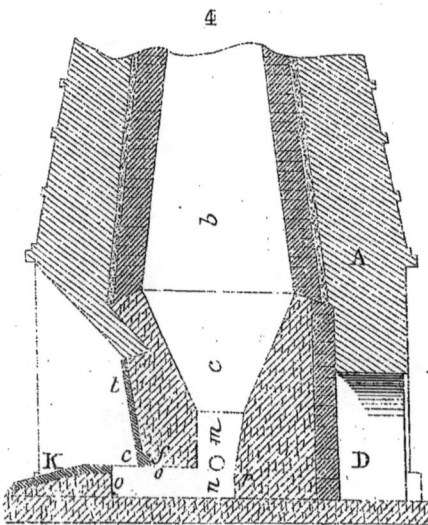

Pl. 6.

CONSTRUCTION ET DISPOSITION DE HAUTS-FOURNEAUX

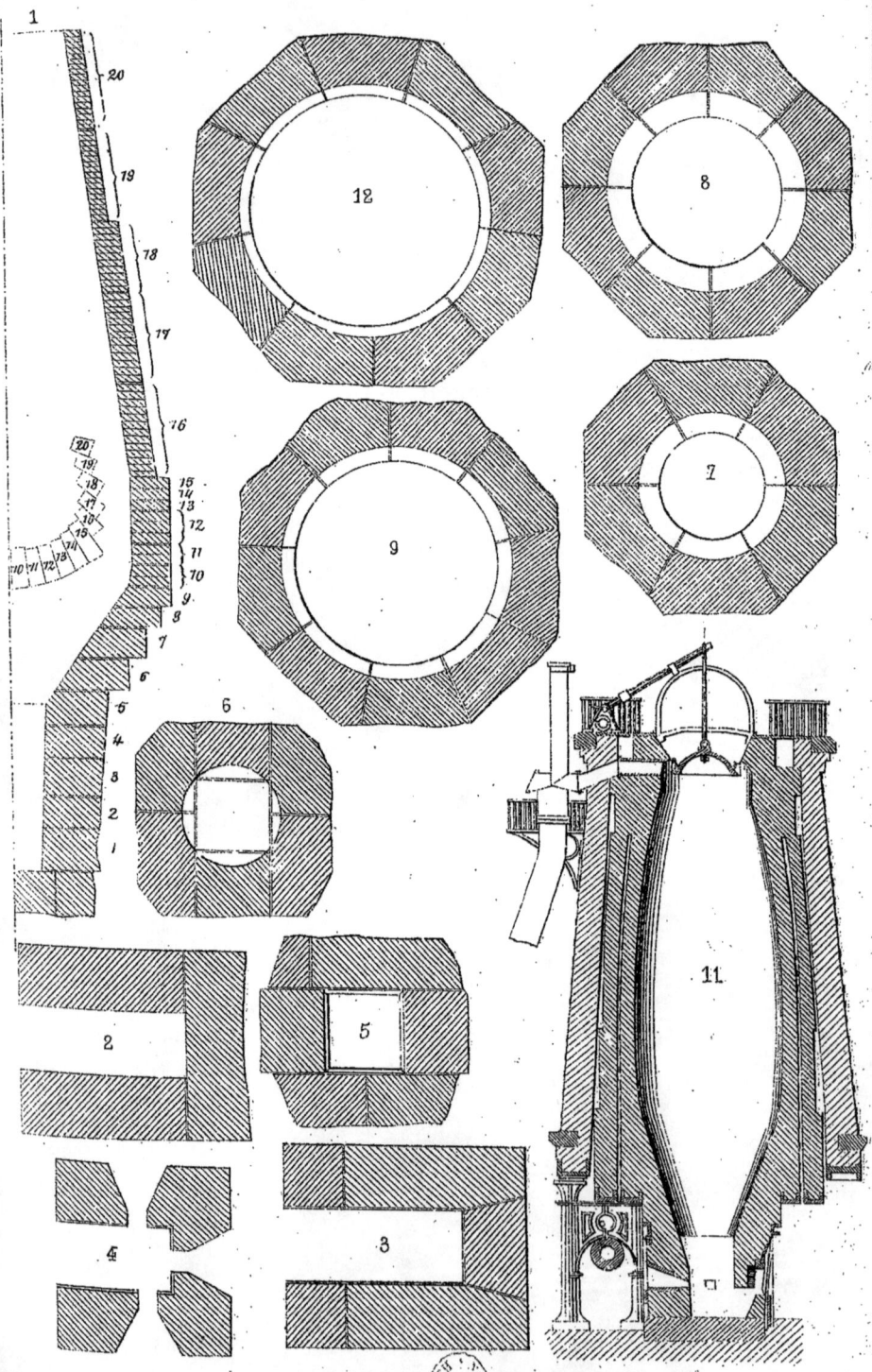

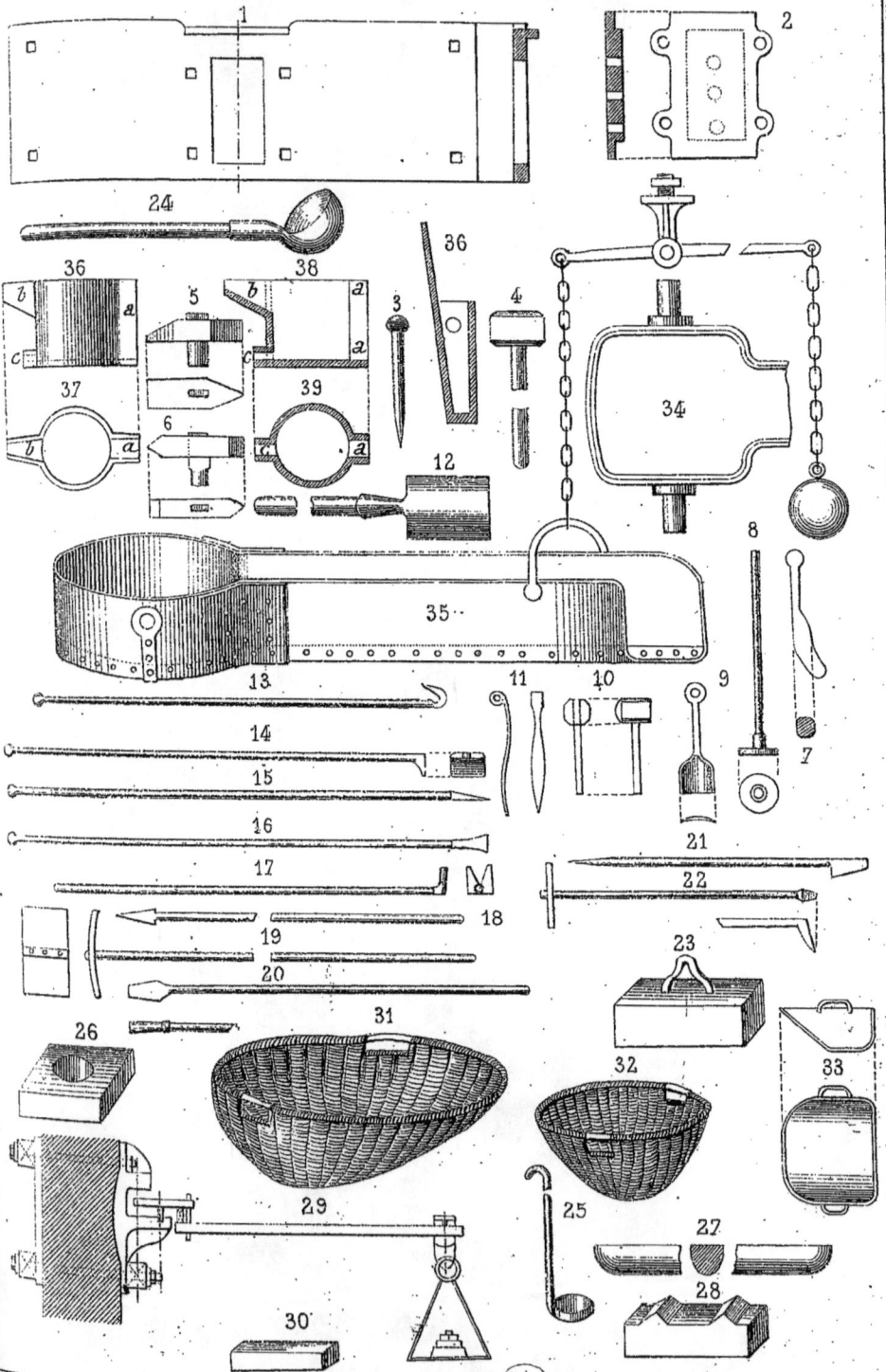

OUTILLAGE DES HAUTS FOURNEAUX.

Pl 7.

Pl. 8.

APPAREILS A CHAUFFER L'AIR.

1.

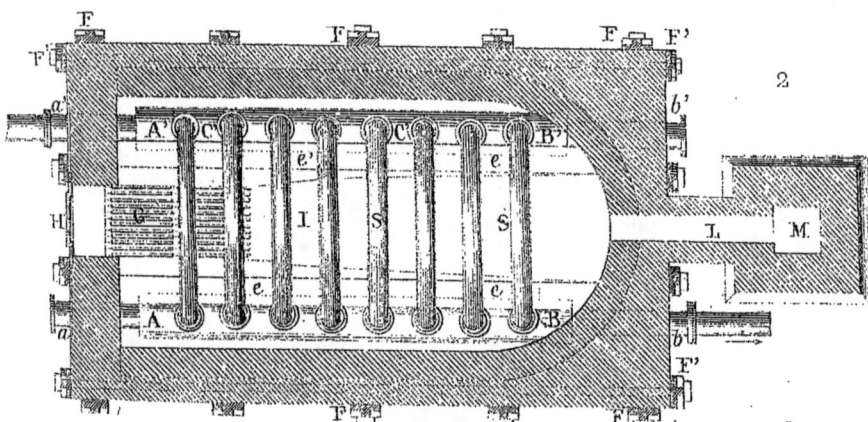

2

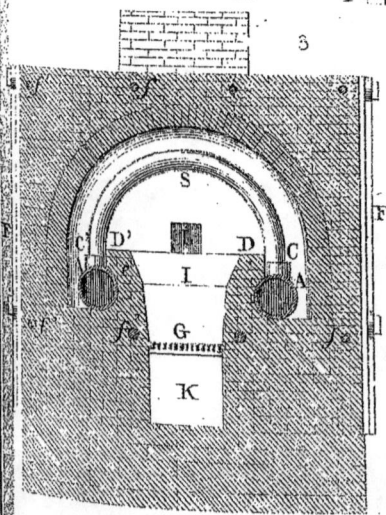

3

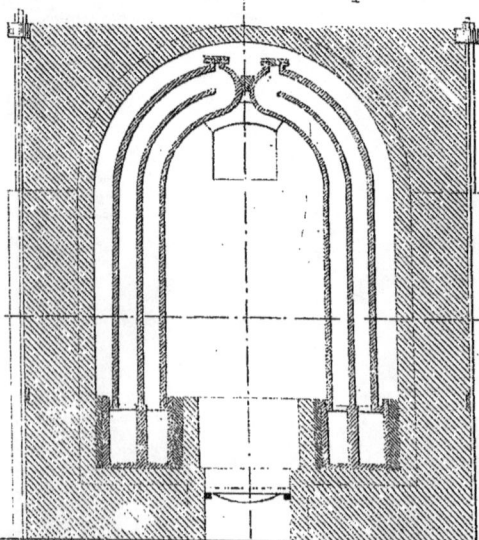

4

Pl. 9.

INSTALLATION DES USINES DE PREMIÈRE FUSION

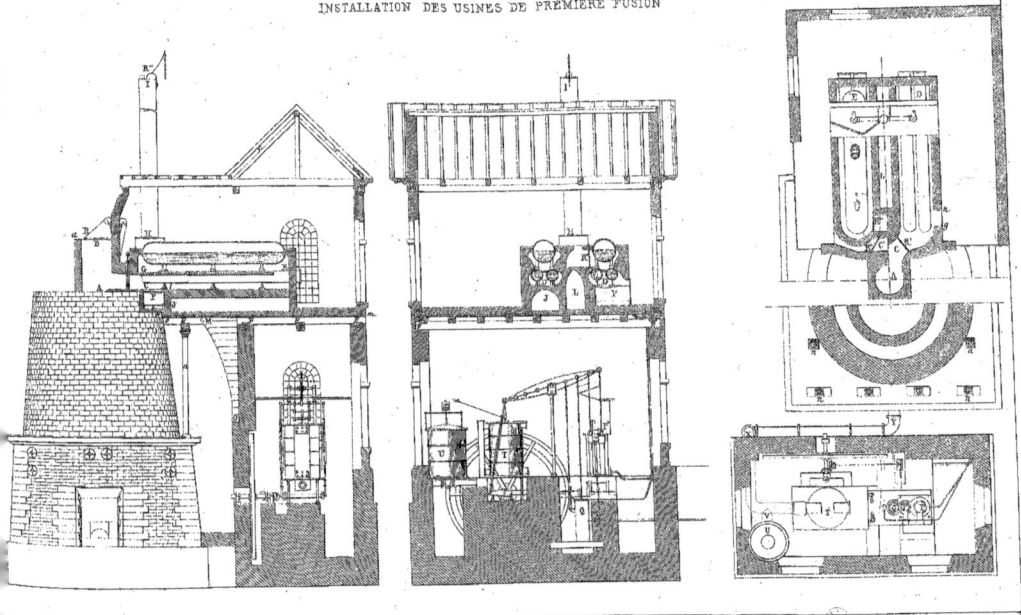

USINE A HAUT-FOURNEAU ET DÉPENDANCES

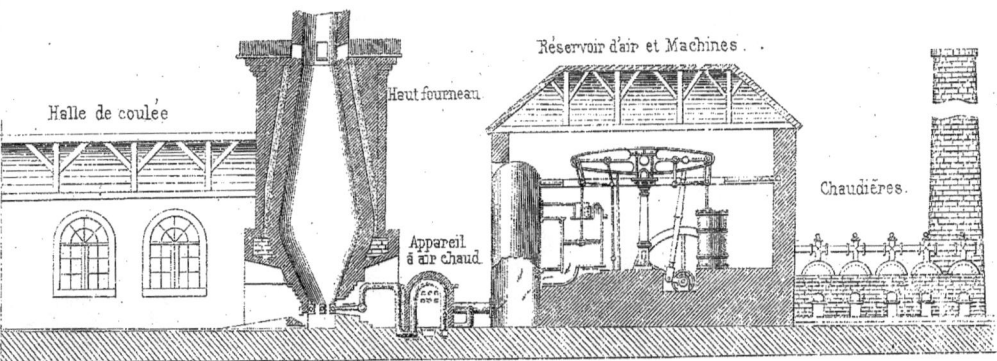

Halle de coulée

Haut fourneau

Réservoir d'air et Machines.

Chaudières.

Appareil
à air chaud.

Fermetures de gueulards.

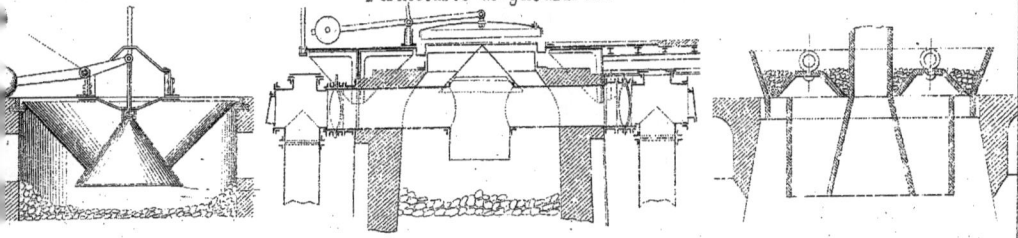

Pl. 10

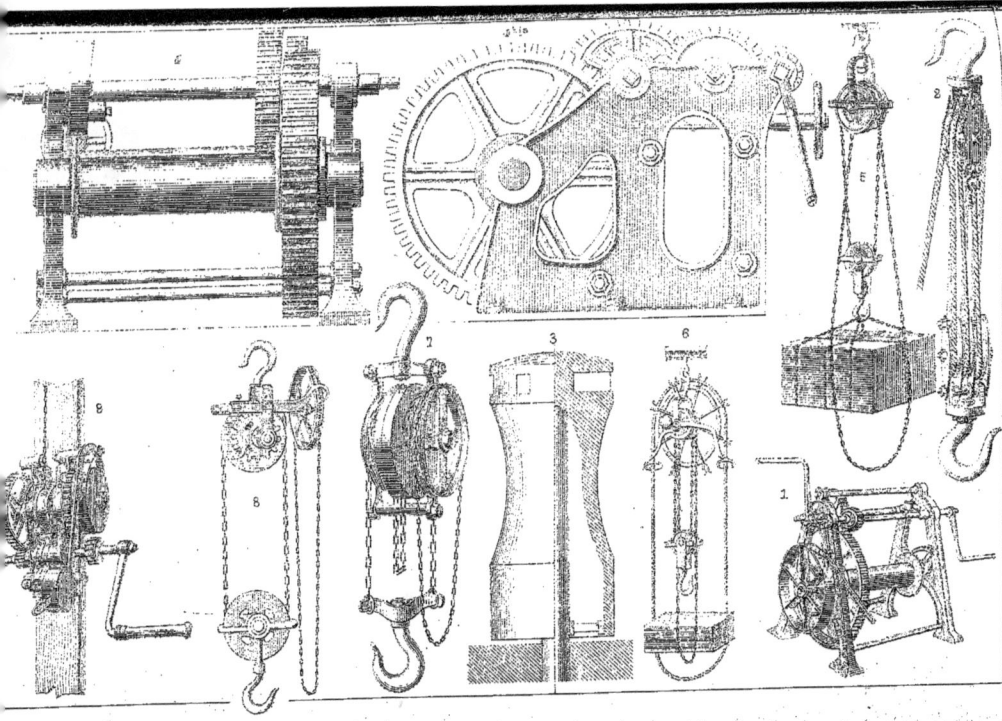

APPAREILS POUR LE MONTAGE DES HAUTS-FOURNEAUX. Pl. 11.

Pl.12.

VENTILATEURS

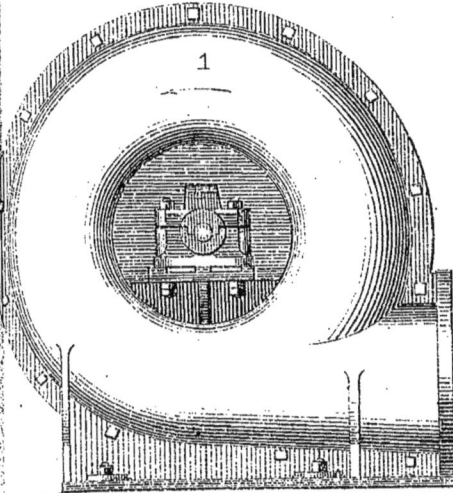

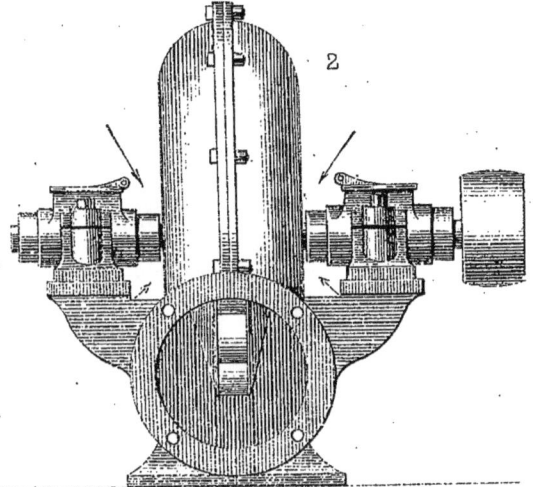

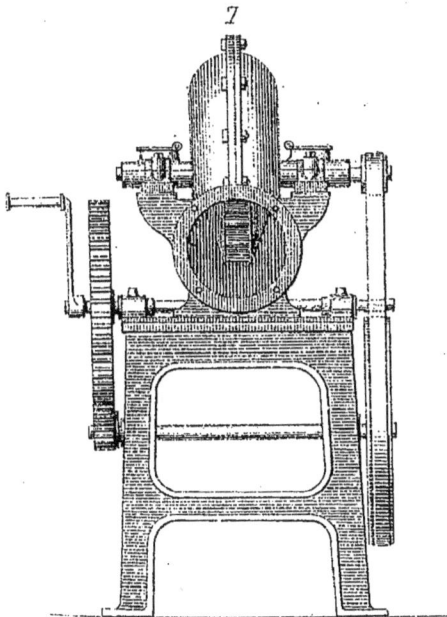

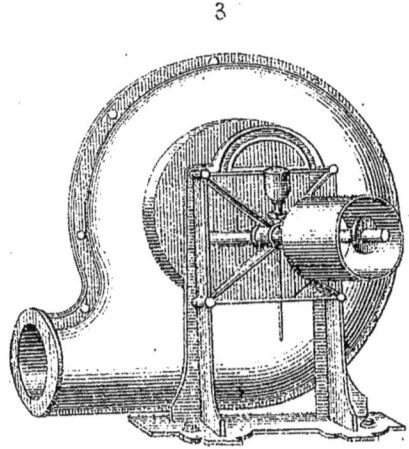

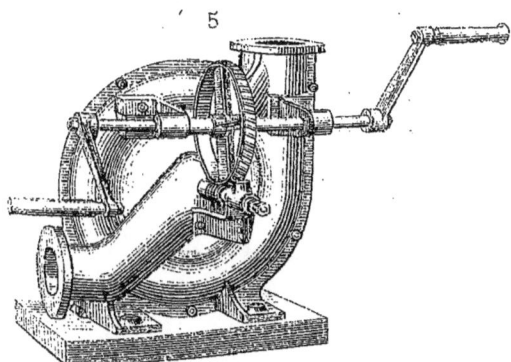

Pl. 13

CUBILOTS

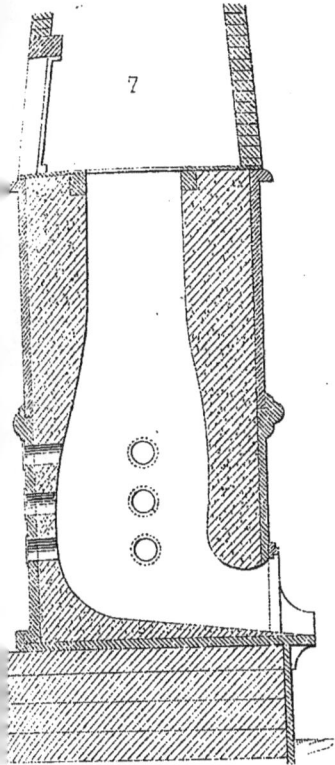

7

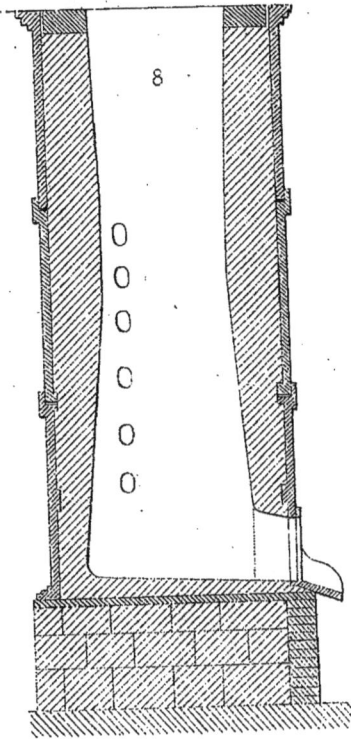

8

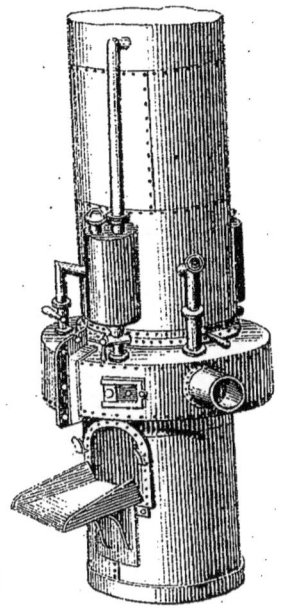

20

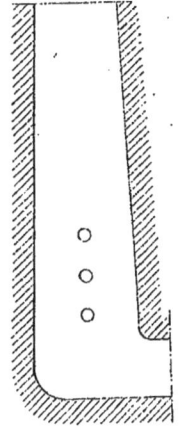

5

1

2

3

4

6

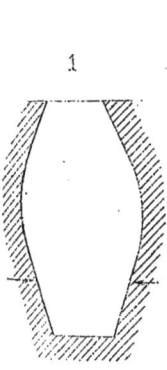

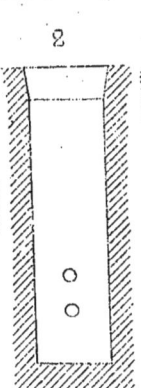

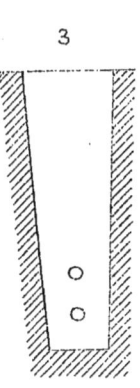

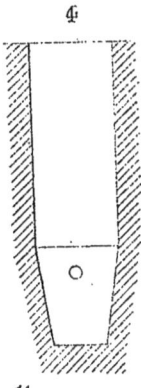

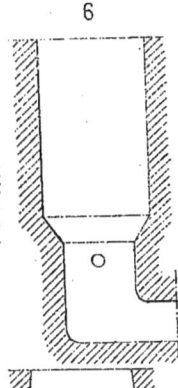

9

10

11

12

13

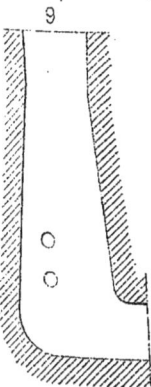

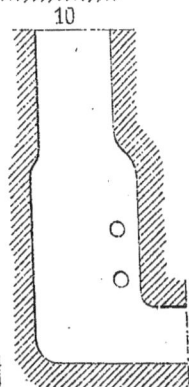

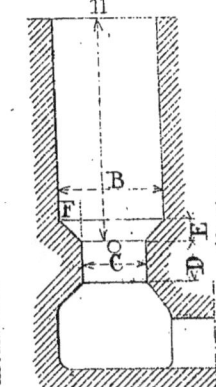

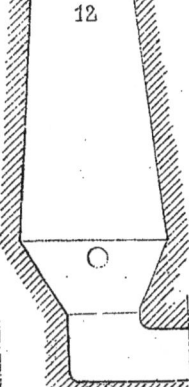

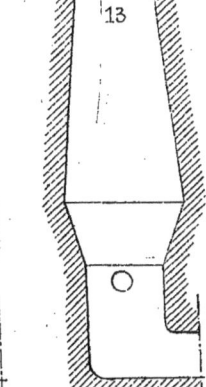

Pl.14

CUBILOTS

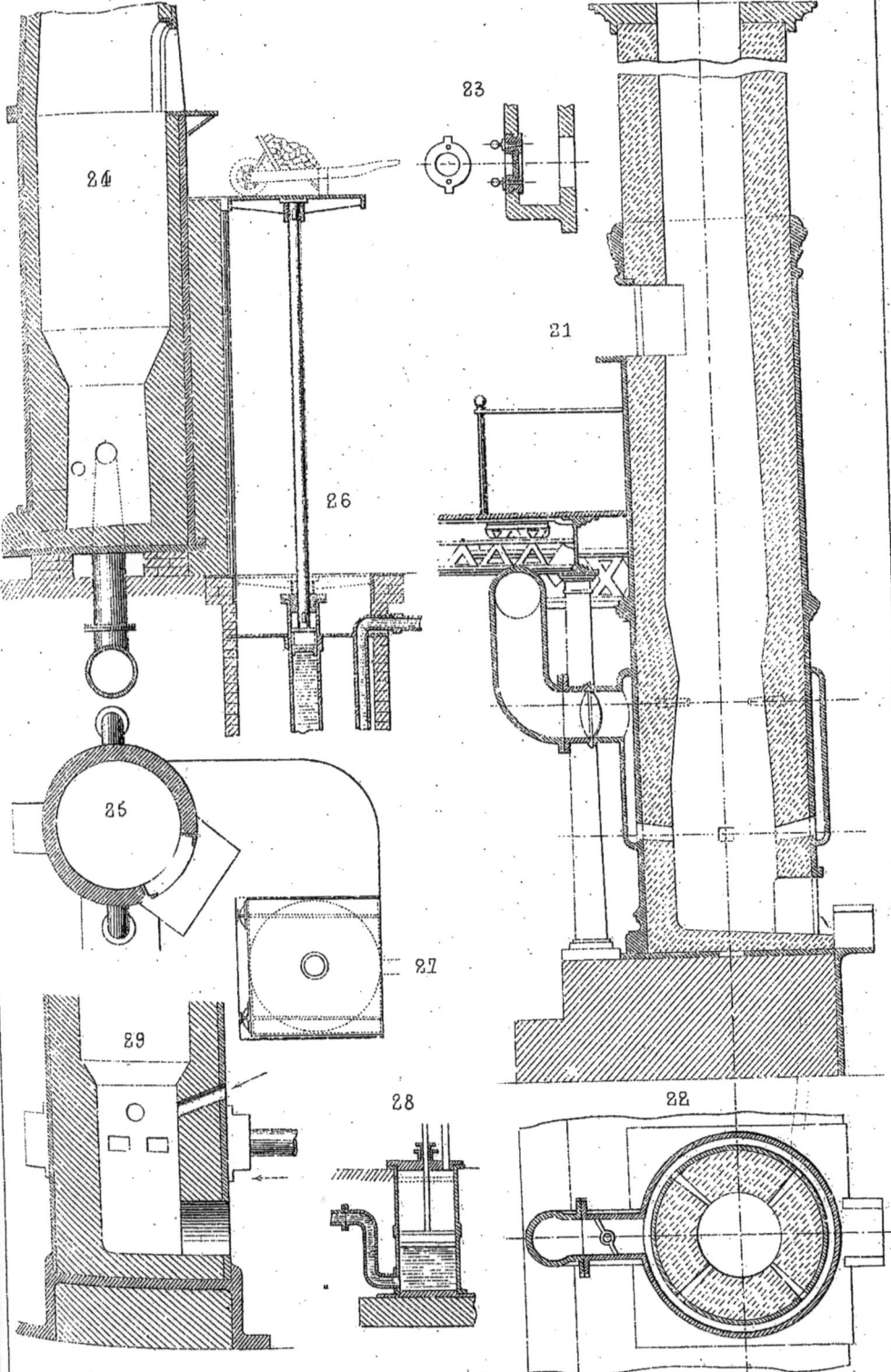

INSTALLATION DE CUBILOTS

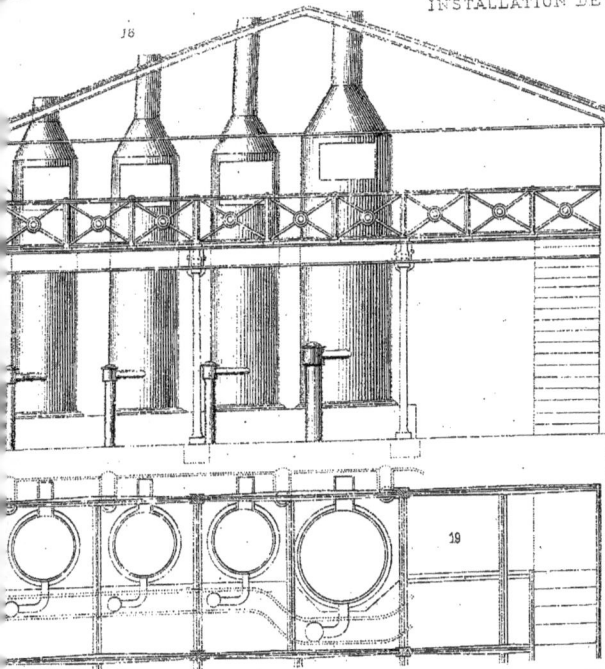

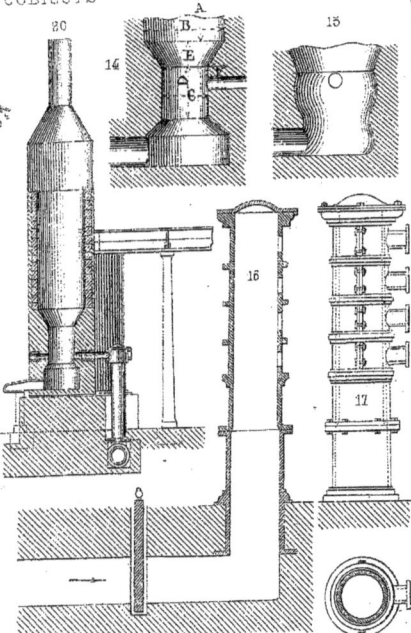

18

20

15

14

A
B
V
E
D
G

16

17

19

Pl. 15

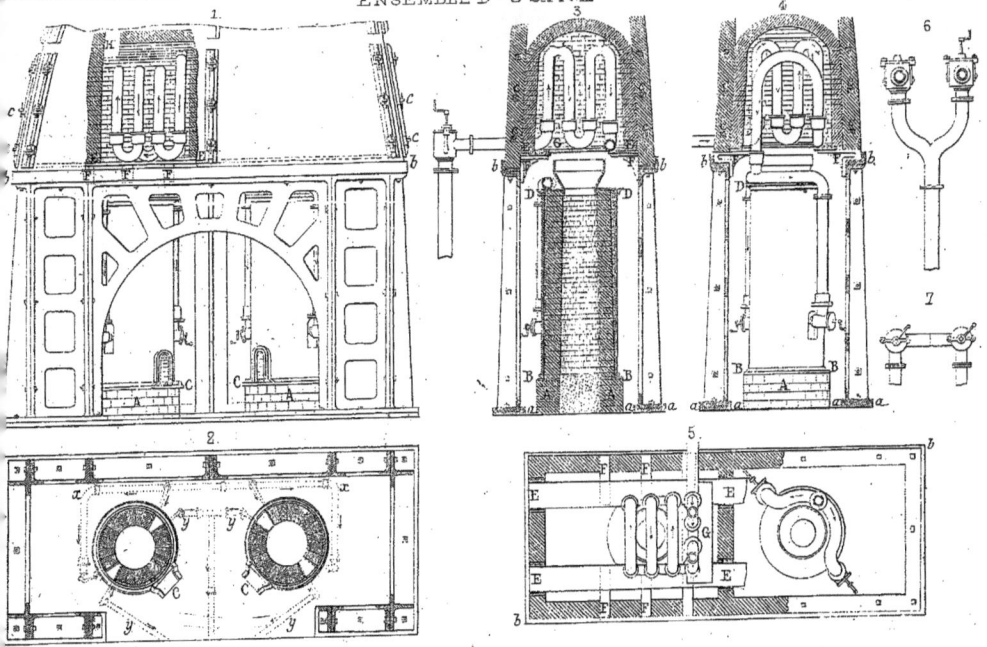

Pl.16.

Pl. 17.

FOURS A RÉVERBÈRE.

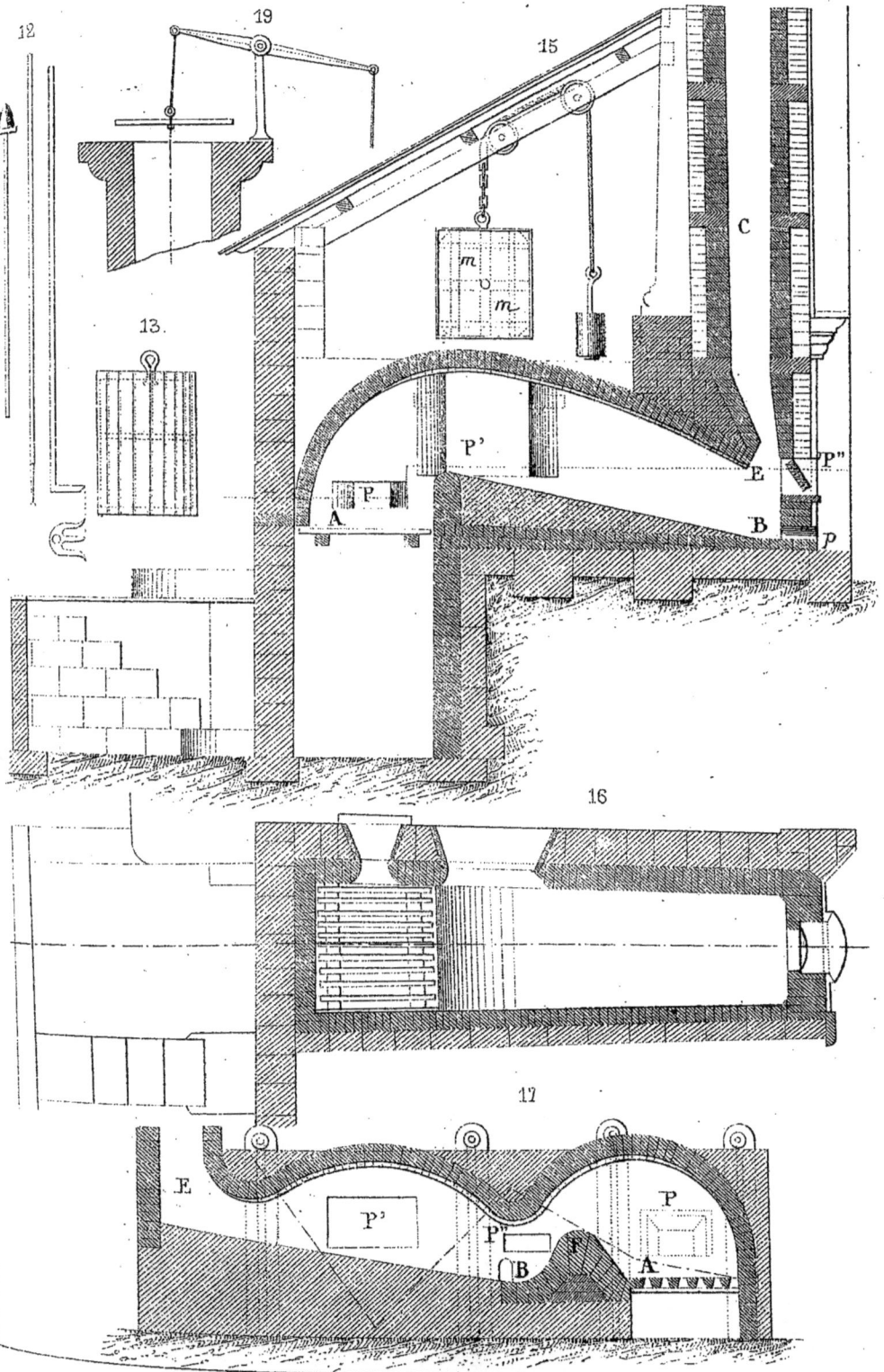

12

19

15

C

13.

m
v
m

P'

P''

E

P

A

B

p

16

17

E

P'

P

P'

B

A

Pl. 18

FOURS A CREUSETS.

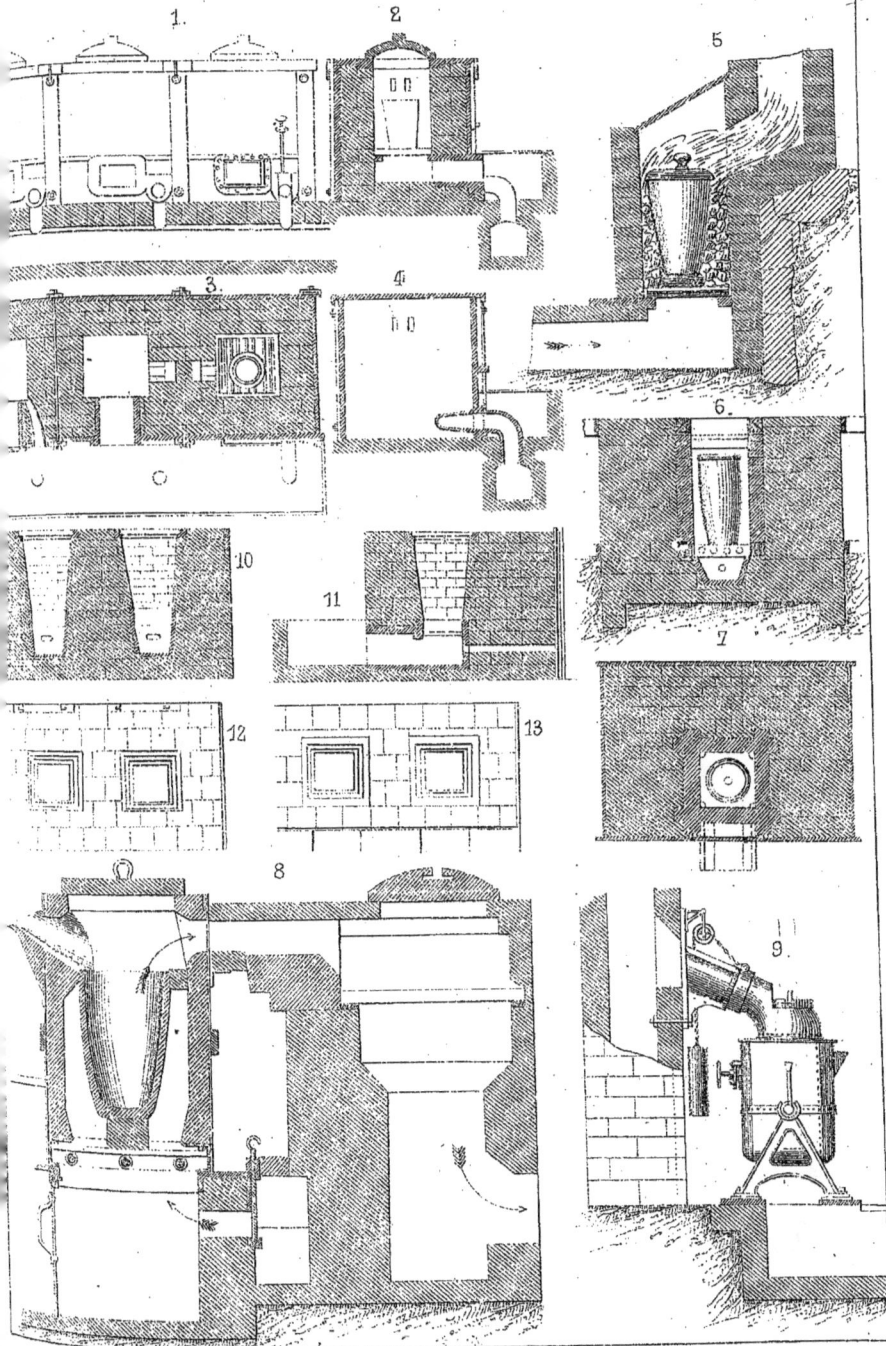

PETIT OUTILLAGE DES MOULEURS.

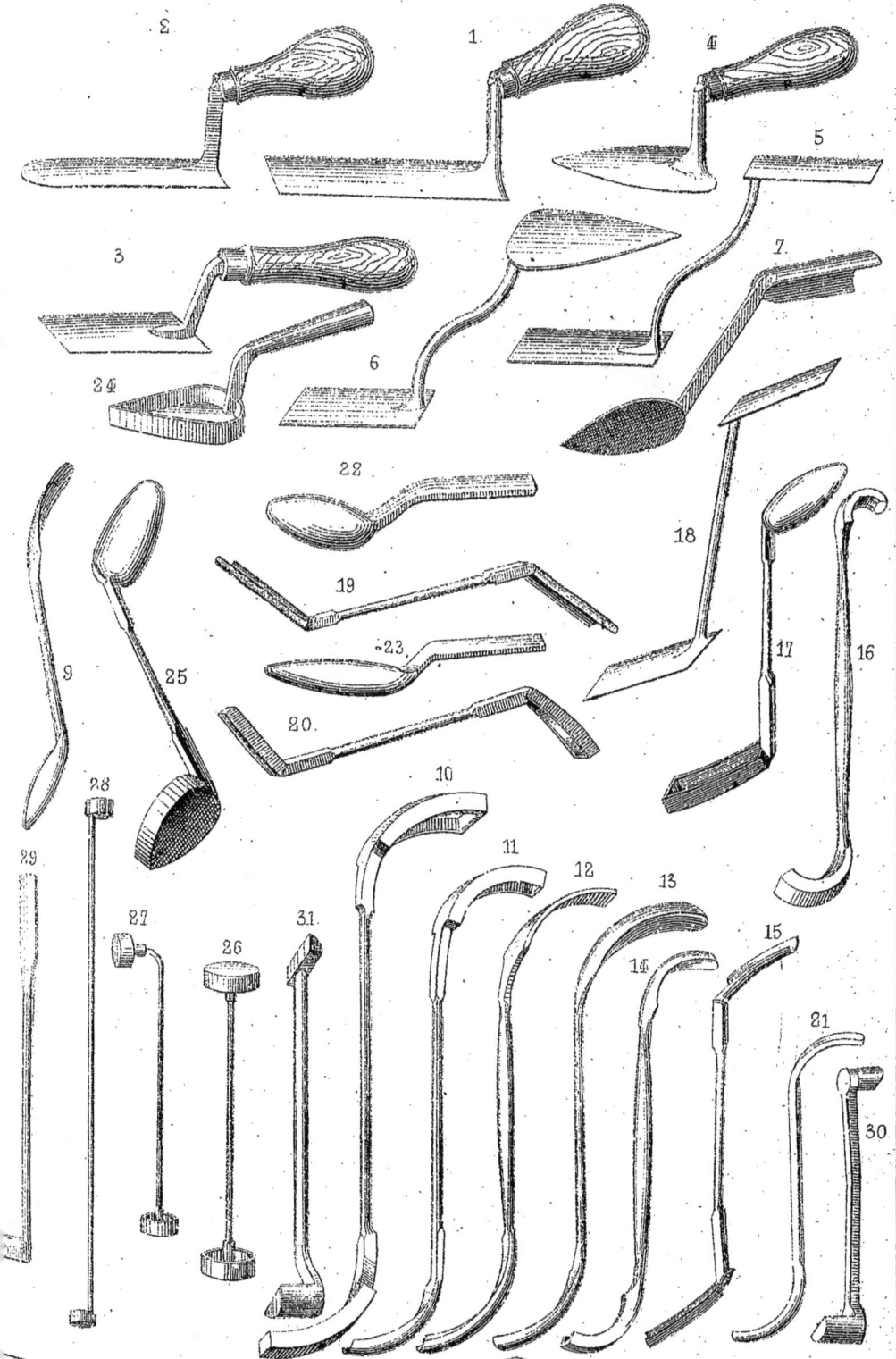

Pl. 20.

PETIT OUTILLAGE DES MOULEURS.

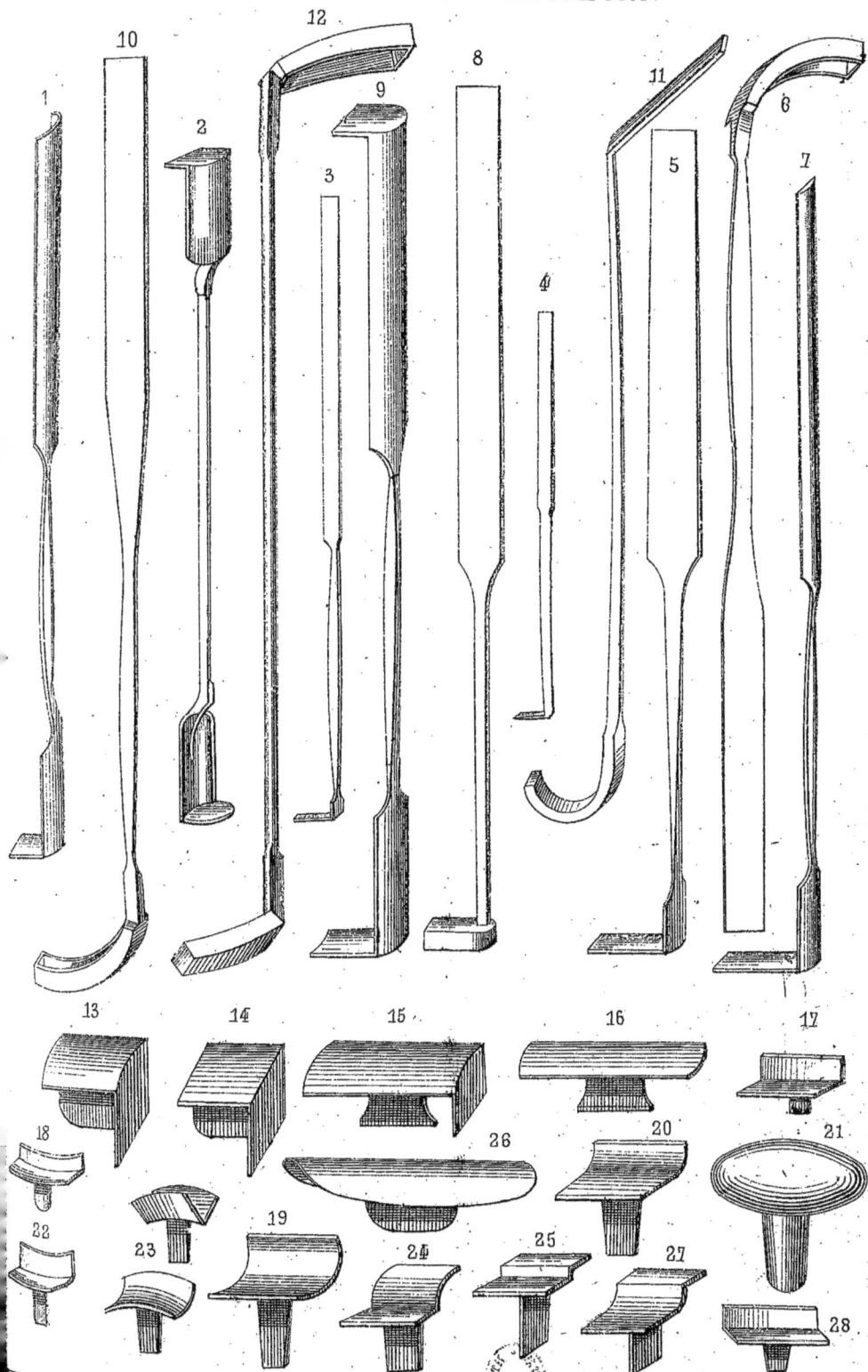

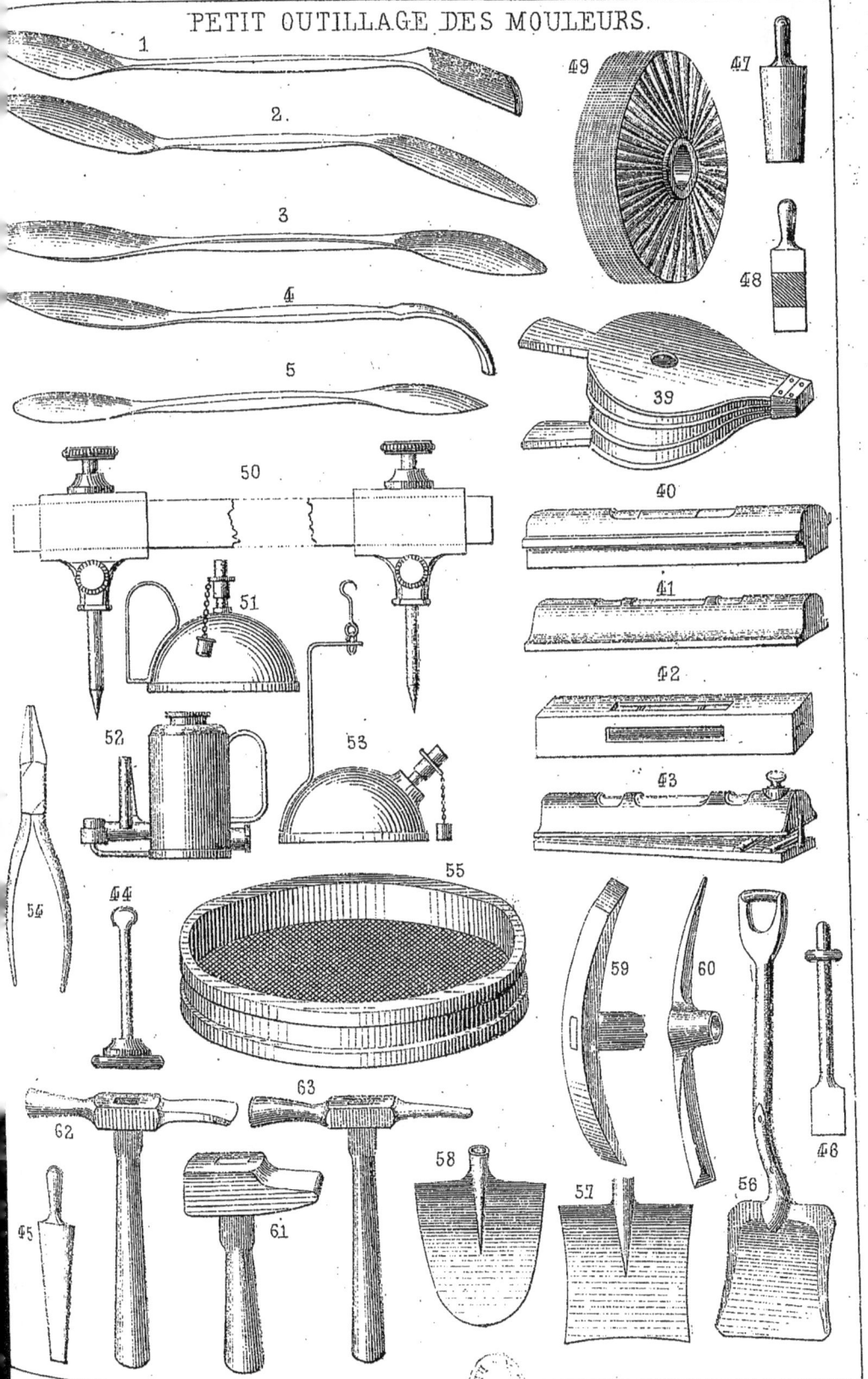

PETIT OUTILLAGE DES MOULEURS.

PI. 21.

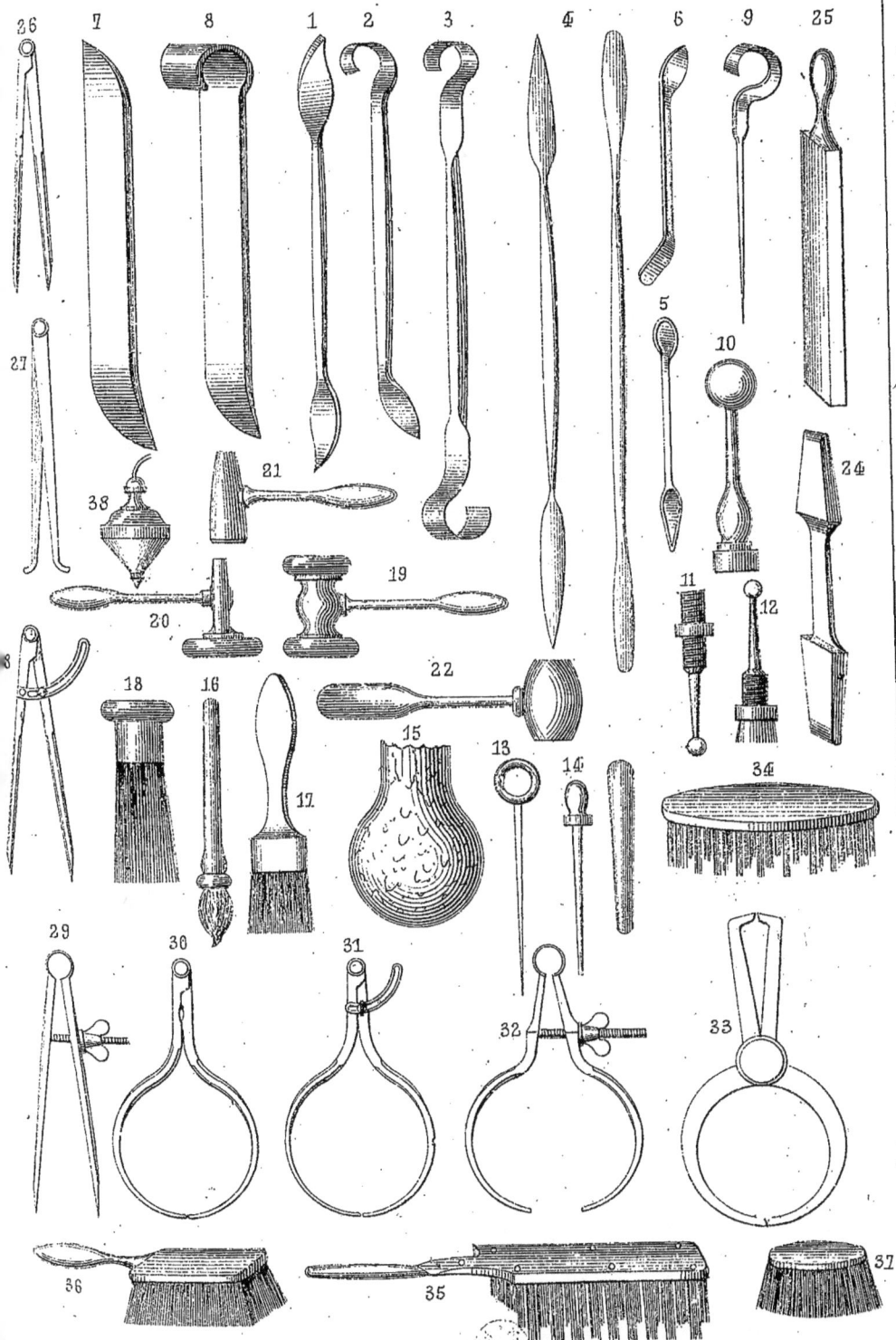

Pl.22.

PETIT OUTILLAGE DES MOULEURS.

OUTILLAGE DES FONDEURS EN CUIVRE

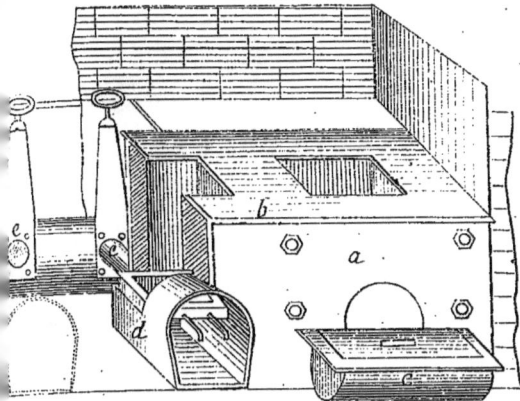

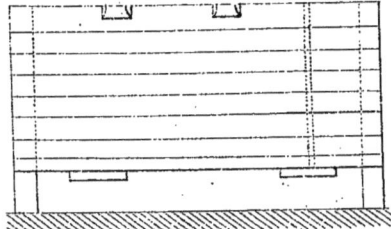

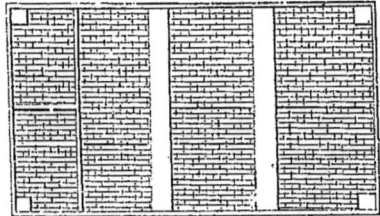

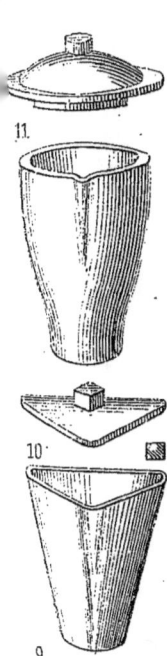

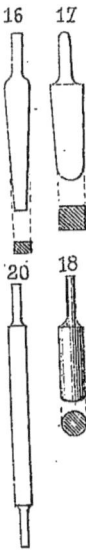

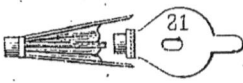

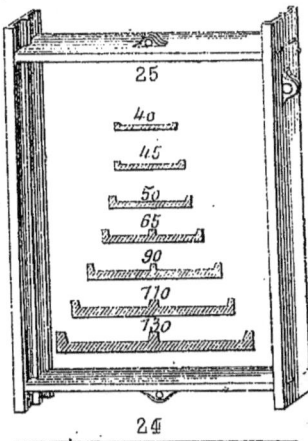

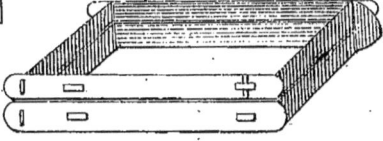

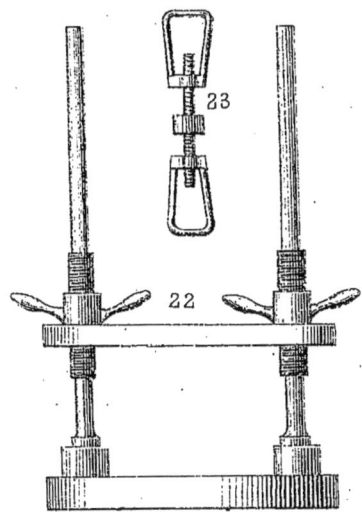

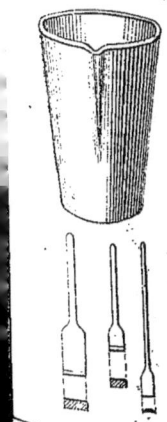

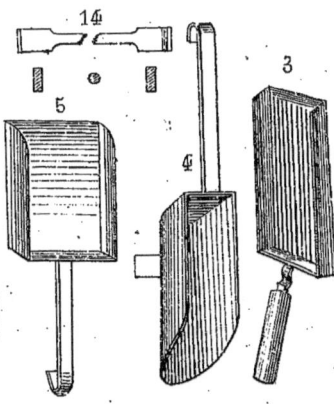

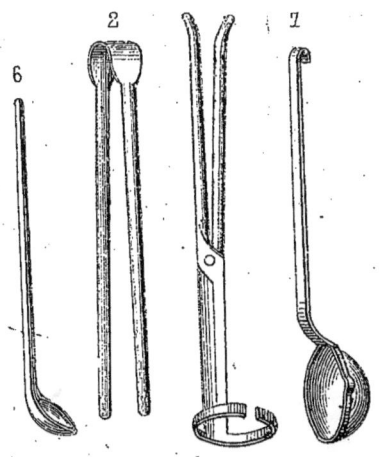

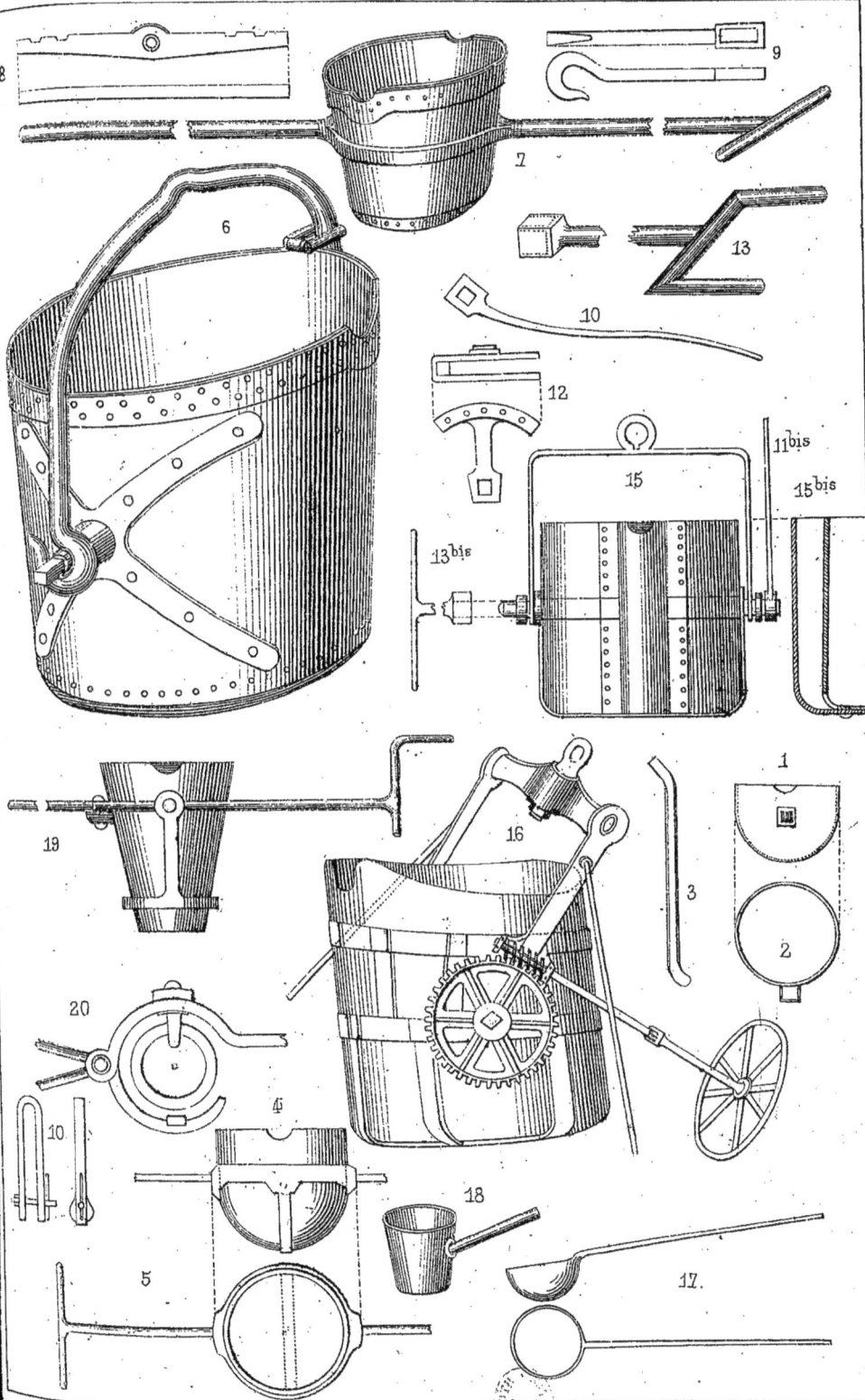

Pl. 25.

GRUES ET APPAREILS DE LEVAGE.

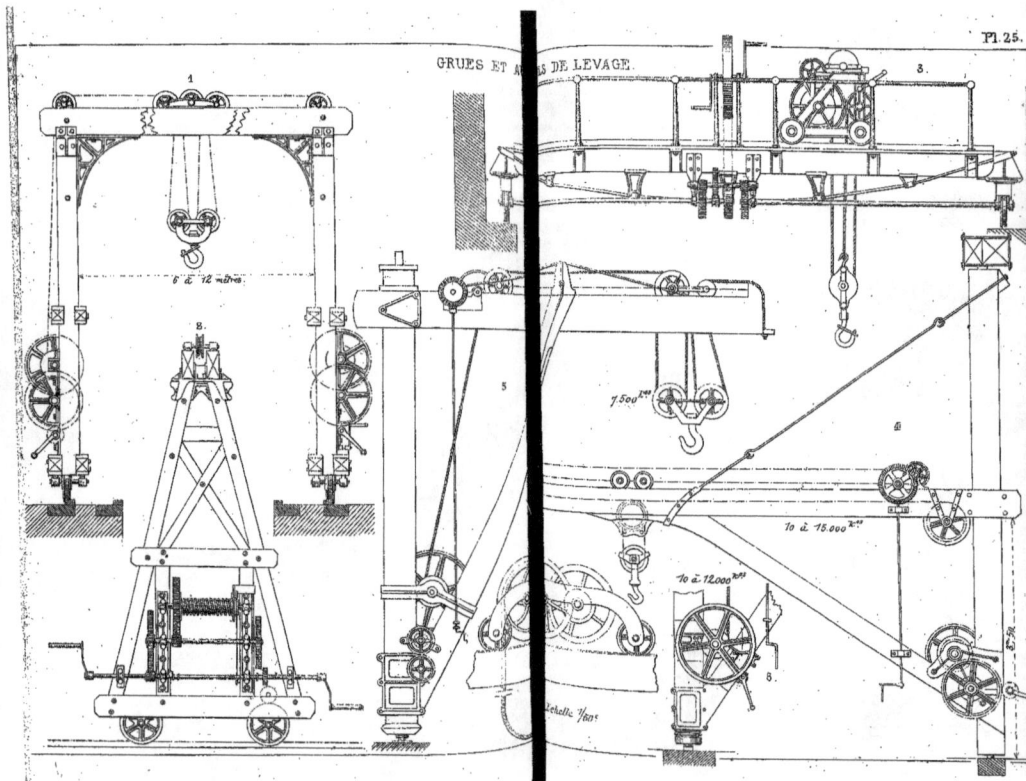

1

3

6 à 12 mètres

2

3

7.500 kgs

10 à 15.000 kgs

10 à 12.000 kgs

Échelle 1/50e

Pl.26.

APPAREILS DE MANŒUVRE.

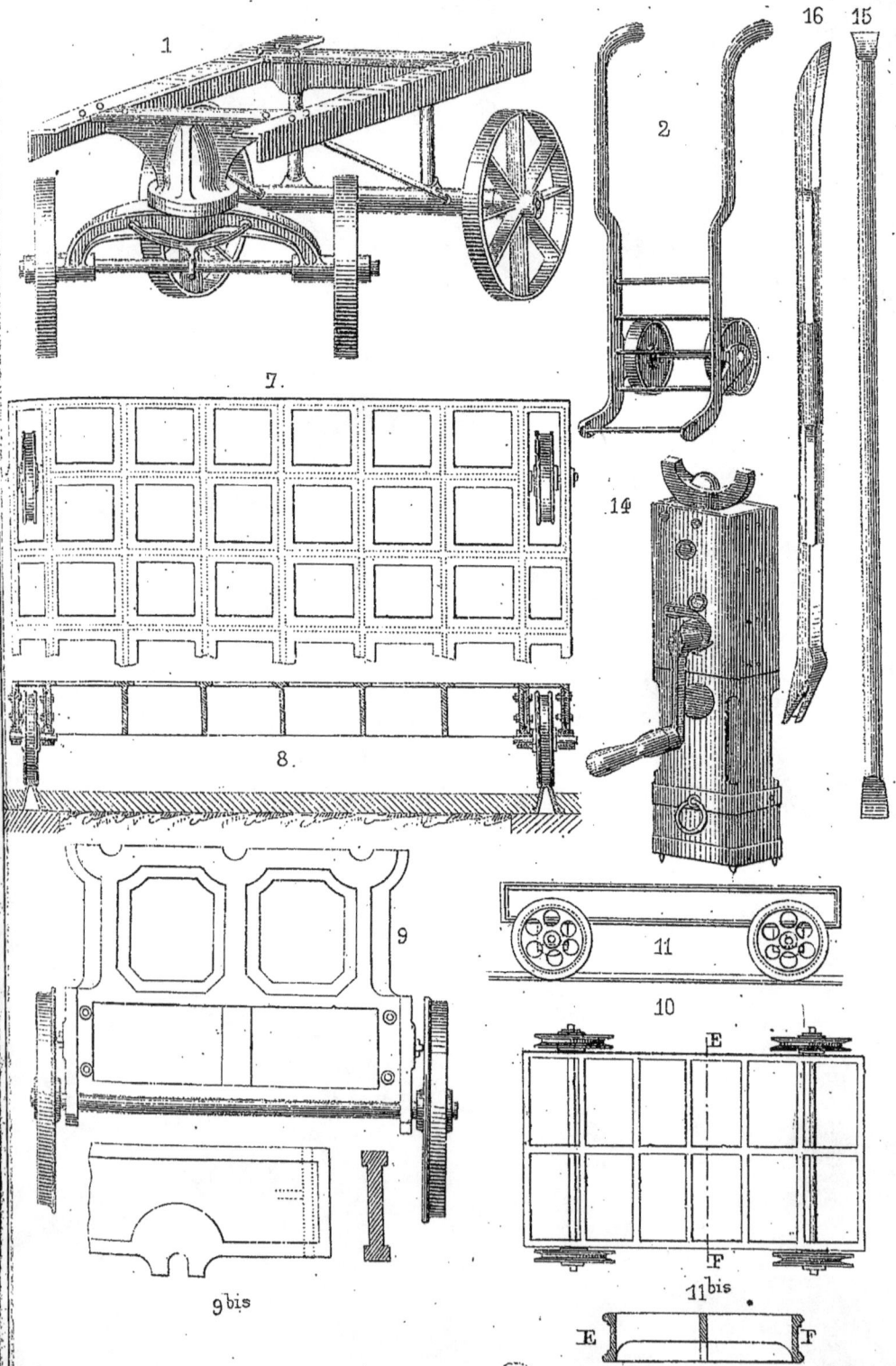

Pl. 27.

ATELIER DE PLERIE

1.

2.

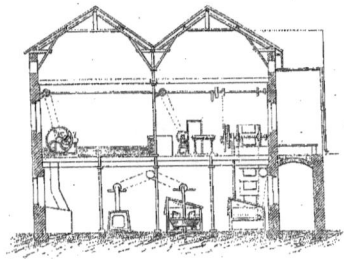

4.

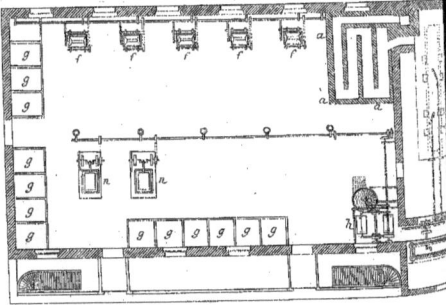

3.

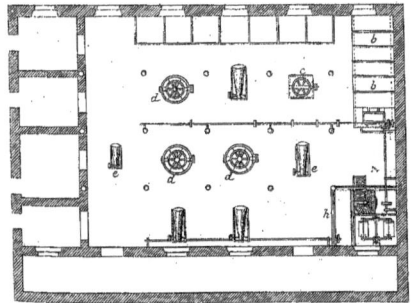

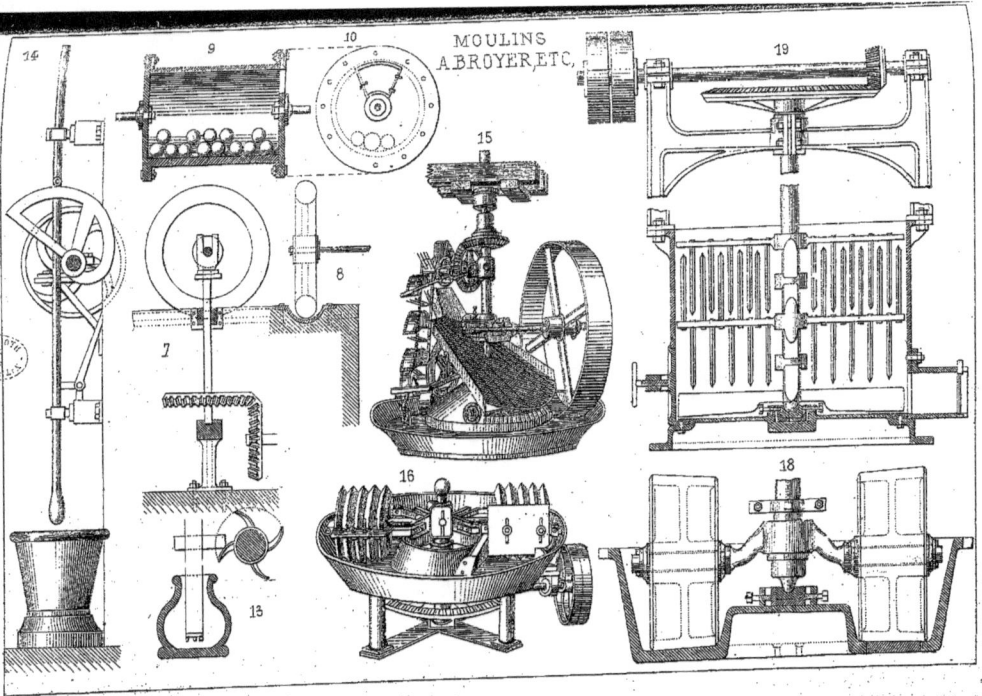

MOULINS A BROYER, ETC.

Pl. 29

MACHINES A TRAVAILLER LE SABLE.

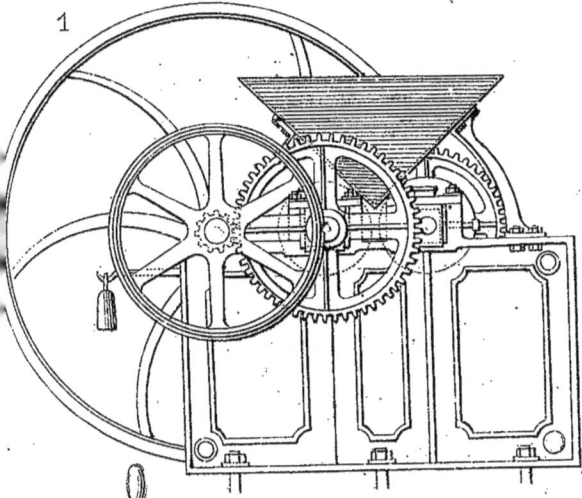

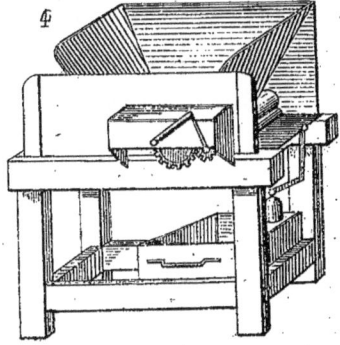

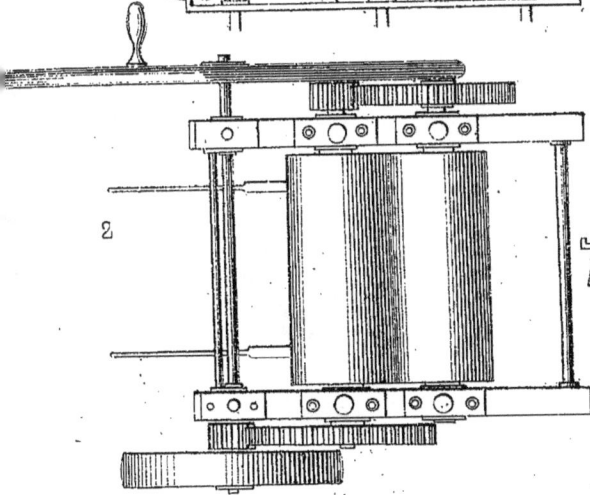

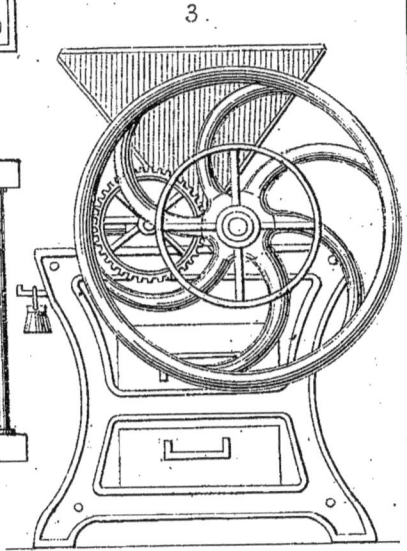

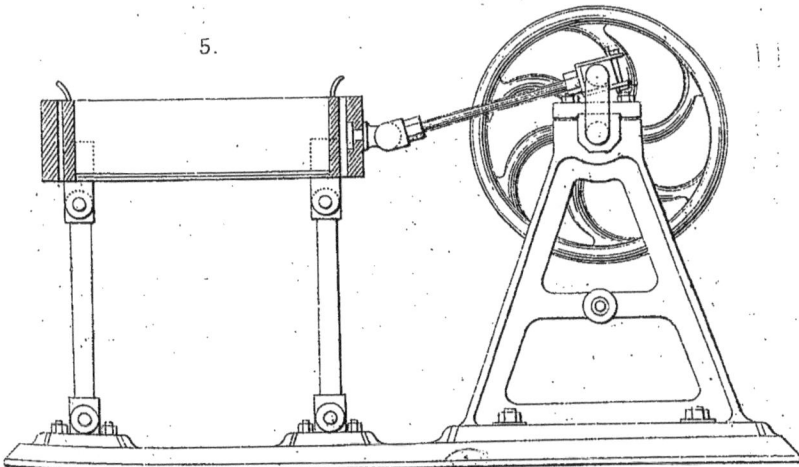

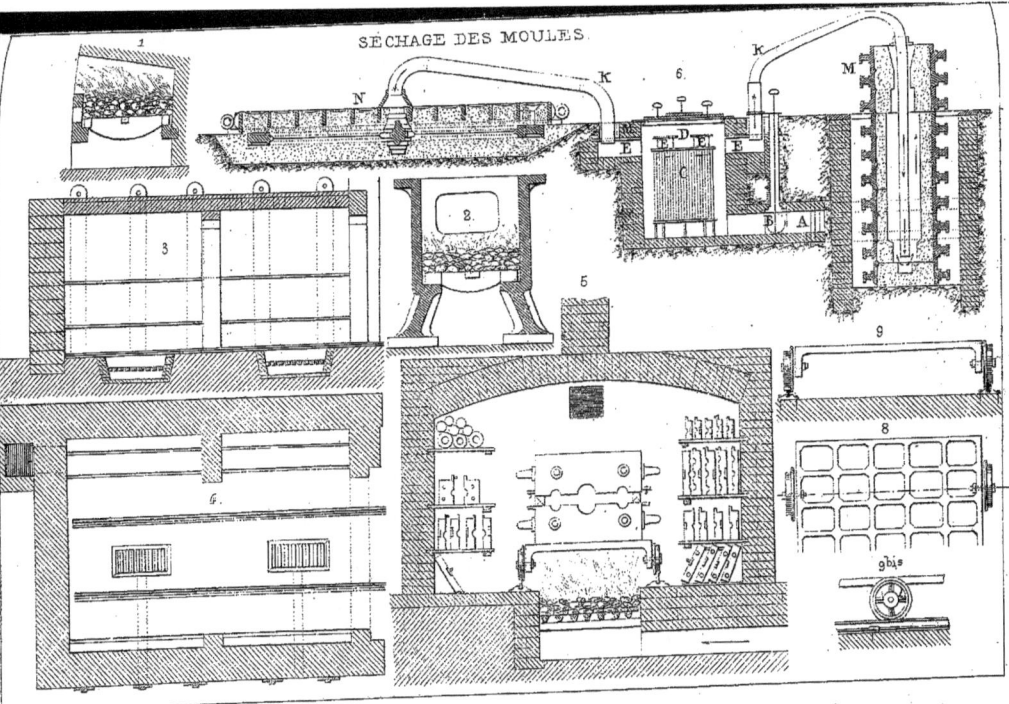

SÉCHAGE DES MOULES.

Pl. 30

Pl. 31

MODÈLES — BOITES A NOYAUX, ETC.

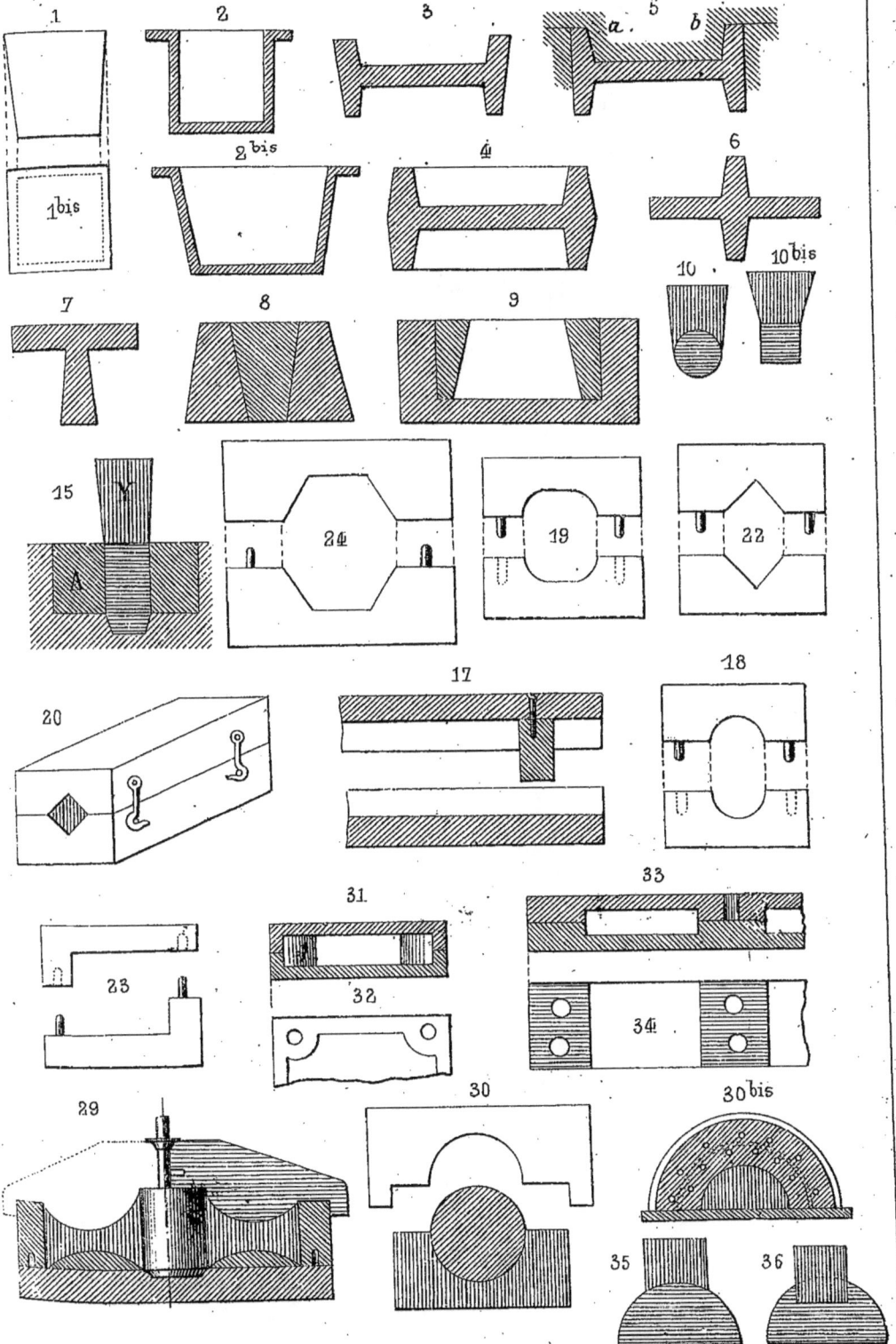

MODES DE TROUSSAGE

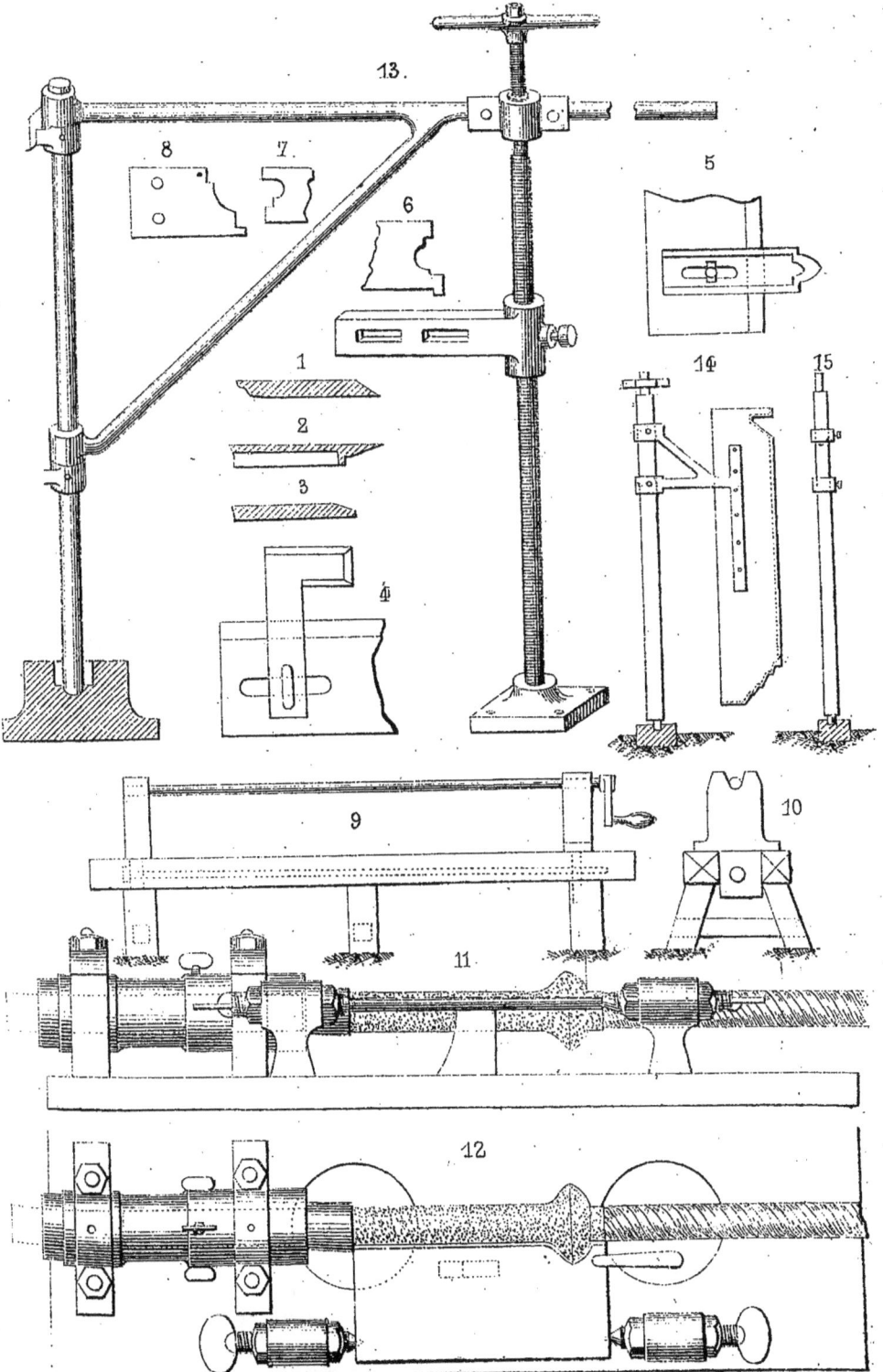

Pl. 33

CHASSIS ET LANTERNES.

19

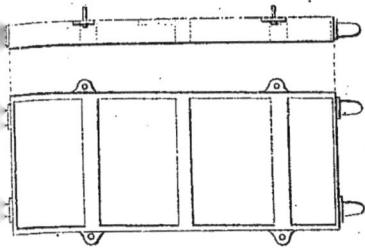

22

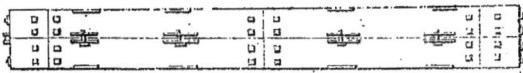

22bis

20

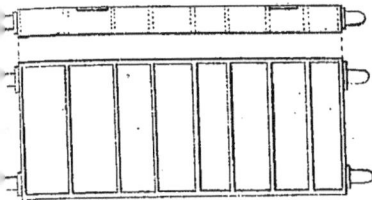

21.

21bis

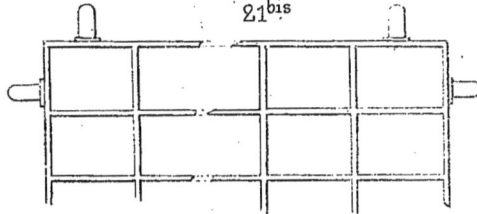

24   46   47

23

49

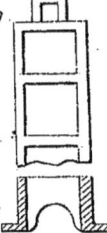

31

41.

25   27   48

31

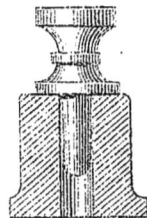

29   30

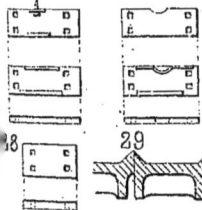

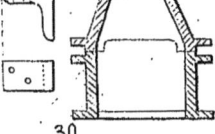

40bis

35

38

33.

32

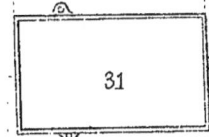

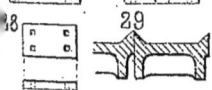

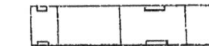

42   43

34

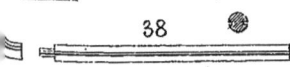

40

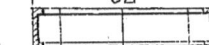

35

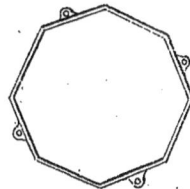

36

37

45   44

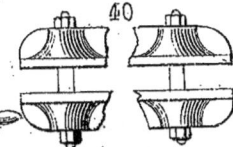

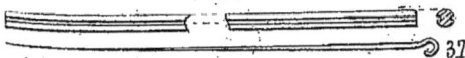

Pl. 34.

APPAREILS DIVERS.

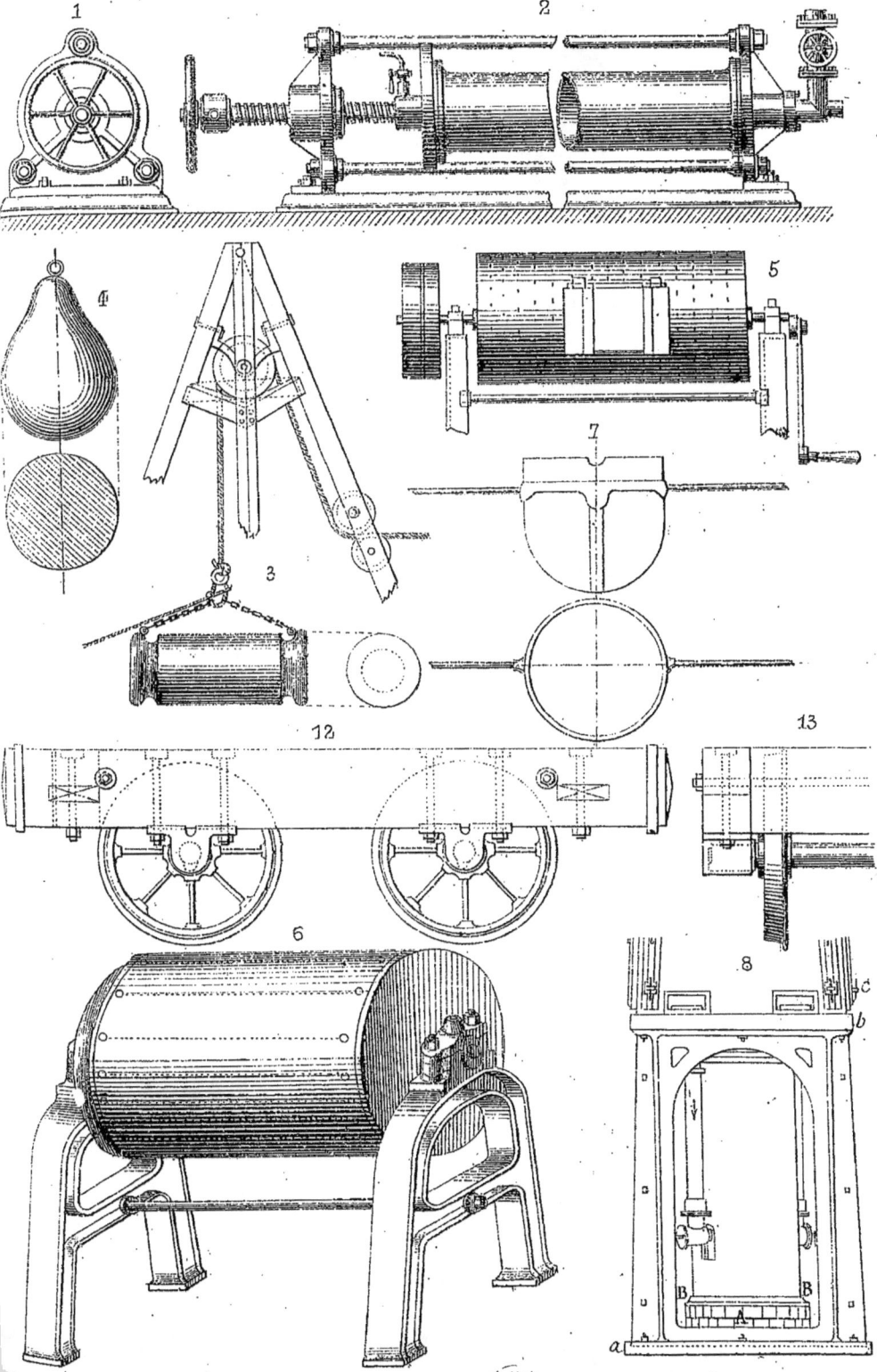

HALLE DE MOULAGE.

Echelle au 1/350°

Disposition des
cubilots.

Echelle au 1/40°

Echelle au 1/350°

Plan d'une
étuve.

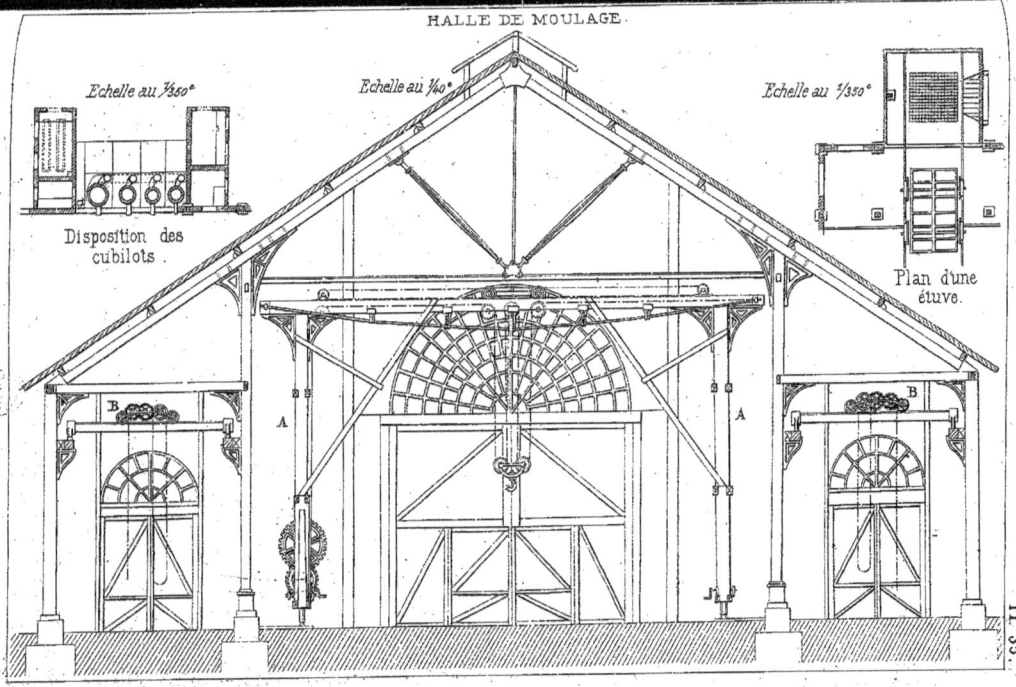

B

A

A

B

PL. 35.

Pl. 36

MOULAGE DES TUYAUX.

3.

2.

1.

m'

m

p   o

n   n

4

Pl. 37.

MOULAGE DES TUYAUX

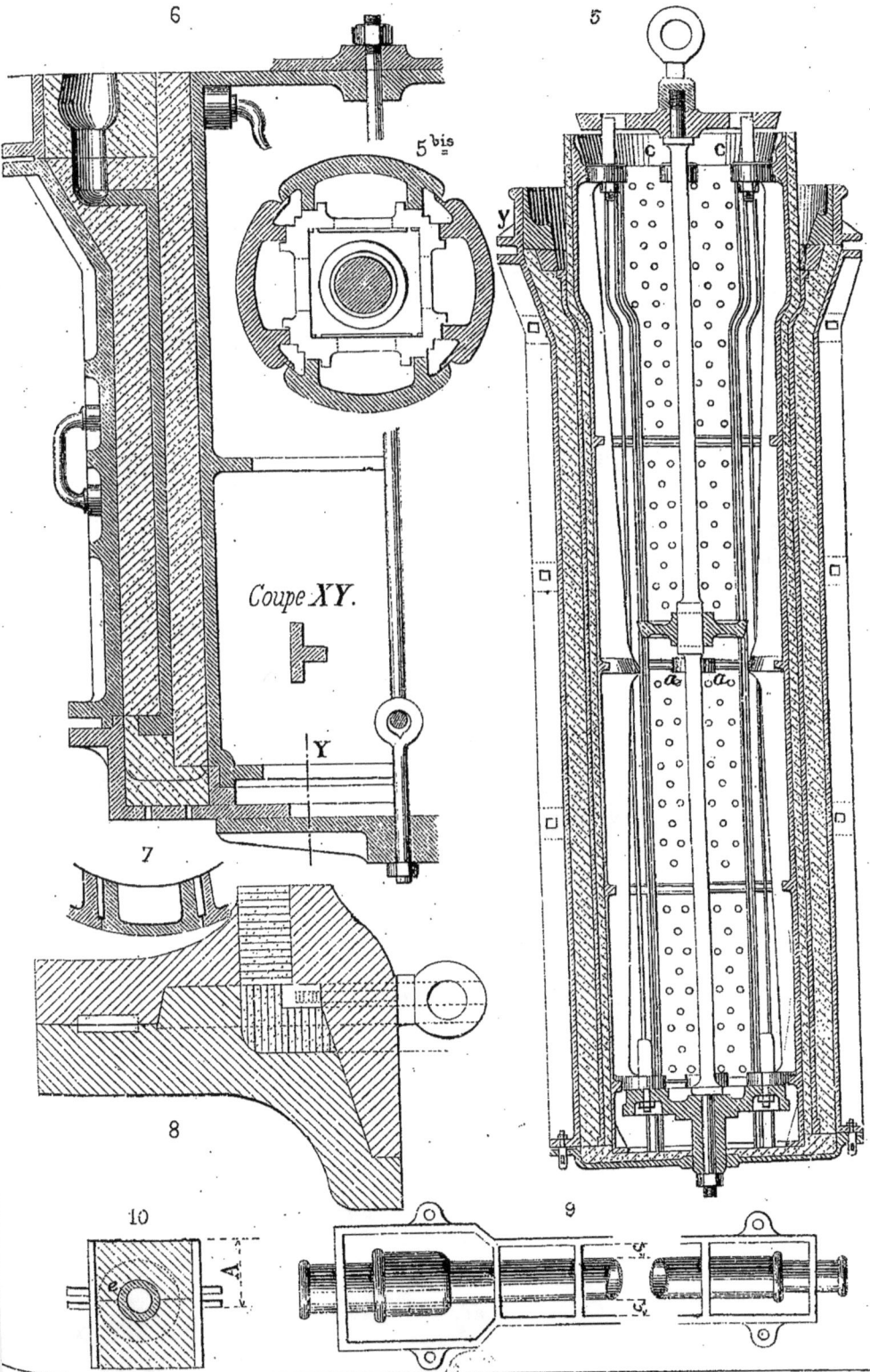

6

5

5bis

y

Coupe *XY*.

Y

c   c

a   a

7

8

10

9

e

A

SÉCHAGE ET DISPOSITION DES MOULES ET DES NOYAUX
DE TUYAUX.

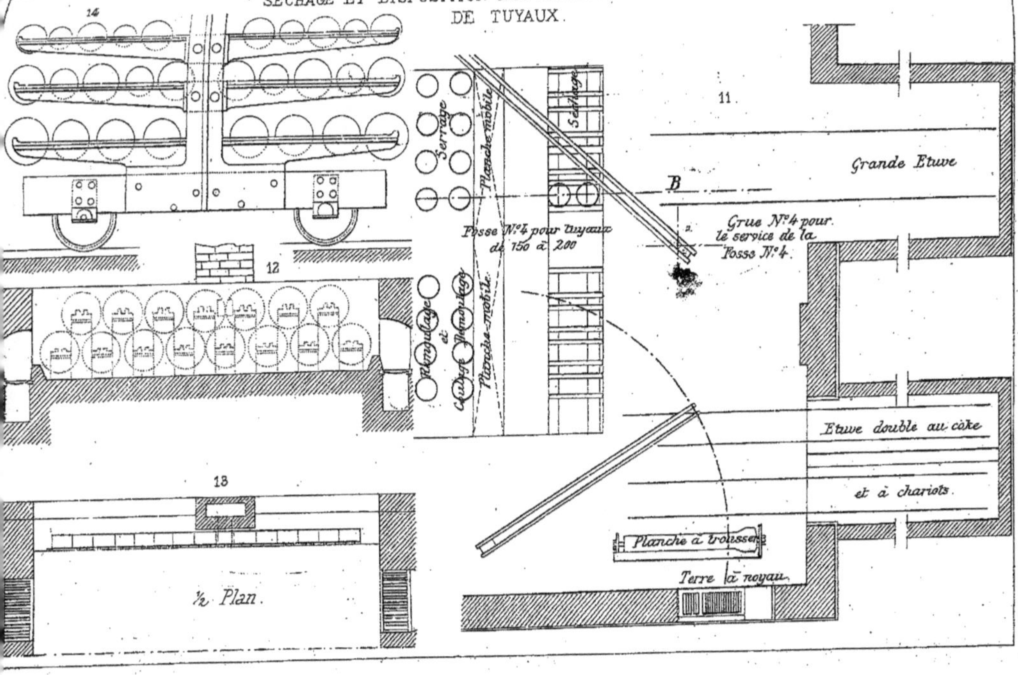

14

11

Séchage

Grande Etuve

B

Grue N°4 pour
le service de la
Fosse N°4.

Fosse N°4 pour tuyaux
de 150 à 200

Serrage

Planche mobile

Planche mobile

Remplage de
Coffres d'armature

12

Etuve double au coke

et à chariots.

13

Planche à trousser

Terre à noyau

½ Plan.

Pl. 38.

Pl. 39.

MOULAGE DES PIÈCES DIVERSES

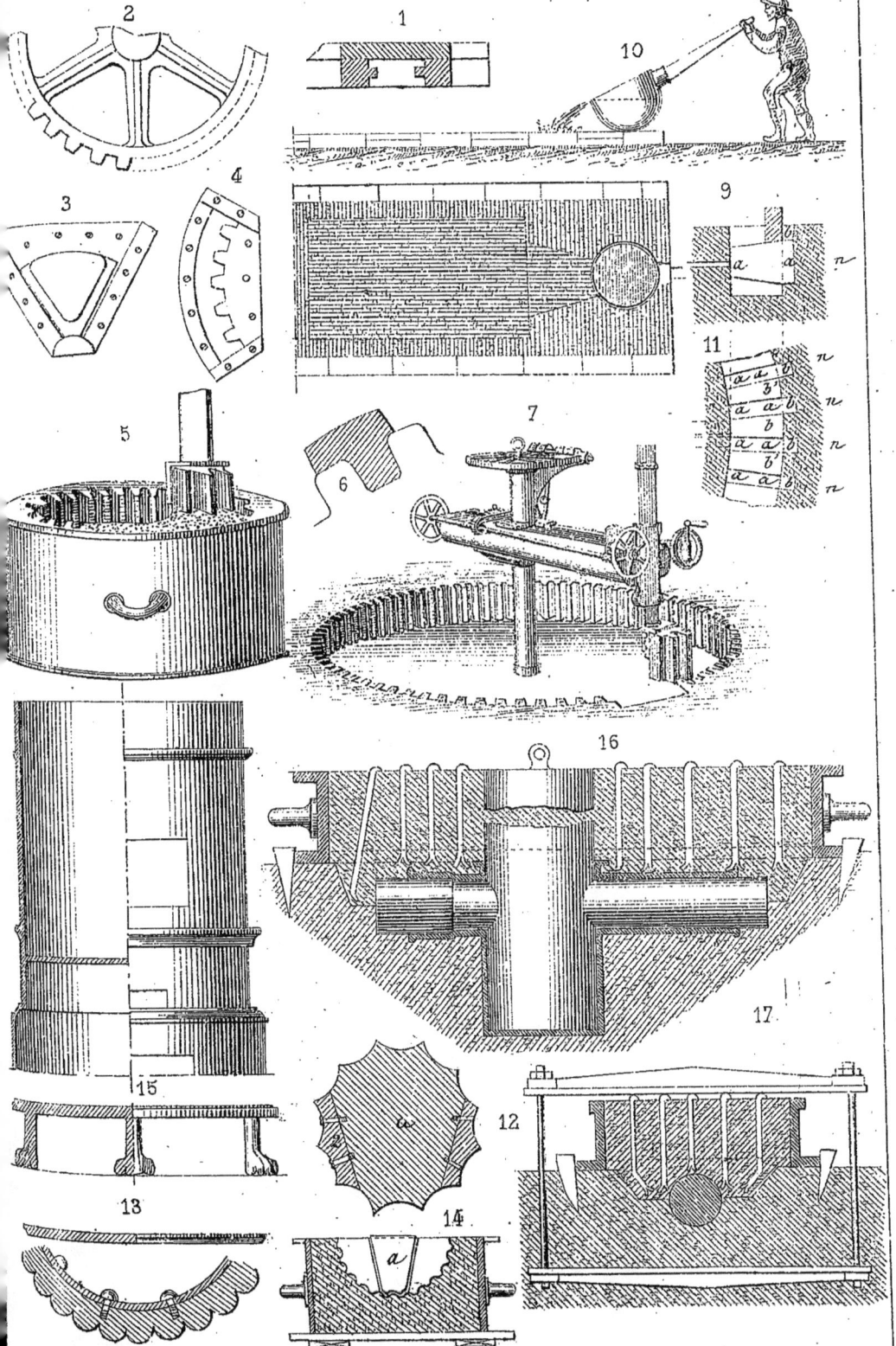

Pl. 40.

MOULAGE DE PROJECTILES.

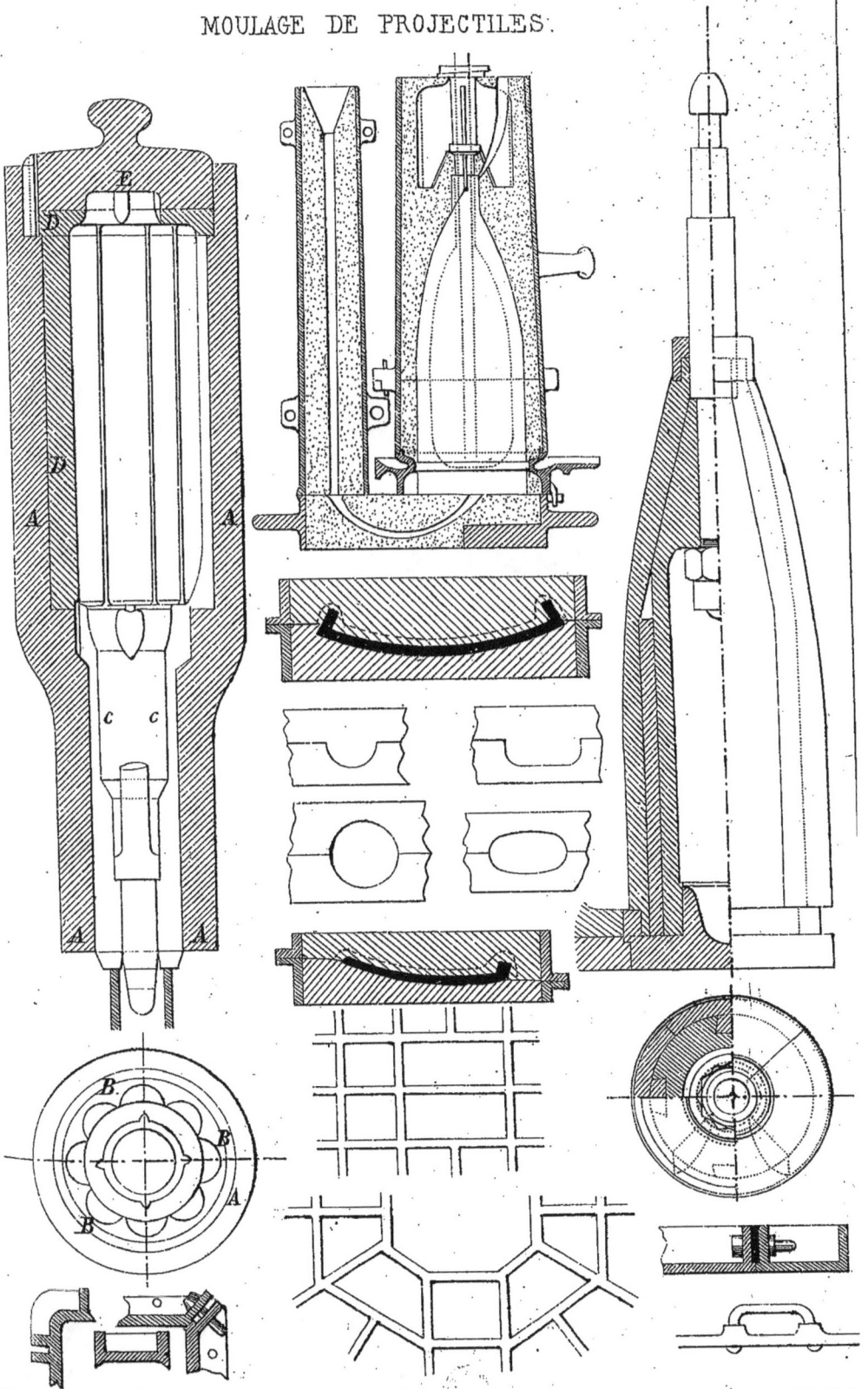

MOULAGE DES CANONS

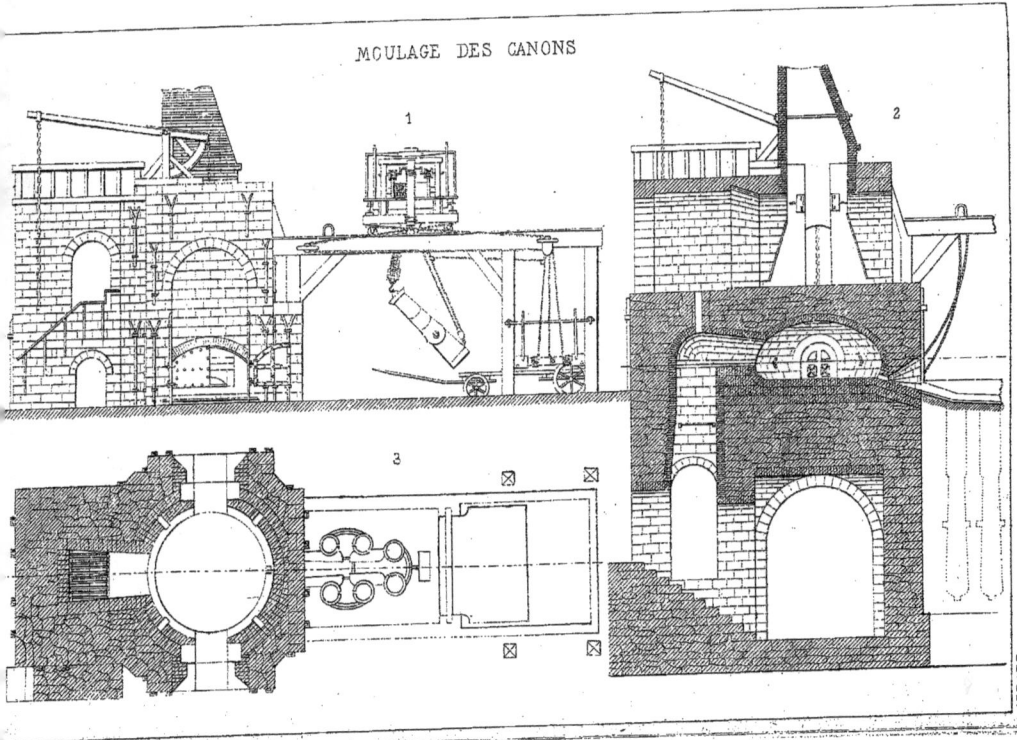

1

2

3

Pl. 41.

Pl. 42.

MOULAGE DE LA POTERIE.

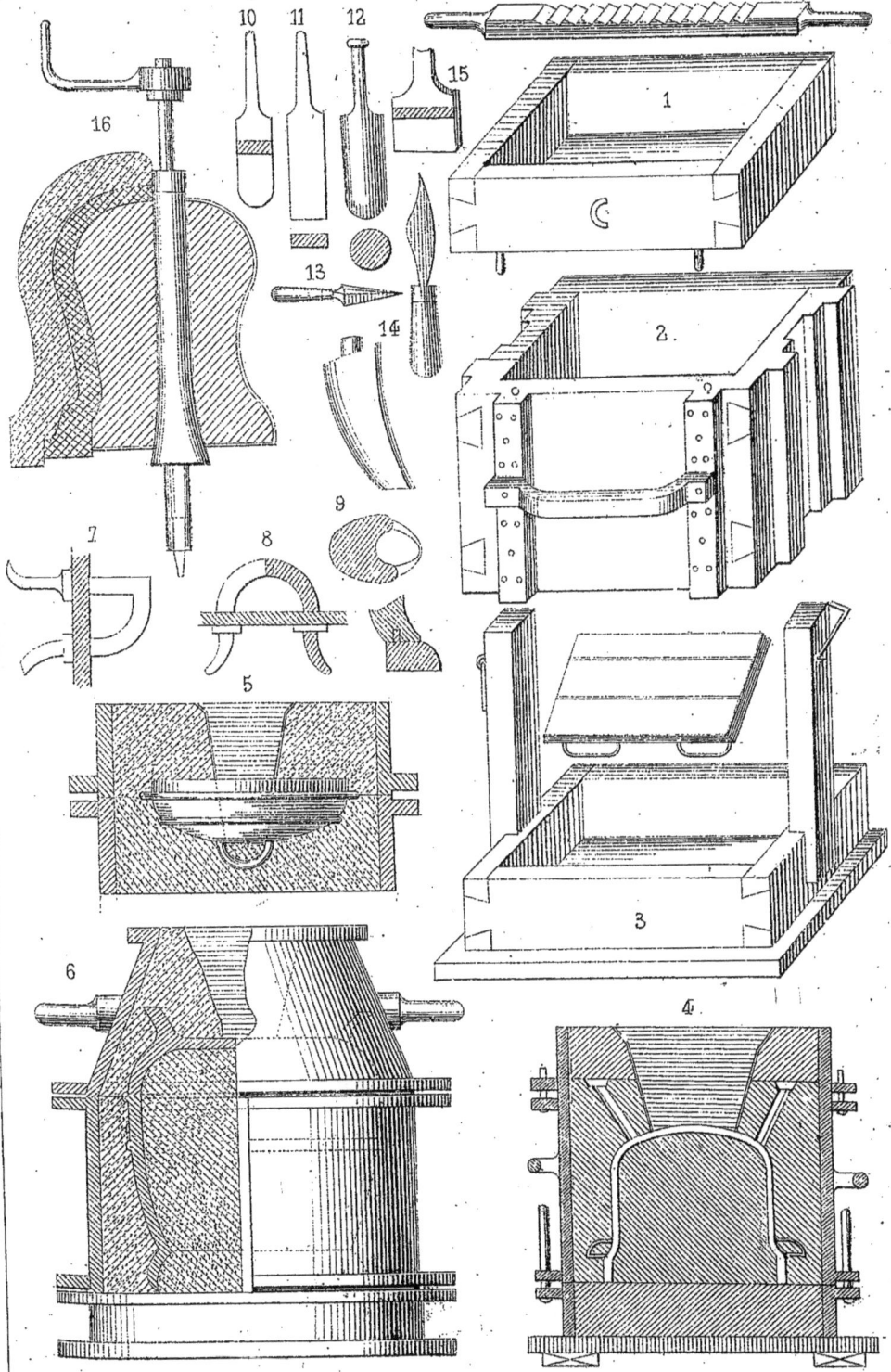

Pl.43.

MOULAGE DES VASES, DES COLONNES, ETC,

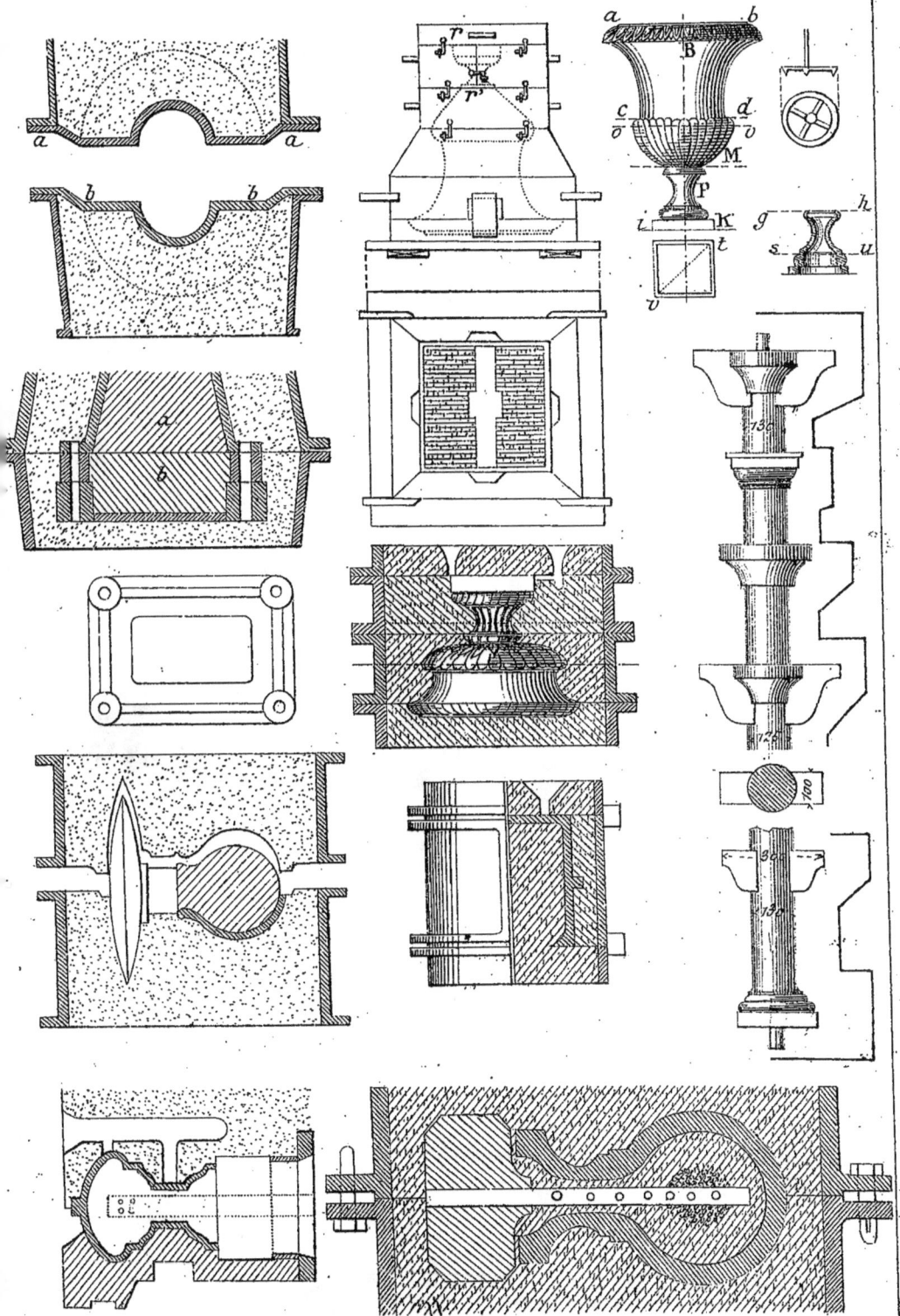

Pl. 44.

MOULAGES DIVERS

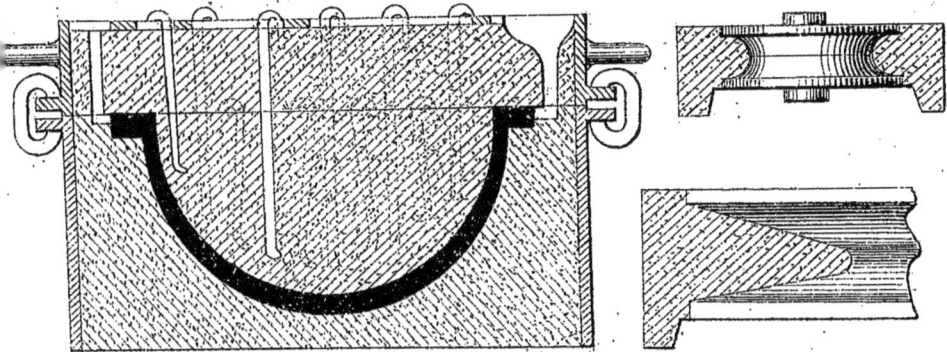

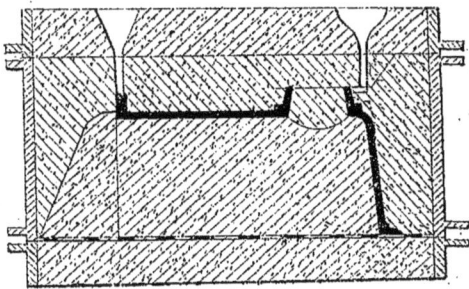

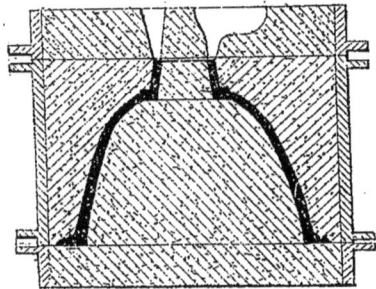

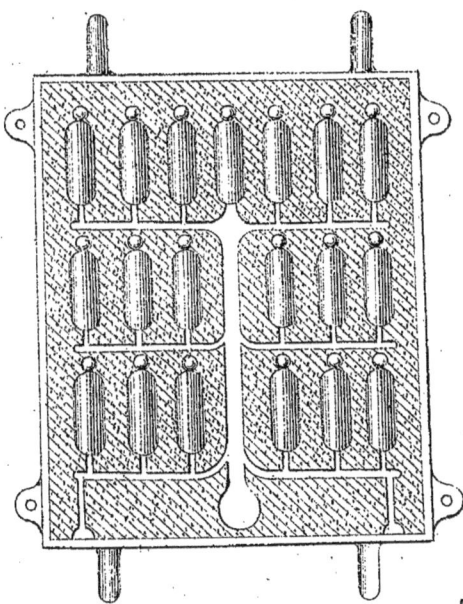

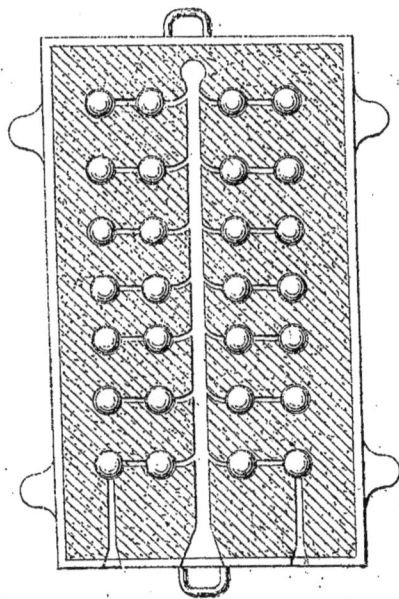

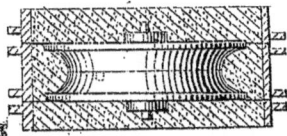

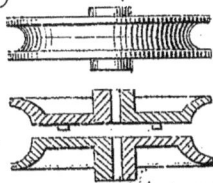

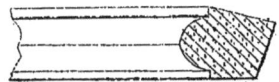

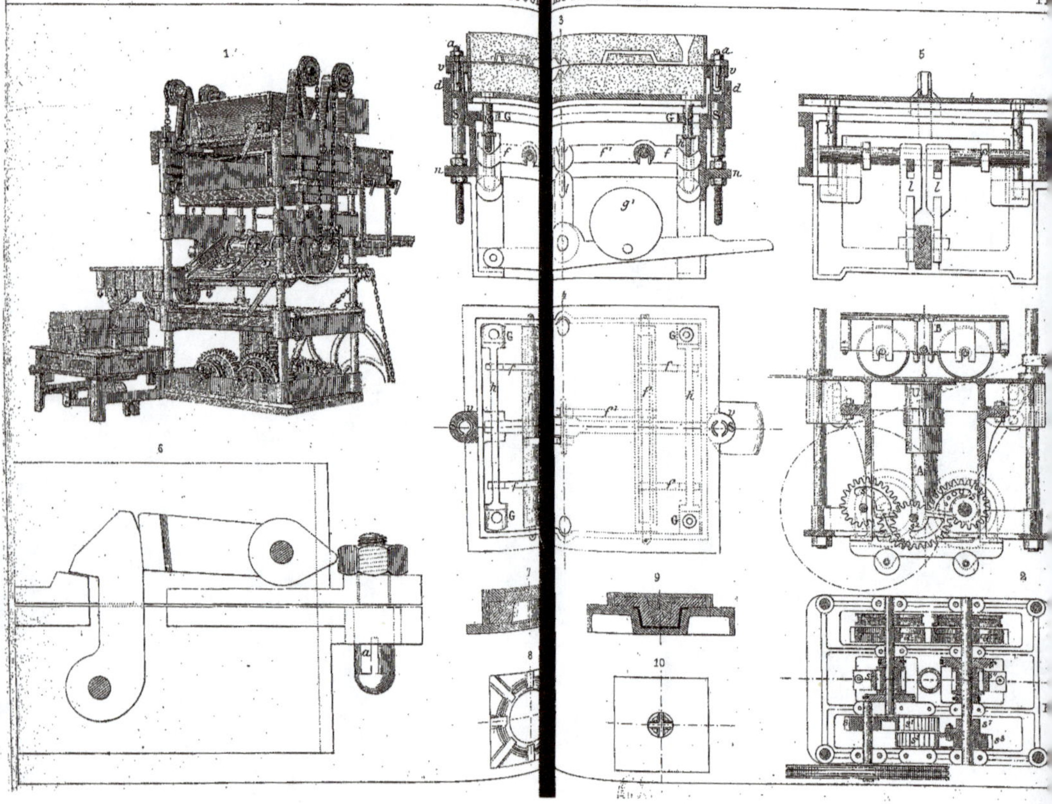
1
2
3
5
6
7
8
9
10
a
v
d
G
f
f'
g'
n
h
l
B
U
A

MOULAGE DES CLOCHES.

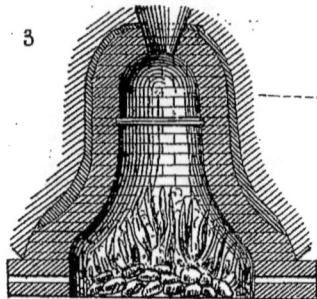

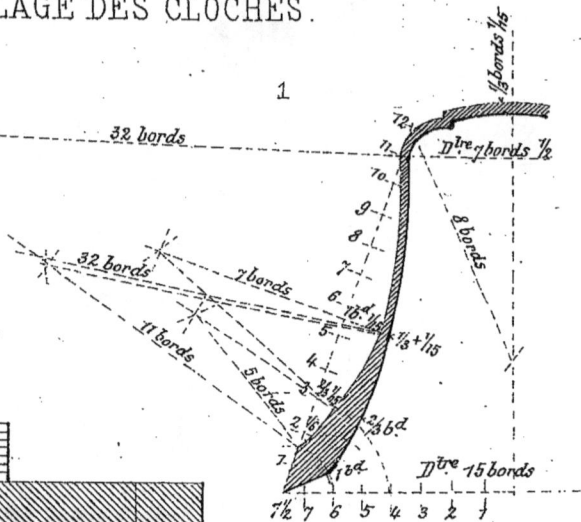

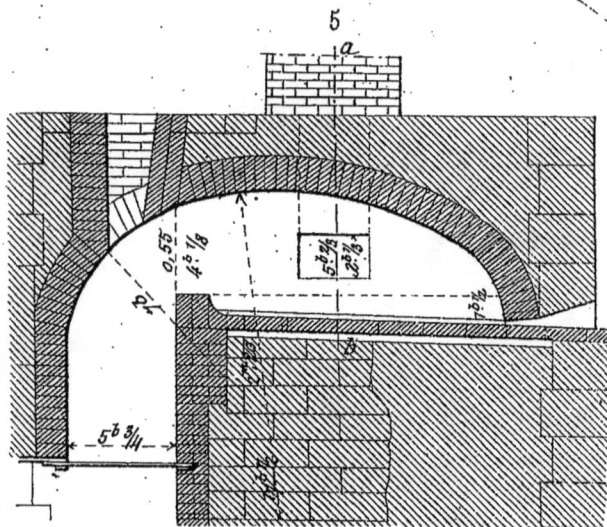

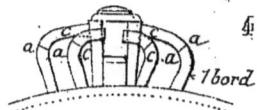

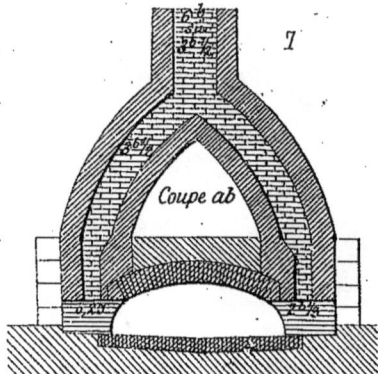

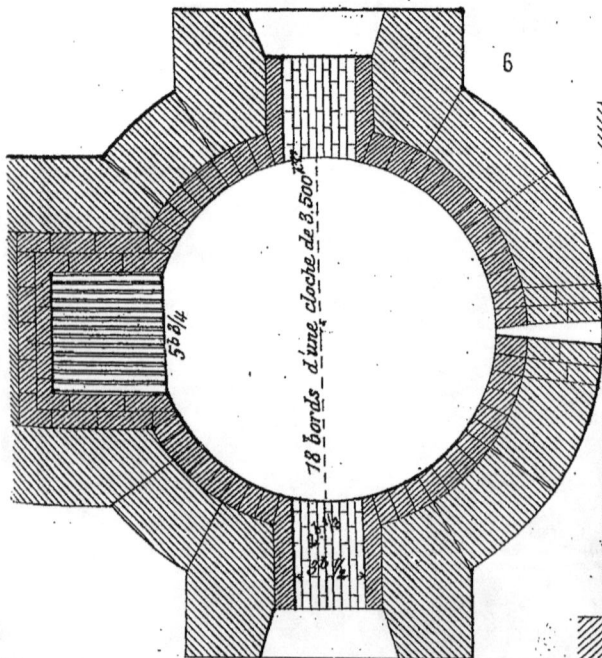

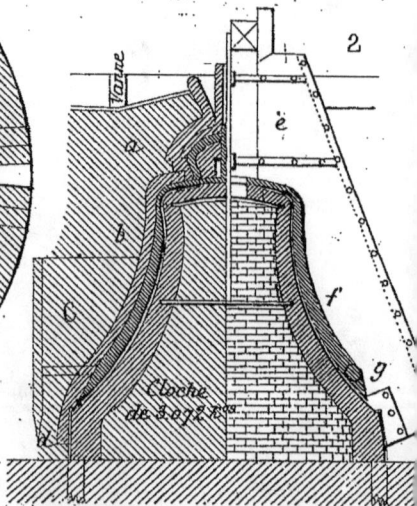

Pl. 46

MOULAGES DIVERS — TROUSSÉS OU NON.

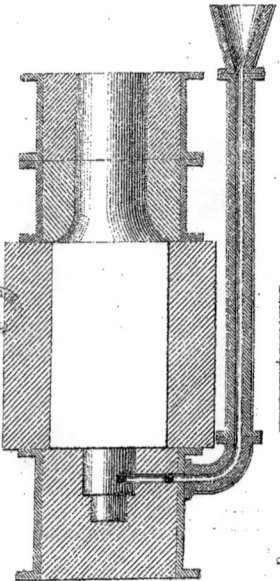

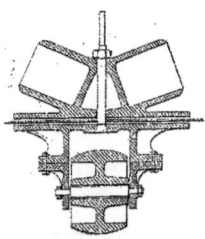

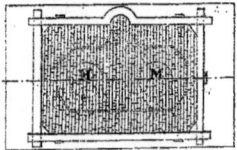

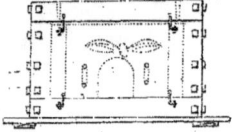

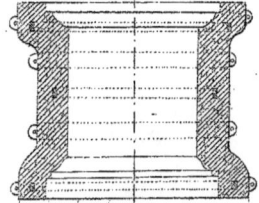

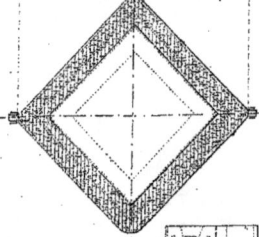

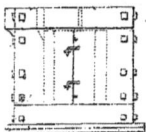

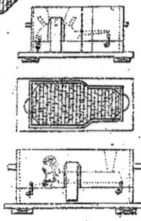

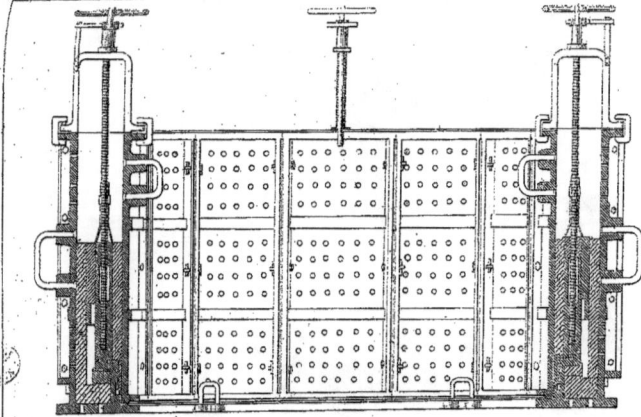

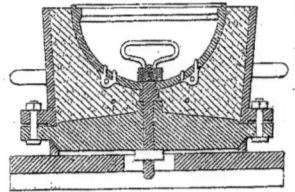

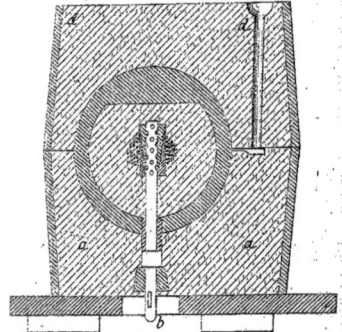

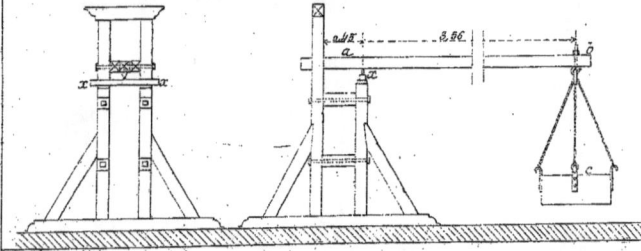

Pl. 49

MOULAGE, CHARPENTE, ÉTUVES, ETC.

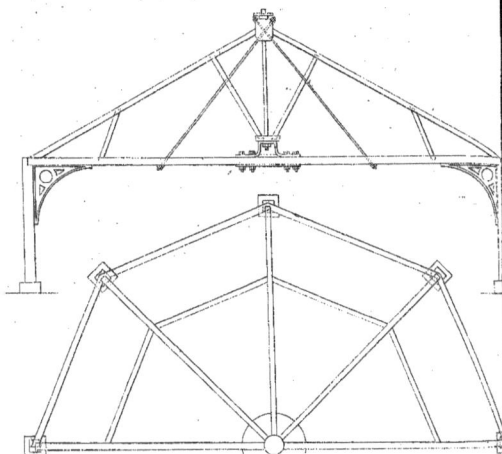

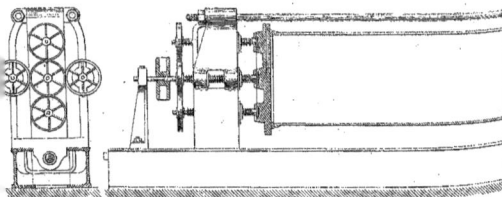

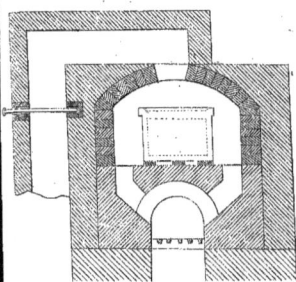

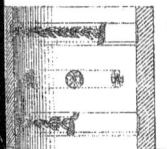

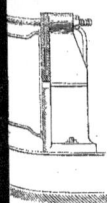

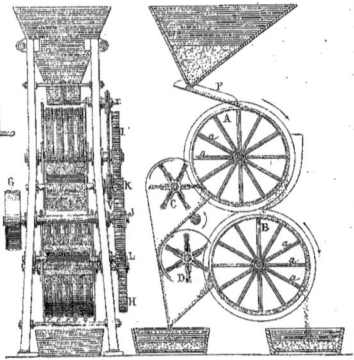

Séchage des moules sur place.

Croisillon du volant.

Buse conduisant l'air chaud au moule.

Étuve à air chaud.

Conduite de vent du ventilateur.

Bâtis de Pilon.

Pignon.

Cubilots.

Cubilot.

Cubilot.

Plafond des cubilots et magasin.

Moule de tuyau à couler debout sur chariot.

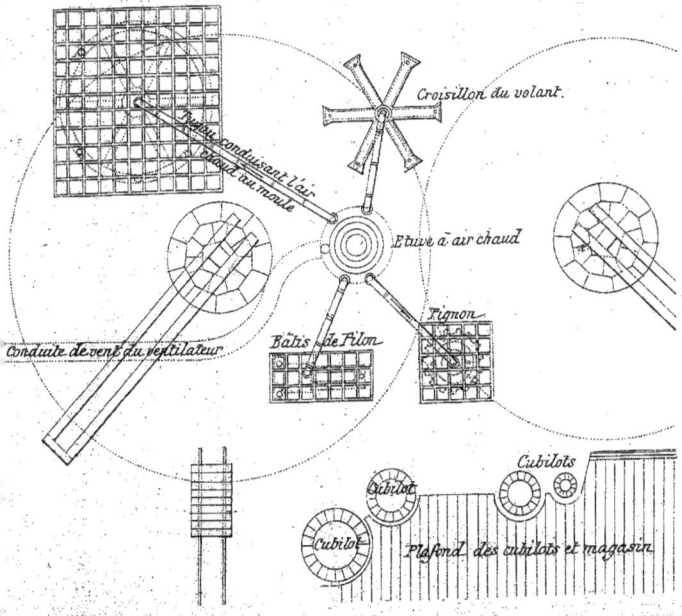

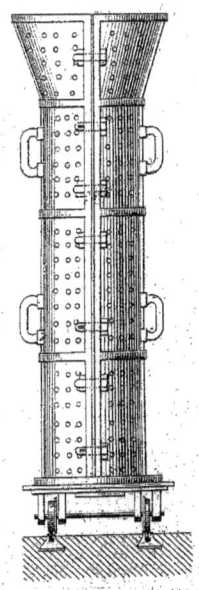

Pl. 50.

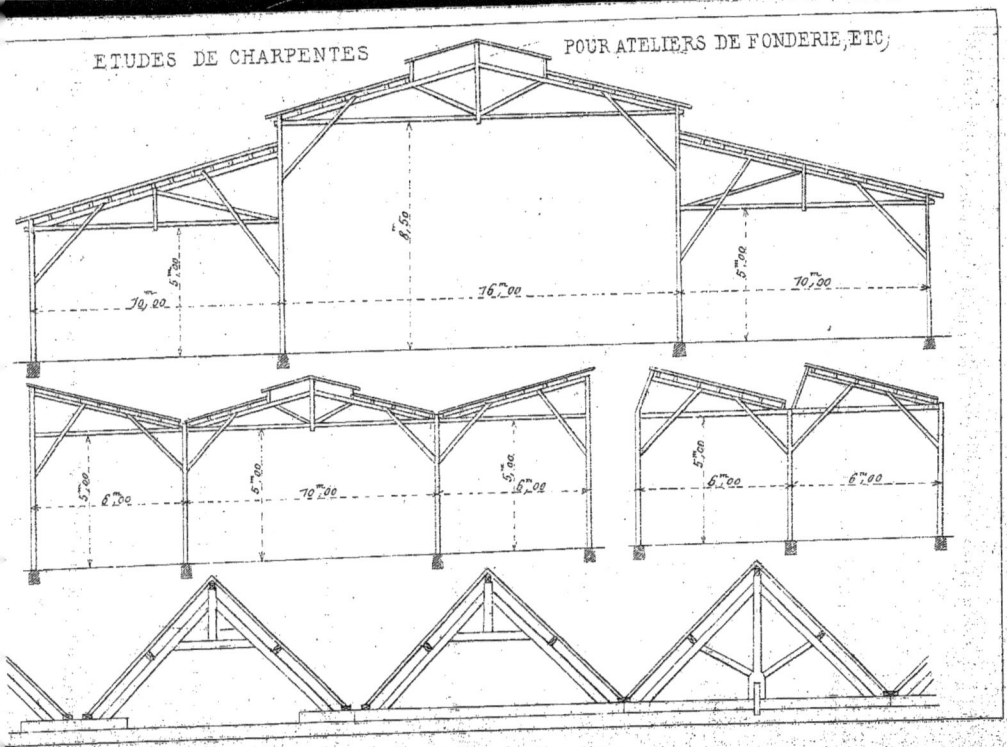

ETUDES DE CHARPENTES   POUR ATELIERS DE FONDERIE, ETC.

Pl. 51

FONDERIE D'ACIER.

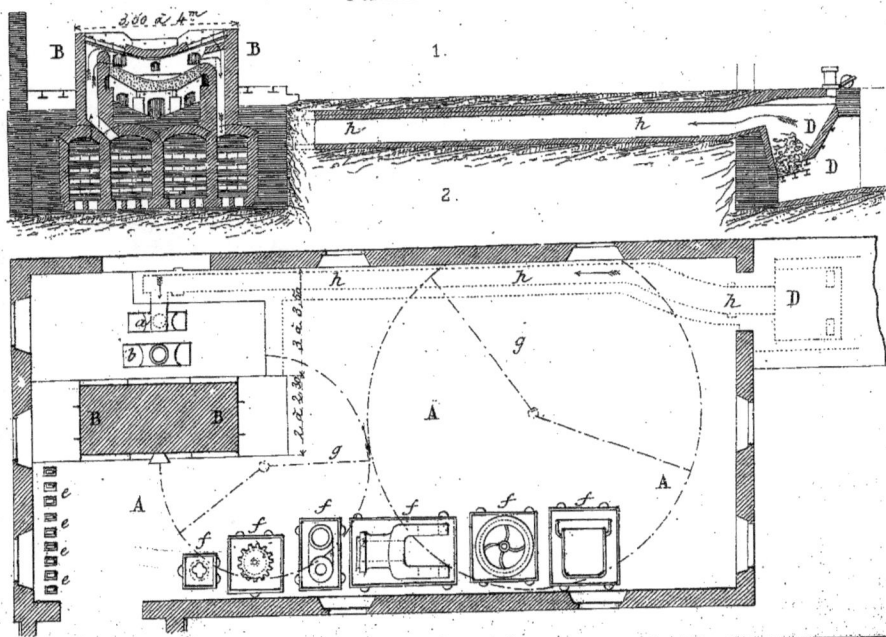

1.

2.

REVUE TECHNIQUE

DE

EXPOSITION UNIVERSELLE

DE 1889

PAR UN COMITÉ D'INGÉNIEURS, DE PROFESSEURS, D'ARCHITECTES ET DE CONSTRUCTEURS

Ch. VIGREUX Fils

Ingénieur des Arts et Manufactures
Inspecteur du service mécanique électrique à l'Exposition universelle de 1889
Secrétaire de la Rédaction

———

Cette publication comprendra 12 à 15 volumes, format grand in-8 jésus imprimés avec des caractères neufs ; de nombreuses figures seront intercalées dans le texte et plusieurs atlas contiendront environ 250 ou 300 pl. grand in-4, qui paraîtront par fascicules indépendants.

———

Prix de souscription à l'ouvrage complet **150** *fr.*

Payable **25** fr. en souscrivant; **25** fr. à 3 mois de la date de souscription; **25** fr. à 6 mois; **25** fr. à 9 mois; **25** fr. à 12 mois; **25** fr. à 15 mois de la souscription.

Au comptant en souscrivant : **125** *fr.*

Pour l'Étranger **75** *fr. en souscrivant, et* **75** *fr. le 31 mars 1890*

———

Paris. — Imp. E. Bernard & Cie, 71, Rue La Condamine

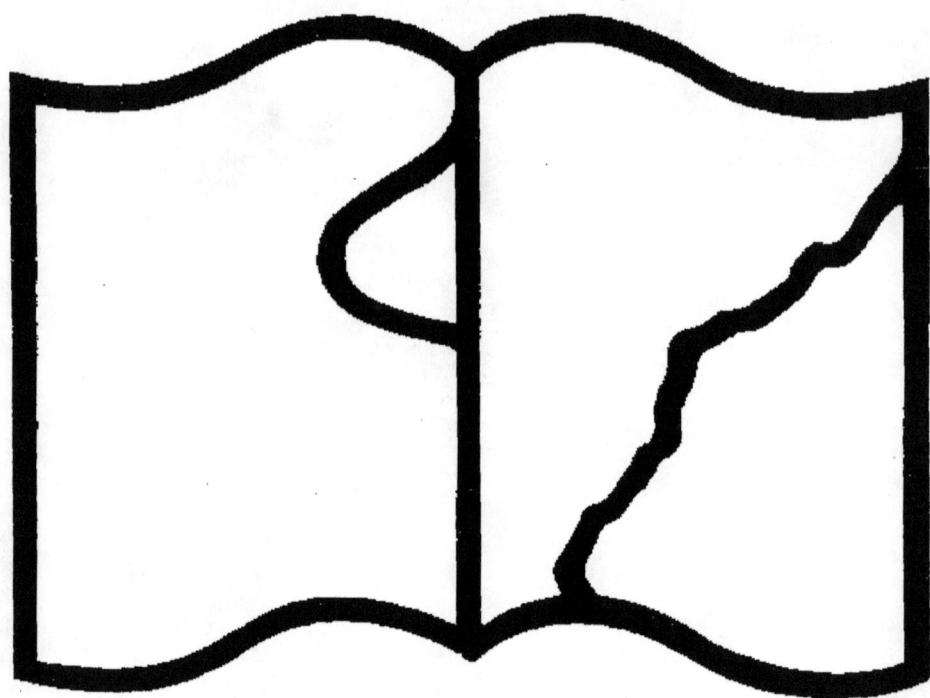

Texte détérioré — reliure défectueuse

NF Z 43-120-11

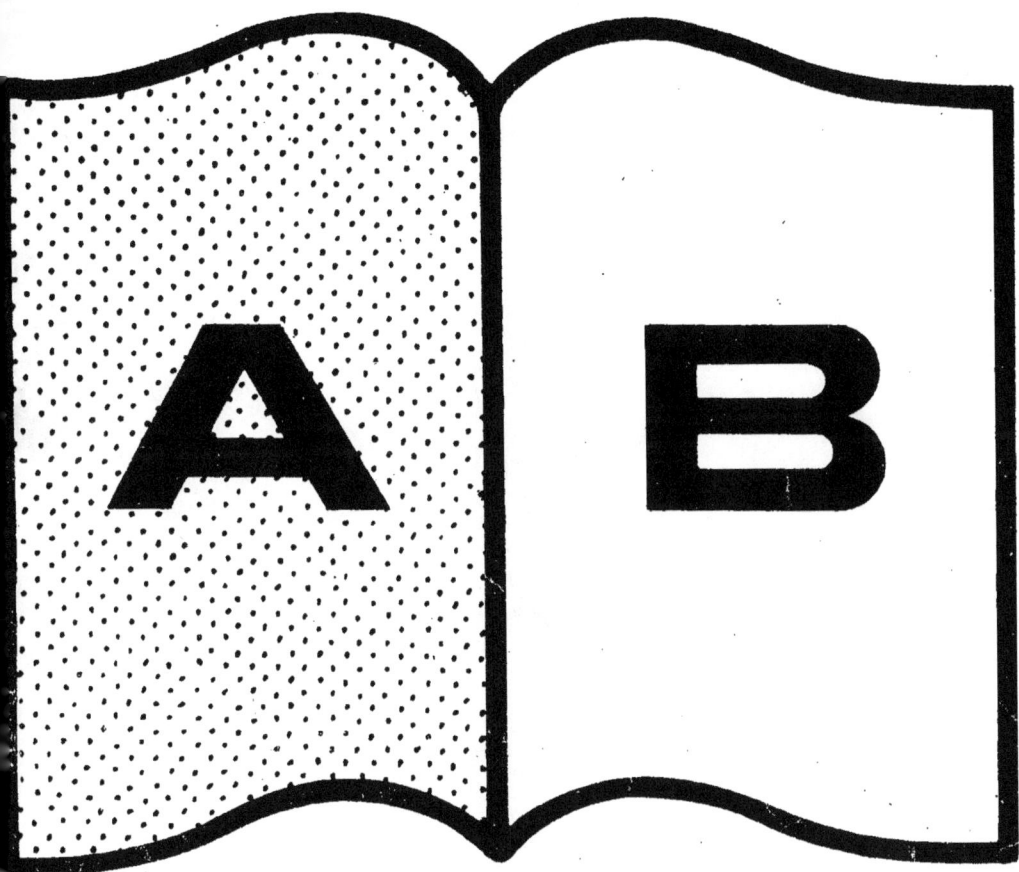

Contraste insuffisant

NF Z 43-120-14

www.ingramcontent.com/pod-product-compliance
Lightning Source LLC
Chambersburg PA
CBHW031724210326
41599CB00018B/2504